赖特景观

——弗兰克·劳埃德·赖特的景观设计

[美] 查尔斯·E·阿瓜尔
贝蒂安娜·阿瓜尔 著
朱强 李雪 张媛 刘英 等译

中国建筑工业出版社

著作权合同登记图字：01-2004-5486号

图书在版编目（CIP）数据

赖特景观——弗兰克·劳埃德·赖特的景观设计/（美）阿瓜尔等著；朱强等译.
北京：中国建筑工业出版社，2007
ISBN 978-7-112-09465-3

Ⅰ.赖… Ⅱ.①阿…②朱… Ⅲ.赖特，F.L.(1867—1959)-景观-园林设计-研究
Ⅳ. TU986.2

中国版本图书馆CIP数据核字（2007）第100305号

Wrightscapes: Frank Lloyd Wright's Landscape Designs/ Charles Aguar, Berdeana Aguar

ISBN 0-07-137768-9

责任编辑：董苏华
责任设计：郑秋菊
责任校对：李志立　孟　楠

赖特景观
——弗兰克·劳埃德·赖特的景观设计
[美] 查尔斯·E·阿瓜尔
贝蒂安娜·阿瓜尔 著
朱强　李雪　张媛　刘英　等译
*
中国建筑工业出版社出版、发行（北京西郊百万庄）
各地新华书店、建筑书店经销
北京嘉泰利德公司制版
北京建筑工业印刷厂印刷
*
开本：787×1092毫米　1/20　印张：18⅔　字数：605千字
2007年11月第一版　2011年11月第二次印刷
定价：**59.00**元
ISBN 978-7-112-09465-3
(16129)

目 录

献给查尔斯

我一生的挚爱与合著者

他于2000年2月22日逝世

研究和考察经费部分来自

国家艺术基金会

(The National Endowment for the Arts)

和

格雷厄姆美术高级研究基金会

(The Graham Foundation for Advanced Study for the Fine Arts)

“赖特景观”的定义

优美环境的形成，不仅仅是景观中一些有形物质如植物或构筑物等的简单组合，而且是一种有形和无形要素的融合，更确切地说，是场地中的物质要素与使用者（包括参观或居住在该环境中的人）个性和体验的统一。这样，这一环境最终形成一种无处不在的感官体验或精神感受，具有了场所精神。而弗兰克·劳埃德·赖特所设计的每一件作品都或多或少地具有这一特点，拥有属于自己的场所精神。

1. 住宅设计应满足特殊顾客或场所的要求，或者是设计一种大众可以买得起的住宅，而赖特或他的代表都注重了对客户和场所的考虑。

2. 住宅设计应充分利用场地现有的自然要素：最佳的光照、主导风向、周围环境的景色、自然地形、现有树木以及其他植被。

3. 建筑设计和景观设计应与场所相呼应，或者说应与场所融为一体，也就是说，与场所的自然环境存在一种可感知的联系（若不是真实的联系）。

4. 自然景致得以保存，或者现有的构筑物和植被表现出以下几个基本设计要素的综合：统一、和谐、朴实、尺度、色彩、形式和质感。

5. 硬质景观（hardscape）——户外设施和构筑物，例如墙体、铺装材料、水文要素、道路、停车场等，这些硬质景观都应与建筑取得和谐、统一。

6. 软质景观（softscape）——种植材料，应与场所相协调，而且应让其自然生长，保留自然形态，即使是那些移栽的植物，或者是为了满足当代人的生活形式而营造的景观中的植物材料也应如此。

7. 延伸到场所的自然环境之中的建筑——阳台、走廊、露天门廊以及户外房间，应予以适当考虑，或者是作为建筑主体的补充，这也是赖特关于室内与室外二者关系的最初设计意图。

8. 从建筑的地界线到前门这一段入口通道，其自身就是一种体验——一种入口体验（an entry experience），反映出建筑与自然材料二者质感的反差和统一。

9. 对整体环境有一种“感觉”体验——场所感（a sense of place），这种感觉能够超越建筑和种植材料自身，不仅是所看到的东西，而且还包括那些可以感知的东西：脚底下不同材料带来的不同感觉，身体对周围环境气温变化的感受；从阴凉处走到阳光下那种不同的感觉；花、草、果实的味道，雨水和空气的气息；砂砾的嘎吱声、小鸟唧唧喳喳的歌声、水溅到地上的声音，以及一切其他感官体验。

序

《赖特景观》是一本从外部世界对弗兰克·劳埃德·赖特(Frank Lloyd Wright)一生的贡献作广泛而深入探讨的专著。该书另辟蹊径，从赖特设计中的场地环境或景观的角度来重新认识这个大师。不同于以往许多优秀的评论家仅把赖特作为一名建筑师，查尔斯·阿瓜尔和贝蒂安娜·阿瓜尔(Charles and Berdeana Aguar)则更倾向于把他看成是一个规划师，或是大家更为熟知的景观设计师(Landscape Architect)。这种重新认识赖特及其作品的观点，可以更清楚地看到在他的一些经典案例中，建筑在建造过程中是如何将其外观与内部空间、周围环境完美结合的。

本书并不仅仅因为赖特的成就和他遗留下来的作品，就简单地将赖特看作是一名景观设计师。在历史上，古罗马的输水道或埃及金字塔的设计者只是因为他们的设计工作就被当成了工程师，如果是现在的话，恐怕还需要工程师许可证才被认可。这正如古代帝国用来保卫边疆的军事营地是由专门人员规划的，而不是由一些通才来完成的一样。相反，也仅仅是在过去的几个世纪里，随着知识、技术的不断发展，以及现代建筑物的复杂化趋势，才形成了专门的建筑学和工程学，二者才开始独立起来。景观设计学与建筑学分离也是最近一个多世纪前的事情，二者之间的关系也很微妙，而且这种差别仍在继续演变。早期的结构和设计知识非常有限，并且只能依靠导师、行业协会及直接的实践经验来获得。当时的设计工作都是由那些现在仅仅被我们称之为建筑工人和工匠的人们来承担的，这取决于我们如何界定他们工作的性质。过去并没有国家或者国际专业组织，也没有资格考试来规范实践范围。教育背景也不能决定早期从业者的设计范围。否则，弗雷德里克·劳·奥姆斯特德(Frederick Law Olmsted)也许就成为了一名果农或者菜农，或者是一名牧师或树木栽培家了。若对工程进行详细的定义，那么古代巴比伦的规划一定是由一名景观设计师完成的。很显然，这个著名的花园以及欧洲文艺复兴时的宫殿庭院，还有古老秘鲁的庭院都包含和体现了景观设计师的天赋与职责。

19世纪和20世纪早期的规划及景观建筑，是为了应对随着工业革命而产生的城市环境问题，才开始作为一种专业从一般意义上的建筑学或建筑环境设计学(Building and Setting Design)中分离出来。似乎只在人类开始大规模侵占自然乡村时，我们才开始认识到需要就新城镇、公园和复原的场地进行景观设计。这意味着人们需要寻找出路，或者是重建失去的美好家园。

根据现代最严格的定义，赖特毫无疑问是一名建筑设计师。同时赖特也是一名规划师，他对许多规划师的城市规划设计都有很独到而深刻的见解，如对柯布西耶(Corbusier)的城市规划理论。他还参与并设计了许多社区的规划，其中一些已经部分得以实现。他同时也是一名景观设计师，也正因为如此，阿瓜尔把此书命名为《赖特景观》(Wrightscapes)。

本书呈现给人们的是赖特在景观设计实践中诙谐的一面。从某一方面来说，赖特是一名成功的、聪慧而老练的设计师，他对于建筑物与大地之间极细微的融合有着传奇式的处理手法。他还敢于同早期一些杰出的景观设计师一起进行探索，如他的朋友延斯·延森(Jens Jensen)。另一方面，赖特又抱怨那种破坏性的景观干涉，例如托马斯·丘奇(Thomas Church)就是敢插手为赖特的客户进行景观设计的人，他通常以另一种方式来处理环境。在有些场合，如当赖特本人或者他手下最一般的人出面为一处设计的房屋定址时，又或者当他们对建筑平面图进行调整以避开场地中一棵不知名的树木时，赖特都表现出了景观设计中的偶然性倾向。

赖特的实践时期，同时也是他形成自然本性的时期，《赖特景观》提供了一种很好的各阶段透视，从迎合有钱人的需要到经济低迷的艰辛时期或战后建筑业繁荣时期为价格公道的住宅做大批量生产的设计。赖特曾规划了宾夕法尼亚州的城市市区、市区与郊区之间的过渡社区、远郊的林地，以及加利福尼亚州的乡间海岸山区。

赖特的一生以其多面手的才能致力于将建筑学、规划设计和景观设计三者充分融合，以便能够以独特的方式进行实践，而且这也有利于为他自己提供更多实践的机会。《赖特景观》讲述了赖特那具有传奇色彩的成功的一生，并为赖特的其他成果提供了研究背景。

查尔斯 · 阿瓜尔（Charles Aguar）对弗兰克 · 劳埃德 · 赖特的好奇开始于他自己在伊利诺伊大学（the University of Illinois）的教育历程。阿瓜尔刚开始学的是建筑学，但后来却作为一名景观设计师结束学业，之后又继续攻读规划设计专业。这是一种与赖特的实践跨越相同领域和过程的教育经历。他与佐佐木英夫（Hideo Aasaki）被特许参观了赖特在芝加哥、橡树园（Oak Park）的设计作品，并于1947–1948年冬天对赖特的作品产生了兴趣，开始着手研究。1948年查尔斯 · 阿瓜尔与妻子贝蒂安娜 · 阿瓜尔在赖特的塔里埃森别墅庆祝了他们第一个结婚纪念日。几十年后，查尔斯 · 阿瓜尔驾驶着家庭越野车来往于不同场所之间，行驶了上万公里，并上百次走访赖特设计的建筑物的最初业主、第二业主和租赁者，并于1994年开始写这本书。赖特本人和他的学生也在20世纪50年代早期开始接受采访。他还亲自参观一些正在建设中的住宅场地。同时，为了尽量对赖特的“景观”有全面的理解， 查尔斯 · 阿瓜尔也认真考察了一些信件、小档案和私人收藏品。查尔斯把自己所看到的和调查到的大部分材料都记录在了35毫米的幻灯片上。他在佐治亚大学环境设计学院（the University of Georgia, School of Environmental Design）的同事们，半开玩笑半认真地说，他家里存放的那些上千张幻灯片图片资料，若发生一场小小的火灾就会导致爆炸，将他所有邻居都夷为平地。

查尔斯于2000年去世前，已完成了弗兰克 · 劳埃德 · 赖特完整作品的两卷。出版商尽力将这两卷浓缩为一本。他的妻子贝蒂安娜，不仅是此书的作者、编辑和合著者，也是查尔斯这几十年来赖特之旅的伴侣，贝蒂安娜 · 阿瓜尔最终在2001年完成了这本堪称珍品的爱的杰作。

查尔斯始终坚持自己的信念，不论是对赖特作品的研究和他所热爱的教学工作，还是为提高家乡生活品质而做的设计项目。就在查尔斯去世前几个月，佐治亚州的阿申斯（Athens）开始致力于奥科尼河（Oconee River）绿色通道系统（Greenway System）规划的第一阶段工作，在他去世前的27年时间里，查尔斯及其工作室的学生们一直为此进行积极的探索，这也是他的另一个梦想。《赖特景观》需要的是坚持不懈的努力和对工作的热情。这是查尔斯最漫长而且最有意义的旅程之一。

约翰 · F ·（杰克）克劳利
佐治亚大学环境与设计学院院长

前　言

弗兰克·劳埃德·赖特这个名字为世人所广为传知。在19世纪最后十年和20世纪前50年期间，他所构思的多样化的作品代表了曾经建造的最具创造性并普遍得到赞美的建筑物。他也许是20世纪最具影响力的设计师。数百本出版物描绘了他的建筑风格和装饰艺术的卓越美感，其中绝大多数介绍了赖特“有机特征”(organic character) 的建筑风格，但却很少把焦点集中在这种有机特征与案例的结合，也没有从综合的环境视角进行的相关研究。《赖特景观》一书的完成正好填补了这方面的空白。

我们对于弗兰克·劳埃德·赖特的兴趣只是业余的，而且仅限于某个特定的角度或某栋建筑以及个人的水平。我们成长于20世纪30年代和40年代初期，而且主要生活在当时所知道的位于伊利诺伊州斯普林菲尔德市 (Springfield) 的达纳 (Dana)“鬼屋”附近35英里的范围内。查尔斯第一次听说赖特设计的帝国饭店 (Imperial Hotel) 是一个“文化里程碑”时，他正在B－29轰炸机上服役。作为B－29轰炸队的一名成员，为避免帝国饭店在黑暗的第二次世界大战期间被炸毁，他决定不直接卷入到完成“袭击”的任务中，而是以降落伞的方式运载食物和药品，并提供给战俘们。在战争结束之后，查尔斯就读于伊利诺伊大学 (the University of Illinois) 建筑学系，但是为了获得城市规划的研究生学位资格，他于第二年转入景观设计学专业。正是通过这个过程的学习，使他了解到了赖特的多面才能，但没有借助于建筑学系的任何一名教授的帮助，因为那时赖特在那个建筑职业领域中被看作是一个过时的人物。正是在景观设计学和城市规划学系 (the Departments of Landscape Architecture and City Planning)，赖特的作品被当作学习的典范，而且赖特关于分散化的有机设计原则和理论得到了详细阐述。

那个年代，实地考察是教育过程的一个重要部分，特别是对于离开学校很多年之后的复员军人 (ex–GIs) 来说。斯坦·怀特 (Stan White) 教授组织了一个非常有意义的威斯康星州 (Wisconsin) 之旅，参观考察了威斯康星州弗兰克·劳埃德·赖特的许多建筑场所。参观塔里埃森花了整整一天的时间，这是赖特在斯普林格林城 (Spring Green) 附近著名的居所兼工作室，在那里查尔斯和他的同学们遇到了赖特本人，并且进行了亲切的交谈。卡尔·罗曼 (Karl Lohmann) 教授组织了另外一个小组，去芝加哥学习当时正在兴起的战后开发情况，也去了由弗雷德里克·劳·奥姆斯特德 (Frederick Law Olmsted) 规划设计的，堪称规划远郊花园社区之母的里威赛德 (Riverside) 社区。当时，赖特位于芝加哥的两个具有历史标志性意义的住宅设计案例则正处于提前衰败的状态。但是佐佐木英夫 (Hideo Sasaki)，这个来自哈佛设计学院 (Harvard School of Design) 的年轻讲师，引导查尔斯对赖特有一个全新的认识，认为赖特的建筑和场地是一个统一的整体。萨里南 (Saarinen) 和斯万森 (Swanson) 的公司曾聘请佐佐木，请他帮助准备芝加哥的郊区威尔梅特 (Wilmette) 中心区的土地利用研究，而佐佐木则请查尔斯在1947–1948年圣诞假期间帮助他做这件事。佐佐木英夫那天很早就开始工作，并在傍晚之前完成了咨询任务，因而他有足够的时间去芝加哥郊区的橡树园 (Oak Park) 和里威弗里斯特社区 (River Forest)，参观许多由赖特设计的住宅。赖特不同于战后其他大部分的建筑师，他愿意走得更远一些，以避免破坏哪怕是一棵树。为了强调这点，佐佐木英夫详细考察了因一棵孤立的大树而设计的一栋住宅［伊莎贝尔·罗伯茨住宅（Isabel Roberts，1908年）］。佐佐木英夫还指出，刚刚完成的伊利诺伊理工学院（the Illinois Institute of Technology）校园中“飘浮的”建筑学院建筑，与赖特40年前设计的弗雷德里克·C·罗比私人住宅的巨大差异。而那座“飘浮”的建筑是由密斯·凡·德·罗（Mies van der Rohe）设计的。在那个年代，罗比住宅的窗子都用胶合板及粗刻装饰来修饰，而同时期的高层建筑则用一块告示牌来代替。

查尔斯于1948年6月8日介绍我去参观了著名的塔里埃森住宅及其周围的环境，这是我们第一个结婚周年纪念日，也恰好是赖特的81岁生日。那时我们去那儿是为了探究查尔斯申请塔里埃森工作团体奖学金的可能性有多大。离开校方后，我们又恳请拜访了赖特的住宅，而赖特夫人接待了我们。尽管她告诉我们说赖特由于生日宴会的劳累，正在休息，但还是邀请我们进入了起居室，并提议我们到处随便看看。当然我们被此建筑所倾倒，但给我们留下最深印象的是该建筑对自然光线的处理和把握：它创造出了一种能够折射出东方艺术风格（the Oriental art）的金色光辉。同时，让我们为之倾倒的还有建筑周围和谐的环境，室内空间和室外空间的神妙，石头墙装饰的庭院，环绕在一圈橡树浓荫下面的茶树圈，水声潺潺的池塘，斑驳光线点缀下的山顶花园，以及令人惊诧的乡村全景。正是这次感官和身心的体验，这种难以置信的场所精神，使我们两个都异常地兴奋。

因为这个奖学金不符合政府基金的指导方针，所以我们回到了尚佩恩（Champaign）－乌尔班纳（Urbana），但还是受到塔里埃森之旅体验的鼓舞，尽一切努力继续我们的工作。然而从那天开始，我们“沉迷”于赖特所创造的一切，并致力于宣扬赖特那些关于有机建筑与场地的“自然”特性结合的哲学观点。在其后的40年里，我们继续我们的特别之旅，我们开车参观赖特设计的住宅，在其周围漫步，静静感受，并为这些建筑拍照——尽管其中的有一些建筑当时（20世纪50年代）还正在建设之中。尽管曾被一些其他的追求和动机所转移，但我们对于赖特的特殊兴趣从未因此消退，以致持续至今，对赖特的研究也从未间断过。

查尔斯从事环境设计20年，这20年中，他作为一个主要由建筑师组成的跨学科设计团体的负责人十年之久。到1970年的时候，查尔斯成为佐治亚大学环境设计学院（School of Environmental Design at the University of Georgia）的一名教师，这个学院是为了响应20世纪60年代环境意识的加强，由景观设计学系发展演变而来的。然而，在他这22年的任职期间，“环境设计”（Environmental Design）这个名词既没有在理论、原理的意义上使用，也不是一个专业术语。但是它却被用来定义一种设计，一种基于建筑环境——景观构造物以及建筑物——相互关系的“哲学”，协调那些与自然、文化的狭义及广义场地环境演替相关的一些事物，也就是说，史前文化、历史和文化遗产；地质的自然过程、地形、植物、气候、小气候，以及由于风、日照、水流所导致的风化侵蚀；分水岭及景观分界；功能与基础设施；循环；光与影，以及其他感官现象。因此，环境设计师通常被归属于建筑师、景观设计师或者其他积极响应并实施刚才所描述的那种哲学思想的设计者，赖特确实具有这种哲学思想并终生为之奋斗，实际上，他的环境设计定义更接近于建筑设计。他是这样写的：“在建筑学的所有方面，都是作为环境来研究的……自然是最伟大的老师——人类只能接受并响应她的教导。”

查尔斯在其教学职责的范围内，指导五年级毕业生的毕业设计和研究生论文的选题。正是为了给毕业生和研究生寻找合适的课题和研究方向，在我们早期的一次场所考察期间，我们发现了赖特的“古铜”种植园（Auldbrass Plantation），那时正处于一种荒芜、人们可随便进入、极度缺乏管理的状态。这看上去好像可以成为一个用来进行重新设计和重建的绝好主题。然而，直到1989年春季，古铜种植园才最终被一个高年级学生选作毕业设计的主题，而恰巧当时这个林场刚被动画片制片人若埃尔·西尔弗（Joel Silver）买下来，准备在埃里克·劳埃德·赖特（Eric Lloyd Wright）（赖特的孙子）——的监管下进行重修和扩建。在1989年11月举办的家庭招待会上，庆祝重建古铜种植园第一期工程的完工，查尔斯被引见给由赖特设计的惟一一栋位于田纳西州（Tennessee）的住宅的最初主人西默尔·沙文斯（Seamour Shavins）夫妇。他们非常热情，并同意进行一次非正式的录像，可以自由畅谈。之后他们建议查尔斯与全美范围内的其他赖特作品的主人举办这种类型的会谈。他们相信这将是一项跟时间赛跑的工程，因为每过一年，依旧健在的最早户主名单就会缩短。在接下来的几个月内，我们仔细考虑了沙文斯夫妇的建议，并对最近三十年来有关赖特的书籍进行了认真的翻阅。非常明显，尽管有关赖特生平和工作的书籍非常之多，也许超过了历史上其他任何一个建筑师，但是却没有人对他的整体设计方法的定义进行权威分析。这种设计方法是与他的建筑体系相结合的，能够理解场所感（Sense-of-Place）的意义，这也是由赖特独创的、独具艺术特性的环境细微设计的结果；也没有人能够对他的生态敏感性（Ecological Sensibilities）隐含的合理性进行深层次的解释。这些缺憾都足以激励我们对赖特进行更深入的研究。

在进行这项事业的十余年里，我们的足迹遍布美国国土，参观研究了22个州里的157个场地。在这个过程中，查尔斯与赖特以前的9个高级学徒和97个私人住宅的户主（其中有37个是最早的户主或者是第一个入住的家庭）进行了面谈和录像，就像我们前面提到的那样。同时，我们研究了许多描述赖特作为一名不断发展的建筑师的书籍，也包括那些影响赖特个人哲学和环境设计观点的社会及人际关系。我们还对赖特在其70年建筑生涯期间所做工作进行了系统而详细的分析，试图弄清楚"什么起了作用？"以及"什么没有起作用，为什么没有起作用？"当对建筑进行后期评估时，这些都是需要永远关注的基本问题，因为这些问题的答案将明了那些通过面谈和个人观察所得出的似乎不太合理的因素，从而结合实际进行运用。

这个调查并非没有缺憾。按照时间编年表工作——我们假设赖特的生态敏感性和环境敏感性不是"刚刚发生的"，而是在他工作和生活的社会和历史中发展了很多年，我们揭示了这些令人痛苦的事实。赖特更大程度上只是一个普通人，他有过职业上的失败，同时也有众所周知的个人失误。他曾经在没有选址、调查之前就设计了一些建筑物。也曾经把为一个客户设计的适合特定气候区的特定场所的设计平面图卖给了其他三个在不同气候区里的客户，结果由于选址不恰当带来了一系列的环境问题。还有许多例证表明赖特或者他的员工在建筑施工之前或之后都未曾亲临现场。因此这个研究同时也涉及赖特一些脱离现实的浮躁的一面。但是，写一本神话赖特的书并非是我们的目的。我们只是力图尽量全面、客观地展现赖特作品的全新一面。最后需要说明的是，那些占绝对优势的超乎寻常的环境设计案例远远大于那些有时看起来欠考虑的事件。

我希望这本书中具有洞察力的观点能够帮助读者更好地理解和欣赏赖特那些难于捉摸的作品——他的环境设计，或者称为"赖特景观"，它们将赖特当作自己建筑物灵魂的神秘感或叫做"魅力"的本质特征编织在一起。

贝蒂安娜·阿瓜尔

（查尔斯·E·阿瓜尔的夫人）

致 谢

如果没有广泛深入的研究、充足的财力支持以及来自各方面的鼓励，这本第一次囊括了弗兰克·劳埃德·赖特所创造的景观与环境的书就不可能完成。最初的资助来自国家艺术基金会（the National Endowment for the Arts，1989年）和格雷厄姆美术高级研究基金会（the Graham Foundation for Advanced Study for the Fine Art，1992年）。这些资金使我们得以亲临157个建筑场所，亲自体验、评价、拍摄了包括赖特景观所有特征的环境设计要素。很多位于高层的朋友都写信支持这些资助，他们是：FASLA流水别墅（Fallwater）的景观设计师比尔·斯温（Bill Swain）；地名辞典（Gazetteer）项目的主编格拉迪·克雷（Grady Clay）；蒙大拿（Montana）社会历史学会负责人拉里·索米尔（Larry Sommer）。建筑师埃里克·劳埃德·赖特——劳埃德的儿子，弗兰克·劳埃德·赖特的孙子——也给我们写来了信，支持并鼓励查尔斯，同时为这项研究提供了很多有价值的技巧和指导。佐治亚大学环境设计学院（the University of Georgia School of Environmental Design）的前任院长达雷尔·莫里森（Darrell Morrison）慷慨提供了旅行津贴，使得查尔斯有幸参加了1990年在西塔里埃森（Taliesin West）由弗兰克·劳埃德·赖特建筑物管理委员会（the Frank Lloyd Wright Building Conservancy）举办的组织会议，并在那里与私人住宅的户主及弗兰克·劳埃德·赖特基金会（the Frank Lloyd Wright Foundation）的工作人员之间建立起了初步的联系。玛莎·帕克斯（Marsha Parks）作为在职秘书，为我们安排和确认每一次会面，并为后期的感谢信打印信函。学院的同事凯瑟琳·霍维特（Catherine Howett）为我们的项目、程序以及准予使用的设计图提供了许多有建设性的建议。她还为我们有关赖特的建筑景观的最初概念提供了原稿和音像文件，并为我们从事的深入研究转变方向和扩大领域提供了必要的帮助，以支持我们完成这本书。

特别需要指出的是佐治亚大学图书馆（the University of Georgia Libraies），尤其是图书馆借书处，给我们提供了大量绝版书籍、论文、期刊，以及其他一些来自全美图书馆的杂志。纽约州的布法罗市SUNY图书馆为我们提供了达尔文·D·马丁珍贵的设计方案和照片。加利福尼亚州洛杉矶的格蒂艺术史与人文研究所（the Getty Research Institute for History of Arts and the Humanities），使得那些未曾发表过的规划方案、照片，以及那些被完美地保存在亚利桑那州斯格特达勒市（Arizona，Scottsdale）弗兰克·劳埃德·赖特档案馆（The Frank Lloyd Wright Archives）里相对不容易得到的赖特手稿有了查阅的可能。弗兰克·劳埃德·赖特建筑管理委员会的成员们邀请查尔斯参加他们1989年在西塔里埃森举办的组织会议，并邀请他在1991年于密歇根州大瀑布城（Michigan，Grand Rapids）举办的第二次会议上讨论其主要发现和观点。同这么多的客户面谈交流，查尔斯认识和结交了很多的朋友，从而使研究工作变得更加容易，同时也加快了这个项目的进展，FLIW档案馆的馆长布鲁斯·布鲁克斯·佩菲费尔（Bruce Brooks Pfeiffer）的辛勤工作也使得如此庞大的编辑工作得以顺利完成，同样历史研究官员因迪拉·本特森（Indira Berndtson）在这么多年来我们多次参观档案馆时，对我们所提出的大量咨询也给予了极大帮助。

田纳西州惟一一栋由赖特设计的住宅的所有者——

西默尔·沙文斯和戈尔特·沙文斯(Seamour and Gerte Shavins)，在1989年“古铜”种植园(Auldbrass Plantation)进行的一次非正式录像中提出的建议也值得称赞，因为正是这个建议激发了查尔斯对这项研究的最初兴趣。其他住宅的最早户主和现在的主人也值得我们表示衷心的感谢，他们和蔼地接受了我们的拜访，并允许我们参观他们的住宅和庭院——甚至经常是在节假日或者一天中不论白天还是晚上的一些不太方便的时间——这样我们两个人才能够体验和解释赖特在室内和室外各个方面以及不同位置利用空间和光线的卓越技巧。户主名单非常长，他们是：M·G·阿伯林博士及夫人(Dr.and Mrs.M.Ablin)、格洛里亚·伯杰(Gloria Berger)、Q·布莱尔(Q. Blair)先生及夫人、哈罗德(Harold)博士和桃瑞丝·布鲁门撒尔(Doris Blumenthal)、卡伦·布拉姆(Karen Brammer)、布劳内女士(Ms. E. Brauner)、埃里克·布朗和安妮·布朗(Eric and Anne Brown)、布厄勒夫妇(Mr. and Mrs.Buehler)、约翰·坎农和斯塔茨·坎农(John and Staci Cannon)、约翰·克里斯琴(John Christian)、威廉·达灵和简·达灵(William Jan Dring)、R·法赛特夫妇(Mr.and Mrs Fawcett)、简尼特·菲尔德斯(Jeanette Fields)、C·E·戈登(Gordon)夫人、詹姆士·霍利特和卡罗林·霍利特(James and Carolyn Howlett)、凯瑟琳·雅各布斯(Katherine Jacobs)、帕特里克·吉尼(Patrick Kinney)夫妇、斯特林·吉尼(Sterling Kinney)、彼得·凯林和梅格·凯林蔻 Klinkow(Peter and Meg Klinkow)、罗素·卡劳斯(Russell Kraus)、肯尼思·劳伦(Kenneth Laurent)、乔治·里温(George Lewin)夫妇、爱德华·马尔希兹和安·马尔希兹(Edward Ann Marcisz)、沃德·麦卡尼(Ward McCartney)博士、鲁思·迈克尔(Ruth Michael)、汤姆·米勒(Tom Miller)、伦·莫林(Ron Moline)、玛雅·莫兰(Maya Moran)、格特鲁德·莫斯彼尔格(Gertrude Mossberg)、保罗·奥尔费尔特(Paul Olfelt)博士和夫人、玛丽·帕默(Mary Palmer)、特德·帕佩斯(Ted Pappas)夫妇、约翰·皮尤和鲁思·皮尤(John and Ruth Pew)、威廉·波拉克(William Pollak)博士、罗伦·波普(Loren Pope)、杰克·普罗斯特(Jack Prost)博士、罗兰·雷斯利(Roland Reisley)夫妇、米尔顿·鲁宾逊和希比·鲁宾逊(Milton and Sybie Robinson)、米尔德里德·罗森堡姆(Mildred Rosenbaum)、玛丽·塞姆普尔(Mary Sample)、玛丽·卢·斯卡伯格(Mary Lou Schaberg)、尼克塔斯·索海尔(Nicketas Sohiar)、戴尔·斯米尔(Dale Smirl)、M·M·史密斯(M.M. Smith)夫人、特德·史密斯(Ted Smith)博士和苏珊·斯基伯－史密斯(Susan Skipper–Smith)、沃尔特·索波尔(Walter Sobel)、苏珊·索尔维(Susan Solway)博士、沃尔特·斯沃登斯基(Walter Swardenski)夫人、理查德·塔拉斯基和劳拉·塔拉斯基(Richard Laura Talaske)、约翰·蒂尔通和贝蒂·蒂尔通(John Betty Tilton)、威廉·特蕾西(William Tracy)夫妇、E·范·塔米伦(E. Van Tamelon)夫人、克里斯廷·维斯布拉特(Christine Weisblat)、伊丽莎白·赖特(Elizabeth Wright)。我们同样深深感谢那些已过世的户主的亲属，包括卡罗林·布拉凯特(Carolyn Brackett)、内森·格里尔·希尔(Nathan Grier Hills)、西德尼·奥斯卡·希尔(Sidney Oscar Hills)和苏珊·威妮弗蕾德·皮内(Susan Winifred Penner)，他们和蔼地回答了我们提出的问题，还热心地提供了历史照片。

高级研究员，现在和以前的理事，弗兰克·劳埃德·赖特基金委员会所有成员，在会面期间都提供了极有价值的信息和线索。他们是科妮莉亚·布里尔利(Cornelia Brierly)、彭妮·福勒(Penny Fowler)、约翰·德·栝温·希尔(John de Koven Hill)、约翰·H·豪(John H. Howe)、迪克西·里格利(Dixie Legler)、奥斯卡·穆诺兹(Oscar Munoz)、弗朗西斯·尼姆汀(Frances Nemtin)、威廉·韦斯利·彼得斯(William Wesley

Peters)、玛歌 · 斯蒂普 (Margo Stipe) 和埃德加 · 塔费尔 (Edgar Tafel)。朱莉 · 奥里克 (Edgar Tafel Julie Aulik) 和吉尔 · 都灵 (Jill Dowling)，还有塔里埃森管理委员会的彼得 · 拉斯邦 (Peter Rathbun) 在 1996 年我们与客人、学徒和员工们在塔里埃森会面期间，慷慨地与我们度过了两天时间。家庭博物馆馆长及员工、学者、其他支持人员同样提供了无价的帮助以及一些表面上看起来无关紧要的信息，这些资料和信息与我们的分析结合后，得出了许多重要的结论。他们是霍华德 · 埃灵顿 (Howard Ellington)、唐纳德 · 哈尔马克 (Donald Hallmark) 博士、W · R · 哈斯布洛克 (W.R.Hasbrouck)、托马斯 · A · 海因茨 (Thomas A. Heinz)、詹姆士 · 约翰逊 (James Johnson)、玛格丽特 · 凯林蔻 (Meg Klinkow)、唐 · 格利克 (Don Kolec)、杰克 · 利斯尼克 (Jack Lesniak)、卡拉 · 琳达 (Carla Lind)、琼 · 鲁普顿 (Joan Lupton)、弗兰 · 马尔图尼 (Fran Martune)、大卫 · 尼德尔沃德 (David Nederwald)、尼德尔沃德 · 奈里 (Nederwald Neri)、斯蒂芬 · 赛克 (Stephen Siek)、威廉 · A · 斯多尔 (William A. Storrer)、杰克 · 奎恩 (Jack Quinan) 和克里斯托弗 · 弗农 (Christopher Vernon)。

一声发自内心的"谢谢"同样也必须给我们那些永远的朋友们，他们为我们提供了自己周围或者邻近的有关赖特设计的新闻材料和最新事件情况，他们是大卫 · 贝尔 (David Bell)、米里亚姆 · 坎贝尔 (Miriam Campbell)、格拉迪 · 克莱 (Grady Clay)、格伦和菲利斯 · 霍克 (Glen and Phyllis Hawk)、比尔 · 科纳克和鲁思 · 科纳克 (Bill and Ruth Knack)、小约翰 · 林莉 (John Linley)、比尔 · 马耶夫斯基和休 · 马耶夫斯基 (Bill and Sue Majewski)、罗伯特卢 · 马文和安娜 · 卢 · 马文 (Robert and Anna Lou Marvin)、拜伦 · 彼得斯和诺拉 · 彼得斯 (Byron and Nora Peters)、肯尼思 · 彼得斯和埃莉 · 彼得斯 (Kenneth Ellie Peters)、拉里 · 索米尔 (Larry Sommer)、比尔 · 斯温 (Bill Swain)、约翰 · 斯克文迪曼和默尔 · 斯克文迪曼 (John and Merle Schwendimann) 和沃伦 · 沃弗德和简尼特 · 沃弗德 (Warren and Jeanette Wofford)。

最后，但决不是最不重要的是必须指出，在 2000 年 2 月份查尔斯突然离世后，全靠佐治亚大学环境与设计学院院长约翰 · F ·"杰克"克劳利给予的技术支持和精神上的鼓励，以及我们的儿子理查德 · 阿瓜尔 (Richard Aguar) 所付出的时间和贡献，这本书才得以出版，理查德重新绘制了他父亲的大部分插图，认真地查到了插图的来源，并完成了取得插图版权的复杂磋商过程。还有以下亲人的协力相助：儿子肯尼思 · 阿瓜尔 (Kenneth Aguar)，孙子福雷斯特 · 阿瓜尔 (Forrest Aguar)，黛布拉 · 罗伯茨 (Debra Roberts) 和亚当 · 约斯特 (Adam Yost)，以及朱利安 · 普里 (Julian Price) 和麦格 · 麦克科劳德 (Meg McCloud)，他把他的工作室开放，作为我们的工作空间。我同样必须向其余的后辈致谢，他们给予了爱的支持和精神鼓励，他们是：女儿凯瑟琳 · 佩恩 (Catherine Payne)，儿子大卫 · 阿瓜尔和丹尼尔 · 阿瓜尔 (David and Daniel Aguar)，以及孙子马太 · 布朗 (Matthew Brown)、凯丽 (Kiley)、内森 (Nathan)、索尼亚 (Sonia) 和泰萨 · 阿瓜尔 (Tessa Aguar)。我发自内心地深深感谢你们。

贝蒂安娜 · 阿瓜尔

第1章

引言：年轻建筑师成长的动力

弗兰克·劳埃德·赖特(Frank Lloyd Wright)，教名为弗兰克·林肯·赖特(Frank Lincoln Wright)，父亲是威廉·赖特(William Wright)，母亲叫安娜·赖特(Anna Wright)，于1867年6月8日出生在威斯康星州(Wisconsin)的里奇兰德中心(Richland Center)，那时美国内战刚刚结束两年。赖特跟新生的美国一起成长，并在随后的二十年内，受到不断发展的自我意识的深刻影响。在这期间，主要的交通方式是步行、骑马或者乘坐四轮马车。商品都是手工制作和装配的。店铺规模都很小，大部分由所有者家庭经营，雇员的数量也都很少。在这种社会文化背景下，雇员和雇主以一种亲近自然且互相熟知的方式生活和工作；能够自力更生的人得到更多的尊重；个人主义是人们追求个人目标的基础。这种生活信条成为引导赖特终生奋斗目标和个人设计哲学的"理想"。

成长的年代

威廉·赖特是一个受过良好教育且天资聪颖的人。他从事过不同的职业，在大学里学习过音乐和法律，达到专业水平，并以此谋生；有一段时间他还曾担任过学校的管理者，以及浸礼教会的神职牧师(Baptist minister)[1]。也许正是因为他在自己的天资与兴趣之间摇摆不定，而不能集中精力发展一个方面并作为自己的终生职业。在他儿子长到十几岁时，他的家庭已经辗转了四个州和六个城市。在赖特读高中时，他父母的婚姻破裂，父亲威廉·赖特离开了他的家，从此杳无音信，赖特从此再也没有见过他的父亲。小赖特从他父亲那里继承来的最有意义的东西就是他的雄辩力、说服力和对许多事物感兴趣的个性，这引导小赖特从多个角度来看待每一个问题，从多个角度来解决每一个问题。还有跟父亲一样对古典音乐的热爱，以及对音乐"结构"的欣赏和理解，成年后的赖特经常把这种音乐"结构"与建筑结构进行比较。

母亲安娜·劳埃德·琼斯·赖特(Anna Lloyd Jones Wright)和她的亲戚们对赖特的成长有深远的影响。1845年，她和她的近亲家族从威尔士迁居到美国，并在威斯康星州西南部定居下来，因为那里已经有其他亲戚定居下来。他们安居的地方就是有些人所提到的"全能上帝相邻的峡谷"(Valley of the God-Almighty Joneses)[2]。尽管这个庞大家族的成员对当时威斯康星州地区的重要经济支柱——铅矿的开发进行了投资，但是大部分家庭成员依旧沿袭了威尔士祖先从事耕种的传统习惯，毫不夸张地说，这曾是卡斯特尔－海威尔(Castell-hywel)的劳埃德家族一度辉煌的过去。家族的每个成员都有执着的信仰，自由的思想，坚定的独立意识。家族中有几个成员还做了神职人员。家族的每一个成员都深深感受到与自然的紧密结合，这一意识的形成有着长远的历史，源于他们凯尔特(Celtic)祖先，他们赋予树木、山石、流水等特殊意义。这个暂居美国的家族的优良传统对赖特来说具有极为重要的意义，他把自己名字中间的一个单词——林肯(Lincoln)——改成了劳埃德（Lloyd）。这种孩子跟随母亲姓的传统与凯尔特家族（Celtic）的传统也是一致的。[3] 他很少用错自己这个被采用的全名——弗兰克 · 劳埃德 · 赖特，甚至会用威尔士的双“L”作为图纸签字和认可手下绘图员工作的图章标志。

在一本《我的自传》（An Autobiography）里，赖特曾写道，甚至在他出生之前，他母亲就希望他将来能够成为一名建筑师。他详细描述了用橡木板为外框镶嵌起来的10块有关古老英国教堂的木版雕刻，他母亲把这些木板雕刻悬挂在他的房间的墙壁上，通过这种方式把这些意象灌输到他的早期记忆里。[4] 他还详细回忆了她是如何给一个9岁的小孩子买了福禄培尔大楼（Froebel Building）积木，并教他各种各样的几何形状和建筑物的比例。甚至在他能够领悟这些启蒙教育影响之前，赖特就已经继承了劳埃德 · 琼斯家族以及他们所居住的那块土地上的传统。他还详细回忆了自己在叔叔的农场里工作时度过的那些夏日时光，就是在那里激发和培养了他对大自然的热爱之情。一个60多岁老人在怀旧时，他的记忆就是在农场上辛勤地劳动，永远是“疲劳又疲惫”。但是同时他还对那个伴随他成长的地方的地理特点和地质特征有着极其敏锐的理解：“那个后来被人们喜爱并命名为峡谷的地方，确实是非常惹人喜爱，它恰好在两个连绵起伏的山脉之间，中间又有第三个山峰挤进来，在这个峡谷的上端把其分成两个小一些的峡谷。一条小溪顺着山坡蜿蜒而下，一直延伸到住宅边上，并继续向前形成更大一点的溪流，最后汇入江河。峡谷低地或一些开阔地带被宽广的威斯康星沙地所围绕。在山顶可以看到大片没有一棵树的沙地平原，那里曾经是古代强大的威斯康星人的住所……还是一个小男孩的时候，我已经慢慢全方位地熟知了这个土地上的点点滴滴，包括每一条线和每一个特征要素。”[5]

赖特的叔叔们教育他如何在农场工作，并且规范他的道德伦理，同时他们还教育他通过观察大自然获得知识。对于农夫来说，他们必须善于预测天气，也必须善于与大自然打交道。他们熟知本地的植物、动物、地形、生命周期和气候；他们观察生长在湿润地区、干燥地区，以及阴坡和阳坡处不同的植被类型和植物种类；他们记录太阳的轨迹和盛行的风向；他们在炎热的夏季享受着大树带来的浓荫和舒适。他们深知湿地是大自然的天然海绵，吸纳自然的衍生物，他们更深知湿地是野生生物的避难所和聚居地。同时，他们还尊重大自然的伟大力量：风、雨、洪水、干旱、虫害、龙卷风等等。

19世纪80年代，当赖特十几岁的时候，他的叔叔们和其他威斯康星农民根据气候条件来选址和形成建筑结构的做法被看作是“自然的”或者“有机的”方式。[6] 住宅、畜棚、谷仓都建在峡谷中安全的地方或建在朝南的山坡上，这样就可以保证人和牲畜的安全，同时可以从自然中获得最大的好处。大部分长期有人居住的房间窗户都朝向南面，为的是能够得到冬季太阳的温暖。门窗的位置也选在夏日里空气容易形成对流的地方。倾斜度最大的屋顶与冬季的盛行风向垂直，这与大海中航行的船帆迎着风向的原因一样：为的是减少风的冲击力。地板平面和门口通道的高度一般由场地的轮廓线决定，有时房屋和畜棚会建在山坡上，有时在建筑物周围建造一圈人工土坎，以便缓解盛夏和严冬的室内外温差。建筑周围种植很多落叶树——白色、红色或者猩红色的橡树、悬铃木、朴树、栗木——用来防止土地的侵蚀，并可以在夏季提供荫凉。还种植一些常绿树作为防护林或者防风林——红色或白色雪松、红色或白色松树，以及铁杉——用来抵挡冬季的盛行风。甚至水井、户外厕所和火灶的选址都由风向和重力规则来决定。花园一般建在厨房附近，而花境一般靠近生活空间。这样处理的好处：微风可以把人和牲畜的臭气吹走，而把植物与花朵的芳香吹进房间。[7]

成年后的赖特更愿意把自己在场地规划方面的艺术与技能和建筑方面的特定视角建立在自己对场地剖析的理解上，他认为自己对场地有着与生俱来的理解力。他曾回忆起当他的托马斯叔叔，一名自学成才的乡村建筑师，

在建造自己住宅的时候，也同样注意到了上述自然要素和设计手法："托马斯作为长子……一所小房子建造在一个缓坡上，面向南方。母亲和孩子们在房子周围和小路两侧种满了乳香树（Balm-of-Gilead Tree）和伦巴底白杨；山坡上的林地由橡树形成的篱笆隔离开来，形成林间小路，山的北坡和山顶都种满了树木。对于树木来说南坡太干燥，除了遍布一些岩石外，经常是裸露的……厨房是一个单坡屋顶，位于建筑的后侧。一个室外楼梯通向下面凉爽的石头地窖。根部的房子紧贴在后边，部分挖到地面以下，屋顶之上覆盖着混着干草的土坯。"[8]

赖特对于保持木材原色的强烈愿望也是来自在这个峡谷中度过的夏日时光。在19世纪的经济萎靡时期，农民们都意识到能够保存下来的最古老的木质构筑物都是那些保持着自然状态的木材。当然，那个时期的木料品质比较好，但是尽管是像赖特这个在城市里长大的少年也逐渐认识到，任何木材如果没有干透就上涂料，会导致木材的腐烂，而且一旦刷上涂料，这个程序必须经常性地重复。实际上，赖特在他的职业生涯早期第一次提出以下主张："展现材料的天然性质，让它们的本质特征与你的设计亲密结合。剥掉木材上的清漆，把它放在那里，随它去。在你的设计中尽量展现木材、石灰、砖块、石材的天然本质；它们都是自然而然的，也是美丽的。"[9]

1885年在父母离婚几个月后，赖特从高中退学，申请进入威斯康星大学（the University of Wisconsin），并于1886年冬季入学。由于缺少一张高中毕业证，他被作为一名"特别生"，与那些正规入学的学生相比，说明赖特缺乏相应的教育背景。赖特后来声称他是作为一名未来的土木工程师入学的，因为当时在建筑领域没有相应的课程。他称这种大学生活为"弗兰克·劳埃德·赖特（作者本人）仅仅是一名新生到二年级，到三年级，再到四年级的过程"，并终于在毕业前夕放弃了"这种可怕的学院教育方式"，对他而言，"这不过是另一个冬学期和春学期而已。"[10] 然而，依照小托马斯·S·海因斯（Thomas S. Hines, Jr.）主持的一项调查得出，无论是时间上的持续还是土木工程要求都与赖特的实际学习课程没有任何关系。尽管他曾作为普通的学生助手为工程学教授工作过一段时间，并作为"1889年级的成员"加入了学生组织的工程师协会，他的学院记录仅仅有两个学期的自由艺术课程学习：1886年1月到3月的法语课程；9月到12月的几何与绘图课程。[11] 随后赖特就结束了自己的正规教育历程，并于1887年晚春时节，他登上了一辆开往芝加哥的列车，去给一个建筑实践工作室做学徒。因此，赖特结束了他19年较为平静的人生经历，投入到一个正在进行工业革命的动乱不安的社会中——这个城市每一个角落都有劳工暴动，在过去的十年里，这里比其他任何一个地方都更为混乱，最终达到顶峰的是上一个春天发生在芝加哥海马基特广场（Chicagos Haymarket Square）的惨案。

为了更好地理解赖特对于1887年芝加哥城市景观的观点，有必要审视一下这个中西部城市的发展历程。自从这个城镇最初在位于"芝加哥"（Chicagau）河口的密歇根湖西南岸建立以来，已经有50多年的历史。历史学家沃尔特·哈韦戈斯特（Walter Havighurst）是这样描述它的："在1832年，这个仅有500人口的城镇在河边设立了一项摆渡服务，扩建了木材厂，并花12美元建造了遗失动物收容所。就这样芝加哥城市开始形成了！"[12] 同样我们也知道，直到19世纪50年代，铁路线才向西延伸到芝加哥；直到19世纪80年代，城市中的公共交通车还是由马来拉的。此外，1871年10月8日发生的毁灭性芝加哥城市火灾刚刚过去16年。因为芝加哥市中心商业区的建筑基本上都是木质结构，甚至于人行道都是用木板铺设，木板覆盖了市区的全部路面，除了少数几个砖石结构的所谓"防火"建筑残存下来外，几乎没有什么东西保留下来；即使是残存下来的建筑物，其内部也大部分被烧毁了。基于这种经验，防火结构成为芝加哥市区最初重建时的最优先考虑的问题。然而，除了建筑材料首选石头或者砖瓦外，仓促重建的商务中心区看上去基本跟以前一样。

赖特更欣赏那些在19世纪80年代面临着更艰巨挑战的新一代建筑师：重新建立一个全新的中心区，使其同时能够承担多个不同利益团体的多重功能，并把他们容纳在密歇根湖所能提供的有限空间内，而蜿蜒盘绕的环形铁路线为这个工业空前扩张提供了可能。正是为了满足这些苛刻条件，使得建筑师们不得不建造一种摩天大楼来满足这些要求。如果不是1876年到1890年间涌现出的科技革命迅速成功的话，这种抉择似乎不可能实现：液压升降机、钢框结构、平板玻璃、电流变压器、电灯、电梯，以及电话。[13] 芝加哥的第一座摩天大楼建成于1883年。历史学家唐纳德·L·米勒（Donald L. Miller）这样写道，“新的‘摩天大楼芝加哥’由一个接一个的高楼组成，一个高过一个的高楼拔地而起，一个比一个有创意的建筑出现在旧城之中，成就了一个全新的具有自身个性的城市，在一个不断破坏和不断建设的过程中使得整个芝加哥出现了……就像一个巨大的建筑工地”。[14] 当赖特到那里的时候，令人吃惊的重建复兴过程正处于顶峰时刻。因此，当赖特在这里开始他的学徒生涯时，芝加哥仍旧处于一种大规模建设过程中。

学徒时代

赖特在下定决心去一个建筑实践工作室当学徒时，19岁的他还没有做过任何独具一格的事情。一个有着正规培训和学术资格的职业建筑师的想法应该是19世纪衰退时期的产物。直到1819年，第一门建筑学课程才被引入到巴黎著名的“里昂国立美术学校”（Ecole des Beaux Arts）的教育课程之中。50多年过去以后，也就是直到1869年，第一门建筑学课程才被引入到美国的研究机构学科中。然后直到1897年，也就是19世纪快要结束的时候，伊利诺伊州才通过了建筑学的首个许可法，那时赖特已经从事了四年的职业建筑师生涯。

还值得指出的是，赖特的手艺是从实践中学来的，也就是说，通过观察、认真思考，以及在当时快速发展变化的社会、文化中进行个人实践，并把自己在学徒时期学到的东西运用到自己的个人建筑设计模式中，形成了赖特的设计语言。

约瑟夫·莱曼·希尔斯比（Joseph Lyman Silsbee）

赖特最初的学徒岁月是在著名的芝加哥建筑师约瑟夫·莱曼·希尔斯比的指导下度过的。他与希尔斯比在一起的时间非常短，不超过一年。但正是在这不到一年的时间内，他被引见到芝加哥建筑协会中，他的绘图技巧成为了自己的独特技能，同时开始广泛翻阅希尔斯比个人图书馆中的书籍，开始了一系列有关建筑历史的学习。大概就是通过这个阶段的集中学习研究，赖特第一次开始意识到东方对欧洲艺术的影响，他沿着建筑设计的发展轨迹进行探索，对一些著名文化运动进行研究——从基督纪元时代（Christian era）罗马与中国交流开始，直到19世纪早中期英美与日本的商贸关系。这或许可以解释为什么后来赖特会对东方艺术（Oriental objects d'art）和日本印刻画产生浓厚的兴趣，这都源于这段作为希尔斯比学徒的时代。1908年赖特在芝加哥艺术学院就有关日本印刻画所做的演讲也展示了他仔细观察敏锐的洞察力。在一次演讲中，他评论说东方艺术对很多著名艺术家都有着非常重大的影响，这些艺术家中有惠斯特（Whistler）、马奈（Manet）、莫内（Monet）、法国“直接利用自然光描绘的画法（Plein-air）”学院派的普维克·德恰万尼斯（Puvic de Chavannes）、鲍特·德蒙维（M. Bouter de Monvel）。[15] 他继续阐述他的观点，他认为正是通过这些著名艺术家的作品，这种东方唯美主义的“简洁、明了”特征才影响了大西洋两岸的欧美艺术。

然而，根据凯文·努特（Kevin Nute）的回忆，希尔斯比其实是一名尊重远东艺术（Far Eastern art）的业余爱好者，并且把自己的收藏品毫无保留地向赖特开放。努特认为，希尔斯比对于赖特的真正重要性不在于他是否了解东方艺术领域中的某些方面，而在于他认识这个领域中的什么人，这个人就是他的堂兄：欧内斯特·菲诺洛萨(Ernest Fenollosa)[16]。作为皇家高级艺术委员会(the Imperial Fine Art Commission)的一名成员，菲诺洛萨参加了美国主流艺术组织的巡回展，这次活动始于1886年10月中旬，结束于1887年4月，终点是芝加哥。按照努特的理解，既然在1887年初赖特就可以在希尔斯比的工作室确立他稳固的地位，成为希尔斯比的得力助手，如果希尔斯比没有注意到这位杰出的亲戚的存在，那就是很奇怪的事情了。[17]尽管大家并不知道是否就在那个时候赖特确实遇到过菲诺洛萨，但是赖特在1917年发表的评论中明确指出，他在日本艺术方面对菲诺洛萨的兴趣非常了解，并与他对此产生共鸣："当我第一次看到一件优秀的印刻画时……这是一件令人兴奋的事情。那时欧内斯特·菲诺洛萨正在尽他最大努力说服日本人民不要肆意毁坏他们的艺术作品……作为一个美国人，在阻止这个荒唐举动的潮流过程中，菲诺洛萨作出的努力比其他任何人都多。在一次回家的旅途中，他买下了大量漂亮的印刻作品；后来这些成了我的个人收藏，形成了一个狭长的装饰长廊……我相信，对于我来说，这些一流的印刻作品对我初步了解文艺复兴时的艺术起了很大的作用。"[18]

正是赖特对日本印刻作品的初步了解，使得他非常欣赏这些艺术作品的美丽和价值——他对华丽的厌恶感，对简洁线条的欣赏，对景观与建筑物间基本相互关系的理解，这些都在数十年后赖特所作的一个回忆中得到证实，那时赖特曾把日本印刻画比作福禄培尔积木(Froebel blocks)，它可以训练年轻人用大脑去观察："最伟大的真理就是尽量简洁，去掉一切没有意义的东西……日本印刻画是反现实主义的……因此你就可以从一种新的视觉来认识景观。而且对于我来说，自从我对日本印刻画变得越来越熟悉时，景观从来都是不一样的。"[19]赖特谨慎地说："在我的教育历程中，如果没有日本印刻画的启迪，我不知道整个事情将会朝什么方向发展。"

假设赖特同样对有关日本建筑的专业期刊或书籍产生兴趣，这也是合情合理的，比如说英国建筑师乔思安·康德(Josian Conder)撰写的有关日本建筑艺术的插图文章，刊登于1887年4月的《美国建筑师与建筑物新闻》(American Architect and Building News)上。并被当时由爱德华·莫尔斯(Edward Morse)所著的《日本庭院与它们周围的环境》(Japanese Homes and Their Surrounding)所高度赞赏。与其他那些以日本建筑物为主题并把其建筑称为"纪念碑"的作者不同，莫尔斯对庭院建筑做了详尽的分析，这是遍及日本全国的普遍建筑形式。莫尔斯的这本书出版于赖特开始在希尔斯比手下做学徒的前一年，受到社会的极大关注。在此书出版后的十年内，重新再版四次，而重印次数不低于八次。努特声称赖特一定在很早的时候就注意到了这本书，而且正是这本书使得他对日本住宅具有科学分析的能力。[20]同样值得一提的是，莫尔斯用了一整章的篇幅来论述有关"花园"的内容，在这部分内容里，他表述了日本庭院花园的唯美主义倾向，及这种唯美主义对日本人的重要性："日本花园的秘诀就是没有过多的繁杂。保留并感受花园中的原有特征……他们使用的所有装饰性和其他艺术作品都是为了达到尽善尽美……日本人如此重视花园和花园营造的影响，以至于哪怕是最小的一块狭长空地都能为达到这个目的而得到充分的利用。"[21]

赖特为希尔斯比所绘制的图纸表明，早在1887年他就已经开始把东方表现手法体现在自己的作品中，例如放弃对称布局原则、透视法则和线条表达(轮廓线)法则，而采用随意的布局方式，以及引入景观背景等等手法。[22]在当时，赖特把特色景观和植物装饰引入到建筑绘图中，这种做法是独一无二的，以至于一些发表在专业期刊和商贸杂志上的作品署上了赖特自己的名字，而不是希尔斯比的名字。

研究赖特的史学家格兰特·曼森(Grant Manson)发现，在这个时期赖特同样对临摹一些著名建筑及其装饰细节有着特殊的兴趣。[23]他的这一做法和他诠释图纸的能力，为他能够申请到与阿德勒(Adler)和沙利文(Sullivan)一起工作的机会做好了准备，这个公司当时刚刚得到设计芝加哥礼堂（the Chicago Auditorium Building）的设计委托。赖特成为几个新被聘用的绘图员之一，开始为这个不朽的项目工作。赖特尽力申请得到这项工作，也许很大程度上是预见到这个新礼堂会是芝加哥城市历史上最宏大的建筑工程的事实，而并不是因为这个公司本身的名气。这个工作室的两个负责人——工程师丹克马尔·阿德勒（Dankmar Adler）和建筑师路易斯·沙利文（Louis Sullivan）早在六年前就开始了合作。尽管阿德勒在当时已经很有名气，而沙利文在大礼堂工程得到公众称誉之前，相对来说并不出名。不管怎样，对照这一历史背景可以让我们更容易理解，为什么赖特更倾向于把沙利文尊为自己的导师，而不是希尔斯比或者阿德勒。

路易斯·沙利文（Louis Sullivan）

路易斯·沙利文出生于一个爱好艺术的移民家庭。与赖特一样，他从小就梦想成为一名建筑师，同样也没有完成高中学业，但同样也被大学录取。然而他成长于波士顿的城市环境中，并进入了麻省理工学院（MIT），这所大学在沙利文入学四年前第一个把建筑课程纳入到美国的学院课程表中。尽管如此，在他完成了第一年的学业后，同样对学术感到气馁，于是决定去一家建筑工作室从事学徒工作。最初他为费城（Philadelphia）一个建筑师工作，然后又去了芝加哥，在那里为一个由建筑师威廉·勒·巴隆·詹尼（William Le Baron Jenney）负责的公司做学徒，詹尼是当时芝加哥惟一受过正规教育的建筑工程师。继而他又离开这个公司，去巴黎的美术学校（Ecole de Beaus Arts）学习建筑学。在那里待了不到一年后，他开始对学术生活感到厌倦，又回到芝加哥。当时是 1875 年，沙利文 19 岁，与 12 年后赖特刚到这个城市时的年龄一样大。

在随后的四年里，沙利文以一种自由职业者的方式来养活自己，并通过自学来继续学习。大概，就是在这个不断自省的阶段，沙利文阅读了爱默生（Emerson）、梭罗（Thoreau）、惠特曼（Whitman）等的优秀著作，并在此基础上形成了自己的设计观点。这些观点也对赖特这个热情的年轻学徒产生了巨大的影响，那就是建筑设计应该建立在因地制宜的基础之上，并依赖于当地的材料和当地的地理气候条件。

沙利文是在 1879 年开始与阿德勒一起工作的。两个天才的结合非常成功，他们合作十分愉快，于是两年后他们正式建立了合作伙伴关系。在这种情况下，他们加入到了那些致力于建造一个能够在美国中西部占有独一无二地位的新型的商务大楼的设计师行列。在随后的 20 年过程中，芝加哥比世界上任何其他城市都发展迅速，阿德勒和沙利文的公司设计并建造了许多具有历史里程碑意义的建筑物，这些建筑物一起构成了芝加哥的城市轮廓线。其中，每一栋建筑的基本框架都展示在众人的面前。从此沙利文开始被公认为简洁商业建筑设计风格的鼻祖，后来这种风格成为大家所熟知的芝加哥建筑学派（the Chicago School of Architecture）。这样，就在美国学院还正在完善建筑学的专业课程的情况下，沙利文站了出来，并在实践中得到了锻炼。他在一个快速发展的城市环境中生活和工作，成长为一名年轻有为的成年人。他的建筑生涯是芝加哥城市化的产物，而城市化则是 19 世纪 80 年代和 90 年代存在的一种客观现象。

同样，赖特在他与阿德勒和沙利文工作期间开始积极致力于芝加哥学派运动（the Chicago School Movement）。然而，赖特业余时间在郊区的家里还同时为公司的住宅设计部门工作，事实上是沙利文鼓励他这样做的。大概是因为公司的重点在于商业设计，而对于他们来说，客户的个人住宅的设计仅仅被当作一种爱好。通过这种方法，赖特开始作为一名住宅设计师，在为那些正在升起的工业明星们设计住宅过程中，赢得了一些声誉。这种偶然事件与赖特出生于农民之家以及当时的社会背景有很大的关联——当时芝加哥郊区那些日益增多的中产阶级对于家庭住宅的需求量也是空前巨大的，因此他的建筑设计命运变得逐渐明朗起来，这并不是由于芝加哥城市化带来的结果，而更大程度上正是因为这种由于城市化所导致的社会后果所衍生的历史现象：疏散化和郊区化。

为了充分理解疏散化和郊区化在形成赖特建筑理论及其整体环境设计方法中的重要作用，我们至少要对美国历史上这个关键时期的情况有充分的了解。我们知道，在1870年的时候，三分之二的美国人仍旧生活在农场中，生活在人口不超过2500人的城镇中。芝加哥在发生火灾之前也不过是一座普普通通的城市。火灾事故发生之前的那个夏季，有25000人居住在商业中心区或其邻近的地方——包括所有的收入阶层、不同的种族背景和不同的职业背景。然而不到十年后，几乎没有什么人愿意居住在城市中心区。这种大规模地迁移行为是由于集中在市区的工人们大规模地迁入和迁出所导致的，当时正处在工业革命时期，急需大量人力资源。由于这种大规模迁移的出现，使得偏僻地区更容易通达，19世纪80年代，越来越多的芝加哥人开始定居到城市的郊区地带，当然也包括赖特。最初，沿着公共马车运行的路线发展，后来扩展到更加偏僻的地区。这些地区主要沿着城市间铁路线分布，并在19世纪末期延伸到了更远、更广的范围。

随着开发商在交通沿线购买了大片土地，他们延续了城市内部建立起来的网格状布局模式，在街道两侧布局成与街道平行的若干街区，沿着街道种植行道树，并尽可能地把土地细分成小块。他们通过鼓励把小块土地当作不受消防限制的分区来吸引那些潜在的周末旅游购买者，在这里人们可以建造"木屋"。据有些人描述说他们的地产远离街道，可以通向墓地。在这个过程中，他们利用了这种由马拉公共车带动的大规模迁移的趋势，当时芝加哥人开始兴起在新开发的墓地周边的有些类似公园的开阔地带，在"穷途末路"享受野餐。"这些半田园风格的墓地……非常吸引那些周末旅游爱好者，"彼得·O·马勒（Peter O. Muller）指出，"他们中的一个开始向没有墓地许可证的家庭收取费用。"[24] 这些墓地周围开阔空间的流行，起源于芝加哥宏伟的公园系统和树木成行的林荫道。

在1856年纽约中央公园（New York's Cenrtral Park）得到极大吹捧，并对公众开放后，众多美国城市开始热衷于开发公园系统，芝加哥只是其中之一。中央公园的成功大部分源于它位于城市中心地带，人们容易到达，但是同样也与它那如画的乡村设计风格，以及与英国风景园林学校（the English Landscape Gardening School）提倡的自然主义的理念有关，这一理念曾一度在19世纪初期风靡整个欧洲。然而，在19世纪四五十年代，在安德鲁·杰克逊·唐宁（Andrew Jackson Downing）和威廉·卡伦·布赖恩特（William Cullen Bryant）提高自然现实主义的公众意识，发起并推动在纽约市中心建造开放式公园之前，这种从文艺复兴时期华丽的规则式的巴洛克风格（Renaissance-Baroque）到自然化的公园景观理念的转变并没有对美国产生什么影响。在安德鲁和威廉等人的说服下，最终为"中央公园"举办了一场设计竞赛，竞赛的获胜者是英国建筑师卡尔弗特·沃克斯（Calvert Vaux）与美国景观设计师弗雷德里克·劳·奥姆斯特德（Frederick Law Olmsted）合作完成的颇具想像力的作品。他们分别为行人和交通工具设计了不同的道路系统，这一创新是这个设计作品成功的一个关键要素，赖特1909年在为比特鲁特（Bitter Root）城设计方案中也曾仿效这种设计处理方法。因为这个设计方案适宜的尺度和所具有的想像力，使得这种城市公园系统的最初设计模式引领了一场景观设计的新运动。

开放中央公园的一个副作用就是其周围地区房地产价值的迅速攀升。金钱的影响如此之大，使得全美城市公园的开发成为一项巨大的行业。有影响力的芝加哥企业组织建议把以前曾经准备建在密歇根湖北岸的城市公墓改建成一个开放式公园，也就是众所周知的林肯公园（Lincoln Park）。这个举动马上就开始把南岸的大片沼泽地转变成公园，奥姆斯特德(Olmsted)和沃克斯(Vaux)

的公司开始为这项工程设计方案。巧合的是，奥姆斯特德（Olmsted）当时正在芝加哥地区监督一个设计方案的实施过程，这是两年前他的公司为伊利诺伊州里威赛德市（Riverside Illinois）所做的项目，那是距离芝加哥环线西南部9公里的一个郊外社区。正是这一系列的事件，导致了芝加哥地区三个景观的开发，并对作为设计师的赖特产生了强烈影响。这三个景观规划都是由弗雷德里克和沃克斯构思的，或者说是弗雷德里克·劳·奥姆斯特德及其伙伴的成果：里威赛德乡村社区（the village of Riverside），芝加哥南岸公园（Chicago's South Shore parks），哥伦比亚世界博览会（the World's Columbian）。

里威赛德乡村社区(Riverside)，伊利诺伊州(1868 年)

赖特在其早期学徒生涯中，对里威赛德社区几乎没有什么不了解的地方，他对这里的一切了如指掌。首先这是其地理位置决定的，因为这里距离市中心不到10英里，而且搭乘城际列车很容易到达，这一点使得里威赛德与芝加哥郊区化早期所建立的其他任何一个社区都有所不同。这片占地1600英亩（约640公顷）的社区沿着德斯·普雷恩河（Des Plaines River）岸展开。而公共开放空间几乎占了整个社区一半的面积，约有700英亩。而开放空间形式多样，包括一个面向全体居民开放并完全保留乡村风味的村庄；一条沿河的林荫道，两侧草木浓郁；以及人行道，景亭，乡村小桥和一个可以溜冰、划船的人工池塘；由宽阔的通道连接起来的稍稍弯曲的街道，使行人可以在村庄随意漫步。只有离火车站最近的地方被细分成标准化的街区。这块土地的余下部分被分割成风格各异的不规则区块，以便于在弯曲的街道后面营造那些雅致的家庭住宅（图1-1）。在里威赛德社区建造的这些著名的家庭住宅都是由芝加哥最有声望的建筑师们设计的，而由奥姆斯特德和沃克斯设计的住宅的独特性在当地乃至全美刊物上都得到高度赞扬。当时奥姆斯特德把成千上万的灌木、落叶树和常绿植物引入到了毫无特色的大草原景观中，这些树木在19世纪80年代中晚期达到成熟的阶段，当赖特到达这里时，里威赛德社区看上去就是一个周末旅游爱好者的首选之地，人们只要步行、骑马或者乘车就能够很容易到达这里，而且还可以欣赏到优雅的庭院和公园一样的景色。

尽管里威赛德社区从未被当作芝加哥居住区的样板，但是就像奥姆斯特德所期望的那样，曲线形的街道系统被看成郊区发展的一种理念，也就是一种使城市空间郊区化的方法，并使其成为一个不一样的生活空间而分离出来。正是由于这个观点，许多著名的设计师开始为了曲线而使用曲线，包括那些曾经拘泥于几何线形的设计师们，如沙利文和赖特。沙利文和赖特1890年给位于密西西比州欧申斯普林斯市（Ocean Springs, Mississippi）的占地面积达41.5英亩的沙利文冬季度假地设计的曲线形的车道系统，就是这种非逻辑设计

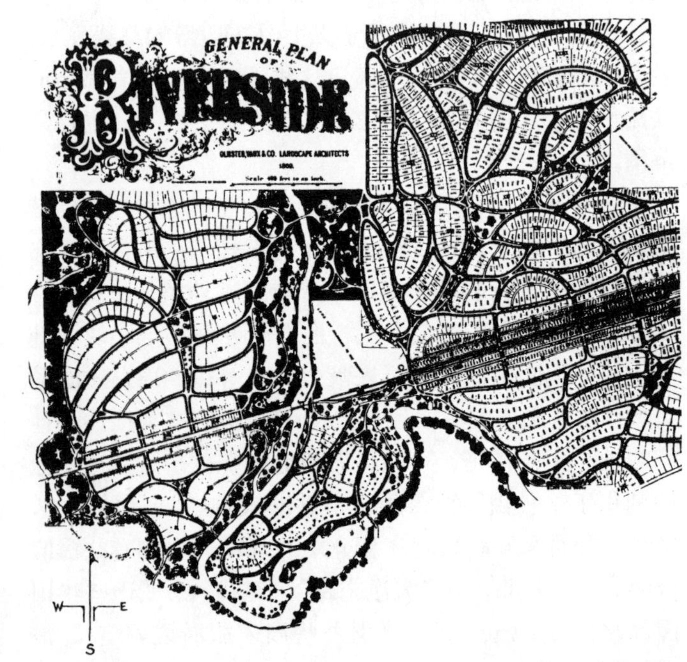

图1–1 里威赛德市，伊利诺伊州——1868年弗雷德里克·劳·奥姆斯特德设计的弯曲的道路系统（由伊利诺伊州芝加哥市纽伯瑞图书馆惠赠）

的优秀例证。尽管地形平坦且毫无特色，他们依旧精心设计了弯曲的车行道和马行道，把场地内部错综复杂的构筑物连接起来（图1–2）。为了能够让沙利文的私人别墅可以俯瞰整个墨西哥湾（the Gulf of Mexico），这个冬季度假居所必须位于一个最南端的位置，并且从芝加哥可以乘火车直接到达。从最初的墓地，到后来的郊区社区、公共园林，以及更晚些的度假地，这种在疏散化年代产生的永恒不朽的关于居住环境的社会文化模式都位于城市的"穷途末路"。

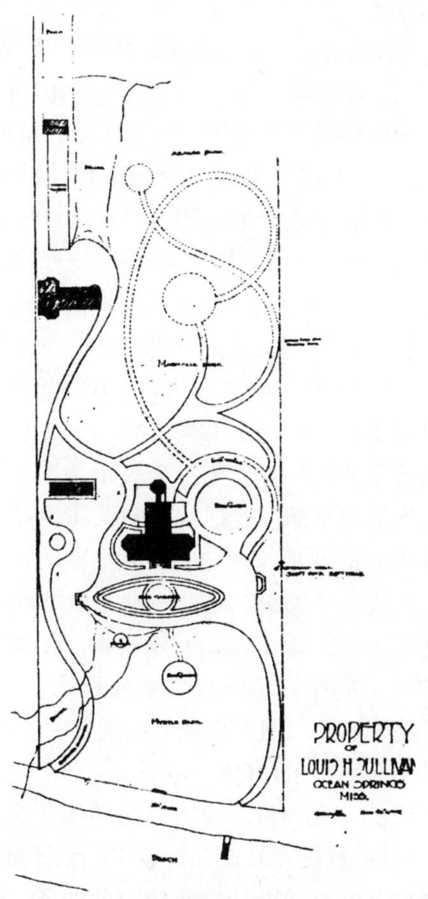

图1–2　1890年弗兰克·劳埃德·赖特为沙利文位于密西西比州欧申斯普林斯市的冬季度假别墅设计的曲线形道路系统（由亚利桑那州斯格特达勒市的弗兰克·劳埃德·赖特基金会提供版权，2002年）

南岸公园开发计划（South Shore Parks Development Plan-Chicago），芝加哥市，伊利诺伊州（1870年）

南岸公园委员会（the South Parks Commissioner）为开发公园而申请到的那块土地位于优美的密歇根湖沿岸，而且可以非常方便地到达中心商务区。这个位置同样便于大众交通；铁路和都市间的道路已经建成，同时水上交通也是一种可以预见到的交通方式。然而，这块土地整整三分之二的面积是浸泡在水里的平地，频繁发生水溢，但被低垄沙地所截断。除了为数不多的几棵被来自密歇根湖的大风吹得东倒西歪、叶子枯萎的矮小树木外，整个土地几乎是块不毛之地。奥姆斯特德和沃克斯建议在那里建设两个公园——距离内陆最远的华盛顿公园（Washionton Park），离湖最近的杰克逊公园（Jackson Park）—— 二者通过一条1英里长、650英尺宽的道路连接，道路中央为绿色草地，以如画的水景为特色，有心旷神怡的人行道，道路两边有宽阔的树木带（图1–3）。这个宏伟的"米德韦普莱桑斯"（Midway Plaisance）就

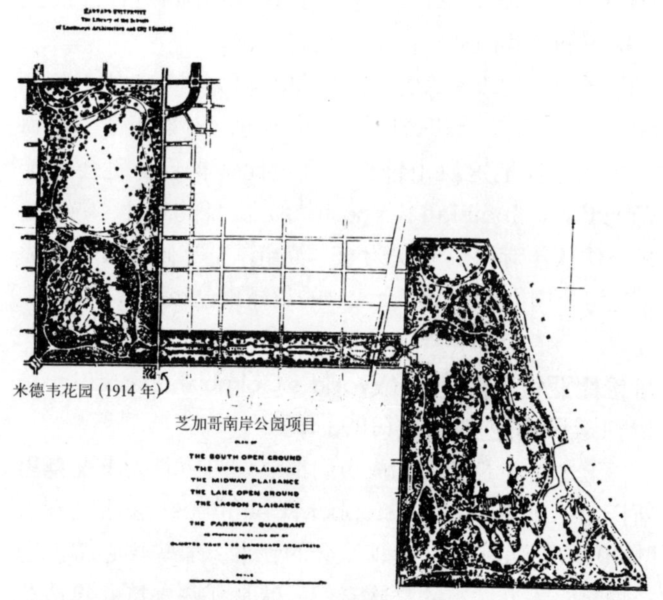

图1–3　奥姆斯特德1870年的芝加哥南岸场地规划图——华盛顿公园，米德韦普莱桑斯，以及杰克逊公园（由芝加哥南岸公园委员会惠赠）

是作为优美的公园间通道而设计的，但是它的一项更重要的功能在于整合了水路管道系统，使其能够把整块土地的水排到密歇根湖中，从而实现景观的可持续发展。

南岸公园的开发在发生芝加哥大火后被终止了，因为公共费用基金直接用于市中心的重建。尽管米德韦普莱桑斯和华盛顿公园基本上按规划方案实施了，但整个湖岸线的改变很有限。尽管如此，公园周边地区跟我们所预料的一样，其地产价值极度上涨。沿着附近居住区的林荫道建造了许多高级城市别墅。公园中宽阔的林荫道和精心维护的骑马道，吸引了众多拥有马匹的富人，他们涌向这里，以至于到1884年的时候，华盛顿公园赛马俱乐部（the Washington Park Race Club）专门建造了一所俱乐部别墅，而赛马俱乐部的看台就在公园旁边。尽管随着有轨电车和小汽车的出现，这些娱乐方式逐渐被人们所遗忘，但是公园的休闲娱乐环境还继续吸引着众多观光客，这一情形一直持续到了20世纪。1913年，当赖特设计完米德韦花园（the Midway Gardens）之后，他自己也开始对日益被大众接受的公共园林空间进行投资。

无论如何，考虑到阿德勒和沙利文事务所位于芝加哥市区——距离南岸公园北部6英里，不难想像当奥姆斯特德建议把这块土地作为哥伦比亚世界博览会（the World's Columbian Exposition）会址的时候，赖特及其合作伙伴对这块面积为633英亩，正等候着被开发成杰克逊公园（Jackson Park）的沼泽地已经非常熟悉了。

哥伦比亚世界博览会（World's Colmbian Exposition），伊利诺伊州芝加哥市（1893年）

芝加哥建筑社团的成员们都热切盼望着为庆祝克里斯托弗·哥伦布（Christopher Columbus）发现美洲大陆400年而发起的全美博览会的到来。那些热心游说选择博览会主办城市的鼓吹者们，就是那些支持并建造礼堂的人。同样，建筑师们都希望知道规划团队的挑选情况。他们是：芝加哥人丹尼尔·哈得逊·伯纳姆（Daniel Hudson Burnham）和约翰·韦尔伯恩·鲁特（John Wellborn Root）任监理建筑师；弗雷德里克·劳·奥姆斯特德及公司其他成员是监理景观设计师；A·高特里（A.Gottlieb）是顾问工程师，以及雕刻家奥古斯塔斯·圣戈登（Augustus Saint-Gaudens）是营造喷泉和雕塑的技术顾问。

建筑师们无疑会遵从奥姆斯特德的兴趣而选择博览会场地，以及他建议的设计方案，还有这块将于1890年开始开发的土地的建设风格。奥姆斯特德、伯纳姆以及鲁特亲密工作在一起，为了与这块场地的现有构筑物取得联系，他给出了一个条理分明的场地规划图，而这种布局是以前他曾为杰克逊公园所设计好的。依据他以前给南公园委员会（South Park Commission）提供的方案所建造的构筑物是为了稳固这块沼泽地，从而便于进行开发。奥姆斯特德建议把这块土地的低洼部分进一步挖深，以便更好地把整个地区的水导入密歇根湖，挖出来的泥土堆积成人工小岛，或者填补某些部位，形成这个场地起伏的轮廓线。他把一块低洼地设计成一个四周长满树木的小岛，小岛周围是一个天然形态的池塘，一块预想作为一个“没有建筑物的自然的、开阔场地……以便衬托这片风景中其他部分人工构筑物的宏伟和奢华。”[25]他把米德韦普莱桑斯单独作为一个娱乐场地——第一个环境秀丽的米德韦花园。他把其他的低洼地设计成可以行船的、像威尼斯城那样两边有垂直墙壁的运河，以便用来连接一个规则式水塘，这个规则式水塘的中央是一个名誉法庭（Court of Honor）建筑物，在那里他设置了宽敞的船坞、码头、桥梁、高架桥和高塔（图1-4）。正是这一方式的土地利用和景观营造激发了赖特的灵感，而这是发生在两年后的事情，也就是1895年，赖特规划了一个类似的开发项目，即沃尔夫湖娱乐公园（Wolf Lake Amusement Park）南侧数英里的沼泽地。

有关赖特及其公司设计交通建筑的业务，已经有相当多的描述。伴随着对博览会这种建筑主题的关注而引发的争论之声（古典主义和功能主义），建筑师之间不

图 1–4　伊利诺伊州芝加哥市哥伦比亚世界博览会建筑和周围场景远景鸟瞰图（《哈珀》周刊附录，1891 年 12 月第 19 期）

断的争论一直持续到了 20 世纪，一个典型的日式构筑物——凤凰殿（Ho–o–den）被复制到奥姆斯特德那个树木繁盛的、自然式的、风景如画的小岛上。这次博览会上的这个日式建筑和玛雅式建筑被许多历史学家认为是赖特建筑中众多"现代"设计元素的灵感源泉。但是，博览会布局本身对赖特似乎并没有产生类似的影响力。然而，微型城市的点点滴滴与建筑物具有一样的影响力，因为它们共同激发了城市美化运动（the City Beautiful Movement），并为赖特和其他设计者学习城市设计和社区规划的基本概念提供了一个可行的版本。约翰 · 科尔曼 · 亚当斯（John Coleman Adams）支持这一说法，他在 1896 年描述这个博览会"是精心设计和认真规划的"城市。[26] 他详细描述道："土地的测绘、开发的方式、建筑物的位置、道路、运河和桥梁的关系、所涉及的相互联系的事物的规划与安排等等都是提前规划和设计好的。景观设计师和工程师在博览会开始之前已经仔细考虑了有关建筑物的问题。结果非常令人满意。"这次博览会对沃尔特 · 贝利 · 格里芬（Walter Burley Griffin）也有相似的影响，而他将在 20 世纪与赖特共同工作 5 年的时间。"芝加哥博览会在城市规划方面给我上了第一堂课，"[27] 他是这样说的；他回忆时把这个博览会比作"一个计划或系统的伟大典范……这个博览会为所有的事物都提供了展示的场所和空间，同时所有的事物都处在他们应该在的位置上。"[28]

同样这个博览会也与花园城市运动（Garden City Movement）及草原学派运动（Prairie School Movement）有联系，尽管这种联系在很大程度上是间接的。而且这三个运动相互之间基本上是平行发展起来的，而且在那个时期，赖特自己正努力寻找一条实现自己职业生涯的道路，因此他积极参加了每一个运动，并深受其影响。

城市美化运动（City Beautiful Movement）

城市美化运动主要是上流阶层表达的一种公众意识，这一潮流在 20 世纪前 20 年席卷全美国。这场由博览会引发的支持城市美化的热情浪潮激起了许多建筑师、景观建筑师、工程师们要求在其职业领域内进行城市规划和美化的主张，后来博览会大部分公开了伯纳姆为芝加哥、巴尔的摩、克利夫兰、旧金山、马尼拉（Manila）、华盛顿特区所做的规划方案。这些方案的突出优点作为卖点被全美各地的私营商贸组织、小社区中的城市或社会志愿组织积极发掘并推广。赖特就是参与这个推广活动的众人中的一员，这可以从一篇 1906 年 4 月 25 日发表于《伊利诺伊州杂志》（Illinois State Journal）上标题为"建筑师关于城市美化的讲话"的文章得到证实，这期杂志包括了赖特在斯普林菲尔德妇女俱乐部

(Springfield Women's Club) 和斯普林菲尔德男性商人联合会 (Springfield Business Men's Association) 合并之前的所有演讲内容。尽管赖特演讲的正文没有正式发表，但是据报道："他讨论了在城市美化中对景观造园的需求，断言对景观设计师的需求将会比建筑设计师更大。"[29] 赖特并不是在这里吹捧景观设计师，他只是提醒听众们城市美化是他正在拥护的一项事业，同时表明进行全市范围内的规划设计任务超过了他的能力范围。然而直到 1909 年，赖特才有机会通过他的比特鲁特城的规划(Bitter Root Town Plan) 来检验和证实自己的能力。

赖特在 1906 年的斯普林菲尔德演讲和他 1909 年进行的比特鲁特城的规划的时间安排是相关联的，因为它们证实了赖特身处发生在 1906 年至 1916 年间的城市社会文化运动的最前沿。而这 10 年被规划历史学家约翰 ·L· 汉考克 (John L. Hancock) 确定为"现代美国向负责任的社会转变的开始"。[30]

花园城市运动 (Garden City Movement)

外行人对城市美化运动的支持是非常有限的，他们对复杂的社会公众需求缺乏认识，有限的实用主义城市规划远远落后于物质规划 (physical planning) 和审美要求。这个与社会改革平行发展的运动，以现实为基础的社会经济规划将在花园城市运动的光环下出现，这一运动是建立在 1898 年由埃比尼泽 · 霍华德 (Ebenezer Howard) 在其颇有影响的一本名为《明天：一条真正通向社会改革的和平之路》(Tomorrow: A Peaceful Path to Social Reform) 的书中首次提出的理论基础之上的，也许这本书在 1902 年重新发行时的书名更为人所知：《明日的田园城市》(Garden City of Tomorrow)。霍华德出生于英国，19 世纪 70 年代移民到美国，在芝加哥工作了四年，在这个年代芝加哥有时被称作"花园城市"。城市规划历史学家威廉 ·H· 威尔逊 (William H. Wilson) 解释了霍华德的城市发展理论："霍华德所设想的理想城市，是紧凑的住宅区被一圈由果园、农场、公园等非住宅用地构成的永久缓冲区所围绕。花园城市包括所有的服务设施、零售商店，以及足以支撑居民的工业……他们的交通安排将重点放在城市间的铁路运输和高速公路，但是也允许有少量交通在高峰期穿过城市街道。"[31] 英国建筑师雷蒙 · 昂温 (Raymond Unwin) 通过汉普斯德系列花园 (Hampstead Gardens) 证明了霍华德规划原理的价值，这是一个位于伦敦郊区的地方。而且 1902 年雷蒙 · 昂温与巴里 · 帕克 (Barry Parker) 还合作设计莱奇沃思城 (Letchworth)，这是英格兰第一个所谓的花园城市。

花园城市运动与博览会有直接关系，博览会上有伊利诺伊州普尔曼镇 (Pullman) 的工业村规划的巨大三维模型，那是阿德勒和沙利文交通建筑中的一个著名参展品。这个模型用图形向博览会上的参观者表现了这种自给自足且高度宜居的步行社区，这是由铁路工业家乔治 ·M· 普尔曼 (George M. Pullman) 为普尔曼豪华列车车厢公司的员工以社会变革为名建造的一个社区。那时，普尔曼镇在肮脏不堪的芝加哥南部，是一个名副其实的景观绿洲，这个小镇有 1750 幢根据用户需求设计的住宅、一所学校、一家工厂和一栋行政办公楼——每个建筑都配有自来水、煤气和室内浴室 (对于那个年代的工人阶级来说，所有这些都是相对较新的概念)，同样还有操场、田径场、公园、教堂、一所图书馆、一个市场、一个旅馆以及一个购物中心 (被看作是封闭型购物场所的先驱)[32] (图 1-5)。通过搭乘从博览会来的通勤列车或者加挂在芝加哥环线列车上的旅游车厢，博览会的参观者可以很方便地到达这个社区，这一点被全世界的参观团所称赞。一篇发表在 1893 年《伦敦泰晤士报》(London Times) 的文章这样写道："在美国没有其他任何一个地方能够比普尔曼镇有更强烈的吸引力或者更便捷的到达方式。"[33] 每天参观普尔曼镇的观光客多达 2000 人之多，有时比这还要多些，他们包括来自美国和欧洲各地的建筑师，我们当然可以相信赖特也是其中一员。毕竟，他曾参与过阿德勒和沙利文的交通建筑设计，而这个模

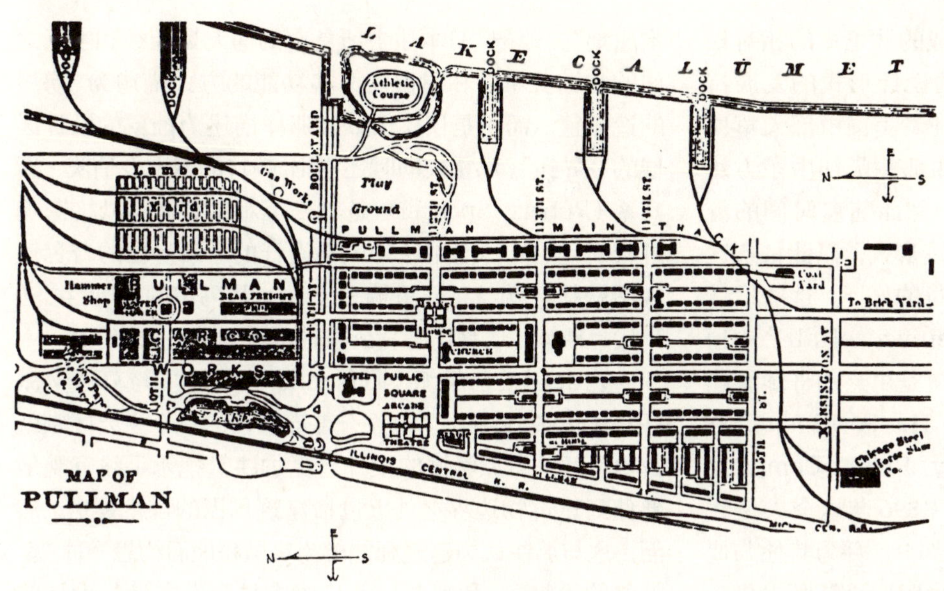

图 1–5　伊利诺伊州普尔曼镇——一个基于花园城市理论的工业城镇模型（1880 年）（哈珀月刊）

型就是在那里设计完成的。此外，花园城市理论成为了 1913 年赖特参加城市俱乐部设计竞赛和著名的广亩城市理论（Broadacre City）的基本根据。而且，众所周知的是，赖特在 20 世纪 20 年代和 30 年代间参观了全美国许多基于此理论而建设的社区。

就像对开发住宅的设计方案一样，赖特对于城镇规划领域中进化发展的每一事件都非常有兴趣，并且见闻广博，这可以从他从业终生并对社区尺度规划的强烈爱好得到印证。在分析赖特作品的编年史时——甚至包括他为那些剧院、乡村俱乐部、教育和宗教建筑、桥梁、医疗诊所、商店及旅馆等城市非居住用途所进行的众多个人设计项目，我们会发现有 41 个项目的大量土地利用都是当作一个整体来设计的，并且都可以看成是社区或者城市尺度上的规划设计（见附录 B）。尽管这些规划项目中仅仅有 8 个得以实施（还有 4 个部分得以实施，29 个没有通过投标阶段），但是这些得以实施的项目象征着赖特从业 62 年来（从 1895 年到 1957 年）始终坚持的理念，同时也证实了赖特对社区规划原则的贡献，而这些规划设计原则最初是在哥伦比亚世界博览会期间被激发出来的。

草原学派运动（Prairie School Movement）（1900 – 1915 年）

草原学派运动本来是一个有关艺术和雕塑的地方性运动，是 19 世纪 60 年代起源于英国的一个革新运动，被建筑历史学家 H· 艾伦 · 布鲁克斯（H. Allen Brooks）描述为“解决问题的一种途径……不提倡形式的特定词汇。它追求简洁、淘汰，尊重材料。它最有用的作用……是净化了大众品位。”[34] 能够证明赖特被这个理论所吸引的事实是，1897 年在简 · 亚当斯 · 赫尔大楼（Jane Addams' Hull House）成立了芝加哥艺术和工艺社团（the Chicago Arts and Crafts Society），而赖特就是发起的建筑师成员之一。[35] 此外，1897 年和 1899 年发表在美国最早的、有影响的主妇杂志《美丽的住宅》（House Beautiful）上的有关赖特的两篇文章，用最生动的艺术和工艺术语赞扬他是全美国最好、最有见解的设计师之一。

术语“草原学派”（Prairie School）最初是一个

由大约二十几个自由设计职业者组成的非正式的相对松散的社会团体，他们就同一种原始设计形式的发展持有相似的目标，这种设计形式象征着美国中部大草原的精神，区别于传统的建筑体系和那些最初由东方建筑师设计的美国中西部文明景观。然而随着时间的流逝，这个术语被用于描述他们的建筑形式，以此证实这个团体的集体创造和努力工作所赢得的好评。这些设计师大部分都曾经在施泰韦大厦（Steinway Hall）的顶层保留着宽敞的办公空间，这座大厦是由芝加哥学派建筑师德怀特·H·帕金斯（Dwight H. Perkins）为施泰韦钢琴公司总部（the Steinway Piano Company Headquarters）设计的办公大楼。1896 年这个大厦完工后不久，帕金斯就租用了其顶层部分，并为其他与他自己有相似观点的有独立见解的自由职业设计师提供工作空间。帕金斯安排的工作环境非常独特，在那里个人或者团体都有独立的办公室，但是绘图室则是共用的（服务人员也是共用的），这样可以互相交流，在设计项目时有时也会有正式的合作。

赖特就是第一批迁到施泰韦大厦中的一员，在那里他与帕金斯、米伦·亨特（Myron Hunt），以及罗伯茨·C·斯宾塞（Robert C.Spencer）共用一个工作空间，形成了这个四人核心小组的雏形，赖特是惟一没有在 MIT（麻省理工学院）受过任何培训的成员。早期其他三个共用一个工作室的建筑师是 H·韦伯斯特·汤姆林森（H. Webster Tomlinson）、沃尔特·贝利·格里芬（Walter Burley Griffin）以及玛丽恩·玛霍妮（Marion Mahony）。汤姆林森曾与赖特有过短时间的合作关系。格里芬和玛霍妮后来都加入到了赖特的橡树公园工作室，成为同事。

后来是玛霍妮告诉格兰德·曼森（Grand Manson），凤凰殿（Ho-o-den）建筑对"芝加哥学派早期所有成员"的本土建筑的发展产生了深远影响。[36] 她宣称正是由于他们对这种结构同样的痴迷，使得他们"开始一起收集印刻画，并在有关建筑的绘画中注意到现代西方建筑的基本原则"。她把"日本住宅所具有的与大量光线和空气之间的和谐关系"和屋檐发挥其功能的方式描述为"房屋的遮阳篷，而不是仅仅像以前那样描述为抽象的设计区域的分界线"。玛霍妮同时还指出，赖特的密友罗伯茨·斯宾塞（Robert Spencer）是第一个对日本建筑风格影响进行回应的人，他用这种风格设计的一所房屋的着色透视图就挂在赖特工作室墙壁上，这是玛霍妮 19 世纪 90 年代中期第一次拜访橡树公园时所看到的。

艺术和工艺学派（Arts and Crafts）与草原学派（Prairie School）之间关于建筑风格的一个主要区别就是水平线。草原学派的设计者更加注重把水平线直观地延伸到建筑物边界之外以包括建筑周围的自然景观。然而，这与那些认为建筑师能够为房屋和地面构思一种"全方位的设计"，和那些认为应当有景观专家参与设计的观点是大相径庭的。景观设计历史学家罗伯茨·E·格里瑟（Robert E.Grese）提到了一篇刊登在 1902 年出版的《建筑实录》（Architectural Record）上的文章，作者发现"大部分有影响力的美国的景观设计工作都出自那些模糊了建筑与景观之间区别，同时对建筑物和景观进行设计的建筑师们。"[37] 他说作者进一步建议这种减小建筑与景观之间差别的趋势是可取的，因为"'全方位设计'最好由'同一个设计师想像出来并加以完成'。"后一个目标是赖特所拥护的观点，这点可以从他为《建筑评论》（Architectural Review）（波士顿，1900 年 6 月）和《弗兰克·劳埃德·赖特》（Ausgefuuhrte Bauten und entwurfe Von Frank Lloyd Wright）（柏林，1910 年）中发表的场地规划得到证实，赖特所写文章、书籍大部分都收录在《沃斯姆斯代表作选辑》（Wasmuth Portfolio）。

很少有研究赖特的史学家意识到草原风格景观设计的运动是在其平静的革命过程中起作用的，甚至在"草原式建筑"这个概念得到普及之前。风景园林学（Landscape Gardening）的第一门课程在 1868 年引入到伊利诺伊大学园艺系（the Department of Horticulture at the

University of Illinois）的课程设置里——比引入到这个机构的第一门建筑学课程还早五年时间。到1907年的时候，大众对于景观造园的兴趣达到了空前的程度，以至于伊利诺伊大学设立了一门由约瑟夫·库林·布莱尔（Joseph Cullin Blair）指导的正式的"风景园林"学位课程。[38]

1901年布莱尔（Blair）在普及景观造园的草原式风格中迈出了重要的第一步，他聘请威廉·米勒（Wilhelm Miller）负责成立一门继续教育的高级课程，这样所有伊利诺伊州的市民都可以了解到这门学科的最新思想。米勒是一名受工艺美术运动影响的风景园林师，他喜欢使用自然形态的本地植物，这种自然主义风格是由英国园林学院和奥姆斯特德提出的。米勒同时还是一个多产的作家，来伊利诺伊大学之前有四年在《美国园艺百科全书》（Cyclopedia of American Horticulture）做副主编的工作经验。米勒关于自然主义风格等观点的著作和文章一般发表在《建筑实录》、《美国的乡村生活》（Country Life in America）、《园艺杂志》（Garden Magazine）以及其他学校刊物上。他主张建立景观造园的一种全新模式，以适应大草原地区特定的风景、气候及土壤特性，而不是照搬照抄其他地区的景观模式和材料。米勒著作的广泛传播对世纪转折时期促进伊利诺伊州本地景观的保护及其地方植被的恢复有重要的贡献。然而，在同一个时期，著名的风景画家查尔斯·A·普拉特（Charles A. Platt）也在当时比较新的《哈珀杂志》（Harper's Magazine）月刊上发表了文章。普拉特在著作中提倡在景观设计中重新采用规则式几何形状进行设计，从而与米勒的观点相左，就像格里瑟所解释的那样："普拉特崇尚采纳文艺复兴式的意大利别墅的组织原则，作为一种统一建筑与花园的方法……普拉特相信这种'自然化'的景观设计之路……忽略了室外设计的建筑特征。"[39] 弗雷德里克·劳·奥姆斯特德猛烈抨击普拉特的这种理念和设计手法。"目前有一个有组织的敌人站在我们面前，"他写道，"他有强大的信念、能力，他甚至自信到了盲目自大的程度……他们大都是应该礼貌相待的有教养的绅士，但是他们是教条的、狂热的、固执的伦敦人，相比大部分在巴黎受过熏陶的人，他们对真正的田园风味没有兴趣，缺乏理解。"[40]

这样，那些受过正规古典主义景观熏陶的建筑师，与那些崇尚自然或者有机景观、尊敬古典建筑及所谓的"诚实"建筑的沙利文、赖特及其他来自芝加哥学派的建筑师们之间，发生了激烈的讨论和争论。而这时赖特正在形成他自己的建筑设计风格，也就是说，他同样也卷入了这场正在进行的、有关景观设计手法与表达的争论之中。

支撑草原风格景观造园的最有力的论点是米勒发表于1915年11月的一篇名为《景观造园的草原精神》（The Prairie Spirit in Landscape Gardening）的文章。他回顾了前20年以来景观设计的"伊利诺伊式"的发展过程，并描述了那些由沙利文、格里芬、威廉·德拉蒙（William Drummond）、奥西恩·科尔·西蒙兹（Ossian Cole Simonds）和延斯·延森（Jens Jensen）所设计的包括私人不动产和公共花园在内的建筑典范。他主张这些挑选出来的建筑实例的设计师所使用的原则和方法，应该被农民、城市居民、贫困的租房者们根据他们想要的大小在农庄或城市土地上加以应用。接着他还清楚地讲述了与房屋的阳面和阴面相关的一般性栽培问题，处理了一些诸如乔木、藤架、堤岸、土壤、专类园和防风林等的特殊问题。他解释了景观保护与恢复的原则。而且他还为特定植物组提供了分层和不分层材料的详细清单。最重要的是，他的这一著作在美国中西部得到广泛传播。因而，米勒的文献已经成为了指导大量的业余或专业人员的设计指南，一个有关营造草原风格造园中的"如何去做"的指南。

赖特与米勒由于这篇著作而相互联系，证据是赖特写给米勒的一封日期为1915年2月24日的信——这个日期是米勒文章发表前9个月。在信中赖特回答了米勒提出的几个特殊问题。尽管赖特承认"大草原对我所使用并奉献给大草原的那些范例的风格的形成有很大影响，"他在信中清楚地表达为"建筑的草原风格"，却并没有允许米勒把他的设计涵盖到任何"组群""建筑作品"中去。"非常抱歉，" 他写道，"一所美国大学中的人应该能意识到，一个人的工作只有当其走得足够远，到能够被当成许多人的工作，失去其个体差别，成为'团队'的东西时，才能得到大学的承认和支持。"[41] 不过，赖特称赞了米勒在研究中所做出的努力："我认为，在以学院风格、追踪并建立这些东西过程中，你做的工作非常好。"大概就是因为这次看上去很轻微的挫败，使得米勒没有把赖特的任何作品收录到这本书中，或者收录在 1916 年 12 月的《建筑实录》的那篇文章里。他选用了西蒙兹、延森以及格里芬这些大量使用中西部本土植物材料的设计师，他们大都受大草原独有特征的影响。[42] 字里行间所透露出来的重要性信息就是，这里所提到的三个设计师中的任何一个在当时都主要受赖特个人进化景观哲学的影响，或者是被那些实例所感染，他们或多或少和赖特有私人往来或专业合作。

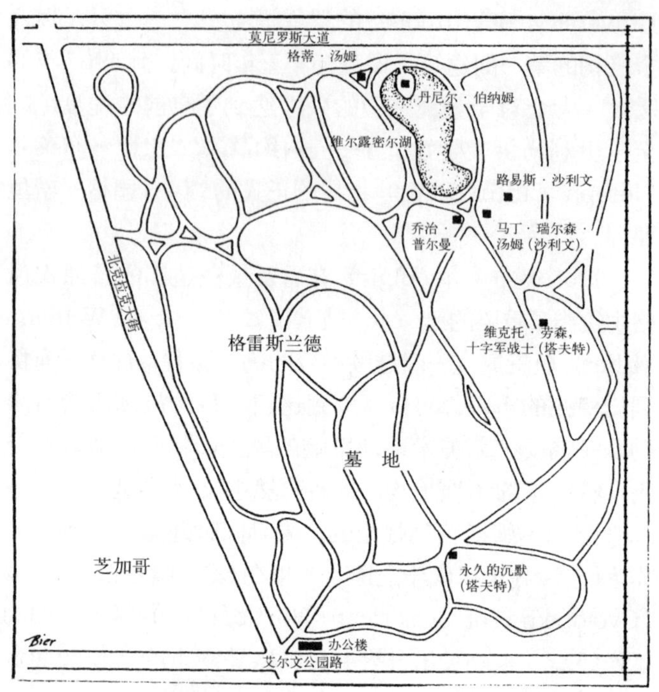

图 1–6 1880 年奥西恩 · 科尔 · 西蒙兹为芝加哥的格雷斯兰德公墓设计的曲线形道路系统（沃尔特 · L · 格里瑟提供，《美国景观的成长》的作者，1985 年普林斯顿大学出版社，新泽西州普林斯顿）

奥西恩 · 科尔 · 西蒙兹 (Ossian Cole Simonds)

奥西恩 · 科尔 · 西蒙兹在密歇根大学从师于威廉 · 勒 · 巴隆 · 詹尼（William Le Baron Jenney）学习建筑学，1878 年成为詹尼的芝加哥事务所的一名工作人员，那时沙利文也在那里当学徒。同詹尼一样，西蒙兹也从事景观造园工作，1880 年开始为芝加哥的格雷斯兰德公墓（Chicago's Graceland Cemetery）扩展部分进行设计，此设计中他继承了由詹尼和景观建筑师 H · W · S · 克利夫兰（H. W. S. Cleveland）在 1860 年设计最初的公墓时发明的曲线形公路系统，与这种蜿蜒道路系统相似的还有之前提到的奥姆斯特德在里威赛德乡村社区所设计的公路系统（图 1–6）。格雷斯兰德是沙利文著名的格蒂 · 汤姆（Getty Tom）住宅所在地，且与奥姆斯特德的中央公园相连，这是美国早期景观设计中两个最知名的范例之一。

西蒙兹在从事土地的管理工作后，其最有意义的工作出现了，他开始致力于研究重塑伊利诺伊州本土风情的草原式景观。西蒙兹开始移栽来自伊利诺伊州本土的野生植物种类。这些树种和其他常见树种相比，其水平枝条特别发达。而这些树种大部分在当时都被看作普通的杂草。在把这些元素融合到这种观赏性草坪和宽阔的大草原景色的形式中时，西蒙兹为景观造园设立了一个标准，这后来被众多草原学派建筑师所仿效——赖特就是其中之一。在赖特一生的职业生涯中，他更倾向于建议客户们选择野生物种并将其移栽到他们的工地上，而不是引进那些从植物栽培园栽培的外来物种。

延斯 · 延森 (Jens Jensen)

延斯 · 延森来自丹麦，1885 年移民到芝加哥——比赖特来到芝加哥仅仅早两年的时间。据延森传记的作者伦纳德·K·伊顿（Leonard K. Eaton）回忆，延森开始只是西芝加哥公园地区（West Chicago Park District）的一名工人，后来成为洪堡公园（Humboldt Park）的负责人，洪堡公园是芝加哥西部最大的公园之一。伊顿声称，延森在担任这个职位的过程中，"是除了弗兰克·劳埃德·赖特之外，获得了比其他任何一个同时期的美国艺术家都要广泛的国际声誉。"[43]

延森几乎是与赖特同时开创了自己的事务所，同时通过在芝加哥的富人阶层建立声望而确立自己作为独立景观设计师的地位。在这个过程中，他把自己投身到芝加哥社会与环境改革组织之中——包括赖特及其伙伴创建的芝加哥艺术和工艺社团（the Chicago Arts and Crafts）和宇宙委员会（the Committee on the Universe），这是一个每周日晚餐时间在帕金斯家里举行非正式聚会的组织。通过参加这些组织的活动，延森参加了各种各样的建筑竞赛，有时他的作品也会同施泰韦大厦（Steinway Hall）里的建筑师们的作品一起被展出。延森同时也为沙利文的一个杰出的住宅设计方案——位于里威赛德乡村社区的亨利·巴布森（Henry Babson）住宅——准备种植计划。而且他与赖特也有合作，或者为赖特的设计项目准备种植计划。他们保持了几十年的友谊，在专业上相互合作，并在讨论和辩论过程中相互之间产生了重要的影响。在1930年写给延森的一封信中，赖特提到他们之间长达27年的友谊，但与自己的建筑师同事们却缺少这样的友谊关系："我的工作在这个国家面临巨大的障碍和挑战，因为一些'兄弟'建筑师们自己进行了恶意宣传，上帝知道他们本应该成为我的朋友。"[44]

延森与赖特的个人成长及职业生涯具有惊人的相同点。和赖特一样，延森也深受其童年时代农场生活的影响。他的想像天分来自直觉或者自学；他的概念性草图是不精细的；他更愿意把这些建筑细节问题留给办公室中的其他人来完成。此外，他瞧不起那些东方景观建筑师设计的刻板的花园，并把大草原看作一个强大的、政治的、唯美的象征。他也有6个孩子，最初也是把自己家里的一个房间作为办公室，后来在施泰韦大厦获得了一间办公室，而最终在自己家附近建立了一个小工作室，后来迁到威斯康星州，在那里生活、工作，并在自己建立的一所非正式学校任教。他建立这个学校的前提是：一所土生土长的学校，取名为"垦荒者"（The Clearing）。这所学校建在塔里埃森，而那里发生的一次火灾迫使延森不得不重建校园，重新开始教育旅程。[45]

同赖特一样，因为延森是一个意志坚强的人，他有很强的个性，并颇具宣传天分，具有极强的感染力。他被认为是美国景观设计师协会（the American Society of Landscape Architects）的领军人物，他自己也认为这个团体的成员都是政治家。伊顿断言："当然，这个协会同样将延森当作是本领域的领导人物，就如同美国建筑师学会（The American Institute of Architects）在19世纪20至30年代期间将弗兰克·劳埃德·赖特看成建筑领域的领军人物一样：一个危险的天才，他永远都在向他们的生活提出挑战。"[46]

延森终生都保持着对自己职业的积极性。在营造自然景致时，他依赖于科学的造园艺术，同时注重植物的选择，他在专题公园和私人庄园方面留下了巨大的遗产，他避免使用装饰性的人造制品，植物材料都采用大草原、热带稀树草原以及中西部森林的本地物种，而且重建的草原式景观是卓越的。延森逝世于1951年，享年91岁，8年后赖特也是在91岁的时候离开人世，《纽约时报》认为延森是"美国景观设计师的鼻祖"。[47]

沃尔特·贝利·格里芬（Walter Burley Griffin）

沃尔特·贝利·格里芬成长于芝加哥北部郊区的梅伍德和埃尔姆赫斯特城（Maywood and Elmhurst），在橡树园读的中学，22岁时在伊利诺伊大学获得了建筑学学士学位。保罗·凯路蒂（Paul Kruty）在其一篇仔细描写格里芬的文章里这样写道："沃尔特是一个早熟的孩子。他妈妈回忆说……他是一个贪婪的读者，他把大部分空余时间都花在他的花园上（那里几乎终年都有生命在成长)。在高中阶段，格里芬决心成为一名风景园林师。为了寻求指导，他去拜访了著名的奥西恩·科尔·西蒙兹，西蒙兹告诫格里芬，与其学习风景园林，不如去学习建筑，西蒙兹这样说足够让人感到惊讶。"[48] 在伊利诺伊大学，格里芬处于一种相当激进的环境中，这是由著名的建筑师内森·C·里克(Nathan C. Ricker)造成的，他强调建筑学的"科学性"。格里芬选修了风景园林中惟一可选的课程，同时也选修了与园艺和林学相关的课程，这种训练，连同他对本土植物所具有的天赋，在1899年他成为一名正式开业建筑师时，足够可以让他在自己的信笺上加上建筑师的头衔。"毕业之后"，格里芬传记作者詹姆士·比勒尔(James Birrell)写道，"格里芬加入了美国建筑师学会，并开始与德怀特·H·帕金斯(Dwight H. Perkins)及罗伯茨·C·思朋斯(Robert C. Spencer)一起工作，在施泰韦大厦的1007号房间。"[49] 根据工作需要，他同样也与施泰韦大厦里的其他一些建筑师有过合作。

格里芬在草原学派运动中是一名热情激进的职业分子。作为一名执着的风景园林师，他对同时涉及建筑与景观的"全方位设计"主题特别感兴趣。当然，那时了解生态关系和植物关系的人即使有，也有少，在这个方面他比其他大部分草原学派建筑师都更加有见识，克里斯托弗·弗农(Christopher Vernon)声称："也许格里芬是对草原式景观设计最明白的人……不仅是他的建筑住宅景观融入到更多的自然环境中，格里芬还把这些设计的环境和谐地插入到中西部宏伟的景观中去了。"[50]

正是通过在施泰韦大厦中的联系，赖特和格里芬建立起了合作伙伴关系——这在很大程度上是因为环境设计所具有的独创性的一面，格里芬才会加入到在公共绘图室轮番上演的争论之中。在20世纪之初，他开始与赖特在橡树园工作室全天候共同工作。比勒尔认为他们合作开始于1900年。[51] 约翰逊认为他是在1901年至1905年期间在这个工作室中工作的。实际情况可能是这样的：格里芬和赖特于1899年至1900年期间在施泰韦大厦共同商议一些项目，之后在得到委员会的许可后，他转到橡树园工作室。不管格里芬对于赖特有多么强的依赖性，他仍然是当时在其他建筑师事务所找不到的景观专家。

总之，赖特的"有机"审美设计理论很大程度上不仅仅是由通常所说的那些基本影响因子激发出来的，也就是说，不全是他小时候所玩过的福禄培尔积木，也不全是从约瑟夫·莱曼·希尔斯比和路易斯·沙利文那里获得的教育，也不全是芝加哥市举办的哥伦比亚世界博览会上的日本展品，以及日本印刻画。赖特对于环境的敏感性以及他最基本的生态敏感性是从他那位农民叔叔那里得到的，教他尊重气候条件的必然性以及以自然的方式种植植物。他对城市规划需求的认识来自他在芝加哥最初的分散化与郊区化过程中的个人经历和体验。同时还有使他醒悟的欧内斯特·菲诺洛萨的哲学著作，爱德华·莫尔斯关于日本建筑的著作和演讲，以及奥西恩·科尔·西蒙兹、弗雷德里克·劳·奥姆斯特德和延斯·延森等在19世纪中晚期和20世纪初期所做的那些自然主义风格的城市景观设计案例。最重要的是，在20世纪初期到中期，还发生了城市美化运动和花园城市运动，把城市规划和住宅建设的观点普及到了全美国，以及草原学派运动引发的设计理念和个性，产生了建筑学和景观设计学上的草原派风格。

所有这些影响或者力量，都影响了赖特学徒期间的学习，并成为他个人的自然主义建筑观、景观理念的发展、视觉和美术以及在他70多年职业生涯中所构思、定义并不断提炼成的有机建筑原则的形成所依赖的哲学基础。

第 2 章 初出茅庐：1889—1897 年

赖特接触城市分散化和郊区化进程始于他刚刚来到芝加哥的那些日子。来到芝加哥后不久，赖特感觉自己有能力在这个大城市里为他母亲及家族建造一栋住宅。他们的新家“是一栋坐落于橡树园西区的弗里斯特大道（Forest Avenue）的红砖房，”赖特写道，因为这个地区“对于母亲来说，看起来更像麦迪逊（Madison）”。[52] 此外，他被这儿宽阔的乡村林荫道深深打动了，这些林荫道遮掩了那些丑陋的住宅群，这些住宅群绝大部分出自这个地区毫无灵感与激情的木匠之手。

选择居住在芝加哥郊区，说明赖特家族接受了这个新兴的郊区发展模式，也就是说，与城市中心城区的联系仅限于工作、偶尔的夜间娱乐以及白天定期到百货公司购物的日常活动（这是城市分散化进程中出现的另一种现象）。也许，他们同样会在春天、夏天和秋天的傍晚时分与周围的邻居们有些社会交往——依照米勒的观点，这是芝加哥郊外社区模式改变后，芝加哥人保留的一种“可贵的城镇习俗”[53]。然而，不像都市人那样坐在住宅的台阶上，郊区居民更愿意在邻里之间闲逛，或者坐在他们抬高的前门廊上（图 2–1），赖特在他的《自传》里有一段篇幅较长的陈述，明确地抨击了这个时代的建筑和门廊：

> 住宅都毫无感觉，平淡、枯燥，大部分看上去都不舒服……千篇一律的土褐色或漆白的木门廊住宅有规则地排列着，矗立在每一块小小的过度装饰的草坪上。高高的台阶直接通向有蜿蜒盘曲的柱子的门廊［原文如此］，门廊之上攀爬着奢侈的螺旋形装饰。这种流行的奢侈门廊很少被应用，但是屋顶依然遮挡了客厅和起居室的阳光。这些……在主起居室内这些令人难受的角塔全用作凸窗。那种破坏灵魂的装饰来自哪里？根本不是来自地球。大众对这种流行的盲从，不管是矩形的墙角，还是熄烛器式、圆芜箐式或者开塞钻式屋顶之上的八角形，都远远超出了其用途。形式是完全没有意义的，尽管其中不无创新。[54]

图 2–1 一所典型的维多利亚哥特式住宅（约 1889 年），有门廊和前置式直接入口（M·M· 福利，《美国家庭》提供）

正是赖特对这种没有意义的门廊设计方法的憎恶激发了他在第一所私人住宅中使用一种更加具有革新意义的设计元素。这所私人住宅是在他到达芝加哥两年半后，也就是与凯瑟琳·李·托宾（Catherine Lee Tobin）结婚后不久开始建造的。赖特位于橡树园的住宅最为重要的特征便是其设计的作为替代门廊的户外生活空间。

环境设计，1889–1897 年

弗兰克·劳埃德·赖特的家，橡树园社区，伊利诺伊州（1889 年）

赖特把他选择这块土地——这是从景观造园家约翰·布莱尔（John Blair）那里买来的一个抛弃的植物苗圃——描述成一个“混有各种乔木、灌木、藤本植物的杂生林”[55]。它坐落于弗里斯特大道（Forest Avenue）和芝加哥大道（Chicago Avenue）交叉路口的西南角。弗里斯特大道的路面曾经铺砌过，但是芝加哥大道却没有铺装。在这个路口的南面和西面的街区已经分布着一些住宅。

赖特在这个地方设计的这座朴素的两层住宅被建筑历史学家们比作希尔斯比和东海岸建筑师布鲁斯·普里斯（Bruce Price）在 19 世纪 80 年代中晚期所设计的那些屋檐陡峭的木瓦风格的住宅（图 2–2）。同时，它与那些 19 世纪末在橡树园社区所建造的住宅不一样：前面没有直接入口；没有陡峭的入口台阶；没有前廊装饰，这所房屋不像是飘浮在一片围绕在房基周围的常青灌木的海洋中。它看上去好像安卧在树丛中，这种外观部分归功于隐蔽的独特三角形山墙。但是它与赖特包含一切的环境设计方法有更大的关系，也就是说，不对称的基座、延长的阶梯式缩进、坡度的增加、对抱廊的水平处理、对入口台阶的重新分配以及使用当地的常绿和落叶植物取代外来的常绿树种。

在安置自己居所的时候，赖特没有选择在这个区域已有住宅所围合起来的中心位置，而是把建筑主体布置在离社区南侧边缘的最小距离为 10 英尺的地方，调整车道／人行道，使其宽度仅能容下一个带外缘的狭窄花床。另一方面，西侧（正面）距离弗里斯特大道 94 英尺，比这条街上的其他住宅后退了将近一半的距离（图 2–3）。

图 2–2 弗兰克·劳埃德·赖特最早位于伊利诺伊州橡树园社区具有木瓦风格住宅（1889 年）的西侧（由伊利诺伊州橡树园社区弗兰克·劳埃德·赖特保护委员会惠赠）

大家对赖特把房子放在这么靠近南侧边缘的根本原因不是很清楚。似乎并不是考虑到景观的原因，因为起居室位于房屋的北侧，最初其北墙上没有窗户。也许他感觉这种布置方式可以给他更多的控制权，因为实际情况是其南面已有房屋，而且北面的土地到 1889 年仍然未被开发。也许是他希望自己的房屋远离芝加哥大街，远离将来随时会进行的铺装工程以及电车线路的延伸——而这直到 1906 年才开始实施。或者，也许他从一开始就希望将来等自己有能力的时候，扩建房产的北部和东部。

然而，赖特的远离弗里斯特大道的设计是没有任何问题的。这一决定很明显是基于他的感觉和逻辑的。在房屋正面与公共通道之间获得了 34 英尺（约 10.3 米）的内部空间，延长了可赏景观，这样一来，使得看起来房屋离地面比实际上要低。增加的后退量同样允许赖特调整台阶高度，以便配合车行道和入口处人行道之间的两个低台阶，因此可以减少到达前门槛高度所必需的台阶

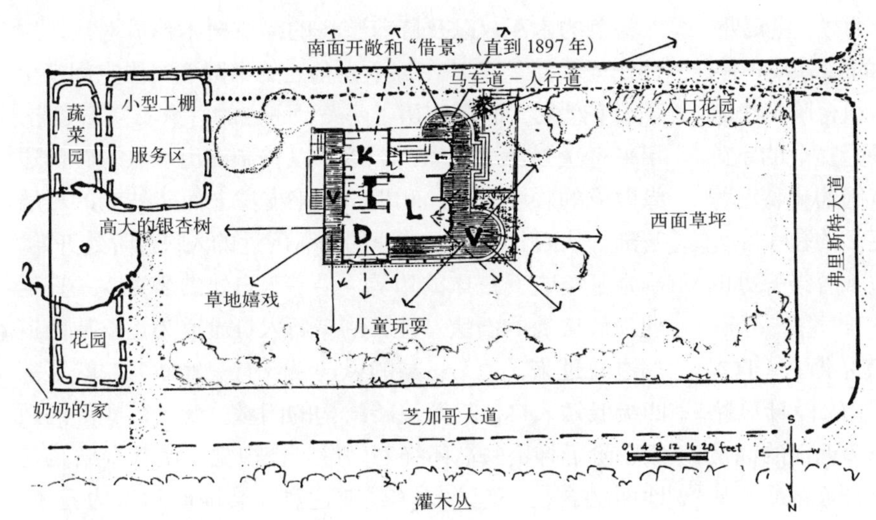

图2–3　1889年赖特的橡树园住宅的场地规划推测图（由查尔斯·E·阿瓜尔基于历史图片和实地测量绘制。©2002年贝蒂安娜·阿瓜尔提供）

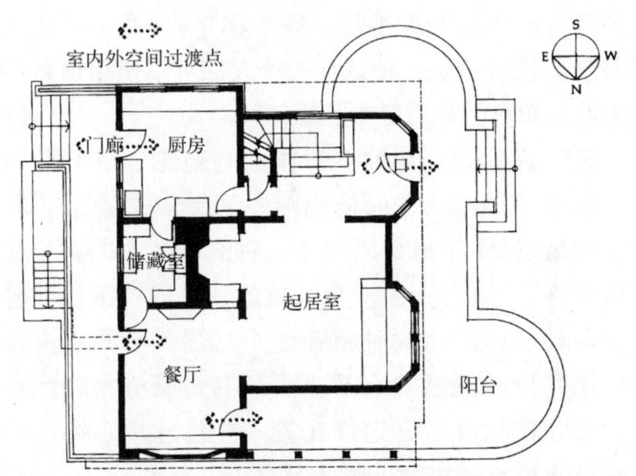

图2–4　最初建造的赖特橡树园住宅的首层平面图。赖特在四个从室外过渡到室内的地方使用玻璃门，这样意味着可以延长内部生活空间与外部环境之间的连接视线（查尔斯·E·阿瓜尔根据历史记录和个人分析所绘制。©伊利诺伊州橡树园社区弗兰克·劳埃德·赖特保护委员会绘制。©贝蒂安娜·阿瓜尔提供）

数目。同时尽可能多地保护现存树木，这一点在场地西面是必须考虑的。最重要的是，增加的后退量允许赖特为室外活动开发一片开放空间：一个大的前院和围绕房屋三面的阳台。[56]

赖特在设计和安排这个环绕式阳台的时候，同时设计了一个一般的门廊作为备选，并比较了室外生活空间的形状与实用性（图2–4）。起初在整个后侧面延伸的这个阳台与两扇玻璃门直接相连，一个通往餐厅，一个通往厨房。[57]由于距离餐厅最近的那部分受第二层挑檐的保护，从而提供了一个可以俯瞰整个后院树木掩映的休憩区——当在这里准备水果或者蔬菜，或者在夏季的傍晚看着孩子们玩耍的时候，可以享受到微风拂面的惬意。起居室正北面的阳台完全处于三角形山墙上伸出来的宽宽的屋檐和屋顶伸部分的保护，与餐厅仅有一扇玻璃门相隔——这样就为在室外玩耍的孩子提供了一个宁静的场所，哪怕是在下雨的天气，同时也可以作为倾盆大雨或暴风雪天气时避免风吹雨淋的安全入口。这个面向弗里斯特大道的阳台从房屋西南角一个半圆形的突出部分开始，延伸到位于西北角的半圆形突出部分，而且与门厅之间也只隔了一扇玻璃门。这个临街的阳台提供了到达前面的入口，即在当时流行于周围住宅的豪华门廊，此外还有许多其他用途。它可以作为早晨喝咖啡的地方；它可以接待来访的客人；可以挽留客人或者在客人拜访期间进行社交活动。同时它也是在一天结束时进行放松的地方。这个临街的阳台也可用作无屋顶的游戏室，有完美的拐角、曲线、隐藏处、看上去没有终点的三轮车或其他轮式玩具的轨道。此外，从起居室的窗户可以看到这里，并且在入口台阶的上端有一个临时大门，可以很轻易地得到保护。安全的室外游戏空间是设计时需要重点考虑的因素，因为赖特在橡树园有6个孩子需要抚养，而且也会有更多的孩子在允许的情况下来玩耍，包括那些加入赖特夫人曾经开办的幼稚园的孩子们。

赖特处理这种环绕式阳台的风格与莫尔斯在《日本住宅》(Japanese Homes) 中所详细描述的设计风格相一致，也就是说，按照房屋的体量和距离地面的高度的比例，阳台通常有3–10英尺宽，处于上面高悬的屋檐的遮蔽之下。[58] 莫尔斯认为："通常情况下我们……一个有台阶和扶手的前门，对于一种特定矫饰的建筑风格来说，很难想像一所房屋在入口处，没有一些这样的独具特色的特征……在他们（日本）的平民阶层的居所中，甚至在更重要的一些房屋中，入口的概念通常是很模糊的；一个人可以穿过花园、在阳台上致意后进入房子……在更好一点的住宅中，入口通常有一种宽宽的突出门廊的形式，上面有三角形屋顶……（同时）除了突出的门廊和入口外边缘的三角形屋顶以外，这种入口没有任何其他特殊之处。"[59]

赖特在四个从室外向室内过渡的地方使用了玻璃门，这样视线就可以延伸到场地环境中，这一点应该被视作赖特为把内外部生活空间与自然场景连接起来而做出的努力。他还创造了一种极具亲和力的处理硬质景观和软质景观的方式，使得它们一起与户外空间联系得更多、更直接。在人的视觉尺度上降低建筑高度。他起初在这个临街阳台的外围，建了一堵从地面到顶部高7英尺（约2.1米）的砖结构的胸墙。这种处理方式牢牢地把构筑物与地面联系在一起，掩盖住了底座的存在，制造出一种假象，使得房屋看起来比实际尺寸要大一些。然后，它使用打磨过的石灰石装饰胸墙的顶部，用以产生一种浅色调的纵向条带，从而与胸墙所用的芝加哥深黄色的普通砖石、深棕色的木瓦，以及修剪整齐的绿色树木形成对比，这种处理手法等于是在每个拐角处的半圆形突出空间产生了水平意象。他还使用了两条低一点的打磨石灰石条带，用来再次强调这条纵线：这个以稍微高出一点的砖为边缘做成的胸墙顶部，和用石头来支撑上面砖结构的矮墙基部，从西北部突出部分的圆弧附近的入口台阶处开始，确定了矮墙下花床的边界，沿着入口处的步道，一直延伸到低矮处的石头基座，到车行入口通道为止。从街道那边看过来，这个三层的纵向带仅有一处断开，就是那四级低矮入口台阶两边砖结构的门墩。此外，底部的两级台阶延伸出去，环绕着门墩，在视觉上使整个结构与地面融合在一起。为了强调这种来自地面的重力元素，赖特在矮墙基部的周围栽种了葡萄藤，让这些藤条攀附在矮墙的外侧，并层叠下垂延伸到户外生活空间。[60] 通过这种考虑周详的处理手法，赖特建立了一种即确定又没有限制的包容感觉，使任何一个人都可以使用这种经过深思熟虑颇有创意的户外生活空间。

赖特营造的景观和入口体验与他的邻居们非常不同，赖特强调体验，而他们则强调奢华的装饰。在19世纪的最后25年里，出现了一种名副其实的杂烩式景观"风格"。通常，由一个笨重的铸铁围栏围绕整幢建筑。各种各样的植物种植在整个房屋基石的周围，用来软化并掩盖丑陋的石基。成列的常绿植物和多种多样的落叶植物混植，边缘布置一些经过精心挑选的色彩醒目的花卉。成片的灌木丛散布在远离房子的周围，以便于居住在高处主卧室的人们和过路人能够看到。为使前门成为视线的重点，也采用了同样的处理手法，强调房屋的拐角，或者作为建筑边缘的标记。而设计的基本准则——和谐、平衡和秩序——几乎没有考虑到。同时也运用了修剪技术以及对天然植物作了其他有悖常理的处理。这种表面上看起来混乱无序的景观不仅降低了建筑的重要性，而且完全主导了场地中所保留的任一自然要素。

历史照片也从另一方面支持了赖特的观点，限制引进外来物种，而采用落叶庭荫树和本地的开花灌木或者常绿树种。前院保留为一个像停车场一样的草坪区。碎石铺成的入口步行道的石头边缘尽可能靠近西南角的突出部分——仅仅留下种植藤本植物的空间。入口台阶，入口步行道和通向马车道的踏石板与场地中一棵原有的小松树协调一致，小松树低处的枝条经常需要修剪，以便能够完全展示出砖墙的结构、垂下的爬藤和有纵向条带装饰的矮墙顶部结构（图 2–5）。同时在没有铺装的入口步行道周围，并未种植其他的植物，这样做，保留大致平坦的草坪，显露出石头基石的纵向条带，强调步行道的宽阔，把人们的注意力引向入口台阶北侧矮墙底部的常绿花床。这种处理的总体效果是开放的，可以接受的——与他的邻居们那直线形的入口步行道，堂皇的楼梯台阶，大量的基础植物，和带有异国情调华丽的景观形成鲜明对比。[61]

在设计入口通道时，赖特在公共通道和前门之间设置了三个转弯。第一个转弯避开弗里斯特大道直接通向马车道，道路两边种植成列的花草。这些花草——与高处的林冠和北侧入口台阶矮墙墙角下的常绿花床一起——力图使人有进入任何花园时能够发挥所有感官的体验：花儿的芳香；蝴蝶、蜜蜂、鸟儿们飞舞的身影和嘹亮的歌声；或者树叶在微风吹拂下发出轻轻的沙沙声；脚下路面的感觉；从亮处走到暗处，或者从温暖的地方走到凉爽的地方的感觉，等等。当然，决定性的、印象

图 2–5　赖特橡树园住宅最早的入口通道具有开放式、整齐、易于被接受的特性（由伊利诺伊州橡树园社区弗兰克·劳埃德·赖特保护委员会惠赠）

深刻的审美体验取决于时间和季节。在晴朗的春夏秋早晨——此时房屋处于阴影中——花园中的树叶和枝条处于逆光之中，它们比房屋更吸引人们的视线。从下午三时左右开始，房屋显得比较抢眼，深棕色的鹅卵石铺就的地面营造出一种幻景，好像整所房屋是隐藏在树林的深处。同时，花园中的花朵和彩色叶片完全在阳光照耀下，更加强调了是穿过花园然后进入房屋的感觉。自然气象带来了不同的体验，不论是冰、雪还是雨都使反光地面更加明显。而且晚上进来的时候，还会因月亮的大小和角度以及天空的透明度带来全新的感受，加上窗户中透出来的暖暖的光线，勾勒出花园的侧影。

第二个转弯位于马车道与入口步行道的两级台阶交叉的地方。当来到这里，人们的视线被拉到宽阔的人行道这边来了，变了形的墙体那极有美感的弧线为攀附在矮墙上、层叠垂下的葡萄藤以及地面上常绿花床中的植物形成了带有纹理的、柔和的背景（最初，高处的树叶和枝条所形成的林冠线与原有的橡树林衔接起来并融合为一体，产生了一种无穷无尽的感觉）。直到第三个转弯处，视线才真正触及住宅。这时目光被吸引到东侧及上方宽广而低矮的入口台阶之上，这些台阶提供了通往前阳台、入口以及室内、外的过渡空间。[62]

关于赖特在设计入口时所采用的技法得益于日式建筑的灵感这一推测是以一些事实作为根据的。在莫尔斯所写的关于日本花园的章节中，有一些交错的路桥的图例。在日本，不论是公园，还是私人花园，这都是很常见的特征。伊藤贞治（Teiji Itoh）认为日本建筑师和园林设计师喜欢使用这种迂回的道路，把这作为总体设计过程中的一个审美要素。通过“大门到房屋之间左转还是右转”，伊藤贞治写道，“直接地展示房屋，不如渐进地展示房屋……即使房屋场地面积非常小，但通道又可以长一点的情况下，这样处理就可以造成一种面积扩大了的感觉。”[63] 无论赖特的入口设计灵感来自何处，他使用转弯和台阶，作为一种深思熟虑的景观设计经验，应当被认为是组织其他未分化空间的技法。这种转弯标志着从一个领域转换到另一个领域，并为下一个新的视觉景观提供瞬间的停顿，来到第一组台阶时，再接着是另一组，到达目的地时就自然而然感觉到了最高点。赖特一直在他的职业生涯中熟练且创造性地应用所有这些设计技法，并把这种入口设计经验发展成一种超越视觉边界和空间转换的，涵盖了真正的感官体验的艺术形式。

赖特橡树园家的建造，不仅代表赖特第一次有机会住在一所按照自己的设想设计并为自己私人使用的房子里，同时也提供了一个发现和分析自己在设计过程中所作的错误判断而产生的后果的途径。例如，在设计之初，他并没有真正意识到，把整座房屋安置在紧邻南部边界处所获得的景观、私密性和阳光，这些益处完全是“借来”的，而根本不在他的控制之下。到 1897 年，这些疏忽产生了一些问题，他的邻居住宅被两所多层房屋所替代，其中一所房屋北面的位置，几乎与赖特的马车道紧挨上。邻家的房屋在这里安置了一扇凸窗，与赖特房屋的南面仅仅只有 10 英尺之隔，挡住了阳光和视线，并且严重破坏了 1895 年赖特进行改扩建时，新加的餐厅阳台西南角和朝南凸窗的私密性。他也没有进行必要的、充分的建筑处理来抵消西面的负面影响。尽管他通过降低屋顶的轮廓线来强调三角形山墙，创造了一种宏伟的防护性屋顶的幻象，实际上不能直接遮挡二层朝西的窗口，以及屋顶正下方起居室的窗户和入口延伸部分。由于屋脊位于一条东西方向的轴上，而宽大的突出部分呈南北方向，因此在西侧缩进部分能够充分得益于山墙的面积只是在底层凸窗和凸出的入口之间没有窗户的墙。所以，在冬天的日子里，当橡树园的主导风向是西风时，所有朝西的窗子和前门全部都暴露在雨雪之中，同样他们整年都暴露在风雨和午后耀眼刺目的阳光下。在原有和移植进来的遮荫树足够成熟之前，赖特都不得不凭借人工的方法来控制阳光。从历史图片中可以看到起居室拉下一半的百叶帘，有文件记录了二层山墙上安装了一个帆布遮阳篷来遮挡朝西的窗户。

当然，在实验过程中，难免发生错误，发现错误并改正，从中可以学到有价值的经验，以避免同样的错误将来再次出现。赖特在他住在橡树园寓所期间体验到许多问题，并且意识到在选址、定位和室内外的过渡处理中有很多缺陷，他在1911年进行大部分改造时更加意识到这些问题和明显的缺陷——那时为了便于他人租用而对自己的住宅进行了重建——不得不对自己最初的设计进行改正，或者至少是改善（见“橡树园住宅和工作室的改建”，第4章）。此外，对西向窗户和室内外过渡点的防护都是赖特后来在芝加哥设计、建造的带有类似的西窗的每一栋住宅必不可少的元素。[64] 此外，持此观点的一篇关于赖特的住宅建筑的评论后来强调说，除了几个特例以外，赖特所设计的建筑物都特意选在已有的公共道路附近，隐秘地坐落在高高的围墙后面，或者在他安置于院落中的另一所辅助建筑物前面，或者用其他方式安排以确保他能够完全控制外部影响。同时，主要起居空间的窗户一般都朝向南面或者东南面，而一些特殊的街景或者其他折中的调节情调的区域并不是首要考虑的因素。这样，赖特从确认和分析橡树园住宅的缺陷中获得了可贵的判断力，这有益于他在整个职业生涯中继续面临建筑选址、朝向和室内外过渡等难题的挑战。

哥伦比亚世界博览会（The World's Columbian Exposition）标志着赖特从师于阿德勒和沙利文6年的学徒生涯的结束。1893年夏末，沙利文发现赖特在许多房屋设计中违背了他的原则，他们发生了一次争吵，之后赖特离开了公司，因而突然之间失去了工作。这些被指控违背沙利文原则的案例中最后一个就是给乔治·布洛索姆（George Blossom）和沃伦·麦克阿瑟（Warren McArthur）设计的联排寓所，距离密歇根湖只有几个街区之遥，都是在1892年所设计的，并且为了招待来芝加哥旅游、参加盛大的展览会的朋友和亲戚，在匆忙之中就完工了。这些住宅的典型外观验证了赖特在那个历史时期的传统思路。

乔治·布洛索姆住宅和沃伦·麦克阿瑟住宅，伊利诺伊州，芝加哥市（1892年）

乔治·布洛索姆（George Blossom）住宅在外表上看非常外向，同时充分表达了学院阶段复兴的新英格兰殖民风格（New England Colonial style），带有爱奥尼式圆柱的统一古典主义风格的规则式门廊。这栋曾经用浅色调粉刷墙的建筑物，坐落在芝加哥的海德公园（Hyde Park）隔壁，健伍大道（Kenwood Avenue）与第49大街的交叉口的一个角落里。另一方面，隔壁的沃伦·麦克阿瑟（Warren McArthur）住宅，表面上非常含蓄，而且与19世纪80年代希尔斯比设计的乡村住宅联成一体。罗马砖（Roman Brick）的暗色调，灰泥的柔和色彩，复斜屋顶（Gambrel Roof）上的深色屋面板，使得建筑与树木、灌丛和葡萄藤融合在一起。表面上看起来比布洛索姆住宅的规模小一点——尽管这个有整整三层生活空间的建筑物的实际规模要稍大一些（图2–6）。[65]

由于赖特几乎是同时着手设计这两栋住宅的，他把两栋住宅的选址都定在健伍大道已经确定的后退空间，但是稍微远离布洛索姆地产南部边界的车道。这个选址使得布洛索姆住宅门廊的南缘与沿着南部边界的公共人行道之间仅仅只有2.5英尺的距离。在麦克阿瑟住宅南墙和车道之间的空间仅能容纳一条人行道和极小的入口（图2–7）。这个选址的益处在于使得赖特可以完全控制进出两栋住宅的视线，并可以留给这些建筑物与他所不能控制的那些要素——南面的第49大街、东面的健伍大道，以及北面和西面的邻居住宅——之间尽可能大的距离。通过这种场地的组织，并行排列的房间和室外生活空间，以及精心布置的窗户，使得赖特能够保证住宅的完全私密性。

正是基于私密性的要求，赖特把两栋住宅的底层设置在同一个高度——这与表面看起来相反——却把起居室布置在相反的方向：布洛索姆住宅的朝南，而麦克阿瑟住宅的朝北。同样是出于私密性的考虑，赖特做了一个关键性的决策，那就是在麦克阿瑟住宅的南侧底层控

图 2–6 赖特在 1892 年为芝加哥人乔治 · 布洛索姆和沃伦 · 麦克阿瑟设计的联排别墅(查尔斯 ·E· 阿瓜尔拍摄。©2002 年贝蒂安娜 · 阿瓜尔)

PL
车库
(房间在二层)
花园
K
LR
麦克阿瑟住宅
P
草坪
DR
Recn
B^2
PL
车库
(房间在二层)
花园
K
Recn
布洛索姆住宅
P
LR
DR
Lib.
T
草坪
KENWOOD Ave.
0 1 4 8 12 16 20 feet
室内外生活空间
B^2 阳台位于二层
第 49 大街

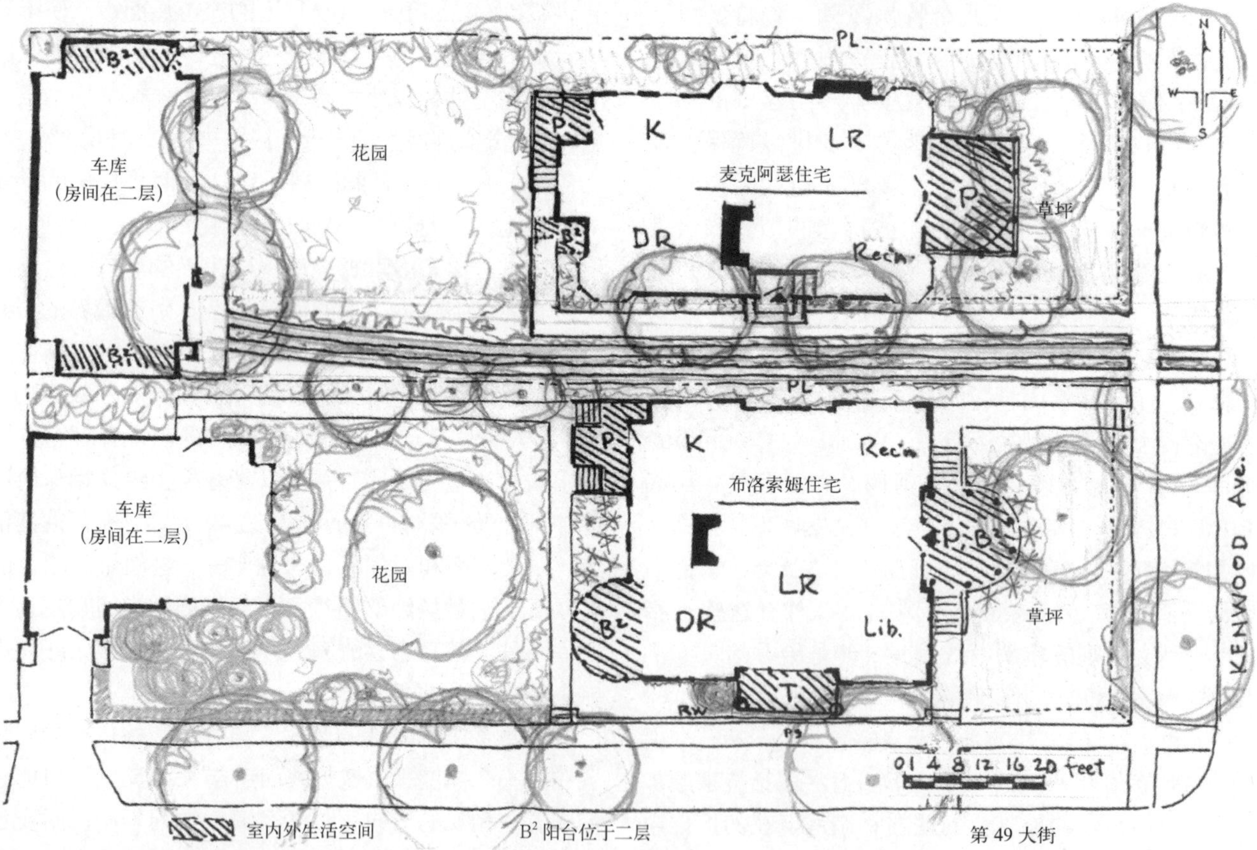

图 2–7 推测的乔治 · 布洛索姆和沃伦 · 麦克阿瑟住宅的场地规划图(查尔斯 ·E· 阿瓜尔基于历史图片和实地测量绘制。©2002 年贝蒂安娜 · 阿瓜尔提供)

制性使用玻璃入口，避免自然光射进入口的楼梯间——也就是说，在入口大门上使用单面窗户和艺术玻璃镶嵌。在通常情境下，这种选择也许意味着南面的空间——餐厅和客厅或者接待室——稍微有些昏暗和沉闷。同时情况也许是这样的，赖特并没有构想出围绕在房屋东南角和西南角这种创新式的八角形凸窗。通过这种构造，这些窗户不仅可以提供通风渠道，而且可以整年接纳足够的自然光线——光线同样可以从布洛索姆住宅反射过来——在冬季同样有相当强的阳光透射进来（图 2–8）。这些角凸窗应当被看作是角窗的先驱，赖特后来更完整地把它发展成 “打破盒子”的手段。

赖特同样发展了一种融合幻觉的设计处理方法，从而把由每条街道上所看到的布洛索姆住宅的垂直体量最小化。他在餐厅的西端引入了一个温室，用来重复和平衡圆形前门廊的形状。他安置了一个 2 英尺高的陶制平台，围绕在房屋的两个沿路的侧面，用来提升地面高度，使之超出公共道路的路面。他还用一堵石头挡土墙限定了南边高地的长度，以强调包围地基的“承雨线脚”的水平条带（图 2–9）。[66] 然后他在公共道路和入口人行道之间设置了三级台阶，这样从门廊对面的入口楼梯进入第一层的生活空间区时就可以相应少几级台阶，这样处理就可以避免形成传统样式的前门通道。

赖特使用土平台的灵感也许主要来自《美化乡村住宅小块土地的艺术》（The Art of Beautiful Suburban Home Grounds of Small Extent），这本书是由弗兰克 ·J· 斯科特（Frank J.Scott）撰写的。这本书在城市郊区化早期的那些年代里，被美国私房业主视为“景观圣经”。布洛索姆住宅的阶梯式平台完全照搬了一个被斯科特描述为“让近街道地面少一点庸俗，多一些优雅的形式”的草图范例。[67] 此外，平台也影响了文章中提到的所有中心点。土质的平台使得地面看上去比“那些与街道位于同一水平面的地面”要大很多。围墙位于人行道平面 2–3 英尺之内，与斯科特所建议的“位于街道线之上，使其能够表现出地面美感”的高度一样。同时，赖特为了从两侧的通行道上抬升起来而设置的那些台阶都被其大力推荐，特别是在与街道的距离像布洛索姆选址那样小的情况下。赖特使用了土质的平台，作为联系每所房屋之间联系的一种手段，同时，把它扩展穿过布洛索姆住宅的前面，然后再逐渐降低到地面较低的地方，直到能够与麦克阿瑟住宅选址的地平面相连。然而，为了保护现存的树木，赖特在两所房屋的后部和沿着公共街道的中央部分，保持了原始地面的高度。所有这些外部空间的

图 2–8　白天麦克阿瑟住宅中通过围绕着的角凸窗透射进来的自然光线（鲁思 · 迈克尔惠赠。查尔斯 ·E· 阿瓜尔拍摄。©2002 年贝蒂安娜 · 阿瓜尔）

图 2–9　低矮的挡土墙和石头承雨线脚在视觉上可以减小布洛索姆住宅的垂直体量（查尔斯 ·E· 阿瓜尔拍摄。©2002 年贝蒂安娜 · 阿瓜尔）

视觉处理，包括对立的垂直和水平空间元素的处理，都被赖特在他的职业生涯中充分发掘和应用了。

至于布洛索姆住宅，赖特在环境方面做了特别的、显著的展示。半圆形的餐厅温室使得赖特能够安装一圈窗户，与南墙上的帕拉第奥式（Palladian）窗户一起，使得餐厅可以整天沐浴在自然光线之中。[68] 温室阳台与门廊上的阳台一起，提供了到达二层的室外生活空间，这两个阳台在空调出现之前的岁月里都可以作休憩场所。他还在三面外墙从地平面到屋顶的中央位置嵌入了12.5英尺宽、1.5英尺高的装饰。毫无疑问，赖特想通过这些嵌入装饰引入一种三维空间特性，制造出阴影线，从而在视觉上打破整个构筑物的长和宽。但是这种方式取得了比他的预期更好的效果。建筑物正面（东面）的装饰可以描述成一面入口玻璃墙，形状是一扇两边装饰着侧灯的超宽（3英尺9英寸）玻璃门。这种处理方式强调了主要入口，并允许更多的自然光进入门厅。建筑物南面嵌入的装饰更有效地分散了通过二层平台上的窗户围栏射入的自然光。横贯起居室南墙的嵌入物增加了侧院的纵深，刚好可以布置一个合适的平台。这种嵌入同样限制了通往平台的法式大门上侧灯的宽度。

赖特设计的南向门廊和法式大门可以带来很多的环境上的益处。法式大门使得一年里自然光线都可以照射进起居室，而且在冬季最大限度地透射进太阳光。它们同样允许来自密歇根湖附近凉爽的微风吹进来，并可以提供进出门廊的可控通道。反过来，这个门廊提供了一种外观上的风景，以及一个相当私密的可操控室外生活空间——尽管它与人行道几乎紧挨着，因为抬高的土台和旋转栏杆在实体上缓冲并在视觉上隔离了这个区域和附近公共空间。赖特在这里建立的室内外之间的关系，应当被看作是他后来为草原式住宅和美国风住宅设计的通往更广阔室外空间的玻璃门延伸墙的雏形。

赖特把所有这些设计要素都统一在布洛索姆住宅和麦克阿瑟住宅的规划过程中，这一方式证实了他正身处在更为广阔的环境设计领域中，尽管还处在早期阶段。他使用自然“光线被自己所照耀，散射、反射或者折射光线自身”，就像他后来在《自然住宅》（The Natural House）中所描述的那样。[69] 同时赖特也意识到了景观设计师诺曼·T·牛顿（Norman T.Newton）所提出的室外空间：“空间必须被作为一种可以起作用的物质来欣赏，它可以振动，充满可塑性，而不是虚无的。把空间说成空的，那就是忽略了它的一个主要的潜能。”[70] 正是出于这些原因，尽管这两栋住宅自从完成之后，其周边地区在20世纪已经被完全开发，但这两栋住宅的主人仍然可以像赖特最初预想的那样继续享受自己私密性的生活空间。

当年仅26岁的赖特作为一名独立建筑师开始其工作生涯时，他在辛德勒大厦设立了一个工作室。尽管他的工作继续远离他的橡树园的家，这仍旧是他在芝加哥市区保留的几个工作室中的第一个。在这里赖特的第一个重要的委托项目就是威廉·H·温斯洛（William H.Winslow）住宅。同样，这一住宅也是最早准备了效果图并最终解释了赖特不受其他建筑师的影响和控制，展示独立的建筑设计艺术的项目，这个设计过程，远远超出了这个构筑物的建筑限制，包含了他关于景观和入口通道的设计意图。

威廉·H·温斯洛住宅，里弗福里斯特市（River Forest）伊利诺伊州（1894年）

温斯洛（Winslow）住宅的正面和入口通道反映了工艺美术（Beaux Arts）的形式古典主义。然而，建筑物象征了由工艺美术运动所倡导的简约，以及对材料的关注——就像景观营造所做到的那样。但是，赖特在1915年2月写给景观设计师威廉·米勒（Wilhelm Miller）的信中，把这描述为“第一个在艺术上意识到大草原影响的重要作品”。[71] 但是，也许只在为《沃斯姆斯代表作选辑》（Wasmuth Portfolio）准备的介绍段落中，赖特才最为清晰地描述了温斯洛地产的重要特征：“房屋主墙外边墙角的底座成为突出基石走向的前奏（地下水位）；外墙表面分成墙体和壁檐，改变第二层基石线以上的材质，宽大的水平屋檐，小坡度屋顶；一个厚实的烟囱；以及朴素墙面和集中豪华装饰墙面的反差感；利用窗户作为本身装饰特色；延伸到地面的建筑物线条，利用矮墙和花坛来联系建筑物和建筑场所。”[72] 随后正文阐明“矗立在附近的一棵优美榆树衬托着建筑物的主体”。

这是一段非常生动的介绍，因为把焦点聚集在叠加在一起的设计特征和表面材料上，形成一种街边景观，这是赖特试图通过这个住宅和这个项目的其他建筑所传达出来的。他提到的把优美的榆树作为自己设计中的关联要素是非常有意义的，因为保留现存的树木的做法与赖特以前提出的观点是一致的。这看起来将成为另外一个例证，赖特也许已经在斯科特的著作——《关于美化郊区住宅土地艺术》中提到过，他在那里写道：“已经长成的树木是无价的。是否拥有他们，用商业语言表达，就是开始的时候是否拥有资产。”[73] 斯科特继续指出庭院美景的磁石，就是那些成长起来的独立树，或者是少数成簇生长的树群。他强调说这样的树木“比整个用于短期或长期装饰的苗圃材料都有价值，”同时作出结论：“一棵任何本地的、生长良好的大树，在庭院装饰中都具有不可估量的价值。”当然，最初优美地矗立在温斯洛住宅庭院里的那棵伟岸的成熟美国榆树（Ulmus americana）成为那里最具特色的定义特征。同时这个大约伸展了100英尺的树冠事实上影响了赖特设计过程中的方方面面——比赖特从审美和建筑基本特征方面隐喻的建筑物主体的影响还要大得多。

从审美观点来看，这棵榆树消除了这幢西式建筑的负面影响，并且很大程度上为改善入口处周围环境作出了贡献。它那充分伸展的枝条在夏季形成了一个阴凉的天然大棚，同时终年在极端形式主义的建筑物正面和通道上投落一片阴影，使其变得柔和（图2–10）。赖特非常清楚这种西式建筑的负面影响——同时由于这是一幢两层结构的建筑，用来保护这些区域的突出屋顶用处也不大——这些都已经在他所绘制的西向窗户的阴影透视图中，在他为车辆通道在北部设置的保护性入口处，以及他为朝南的起居室设计的东方风格的侧面，都清楚地表现出来。

图2–10　一张由伊恩斯特·沃斯姆斯拍摄的照片，展示了这棵“优美的榆树”成为位于伊利诺伊州里弗福里斯特市威廉·H·温斯洛住宅最具特色的一面(1894年)(从《沃斯姆斯代表作选辑》获得复制版权,1911年)

从建筑的基本特征看，这棵榆树确定了地面的高度、建筑的位置，以及车行道的位置。同样，它还决定了与住宅选址相关的矮墙的位置、高度和结构，以及在宽阔的步行道两侧中央对称型苗圃中的花床位置以及狭长的形状（图2–11）。苗圃通常被看作具有艺术特征；它被布置在道路两侧时也作为一种入口花园使得行人赏心悦目。苗圃同时还有一个最重要的效用，那就是作为榆树纤维状的根系提供水分的一种途径，用来弥补由于不透水水泥表面扩大而造成的不渗水的损失。[74] 必须注意避免在任何大树附近进行园艺，因为仅仅是几英尺的缩减或者是延长都会损坏维持生命的根系，所以施工的方法要非常严格，因为榆树的根系非常庞大而且扎根很浅。

赖特对于花坛细节的设计证明了他有一种本能，善于以一种驱使观察者顺便探访某个或连续几个方向的方式来展示户外空间。从公共人行道，经过两个非常宽大且低矮的台阶就可以到达花坛。另外三个低矮台阶通往入口处的平台，在那里前门两侧有两个方形窗，简单地构成框景，与砖结构建筑正面的高度和平台、入口通道的宽度成一定比例。通过安置一个入口平台，赖特有效地创造了一个突出部分，在这里可以稍作停留以眺望空旷的花园。到时候可以通过低矮的石头挡土墙来限制步行道，

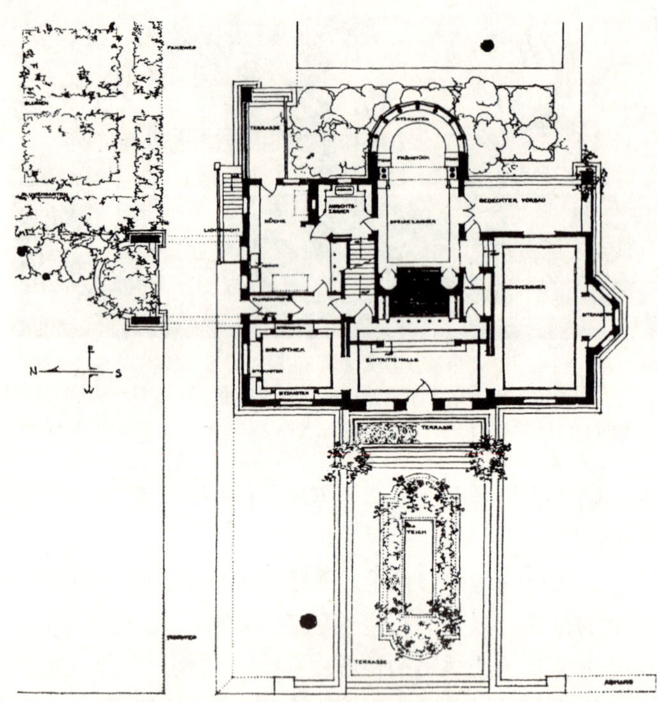

图 2–11 赖特最初设想的温斯洛住宅底层平面图中所描绘的入口花坛（从《沃斯姆斯代表作选辑》获得复制版权，1910 年）

通过垂直植物和低矮的花盆基架来确定终点，赖特详细说明了花坛和入口通道的形状和大小，这样在抵达或离开时，从平台上或从街道上，它们积极的空间特征都可以清楚地展示出来。

赖特这种通过斜坡和斜角处理地形的方式从公共人行道横穿私有土地，这在他的设计过程中占有非常重要的地位，因此他继续在车行道上使用这种方式，从而形成了一个土台，对此他在《沃斯姆斯代表作选辑》中的平面图和透视图中都有所描述，并把它标记为边坡(Abhang)。他的这个记载所包含的内容提供了最初的印象，这就是赖特认识到要把大地造型作为一种建筑处理来把构筑物和场所结合起来。在这个例子中，他使用了大地造型技术来重复且强调入口台阶那种见棱见角的安排和临近步行道处的宽阔和平坦。通过使用草坪作为地面材料，不在基础处植树以模糊房屋与地面的界限，用土台来建立一个绿色的基面，在这个基面上，由于各层表面材料的分界，房屋看上去会显得高一些， 其中每一个层面都精心设计了比例：承雨线脚的石头平面地基向外张开使整体结构牢固地附着在地面上；罗马砖结构的主要平面；压顶板的条痕；装饰性空心砖的辅助平面；宽宽的悬空屋檐产生的阴影线；屋檐本身横木面；低梁屋顶，以及全部的树冠。

为了进一步在视觉上延伸这个南北向水平的意象，赖特打算在北侧的图书馆外添加一个车辆通道，在南侧的餐厅门廊外设置一个带屋顶的拱廊和亭子，来平衡整个构筑物垂直方向的体量。他还采用了使其看起来一直延伸到地面的方法，强调了起居室南面凸窗。然而，由于他所提议的带屋顶的拱廊和亭子根本没有建造，因此赖特想要用来进行水平平衡的意图没有全部实现。

后部的抬升，与未经过刻意柔化处理的东侧立面相一致，赖特认为这个人工景观看起来更加自然一点。这个平台、有顶的游廊和餐厅外延出来的 200° 的半圆形暖房，包括那全景的玻璃窗下的连续软座，都为面对着花园休息或就餐提供了空间。透过第二、三层八角形的楼梯间那些带有角度的墙面上的狭长窗户，从一个角度转到另一个角度时，同样也可以间或看到后院的景色，随着楼梯上升或者下降，可以强化室内和室外的关系。这些处理证明了赖特在其职业生涯中最初形成的，那些在营造室外生活空间和鼓励与室外互动的观点，经过实证是具有创造性的。

为了提高从楼梯间、餐厅和室外生活空间向外看的景色，赖特特别关注后面的牲畜厩舍。连同庭院、印刷室和上边的房间，它们成为赖特设计的最漂亮的附属构筑物之一。它那分层的四面坡屋顶和伸展出去的屋檐已有草原式住宅建筑的影子。同时赖特也对牲畜厩舍的环境设计方面给予了同等的关注，他给沙利文式景观设计了与车辆通道垂直的拱形大门，使得两棵大树可以形成这个建筑物的框架。另外一棵树可以穿过多层屋顶那突出的屋檐而继续生长，看上去好像是斜靠在建筑物上（图 2–12）。

赖特首次在温斯洛住宅中采用的这种框架式室外设计不应被忽视或者看作过分的处理方式。在 19 世纪 90 年代华丽的维多利亚正统设计风范的影响下，赖特对于土台塑造的关注，对地基植被的去除，对于栽种植物在空间方面的预留，对这些多年生植物的描绘，以及在房屋和畜栏设计过程中对现存植物的关注和包容都表明了他的非凡原创能力、对环境关注以及对时间的敏感。

……

温斯洛住宅的历史资料照片生动地再现了赖特精心设计的场所环境的变化如何改变了他的建筑物的街边景象。当那棵激发了赖特景观设计众多方面灵感的园景树成为 20 世纪 50 年代荷兰榆树病暴发的牺牲品时，发生了最惹人注目的变化，而且一直都没有替代品。那些年代里栽种于花坛和地基中的常绿植物同样也模糊了赖特设计意图中的轮廓线和鲜明的景象（图 2–13）。同样还有一些建筑上的改动和打扰。在第二次世界大战爆发后，对

图 2–12　伊恩斯特 · 沃斯姆斯为温斯洛牲畜厩舍绘制的透视图，表现了现存树木成为建筑物的框架（从《沃斯姆斯代表作选辑》获得复制版权，1910 年）

图 2–13　一张摄于 1992 年的温斯洛住宅照片，反映了偏离赖特设计意图所造成的负面影响（查尔斯 · E · 阿瓜尔拍摄。© 2002 年贝蒂安娜 · 阿瓜尔）

建筑进行了极大的改造，在本应该建造拱廊的位置又建了一栋住宅。1962 年，餐厅南面的屋顶门廊扩建并且被一个铝合金的光滑玻璃门封闭起来。并且当这个构筑物必须给小汽车留出空间的时候，不得不牺牲优美的平衡线。特别是优雅的拱门被一个方门替代；在西北角又增加了另一个半独立式的车库；非一般的砖砌和铁制停车场也被一个与典型的郊区附属建筑物共有的什锦灌木丛所替代。

赖特为温斯洛住宅首创的这种设计方法成了他在下一个十年中用实验表现其环境设计的基础。再也没有比他为昌西 ·L· 威廉（Chauncey L. Williams）住宅所做的对立的设计更明显的了，这座建筑背靠温斯洛住宅，并与其同时建造，按照曼森的说法，赖特把这两所房屋看作一个工作来完成。[75]

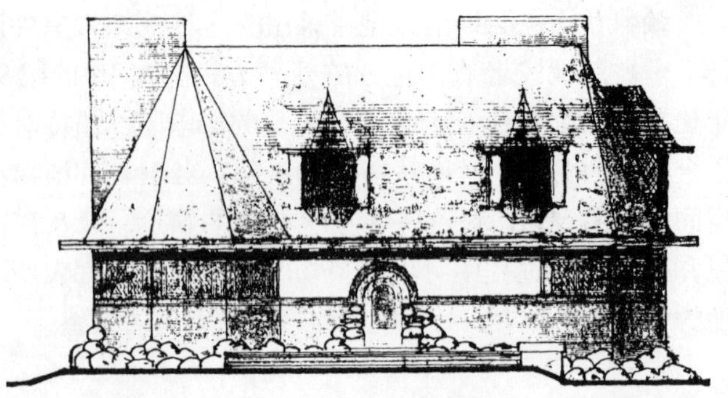

图 2–14a 位于伊利诺伊州里弗福里斯特市的昌西 ·L· 威廉住宅正立面图，成为赖特所设计的土台斜角的重点（查尔斯 ·E· 阿瓜尔基于这所住宅的历史照片及仅存的原始草图绘制。©2002 年由亚利桑那州斯格特达勒市弗兰克 · 劳埃德 · 赖特基金会提供。©2002 年贝蒂安娜 · 阿瓜尔临摹）

昌西 · L · 威廉住宅，里弗福里斯特市，伊利诺伊州（1895 年）

赖特使威廉住宅与其周围现有房屋的朝向一致，都面向东边的埃奇伍德社区（Edgewood Place）。由于这是一个相对较短的环形街道，而不是一个直通到底的街道，他不得不预想从最可能的入口通道——取道湖街（Lake Street），向南走——看现存的住宅是什么样子。同样他还必须给紧贴现存的三层楼房北侧的地方留出垂直裕量。这些考虑成为了赖特的个人化风格造型和把入口通道两侧的土台设置在不同水平高度——北面在地面高度，东面和南面则高出约 2 英尺——的理由。土台侧面朝内倾斜而且明显与赖特勾勒出来的正立面的地面截面相斜接——这是在档案中惟一留存的原始图件——入口通路本来是作为一个界线，用来在视觉上分隔不同的平面的（图 2–14a、b）。

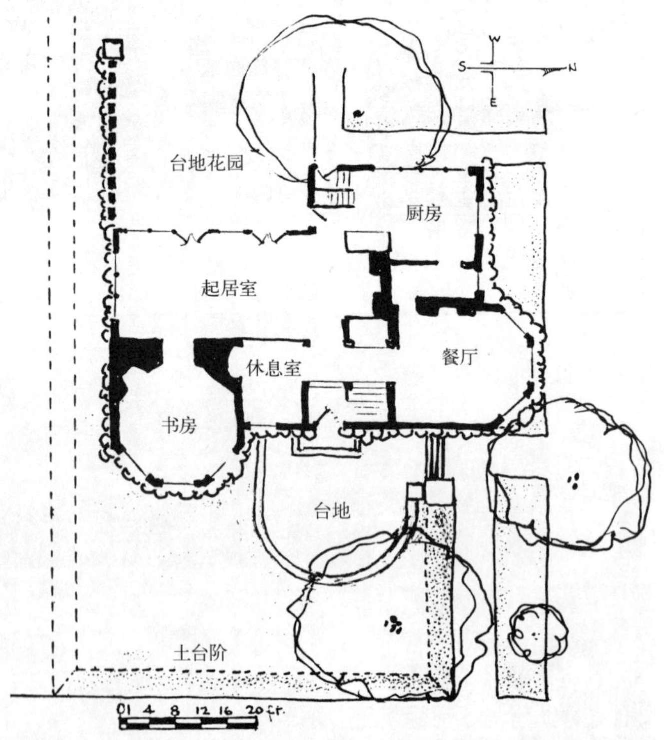

图 2–14b 推测的威廉住宅的场地布局图（查尔斯 ·E· 阿瓜尔基于历史照片和弗兰克 · 劳埃德 · 赖特的同事 W·A· 斯托勒绘制的平面设计图 S.033，1993 年原始草图绘制。©2002 年由亚利桑那州斯格特达勒市弗兰克 · 劳埃德 · 赖特基金会提供。© 2002 年贝蒂安娜 · 阿瓜尔临摹）

如果不是赖特维持了北面水平面的完整性，这个房屋从埃奇伍德社区那边看过去将像是毗邻的那个三层构筑物的附属品。如果不是他所做的造型、布置以及所赋予的土台的特性，这所房屋将不会像是从这个地点“长”

出来的。相反，它看上去将会像是“放置在边上的盒子，使每一件自然的东西都感到羞辱”。就像他在随后几年为伊利诺伊州埃文斯通行业协会大学（University Guild of Evanston, Illinois）所做的一场演讲中，所描述的那个时代其他房屋一样。[76] 通过赖特敏锐的雕刻手法产生了阴影、深度和尖锐的边缘，把土台表现成一个从低平面升起的浮雕。设置明显的基线、在建筑周围和入口通道两侧砖结构上的石头挡土墙强化了这种处理。同时煞费苦心地把这些石头向外扩展排列，看上去像是把房屋固定在地面上，沿着建筑物南墙和那些土台中线布置的那些石头也同样起到了这样的作用。那些砌在护墙板高处以及从房屋的西南侧往西延伸的墙上的带孔砖制私密围墙强调了水平线并为与东边半圆形入口土台相切的矮砖墙形成了强烈的平衡感。

通过设置这个土台，赖特有可能创造出更有意义的入口体验。在通过接待大厅的门口进入到起居室，面对沿着西墙形成的房屋后侧花坛的宽大框景之前，要通过三组台阶和四个转弯才能从地面到达一层的高度（大概比公共人行道高出4英尺）。通过两扇法式门，从起居室可以直接通到土台，使得室内外空间之间形成了紧密的联系。这种起居室后部直接向花坛开门的布置方式，是赖特在威廉住宅中发明的一种极具有理想主义的概念。这种室内和室外的连通性不仅仅在当时是独一无二的，它还应当被看成是数十年以后赖特设计美国风住宅的先驱。更让人印象深刻的是，这种布置方式比起20世纪50年代通常被认为是加利福尼亚建筑师和景观设计师们创造出来的所谓“创新式”室内室外设计方法要早半个世纪之久。

赖特为威廉住宅进行的整体环境设计应当被看作是他对于街景、现存构筑物的比例关系、入口体验、横向视觉效果等思考过程的综合。然而，跟温斯洛住宅一样，威廉住宅建筑物和场所环境的改变形成了不同的街景，并且危及了赖特先前对室内外关系的设想，这些变化包括：增加一个穿过起居室西面的封闭日光浴室，基础绿化作为引导——沿着建筑红线种一排常绿植物，以及用坡道从土台上下来（图2–15）。

图2–15 威廉住宅经过土台平整和植物长大后的外观，模糊了赖特最初的设计意图（1993年由查尔斯·E·阿瓜尔拍摄。© 2002年贝蒂安娜·阿瓜尔提供）

内森·G·摩尔（Nathan G. Moore）住宅，橡树园社区，伊利诺伊州（1895年，1923年重建）；藤架与翻修（1905–1906年）

在1894年，内森·G·摩尔居住在坐落于弗里斯特大道（Forest Avenue）和苏普里尔大街（Superior Street）［当时叫做瓦邦（Wabun）］交叉口的西南角的一座木屋里，横穿马路往南大约300英尺就是赖特的住所。当时，摩尔拥有50英尺原始地块，在紧贴地块的南边他用大约1.5倍的土地建造了自己当时的住宅。这次扩张的土地延伸到弗兰克·S·格雷（Frank S.Gray）维多利亚式住宅（1883年）内部几英尺，格雷拥有一半中间地块和一块附加地块。[77]

最初摩尔请赖特进行设计，来改建和扩建自己现有的住宅，并允许赖特把现在的都铎式建筑（Tudor English Architecture）改变成像橡树园那样的郊区社区流行的式样。当赖特决定放弃改建，把现有的住宅迁至西边的一块空地上，准备重新建造一所新的房屋时，摩尔警告赖特不要偏离这个模式。然而，赖特还是指出，这是第一次“曾看到的英式半木骨架（在木架上涂抹灰泥）(half-timbered) 房屋有门廊，而这个门廊很适合这座住宅。”[78] 尽管赖特并没有解释他使用的“适合”这个词，似乎他正在描述的是整个场地规划背景下门廊的适当性，而不是门廊本身的外观。因为正是赖特场地和环境设计的独特性——包括把门廊作为可以俯瞰下沉花园的这一室外生活空间——使得摩尔住宅与这个地区其他时期的房屋区别开来（图 2–16）。

赖特提议在为摩尔的新居选址时打破惯例，不把中心位置面对弗里斯特大道。相反他让房屋纵向坐落在原来地块的角落处，使得北面（后部）沿着至今尚未铺砌路面的街道与公共通路毗连（图 2–17）。房屋的东面（侧面）从弗里斯特大道后退与已有的房屋保持合适距离，南面（前部）面向宽阔的开放空间，通过他独特的零地界（Zero-lot-line）场地规划方法保护起来。（应该说明的是，这比美国的分区法规开始规定居住房屋必须与公共街道之间保留最小距离要早 20 多年，比鼓励把零地界场地规划作为获得最大可利用空间的创新方法早 80 多年。）

图 2–16　伊利诺伊州橡树园社区内森 · G · 摩尔住宅的南面，赖特于 1895 年设计的下沉式花园（亚利桑那州斯格特达勒市弗兰克 · 劳埃德 · 赖特档案馆惠赠）

这种选址带来的两个最大的益处就是为向西扩充花园空间留出了充足的空间，并允许赖特把功能空间、家庭服务入口、楼梯间循环空间，以及起居室的壁炉放在距离公共约定边界最近的朝北的位置。其他明显的益处还在于它最大限度地扩大了房屋南面与格雷住宅之间的距离；创造了具有一个街边印象的宽阔的中间空间；并且允许赖特把社会活动空间设置成朝南的方向——内部和外部。但是这里有另一个重要的益处却被忽略了——如果摩尔住宅是按照惯例进行场所规划的，那就不可能把

图 2–17　摩尔住宅的北面占用了苏普里尔大街的公共通道（查尔斯 · E · 阿卦尔拍摄。© 2002 年贝蒂安娜 · 阿瓜尔提供）

主要入口设置成朝向开放空间，并提供开发入口体验的手段。

赖特首先设计了一堵与建筑整体相协调的装饰性篱笆墙，限定了沿着弗里斯特大道公用道路的空地，并按照斯科特为小城镇房产提出的建议方式给这个街道提供了一个优雅的终端——也就是说，这种防护性围墙是一种“艺术作品”，“相当透明”，而且“不能很好地遮蔽住宅所围住的美景”。[79] 还值得一提的是，赖特让栏杆朝内弯曲以便容纳一棵原有大树的树干，把现有树木的保存列入自己设计所要考虑的因素中（图 2–18）。然后他以入口人行道的方式设置一个“交叉的通道”，从弗里斯特大道拓展到小路上，但是与房屋保持距离，同时有一个人行横道从这个入口人行道通往宽大的台阶，到达门廊和主入口处。在通过这些交叉人行道分隔和确定的空地中间，他挖出泥土筑成堤坝形成一个下沉式花园。人行横道的重要功能是作为一个过道，通过设置几组向上通往门廊和向下通往下沉式花园的台阶这种方式，可以直接到达所有的室外生活空间。这样，入口体验中压倒一切的东西就是从人行横道上注视下沉式花园的景色——不论客人是从小巷还是从与弗里斯特大道相通的主入口进入这个园子的。这些俯瞰下沉式花园的宽阔门廊以及在几棵为庭院增色的遮荫树下的广阔的地面一起，当时提供了额外的室外生活空间。鉴于这些空间的有限面积、构筑物的体量，以及角落地块固有的暴露特性，这些户外空间极易到达和极具私密性。

……

图 2–18　摩尔住宅的装饰性栏杆的弧形弯曲，以容纳现有树木的树干（后来移栽了）（查尔斯 ·E· 阿瓜尔拍摄。© 2002 年贝蒂安娜 · 阿瓜尔提供）

图 2–19　伊利诺伊州橡树园社区弗兰克 ·S· 格雷住宅，1906 年内森 ·G· 摩尔得到它时的情形（摘自《西北建筑师》杂志，第 16 卷，1952 年）

摩尔住宅的室外生活空间在十年后，即于1905年扩大了很多，当时摩尔得到了格雷房产以及紧靠南部的一块额外地块——使得在弗里斯特大道的正面扩大一倍——又委托赖特设计一个藤架（图2–19）。这个委托历史上只是偶尔被提到过，或者与随后进行的翻修格雷住宅相关联——通常被描述为送给摩尔女儿玛丽和女婿爱德华·R·希尔(Edward R.Hills)的一个结婚礼物。然而，在1900年刚刚达成购买合同的时候，赖特对格雷住宅进行了初步的重新设计，但真正开始重建是在六年之后。此外，婚礼直到1908年，也就是买下这块土地的两年后才举行，而且这对夫妇直到1911年或者1912年才开始居住在这所房屋里。[80] 这一系列的事件表明摩尔获得并开发格雷的不动产，也许与他想最终占有并控制至少四个地块的长远打算相关。当第四个地块仍然在格雷名下时，摩尔在获得第五个地块并于1906年开始重建工作许多年之前，已完成了一所顶上兼有住宅的独立式车库的建设，当联想到这件事情时，更加强化了上述推测（摩尔至少想占有四个地块的打算）。

赖特的翻修计划建议把格雷住宅旋转90°，把它转移到一个新的、更靠近南部边界的地基上，使原来的南立面变成向东面朝向弗里斯特大道。毫无疑问，这次重新定位的基本出发点是环境。从弗里斯特大道的角度看过来，它不仅扩展了南北向的长度，而且容许赖特展开比草原式住宅外观更加明显的水平线，而且尽其所能扩大了空地，使其成为西侧与小巷之间的室外生活空间，加强了两个构筑物之间的内部联系，并且确定了有篷走廊这一附属构筑物的走向，以便于俯瞰场地的中部景色——那是自从1895年以来就已经形成并一直保存着的（图

图2–20 一张拍摄于1992年的照片，表现了1906年重修格雷住宅后，爱德华·R·希尔住宅（原先是弗兰克·R·格雷）与内森·G·摩尔住宅之间的关系（查尔斯·E·阿瓜尔拍摄。© 2002年贝蒂安娜·阿瓜尔提供）

2−20）。这些重修计划是基于摩尔1900年获得了当时属于格雷的这个不动产的所有权。大概直到1905年，当摩尔又有机会得到格雷住宅南面那块额外的地块时，就已经决定把重修构筑物的主体部分移到那里。正是这一系列事件推定了拓展中部景观发展规划的需求，并激发了赖特对景观构成的设计，这种景观比工作清单中定义成"藤架"具有更为明确、广泛的意义。

在景观构成中包括一个相当大的新暖房，附属于摩尔一层起居室最西端，它取代了以前占用这块空间的一个或几个温室。这个暖房在结构图上被定义为格子屋顶藤架的北界，藤架起到中介作用，通向南界建于水泥地基上的精美亭子（图2−21）。藤架东侧设置一出口通往草坪，但在西侧装有格子架，上面爬满了葡萄藤，遮蔽了沿着小巷布局的中部菜园。

这个重修设计还描绘了一个不甚精致的20英尺长的凉亭，这个凉亭的顶部和侧面都是格子状的，从主要藤架延伸出去，通过菜园到达小巷的入口，那里有两个附加的砖砌装饰角柱立在格子状篱笆门的两侧。这样，这个藤架被特别设计为一个周围有遮荫的环绕走廊，穿过它可以在两座住宅之间自由漫步，并且可以作为弗里斯特大道的背景，或者作为赫特里住宅的主要居住空间的优美景观的背景。还可以直接到达街道——三年前赖特曾

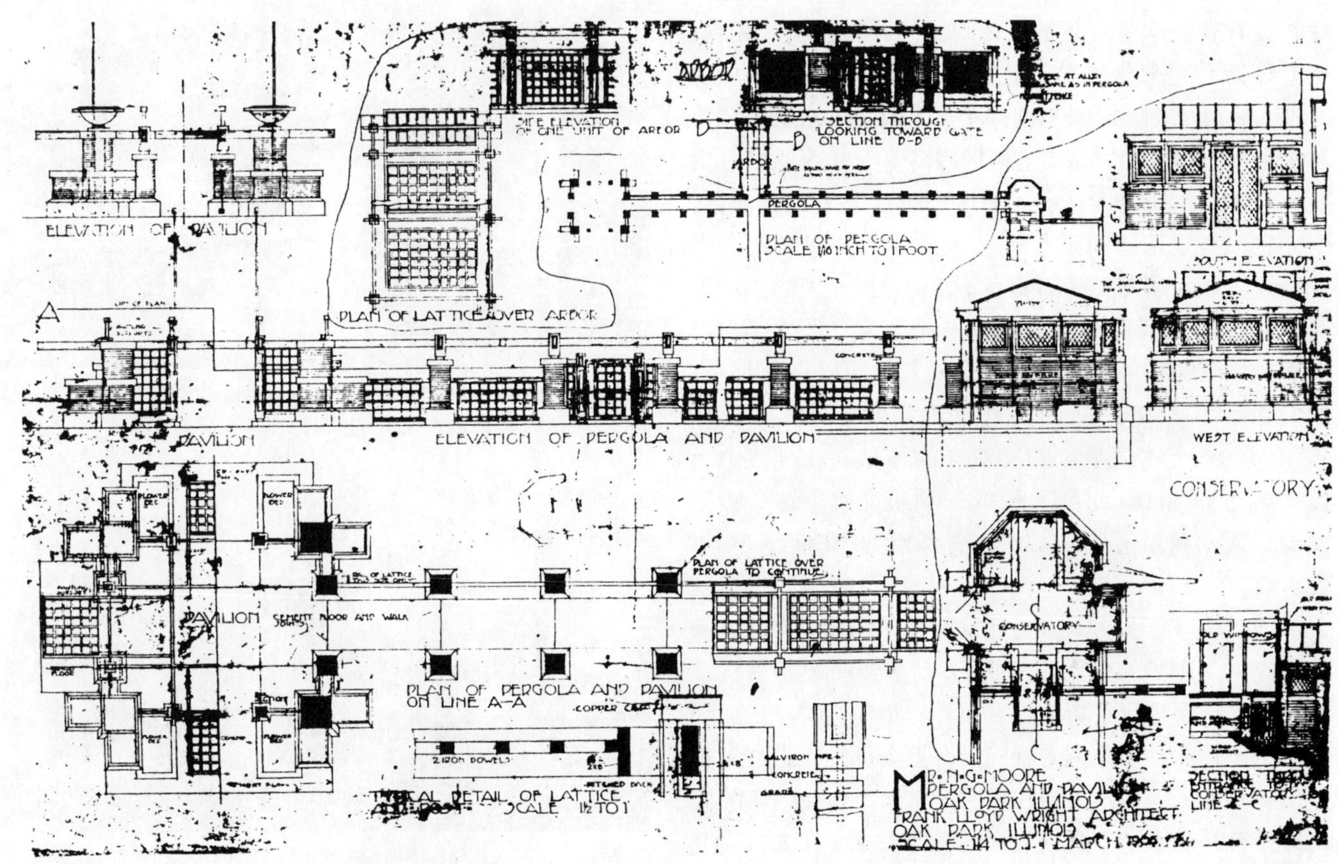

图2−21　1904年摩尔·希尔藤架与构筑物之间的中部景观结构图（©2002年由亚利桑那州斯格特达勒市弗兰克·劳埃德·赖特基金会提供）

特别留意设计的、用来俯瞰摩尔的开阔空地（见亚瑟·赫特利住宅，1902 年）。这个藤架还有一个作用就是作为这个自然形态的、有树荫遮蔽的绿色开放空间的优雅的终点，给整个构成提供了公园般环境，赖特设计的结构有三部分——摩尔住宅，希尔住宅，车库——相连成为一个整体。

……

尽管摩尔藤架历史上曾经被列为一个未建造的工程，建筑师威廉·G·珀塞尔（William G. Purcell）——他曾经居住在橡树园，是弗兰克·S·格雷的侄子——发表在 1952 年《西北建筑师》（Northwest Architect）上的一篇文章中引用的照片（1906 年）清楚地表明了这个格子状建筑庭园的组成（图 2–22）。[81] 然而这些照片并没有表明这个凉亭是作为南界的藤架结构。相反，这个藤架看起来是继续通往旋转后重建的构筑物后部的私人室外空间。据摩尔的孙子——内森·格里尔·希尔（Nathan Grier Hills，生于 1915 年）和西德尼·奥斯卡·希尔（Sidney OscarHills，生于 1917 年）回忆，同样也没有建造通向小巷的凉亭。[82] 两个弟兄都不记得曾经有一个凉亭或者后部的亭子，但是两个人都生动地回忆起曾经采摘葡萄的经历以及把藤架作为联系自己房间和祖父母房间的纽带，通过暖房就可以进入那里。他们还回忆了 1931 年，为了纪念他们祖父祖母结婚 50 周年而在这个花园举行的庆祝会的情景。此外，由卡拉·琳达（Carla Lind）做的一项研究确定这个藤架离园子西南角最近的一部分一直保留到 20 世纪 60 年代中期。[83]

1922 年 12 月，摩尔住宅发生了一场毁灭性大火，从这以后，剧烈的变化便开始了。尽管当时赖特被叫来对这个建筑物进行重新设计和重建，但他当时正在加利福尼亚州任职，因此毫无疑问没有把全部的心思放到重建工程的监管上。历史照片表明，在火灾中被毁坏的庭荫树没有补栽上；下沉式花园填满了泥土；在人行横道与小巷之间的开敞空地上修建了一个圆形水泥鱼池；沿着水泥和铁篱笆墙的内侧栽种了常绿灌木。[84] 所有的这些景观处理都与赖特最初的设计意图相矛盾。下沉式花园的泥土彻底毁灭了强烈的入口体验。圆形水池与整体景观构成的标准几何构图不协调。而且树篱破坏了精心设计的弗里斯特大道景观视线。尽管水池和树篱已被移走，而且篱笆墙扩展到希尔住宅外，但再没有进行其他努力来调和这两个截然不同的构筑物。因此，改造后的住宅之间的景观无法展示赖特 20 世纪早期激发出来的创造灵感（图 2–23）。

图 2–22 1906 年前后希尔住宅隐蔽性庭院围墙的南端（摘自《西北建筑师》杂志，第 16 卷，1952 年）

图 2–23 下沉式花园被填埋后的摩尔住宅南面，火灾毁坏的庭荫树（查尔斯·E·阿瓜尔拍摄。© 2002 年贝蒂安娜·阿瓜尔提供）

沃尔夫湖娱乐公园项目（Wolf Lake Amusement Park Project），芝加哥市，伊利诺伊州 1895 年）

爱德华·C·沃勒（Edward C.Waller）计划开发成沃尔夫湖娱乐公园的那块土地所具有的沼泽特征与普尔曼的公司城以及哥伦比亚世界博览会（Colubian World's Exposition）所选的场地很相似。这块场地位于芝加哥南部 12 英里处，地处伊利诺伊州（Illinois）与印第安纳州(Indiana) 交界线上。印第安纳大道(Indiana Avenue）的主要通道可以直接通往芝加哥市区，现有的两条铁路线把它一分为二。尽管这块地产并没有面临密歇根湖，但它离内陆很近，并有两个紧邻的湖：西边的海德湖和东边的沃尔夫湖（图 2–24）。

赖特直接绘制在最早的场地规划图上的初步草案上，确定了60° 角几何视点，主轴为西北向至东南向，副轴为东北向至西南向。主轴、副轴确定后就为建筑物的正面定好了方位，夏季来自西南方向的微风，以及来自西边的主导风可以掠过这两个水体，并为整个场地提供自然的气温调节。然而，赖特对自然湿地环境并未作出进一步尝试。相反，规划确证赖特在很大程度上想要使用与奥姆斯特德在博览会庭院中所使用的相同方式来支配

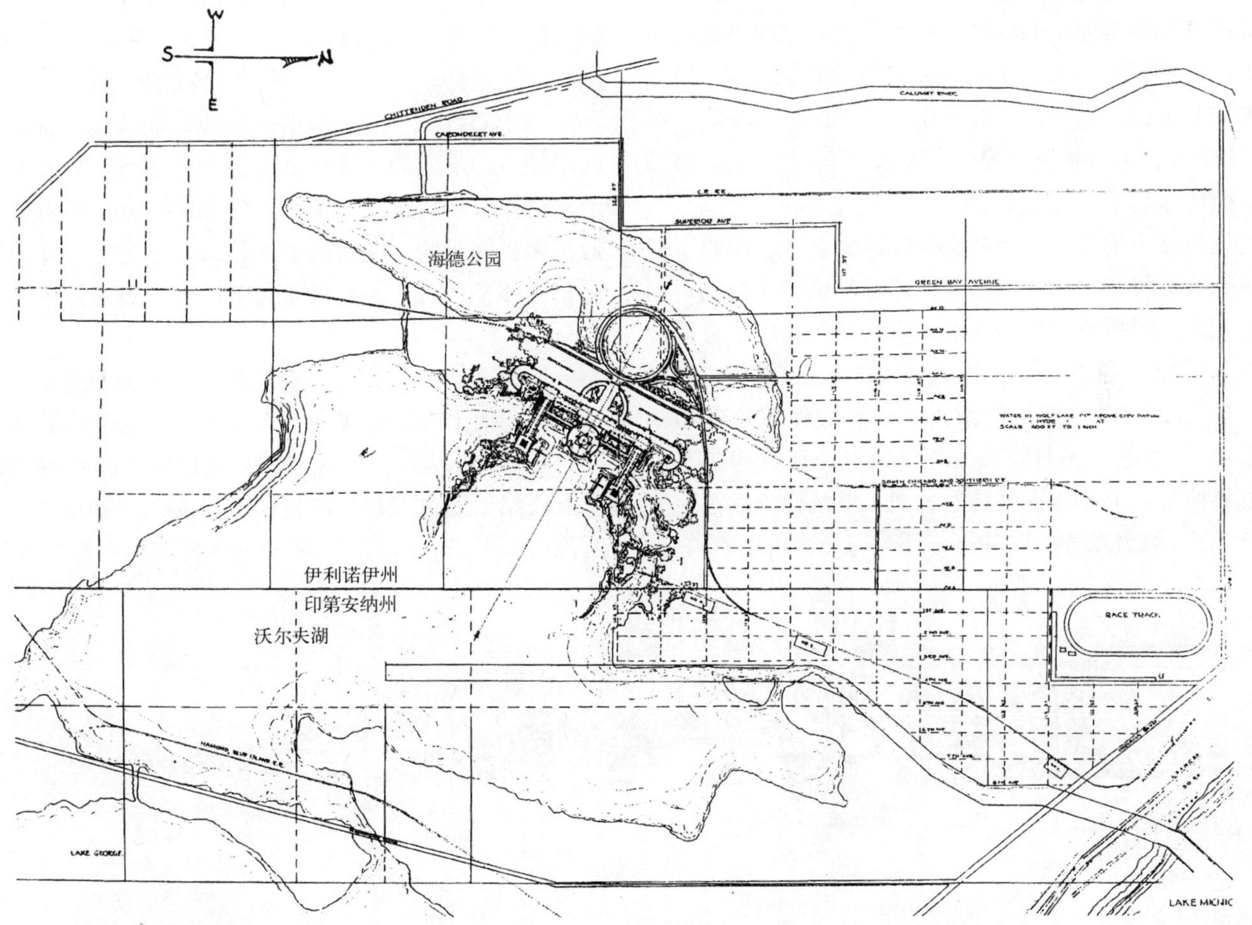

图 2–24　伊利诺伊州芝加哥沃尔夫湖娱乐公园项目（1895 年），赖特直接绘制在场地规划图上的方案草图（©2002 年由亚利桑那州斯格特达勒市弗兰克·劳埃德·赖特基金会提供）

景观，他塑造并重新构建这块陆地，把它变成一个充斥着构筑物的人工岛和沙滩，这都是为容纳他和沃勒所构想的那些有趣活动和水上运动所必需的。

他们的目标是创造一个随季节变化的、集世界美景的环境——一个当时的“迪斯尼乐园”，参观者可以在芝加哥博览会的6个月期间尽情享受其拥有的大量流行的娱乐设施——这可以从赖特于1910年在《沃斯姆斯代表作选辑》中的描述得到印证：“通过挖掘的方法，使芝加哥附近浅湖边缘的一片湿地，成为一个娱乐胜地。通常这一项目用地选在宽敞的环形商业街上，统一入口掩映于后部区域中。中间位置是音乐台，有一圈环形的轨道以及为比赛和宴会准备的场地。一个带顶的凉棚沿着有观众席的一侧延伸出去。在此后边是一个流水广场连接内陆潟湖与大湖，这样，成群的游船可由此划向大湖。搭满了售货亭的众多桥梁横穿这个流水广场，把中心区域与商业街连接起来。”(图2–25)[85]

这篇文章遗漏了一个重要的设计要素，这是对于任何一个分析赖特的沃尔夫湖设计图时都值得注意的，那就是最终陈述方案中关于总体环境的景观处理结果。赖特在这儿试图通过引入植物来营造公园般的环境和氛围，从而平衡容纳拥挤的游人所必需的硬质景观和软质景观。[86]尽管他不打算布置任何像奥姆斯特德在芝加哥世界博览会上那样有气势的景观，但是他仍然在中央岛设计了一块大草坪，以种植床作为穹形音乐厅的前景，在商业街和宽阔的内陆河间安排了系列规则式花园，并在环岛运动跑道邻近湖泊的一侧设置了一个半圆形花园。他还建议恢复邻近湿地以保护森林。这些人工但具备自然表象的环境为古典风格布局和建筑创造了合乎比例的平衡与对比。

沃尔夫湖公园项目第一次为赖特提供了把其影响范围扩大到环境、公众、社会等领域的机会。尽管他没有深入到细节，但是他确实触及了一些设计要素，当设计一个有公众意义的项目时，这些要素是除了娱乐之外，还必须考虑的方面——土地利用，交通运输，以及闭合游线（环线游线）等。他计划在公园的后方建设一个豪华的圆形堤道深入海德湖内部，与两个现存的铁路线相接，然后取道通勤车轨道，穿过一条铁路支线，最后到达堤道。环形的中心线位于大舞场的轴线上，而且他设计的入口活动模式引导人们通过一个或另一个相当狭窄的平行通道，这样，当到达商业街露天空间的时候，所有感官将会被多彩的景物、悦耳的音乐，以及上方的、外向的野外空间体验所冲击。最终才会感觉到广阔水体向外延伸的全景。

赖特还继续建议在密歇根湖与沃尔夫湖之间开挖一条运河，便于游船直接驶入构筑物——这个计划可能需要挖掘沃尔夫湖（他所提及的）和建设几座桥梁以抬高现有铁路轨道和公路，以便容纳巨大的交通量（这是他所没有提及的）。在他的规划中他根本没有提到任何桥

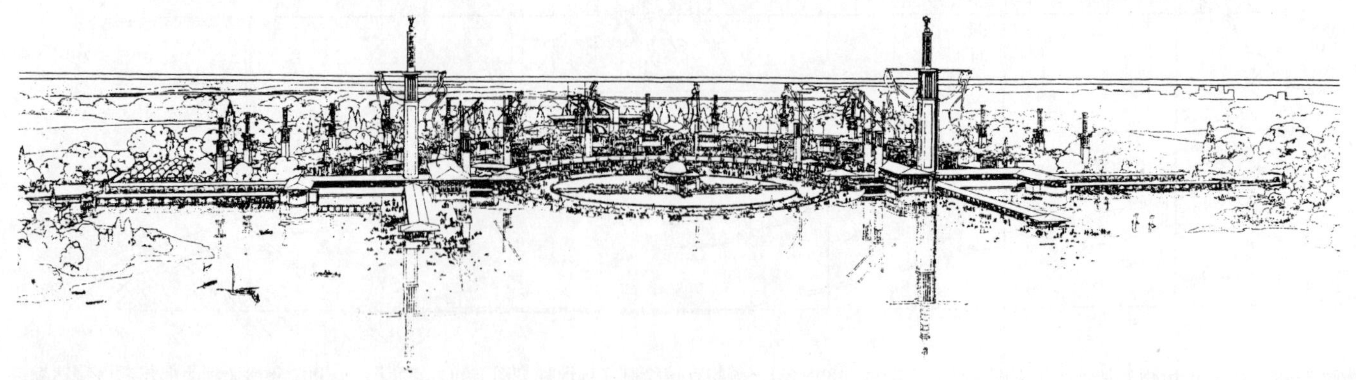

图2–25 沃尔夫湖娱乐公园的最初草图（根据1910年出版的《沃斯姆斯代表作选辑》临摹）

梁的建设。由于画在最初演示图上的湖泊汽船在《沃斯姆斯代表作选辑》的透视图中被删除了——只允许帆船、划艇、独木舟等水上交通工具——也许从这时开始，即大约15年以后，赖特意识到不可能在这样一个小内陆湖里运行游船。

另一个在赖特准备的大量概念草图中未提及的是，他描述为“一大片沼泽地”（今天我们把这定义为“湿地”）的地产开发应当成为陆地恢复中的首要工程。这样，如果沃尔夫湖项目的进展通过了最早的初步说明草图，那么除设计和规划外，还会涉及更多的东西——不仅仅是开垦陆地，还包括以任何便利的方式来容纳大量人口及必要的设施。赖特规划方案的睿智在当时还只是处在萌芽状态，他开始并没有提到对大量的公共服务和基础设施的需求。这些需求与一个中等城市的需求差不多——包括天然气、水、电力、通信；消防和警察、安全、急救、污水处理、固体废弃物处理，以及人流组织交通、日常往来交通运输的管理。除了所有这些需求之外，这个“城市”还必须进行部分时间性、季节性的特殊管理，晚上必须清空并打扫干净，以便接待第二天将要来访的大量游人；或者关闭数月，等待另一个旺季的来临。为了处理这许多技术细节，赖特必须有一个大型的、跨学科的职员队伍，他本身所起的作用就不仅仅是一个主规划师了，这与伯纳姆在芝加哥世界博览会项目中所起的作用有些类似。

这个为沃尔夫湖项目规划的场所一直保持未开发状态，周边大部分土地都作为公园、森林防护区，或者自然保护区被保护起来。如果不是在1895年做了一个可行性研究和环境影响报告，恐怕就不会有在这块特殊土地上开发这样大规模娱乐公园的概念，甚至连初步设计都不会有。

橡树园工作室的成立（Oak Oark Studio Opens）

1897年，赖特有了足够的业务基础，他决定在橡树园那块土地上，向北延伸到芝加哥大道（Chicago Avenue）的部分建立一个相当大的、半独立的工作室（图2–26）。尽管这个工作室的建筑以古典主义设计风格为主，当时还相当前卫，尤其是其八角形图书馆的半圆形大厅和类似教堂的入口等非常显眼，但这里是不会出现从公共人行道向内缩进的现象的。即便如此，赖特通过把公共人行道整合到入口空间及其花园的设计中来，设法为他的客户创造一种迂回的进入方式。在公共人行道与公路之间设置了一个双行通道，以避开一棵现存大型遮荫树。在同样的地方另外又补种了数棵大树。路边还直接设置了两个马车停靠处（Carriage Mounting Block）。由于入口最初位于马车停靠处的位置，朝前穿过公共人行道，到达三级扩展台阶，这几级台阶明显超过人行道，通往一个5英尺宽的走廊，再经过几个转角，横越一个狭窄的有篷凉亭，到达室内、室外的过渡空间，使人产生这个工作室的边界位于芝加哥大道边缘的错觉。

在建造工作室与餐厅之间的封闭通道过程中，房屋后部的走廊被拆除了。然而赖特还是保留了靠近房屋南墙处的一棵多分枝柳树，他设计了一个柔软的项圈，可以让柳树保持生长并能在风中摇摆，但不会对房屋结构造成损害。“这棵巨大的四处蔓延的老树在夏天给我们的工作室提供了舒爽的清凉，”赖特说到，“我喜欢头顶上射下来的透过绿叶的金色阳光。”[87] 从街道上看过去，这棵柳树好像是从房屋的中心长出来的——这种错觉增添了赖特作为一名建筑师的声望，使得他更愿意不遗余力来保留一棵大树。

选择在自己居住地点建立一个主要的工作空间，这样赖特更容易接近那些来自橡树园社区、里弗福里斯特乡村社区，以及附近其他郊区的高层客户，他希望更多地吸引高层客户。这在当时又是一个非常前卫的想法，那时养家糊口的人通常在有利于所有商业行为的市区工作。1898年，赖特手册的完成宣告工作室的成立，他强调自己愿意依据客户的便利来在橡树园安排约见（上午8：00—11：00，下午7：00—9：00）。他甚至在城区一个单独的地点从中午12：00至下午2：00安排自己或

图 2–26　弗兰克·劳埃德·赖特的橡树园住宅扩建后的一层平面图（1895 年）以及附加的工作室（1899 年），说明了位于住宅和工作室之间通道处的一棵多树干柳树的位置，同时也表明了赖特刻意设计了一种更加豪华的入口（查尔斯·E·阿瓜尔基于个人分析和平面图记录绘制。©2002 年由伊利诺伊州橡树园社区弗兰克·劳埃德·赖特保护协会临摹。©2002 年由贝蒂安娜·阿瓜尔提供）

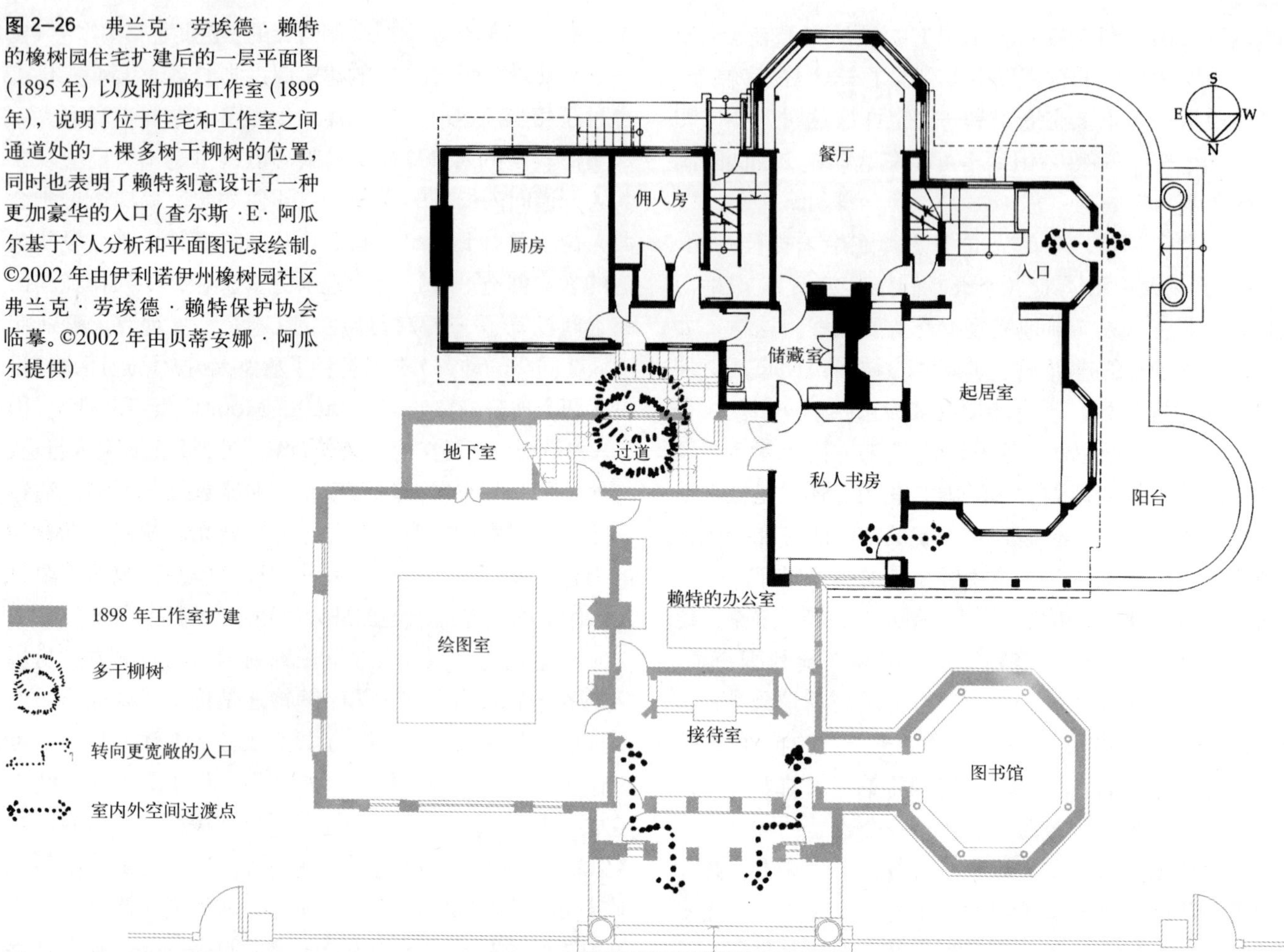

者员工进行咨询服务，在那儿“工作记录连同规划和细节都会有副本记录在案……方便客户与承接人翻看”。[88] 在这本小册子的正文里，赖特这样写道：“建筑的实施……有着精美的艺术性和商业性。这些应当结合彼此协调，而不是让他们相互损害……为了更好地创造这种精美的艺术……建筑师应当把自己放到环境中去，让自己深入其中，然后共同促进创造。首要的必需品就是一个合适的地方，在这里可以适应工作的执行，并且能够把忙碌城市的喧嚣隔离开来。员工们能在此基础上保证全身心投入到一项建筑工程的完善上来——这种内在的价值可以通过努力来衡量。”[89] 当时正是通过这个宣言，赖特第一次在其职业生涯中提到他关于城市疏散的想法——这是他在 20 世纪 30 年代期间充分发展的广亩城市理论（Broadacre City）的基本原理。

当赖特着手开办自己的工作室时，他聚集了一群具有特殊才能的人在自己身边，来帮助他解决设计中和施工中技术方面的要求和其他方面的需求。在接下来的 11 年中，来自他们的支持使赖特可以自由地用创新思维进行试验，并实践自己有关环境激发的有机建筑理念，最终使其在橡树园工作室时代的建筑风格接近成熟。

第 3 章
橡树园工作室时期：1897—1909 年

弗兰克 · 劳埃德 · 赖特除了在以阿德勒及沙利文的名义在家工作以及独立设计他一直称之为“非法酒坊”的房屋的一段时间外，他并没有自己的单人工作室。在赖特刚出道的那几年，他喜欢广泛交友，从有经验的同事那里获得社会知识，同他们对不断成熟的环境感知建筑设计进行探讨，交流意见，并从中得到启发。在橡树园工作室运行时期，赖特成立了一个平均有 6 个人组成的工作团体，这段时期赖特还培养了 12 个至 18 个弟子。然而在这个工作团体中，有 3 位是有自由工作特权的注册建筑师，分别是沃尔特 · 贝利 · 格里芬（Walter Burley Griffin）、玛丽恩 · 玛霍妮（Marion Mahony）和哈里 · 鲁宾逊（Harry Robinson）。赖特也同其他设计行业的专家及才华横溢的艺术家及工匠们合作，其中有室内设计师乔治 · 雷德肯（George Neiddecken），玻璃生产商奥兰多 · 珈尼尼（Orlando Giannini），雕刻家理查德 · 波克（Richard Bock）、艾伯特 · 路易斯 · 波恩（Albert Louis Vanden Berghen）和阿方索 · 伊安妮尼（Alfonso Iannelli）。

除了从现存的设计图纸中可以些许了解一些当时的工作情况，很少有描述工作室工作制度、工作程序等相关方面的记录，虽然有些作家在一定程度上有过介绍。尽管如此，巴里 · 拜尔尼（Barry Byrne）作为工作室的一名成员，他在他的个人经历的随笔中曾写道：“尽管有一些激励的、称赞的以及与之相一致的补充和附录，但没有一部可以称作与之接近的指导性著作。”[90] 他同时也留意到了在工作室早期工作中存在着层次差别，格里芬和玛霍妮是设计组的支柱，也是两位和赖特关系最亲密的职员。“玛霍妮似乎和赖特特别亲密，而格里芬则经常同赖特共同讨论并洞悉赖特的设计想法。”[91]

在这个工作室存在的整个时期，玛霍妮是惟一一个自始至终与赖特在一起工作的职员。在玛霍妮的传记中，作者贾尼斯 · 普里格阿斯科（Janice Pregliasco）说，玛霍妮和赖特的合作始于 1895 年，当时他们俩都还在施泰韦大厦（Steinway Hall）工作，那时玛霍妮还只是个种植设计监管（现在此职位已不存在）。[92] 普里格阿斯科还指出玛霍妮是 MIT 第二个获得建筑学学位的女性，而在伊利诺伊州（Illinois）她则是第一个获得执照的女建筑师。但是，她却很少被提及她是与赖特及其他草原学派（the Prairie School）学者属于同一时期的建筑师。人们普遍认为，她对赖特设计工作的贡献仅局限于她那极有特色的表现图。

拜尔尼把格里芬称作“办公室经理”，他也指出赖特和格里芬的关系不一般，因为赖特还允许格里芬作为一名建筑师拥有自己的客户。[93] 赖特经常“吩咐”格里芬去为他做一些私人事情。而布鲁克斯（Brooks）则重新证实赖特和格里芬在 1901 年和 1902 年的冬天，实际是一对竞争对手，此时二者共同竞标位于伊利诺伊州的埃尔姆赫斯特市（Elmhurst）的威廉 · H · 艾米莉（William H. Emery）住宅建筑设计方案。当然，最终还是格里芬获得这个机会。[94] 另一方面，克鲁提（Kruty）说格里芬的职责远远超出了日常办公室管理的范围，“格里芬……写详细说明书，在工程建造期间定期监督，并努力调解那些在某些方面被赖特怠慢了的客户和承包商……格里芬经过全方位的训练，既包括专业上的，也包括实践上的，他同时还拥有在我们看来是最杰出的人格，他给热情沸腾的办公室带来了平和以及稳定。”[95] 弗农（Vernon）评价说："有了格里芬在景观设计方面的教育以及他在园艺方面的知识，使他有可能设计并实施赖特建筑设计中的景观设计的详细方案，这并不是工作室中其他任何一个成员可以做到的。工作室接到一个新的委托后，经常是赖特先进行建筑设计上的创新和场地组织设计，格里芬也随之进行相应的景观细部处理和种植设计。”[96]

就当时现状而言，景观和种植的详细设计是额外的、独立于工作室设计之外的工作，这些少有的景观设计形式因为它们的与众不同更应引起人们的注意。对1899年赖特的住宅设计进行的调查研究证实并无赖特后来称作的场地设计或地面设计。最广为人知的场地规划设计在《沃斯姆斯代表作选辑》中都有介绍，其中有威廉·H·温斯洛（William H.Winslow）别墅、昌西·L·威廉（Chauncey L.Williams）别墅、内森·G·摩尔（Nathan G.Moore）住宅别墅、工作室以及约瑟夫·胡瑟尔（Joseph Husser）住宅（已毁），其中花园设计及种植设计的图纸是在竣工之后进行完善的，以便于发表。[97] 另一方面，于1899年之后，他们开始对设计图纸按年份进行编纂，这正好改善了人们关于19世纪与20世纪世纪之交前的建筑形式与那时期赖特所作的场地规划不太和谐的看法，而这种和谐是赖特首次与格里芬合作时建立的，那时他们都还在施泰韦大厦（Steinway Hall）工作，因此，在1905年中后期，赖特的场地规划有一个显著的不同，这与格里芬离开工作室有关。但这并不是说1900–1905年之间的草原住宅的设计不是赖特原创的。室内外强烈的几何感和建筑的细部特征之间那种周到的依赖关系绝对是赖特的灵感。而格里芬的景观设计理念，除了他的个人创造力外，可能更依赖于场地上原有的自然景观。当然，雕刻家理查德·W·波克（Richard W. Bock）也证实道："赖特……无论在哪里，都很有主见……除了他自己没有人能左右他。”[98] 然而，一系列的事实证明正是由于格里芬极力支持赖特那极富有修饰感的设计手法，再加上他自己在熟悉场地精神与赖特的设计意图后，他那极有才华和赋予情感的阐述，以及把它们贯彻、实施，而场地设计又使得赖特的草原式住宅形成了有机建筑的三维空间概念，从而使得草原住宅设计独一无二，不仅是极有装饰特色的建筑形式，也包括了建筑与周围环境的融合。

环境设计，1900–1909年

友谊俱乐部（the Fellowship Club）是橡树园的一个女性民间组织，在它成立之前，于1900年赖特第一次公开发表了他对维多利亚时代（Victorian Age）极其混乱的环境设计的反感观点：

> 现在，英国景观建筑正承受着令人触目惊心的退化：高大的紫杉，华丽的灌木被修剪成动物的形状，如同公鸡群聚在木桶之上，一条铁路蜿蜒于顶部边缘，这些都是一些最荒唐可笑的事情。而这种情况的出现越来越见多不怪以致我们很难说真正的艺术家何时离开而衰败开始了……现在，这些退化正是一般欣赏水平的退化，这是长期地、过度地使用感官所不可避免的——无论是对形式、色彩的感性认识以及触觉的感知。这种人类本性的趋势是很明显的，在上流社会不值一提。[99]

赖特继续阐明了他对自然景观的拥护，他建议他的观众“尊重一棵树所拥有的天然的优美造型，而不是采取任何措施来破坏或强调它”。他认为“树木成群地生活在一起是它们的自然天性，自然生长的树木能最完美地展示它的自然美，就像一株紫丁香，一株白丁香，一棵榆树，一棵橡树，或是一棵枫树的自然树形。假若使一棵枫树外形长得像一棵榆树，或是任何破坏其自然生长趋势的做法，都是极其不好的行为。"[100] 他还建议大家去读一读："英国女士格特鲁德·杰基尔（Gertrude Jekyll）写的一本极有吸引力的书——《住宅与花园》（Home and Garden），这本书非常好地阐释了我对景观的这种看法，而且每个图书馆都应该藏有这本书。"赖特介绍的这本书，基于英国景观园艺学派（the English Landscape Gardening School）的研究理论和设计原则，并用图片来解释说明英国设计师所设计的自然式风景园。设计师中包括一些很有天赋的业余人员，杰基尔就是其中之一。

赖特1900年演讲的重大意义，在于它记录了关于赖特住宅设计中最早的场地规划，它也是于1900年绘成的，这栋住宅位于坎卡基河（Kankakee River）北岸边的稍微倾斜的一个2英亩场地上。这块场地被分成两块，分别属于哈里·布拉德利夫妇（Mr.and Mrs.Harley Bradley）和沃伦·希克斯夫妇（Mrs.Warren Hickox），希克斯先生和布拉德利女士是兄妹俩。在建筑设计和景观设计的处理上，赖特让他们充分发表自己的意见，选择最终的规划方案。第二年，即1901年的2月和7月，赖特在《女性家居杂志》（Ladies Home Journal）上发表了两篇文章，《草原之家》（A Home In A Prairie Town）和《多居室之家》（A Small House With Lots Of Room In It），把设计方案呈现在全美国读者面前。历史学家总体认为，这些构想中的规划设计是草原住宅建筑的原型。

哈里·布拉德利住宅和沃伦·希克斯住宅，坎卡基河，伊利诺伊州，（1900年）

布拉德利－希克斯委员会给赖特提供了第一个机会让他去设计具有代表性的草原景观，并最早提供机会让他去实施整套设计，包括全美国级别的建筑设计、室内设计和景观设计。赖特全力以赴，完成了极具创意的设计，这个设计展现了与维多利亚时代奢华特征有根本区别的特点，无论是建筑设计还是环境设计。

建筑的基址位于一片成年树丛之中。赖特认为在设计及实施过程中，这片树林中邻近建筑基址的大量现有树木都应该保留下来。这一点在1902年的布拉德利住宅建成后，刊登在《芝加哥建筑年刊》（Chicago Architectural Annual）上的历史照片就很好体现了赖特的这一设计理念。此外，赖特在文章中还曾描述这幢房子"坐落在坎卡基河岸的一条小峡谷中"[101]（图3–1）。

布拉德利－希克斯住宅的场地规划只是一个初步规划，至多可能受到他在施泰韦大厦工作时绘制图纸时受到启发而成，这比格里芬加入他的橡树园工作室要早些。尽管场地规划中有主要的高程记录，并且也圈定了所有的现状树木，但是对它们并没有进行分类，除了沿河岸的三大块现有植物被简单地标记为"柳树"外，别的树并没有做标记。尽管如此，这里仍然有赖特以往设计风格的痕迹：保留了基址的高差变化，调整建筑的结构，从而协调通向河岸的斜坡上的地势差，在建筑施工过程

图3–1　一张1992年的照片，展示了位于伊利诺伊州，坎卡基市的哈里·布拉德利和沃伦·希克斯两住宅的位置关系和其周围的环境（图中靠右部分）（查尔斯·E·阿瓜尔拍摄。© 贝蒂安娜·阿瓜尔提供，2002年）

中尽量保留原有的树木。

当每栋住宅的场地计划作为一个独立的实体而实施时，它们大体上有很多相同的地方。一栋接一栋的基址放在 25 英尺的方格网中进行分析时，则呈现出一个全新的景象（图 3–2）。当赖特将两栋房子一起设计后，布拉德利－希克斯住宅的场地计划成为了研究赖特早期处理户外空间的实例。布拉德利住宅建在邻近河流的最北端的一块场地的中心，住宅的东面面向街道。希克斯住宅也选在北端的一块场地上，但建筑正面面向河的南边。两栋住宅的选址是如此的精确，以至于在希克斯住宅中线和布拉德利住宅的车廊（porte–cochere）之间形成了一条轴线。这种布局方式不仅保证了两栋房子之间各自有足够的空间，而且使得每栋房子东南向的可利用户外私人空间得到较好的延伸。这就是赖特独创的室内环境与室外活动空间的过渡空间，其最主要的形式是大尺度的走廊或平台。这本质上形成了无顶的户外活动空间。布拉德利住宅的门廊屋顶也很宽大，一直延伸到客厅的门口。所创建的这些空间成了扩展了的建筑基线的重要和惹人注目的方面。

在这两栋住宅中赖特创造了用一种深暗色木头作为整齐基线来强调水平作用的效果。首先，在沿街两边栽种成排的行道树，保留原有的墙体和围墙，形成了清晰有序的景观轴线和结构，这种视觉轴线一直延续到室外。而在布拉德利住宅中，保留原有墙体和围墙的做法更为明显，赖特采用两种类似的手法来处理街道水平面与场地之间的高差：一条用混凝土砌成的倾斜马车道和一条宽阔的石头铺面的步行道。步行道的台阶从街道边一步步地逐渐抬高，最后升至住宅入口高度。步行道和马车道被抬高的种植池隔开，这些设计手法也应用在建筑设计中，这种处理方式协调了建筑末端摆放的水缸和种植箱。从住宅两侧都可以抵达而造型优美的车廊完全挡住了主要入口，从而弥补了赖特在他自己的橡树园住宅中存

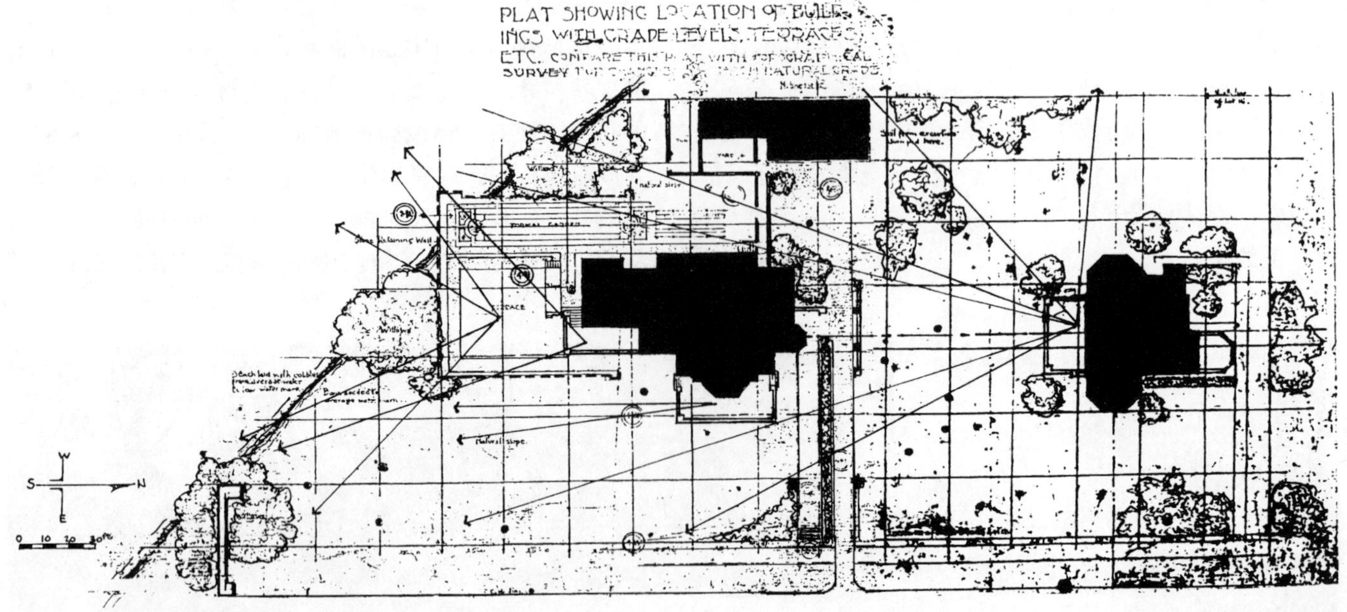

图 3–2 布拉德利和希克斯两住宅的场地规划被作为独立体而实施。作者把两个场地规划并放一起时，出现了一个全新的场景（查尔斯 ·E· 阿瓜尔于历史图片、个人分析和记录原始稿分析，绘制。© 由弗兰克 · 劳埃德 · 赖特基金会，亚利桑那州斯格特达勒市提供，2002 年。© 贝蒂安娜 · 阿瓜尔提供，2002 年）

在的视线过于暴露的缺陷。事实上，赖特特别费尽心思处理布拉德利住宅室内外的交通问题，也包括了马厩和司机的住所的交通问题。从入口处视线可穿透东边起居室外的阳台和窗户西侧的窗垛。

赖特将两栋建筑综合布局的创造性的设计方案，加上有目的地不采用基础种植，使得景观设计师克里斯托弗·弗农（Christopher Vernon）认为布拉德利住宅中最能体现"赖特意图的就是房子的地基清晰可见，花草树木是场地景观的主体"。[102]

"草原之家"，《女性家居杂志》（1901年2月）

赖特是被《女性家居杂志》邀请为其投稿的几个设计师之一，主题为"郊区节约型新住宅样板"（New Series of Model Suburban Houses Which Can Be Built at Moderate Cost），刊在1901年2月和7月两期中[103]。他在这些刊物上的发表言论标志他第一次成为一名国际知名的建筑师。为了出版这些论文，1900年工作室的工程日志上有三个工程与之相关："草原之家（#0007）"（Home in a Prairie Town）、"多居室的小型住宅（#0008）"（Small House with Lots of Room）"四合一规划（#0019）"（Quadruple Block Plan）。从这些标记的数字中可推断赖特准备了三个独立的设计方案，但不清楚杂志社是否曾打算让赖特准备发表两篇以上的文章。无论最初的意图是什么，关于"草原之家"和"四合一规划"的论文都发表在此杂志上。

在只有一页内容的文章中就有7幅图，即 "四合一规划"的场地设计方案图和两张透视图，其中一张是建筑效果图，另一张是"四合一规划"的街区整体环境效果图。住宅的底层平面设计包括起居室、餐厅和书房，它们在空间上相互渗透，并不是完全隔开，即使这个空间在环境中的方位不太相同，但却很好地与场地环境相结合，包括厨房的设计（图3–3）。这种空间组织使自然光线最大程度地射入主要的生活空间，并最大限度地保证了空气对流，最佳地提供了观看花园和后院开敞空间

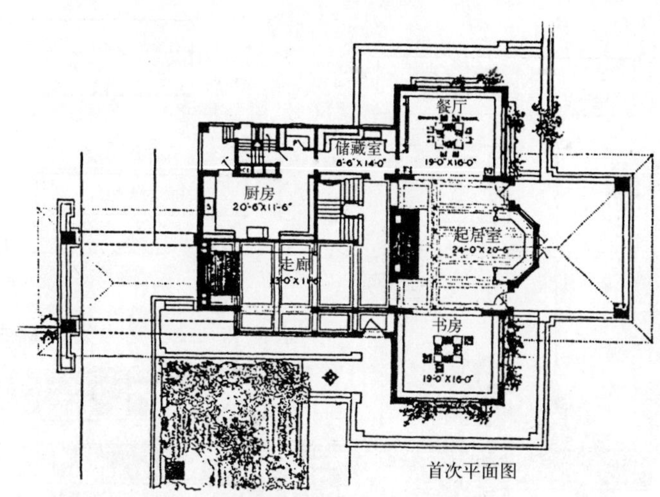

图3–3　基于赖特"草原之家"设计理念设计的住宅底层平面图（© 由弗兰克·劳埃德·赖特基金会，亚利桑那州斯格特达勒市提供，2002年）

的视线廊道。在二层，向外延伸悬挑的两间卧室和一排窗户一起融合到了户外环境之中。而使得室内外进行交流对话最好的处理手法，是使始于车廊平台并与几乎覆盖整个建筑四分之三的大屋顶连在一起，消融了室内外空间之间微妙的差别。

为了使这栋二层楼建筑在视觉及感受上是"编织"的，同时又感觉是坚定地固守在大地之上，赖特采用了两个宽且深挑檐的低屋顶结构。其中一处是从宽阔的走廊一直延伸到起居室，另一处是遮盖位于视线末端的车廊。还通过利用场地中围墙的延伸，使得建筑栅格景观呈现出了几何图案序列的效果。为了进一步增强这种处理方式所产生的一种为地面环抱的错觉，赖特在这两个大屋檐底下设置了许多水平带状窗户，并利用除去黑色污点的木条装饰带来强调那些屋檐和低矮挡墙绝对的水平线，将水池完全显露在视线之中；另外为了遮住窗户的边框和水缸的底部，他还建议种植各种各样垂直绿化植物。所有这些创新的做法都将成为赖特草原住宅设计的建筑外观中标志性的设计元素（图3–4）。

因为完全抛弃了维多利亚时代的建筑形式和景观形式，《杂志》中一篇文章指出布拉德利住宅的设计

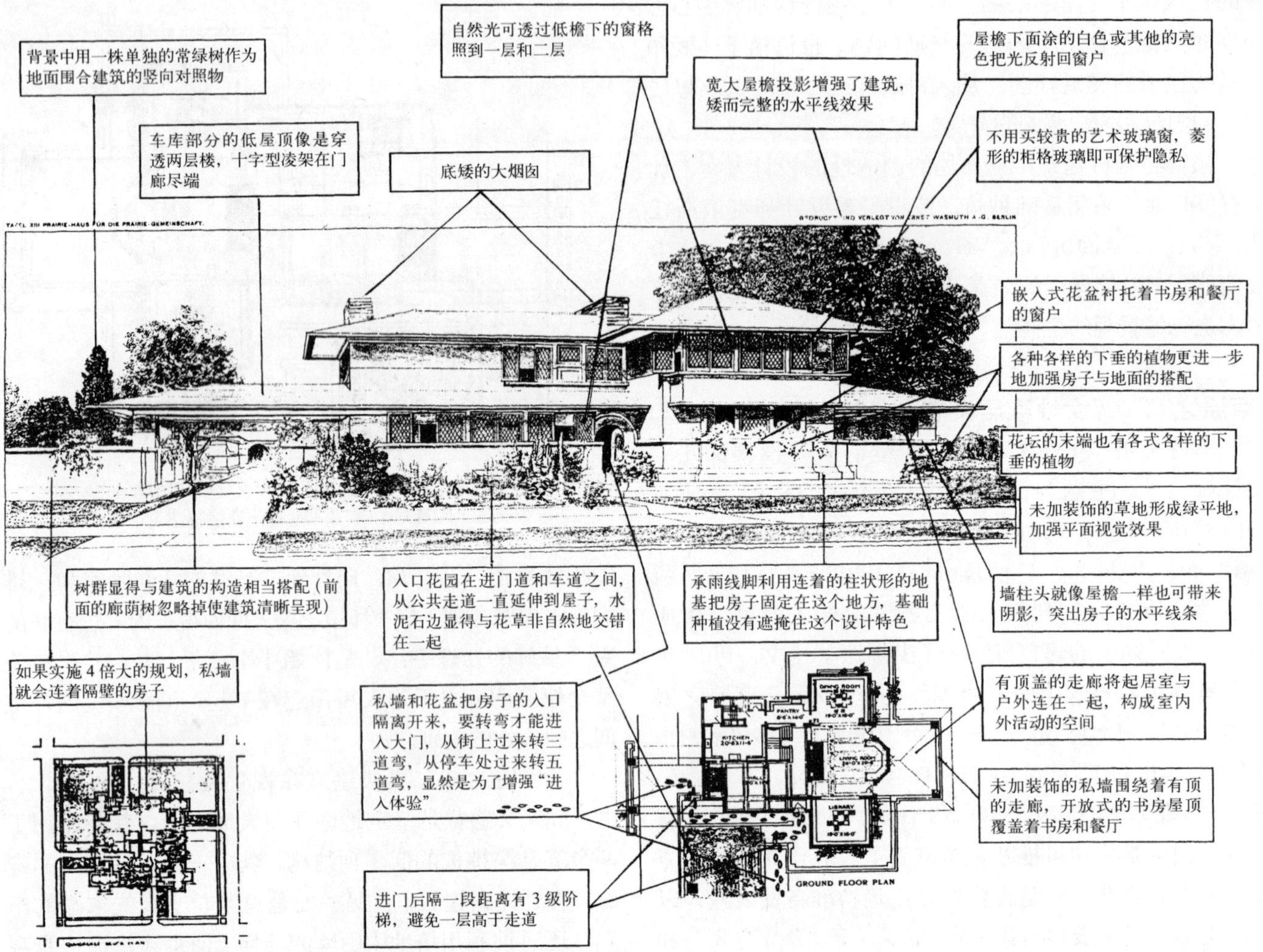
背景中用一株单独的常绿树作为地面围合建筑的竖向对照物
自然光可透过低檐下的窗格照到一层和二层
屋檐下面涂的白色或其他的亮色把光反射回窗户
宽大屋檐投影增强了建筑，矮而完整的水平线效果
不用买较贵的艺术玻璃窗，菱形的柜格玻璃即可保护隐私
车库部分的低屋顶像是穿透两层楼，十字型凌架在门廊尽端
底矮的大烟囱
TAFEL XIII PRAIRIE-HAUS FÜR DIE PRAIRIE-GEMEINSCHAFT.
嵌入式花盆衬托着书房和餐厅的窗户
各种各样的下垂的植物更进一步地加强房子与地面的搭配
花坛的末端也有各式各样的下垂的植物
未加装饰的草地形成绿平地，加强平面视觉效果
树群显得与建筑的构造相当搭配（前面的廊荫树忽略掉使建筑清晰呈现）
入口花园在进门道和车道之间，从公共走道一直延伸到屋子，水泥石边显得与花草非自然地交错在一起
承雨线脚利用连着的柱状形的地基把房子固定在这个地方，基础种植没有遮掩住这个设计特色
墙柱头就像屋檐一样也可带来阴影，突出房子的水平线条
如果实施4倍大的规划，私墙就会连着隔壁的房子
私墙和花盆把房子的入口隔离开来，要转弯才能进入大门，从街上过来转三道弯，从停车处过来转五道弯，显然是为了增强“进入体验”
有顶盖的走廊将起居室与户外连在一起，构成室内外活动的空间
未加装饰的私墙围绕着有顶的走廊，开放式的书房屋顶覆盖着书房和餐厅
GROUND FLOOR PLAN
进门后隔一段距离有3级阶梯，避免一层高于走道

图 3–4 弗兰克·劳埃德·赖特设计的草原住宅的外观（查尔斯·E·阿瓜尔于个人分析绘制。1910年《沃斯姆斯代表作选辑》授画版权。© 贝蒂安娜·阿瓜尔提供，2002年）

是一个全新的意象构思。没有喷泉、地毯铺地、花坛和精致的小花园。也没有千篇一律的常绿植物，更主要是完全忽略了基础种植。相反，用石头镶边的巨大矩形入口草本花园就满满地装饰了房子与人行道之间的空间。并且，选用多年生的植物来屏蔽视线、遮荫以及隔离空间，而不再是作为园艺集锦或因其奇特的异域装饰性，从而使人们轻视或忽略建筑结构的外部装饰。[104] 这种宽敞的入口花园连同后院中自然生长的花草，以及种植箱里种上的各种各样的攀缘植物，使建筑外形和花园融为一体。这种做法十分符合英国景观园艺学派（the English Landscape Gardening School）的自然主义设计风格。赖特于1900年在橡树园女性民间组织的一次演讲中曾提到过这种风格，并于这一年应用在草原之家住宅设计中。

景观设计中采用了双重入口交错式处理。具体做法是车行道通过入口花园通向车廊。然后，转两个弯，

过两步台阶，就来到了入口走廊。在最后一个转弯后到达前门之前，站在走廊上可以尽情欣赏入口花园的风景及书房平台的外观。在人行道一侧设置入口是因为场地环境的要求，还根据地形设计了迂回路线，仍沿着入口花园延伸。和赖特自己的橡树园住宅一样，赖特采用转角和台阶来营造特别的景观体验。与当时住宅所惯用的径直进入方式相比，这种设计手法更富有戏剧性效果。

仔细研究这一极有代表性的住宅设计方案后发现，在进行环境设计时要考虑多方面的因素：私密性，可居性，与场地环境的协调性，最大程度的自然采光，空气对流，景观视线和景观序列，户外生活空间，花园设计和入口体验。更重要的是，赖特准备将这些环境要素都融入到他的四合一规划中去，在此方案中他预想将四幢房子统一规划，做成一个整体。

四合一方案，《女性居家杂志》（1901 年 2 月）

发表在 1901 年 2 月《女性居家杂志》的文章写到赖特是如何考虑四合一规划方案的。他认为：规划住宅本身就犹如细分这块场地，然后把这块场地上的屋子连接起来。但这并不意味着草原之家住宅方案对于赖特作为一个建筑设计师而言，设计水平有所降低，似乎他只是想探索住宅设计，对四合一规划进行整体考虑。事实上也就是如此，赖特极为推崇"四合一规划"的设计理念，在文章的开头，他着力介绍方案构思和透视图，并且用四分之一的篇幅来阐述这个规划方案如何可以避免一些"突发事件"，并避免无目的无计划的住宅设计。

尽管在文章开头关于透视效果图的内容里，赖特将四合一规划理念描述成休闲娱乐最佳之选，文章中有一小段插入语指出，当四栋住宅作为一个整体来选址和进行景观规划时，每栋住宅就形成了多个方位和变化空间。但这样极小篇幅的阐述并不能让人们弄明白。甚至"四合一"这一术语也被误认为是提倡每一组建筑群都是由四栋单体建筑组成。而事实上并非如此，每个"四合一"单元虽然是一体的，但它也是一个典型社区整体中的一部分。然后每个单元组合成复合单元群，每四栋房子为一个单元，如此布局能很好体现出"集体利益才是整个社区追求的最高价值"，而每个住户之间要"相互充分地利用场地"。[105] 这个规划方案中一个重要的设计理念就是充分利用场地，住宅之间相互融合。一堵堵矮墙将这组建筑以某一种方式连在一起，虽然这种规划方式使得房屋之间距离是如此之近，但其他住宅或共用的走廊、起居室、餐厅和书房会为各住宅单元提供缓冲空间，每栋住宅有自己足够的空间。

只有通过仔细深入研究，才能真正领会赖特提出的四合一规划的独创性的真正内涵。每个建筑单元都被平分成四个小单元（图 3–5a）。而反过来，可将每个小单元想像成分布在三个分级的正方形中：一个轴心正方形，一个中间正方形和一个周边正方形（图 3–5b）。在这一格局中，四栋住宅的马厩兼车库沿着中心轴线成群布置，并包含在轴心正方形之中，而四栋住宅则放置在中间正方形的四个角落上。这种布局方式最终达到这样的效果：提供户外活动空间的有顶走廊离其他任何一栋住宅相隔最远，每一个车廊则位于单元最里面。在车廊处各个建筑单元之间的距离是最近的。为了将四栋房子连接起来，赖特采用了四条不易察觉的 20 英尺长直线形边界线，并用逆时针方向处理车行道边缘，从而形成了上面所说的规划效果。由于从一个单元中取走的面积加到了另一个单元中，使得每个单元的面积保持相同，就像仍然是正方形一样（图 3–5c）。沿着中间正方形边界线筑起一道起私密作用的围墙，使房子"一对一"联系起来，另外，还把车库与住宅之间的户外活动空间与休闲空间统一起来，有利于户外运动和娱乐，这些场所有花园、菜园、游戏草坪、小型围场、孩子们的游乐场等等。而未被围墙围合的开敞空间则保留一个草坪，作为基础平面。这种布局形成了风车状格局，使人产生一种风车掠过宽阔草原的幻觉。这在 1901 年 2 月发表的文章开头介绍方案透视效果图时也曾提到过（图 3–6）。

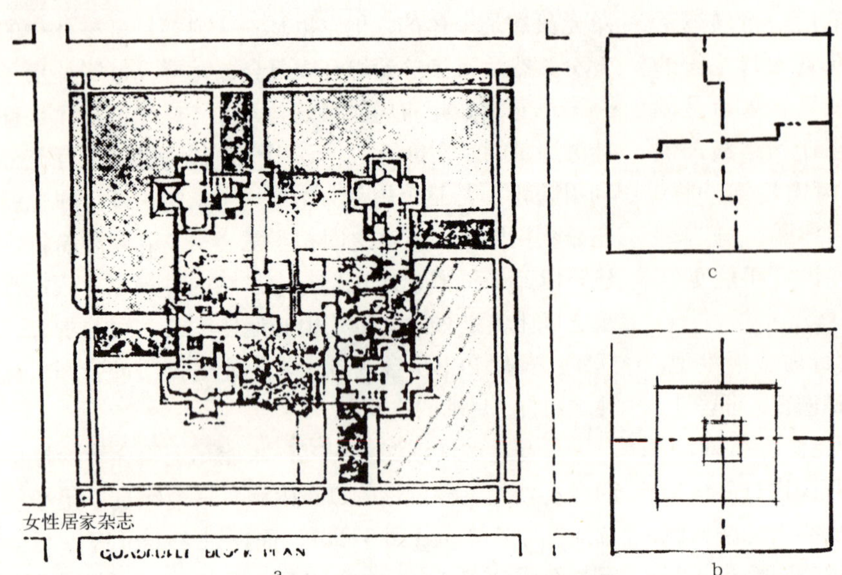

图 3–5a–c 只有通过仔细深入研究，才能真正领会赖特提出的四合一规划的独创性的真正内涵。每个建筑单元都被平分成四个小单元（图 3–5a）。反过来，可将每个小单元想像成分布在三个分级的正方形中：一个轴心正方形，一个中间正方形和一个周边正方形（图 3–5b）。赖特的方法是逆时针地把一个正方形中的一段地产线移到下一个正方形中，由于从每个地块中移走的部分加到了下一个地产中，因此每个地产的居住面积保持不变，就像仍然是正方形一样（图 3–5c）（查尔斯 · E · 阿瓜尔于个人分析。© 由弗兰克 · 劳埃德 · 赖特基金会，亚利桑那州斯格特达勒市，2002 年。© 贝蒂安娜 · 阿瓜尔提供，2002 年）

图 3–6 描述四合一规划方案的透视图（© 由弗兰克 · 劳埃德 · 赖特基金会，亚利桑那州斯格特达勒市提供，2002 年）

如果赖特成功地开创了四合一规划作为土地规划和土地开发的一个替换形式，那么他提出的社会性和空间概念则阐述了有机和谐的建筑理念，并规范了郊区住宅的格局，这样能有效避免无组织规划导致的一盘散沙状态，而这种毫无组织的住宅布局在 20 世纪的美国随处可见。

“一个多居室的小型住宅”，《女性居家杂志》，1901 年 4 月

1901 年 4 月《女性居家杂志》上刊登了一篇文章，文中讲建造一栋舒适的住宅只需要 5835 美元，这个价格大多数人都可以承担。显然这种设计是赖特职业生涯中又一个里程碑，这是赖特首次试图在美国典型的郊区环境中为中等收入家庭建造他们可以承担的住宅。文章内容只有一页，却有 10 幅图纸，显然可以看出赖特对此设计的创造性思考并不少于先前的文章中的设计方案。并且他在文章中详细阐述了他是如何考虑环境设计中应注意的细节。方案在考虑经济适用的同时，设计中还充分地利用了自然光线、空气以及场地周围的景致，人们来到郊区后放松带来的愉悦感……餐桌布置在后花园，走廊上的矮窗对着前面的大街……起居室……通向走廊和平台……用砖围合来限定边界，两个壁炉围合而成一个凹室，

壁炉上方还设有一个通风的烟囱。[106]

在这个设计方案公开发表两个月之前，这种住宅方案最吸引人的地方是充分采用自然光线，提供交错通风换气装置，建筑外观与环境相互协调，走廊上方有向外极度延伸的大屋檐。提供充足的户外活动空间，人们很容易由起居室抵达这儿，同时透过餐厅那排矮窗也可以看到那里。建筑的起居室有一个平台，而且平台还设有一个凸窗。第二个凸窗从入口大厅一直延伸到车廊，第三个凸窗位于餐厅的部位，赖特称这些凸窗为"一个小型室内花园视线末端的一个景观特写"[107]。从厨房两侧的窗户可看到后面的庭院。从底层宽宽的楼梯到二层之间的中间平台处设有第四个凸窗，它正好位于周围树梢之上，中间平台处还有一个远离主卧的大阳台。

在两个场地规划方案中，方案A更符合实际些（图3–7a–b）。在方案B中，建筑基址处形成了一个空间很大的屋旁庭院，并通过起居室的平台与建筑相互渗透。然而，场地中的环状交通系统显得有些多余，因为从街道右侧经过车廊，已设有一个环形车道。并且沿着地界线还有另一条车道可直接开进后面的车库。从另一方面来说，在方案A的场地规划中，有一个宽大的方形入口花园，它是入口步道和车道之间的过渡场地，从而使这个花园成为进入体验中不可缺少的要素。而微起的土台和相当高的围墙就把位于街边的平台和走廊包围起来，这种设计手法较好地处理了山墙顶压条，并将屋顶一直延伸到车廊，以此来加强三层建筑的垂直感（包括部分高出地平面的地下室）。

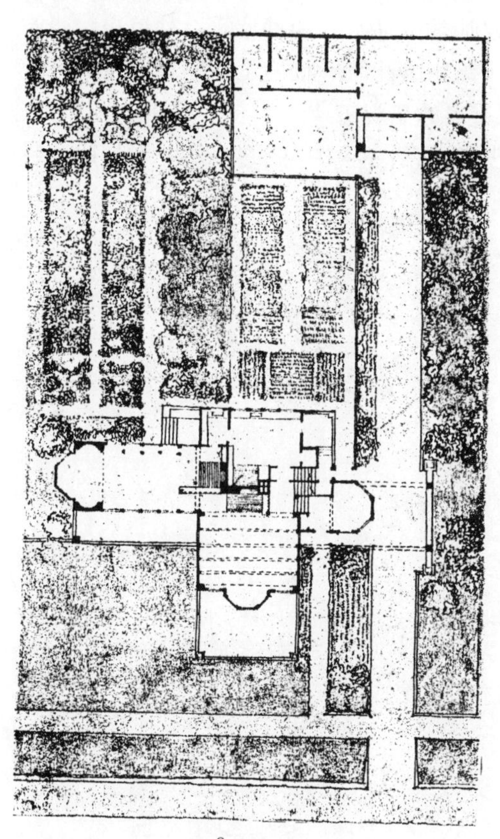
a

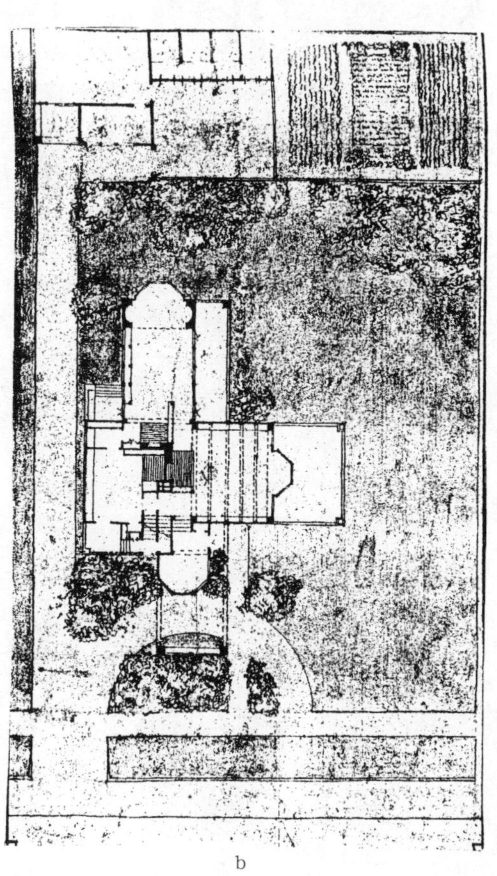
b

图3–7a–b　"一座有'许多房间'的小型住宅"，基于赖特实惠家居理念所作的两个可供选择的场地规划方案。左图（3–7a）中的布置有利于空间使用，是较好的布局形式；而右图（3–7b）的方案中，则缺少场地规划，且采用了多余的循环交通路线（© 由弗兰克·劳埃德·赖特基金会，亚利桑那州斯格特达勒市提供，2002年）

方案A的布局中比较有意思的一点即是走廊的围墙竟从房产边界一直延伸到了另一相邻的建筑处。而且，地下室方案中清楚地显示了走廊围墙延伸的起点。因此，让人置疑最初设计小型住宅（A Small House）可能是另有目的——即支持四合一规划理念。其中在四个相邻单元的轴线上布局了马厩和小型围场，正好说明了赖特的设计目的。而在赖特2月发表的文章中也有相关的言论，这也是他首次设计四合一规划理念中的一半方案（图3–8），这正意味着从当初的理论到实践的过程：

> 这个方案是根据“集体利益是整体的最大价值”这一假设和想法而进行规划设计的。此方案中每个单元都可很好利用场地优势，使各工作部门都没有异议。整体布局是为了获得更多的私人空间，每栋建筑都面向街面而建，围合更多的场地，提供更多的私密空间。通过加高街角建筑外墙来加强极度私密空间的安全性，而使所有主要的房间朝向场地里面，形成内聚型建筑。因而，在走道内部边缘处也筑堵墙，从而使建筑面向街道的立面极富有规则感。但是这种做法在美国并没有像英国那么常见。

当景观设计统一尺度成为赖特建筑设计最基本的设计原则时，说明赖特的草原式住宅时代从此开始了。这些在《女性居家杂志》的两篇文章的说明图中都有阐明。尽管布鲁克斯（Brooks）认为文章中的图纸并非出自同一个人，极有可能是赖特与德拉蒙（Drummond）、玛霍妮及龙（Long）合作的成果。即使赖特不是绘图者，但除了格里芬外，没有人可清晰领会这个场地规划和景观设计的真正内涵。这些设计图纸内容繁杂，与之前赖特的设计图完全不同。[108] 虽然在《女性居家杂志》中的两篇文章里都讲述了这种建筑结构，但遗憾的是，还不能确定这种景观设计方法是否能被理解或引起注意。怪异的基础种植，错用或瞎放各种水缸和种植箱，种植床也没有严格按照设计图纸中的几何形状施工，使草原住宅时常被认为是“令人窒息的景观”。

通过赖特坚持不懈的努力，他的四合一规划成为赖

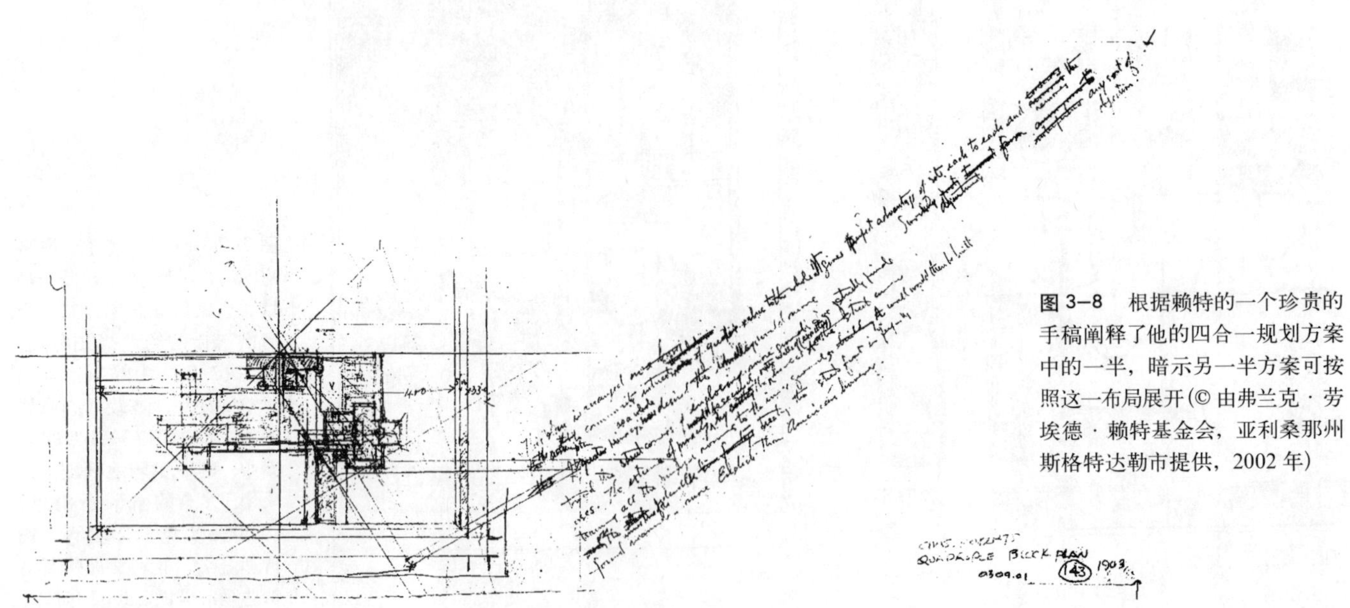

图3–8 根据赖特的一个珍贵的手稿阐释了他的四合一规划方案中的一半，暗示另一半方案可按照这一布局展开（© 由弗兰克·劳埃德·赖特基金会，亚利桑那州斯格特达勒市提供，2002年）

特设计生涯中的一个重要见证，也使得这个设计概念的可行性有了一定的市场。他还在1901年7月18日的地方性报纸《记者》发表文章，文中声称他自己会在橡树园修建八栋这样的住宅来证实群体建筑带来的好处，文章标题为“郊区住宅设计新理念”（New Idea for Suburbs）。[109] 他无法确保有足够的资金来支持实施项目，他继续深化和宣传这些规划方案，直到等到了八位客户。而这一机遇在两年后终于降临了，查尔斯·E·罗伯茨（Charles E.Roberts）委任赖特在橡树园规划一个24户的新型社区。

查尔斯·E·罗伯茨私人住宅，橡树园，伊利诺伊州（1903年）

罗伯茨采用四合一规划理念来建造一个24栋住宅区的想法很有可能是由赖特鼓动的。赖特用相当多的互相比较的表现图来说明四合一规划设计的布局，其真正的用意是为了把传统的功能分区与赖特发表在1902年2月刊的《女性居家杂志》文章中所提出的将四栋住宅作为一个组团的镜像布局进行一个比较。然而，这个建筑布局与草原式住宅有本质的区别，这个建筑设计中取消了车廊，据说这些都是专门为罗伯茨项目单独设计的。大概这些做法主要是为了让罗伯茨信服这个四合一规划理念而采取的措施，也是作为向投资者打开市场的一种手段（图3–9a–b）。[110]

在互相比较的表现图中居于首位的布局方案其实是遵循了芝加哥的传统规划原则，建筑平行于街道，成排布置，一条小胡同从社区中心横穿而过。在这个假定方案中，一共有30户，每户占地50英尺 ×175英尺。在小胡同上方的15户住宅作为完全一致的半独立式草原住宅挨在一起，以此满足屋后靠近巷道的马厩或车库需要的最小后退距离，留出大约为每个场地一半的地方作为开敞空间。位于胡同下方的15户住宅则设计成多少带有典型的、群集的维多利亚时代景观的痕迹，包括多余的两侧庭院，多余的车道和回车道，以及极小的可供使用的开放空间。然而，下半区那一个对比规划设计证实了通过重新排布可以创作出一个典型特有的城市街区，四栋房子组成一个单元，拥有共同的前庭，有围墙的后院，而小巷也穿过每个中央花园，这些都没有削弱场地的可居性和占用开放空间面积，并且，可供销售的房子的数量增加到了32户。四合一规划提供了一个特别的分区方式，建立了一个兼有公共空间和私人空间的住宅区，并为每个住户提供了同样大小的场地（图3–10a–c）。

当把可供选择的四合一规划方案放在一起进行比较时，就可很明显看出每个方案的不同（图3–11a–c）。方案A与前面所述的对比方案大致相同，不同的是方案A中取消了车道和车库。方案B中四栋房子集中分布，采用零分摊边界形式，这样一来，厨房就朝向里面，并且朝向厨房最近的房子保持在30英尺开外的地方。而起居室朝向公共步道的一侧，离公共步道相隔32英尺，或朝向单元中另一栋住宅，相互间被步道分开，有64英尺远。从走廊可以俯看后院的开敞空间，这些私密性很强的空间采用矮墙、延长的围墙以及浓密的树丛或灌木丛来围合。每栋房子前都有一个大的矩形入口花园，并且步道中都有一个从街边右边一直延伸到起居室外墙的中间花园。方案C中四栋房子中的每一栋都位于单元四角的尽端。外角位于公共步道十字交叉口处，这种布局使起居室开窗的那面墙体和接待室之间距离最小，只有4–5英尺。转角尽端临近人行道，然而，接待室离单元中另一栋房子中的接待室25英尺。方案A和方案C中都有大道可以建立邻里之间的连续性，但在方案C的布局中，这种邻里之间的连续性是由四栋房子同一边的围墙来延续的。在四地块的轴向交叉点，有一个四等分的车库兼马厩。虽然车道在围墙前中止了，但如果需要，可以把车道延伸到后面的公共建筑处。

罗伯茨最后也没能确保开发此项目的运转资金。然而，为罗伯茨准备的这些现存图纸却很好地显示了赖特及其工作室全体成员们对群体住宅理念的全新深入思考。

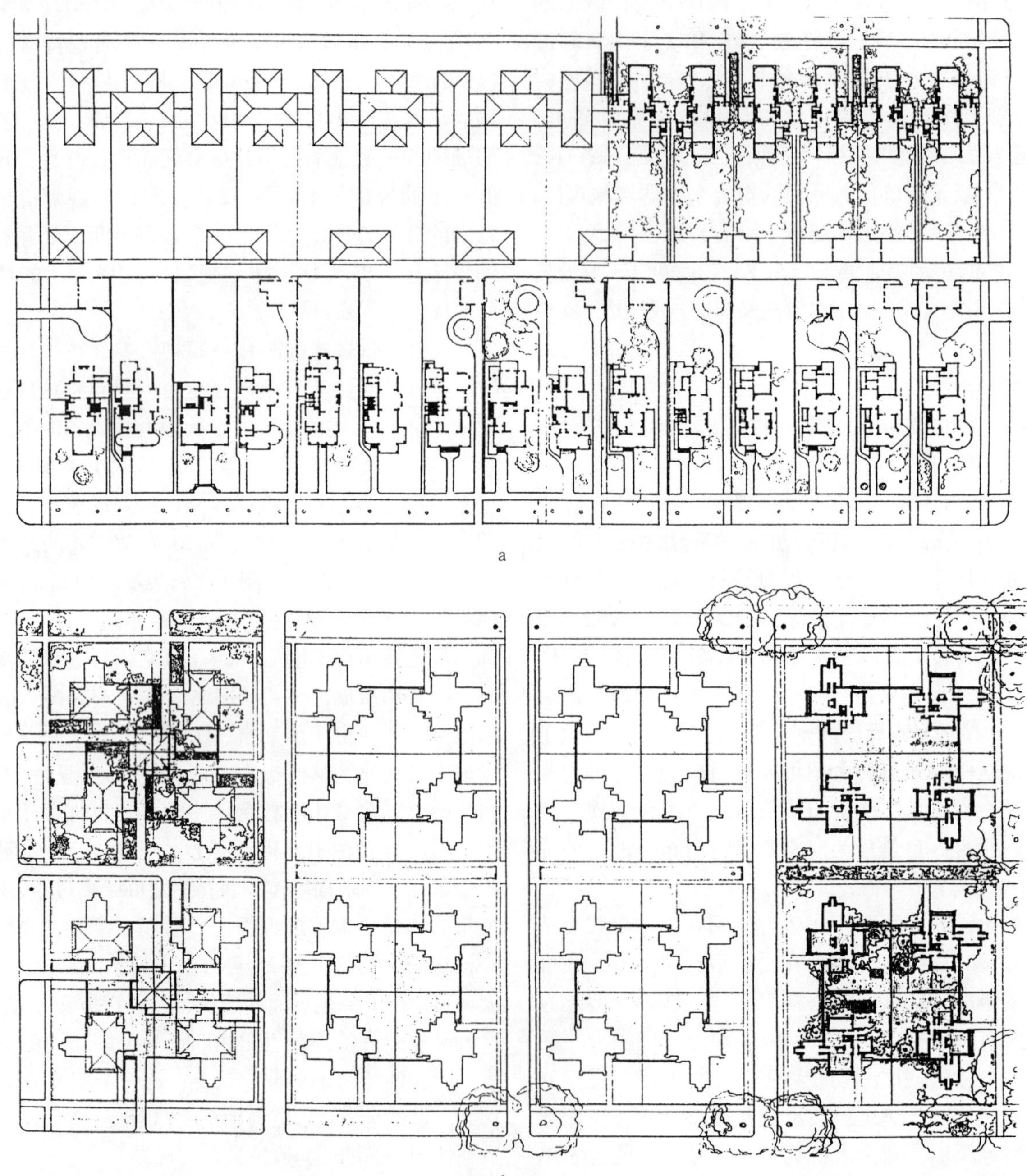

图 3–9a–b 1903 年为罗伯茨项目设计的两个对比方案设计图，用以说明橡树园中 30 户的典型城市街区图（3–9a）和赖特设想的 32 户四合一规划（3–9b）。四合一规划占用同样的面积，但却提供了有利的私人空间和开放空间（© 由弗兰克 · 劳埃德 · 赖特基金会，亚利桑那州斯格特达勒市提供，2002 年）

a

图 3–10a　一幅 1903 年绘制的四合一规划方案透视草图，图中每栋住宅由围墙连接起来，图示说明了它们是如何连接的（来自《沃斯姆斯代表作选辑》版权图画，1910 年）

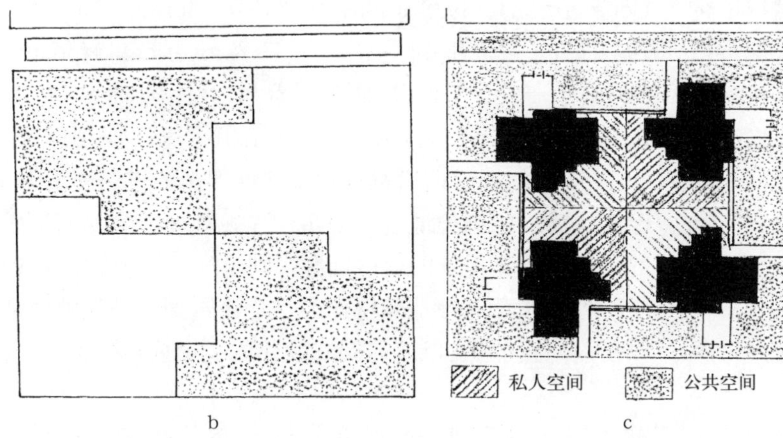

b　c

图 3–10b–c　研究罗伯茨的四合一规划布局可发现同样大小地块非常奇妙的组合（3–10b），并且很明确地界定了公共空间和私人空间（3–10c）（查尔斯·E·阿瓜尔于个人分析和《沃斯姆斯代表作选辑》记录的版权图，1910 年描图。© 贝蒂安娜·阿瓜尔提供，2002 年）

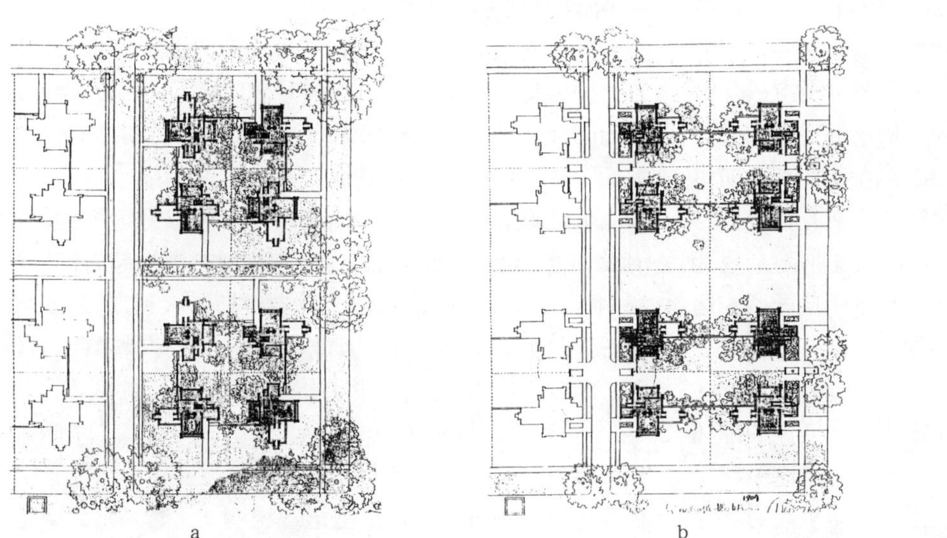

a　b

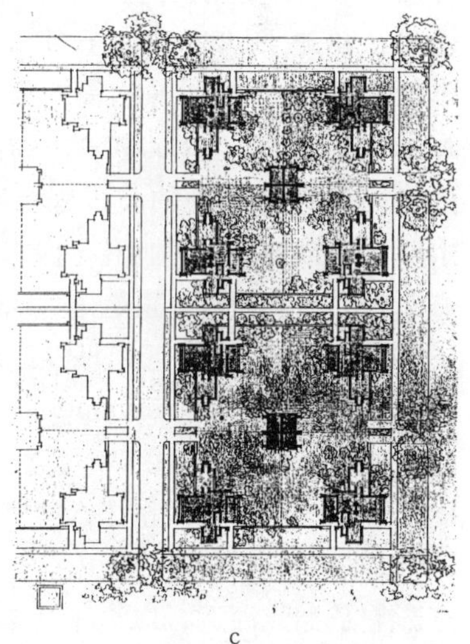

c

图 3–11a–c　多种四合一规划布局方案为避免重复传统的土地规划提供了多种途径（© 由弗兰克·劳埃德·赖特基金会，亚利桑那州斯格特达勒市提供，2002 年）

看上去罗伯茨项目的方案B和方案C和玛丽恩·玛霍妮（Marion Mahony）提供的设计图是一致的。1940年玛霍妮与格兰特·曼森（Grant Manson）（当时曼森是格里芬的遗孀）进行会谈时证实了她对赖特在《女性居家杂志》上发表的规划理论的评论。她声称，正是由于“格里芬很快显示了城镇规划方面的天赋，引起了赖特的妒忌和竞争心理”，紧接着就形成了赖特的“所谓四合一规划”[111]。玛霍妮的见解有可能会被误认为是她对赖特存在偏见，因此曼森在旁进行了注释说明。然而，唐纳德·莱斯利·约翰逊（Donald Leslie Johnson）同样也证实了格里芬与此事有关，他认为“赖特在四合一规划中重要的方案规划都让格里芬承担”，并且“采用更实用的组合进行规划构思也是格里芬想出来的”[112]。约翰逊进一步表明“土地规划”对格里芬而言可能比建筑设计更有优势：“他视建筑为土地规划的一部分，并且融合于整个场地环境。”[113]基于以上言论，似乎很合理推断出赖特在罗伯茨项目中采用了格里芬关于土地规划的多种处理手法。

所有这些争议的重点起源于1901年2月发表在《女性居家杂志》上的那篇文章，以及斯科特斯曼·帕特里克·格迪斯（Scotsman Patrick Geddes）于1900年所作的关于芝加哥的简·亚当斯·赫尔住宅（Jane Addams' Hull House）的一系列演讲，赖特的四合一规划与斯科特斯曼的演讲观点有很多相似之处。演讲中斯科特斯曼阐述了他对于城市和社区生活有关社会学方面的研究和理解。正是这项研究使得格迪斯随后成为了影响不列颠的20世纪早期的城市规划和花园城市运动（Garden City Movement）的领军人物。约翰逊曾注意到，橡树园工作室职员之一巴里·拜尔尼（Barry Byrne）回忆，“我清楚记得格里芬曾被格迪斯作的那场（花萼住宅）演讲深深吸引了。”[114]格迪斯的理论对格里芬影响是如此深远，以至于两年后或者甚至更长时间里格里芬仍经常提起它。1902年当拜尔尼成为橡树园工作室一员时，显然当时赖特也参加了这些演讲会，他和格里芬肯定对此理论进行过探讨。

上述原因可以理解赖特为什么多年来专注于推行四合一规划，以及努力推广社区规划。赖特除了在《女性居家杂志》上发表的文章和罗伯茨项目中运用了四合一规划理念外，1909年的比特·鲁特小镇规划（Bitter Root Town Plan），1910年的《沃斯姆斯代表作选辑》（Wasmuth Portfolio）、1913年的城市土地开发与利用俱乐部项目（City Club Land Development Competition），1938年的桑托普住宅（Suntop Homes）、1942年的克罗维利夫住宅项目（Cloverleaf Housing Project）和1957年的耶西·费歇尔住宅项目（Jesse Fisher Housing Project）中都采用了这一规划理念。而1952年的普里斯塔则展现了这种理念的进一步升华。因此，如果忽略土地规划中四合一规划理念是如何形成的，或是谁先提出的这些问题，则蕴涵在这个设计过程中的社会学含义却是赖特作为一个建筑师、景观设计师以及一个城市规划师关注城市文化的一个重要标志。

弗兰克·托马斯（Frank Thomas）私人住宅，橡树园，伊利诺伊州（1901年）

弗兰克·托马斯私人住宅地面向弗里斯特大道，地势比街面低，从赖特家可以清楚地俯瞰场地附近靠近橡树园的商业区，而从橡树园商业区也很方便到达此住宅。然而，这个项目很有挑战性：场地宽度有限，南边紧靠着高大的联排公寓，这就要求设计者能很好地把握，如何设计才能避免竖向上的劣势，做到能够引起人们的注意（图3–12）。而且，场地面向弗里斯特大道，因此，要考虑建筑面西而建带来的气候难题，这一点赖特深有体会，他住了12年之久的住宅也存在着这方面的缺陷。

这时赖特和维伯斯特·汤姆林森（Webster Tomlinson）共用一间办公室，其位置正好位于托马斯私人住宅的下面，这点已有记载说明。[115]据玛霍妮回忆，赖特完成了这个场所的规划设计图后就邀请了其他在施泰韦大厦（Steinway Hall）的人来讨论，提出意见。[116]

图 3–12 弗兰克 · 托马斯私人住宅（1901 年），毗连联排公寓，以及伊利诺伊州橡树园中的场地环境（查尔斯 · E · 阿瓜尔 1992 年拍摄。© 贝蒂安娜 · 阿瓜尔提供，2002 年）

正因为这个项目，又一次显示赖特很尊重格里芬的意见和想法，愿意接受批评。若会有一个更优秀的设计作品产生，赖特会重新组织他的整个布局。通过这些意见，赖特所做的修改调整可以更好地符合格里芬的建议。玛霍妮在给澳大利亚一家出版社写的一篇文章中讲述了她的观点：

> 场地毗邻一栋两层公寓建筑（联排公寓），住宅则建在人行道的右侧。从公寓穿过街道，对面就是一个优美的开敞空间。住宅采取了后退手法，似乎要远离那些丑陋的景观视线，从而好让场地前面大部分地方空出来。相反，其他建筑还屏蔽了那些美好的景致。这并非是一个很好的场地规划。住宅的主要房间都应高于行人的视线，房子应该成“L”形，一边与场地相平行的街道垂直，另一边则应沿着公寓布置，这样一来，可以屏蔽建筑物群的不佳建筑立面景观，同时又可借用整个林荫大道已形成的景致。将地基抬升至地平面，就可以在房间里俯视街道边优美的树丛，也可欣赏到前庭的美景，同时走廊和起居室也获得了私密空间，控制整个后花园的景观视线，向上可以欣赏建筑自身那优美的轮廓线，而看不到邻近建筑难看的外形。[117]

玛霍妮总结道：“当赖特将景观设计作为建筑设计的一部分来考虑的时候，我看到了设计手法的改变以及改变后产生的效果。”

这又可能是玛霍妮对格里芬抱有个人感情色彩而发出的言论，尤其是她有意忽略赖特在两年前就已经聘请了约瑟夫 · 胡瑟尔（Joseph Husser）来为一个场地实施提高地基的技术，因为该场地位于密歇根湖北岸（North Shore of Lake Michigan）。其实这一点她早已意识到，因为就是她的表现图带有浓厚的巴洛克艺术风格，它非常注重细节描绘。然而，在当时情况下，抬高地基被看作是防洪的有效手段。虽然有人为的筑堤以及延长并加固的河岸，但洪涝灾害还是非常可能发生的。如果这样，赖特可能参考了胡瑟尔关于提高首层地面主要是作为一种“高贵钢琴”艺术手段的观点，展示威尼斯格兰德运河（Canal Grande in Venice）的宫殿轮廓线；这在胡瑟尔建筑艺术上常被用来作为意大利风格的暗示。尽管如此，这一设计手法并不能排除赖特已深受格里芬影响，他很有可能参考了格里芬对于托马斯私人住宅的建议。也正是在1899 年，格里芬开始参与施泰韦大厦制图室进行的集体讨论和方案评价，极有可能他对赖特设计的胡瑟尔私人住宅有很大的影响。然而，本文讨论的重点不是“谁”而是“什么”激发了赖特将地下室抬高这种处理手法。胡瑟尔住宅采用了这种处理手法后，站在其地下室的入口处，就可以欣赏到整个密歇根湖的美景。而当站在托马斯住宅前时，视线透过弗里斯特大道可更好地欣赏胡瑟尔住宅旁优美的树丛。赖特用同样的手法，即抬高地下室而设计的另外五栋草原式住宅同样使住宅获得了很好的景观效果：亚瑟·赫特利住宅（Arthur Heurtley，1902 年），费迪南德·托米克住宅（Ferdinand Tomek，1904–1905 年），艾弗里·科恩利住宅（Avery Coonley，1907 年），尤金·基尔莫住宅（Eugene Gilmore，1908 年）和弗雷德里克·罗比住宅（Frederick Robie，1908 年）。[118] 不管场地平坦与否，设计时首先考虑的是利用场地周围较好的景致。

托马斯住宅因受场地的限制，建筑的主体部分呈 L 形，其中一边距弗里斯特大道右侧大约 40 英尺，另一边离宅地北边界约有 20 英尺的距离。三层的主体建筑和两层的餐厅伸出部分构成了 L 形这种基本的布局，并且几乎延伸到了宅地南部边界线。这种处理场地布局的方式使建筑南面与那排联排房之间留出了足够的宽度，也给运煤用的倾斜通道留出了空间。同时在住宅后面也空出了足够大的开敞空间，并且住宅西面和北面也有很大的开敞空间，从而便于赖特沿着建筑西面和北面的起居室设计成连锁状反 L 形的台式走廊（图 3–13）。

为了使这一台式走廊与建筑主体部分取得一致的视觉效果，赖特拓宽了悬挑的屋檐，使得起居室北面的平台更为宽敞。然后他设计了另一个悬挑的屋檐来和餐厅上方屋檐对接，这样处理后，大屋顶还可以防护起居室的窗户免遭下午太阳的西晒，以及为室内外过渡的这个地方避风挡雨。然后，再把走廊的胸墙抬高到第二层窗户的高度，并且用与涂抹餐厅外墙同样的材料即石灰来粉刷走廊处的胸墙，通过赖特这些精心的处理，让人产生一种错觉：房子占据了整个场地，而且好像比实际尺寸要大得多。同时，580 平方英尺的户外活动空间为走廊扩增另外一半的可用生活空间提供了可行性，其方法是抬高住宅的室内标高。赖特在建筑设计中对细节部分的充分关注表明了当时他对户外生活的私有空间进行营造的重视。

当赖特面临强调餐厅竖向设计和保持草原式住宅水平外貌双重挑战时，他运用了更多的幻觉艺术的处理手法。为了达到这一目的，赖特沿用了七年前在威廉住宅

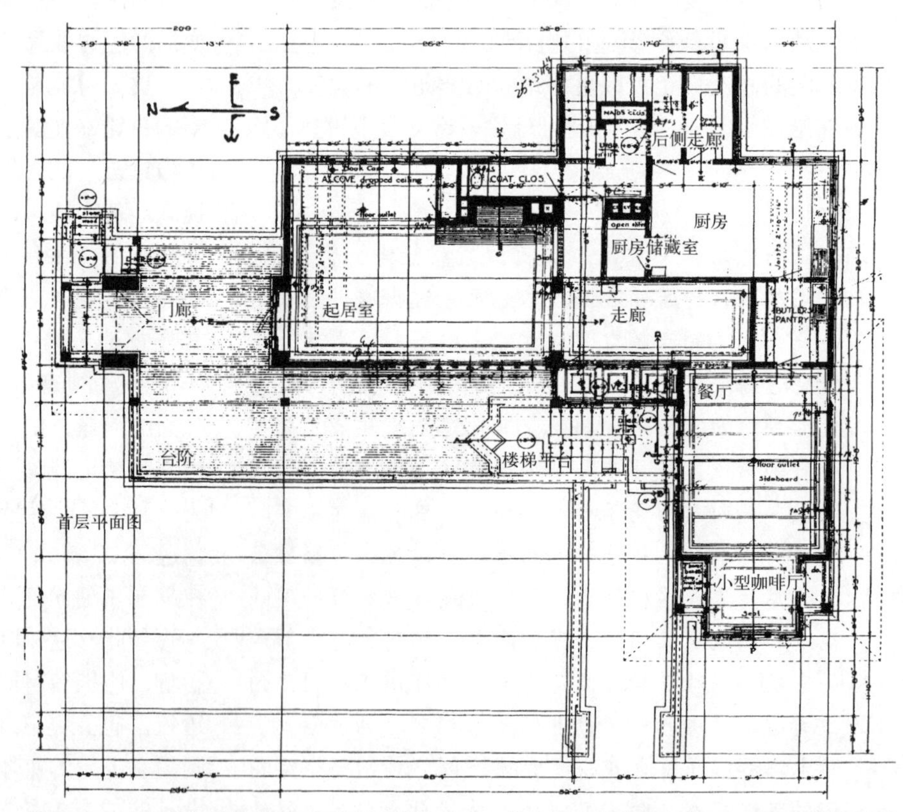

图 3–13 托马斯住宅的首层平面图（© 由弗兰克·劳埃德·赖特基金会，亚利桑那州斯格特达勒市提供，2002 年）

(Williams House) 中所运用的设计手法，即在步道入口的两侧营造不同的景观意象(图 3–14)。具体的做法是，他拓宽了步道，通过墙体营造了无顶的入口走廊，两侧的墙体矮到视线刚好越过，但却足够屏障不和谐的斜坡。在这个入口走廊的南边，赖特保留了完整的水平标高，并用一条宽宽的、反差很大的装饰带来强调餐厅周边的承雨线角，这条装饰带一直延伸至入口走廊，并沿着走廊两侧的整个墙基也安上了这种装饰带。这样处理后，使得地面上的构筑物相互呼应，同时又使得石灰材料粉刷而成的餐厅的竖向给人最深的感官印象，这样一来，就使得住宅不至于显得过度屈从于街边的高塔般的联排建筑。在走廊的北边，赖特则采用了部分低矮一些的墙体，这样可以确保 3 英尺高的倾斜的土平台可一直延伸并跨越走廊的围墙。然后，用另一个宽大的反差带状物所形成的假柱座，俯瞰下面扁平的平台。这种处理使得在视觉上最大程度地扩展了门廊的水平视觉效果，同时也使得平淡的石灰墙在感官上缩小了实际的高度。所有这些设计处理使得托马斯住宅在街边形成了一个完整的形象：拥有自己独立的视线控制，并在水平面上有一个完整的统一印象。

赖特为托马斯住宅设计的迷宫式入口体验从马路边开始，然后越过公共人行道，止于建筑的末端。这些墙体尽端的基座用花钵遮掩和美化，也是进入入口走廊的一种标志。花钵和植物的组合使入口花园向北扩宽了。沿着走廊，穿过住宅西面的沙利文式拱形门 (Sullivanesque arch) 时，就有一种穿行在一个幽静的花园中的感觉。走过拱门，就来到了位于住宅入口的凉亭，这时有两种供选择的去向：右转就是通向凹入的佣人休息室，以及位于地平线以下的用来存放工具的“地下室”；左转后则登上一个露天阶梯，继续感受进入体验。在这个阶梯最高处那宽宽的台阶上，有一面倒船头形的矮墙，这样就围成了一个小型花园。当你再右转，并沿着螺旋形的楼梯走到其上方的时候，你会发现一个 4 英尺 ×6 英尺的入口平台，是由 L 形布局的两翼交叉后形成的空间。当一位参观者在此欣赏住宅周围森林般的场景时，当他来到隐藏其中的平台处时，当他悠然地来到住宅北边大约 40 英尺宽的有顶走廊时，他将会在那个交汇处深深体会到场所精神的内涵。

从对进入体验的回顾分析中，可以很清楚地了解赖特的设计思路：通过拱门，变换四次方位，迈上 18 级台阶之后，参观者还是没有进入室内。入口门道处那漂亮的艺术玻璃位于入口平台左侧，它恰好遮挡了餐厅的南侧墙通向联排高楼的视线，同时也遮挡了离走廊西侧 6 英尺处的公共人行道上不必要的视线干扰，从而保证了住宅的私密性。赖特将胸墙和宽而悬挑的交错大屋顶做了特殊处理，使得主入口得到了全方位的视线遮挡。尽管

图 3–14 托马斯住宅的透视图清楚地显示了步道入口的两侧所营造出不同的景观意象 (© 由弗兰克 · 劳埃德 · 赖特基金会，亚里桑那州斯格特达勒市提供，2002 年)

住宅主入口朝着正西方向，也没有受到芝加哥冬季主导风向的影响。因此，赖特对托马斯住宅的入口设计很明显超出了美学范畴，它考虑了很多因素，如面向西面带来的不利气候条件的影响，场地环境负面方面的因素以及周围环境优美的视觉冲击。

威廉·G·弗里克（William G.Fricke）私人住宅，橡树园，伊利诺伊州（1901 年）

威廉·G·弗里克私人住宅坐落于艾奥瓦大街（Iowa Street）与费尔奥克斯大道（Fair Oaks Avenue）交叉路口的东南角。为了加强这些位于视线焦点的庞大三层建筑物的紧凑感，同时仍旧保证隐私和一定数量的隐蔽性户外空间，这就需要赖特和工作室所有年轻的成员一起为之努力，进行创新。

首先，他们将住宅的主体部分沿着艾奥瓦大街，紧邻大街右侧布置。入口台阶实际上已占用了人行道，就跟窗户一般高的花架一样，紧紧环绕在客厅船头状凸出部分（图 3–15）。其次，住宅西立面距人行道 40 英尺远，这样它与现有朝向费尔奥克斯大道的诸多房子保持了协调。在场地面积有限的情况下，赖特在场地基址处设置了土筑平台，形成一个很突兀的角度，住宅内部也用同样的方式倾斜，因为还是考虑到那些方面，其做法和温斯洛住宅及威廉斯住宅(Winslow and Williams) 相同(图 3–16)。然而，还有不尽相同的地方，在这个场地中，尽管街道交叉口的角落形成一个明显的斜切，但在南侧分界线处，平台随着地面高度逐渐变窄。这个微妙的倾角确实与南面现有的建筑很协调，但是它更重要的功能是保护橡树的地下根不受破坏，因为这棵橡树影响了赖特的零分摊边界设置，也影响了他对后院的场地规划。

入口通道从艾奥瓦大街边缘开始，穿过人行道的台阶，穿过一个规则式花园，而这个花园中的花坛曾建议设在人行道的中轴线上。在人行道靠里边缘设置了 30 英尺宽的缓步台阶，台阶逐渐抬升到入口平台的高度，这些台阶强调了建筑的水平建筑线，最主要是形成了第一

图 3–15 1901 年橡树园中威廉·G·弗里克私人住宅的一张照片，展示了零分摊边界的选址效果（1992 年查尔斯·E·阿瓜尔拍摄，© 贝蒂安娜·阿瓜尔提供，2002 年）

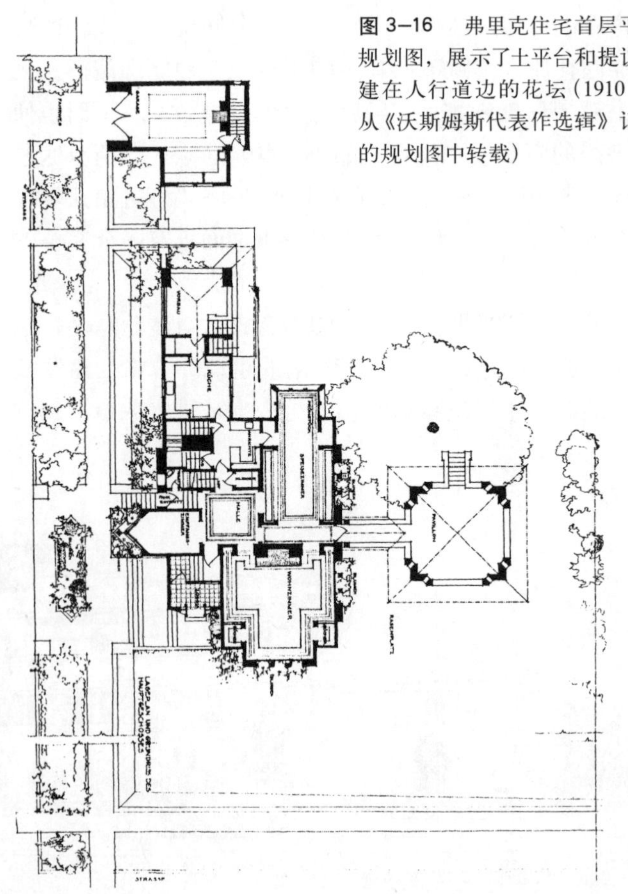

图 3–16 弗里克住宅首层平面规划图，展示了土平台和提议修建在人行道边的花坛（1910 年，从《沃斯姆斯代表作选辑》记录的规划图中转载）

层平台的露台特征。然后由两步缓台阶引到第二层平台，向左转再上两步台阶就到了封闭式入口凉廊，左转后立即右转则到达前厅的大门前。从门厅再右转，上三步台阶就到达进入住宅的入口平台。透过玻璃窗可远眺凉廊，接着可进入前门。通过这种特别迂回宛转的路线设计，赖特达到了两个重要的目的：其一是强调了零分摊界线的场地规划而形成的空间紧凑感，其二是完全模糊室内外空间的界线。

同时，赖特还为居住者提供了数量惊人的私密性户外空间。有一个大走廊通向东面的厨房，用装有百叶窗的墙体来屏障此通道视线，同时这种处理手法并不会影响住宅的通风换气。主卧外有一个带顶的凉廊，北边卧室带有阳台，而在东南角卧室也有一个小一点的阳台。那些用深色调的水平带状物装饰的胸墙保证了这些空间的私密性，还通过大量宽而悬挑的屋檐强调建筑突出的水平线。但最理想的室外生活空间环境是南院中半圆形的花园式凉亭，从中央门厅穿过有篷拱廊可到达这里。

正是通过那棵有标志性作用的橡树所在的位置来确定花园式凉亭的准确位置。这种安排很合理，因为凉亭以及那棵橡树的树冠占去了住宅南边的整个开敞空间，看上去就像一个花园，但却不能让冬日的太阳照射进来(图3–17)。赖特重点考虑了凉亭南面的选址和布局，这一点在他为《沃斯姆斯代表作选辑》(Wasmuth Portfolio)

图 3–17　这张历史照片上显示了弗里克花园式凉亭和激发零分摊界线构想的那棵标志性橡树（1911 年授权转载来自《沃斯姆斯代表作选辑》的记录照片）

撰写的文本中也可以看出，他把它描述成了“解决门廊难题的可操作方法”，并且继续描述说门廊通道一般都“挡住了起居室和客厅的光线”。[119] 这些细节设计得很准确，宽而悬挑的大屋顶仅仅延伸到了住宅二层的起居室和客厅的部位。[120]

但遗憾的是，二战后为了扩大住宅面积，那个凉亭和现存的树丛都被破坏了。而赖特采用的零分摊边界(Zero–lot–line) 的场地布局所呈现的艺术效果也被完全破坏了（图 3–18）。

图 3–18　紧挨着凉亭后面的弗里克住宅西立面和二战后被重新种植在住宅周围的橡树（1992 年查尔斯 ·E· 阿瓜尔拍摄，© 贝蒂安娜 · 阿瓜尔提供，2002 年）

沃德 ·W· 威利特斯（Ward W.Willits）私人住宅，高地公园（Highland Park），伊利诺伊州（1901 年）

沃德 ·W· 威利特斯住宅掩映在树木高耸的林木之中，这样就很好地在竖向和艺术风格上平衡了建筑的水平感。然而极有趣的是，赖特选择了一种传统的基址布局，他将住宅的正立面面向谢里丹路（Sheridan Road）。这一方位对于东偏南 45° 方向的大部分窗户而言，在某种程度上有不便之处。事实上，赖特也没有完全脱离普通的城市社区布局——拥挤的街道、胡同和建筑群。这说明在他的职业生涯中，赖特更注重和考虑到了大众所能接受的程度，而不只是考虑修饰方面的因素。

赖特设计了环形道路，这样一来，无论是步行、骑马、乘马车或是开车的人都可以从谢里丹路到达住宅。跨过拟建花园，来到位于宽阔的车廊的入口台阶处，可深深体会和感受住宅周围优美的环境。经过车廊，就踏上一截距离较短的入口楼梯，穿过通向正门的有顶走廊，这正门朝向门厅和一个雅致的客厅。然后穿过一个较正式的会客厅，再踏上五步台阶，之后再转三个弯，主要的生活区就出现在眼前。主要生活区大约比地面高出 4 英尺，便于向外观看，提供流畅的视线通道，其中起居室有落地的荷式玻璃门，餐厅有法式门墙，这些门都通向大的隔离的户外生活空间。从户外生活空间以及从二层的卧室和环廊都可看到外面的景色。威利特斯私人住宅标志着赖特第一次用落地玻璃门作为设计的特色，也是惟一的一次用这种方式设置法式门。加之前面提到的花钵，以及不同高度的种植池，这些花园设计要素一起，让人对室内外的空间关系产生了一个有意思的感知，错以为建筑本身就是自然界的一部分。

格里芬为威利特斯私人住宅最早的植物配置很明显受到了这一时期工作室的设计风格的影响（图 3–19）。格里芬的规划方案中倡导发展式景观，这与赖特正在日趋成熟的草原式建筑风格相一致。没有进行基础种植是为了突出建筑的承雨线脚完整的轮廓，而且在大型构筑物附近也没有进行植物种植。然而，沿着住宅北边边界和场地西北角及东北角成排种植了许多本地灌木和小树。所有相当密集的种植都在以回车道为中心，而在汽车道边界处则稀疏地种植着花灌木和多年生草本。格里芬还建议在人行道和汽车道之间，房子用地周围和汽车道东南侧也种植这些植物，而用于有顶走廊、阳台及餐厅周围的半圆形花坛中的植物大部分是本地物种。然而，这些植物只是部分栽种在半圆形花坛之中，因此，从平面上看去，草坪和种植床并没有明显的界线。另一方面，

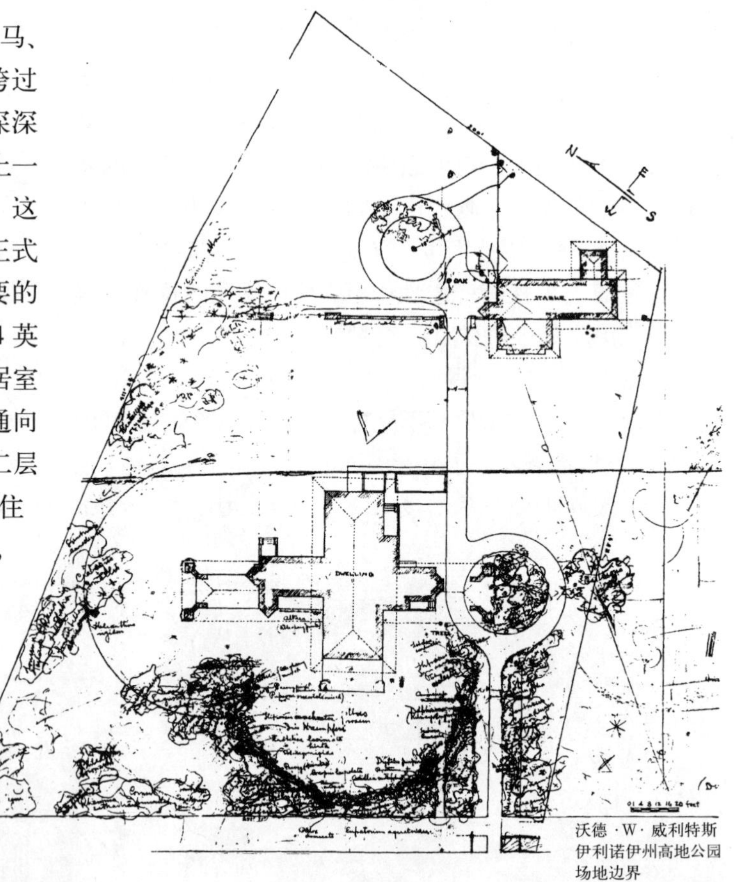

图 3–19　1901 年，伊利诺伊州高地公园中的沃德 ·W· 威利特斯住宅最初的种植规划是由沃尔特 · 贝利 · 格里芬设计的（© 由弗兰克 · 劳埃德 · 赖特基金会，亚利桑那州斯格特达勒市提供，2002 年）

在起居室边上的露台周围建的半圆形花坛中很少种植大量的本地植物，这些植物只是起到装饰作用，或者是因为其品种比较奇异吸引人们的注意力，多为奇特的花灌木和多年生草本。

上述描述符合弗农（Vernon）对格里芬的设计风格的研究，也就是说，在住宅边缘的地方，植物多采用自然式配置，而在住宅中心区，则多采用规则式配置，起到装饰性的效果。[121] 基于这些，我们认为起居室外的半圆形花坛设计只是为了加强外向的视觉效果，而不是表面上作为视线屏蔽的一种处理手法。不过，两个半圆形种植布局方式可以说是容器种植的先例，而赖特在他的事业中一定会继续采用这种设计手法。具体的例子就是格里芬为D·D·马丁住宅（D.D.Martin）设计的“花环”。

现存档案中没有威特利斯私人住宅种植设计的最终文稿，因而我们也无法确认这些植物配置是否可以称为园林设计的典范，主要是设计原则方面，如比例、尺度、平衡、主次关系、韵律、对比，或者是线、形、模式、质感和颜色等因素。尽管格里芬的手记中从植物学名称上确定了150多种植物，但其中没有阔叶常绿植物，如冬青和月桂等常绿植物来保证冬天的景致，并起到屏蔽遮挡的作用，也没有刺柏、松树或其他针叶树种（见附录C）。在所有可能注意的地方都没有常绿植物和针叶树种。然而，这或许是因为在维多利亚时代景观中过多地运用了这些植物的缘故吧。

作者通过历史照片和现场仔细的调查，并没有发现半圆形或其他种植方式是按初步规划和现保存有的设计图执行的。但是，赖特不只一次地提到威特利斯住宅，将它称为“值得参考的第一个现代建筑”。

威特利斯住宅的功能仍然是单个家庭的住宅。虽然在赖特的设计本意中，起居室的门廊和餐厅的阳台都装了玻璃，而且不再有最大的室内外交流空间，缺少了赖特的细部装饰，这个围合并不如原应有的那样引人注目。但是，餐厅后部添加的木地板，提供了新的室外用餐空间，这个尝试性的设计提供了更便利使用的私人空间，远离了谢尔曼路的喧嚣。这个添加的地板和威特利斯马厩转化成的住宅，可以通过由一条街旁小道转化而成的车道到达，使一栋百年老宅适应现有屋主的生活方式。而且，十年之后，因为它们遮挡了建筑的承雨线脚、平台胸墙以及其他建筑部位的外形轮廓，那些已成参天大树的杜松和其他常绿植物全部被移走了。但是，赖特最初的设计思想还是完整地保留下来了，而格里芬的设计想法则完全被破坏了。

弗朗西斯·W·利特尔（Francis W. Little）私人住宅，皮奥里亚市（Peoria），伊利诺伊州（1902年）

一份关于弗朗西斯·W·利特尔住宅设计的分析，显示了工作室当时互动而有灵感的设计方法。正如约翰逊指出，这一时期的建筑风格大致相似，如希尔赛德家庭学校二期工程（Hillside Home School Ⅱ）、达纳私人住宅（Dana House）、格里芬独立设计的威廉·H·艾米莉私人住宅（William H.Emery）中都运用了敦实的角柱，这一结构也用在了弗朗西斯住宅中。[122] 而这种细节构架在1902年之前赖特从没有采用过。这种结构除了功能需要外，正可以限定位于起居室和小孩卧室的带状窗户下所支起的大型种植箱，同时还可以作为大而扁的种植缸的基座，从而标志主卧阳台胸墙的转角位置。相对于赖特先前设计的任何住宅建筑来说，这些种植箱为住宅提供了更为优美的花园背景，而实际上可以看出这些先前没有涉及的设计形式是格里芬提出的。同样类似的合作还表现在扩张的围墙上。围墙围合了有顶门廊和车库之间的幽静的花园，这样就可以在视觉上形成扩大建筑的效果。[123] 营造一种特别幽静的花园也是格里芬的专长，然而在1902年之前赖特并没有采用这种设计手法。

利特尔住宅的场地规划是所有在弗兰克·劳埃德·赖特档案馆所保留下来的图纸中最详尽的规划图[124]（图3−20）。“种植规划图”是最详细的，图纸中引出了特别标明的每种植物的学名和多年生植物种植床的位置（见附录D）。图中，落叶灌木占大多数，除了在空地后面种植了针

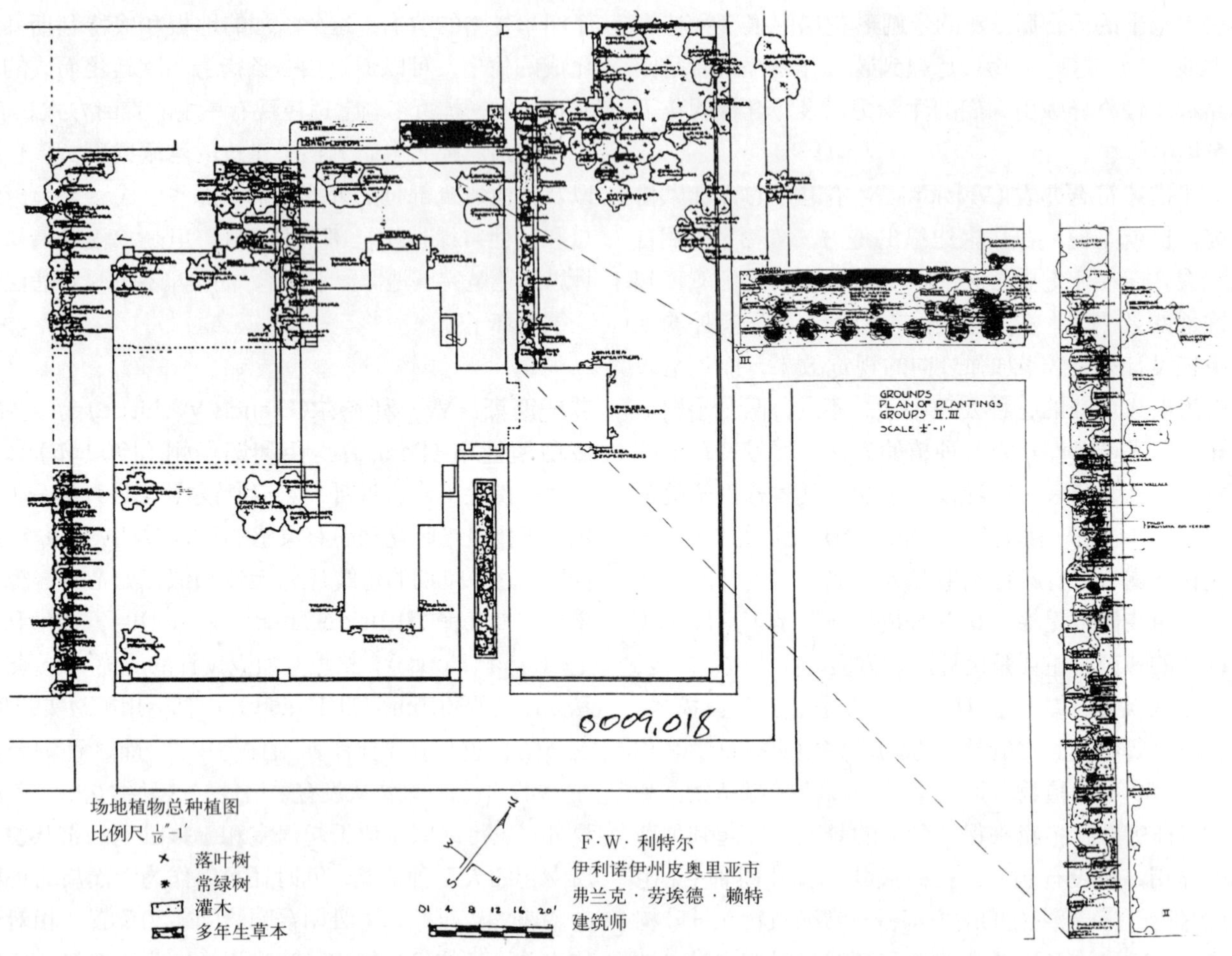

图 3–20 1902 年，沃尔特·B·格里芬为伊利诺伊州皮奥里亚市的弗朗西斯·W·利特尔住宅设计的种植规划图，是有关赖特草原住宅所有记载中最完整的一个规划（© 由弗兰克·劳埃德·赖特基金会，亚利桑那州斯格特达勒市提供，2002 年）

叶树外，车库、马厩及庭院的某些部位密密地栽种了标志性树木和灌木。这明显又是受格里芬的影响，不仅植物种类是他选的，而且在幽静的花园或场所的其他地方，并没有赖特草原式住宅景观所常用的抬高的花坛。

亚瑟·赫特利(Arthur Heurtley)私人住宅，橡树园，伊利诺伊州（1902 年）

亚瑟·赫特利私人住宅占地 50 平方英尺，面向弗里斯特大道，坐落于赖特的住宅延伸过来的那条街上，位于托马斯住宅北面的一角。可直接穿过摩尔住宅（Moore House）旁的空地到达赫特利住宅。正因为此场地与摩尔住宅的开放空间存在如此依带的关系，就使赖特又运用以前在托马斯住宅中使用过的抬高地下室标高的手法。这一点可以从主要室内外空间的组织以及赖特的严格定位方法中看出。

赖特将二层建筑主体的西面（正立面）相对于原有住宅向公共人行道稍微后退了一些，这样，就形成了一个大的入口平台，同时还使住宅与相邻建筑相协调。而建筑北面后退的距离，恰好能容纳早餐室的窗户的凸窗，从而在场地边界线与车道之间形成狭长的带状空间，用于种植花草树木（图 3–21）。这种布局保证了在视觉上场地南边的一半是开敞空间，同时还为住宅后面留出了一大块地。在几个重要地段保留了一些现有的庭荫树，其中一棵恰好横跨车道至早餐室的凸窗部位，起居室阳台的西面和南面各有一棵。这只是赖特仔细调查、设计并进行保护的 3 棵，还有一些稀少珍贵的品种，包括后花园中那棵罕见的橡树标志树。18 年后当地一家报纸报道说“有千年以上的历史，是橡树园最古老的活化石”[125]，但场地规划中最有意义的处理是车道的北部边界基本与摩尔住宅的前门廊的南立面在一条线上。并且建筑南北向的尺度基本上与摩尔住宅南边的下沉式花园大体相当，那些下沉式花园是 1902 年设计的（图 3–22）。站在二层的起居室的带状窗前和底层娱乐室和起居室的阳台上都可以欣赏这些开敞空间。

还有一个偏离中心进行场地布置的例子，这看上去可太巧合了，即如果按赖特二年前的改造规划图[126]（图 3–23）所建议的那样重新调整位置的话，赫特利住宅的开放空间和格雷住宅（Gray House）的主要生活空间会很相似，其实这两栋住宅仍然是相关的，尽管在 1905 年这栋住宅的生活空间做了相应的调整，在实际改建时，整个建筑移到了当时购得的扩建地块上。

因为场地环境存在着不利因素，赖特不得不再次把赫特利住宅的前入口和主要起居空间朝向西面。赖特最初考虑要将屋檐增长 1 英尺，这样 5 英尺宽的悬梁可以完全挡住沿西墙的窗口，至少是二层的主要生活空间和阳台。这个设计理论对餐厅和楼上的入口大厅很恰当。然而，当赖特延伸起居室西墙并将底层娱乐室直接嵌入西墙下面时，起居室悬挑的屋檐将减少一半的尺度。将底层娱乐室嵌入西墙的目的是为了在它上方形成一个 5 英尺深的悬挑平台，

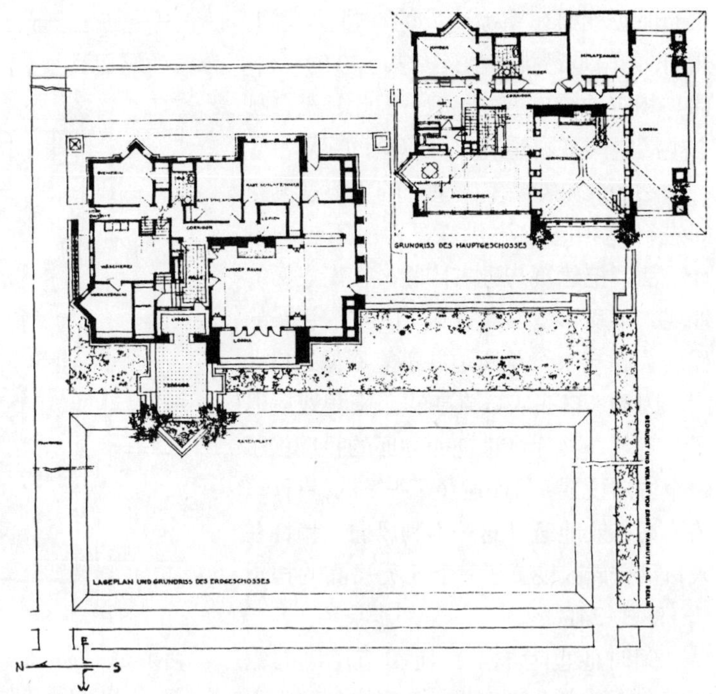

图 3–21 伊利诺伊州橡树园亚瑟 · 赫特利住宅的首层平面及部分场地规划图（临摹于《沃斯姆斯代表作选辑》一书，1910 年）

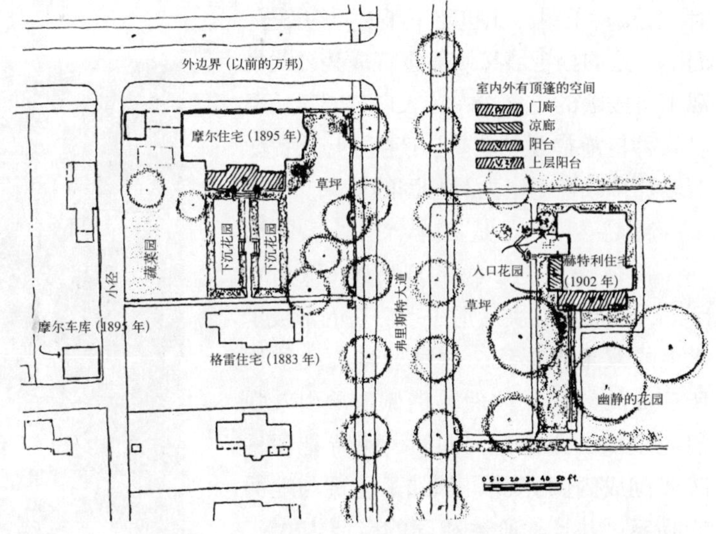

图 3–22 赫特利住宅位置比较特别，站在主要起居空间可俯视相邻的摩尔住宅的下沉花园（© 查尔斯 · E · 阿瓜尔于个人分析和《沃斯姆斯代表作选辑》一书绘制，1910 年。© 贝蒂安娜 · 阿瓜尔提供，2002 年）

从而保护朝娱乐室凉廊处的一排法式门。然而，无论是悬挑屋檐还是其上方的平台，都与相应的窗口不成比例，因此，没有哪个生活空间是被建筑很好遮蔽的。[127]

然而，赖特将室内室外的主要过渡空间进行遮挡的方法代表了无所不包的设计手法，把建筑与进入体验，临街立面的外观，以及环境设计方案，以空前复杂的程度关联起来。从街边并不能看见入口大门，因为入口在入口凉亭的东南角处后退了 8 英尺，并且将建筑西立面的拱门换了一个方向设置，从而避免了冬季的盛行风。为了更有效地避开这一不利风向，赖特在入口平台周围设置了一个 5 英尺高的挡土墙（图 3–24）。

同时他也考虑了其他季节通风的需要，在平台突出部分即三角形的种植床上方，安排了许多的开放空间。[128] 这种镂空砖技术让平台的地面可接收午后阳光的洒射，在前厅的拱门上也留下了太阳的影子。而平台处的挡土墙又使得建筑成为公共景观不可或缺的一部分，为入口花园三角形船状种植池提供了背景，产生了与从餐厅西墙那排联窗看出去时相同的效果。

赫特利住宅是赖特首次也是惟一一次使用双色织纹的罗马砖（Roman brick），每隔五块后退一点，从而形成了水平的双重光影线。这种独特的砖结构所形成的韵律和纹理为街侧形象引入强烈而重复的水平感，同时，赖特把罗马砖墙砌成内倾 8° 角，加强了建筑与地面的联系。并且，通过相同的垒墙方式来围合室外所有主要空间，包括入口处的露台，邻近的底层娱乐室，二层的阳台，

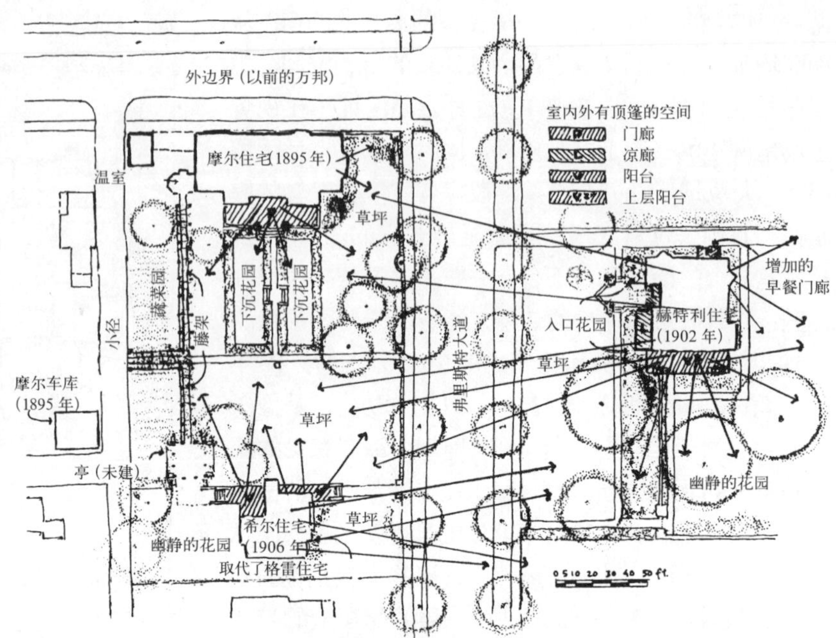

图 3–23 1906 年开发后，赫特利住宅和摩尔住宅以及格雷 – 希尔住宅的开放空间之间的关系图（© 查尔斯 · E · 阿瓜尔于个人分析和《沃斯姆斯代表作选辑》一书绘制，1910 年。© 贝蒂安娜 · 阿瓜尔提供，2002 年）

图 3–24 赫特利住宅的船头状平台提供了私密空间，并使主入口免受冬季盛行风的影响（查尔斯 · E · 阿瓜尔拍摄。© 贝蒂安娜 · 阿瓜尔提供，2002 年）

确定L形幽静花园界线的围墙以及房子后面和南面的开敞空间。在视觉上扩大了建筑的边界，看起来比赫特利住宅的面积还要大。甚至入口道路旁的不规则形状种植床，通过沿场地南边和北边边界平行布局，从而占据了整个建筑宽度的处理方式，使得建筑看起来面积变大了。建筑底层连同二层生活空间的联排窗都形成了清晰的临街建筑外观。这栋住宅曾经的主人杰克·H·普鲁斯特（Jack H.Prost）这样描述："从西北方向看，房子显得又低又矮……从西南方向看，房子又看起来很低，很深，很开阔。而从南边看，楼上就像一个敞开的门廊洞口，但从北边看，楼上则全是窗户，每扇窗反射光线，形成了一个屏幕……这种宽窄深浅的感觉，是通过隐藏的建筑表面以及人的视线移动时看到的景观角度营造出来的，因此会改变人们对建筑外形的理解。"[129]

普鲁斯特描述的运动路径与赖特设计的入口体验直接相关，即若步行或其他方式进入时可直接抵达住宅，同时考虑了社会需求和娱乐方式。从南面——即从商业区和火车站的方向进入，则可通过市政道路来到入口人行道处，从这儿可以直接穿过围墙开口进入幽静花园或转向入口平台。从北面进入则是从市政道经入口车道来到通向入口平台的入口步道，从这儿可以直接进入住宅，也可以经过平台来到花园入口。每种进入方式都要求转两个弯，踏上三步台阶才到达入口平台的雨篷下。

船头形三角地带中的台式种植床紧邻建筑基座，这是入口体验中另一个重要的组成元素。除了考虑植物改善气候这一作用——既可减少太阳辐射热，有利于通气砖空气的流动，还可以改善入口平台周围的微气候环境——种植床和平台的设计达到了入口体验的目的。砖砌挡土墙作为背景减少了种植的范围，使空间具有内聚性，而船头形状的花床，给人一种轻松安全的感觉。所有的处理手法考虑了沿入口步道自然种植的植物，它们连同多年生花卉一起组成了入口花坛的图案。同时平台前两边放置两个浅花缸，它们把人们的注意力集中在平台扶垛上的同时，还成了进入入口的标志。

越过入口平台，即可看到砖石结构的纪念碑式的拱门，这时人的视线直接注意到围合性很强的凉亭入口和底层大厅的入口。从这儿可以直接进入底层娱乐室，或者继续进入结构复杂的楼梯井。沿楼梯井，在到达楼上接待室之前要拐五道弯。楼梯井通向餐厅，也通向起居室。让你可以欣赏场地环境的全景，以及感受周围的环境和欣赏斜对面摩尔住宅的下沉花园。所有这些环境设计要素最终都得到了很好的解决，同时还包括景观原理和建筑的易识别性的妥协处理，以至于格兰特·曼森（Grant Manson）这样评价赫特利私人住宅："有着近乎经典的同一感和方位感……被认为是赖特早期草原式住宅中的精品。"[130]

赫特利家族在这栋住宅中生活了18年。在这18年期间，他们在南面阳台上安装了玻璃，并且缩小阳台到主卧室的空间尺寸，从而可容纳一个增加的洗澡间。到1902年时，这栋房子卖给了安德鲁·J·珀特夫妇（Mr. and Mrs.Andrew J.Porter），珀特夫人是赖特的妹妹。随后，他们把那个房子改成两层。为获得更多的居住空间，他们将娱乐室边的凉亭围合起来，并在建筑西立面增加了挑檐，这样就可以挡住午后太阳的眩光。然而，这样就会出现微气候方面的问题，即随着时间的流逝，原先栽种的树死掉了，之后也没有及时的补栽。当爱德华·巴伦德和黛安·巴伦德（Edward and Diane Baehrend）于1997年购买下这栋房子后，他们雇请了建筑师约翰·G·托普（John G.Thorpe）对该住宅进行了新的改造，把它建成了一个单身公寓，其实是想通过大幅度的改建而使建筑的大体框架尽可能接近赖特的最初设计意图，即又恢复了娱乐室、凉亭和起居室的阳台，将二者做为一个室外活动的空间，但住宅东边新加的洗澡间保留不动。另外，并非赖特设计的车库和出租间被拆掉，而将那些随着年代的久远而毁坏的水缸重新沿着扶垛处的台阶一直排放至入口平台的位置。

由于没有赫特利私人住宅景观设计图的原有资料，房子的新主人通过一些历史照片和已有的介绍重新复原赖特那时的场地景观，强调尽量按照原来的设计，在住宅西边的草坪上重新栽上庭荫树，最终赫特利私人住宅成了赖特草原式住宅中以私人拥有的形式而修复最完整的一个。

威廉·埃弗雷特·马丁（William Everett Martin）私人住宅，橡树园，伊利诺伊州（1902 – 1903 年）

威廉·埃弗雷特·马丁住宅拥有 2 个 50 多英尺的地块，赖特让其沿伊斯特大道（East Avenue）已有的后退线布局，同时留出的空间刚好容下佣人布道及厨房北面的入口走廊。这种偏离中心的处理为南面餐厅的有顶宽门廊提供了足够的空间，还可沿着南侧墙的主要生活空间设置大排窗户或装有玻璃的法式门。为了确保私密性，起居室北墙没有设置窗户。

在方案规划设计期间，威廉·马丁和威妮弗雷德·马丁（William and Winifred Martin）积极同赖特进行交流，交换意见。这从马丁家族保存的相关资料中可以证实。[131] 甚至在 1903 年 2 月威妮弗雷德·马丁和她的孩子们还在亚拉巴马州走亲戚的时候，威廉将赖特设计的最初方案以及赖特可作改动的草图发给她看。有趣的是，她只是表示了对方位关注，她说："我之所以不喜欢二层，是因为你把我们的卧室安置在了房子最冷的一面。对于我们来说，向南的卧室可能会有更好的外景。而东南方向的卧室也是最暖和的。"她也给赖特寄回了她的修改意见，并且解释说："我想把我们的卧室都布置在南面。我在房间里挪出四英尺的位置安放两个衣柜，在南面与西面留出 16 英尺 ×19 英尺的空间。"[132] 其孙女卡罗琳·曼·布拉凯特（Carolyn Mann Brackett）试图理顺主卧的位置及其与已规划花园之间的关系："如果主卧室按照马丁的要求布置，那么花园就应安排在后院。然而，主卧室有一个壁炉和一扇增添的门，因此最终安排到房子的西南面，那么就只剩下前院来安置花园了。"[133]

接着布拉凯特继续回忆那座庭院是如何在 20 世纪 30 年代的大萧条时代建成的，那时候她和她的姐妹们在她们的祖母家里度过了很长一段时间，"整个前院栽满成年的树木和灌木丛……提供了一个完全的私密场所……沿着人行道栽种了树木和高大的灌木丛。公园路两旁的榆树的树枝一直伸向伊斯特大道北侧。在这些榆树死掉之前，这儿极为漂亮。通往门廊入口的小路与街道平行，栽满各种树木和灌木丛……从小路上根本看不到街道。"[134] 她同样记得房子后面的大片自然式配置的草地是"一个私密性很好的场所，是一个令人愉悦的空间"。

布拉凯特还建议在原场地的南边为了便于将来扩展买回第 3 块 50 英尺宽的地产。把它设计成一个有藤架的规则式花园。

然而，这个建议一直到房子建成后的第六年才最终实现了。房契清楚地写着地产购买的时间：1908 年 9 月 24 日。图片记录表明这些房子在 1910 年以前就已经被植物完全覆盖了。[135] 与 1905 年为摩尔住宅做的规划方案相比，1908 年的马丁住宅设计其实比工作列表上写的要更加复杂，凉棚横跨了新增的整个场地，高高悬在车道上，确保了进出的车辆能够受到它的遮蔽。这是赖特的首创，并自此应用了 30 多年（图 3–25）。更为重要的是，整个花园的环境与户外的景致很和谐，就像研究橡树园建筑史的史学家杰克·利斯尼克（Jack Lesniak）描摹橡树园的场地规划图中表现的一样（图 3–26）。

杰克的图纸证实了这一点，那就是当被人们不加理解地接受并从一个地方照般到另一个地方时，问题就会出现了。很显然，似乎《沃斯姆斯代表作选辑》中的场地规划放大了比例，以至于那地基看起来有 200 英尺，而不是 150 英尺，并且图中的道路比实际看起来宽一些，最主要的是沃斯姆斯中的设计方案及透视图并没有出施工图，也从未被实施过。据布拉凯特讲，利斯尼克根据她的回忆和所保存的照片而按比例设计的备用方案最接近原来设计的花园。

花园扩展部分最引人注目的焦点是：别致的方形套方形广场，其中有一个双深度的水池，种有睡莲。一个半圆形种植床的中心是横跨水池的 T 形桥的交点。水池截面的详细设计图说明最里面的方形水池深6英尺，水线深5英尺；而周边的水池深3英尺，水线深2英尺。因为许多结构的节点放样图已被火毁坏，说明性文字和设计节点并不十分清楚，但图中表明，岛和桥的围栏是由钢做成的，而延伸入水的那部分栏杆用来隔开不同深度的两水池，以保证安全，同样也是由钢铁制作的[136]（图3–27）。1910年冬天拍摄的照片中的可见细节证实了水池最早是依据方案施工的。然而，根据1911年夏季的照片，《沃斯姆斯代表作选辑》中证实水池沟渠部分在当时早已经用混凝土封裹并改成了一个种植床。

虽然众所周知，1902年格里芬主要负责这栋住宅的建设，然而却并不知道他在负责花园施工时遇到了多少麻烦事。布莱凯特认为格里芬的景观组织可能深受他的母亲（露易斯·M·马丁）的影响，"记得格里芬经常待在屋子里。"此外，1914年1月，格里芬和威廉·米勒（Wilhelm Miller）的通信更好证实了格里芬至少部分"负责赖特1910年在橡树园中设计的威廉·E·马丁住宅的景观设计"。[137]大家认为格里芬是于1905年中后期自己离开赖特的。1909年的秋天，赖特关闭工作室远航欧洲。之后，这栋住宅由赫曼·冯·霍尔斯特（Herman von Holst）负责完成整个项目，此时，格里芬受马丁夫妇或者玛里恩·玛霍妮的邀请继续他的景观设计。

然而，无论格里芬是否因为玛霍妮或者其委托人而介入了此花园的环境规划，最有可能是因为格里芬能领会赖特的设计意图，并使它们得以实现。威廉·米勒认为威廉·E·马丁住宅花园的扩建部分是"美国

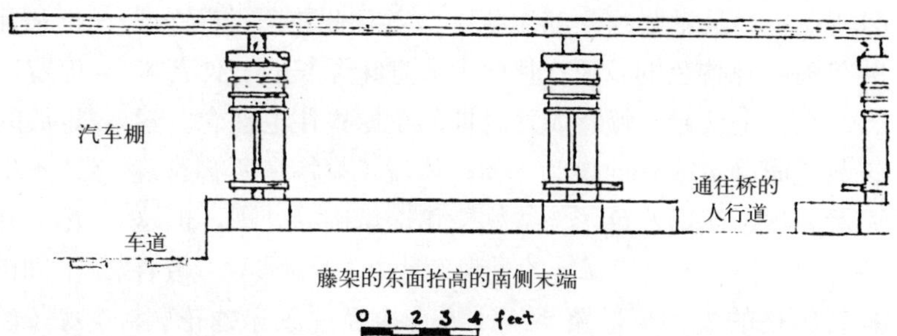

图3–25　伊利诺伊州橡树园威廉·埃弗雷特·马丁住宅（1902–1903年）东部抬高的藤架，首次运用赖特的停车场概念（查尔斯·E·阿瓜尔根据历史照片，个人分析和原始记录的绘图。© 由弗兰克·劳埃德·赖特基金会，亚利桑那州斯格特达勒市提供，2002年。© 贝蒂安娜·阿瓜尔提供，2002年）

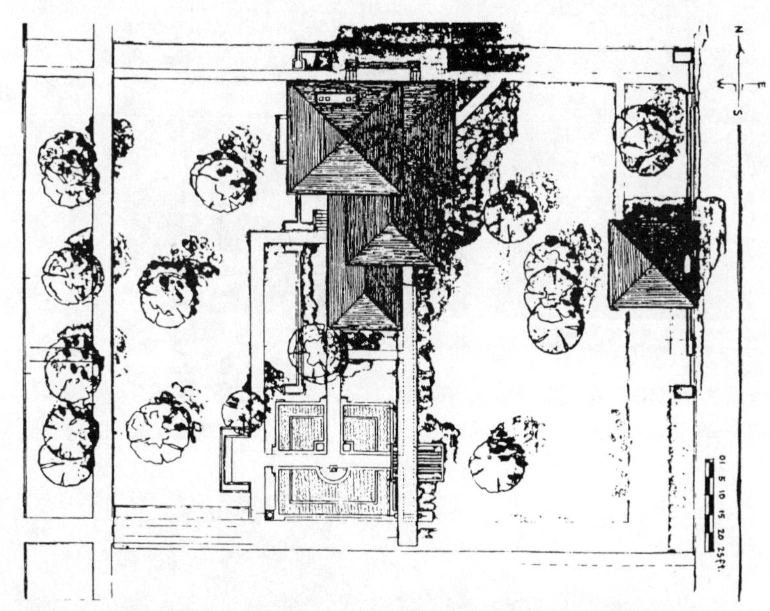

图3–26　W·E·马丁住宅平面图，依据橡树园历史学家杰克·利斯尼克（Jack Lesniak）提供的1909年公园的扩建部分绘制而成（杰克·利斯尼克和W·E·马丁家族惠赠）

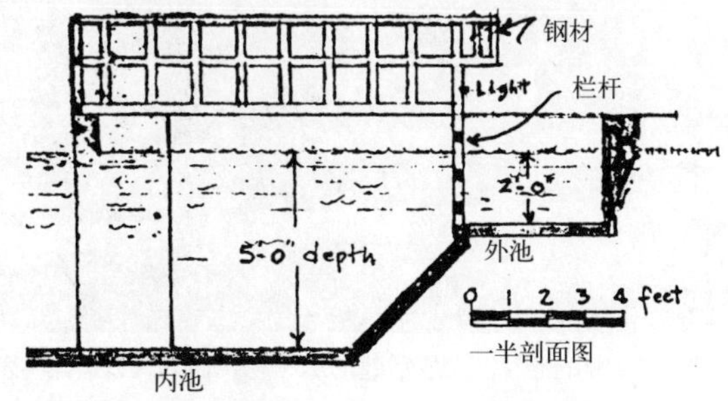

图3–27　W·E·马丁住宅花园水池一半的断面图（作者写的印刷残缺修饰和文字说明。©由弗兰克·劳埃德·赖特基金会，亚利桑那州斯格特达勒市提供，2002年。© 贝蒂安娜·阿瓜尔提供，2002年）

景观设计中最重要的一部作品”。[138] 并且此花园，也许反映美国西部特色的草原式住宅中最意味深长的一件艺术品，它完全展示了赖特成熟时期的草原式住宅理念。建筑与花园确实很好地融为一体，体现了赖特在所有建筑中对光线、阴影、色彩、结构、和谐氛围的处理，但这些方面却很少出现在赖特的景观设计中（图 3–28）。带有赖特风格的规则形道路系统让人直接经过或穿越花园，一种笔直的进入体验，无论是步行或乘车到达，同时它也和几处配套设计的驳岸和桥梁相互联系，成为了人们停留进行观赏的有利地点。穿越这个空间，到达室内外过渡的重要节点，可能已成为进入体验的经典。

图 3–28 W·E· 马丁花园扩建的历史照片（由 W·E · 马丁家亲戚惠赠）

生活在这个特别花园中的孩子们拥有许多愉快的记忆，并能在半个世纪甚至更久的时间后，描述出他们不同的经历体会。[139] 卡罗林 · 布拉凯特回忆到：“这栋房子的内外真是一个游戏的天堂……我们和邻居朋友们在花园里藤架下上演着《雪丽神殿》（Shirley Temple movie）电影中的场景。”她也回忆到，起居室窗户下的种植箱里安装了水龙头，池中是清澈的水，而不是像后来那样，池中填满了植物和泥土：“威廉（她祖父）很喜欢夕阳映射到水上并反射到顶棚上。如果微风袭来，可爱变幻的图案呈现在顶棚上……在 30 年代的夏天，妹妹堂娜 · 曼 · 邓肯（Donna Mann Duncan）和我准许从起居室的小窗爬出，可以在窗台和水池间来回地跳水。对于 4–5 岁的小孩来说，水其实还是有些深的。”

二战后，W·E· 马丁花园扩建部分处于一种失修状态。为了容下新增的平房，花园被再一次占用，进行了重新设计（图 3–29）。1993 年，劳拉 · 泰拉斯凯和理查德 · 泰拉斯凯（Laura and Richard Talaske）购买了此块地产，在开展改建和恢复原貌工程之前，他们做

图 3–29 W·E · 马丁住所 1989 年的照片，二战后建的房子和弯曲的入口道路（查尔斯 ·E· 阿瓜尔拍摄。© 贝蒂安娜 · 阿瓜尔提供，2002 年）

图 3–30 W·E·马丁住宅，花园后面新筑起一堵墙，入口道路重新恢复到原先的模样（1996 年由查尔斯·E·阿瓜尔拍摄。© 贝蒂安娜·阿瓜尔提供，2002 年）

了大量重要的史料研究。他们很想恢复并重建赖特最初的设计想法，他们投入了大量的精力，依据现有的结构恢复原来的景观。他们开始着手移走那些不合适的基础常绿植物，它们已被修剪得失去了自然形态，并完全破坏了赖特建筑活泼、干净的线型。然后，他们从前院移走了一条不和谐的弯曲步道，恢复了符合原布局的入口通道（图 3–30）。他们用各种各样的当地植物重新布置这块场地的景观，这些植物就是赖特和格里芬在上世纪末可能经常用到的。更重要的是，在美国建筑师学会会员约翰·托普提供技术援助下，他们开始改造赫尔克里斯（Herculean）设计的那部分，尝试重新设计或建造符合一度存在的、朝南的开敞空间的景象。劳拉·泰拉斯凯解释道："我们的目标是尽可能实现最初的设计理念，特别是池塘、藤架、长凳，在这施工过程中保持每一样事物和其他物件的相同联系，包括那新增的 50 英尺的用地。新围墙边现加了一条较小的长凳（这墙实际上和最初设计的尺度相同）。在此可俯视水池，水池被通向藤架和长凳的小路分成了两半。作为后来增加的部分，我们还设计了一个环绕长凳的船形天井。"[140] 泰拉斯凯非常成功的处理手段已由所拍摄的甚至在重建完成之前的照片中就得到很好的验证（图 3–31）。

图 3–31 理查德·泰拉斯凯重新设计的 W·E·马丁花园（美国建筑师学会会员约翰·托普摄影，劳拉·泰拉斯凯提供）

值得重点指出的是，如果不是赖特对私密性、向南开敞和户外生活空间有前瞻性的关注，从而促成了原始的偏离中心的场地设置，使得有可能如此大规模地进行更新改造，那么泰拉斯凯所描述的方法是不会予以考虑的。

爱德华·H·切尼（Edward H.Cheney）私人住宅，橡树园，伊利诺伊州（1903年）

赖特的爱德华·H·切尼住宅的设计构思在10多年前就开始了，也就是1893年，当他还在替阿德勒和沙利文工作的时候。[141] 当然，通常认为，带有围墙的房子，只要其结构与大草原相协调，就是一栋设计很好的住宅。然而，在橡树园社区中，“围墙”这个术语其实是一个错误的称谓。因为从邻近多层楼建筑物的窗户里，无论是多高的围墙，所有的景观都尽收眼底。

赖特的设计意图是，限定外围边界的围墙一直延伸到整个场地，从两边延续到中心点，然后向内在双入口点闭合，即朝南的主入口和朝北的公共入口处。这种处理手法是要产生这样一个错觉：隐蔽在墙后的构筑物，是被大片成年树林环绕的平房。赖特在住宅建设过程中试图保留那一片树林。赖特最初设计的概念草图中可明显看出他把原有树木纳进了切尼住宅的场地规划中，如为保留场地南面边界处的那棵树，赖特在设计围墙时，特地设计了一个凹嵌以便保护此树的树干（图3–32）。这些原有的树决定了建筑形式和布局，同时也限制了所有加长墙体的内外地面标高。因此，赖特提议设计两个不同的地面标高：第一层地面标高比围墙外公共人行道地面高1英尺；位于围墙内的第二层地面标高比公共人行道地面高4英尺（图3–33）。

图3–32　伊利诺伊州橡树园中，赖特1903年为爱德华·H　·切尼住宅最初设计的草图，表明了他保留现有树木的意图（© 由弗兰克·劳埃德·赖特基金会，亚利桑那州斯格特达勒市提供，2002年）

第一层由市政人行道延伸至街边围墙，并环绕两边一直到中心，后侧围墙在入口处终止。向内倾斜的平台强调了入口台阶每一边锐角边缘的处理。9英尺高的围墙建在这个平台之上，使得这部分比房屋后地面低1英尺，而和10英尺高的墙体几乎在同一水平线上（地面要比前面的低1英尺）。而平台的侧面则作为砖墩基、水泥地基和女儿墙的结合点，赖特把它处理成一个桥面，从而让自然光线透过窗户进入地下室。

侧墙底部呈堤状，其路肩与砖基同高，这种处理能隐藏支柱基础并能保持所有同一水平高度墙的完整统一，并且在感觉上增加了房屋的进深。墙内的土基面尺寸宽度足够满足设置双向步道的要求。垄状肩堤界定了整个场地的步行系统，“框住”了所建议的U形下沉花园，后者

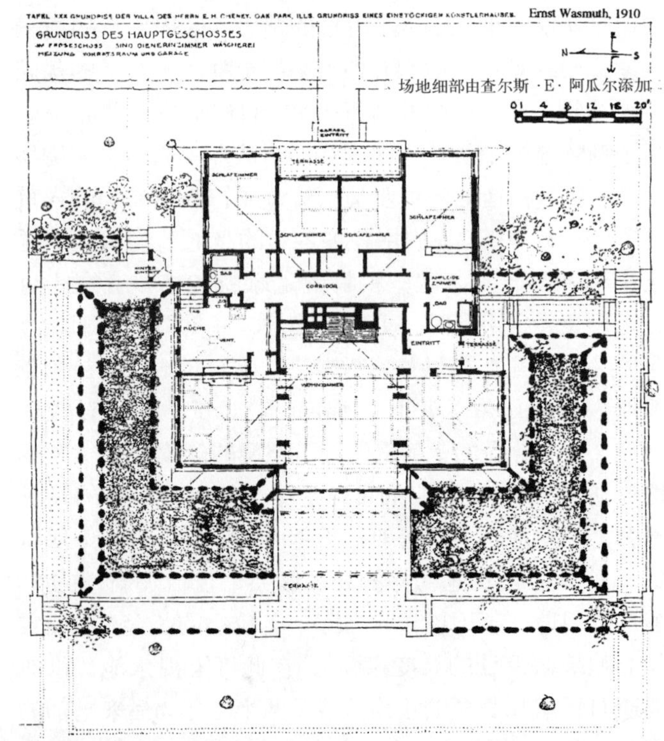

图3–33　伊恩斯特·沃斯姆斯为切尼住宅做的场地规划图，节点设计突出了码头状土堤（查尔斯·E·阿瓜尔根据个人分析和《沃斯姆斯代表作选辑》一书中1910年规划设计绘图。© 贝蒂安娜·阿瓜尔提供，2002年）

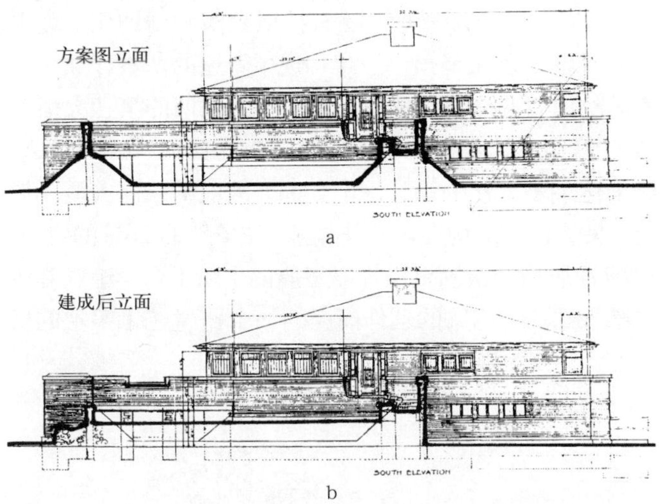

图 3–34a–b 切尼住宅立面图表明住宅南面根据建议提高，建成窄肩状堤（3–34 a）；建成后，南部按实际情况抬升，没有路肩或私墙穿越前面（3–34 b）（查尔斯 ·E· 阿瓜尔根据个人分析和已有的设计资料绘图。© 弗兰克 · 劳埃德 · 赖特基金会，亚利桑那州斯格特达勒市提供，2002 年。© 贝蒂安娜 · 阿瓜尔提供，2002 年）

图 3–35 1996 年拍摄的一张切尼住宅的照片展示了为建私墙，而准备的砖墩和砖基础，私墙始终没有建成（查尔斯 ·E· 阿瓜尔拍摄。© 贝蒂安娜 · 阿瓜尔提供，2002 年）

经过桥状平台下方，围合了主要的生活空间的东端和西端，以及北侧的厨房[142]（图 3–34a–b）。

在实际施工过程中，只有沿着用地南边边界线和北边界线及一部分前平台的墙体建到了 9 英尺高。尽管是用碎石结构作为土堤基础，但平台两侧与墙体连接的部分并没有按详细设计那样完成，砖基础和水泥基础也没有按照方案进行施工（图 3–35），墙内侧小路也没有按设计施工。反而第二层扩建部分布满了整个场所，赖特精心设计的入口体验也无法实现。然而，赖特对切尼住宅场地的极好把握及对标高高差的精确处理，都被认为是他职业生涯中最富有创造力的设计手法。

苏珊 · 劳伦斯 · 达纳（Susan Lawrence Dana）私人住宅，斯普林菲尔德市，伊利诺伊州（1902–1904 年）

苏珊 · 劳伦斯 · 达纳私人住宅展示了赖特设计的最高复杂度，是赖特职业生涯中一个重要转折点的标志。不清楚除了玛霍妮外，还有哪个职员负责此项目，因为她较擅长于艺术玻璃设计和其他艺术形式的详细设计。其他职员参与的可能性很小，因为在 1903–1904 年间，事务所还有许多其他重要项目。因此，赖特出人意料地让 S·J· 海因斯（S.J.Haines）负责，而 S·J· 海因斯是斯普林菲尔德市（Springfield）的注册建筑师。[143]

最初赖特是被邀请对位于第四大街和劳伦斯大道十字交叉路口西北角的劳伦斯住宅进行改造。这块地比街道地面高出 3 英尺。当委托人想增建一栋住宅时，他们要求赖特在他的设计中把原有的住宅考虑进去。在重新设计的过程中，赖特抬高地基至同一地面高度，并将新住宅坐落在茂密的树丛之中，从而保存了场地上原有的 15 棵庭荫树。这些成年树不但是建筑体量的参照物，同时也扩展了劳伦斯住宅用地西北角的谷仓和车房等辅助建筑。这些树也决定了组织人行道和所有入口通道的位置。更重要的是，这些树提供了充足的树荫，遮住强烈的日晒和厚厚的灰尘，形成了斑驳的光影效果，也使得此住宅与邻近住宅不同，有自己独特的个性，同时也扩大了赖特建筑中三维尺度理论的影响力。不过还是有两棵树被毁掉了，其中一棵是在新建一个辅助房的过程中被毁，另一棵是在连接南面门廊的平台建设中被毁掉。在建筑施工图中，后一棵穿过屋顶仍然生长着。显而易见，赖特为了让它继续起到遮荫作用而作了多方面的考虑。然而，在房子建设过程中所拍摄的照片能证实那时那棵树已被移走，可以假设或许是赖特的想法因操作的可行性作出了改变，或者他不知道如何去完成。

需改建的主要住宅作了很好的安排，朝南的长边平行于劳伦斯大道，朝东的基础平行于第四大街（图 3–36）。公用道路的两边都留有足够的后退空间，安置赖特设计的 3 英尺高、如同雕塑般的土质平台。绿色大草坪使街边尖锐的倾斜堤状地基不至于太突兀。压顶和突显基线的棕黄色地坪，稳固倾斜土堤的绿草坪，石灰涂抹的窗壁，黄色的正立面屋檐，还有扩展视线和强调住宅地平线的时髦红黏瓦屋顶，一起构成了街边的基本印象。隔离后院围墙的深色金属压顶，使视线向西的第三大街延伸了 50 英尺。然而，从街道交叉口的任何一边看过去，整个达纳私人住宅都是一个如同宫殿般的华丽大厦。然而，虽然建筑结构实际上只占据了该场地的 26% 的空间，此场景是赖特精确定点、雕塑般的土质平台，建筑群体凉亭状布局和围墙的延伸而成的一个错觉艺术手法的反映（图 3–37）。

图 3–36 伊利诺伊州斯普林菲尔德市，苏姗 · 劳伦斯 · 达纳住宅（1902–1904 年）的透视图表明了位于南立面的情况（1910 年经《沃斯姆斯代表作选辑》授权转载）

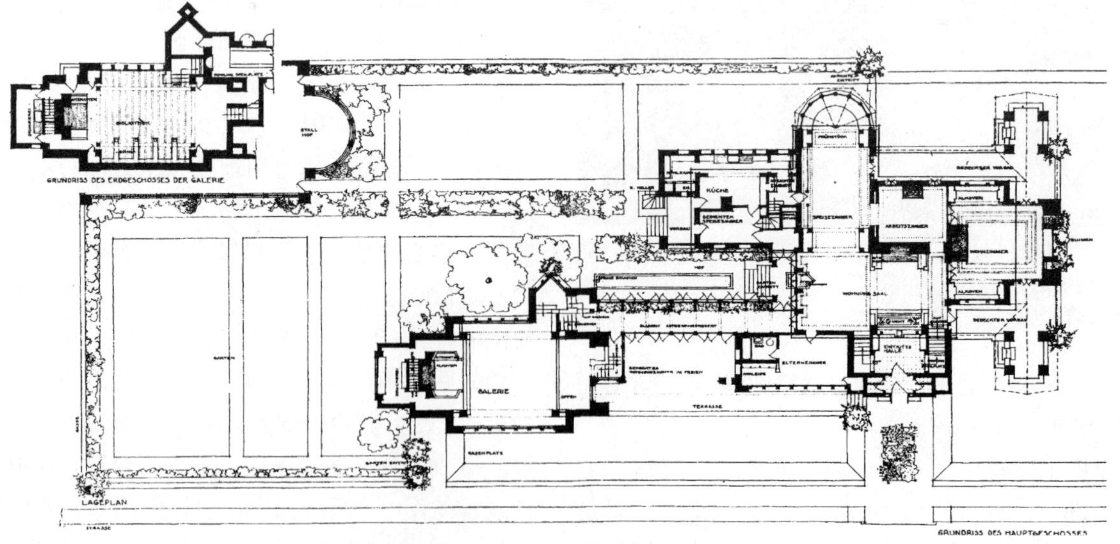

图 3–37 达纳住宅的场地规划和首层设计图（1910 年经《沃斯姆斯代表作选辑》授权转载）

赖特将入口体验的起始点设在劳伦斯大道边缘，紧邻人行道且宽大的入口平台比街面高一步台阶。沿着人行道，向上登三级宽的矮台阶后，就来到了两边用矮墙围合的一个宽入口的庭院中。穿过入口庭院，入口上方的大型砖砌拱门起到了强调视线的效果，透过那些各式各样的艺术玻璃，人们的视线不自觉地朝里看，印有秋天景色的艺术玻璃配在宏伟的扇形窗上，其内外形象都胜过拱门。入口是开敞的，入口步道笔直朝里，给人最初的印象是：入口直接朝前，相对缺乏丰富的想像空间。然而对托马斯、弗里克和赫特利而言，整个入口的“体验”并非直接而有丰富的想像空间，因为入口体验一直朝里延续着，并且直到二层的接待厅才到达体验的高潮部分。

穿过入口和拱形圆顶门，空间戏剧性地向里延伸（图3–38）。前面的入口大厅矗立着理查德·波克（Richard Bock）的雕刻作品“裂墙中的鲜花”（The Flower In the Crannied Wall），其巨大的尺度及高度使得人们的视线不由自主地向前及向上，集中到二层接待室的顶棚上。然而，为了“到达”接待室，必须从第一个地面标高开始，转几道弯，通过狭窄的门厅，向右可到达地下室（准确地说是半地下室）的衣帽间，然后向左穿过封闭式楼梯井，向上可以到达接待厅。在这个过程中，更富有戏剧性地拓展了全方位的视线变化：往下可到达入口大厅，向上可到达三层悬挑式阳台，阳台三面是更深远的迎风空间。向外则是位于轴线上的、线形的、其竖向规模令人折服的餐厅，其终点是55英尺前的低矮顶棚的凹形早餐厅。凹室用半圆形的饰有本地时尚漆树图案的艺术玻璃窗围合而成。然而，让人感受最深的入口体验则是接待大厅靠入口台阶左边墙中心处的水景。突出的是用波克设计的“月亮小孩”（The Moon Children）雕塑喷泉。这个处理手法，就像唐纳德·霍尔马克（Donald P.Hallmark）描述的那样：“这是一个惊人之作：它使用了室内动态水体景观，一个小的反射水池，种满了鲜花的诸多种植器，还有用许多艺术玻璃树环绕着的瀑布般泻落的绿叶。”[144]

3–38　达纳住宅的历史照片中的筒状拱形圆顶入口，以及入口大厅处理查德·波克的雕塑作品（1911年经《沃斯姆斯代表作选辑》授权的记录照片）

只有通过亲身漫步于赖特精心设计的进入过程，才能更懂得和欣赏他对太阳光线的艺术运用和处理手法。利用透过大型圆顶艺术玻璃和南墙接待大厅二层高的窗户所折射的太阳光线来照亮和装饰入口大厅。赖特设法弥补了从有着强烈墙面反射太阳光的入口大厅突然进入接待室时有可能导致的视觉刺激。接着赖特围合里面的入口楼梯井，减弱了光线的强度，从而使得人们的眼睛可以适应接待室内的光线强度，注意到里面开敞空间撒满了太阳的折射光，以及早餐凹室那些半环形艺术玻璃窗，还有环绕喷泉后面的艺术玻璃散发出的背景光环，以及喷泉本身等这些景观。这样就自然而巧妙地强化了到达时的感受。这种对光线逐步调控的敏锐处理手法，可以看作是赖特设计的进入体验中非常重要的设计元素。

从接待大厅中央，可以根据社会功用或招待模式选择不同去向：往前直接进入正式宴会的餐厅；向左穿过温室到一个可举行表演或音乐会的艺术陈列室；穿过一个双层玻璃门，来到一个用墙围合起来的花园，这里可用来举行草地晚会；或穿过一个主要的生活空间，来到一个连通的有顶阳台，其综合面积使一层的可用的生活、休闲空间增加了50%。楼层的设计清楚证实了赖特的战略性选址和建筑安排开辟了这些室外生活空间，而每一个室外场所都进行了仔细的设计，使它们与相邻的具有特定社会功能的室内空间相协调。

最精彩的户外生活空间，就是在华丽的艺术室大屋顶下的有顶阳台。这个阳台的作用是作为北面玻璃温室的门厅，同时又作为南面用墙围合的游廊状的平台，可以容纳相当多数量的客人参加表演会。这个组合空间的作用就像戏院和歌剧院的舞台底层和休息室。赖特沿着玻璃温室北墙的窗户脚下布置了一个很大的种植器，继续加强了这个场地的空间感。温室有隐藏的散热器来维持里面适宜的温度，还有水系统，并充分利用自然光，使这儿可以整日接受太阳的照射。然后，穿过艺术室门廊的南墙，他设置了一堵起屏障作用的影壁。这样，门可朝南面平台打开，有效连通了这个区域的室内外空间，并提供了直接到达南面平台和艺术室的便捷通道，且通过楼道可以下到入口庭院。[145] 赖特对平台的采光也作了特殊的考虑，安装了玻璃棱镜（即玻璃片）来作为平台部分地板的铺装。这种处理方法对黄昏时到的客人提供了一种巧妙的间接的照明方式。沿着地下室每边的墙上，排列着玻璃片，可以使室内有一定的光亮。同时，赖特安装在这个场所中墙上的那群小栅格让自然光进入地下室的台球室空间。[146] 这种将自然光引入部分没有安装窗户的下沉地下室的开创性处理手法，很有力地强调了赖特作为一名环境设计师的潜能。如果他安装了窗户，并且没有将砖砌成那群窗状的小栅格的话，他将必须引入一个竖向的不和谐的采光处理手段，这样不得不使他苦心经营的建筑的水平错觉感受损。

到幽静花园的进入体验模仿了从入口大厅到接待大厅的处理手法，即有多种可选择的途径到达鲍克雕塑的任一边。在转弯拐角时有一种发现的新鲜感，穿过佣人过道，来到装有双重艺术玻璃的门前，再转到楼梯处，来到庭院的花园里。在楼梯脚，有一个狭长的反射水池，吸引人们向下和向外看，可以看到远离艺术室平台的船首状突出物，上面安有艺术玻璃窗，下面布置了一个种植器。在到达幽静花园的过程中，感觉到这个突出物，右翼厨房和左翼温室的平行墙体，还有延伸在上面的得到仔细保护的诸多庭荫树中的一棵树的树干一起，共同创造了一种被环抱的空间感觉。

幽静花园最值得提及的是它大尺度的有序空间。并没有像那个世纪初其他住宅那样，在屋后布置植物茂盛的能散步的花园，也没有采用以下的一些花园家具要素：喷泉、雕塑、藤架，或其他的花园棚架，也无地形变化，没有创造良好的深景，或者其他让人们行走在其中时，可以引起停留的事件或地标物，也没有唤起观赏者产生联想的事物。只有一个单一的狭长形反射水池，从它的形状以及放置在院子转角过渡的位置，就可以表明它有意引起从房子式暖房溜达到后花园的人们的注意。它的附属功能就是将光线反射到安有窗户的小巷墙上。尽管达纳住宅并不是必须拥有一个当时家居建筑中通常感觉应有的“花园”，但是它看上去却显得很特别，因为从任何室内场所都看不到这个通常跟花园相联系的室外空间。然而，赖特和他的职员们，当然知道他们想要这个室外空间如何起作用。实际上，那用墙砌筑的花园是为了举行草地晚会或鼓励人们散步和聚会而作的一个精心的特殊设计。基于这个原因，所有步道间的场所都设计成了草坪，因此，不会造成人满为患场景或者使客人们受到任何约束。

在达纳住宅作为一栋住宅博物馆恢复的过程中，《历史建筑报告》（the Historic Structure）准备的一篇景观分析文章列出了 24 种主要的草本种植品种，如草花类，蕨类和地被类，这些植物自 1905 年起就一直生长在这儿。[147] 那些长势良好且景观效果很佳的树木有选择地加以利用，只有三棵树是在 1905 年增种的，这三棵树都安排在围墙里面，其中有两棵靠近马场，另一棵在墙里面，作为从劳伦斯大道进入住宅的一个引人注意的标志物。同时也没有沿达纳住宅的围墙外种植灌木或常绿植物，也没有基础种植或入口花园。开花灌木种植在艺术室内转角处，以及在艺术室楼梯平台突出的墙基边，

图 3-39 历史照片展示了达纳住宅“悬挂式花园”的意向特征（1911年经《沃斯姆斯代表作选辑》授权的记录照片）

沿着厨房南墙（阳面）和艺术室北面（阴面）都种有开花灌木。同时，沿着墙和汽车房的院子，都有种植带作为边界，把常绿花园种植与行进方式联系起来，和赫特利住宅的处理手法一样。正是这种深思熟虑取消了装饰性的种植，强调了在许多修建的种植器和花缸中种植的“悬挂花园”，从而使公众对达纳住宅的建筑形成了很深的印象（图 3-39）。

通过上述分析，赖特对于黛安娜住宅场地环境的设计意图清晰地显现出来。他想要创造一个只有一种视觉“印象”的花园。对树、花、草只能轻微一瞥而不能有意识地注目，赖特唤起了互为补充，而不是竞争的异常反应。形成一种对艺术品敬畏的内部理念。当然，夏季花园的展示永远也比不上绘制在艺术玻璃上的那终年展示的明亮而丰富的有机抽象艺术，内部空间变化的平面多种多样的开放性，许多内置的容器为蕨类植物和耐旱植物提供了空间，或者是作为喷泉的背景。所有这些强调手法可以看作是文明花园的构成要素，可以和日本的“建筑中花园”联系起来，亨利希 · 英格尔（Heinrich Engel）提出：“建筑中的花园表明了人类对所处环境的审美关注。花园遵循了人类的心里需求，激发了人类的审美感受，扮演着艺术的角色……（它）是运用了建筑的形式，是自然的产物。在这所住宅设计中，花园是技术和有机物、几何形式和自然形式以及人类尺度和无限大空间尺度这些反差的调节空间。”[148]

达纳住宅在 20 世纪 80 年代早期，由伊利诺伊州拥有，主要是用来保护其优美的建筑形式，并将它设为一个博物馆。[149] 从此以后，它就因“达纳－托马斯州立历史场地”（Dana–Thomas State Historic Site）而著名，以此来纪念两位优秀的屋主人：苏姗 · 劳伦斯 · 达纳和出版家查尔斯 · C · 托马斯。他们每个人都拥有长达 30 年之久。500 万的修缮费用由伊利诺伊州历史保护机构的历史场地部门（the Historic Site Division of the Illinois Historic Preservation Agency）赞助，另外，达纳－托马斯住所基金（the Dana–Thomas House Foundation）也支援了一部分资金，代表了该州鉴于建筑价值购得的第一个历史性纪念场地。[150]

直到 1903 年某个时段，波克才受委任为达纳住宅设计雕塑，这似乎很有重要意义。当时工程进展顺利，而他在这之前必须为密苏里州的圣路易斯大街（St.Louis）举办的路易斯安娜商品博览会（the Louisiana Purchase Exposition）完成他的组雕任务。[151] 可能正是因为波克本人对博览会的详细叙述，他在博览会上看到赖特决定亲自参加达纳住宅的设计，并建议他的其他职员也要很好利用这次机会。正如历史学家米尼莉 · 斯克里斯特(Meryle Secrest）调查后所说的那样 ：“赖特去了博览会后就被其深深迷住。他必须去那个博览会，1904 年 5 月，赖特告诉他的新职员查尔斯 · 怀特（Charles White）：‘博览会蕴涵着丰富的知识’。”[152]

路易斯安娜商品博览会（Louisiana Purchase Exposition），圣路易斯大街，密苏里州（1904 年）

和芝加哥 1893 年的展览会相比，1903 年的路易斯安娜商品博览会的百年庆典，是首个值得举国欢庆的历史事件。这次庆典博览会代表了世界最著名的艺术家和古典建筑师的杰作，并且是当时及 20 世纪初美国最大最壮观的世界广场。尽管如此，史学家们普遍对赖特的参与和这一事件对他的影响力缺乏足够认识，确实有事实说明赖特最初对德国装置感兴趣，尽管曾提到他在这次博览会上购买了日本版画艺术品。考虑到赖特在他的自传中曾提到并明确表示“我梦想的国度——古日本和古德国”，认为他对德国和日本装饰进行过详细的研究，这似乎更合逻辑。[153] 在出席这次博览会后不到一年，赖特选择他的首次国外旅行地是日本，绝非偶然。

事实上，就日本官方展览而言，日本的外观形象，特别是“日本皇家花园”（the Imperial Japanese Garden），不会被任何参观者所忽视，至少赖特不会。日本在博览会布局的几何中心附近空出大面积的场地，来容纳不是一所而是六所展览馆，搭配山和水，构成花园的背景，所有这些设计要素都在围墙的范围之内。[154] 这样，赖特在圣路易斯大街博览会上极好地大体了解了日本建筑文化和环境结构的设计及构成。因此，由足够的理由让人觉得，在芝加哥博览会上所见到的一切对赖特的影响最大。

谈到日本皇家花园的布局，以墙围绕的建筑群中最突出的地方是主展览馆，它是 18 世纪京都帝国宫殿（the Imperial Palace）接待大厅的仿制品，布局精巧复杂的福莫萨展览馆（Formosa Pavilion）也位于主入口的一侧，其旁还设置了一个大集市，专员办公室和贝尔维尤（Bellevue）（呈 L 形的三个小建筑群），最近的水园也模仿位于京都附近的金色博览会馆（the Golden Pavilion），此博览馆建于 1395 年。这是一个三层楼的建筑群，前面是木制的广场空间，由一些细长的柱子支撑着，开放式的游廊环绕四周，有深而大的悬挑式大屋顶，这些都将成为赖特在设计中感兴趣的地方，第一层整个层没有固定的隔墙，并且精确地设计成一个以 3 英尺宽“榻榻米”草席为地板的统一体系。室内没有坚实的承重墙，通过把滑动屏风移到需要的地方，把室内分为多个房间。这将成为赖特首次创造性构思的“寝殿造”（shinden-zukuri）建筑风格，之后被简称为“寝殿造系统”（shinden system）。这种结构从方法上讲象征着建筑改革中一个重要的里程碑，因为它促进了室内外开放性灵活设计方案的发展。[155] 在日本如果有这种殿堂的建筑群，则所有的殿堂都用有屋顶的桥连结在一起，赖特的“区域规划布局”（Zoned plan layout）和他随后使用的有顶桥方案就是这种建筑结构设计带来的灵感。

然而，日本的混合式建筑最能使人信服的方面是在这种建筑群中穿插山水花园的方式（图 3-40a）。六个构筑物呈对角地布置到一条走道系统内，周围是美丽的植被，包括庭荫树、灌木丛和日本古器，并且都与不规则的水体搭配，而这个水流绕经花园中心和中心岛。从一个岸边到中心岛有一个拱桥，从另一个岸边到中心岛有一个板桥，在其他的上岛处还有令人愉悦的涉水过河的脚踏石，所有这些都产生参与性的与景观的相互作用。设计这种花园就像设计建筑群一样，仅仅只是为了呈现日本国土上整体建筑结构的模板，它也确实可作为日本建筑与景观设计相结合的“再现”。并且，因为观景轮（Observation Wheel）就在位于建筑群的西北角附近，博览会的参观者可以大体俯瞰到复制的日本耕作环境（图 3-40b）。

到这时为止，赖特已经与格里芬在景观设计方面密切合作有四年多的时间，包括在施泰韦大厦和橡树园工作室工作期间，也许已经认识到这种花园布局和日本建筑固有的室内外建筑关系，不同于他 9 年前在芝加哥博览会上所看到的那样。从观景轮上俯瞰远处，他注意到展览馆四周的墙所占用的整块面积犹如一个花园，从而使这些建筑群成为与整体相协调的组成部分。他也注意到了走廊系统，走廊以对角斜线的方式穿插在建筑群之间，因此不会从正面看出任何建筑结构，相反，视线会不时地从花园的一端转向另一端。在此反复感受、反复研究以及体验展览馆的室内空间，赖特敏锐地向外看到日本传统的耕作景观，其中每一个花园元素被视为房间的有特色的部分，使室内生活空间与花园和更大的环境融为一体。

a

b

图 3–40a–b　1904 年圣路易斯大街举办的路易斯安娜博览会上日本皇家花园的展览景观，面对展览会的观景轮（3–40a），从观景轮上看到的景观（3–40b）。据推测，这正是赖特第一次对远东艺术进行的全面了解（图片由密苏里州圣路易斯大街，密苏里州历史协会捐赠）

因此，可推断出，正是在这次路易斯安娜博览会上赖特首次亲身体验并开始更全面地理解远东美学和老子在场地耕作环境下的建筑空间概念。对尚存的方案图进行分析可证实这一推断。这些设计方案是在 1904 年以前准备的，说明赖特以社会能接受的西方传统表现了国内建筑的耕作景观，他的建筑外景只是作为建筑的延伸来设计的，很少考虑种些什么，只是用作装饰。但是，在 1904 年期间准备的设计方案记录里提到赖特在此时已经开始用东方的习惯方式来构思他的耕作景观，认为环境设计是整体设计的一部分。例如，圣路易斯大街博览会（St. Louis Exposition）使赖特对于凉棚的设计意象重新产生了兴趣，这种意象始于芝加哥博览会，然而，有人认为赖特在圣路易斯大街博览会前后，即从 1894 年至 1923 年这 26 年多的时间里，利用拱廊和凉棚的方法大多可以追溯到同时代的日本，它是影响赖特的根源，如达尔文 · D · 马丁（Darwin D.Martin）的防护藤架和内森 · G · 摩尔（Nathan G.Moore）附加的防护藤架，两者都是在赖特参加了圣路易斯大街博览会之后不久即被设计出来的。

但是，博览会场地布局大大触动了赖特的环境敏感力，比博览会其他方面对他的震撼力都强。大部分场地都采用了古典花园式布局，使赖特倾向于关注西方巴洛克式的艺术风格（Beaux Arts），就像梅斯尔维（Messervy）说的那样："从传统意义上讲，西方花园是一种被称为有透视效果的结构组合技术，由一系列的轴线组成，比如过道、水池、种植床，或篱笆等，它们都后退一定的距离，终止于视线看不到的远方……那些正交的线条显得充满活力，给人一种很强的花园深度感。"[156] 但是，日本皇家花园激发了赖特对东方空间布局的兴趣，且日益加剧，就像亨利希 · 英格尔说的："相比西方观念，（东方的）住宅花园在空间布局方面具有建筑风格。比如空间呈现出三维效果，整个范围与比例与室内设计协调统一。这就扩大了室内空间，相对于整体的居住结构来说，单个房间不再是独立的。"[157]

这种布局设计与 1904 年至 1905 年期间为达尔文 · D · 马丁住宅、H · J · 乌尔曼（H.J.Ullman）住宅以及内森 · G · 摩尔住宅的扩建计划所绘制的设计图综合反映了赖特的这两种不同的花园设计理念。从这些设计方案就可以看出在赖特的设计生涯中有很明显的风格差别。

这种花园的布局和景观设计元素，首次融入到了建筑结构里，这很清楚地说明赖特先前的作品忽视了这一点，现在他开始考虑在设计过程的第一步就安排景观，而不是等到最后。这样一来，人们认为1893年的哥伦比亚世界博览会（the World's Columbian Exposition）上的寝殿造和其他草原学派的建筑师所设计的室内建筑结构都激发了基础设计元素，1904年路易斯安娜博览会上的日本皇家花园，采用的某种基础设计结构与赖特的草原住宅的景观设计是一致的，这似乎很合乎情理。

达尔文·D·马丁（Darwin D.Martin）私人住宅，布法罗，纽约州（1904年）

达尔文·D·马丁房产位于萨米特大道（Summit Avenue）和朱伊特公园路（Jewett Parkway）（以前是朱伊特大道）（Jewett Avenue）交叉口的西北角的一个郊区住宅区，是由奥姆斯特德兄弟（Olmsted Brothers）设计的，他们是弗里德里克·劳·奥姆斯特德的亲戚。住宅位于尼亚加拉河（the Niagara River）的西北部和加拿大边界，相距只有3英里，场地中没有一个自然的缓坡（图3-41）。

图3-41 位于纽约州布法罗市的达尔文·D·马丁住宅1904年的历史照片（1911年经《沃斯姆斯代表作选辑》授权刊印的记录照片）

激发马丁对此地形进行设计的主要动力，是场地环境的开发及其场地环境的关系，即1.6英亩的场地布局，植物的栽种，花园的维护和场地景深空间的处理。由结构来组织景观，包括一栋个人温室，一间规模较大可供观赏的温室，为一位全职花匠设计的一栋二层“避暑房”，和一个拓宽的连接房子和温室的藤架拱廊。[158] 还有一些部分作为主体住宅的附属建筑：二层车库上的公寓，乔治·巴顿夫妇住宅（Mr. and Mrs. George Barton）（巴顿夫人是达尔文和威廉·马丁的姐姐）。1904年1月2日，为了表示对赖特早期设计的马丁住宅设计方案感兴趣，马丁给他们写信：“我赞同您设置一个更大花园的想法，把它与所有马丁夫人的实用要求一起考虑，不拒绝您的建筑师下来对各个部分区域进行规划。‘比例’必须确定在合理的限度内；并且让它在那个限度内自由发挥，一直延伸到您谨慎处理那个不得不在断点处转向的地方，甚至可以让它在此中断。由此您将得到一个意想不到的结果。”[159] 也许正是马丁家从事园艺工作的早期意识，使得赖特在四个月后的圣路易斯大街博览会上特别注意花园的布局。然而，如果在他准备装订图纸之前，顾客们才开始讨论和关注花园的重要程度，赖特有时就会对他的这些重要委托人失去耐心。因为场地布局对他而言和建筑设计图同等重要。他在1904年7月25日的日记中这样写道：“老天爷，所有事都状态良好，请不要先讲灌木。”[160]

因为北部地界线是惟一的一条用指南针校正了的边界线，赖特在这个特殊转角设置一些构筑物时，对街道交叉口作了细微的处理。街道交叉口（南部和东部界限）展开后形成一个近似118°的钝角。据推测，这种不规则的用地现状，影响了赖特对巴顿住宅选址的决定，它是在诸多大建筑群中选址和建造的首个住宅，并且位于场地的最东北角。从赖特给马丁的一封信中可看出，赖特意识到附属建筑选址时遇到的困难，他似乎试图排除所有可能反对他的方案的说法：“我已经开始了在朱伊特大道进行住宅设计，我写信是想知道，您是否反对您的大厦与巴顿住宅成直角，忽视朱伊特大道的正面，说到平行问题……没有两条地块边界线是完全平行的，并且房子前面的几个分支处也许柔和地打破了这条平行线，这样与街道的倾斜近似地协调一致。我认为巴顿住宅和您的住宅成直角是很重要的，在院落和所有谷仓之间留出直角。我知道沿那条街道的建筑群（除了教堂）都与它平行，但在街角处却不可能正对它。你认为如何？”[161] 马丁显然同意赖特的观点，因为实际上主要住宅与巴顿住宅是成直角的，并且建筑群的所有其他结构都根据场地规划的良好布局原则进行布置，包括花匠的小屋和温室都安置在原址的支脉上（图 3–42）。赖特提到的教堂位于达尔文 · 马丁住宅东南角的街道交叉点，使这个角落成为一个公共场所，事实上极大地影响了赖特对此场地的设计。

因为一些未知的原因，这件事过去五年多后，即当赖特为 D·D· 马丁准备规划方案的时候，这个方案已经包括到《沃斯姆斯代表作选辑》的方案中，他对交叉口外向的八字形作了一定的修改，并未按原计划和测绘来布局花园。替换了原先的直角形布局，只强调景观的美学功能，而没有从功能方面考虑，因而图纸并没有正确地反映场地的情况。由于对几个重要区域的描述不精确，当沃斯姆斯的规划记录被频繁重印作为设计的参考依据时，关于赖特对 D·D· 马丁住宅深思熟虑后的处理手法没有真实地理解。为了说明赖特将场地规划与他的建筑学相互关连的打算，有必要比较一下 1904 年赖特和／或格里芬绘制的场地初步规划中的建筑首层平面规划和立面图（图 3–43）。[162] 基于这个分析，赖特仔细考虑首层规划和场地规划之间关联的意图变得明显，相对他早期的十字形草原住宅，不相似之处也很明显，即使在建筑上有一些相似之处。

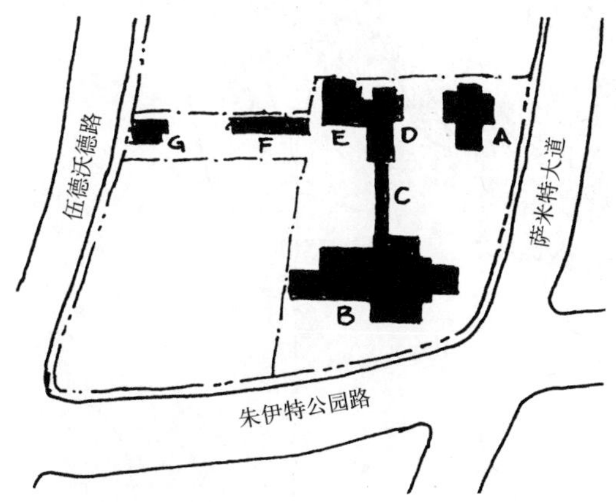

图 3–42 马丁住宅位置和主要单元的识别：A– 巴顿住宅；B– 主体住宅；C– 藤架绿廊；D– 温室；E– 车库和马厩；F– 玻璃温室；G– 园丁小屋（查尔斯 ·E· 阿瓜尔于个人分析和 1910 年经《沃斯姆斯代表作选辑》授权的记录规划图绘制）

D·D· 马丁的房产让赖特第一次全面考虑解决建筑与它们毗邻外部空间的相互关系，同时又满足客户的需要，在“满足”文化景观和公众需要的同时，也考虑在心理上可亲近的户内外空间，以及在公共和私有区域间如何安排富有战略性的种植。在这种背景下，赖特将主要住宅面对朱伊特公园道，庭院车道西北角的屋顶延伸到西边的宅基线。这种选址最大地加长了起居室有顶门廊到公众认可的宅邸东南角的距离。这样的选址帮赖特建立了五个轴线，标记为轴线“A”至轴线“E”。这种轴线把栅格结构延伸至场地环境中，使之有更大的可塑性，允许将两所住宅和辅助用房并列，虽然是不对称的布局，但可以使它们形成一种平衡和互相关联的关系。

轴线“A”建立了宅邸东西基线，从车库开始，经过紧邻的温室，与巴顿住宅的起居室至餐厅的南墙两翼并列。轴线“B”同样建立了南北基线，将花园和车库分为两等份。另外，它建立了一条视线：从厨房后门厅的中心开始，经过两边设有花池的一条宽的嵌草道路，到达中心为一个菱形喷泉水池的一面砖砌私墙前结束。马厩前门提供了一个建筑背景。因而，喷泉成了住宅花园环境的一个重要景点，给来花园散步的人们创造了一种发现“事件”的感觉。

轴线“C”（南北向），由温室至马厩和住宅主体构成，它决定了温室的大小和比例，以及藤架拱廊到前门的距离。大约 90 英尺长的藤架拱廊、门廊，以及温室至门厅

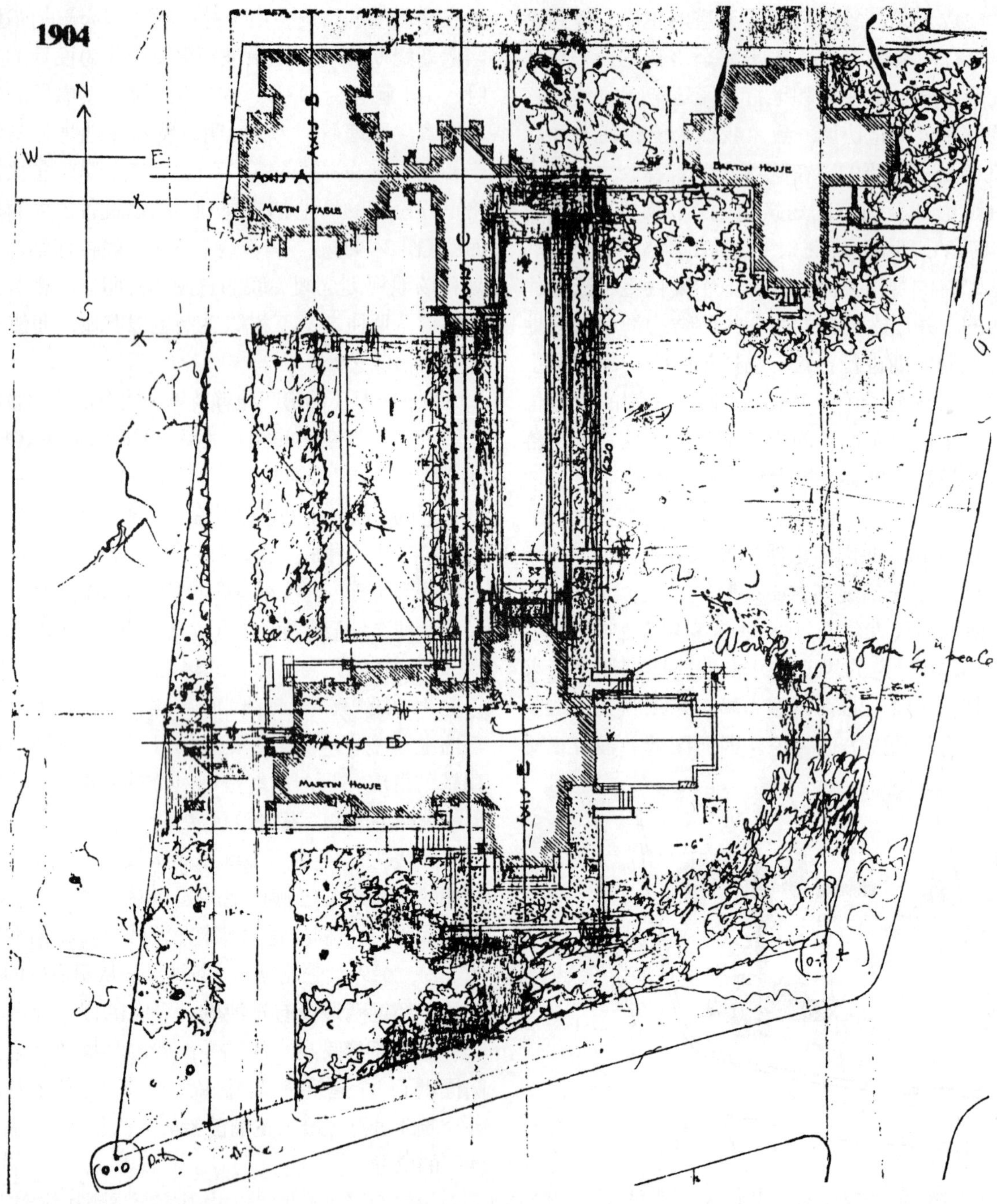

图 3–43 马丁住宅的场地规划显示了场地在 118° 区域内布局以及场地的五条轴线（© 由弗兰克 · 劳埃德 · 赖特基金会，亚利桑那州斯格特达勒市提供，2002 年）

的长度使得室内和过渡空间之间建立了一种心理上的亲密关系。藤架拱廊和地下室通道联系紧凑。赖特在上面通道的地板上安装玻璃棱镜，并在下面的通道两边每隔一块砖设置砖栅格，这样形成了多列窗户状的小栅格，就将地下室的通道处理成了一种微妙的间接光源。这些做法都是利用自然光照明地下室，和达纳住宅处理手法相似，将光线引入位于地上部分的地下室中。这些细节设计为地下室通道增添了一个功能，即可以作为闷热车库的一个导热管，这是很有意义的。

设计图中设计的藤架拱廊是完全开敞的，就和"藤架"一词的最初含义一样。老照片显示在开放柱子之间安装了清晰的玻璃，并用凸出的精致橡木框进行了强调。离温室最近的开放空间采用了一系列艺术玻璃窗，用以区分温室与藤架拱廊不同的视觉和心理界限空间。天晴的日子，整个玻璃空间充当了一个太阳能收集器，一部分热量可以由地下室通道导入地下，因此通道的门一年中大部分时间都敞开着。[163]

在功能上，藤架廊和车库一样，为温室和住所之间提供了安全通道；在美观上，它两边都联通了花园，不论天气如何，进出温室就如在花园中漫步一样。这在入口体验中也能感知，赖特想把它设计成一种无穷远的视觉效果。从前门看过去，穿过入口大厅，通过两边有壁炉墙的门厅，再经过整个藤架廊和温室，一直到聚焦在 200 英尺远安置在热带植物之间的大石膏像"挥着翅膀的胜利者萨莫色雷斯"(the Winged Victory of Samothrace) 为止，形成了很强的单点透视（图 3–44）。赖特将所有连接藤架廊的门都精心设计成玻璃门，即使门关着，也可以让人很好地感受到那引人入胜的透视效果，尤其是温室十字形布局的整个长与宽，都是利用二层天窗的透明玻璃进行自然采光的。夜幕降临时，在藤架廊地板上那钻石般棱镜的背景光下，整个藤架廊至温室更加引人注目。在每个凸出的装饰线条连接处，28 只白炽灯像巨型萤火虫在闪耀，而月光也透过温室的天窗撒满屋子。

第三个南北轴线，即轴线"E"，划分了图书室、客厅、餐厅，每个尽端的平台沿着藤架廊长度及顶部形成了延伸到廊子东部的视线。从赖特的初步规划可以很明显地看出来，他最初提议在这个空间中设计一个 12 英尺 × 100 英尺的方形静态水池，并在景深空间的最远端设置一个喷泉，由此形成一处让人印象深刻的远景。[164]

图 3–44 从马丁住宅主入口看藤架廊和温室，中间形成了单点透视效果（1911 年《沃斯姆斯代表作选辑》授权的记录照片）

轴线"D"（东西轴线），是建筑主体的主轴线。和起居室门廊（赖特在一些规划中把门廊标记为"游廊"）一样，轴线 D 基本上对称地将居住空间划分成四个部分。然而，庭院车道（或车道门廊）两端，轴线 D 向南偏移了中轴线，就像厨房和门廊向西偏移巴顿住宅入口的轴线一样。赖特将这些不对称的建筑空间安排在宅地对角线的末端，有助于在构图上建立整个场地的平衡感。更有意义的是，轴线"D"也用来作为建立半圆形绿化（通常指类似于达尔文 · 马丁式的花环状的种植方式）圆半径的点，并提议将这个半圆花坛放置在位于起居室门廊和街道交叉口东南钝角处的公共场所里。这是一种装饰建筑空间的处理方式。东部台地向下降一级台阶，因此旁边两侧的台阶比通向主入口门廊的台阶多出了两级。

赖特在这个区域进行如此处理，表明他对宅地东南角暴露在公共场所中的部分的充分考虑。但这种处理也给赖特用建筑手段在此营造一种私密空间带来了一些麻烦，因为他想在场地的每一个转角处砌筑砖墩，沿着餐厅南墙也配置两段砖墩。这四个竖向的砖墩就像垂直的百叶窗遮蔽物，既可以允许自然光透过，也允许视线从内向外自由观看，但却弱化了过路人朝里看的视线干扰。

为了创造与起居室阳台同样的私密空间，赖特用了一堵 9 英尺高的砖砌胸墙来围合整个空间，并一直延伸到转角的尽端，在这个空间与公共空间之间形成了一个物质上和心理上的隔离。因为阳台地面高出标准地面 5 英尺，并与一层地面平齐，任何一个坐在阳台里的人的视线范围内完全看不到交叉处的公共空间。同时，水平面上各个方向的视线也无法到达此处。

看看赖特为宅地东南角所做的创新环境规划方法都做了些什么。尽管它是一个浅碗状的场地却具私密性，从这里可观看到环状花径。为了扩大视野，花径中倾斜地种植了一些季节性的花灌木、球茎花卉和多年生植物。靠近人行道边种植了一些开花乔木和乔木状的灌木，并对它们进行排列布置，让任何一个坐在砖砌挡墙后的人看那些景观时，是在一条水平的视线范围之内。不同季节的叶色变化，也很好地吸引了公众的目光。这种分析反映了赖特设计花环种植的意图，其理由是：(1) 它可以吸引或屏蔽街道交叉口钝角处房子不协调的景观视线；(2) 为起居室阳台提供欣赏空间；(3) 设置很多花卉和多年生植物，可以从餐厅、图书室坐着的位置，阳台站着的位置、楼梯平台处，或者在浅碗状场地，或在藤架廊内，还有在人行道上都能看到这个景观。

赖特也注意在起居室和阳台之间创造一种强烈的亲近心理空间，如史学家玛莎 · 奈里(Martha Neri) 所描述的那样：“内部和外部空间相互渗透……从外到里连续流动着，瓷砖地面、砖墙和木构件……在两个区域之间惟一的分界线是一排朝阳台敞开着的门。”[165] 奈里通过她的独立观察，阐述了这一深刻的印象，给人启发。因为从入口到出口的连贯视线好像与榻榻米席子创造的视线延伸相联系。赖特是在路易斯博览会上看到了榻榻米。这种处理方式及用“游廊”标记阳台的设计手法，可以看出是赖特采用了日本关于游廊的理念，“通过室内的调解……清晰构思了内部空间。”[166] 从字里行间中看出，“游廊”属于庇护在宽广屋檐下的区域，这个场所同属于内部和外部空间，即日本人以前强调的“枢纽空间”。赖特甚至在卧室阳台的地板上安装了玻璃棱镜（玻璃片），并直接在朝阳台敞开的起居室上面，创造了一种特别天窗形式，利用漫射光照亮这个室内外过渡空间。

从赖特 1904 年 10 月 6 日写给达尔文 · 马丁的信件中可看出，格里芬也受到了路易斯博览会上日本皇家花园的影响，之后才开始“种植规划”详细设计：“关于场地规划，大致的方案已定，巴顿宅地则在细节方面作了更深入的设计。这部分工作，由格里芬先生来完成详细设计图。我昨天离开工作室时，他已经在做这项工作了，而昨晚跟他一起去参观博览会时，他还带着它上路想最后进行加工。”[167] 可以看出 1904 年 10 月后，多种草图和详细设计都作了修改。格里芬的种植规划在 1905 年 2 月 15 日才完成，即赖特离开橡树园的第二天，赖特将从温哥华开始他的第一次为期 3 个月的日本之旅（图 3–45）。完成日期的巧合表明，赖特在离开前就已经认可了这个规划。

奈里根据达尔文 · 马丁日记中的一些记载条目列出了一个编年表，那个环状花径的详细设计让马丁有些惊恐。在看到种植的初步规划后，马丁给格里芬写了一封信，信中说他看了那个环状花径（他们叫它半圆）的景观后，觉得它“大得惊人、宽得惊人！”[168] 接着，格里芬在 1905 年 5 月之前显然准备了一个简化的种植规划。奈里写道：“马丁的日志上记载了种植的多年生植物、灌木和乔木，相片中也出现了半圆形的花园。”她继续写道：“1905 年的夏天，马丁聘用匹兹堡园艺师绘制完成了规划图。//1905 年 11 月，赖特在信中对新花园规划作了批注。// 1906 年 2 月，马丁讨论了他收到的新花环规划。//1906 年 3 月，他们最后一次对环状花径规划进行修改。”

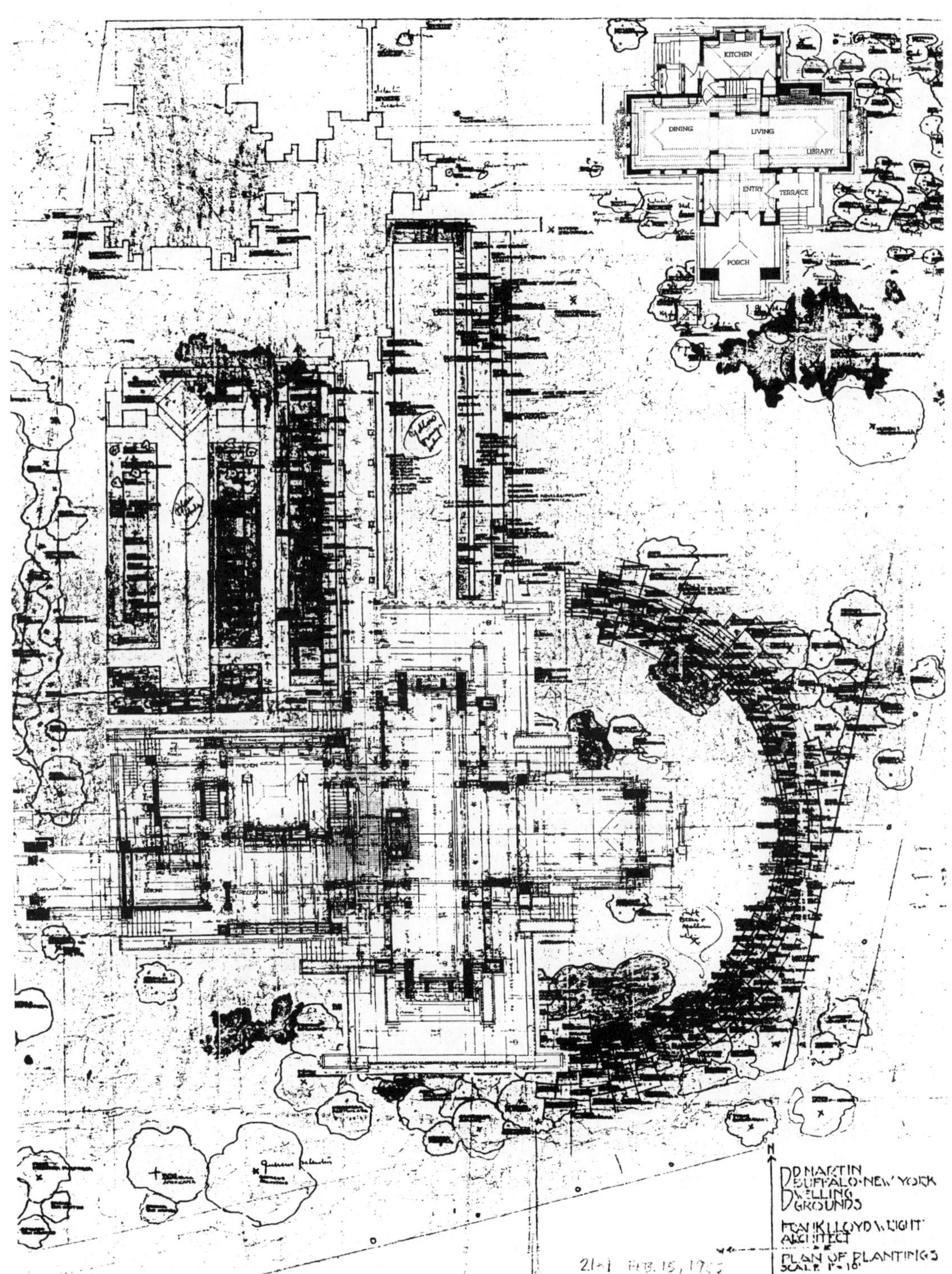

图 3–45　沃尔特·贝利·格里芬 1905 年为 D·D·马丁宅地所作的种植规划微调方案图，以及 1904 年赖特所作的场地详细规划图（此图由纽约州立大学布法罗大学惠赠）

自从赖特从日本返回后（1905 年 5 月 14 日），1905 年夏天聘请的来自匹兹堡的园艺师约翰逊 · 埃利奥特（Johnson Elliott），积极协调了格里芬和赖特之间因时间不统一而导致某些方面意见的分歧。或许是赖特第一次看到花环方案时感到很失望，所以才聘请了埃利奥特。赖特没有意识到景观设计是一门艺术，必须在设计过程中考虑时间、自然规律、气候诸多因素变化的影响，适当维护也必须考虑在内。历史相片证实，并没有增添大量的新绿化品种，因为格里芬安排的开花乔灌木都满足其成年后的尺度，它们将会，并且事实上已经符合了赖特最初的视觉要求。而由埃利奥特设计的种植规划肯定没有达到赖特的要求。而且，他设计的基础种植直接违背了赖特在这个区域的设计标准。但是，赖特坚持这个环状花径的布置，并说他安排这个景观元素对他的整个规划有着举足轻重的作用。

是谁详细设计了“环状花径规划方案”（Floricycle Plan of Arrangement）并不为人所知，现只有一个扩初的规划图。尽管这个工程归功于赖特及其工作人员的努力，但也没有什么可以表明赖特最初的计划和花环有何联系。的确，看起来这个方案像是一个数学等式，也就是所有的种植以罗盘和阵列形式作为一个种植单元，重复 14 次（图 3–46a–b）。根据规格，每个单元内选用 6

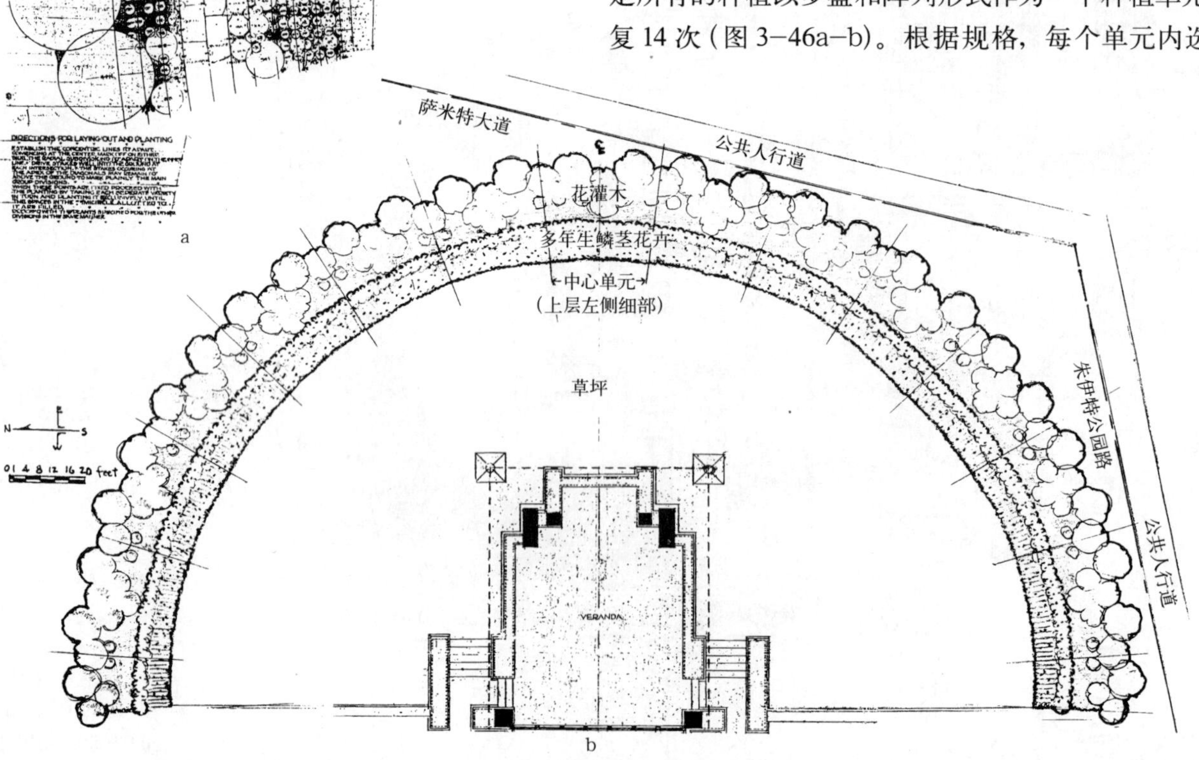

图 3–46a–b　D · D · 马丁住宅的“环状花径”规划：包括一个单元的种植设计，重复 14 次后形成环状花径的半圆（3–46a），一旦建成后，将会呈现一个完整的布局（3–46b）（查尔斯 · E · 阿瓜尔于记录的规划图绘制。纽约州立大学布法罗大学惠赠。© 贝蒂安娜 · 阿瓜尔提供，2002 年）

种开花灌木，31种多年生植物，并且选取5个类型的球茎植物，最后整个花环的种植数量令人震惊，共有140株花灌木，3630株多年生植物，还有几千棵球茎植物。这种种植处理，与其说是对自然要素的安排，倒更像工程学中的汇编组织："分别建立同心线1′0″。从中心开始，在两边内线分别标记1′0″的细分射线。在每个交叉点定好桩，并在对角线的顶点打桩，地面上仍保留1′0″小块标记分界线。当这些点固定后，这些植物将会沿规定路线生长。采取轮作形式，直到半圆空间填满。像这样种植的植物在其他范围内，也应按照此方式生长。"[169] 似乎可以做一种有力的推测：这种精心设计的布局策划将不会受到欢迎，也不会给予认真的考虑。任何一个对园艺和造园知识较为了解的人，像达尔文·马丁和伊莎贝尔·马丁（Isabelle Martin）都会有相同的态度，不会认可这种种植方式。

在最后的分析中，历史照片证实了种植规划基本上按格里芬的设计要求进行，即按环状花径方案执行。多年生植物，球茎植物，花灌木和乔木的品种占了优势，并选择了一些季节性花卉和水果类植物种植。而长青树和针叶树的使用较少，大概是他们对维多利亚式景观（Victorian landscape）的抵制。然而，出于这个原因，达尔文·马丁住宅冬季的历史照片中看出植物景观并不吸引人，看上去觉得根本没有种什么。但是，格里芬的景观设计明显和赖特的建筑构造组成了一个整体，因为它是赖特对整个场地建筑空间的不能忘怀的感受，这种宅地可以作为赖特景观的一部分，提供给环境设计者更多具有说服力的学习机会。由于赖特关注自己和格里芬对想像景观的表达，这才使得他在参观达尔文·马丁住宅设计后称其为"一个好得近乎完美的构成作品"。[170]

1935年达尔文·马丁去世前，他曾将整个设计复杂精致的住所捐赠给布法罗市或者布法罗大学（the University of Buffalo），但没有如愿；在整个大萧条时期，拥有像这样的一个房地产被认为是一件很不利的事情。马丁死后，他的儿子作为继承人，将根据住宅定做的家具、地毯、门、照明设备，还有修剪整齐的白色橡树，甚至连房子的金属线和加热装置都拆走了，用来装饰他自己的旅馆和公寓。这栋房子就这样空了17年。同时，温室也被拆除了，宅地被分成很多块，而巴顿住宅和园丁的小屋也作为房地产变卖了。1954年，一个当地的建筑师购买了那栋主要住所，就是复杂构成所剩余的部分，主体建筑为了防止遭到侵犯和蓄意破坏，已经被很好地保护起来。而对重建那些已经遭到破坏的，曾经很纯净的建筑和景观则无动于衷。公寓上面惟一的车库，那个藤架廊，还有温室都被彻底铲除了。地下室设置了一个新的入口，通往办公室和制图室，还新建了台阶、步道和泊车位。住宅主要部分被划分成3个生活单元。在改造过程中，门廊被封闭起来，遮荫的室外场所也被围起来。最后竖立起了几栋不伦不类的多层公寓建筑。在以前的花园－藤架廊－温室的场所环境中充斥着泊车位、垃圾箱之类的东西。总而言之，赖特的"一个好得近乎完美的构成作品"已经遭到了最大程度的毁坏，几乎"灰飞烟灭"。

1967年，这块宅地由布法罗的纽约州立大学（the State University of New York at Baffalo, SUNY）购买，作为校长的住处。21世纪初，在纽约州立大学（SUNY）、州立历史保护办公室（the State Office of Historic Preservation）和马丁住宅修缮公司（the Martin House Restoration Corporation）的联合打造下，一个雄心勃勃的恢复项目启动了，有望恢复这所住宅及其场所环境。他们的最终目标就是重建整个构成复杂的住宅。

H·J·乌尔曼住宅（H.J.Ullman Project），橡树园，伊利诺伊州（1904年）

虽然在尺度上相对要小得多，并且设计后并没有被开发，但是H·J·乌尔曼住宅设计的场地布局依然是达尔文·D·马丁地产中的一个很独特的类型。然而，规划的场地位于欧几里德大道（Euclid Avnue）和伊利大街（Erie Street）交叉地带的东北角，与工作室东面相隔四个街区。早期的场地研究与得到充分开发的场地相比较，就会发现早期场地研究出自赖特之手，这也表明早期的理念可能是在他参加了圣路易斯大街博览会之前就已经构思好了的（图 3–47）。同时，最终的场地规划，也反映了遵循设计的布局花园和硬质景观要素，像日本建筑一样完整。户外每个空间都与室内空间相对应（图 3–48）。就是这种对室内外空间整齐有序、协调一致的仔细构思设计，使得乌尔曼住宅场地规划有别于现存的弗兰克·劳埃德·赖特档案馆中的其他草原住宅规划。只有在达尔文·马丁委员会更多的资助下，这个精巧的

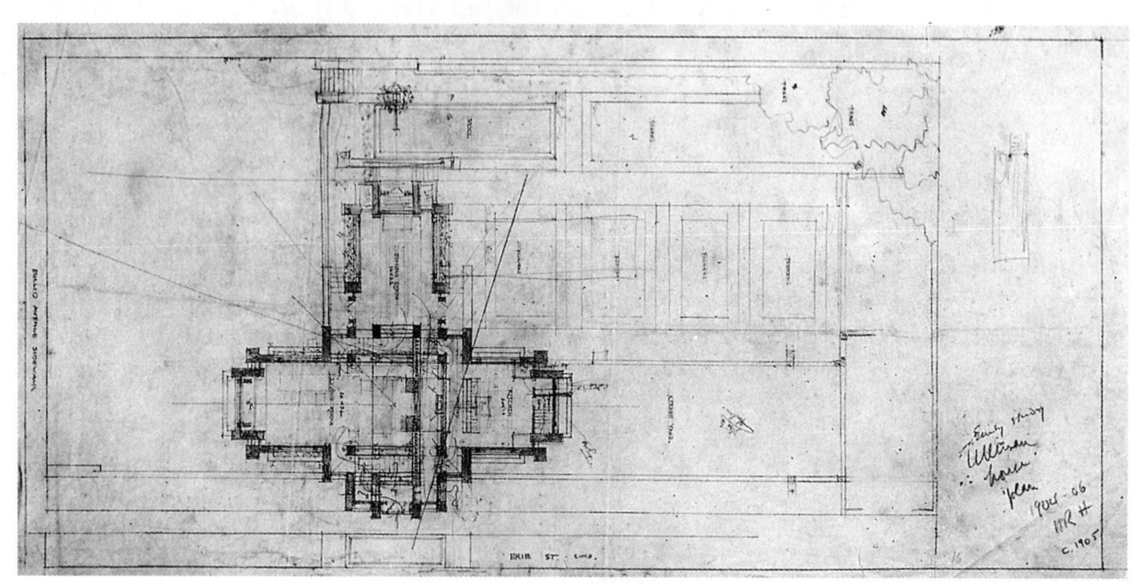

图 3–47　伊利诺伊州橡树园的 H·J· 乌尔曼住宅和场地的初步研究，是赖特在早于 1904 年圣路易斯大街博览会前准备的（© 弗兰克·劳埃德·赖特基金会，亚利桑那州斯格特达勒市提供，2002 年）

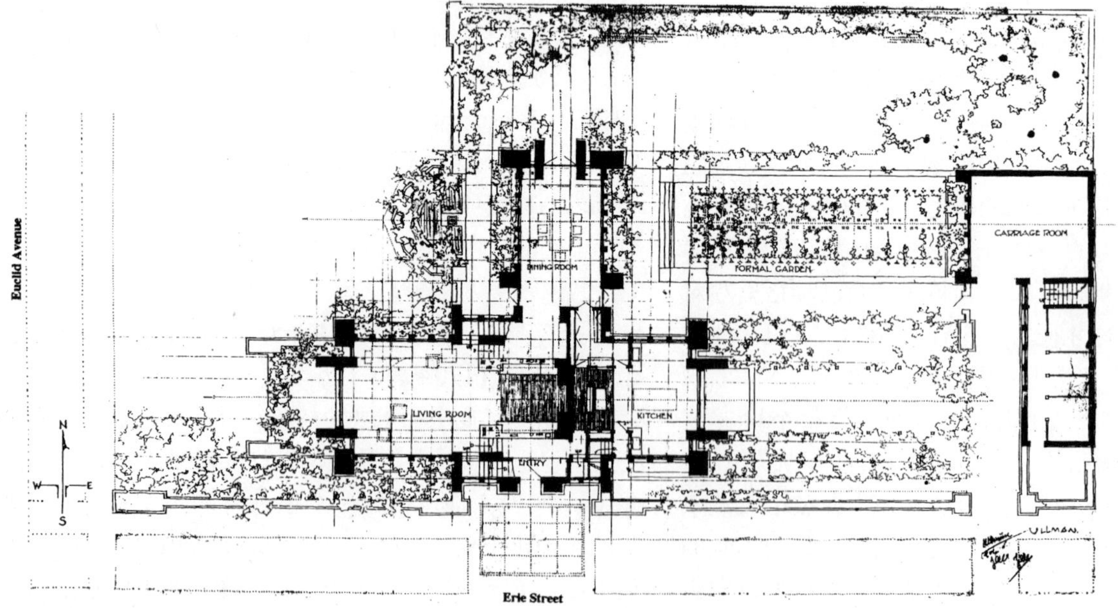

图 3–48　格里芬参加圣路易斯大街博览会后设计的 H·J· 乌尔曼住宅的最终花园布局（© 弗兰克·劳埃德·赖特基金会，亚利桑那州斯格特达勒市提供，2002 年）

方案才能得以付诸实施。

房子和私墙的选址同样存在于早期研究和最终规划中，也就是说，建筑的主体面向伊利大街；西面的起居室和餐厅从欧几里德大道后退一段距离；大部分边院和后院空间用围墙围合起来。然而，除了这些其余都不尽相同。早期研究将主入口安排在公共人行道入口上，这一手法和工作室、摩尔住宅和弗里克住宅的处理方式一样。而在最终方案中，有一个网格状很宽的“欢迎垫”图景一直延伸到人行道，几乎到了大街的边沿。这种处理手法有助于强调零分摊线所作出的特殊限定，创造了一种入口体验起始于大街边而不是人行道边的感觉。另外，房子重新设计成 4 个交错组合的水平面空间。起居室低于地平面 3–4 英尺；入口大厅、厨房和餐厅与地平面平齐；书房有顶的走廊和餐厅大小相当，2 个女仆房和一个浴室都在夹层楼上；主人用的卧室和浴室都在楼上。每一层由放置的大墩饰来界定，置于相对每一个翼状延伸的尽端处，可以由起居室壁炉两边的楼梯井的半段楼梯到达该处。这种独特的空间的组织布局，显示了赖特对格里芬所设计的艾米莉住宅理念的诠释。或者，如布鲁克斯认为的那样：“主题非常相似，表明赖特可能已经有意识地开始关注艾米莉住宅的内部空间的处理（除非格里芬本人为赖特准备了这个乌尔曼住宅的设计）。”[171]

新窗的安置也富有原创并经过了精心考虑。起居室的顶棚、楼梯井和入口大厅都抬升到了夹层楼面位置，这样一来，通过楼梯井南、北墙上的排窗以及起居室南北墙上的系列高窗，自然光都可以全天充分照射到这些场所。[172] 在冬季的几个月里，太阳低照射角更深入地渗透到房子里，开放的楼梯井可以作为一个太阳能收集器，可以将光热捕捉储藏在墩柱之间，将光反射进下沉起居室的西窗和厨房南面、东面的窗户上。同样，厨房东面的光井，也可以将光反射进厨房下的部分地下室中。因此，乌尔曼住宅设计在太阳光利用方面有着重要的突破：不只是利用太阳光的热能，同时还积极地利用了自然光来照明。

两个规划方案在场地设计中都创造了可开展大量活动的庭院空间。然而，在早期的研究中，房子并没有明显的网格关系，对于室内外空间建立密切的心理联系也没有作任何考虑，同样也忽略了向外看到的场地环境视觉景观的处理。整个景观中惟一随意或自然的要素就是东北角的玻璃窗片，它将视线引向几棵保存下来的树。

然而，户外空间在最终规划中得到了发展。运用花园要素和种植床重新完整地组织和精心地布置，形成和房子一样的网格布局，与相邻的室内空间对称。从每个房间都可以对室外空间形成良好的视线轴线。正如赖特自己住宅的内部设计一样，通过连贯地组织，消除了混乱的家具，减少墙体的数量，大量开窗，尽可能增加户内外联系，从而创造了一种体验空间大于实际空间的感觉。户外空间被组织成了一系列矮墙的无顶空间，这样将不会限制周围的视线。露天的空间增加了一种无限空间的错觉。因为天空提供了一种过滤的自然光，增加了颜色的色调、风格和强度。室内外表面在不同时间可能呈现结构单调和／或结构丰富的印象，这样可以有效加强室内外空间的联系。北面第三个围合空间是一个卵圆形草坪，由一些自由式种植的植物镶边，融合到花园环境中，环绕在较远处东北角现存的四棵树的周围。这四棵树与邻近的规则式下沉花园和周围建筑物形成了强烈的对比，软化了硬质景观。一面六边形围墙围成了一个花园，北翼的西面也作了同样处理。基于和赫特利住宅入口平台的同样理由：(1) 如果从市政人行道看过去，该墙是住宅的一个焦点；(2) 如果从室内看过去，就成了水池和喷泉的一个垂直绿化背景，也作为餐厅或餐厅上方有顶门廊的垂直绿化背景。如果此构筑物没有如此深入地延伸公共景观部分，则该建筑物只是一面入侵场地突兀的空墙。

然而，由格里芬重新组织的建筑空间最终规划仍值得商榷，或许和他设计的艾米莉住宅相似，或者又因为乌尔曼委员会得知，在赖特去日本期间，由格里芬监督布置场所环境，因此可以合理推断：至少许多提高性的场地规划主要是由格里芬设计的。[173]

赖特的首次日本之旅
(WRIGHT' S FIRST TRIP TO JAPAN)

1905 年 3 月初，赖特和他的妻子基蒂 (Kitty)，还有以前的客户们以及旅行中结交的沃德 ·W· 威利特斯夫妇 (Mr. and Mrs. Ward W.Willits) 一起去日本旅行。这时，赖特还敏锐地留意到了日本建筑简单线形、精致的细节和日本版画的有机特性。他许多年前就已经开始收集日本版画。他也有机会研究当地日式建筑的鲜明轮廓造型，以及这些与芝加哥、路易斯博览会展出的耕种景观之间的内在联系。然而，在《我的自传》(An Autobiography) 中，赖特对 1905 年日本之旅解释说他并没有对日本版画产生兴趣，而是直到"在橡树园工作室后来的几年中才对此产生兴趣"。[174] 他继续讲述，直到 1913 年他第二次去日本时，他才有机会"更多地认识日本事物"。他更进一步说，他发现日本居住建筑是"一个自己努力多年实现现代居住标准的完美范例"。这种说法让人怀疑赖特早期设计中对任何设计方案的讲解，及其产生相关的错误推断，都是受日本本土建筑和景观的影响。

事实上，赖特活跃的思维使得他有了了解并掌握事物的能力。因此，他可以把注意力更集中于日本设计方法的"因果"关系上。远古的首府和朝圣城市京都(Kyoto) 的寺庙、神社和花园这些文化遗产为赖特提供了研究日本建筑艺术变革的机会，从平安时代 (Heian period) 的寝殿造 (Shinden–zukuri) 风格 (和样建筑)，到幕府时代 (Maramocha period) 的书院造 (Shoin–zukuri) 风格，以及到江户时代 (Mayamocha period) 的数寄屋 (Sukiya) 自由形式风格。在这个研究过程中，他对"阴阳" (Yin and Yang) 平衡的特性更为关注,因为"阴阳"学说是东方设计的心理基础。他也意识到风水观在日本建筑和景观文化中的重要性，还有日本的自然环境和风景迤逦的群山、瀑布、激流等景致。堀口铃木 (Horiguchi Sutami) 解释道："人们不能把日本建筑和花园从它们的自然环境中剥离……已经超越了自然和人工的区别，两者相互补充……如果试图像西方一样把它分成自然、建筑和花园三部分，将会是一团糟。"[175] 赖特在讲述他旅行体验时，他首先意识到了这一点，这也表明，他不准备像任何首次参观日本的游客那样对日本景观的灿烂辉煌先作介绍："设想，如果你没有看到过它，多山的，支离破碎的陆地……所有的海岸线也是如此的不连贯……倾斜的山麓和山边历经了一个又一个世纪的自然雕刻，都变成了有着弯曲的阶梯状的古老雕塑作品。耕田层层排列、抬升，一直到达更高的菜地，菜地如同绿色斑点点缀在大地之上。登上向上延伸的更高斑点状绿地，可以看到梯田自身就有如山峰之巅……沉醉其中，你不能判别建筑终于何处，花园始于何处。我尝试过，尝试的过程是如此的奇妙。许多事情是如此美好，以至于没有什么可以证明这种好奇心的有理性。"[176]

1905 年赖特对日本景观的关注，是由于日本景观有着几个世纪热心耕种的历史，而赖特对土地已经产生了强烈的情感的结果。它表达了一种文化和哲学信仰，这种信仰自从公元前 100 年前就已经发展了，但直到 6 世纪中期，当佛教通过中国学者和僧侣首次介绍到日本时，这种信仰才开始发展成为艺术管理方式。在神道 (Shinto) 的信仰中，日本今日的成就是在尊重自然材料的应用，尊重建筑和土地的和谐关系，尊重景观的自然主义的基础上发展而成的。

借景 (Shakkei) 花园理念是研究日本农村有机特性中一个非常重要的方面，就像赖特钦羡的日本版画一样。根据伊藤贞治 (Teiji Ito) 的理解，当平安时代 (Heian period) 传统日本花园的主要类型建立时，产生了绘画和景观设计的相互联系："这些浮世绘 (yamato–e) 画家在花园建设中扮演了一个重要的角色……实际上，风景式花园和景观绘画之间关系紧密，甚至两者都有同样的特征……发'森最' (senzui) 音，意思是花园；发'三随' (sansui) 音，意思是景观绘画。"[177] 贞治也用了很多的文章来解释与单词本身相关的复杂释义，以及运用它们时的细微区别：

> 日本单词中“借景”的字面意思是“借来的风景”或“借来的景观”，也就是将远处的美景纳入花园，并将其作为花园的一部分。然而，最初的感觉是，“借景”既非一个借到的景观，也不是一个已被购买的景观，它意思是一个捕获的生动景观。特别是日本语义中的区别，它反映了花园设计者的心理，它或多或少地暗示了以下含义：一个事物被借用时，它是有生命的或者无生命的并不重要，但生动捕获的一件事物，则它一定是有生命的，就正如它被捕获之前一样……（从视觉角度看）以前的园丁和培育者……所设计的元素都是一个活体：水、远处的群山、树、石头等等。如果意识不到这一点，就难以领悟借景花园的真正内涵。[178]

贞治接着解释道，必须有一个中间物，如一棵树的树干或者树枝，窗台、平台边、一个安置好的艺术品等存在于前景和背景之间，来“捕获”更远距离的景色，并将其带到视线前方，从而有一个合二为一的视觉效果。赖特个人对借景理念的认可，表现在表现图中，以及在建立室内外关系以及在创造室内外空间的错视感方面，多次使用这些技巧。这样，1905年4月下旬，在日本横滨湾（Yokohama Bay），当赖特登上轮船，在经历几周的旅行返回芝加哥时，他已经拥有了大量与日本建筑以及它与土地呼应关系提高了的深入的认识和理解。

正如赖特设计的两处住宅的户主威廉·A·格拉斯内（William A.Glasner）和托马斯·P·哈迪（Thomas P.Hardy）所表述的那样：正是这次旅行对赖特产生的深刻印象，赖特在提高环境设计中出现了细微而有区别的变化。然而，颇值得争议的是，赖特为这些客户所作的设计，是否受场地那些凹凸不平的地形的激发。这些与赖特以前常设计的平坦草原景观是一个鲜明的对比，建筑与自然的场地环境关联方式与赖特以前所作的场地规划是如此的冲突，因此，他们认为这种对比度大的设计处理，应归根于赖特在日本旅行中的仔细观察。

环境设计，1905—1909年

威廉·A·格拉斯内（William A.Glasner）私人住宅，格伦科城（Glencoe），伊利诺伊州（1905年）

赖特将格拉斯内私人住宅设置在一个树木繁茂的市郊，沿着天然峡谷的边缘，面向东北方向。他尽可能将建筑形式融合于峡谷的环境特征，现存的下层丛林和树都被保留下来，成了一个天然的“花园”（图3—49）。然后，他根据禅宗（Zen）中的藏与露（Hide-and-reveal）原则，细心地规划了进入途径。经过这种处理手法后，房子可以陆续地呈现在人们眼前，但是从任何角度都不可能全部看到它，这其中的大部分设计技巧，都在于他对对角线的充分利用，也包括定向的处理（图3—50）。

首先从宽阔的步行道朝通往住宅的私人车道方位看去，房子作为一种低矮的一层建筑出现在视线之中。如果继续沿人行道前进，房子就被起居室旁边的八角形图书室的角墙所遮挡。这面墙与带墙的入口平台的对角线平行，并与东南—西北方向相一致，建立了进入

图3—49　位于伊利诺伊州格伦科市的威廉·A·格拉斯内住宅1905年的透视图，反映了赖特深受日本建筑的影响（《沃斯姆斯代表作选辑》1910年授权的记录图）

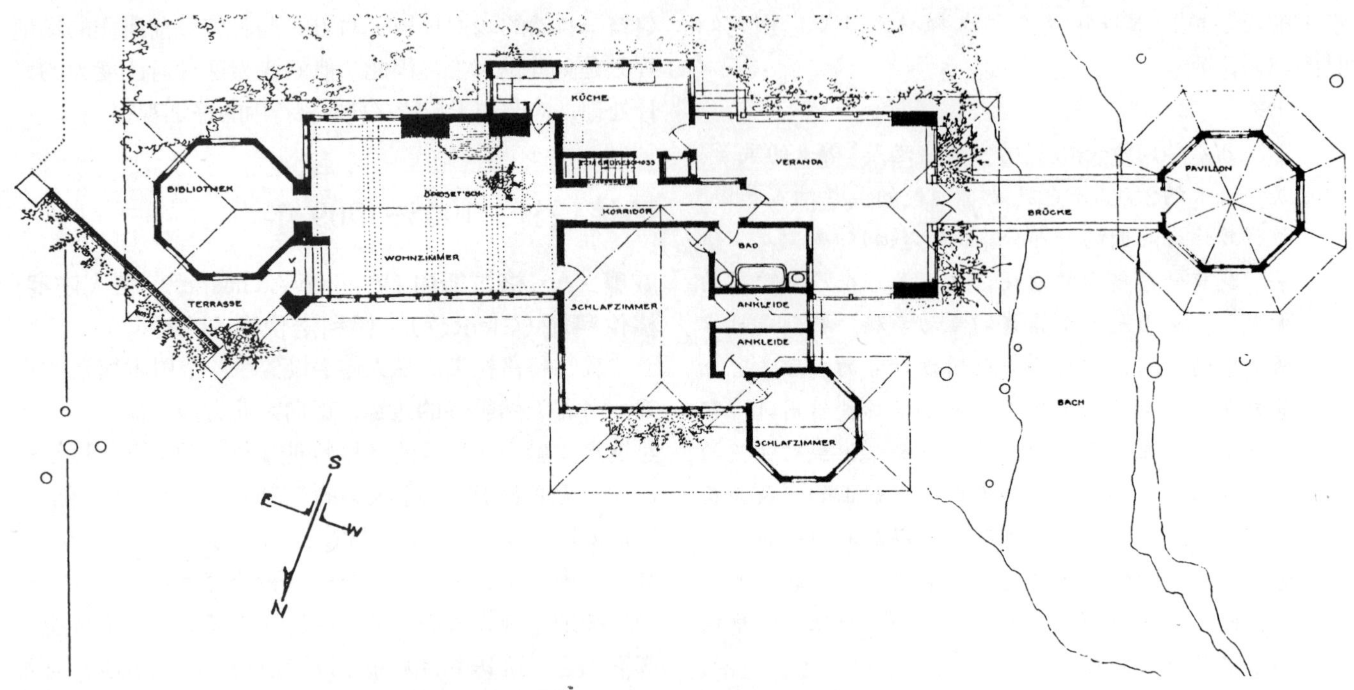

图 3–50 威廉 ·A· 格拉斯内住宅的场地规划图(《沃斯姆斯代表作选辑》1910 年授权的记录图)

体验的一个主要视线。当顺着墙和峡谷的路转向另一面八边形墙时，一眼就看到峡谷，房子退居次之。当走道再一次变宽，即顺着八边形对角墙朝里的入口平台转 90° 朝外时，户内外过渡空间缩成了一个角落，几乎隐于视线之外，然而，平台最高处的那面墙，既起到了一条装饰性线条作用，又起到了中景焦点的作用，在此可看到房子北面预先没有料想到的二层楼高的景观，这种处理手法使得建筑与自然地域特征融为一体。然而，当靠近那平台墙站着时会发现，优美的大自然自身就可以提供更多的峡谷景观。这种处理让牢固的建筑产生了一种既静止又活泼的视觉印象，戏剧性地融入到了大自然环境中。起居室入口平台和厨房旁的大门厅，其概念和功能都与日本阳台很相近，“日本阳台与欧洲几何形构成的石阳台或石平台有着根本的区别”，堀口铃木（Horiguchi Sutami）解释道，因为“日本人让自己走出阳台融入自然之中”。[179] 曾提议却没有建成的半离式八边亭［有时在规划中称之为“茶室”（Tea Room)］将可以更深入渗透到场地的自然环境中。而且，通向此亭的拱桥很容易让人回忆起日本茶室庭院中的桥。在欣赏茶道表演前，这里可以让使用者停留、回想、与自然产生共鸣。

赖特选择粗糙的、深色水平纹木板作为一层窗户水平位以下的建筑表面装饰材料，主要是模仿了日本林间住宅传统的砍木处理。[180] 这种处理表现出一种很强的水平图案，平衡了重力，提供了一个有趣的设计韵律，协调了场地自然林地环境，所以从峡谷的对面或从繁华的谢里丹路（Sheridan road）大道的桥上，很难判断“建筑何处终结，花园何处开始，”这是赖特对日本环境中精华部分的描述。[181]

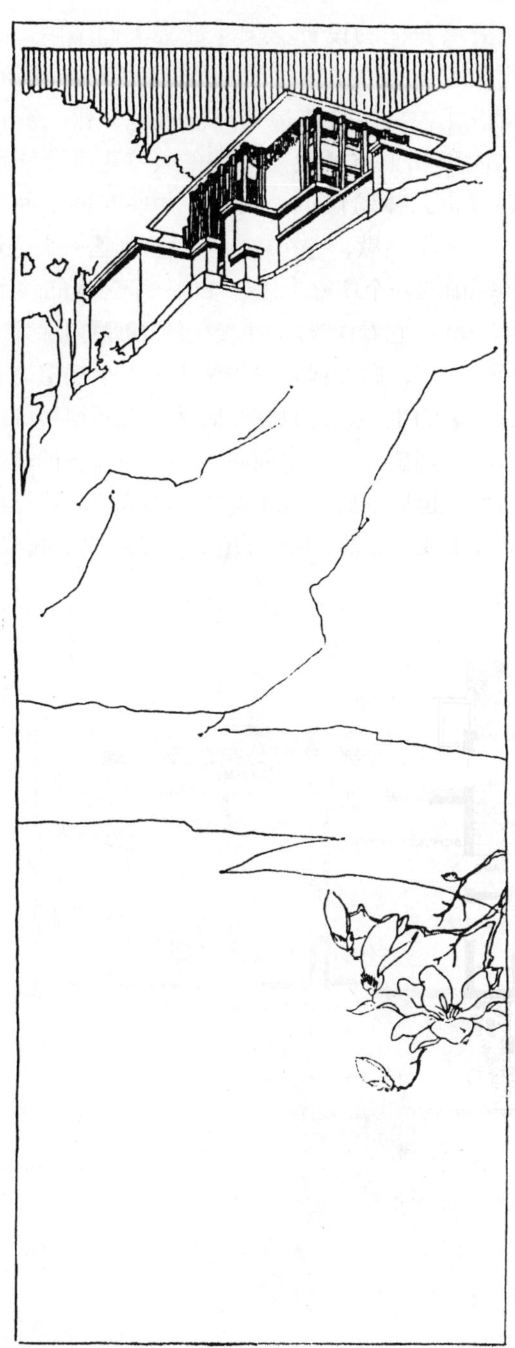

图 3–51　1905 年玛里恩 · 玛霍妮为位于威斯康星州拉辛市的托马斯 ·P· 哈迪住所绘制的透视图（© 弗兰克 · 劳埃德 · 赖特基金会，亚利桑那州斯格特达勒市提供，2002 年）

托马斯 ·P· 哈迪（Thomas P.Hardy）私人住宅——拉辛市（Racine），威斯康星州（1905 年）

从位置上看哈迪私人住宅身处闹市，但是又位于一个险峻的长堤之上，在此可以俯瞰整个密歇根湖（Lake Michigan），把湖面宜人的风景尽收眼底。通过普里格阿斯科描述的玛里恩 · 玛霍妮的日本版画，也许我们可以更好地了解这一场景（图 3–51）："它仅有 3 英寸宽，大部分空间留白……一束精致的花枝放在纸张的中间部分。不足 6 根线条勾勒了海岸和悬崖。在纸的最上边是一栋房子的立面，高窗戏剧性地置于断崖顶上……眼睛首先被美丽的花朵所吸引，然后朝上看被壮观的房子所吸引。全部都由很简单和精细的线条画成。在画中房子的不对称位置主要突出了花的重要和有条纹的天空，这些都是日本版画的特征。"[182]

普里格阿斯科的描述是对借景艺术的阐述。画面下边靠前部分的空白代表宽阔的湖面；相对于湖、大建筑和大群艺术窗来说，花暗示了湖边陡峭险峻的地形。但是，通常哈迪别墅只能从拉辛市繁忙的主街上看到，因此几乎没人能从这个视点建立场所感。从街道上看过去，房子外形则很普通（图 3–52）。黑木强调的白色灰泥作为主要建材，直接引起路人的注意，因为在房子墙体、人行道和繁

图 3–52　一张 1992 年拍摄的照片，显示哈迪住宅邻近拉辛市主街，并位于人行道边（由查尔斯 ·E· 阿瓜尔拍摄。© 贝蒂安娜 · 阿瓜尔临摹，2002 年）

华的干道中间，只有一个狭窄的空间，给人一种自己被目光聚焦的感觉。赖特强调这里远离街道，是一个内向空间，但向下扩展到自然环境和宜人的湖面风光中。这种处理是日本关于城市居住区及场地处理方面教科书的一个例子，赖特在东京和日本其他城市看到过，正如莫尔斯（Morse）在《日本住宅》中所描述的："直接坐落在街道边的房子有一种紧迫和像被关在监狱一样的感觉……粉刷了的外墙表面通常是白色，然而建筑物的框架被漆成黑色……房子通常面向街道……这里没有建筑前景……最大和最好的房间布置在房子的背面……风景优美极有艺术感的建筑立面多面向花园，房子边侧或者后面的所有房间直接朝花园敞开。"[183]（图 3–53）

只有回顾赖特进入体验的规划，他最初在房子两边扩大有墙花园的设计意图才能被人们理解，它们屏蔽了街边所有景观，保证了完整的迷人的湖泊景观。因此可以让入口体验获得连续的视觉效果，获得最大限度的湖面和天空景致。对称的入口花园设计手法也是与赖特进入体验协调一致的。这些花园空间可视为行进中的一个间歇，一个停顿，更像到达一个感性场所最终体验前的一个序幕。通过任何一个笔直的门厅进入，努特（Nute）把它看作"环绕主要生活场所的走廊状'秀川'（irikawa）"[184]，向左或右转 90° 进入一个楼道，来到每边都有壁炉的生活区，只有此时才显现两层楼的高度和起居室的开阔感，这使空间向上和向外扩张的范围更夸张。然后，起居室就变成了前景；玻璃门的墙壁框架与室外景致形成了框景；后面的台地变成中景；胸墙"生动

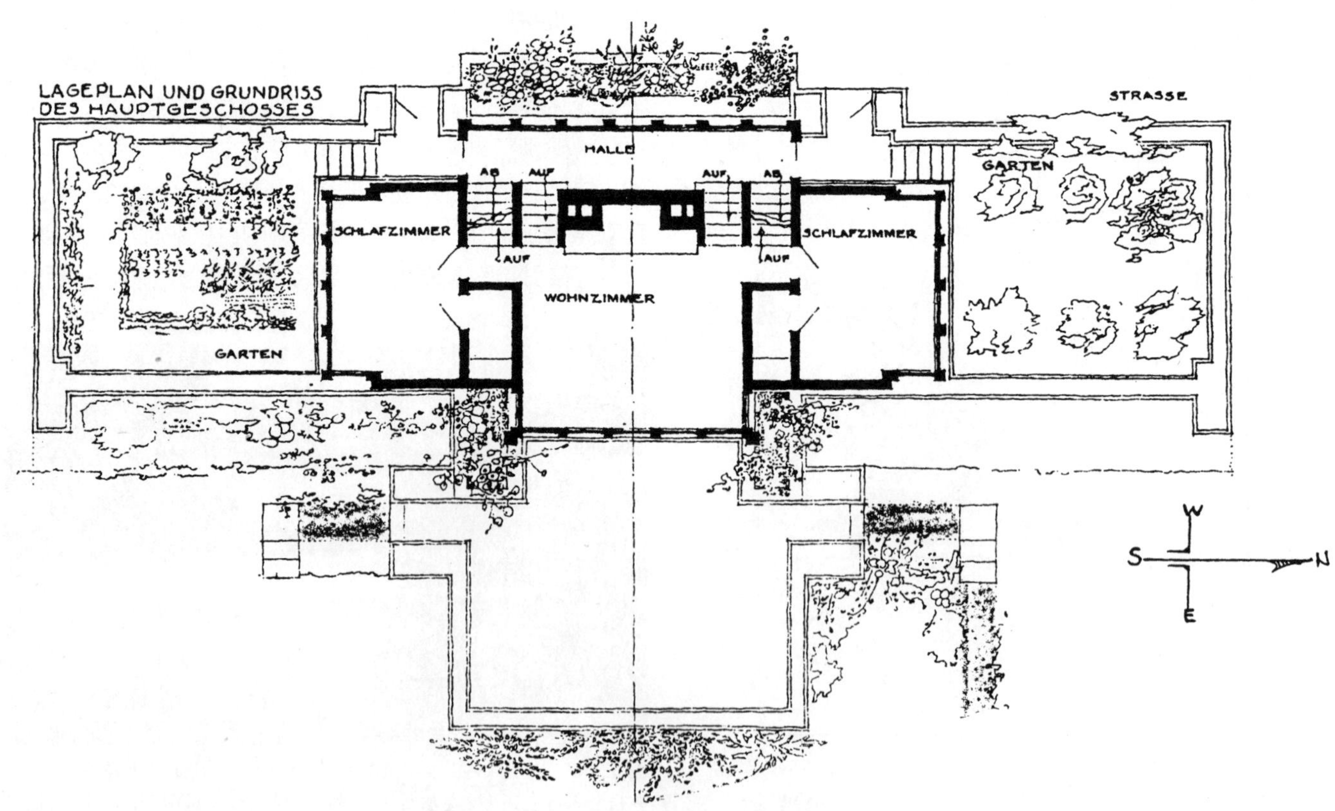

图 3–53　哈迪住宅的底层平面规划图（来自《沃斯姆斯代表作选辑》授权的记录规划图，1910 年）

地捕捉”了密歇根湖壮观的美景，因此，湖面和天空都被带进生活空间中来。

赖特从日本回来后的一二个月内，他和格里芬在某些方面达成了共识。格鲁提（Kruty）解释道：“显然只有格里芬给赖特的相当大的一笔贷款和从沃德·威利特斯申请的现金才使赖特的旅行成为可能……赖特5月份返回时，带回了许多日本艺术品（同时没钱了）来还债。尽管格里芬反对，赖特最终还是迫使债权人不得不接受一些收藏的印刷品来代替还账，还宣布债务还清……1906春天，格里芬作为一位独立建筑师回到了施泰韦大厦。[185] 布鲁克斯总结道：“关系完全破裂了；两个男人也不再跟对方说话。”[186]

由于格里芬的离开，办公管理与结构监督人员进行必要调整，所以在设计风格上与原来的工作室明显不同。在接下来的三年，除了极一般的方面外，仅仅只有少数几处的规划提及景观的处理。但这并不是说建筑的辉煌消失了，它只是在“整体设计”方面有所欠缺。

毕竟，对于这点，赖特有一段时间放弃了他独自一人掌管整个设计室的局面。其实，当在他的那篇著名论文《艺术和机器的工艺》（The Art and Craft of the Machine）中描述艺术家的角色时，他讲到了艺术家的作用：“艺术家曾经是一个有名的表演者，而今成了管弦乐队的领袖。”[187] 当一个人具有了格里芬的独特魅力、学术背景、专业技能以及在设计、监督建设过程的组织才能时，才可做出很好的成绩，因为他是管弦乐队的“演奏能手”的角色，在赖特建筑设计的解释和执行方面扮演着各种独奏的角色。在执行实施规划过程中，格里芬作为一名景观设计师展现了他的才智。当他离开工作室后，好比一个管弦乐队的表演，缺少了一个重心，而失去了完美。格里芬为赖特的全部设计和场地环境处理作出了极大的贡献；而玛里恩·玛霍妮因她的透视图和艺术玻璃设计做出了贡献，乔治·雷德肯（George Neiddecken）为他的室内设计做出了贡献，奥兰多·珈尼尼（Orlando Giannini）因他的玻璃作品发挥了作用，他们是一个团体，共同合作时才能完美。

真的没有一个人能取代和顶替格里芬离去。布鲁克斯说：“玛霍妮是一个天才设计者，但是与其说是建筑师还不如说她是艺术家”，而德拉蒙，“赖特很看重他的天赋，但他毕竟没有进行过专业训练。”[188] 1902年，拜尔尼19岁时第一次来到工作室，他既没有受过训练，也没有先前从事这方面工作的经验。然而拜尔尼认为他和德拉蒙“接手了最早的初步设计后就进行建筑的施工图绘制”，他们也“写详细说明、监督工程施工，并在工程建设期间直接与客户商谈”。这种仓促的角色上的提升，给人第一感觉就是可能会使整个设计质量大打折扣，可能只会停留于弗雷德里克·R·托米克私人住宅（Frederick R.Tomek）和A·W·格里德利私人住宅（A.W.Gridley）建筑的设计上，而这些场地从来没有得到过最大潜力的开发。

费迪南德·F·托米克（Ferdinand F.Tomek）私人住宅，里威赛德市（Riverside），伊利诺伊州（1904–1905年）

继赫特利住宅之后，托米克住宅体现了赖特首次运用抬升地下室的设计手法。在本案例中，所选用的场地是一个大的街角地段，其中心有一个开阔的自然空地，正好位于里威赛德街（Riverside street）几条稍弯曲街道的交叉口处。赖特将最主要的生活空间朝东，以便眺望周围优美的景致，这种处理手法激励后来的房屋主人玛雅·莫兰（Maya Moran），在其20年的居住期间，她和她的家人一起重建房子和规划场地来展示“无尽的迷人的”光影和“连续窗户墙上那变化万千的景致……落在花园深处……跃过奥姆斯太德设计的公园道和多角度的远景”。[189]

从建筑学上讲，托米克私人住宅是该时期工作室设计的最具有想像力的住宅之一（图3–54）。它其实是赖特后来在海德公园（Hyde Park）为弗雷德里克·C·罗比（Frederick C.Robie）设计的具有历史意义的草原住宅的雏形。这两栋建筑所体现的最显著的建筑成就之一，就是那丰富的、不同伸展方式的屋檐。对于托米克住宅，他们把起居室的阳台建成悬臂式，似乎覆盖在中心公园状场地和早餐室的上方；就形成了一个像是规划好的幽静花园。它们从空地的外墙处延了大约 16 英尺，并从每边的支点处延 20 英尺多，好像整个屋檐都被建成悬臂式的，外挑得异常夸张。设计这些戏剧般的、反重力的屋檐，赖特是在模仿数寄屋建筑（Sukiya-style Architecture）的一个显著的特征。而赖特的这种处理可能被认为很夸张的（因为在日本这样的屋檐的深度一般从大约 3.5 英尺到 7 英尺多之间变化，但赖特所设计的屋檐达到了 11 英尺），他让外部空地上方的屋檐与数寄屋建筑的传统保持一致，正如贞治所说："从功能方面讲，这些宽大的屋檐起到了保护建筑不被破坏性天气破坏的作用，并有助于调节室内的微气候……与此同时，从比身体感觉更胜一筹的心理感觉来讲，这些宽大的屋檐及在它们下面的地方起到了连接室内外空间的作用——总之一句话，将建筑与自然融为一体……大屋檐之下的空间扮演着双重角色，既属于外部空间又归于内部空间。"[190] 正是这种统一的心理感觉让莫兰感觉到起居室阳台是"住宅整体的一部分……是起居室空间的外延"。[191]

然而，托米克住宅的场地设计并没有受到类似的日本风格以及环境敏感性的强烈的影响（图 3-55）。几何布局的场地"平面图"上被认为是随意界定场地边界的。场地基本上被划分成四块，并且规划中的车库正好适合宅地西北角交叉处的位置。房子退后至人行道，处于和与之平行的北边界之间最大距离的位置，并且将房子长轴线调整到西北——东南方向进行布局。这种定位使房子受益匪浅，但为规划的围墙只留下单车道空间，设计好的围墙一直延伸到宅地交叉线中点。在这两座构筑物之间的空地上，建了一个有大水池的中等大小的花园，从房子延伸到宅地西界线的一面围墙将它隔开。除了前面那笔直的双入口步道的一个中央花坛从公共人行道一直引导到前门外，场地平衡性基本上未受破坏。

并不清楚为什么只开发扇形场地西北方位的场地。一种考虑可能是为了尽可能保护原有的树木；历史图片中显示了有大量的成年树。或者赖特可能认为场地中未开发的部分可以更好地与中心自然环境相协调。另一种可能，就是托米克是一个渴求自己来规划场地的园丁。要是格里芬仍是公司职员，他可能会很好解释赖特设计的目的是提高这个场所的自然属性，从而这个方案还可以设计得更好。然而，在巴里 · 拜尔尼的指导下所进行的规划、建设和场地开发实施过程中，赖特的场地规划意图并没有被完全理解和充分表达出来。例如，场地规划的硬质景观元素几乎全部坐落在统一的坐标方格中，入口步道和规则式的水池都精确地建成 85 英尺长，与住

图 3-54 一张伊利诺伊州河边的费迪南德 · F · 托米克住宅（1904-1905 年）照片，显示了延伸悬挑的屋檐线（照片由玛雅 · 莫兰 · 曼利惠赠）

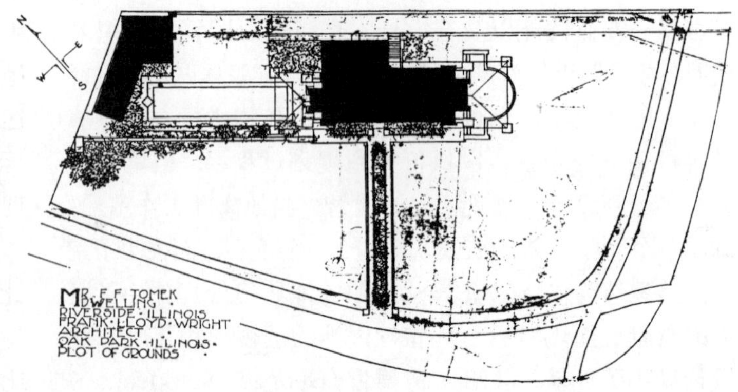

图 3-55 1905 年为托米克住宅所作的场地规划，场地被分成了几何形的四分体状（© 由弗兰克 · 劳埃德 · 赖特基金会，亚利桑那州斯格特达勒市提供，2002 年）

宅的长度相当，这大概是想努力与建筑保持协调。而且，关于软质景观描述中，并没有明确考虑种植材料，而且，建筑与景观并无太多的联系。在车道与围墙之间也没有提供种植的场所。而且，原有的树木并没有在场地的平面图（the Plot of Grounds）中标注出来。

正如所预料的，中心步道和车道是惟一按设计来实施的。而汽车库却从没建成过，沿车道旁的围墙、水池和隔离花园的围墙也未建成。因为花园围墙的一个附加功能是延伸建筑水平景观，并为悬臂式的屋檐提供一个平衡力，没有它，房子的西北尽头就显得不成比例。[192] 这一情形直到1924年艾米莉·托米克卖掉这个房子，才得以改观，房产分成了几份，在场地的西北部分另建了一栋房子，在该处还修建了汽车库和一个占了场地大部分面积的隔离花园。

1947年的时候，当作者还是一个学生的时候，他首次参观里威赛德街社区时发现，托米克住宅几乎完全被生长在地基周围的常绿树木所遮盖。40年后作者再次去参观此处住宅时，场地变化十分明显，显而易见这里慎重地改造过，正如玛雅·莫兰那样一个对园艺有着艺术能力和业余爱好的人所体现出来得那种技艺。在她《触摸大地：一个知情人士对弗兰克·劳埃德·赖特设计的托米克住宅的看法》（An Inside's View of Frank Lloyd Wright's Tomek House）一书中，她阐述了她家人几十年来对房子修复中所采用的基本原理：

> 对于大多数人来说，重建这个词使人想到建筑物，他们很少想到周围的自然景物。在1974年，我觉得房子应该有一个更好的环境布局：常绿树木遮盖了房子，没有很多花，到处都是草，甚至布满了通往房子的步道的中央……对外部的第一个改建与我们对内部所做的一个改建相似——除掉高的常绿树木，用落叶树和草原植物代替，因此托米克住宅清晰的外形轮廓线再次完美、清晰呈现……而且，经过数年后，一个相称的、具有良好平衡性，长期繁荣的景观形成了。所有的景观要素都很协调，所有的要素正好体现了赖特式住宅的组成及特点——赖特式花园——建筑、景观以及自然，它们交融成一个和谐的整体。[193]

在重建托米克住宅场地的过程中，莫兰女士在重塑赖特的建筑风格，与周围的空间成为一个统一的整体上，展示了不寻常的创意（图3–56）。因为她有远见将一个受保护的附属建筑物转让给弗兰克·劳埃德·赖特建筑管理局，托米克住宅及其场地的完整性将被后代完整地保存。

图3–56 由玛雅·莫兰引入到托米克场地中自然化途径的景观处理效果（照片由玛雅·莫兰·曼利惠赠）

A · W · 格里德利（A.W.Gridley）私人住宅，巴达维亚市（Batavia），伊利诺伊州（1906 年）

A · W · 格里德利私人住宅，与威利特斯住宅一样，是基于赖特起初为《女性家庭杂志》（The Ladies Home Journal）设计的十字性平面图的几个草原建筑之一，“一个‘有很多房间’的小型住宅”。而且，和威利特斯住宅一样，只有 2.3 英亩的面积，每一处都有大片繁茂的树木。因此，所有的自然元素都各得其所，融合了房子和场地的有机联系。

然而，当格里德利的场地规划与5年前赖特和格里芬共同努力设计的威利斯特住宅的布局、场地循环以及种植景观规划设计相比时，不难看出，威利斯特住宅场地开发的每一处细微差别，就是在于营造一种场地感，却很少相应地努力提高和建立格里德利场所的自然属性。

无论是谁承担格里德利的这项设计任务，都很少尊重场地环境。原有的树木以及在四分地的东南部有一条间歇性的溪流形成的一个自然排水洼地，在场地规划中标注出来（图 3–57）。也有人建议在洼地上建一架步行桥和一扇通往四分地东南部的外门。但是房子的布局没有考虑到有利的方位，它坐落在宅地边远东南角的背面，并且没有提出任何建议去促进其与优美的自然环境进行交流与互动。而且，粗略的循环系统没有仔细考虑到尊重以前提议的在自身庭院中建立的中心花床，以及它的圆半径或绕行的情况；并且所提议的半圆形入口对于宅地的出入口来说，并非可以得以实施。

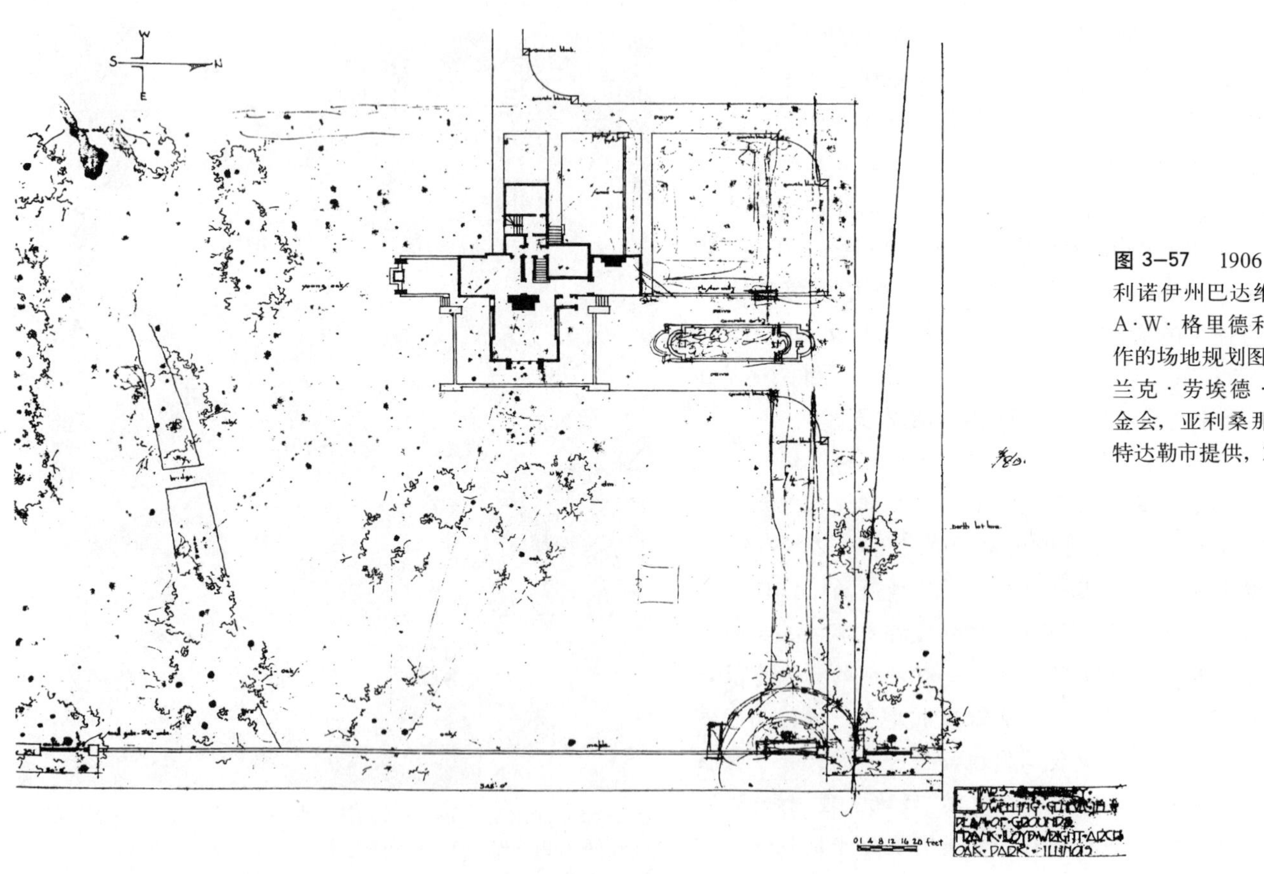

图 3–57 1906 年为伊利诺伊州巴达维亚市的 A·W· 格里德利住宅所作的场地规划图（© 由弗兰克 · 劳埃德 · 赖特基金会，亚利桑那州斯格特达勒市提供，2002 年）

如果考虑将格里德利住宅顺时针 90° 布局就可以从起居室、环绕的平台处建立使人愉悦的视线通道；从仆人房间及厨房可很方便到达北部的服务区；并且主要的居住空间将会因朝南更受益匪浅。直到格里芬离去，赖特才意识到他的整个设计存在着那些明显的差距，也意识到了员工的技术背景的局限性。毫无疑问，正是由于这些理由，1906 年7月，当哈瑞 · 鲁滨逊很快从伊利诺伊州大学的建筑工程专业取得自然环境科学学士学位后，他雇佣鲁宾逊来工作室工作。[194] 紧接着，在赖特的场地规划开发中，出现了第二次演变时期，他探索着自己在没有一个景观设计师协助的情况下，如何能更好地提高和控制场地环境。

"5000 美元防火住宅"(A Fireproof House for $5000)，《女性居家杂志》，1907 年 4 月

当《女性居家杂志》让赖特为第三篇文章设计出一张房屋平面图时，他努力去设计一个中等收入家庭都可以负担得起的住房，即这个时期的防火型住房。这个防火的意识可能是因为 1903 年 12 月份的易洛魁戏剧院 (Iroquois Theater) 失火事件而萌发的。沃尔特 · 克里斯 (Walter Creese) 回忆说，赖特的两个孩子和他的岳母都在这场火灾中丧生。[195] 这种事件的发生必然引起社会对防火建筑的重视，其实，当赖特还是沙利文的学徒时，他就意识到了这个问题，当时他正从事于重建芝加哥的中心部分。另一方面，对立体结构和混凝土浇筑建筑的方法赖特早已在统一教堂 (Unity Temple) (橡树园，伊利诺伊州，1904 年建) 的设计中进行了大量的实践。在《女性居家杂志》的这篇文章中，赖特把这种建造方式描述为一个"节约成本"的过程。在对环境设计考虑的某些具体方面，他也做了详尽说明："屋顶厚板悬挑可以避免墙壁暴晒，覆有沥青和砂石的屋顶起到了很好的防水效果，并斜挑出去便于将雨水排到安在烟囱外的排水管中，此处水不易结冰。为了更好地保护二层房间，避免其因太阳照射而太热，一个涂抹了厚厚石膏层的金属板作为一个模拟的顶棚悬挑在屋顶底板下方 8 英尺的地方，其上方留下一个用作空气流通的空间，将气体排放到烟囱中最大的空间里。夏天到来时，这个空气流通空间由屋檐下的孔道提供；冬天时，这一空气流通空间可被一个延伸到二层窗户的简单装置封住。" [196]

题目为"大草原广场"的文章中，所描述的规划与美国典型的"四方广场"不同，壁炉从住宅外部转移到了室内正中心的位置，楼梯井毗邻壁炉的墙体 (图 3-58)。在广场外边，有一个附属建筑，它通过分割一个休息室，

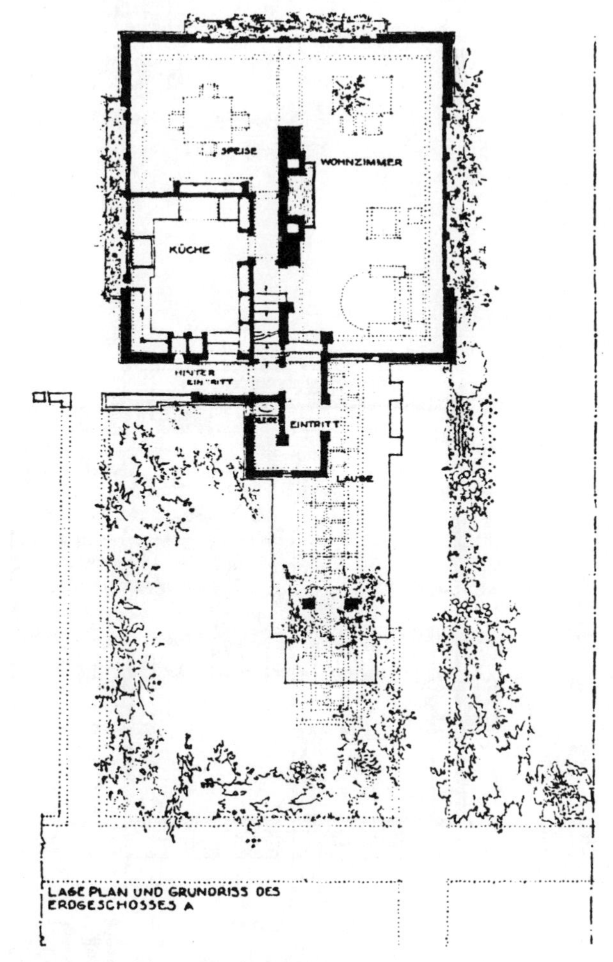

图 3-58　赖特"5000 美元防火住宅"的底层平面规划图 (来自《沃斯姆斯代表作品选辑》授权的记录规划图，1910 年)

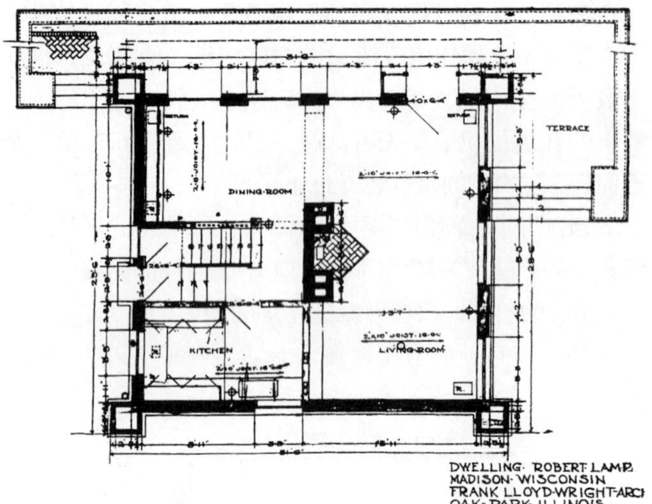

图 3–59 罗伯茨 ·M· 拉姆普住宅的一层平面图（1904 年）（© 由弗兰克 · 劳埃德 · 赖特基金会提供，亚利桑那州斯格特达勒市，2002 年）

从而可以容下佣人出入口和主入口。所有这些方面，防火住宅（Fireproof House）的特征与弗雷德里克 ·D· 尼科斯（Frederick D. Nichols）住宅（1906 年建）一致，而后者本身就是罗伯茨 ·M· 拉姆普（Robert M.Lamp）住宅（1904 年建）设计的改版。[197] 通过说明这三所住宅平面图规划的过程，以及赖特在《沃斯姆斯代表作选辑》记录中关于防火住宅平面图和透视图的描述，我们可以追踪到赖特在日本时所受的影响，尤其是在进入体验和户内外联系方面有明显的不同。

拉姆普住宅的首层平面图中将佣人出入口设在与地平面相平的高度，楼梯在房子里面，主要入口位于一个与一层标高相平的回廊旁。前门位于回廊的角落，并且直通起居室（图 3–59）。

尼科斯住宅的首层平面图的立体感弱一些，因为它有一个很短的附属建筑，而该建筑可容纳两处入口，可以直接到达室内楼梯井（图 3–60）。佣人出入门和楼梯

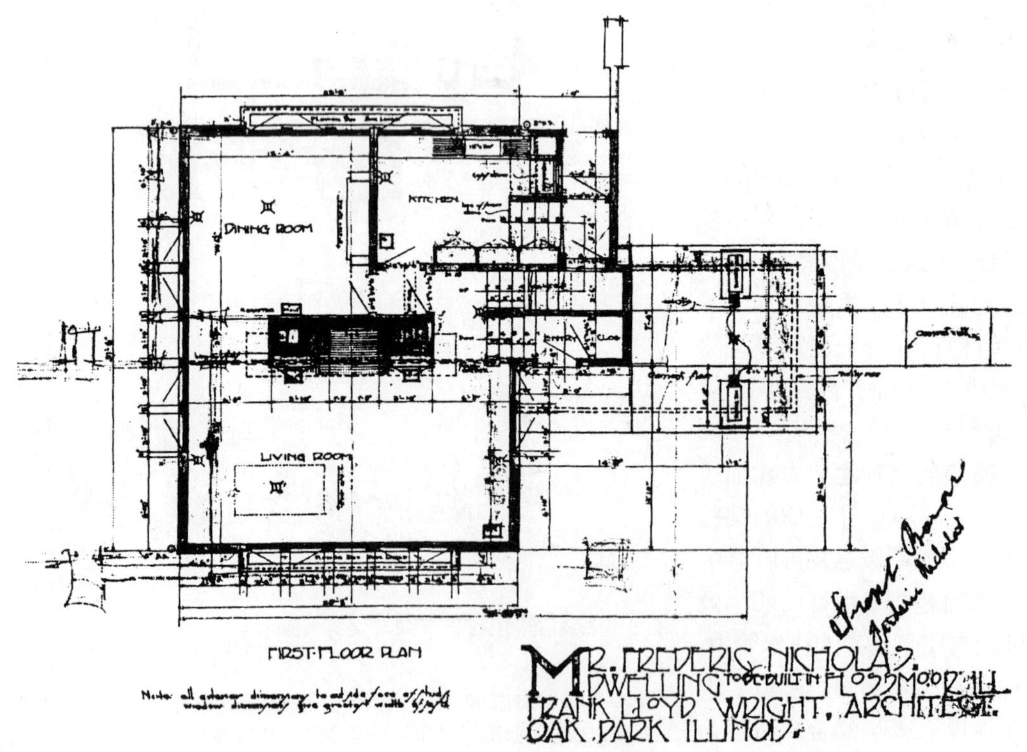

图 3–60 弗雷德里克 ·D· 尼科斯住宅的一层平面图（1906 年）（© 由弗兰克 · 劳埃德 · 赖特基金会，亚利桑那州斯格特达勒市提供，2002 年）

井在离厨房最近的一侧。正门则离起居室最近，并且直通一个小的前厅，前厅外墙有一个门房与入口楼梯正背对。两个相当大的内置花架在主要生活空间的窗檐下，一个面积不大的平台延伸至附属建筑，并且还有一个悬挑的亭子，因其足够宽，所以在空间定义上可以看作一个平台，宛如主要入口。户内外联系则无更进一步的详细说明。

防火住宅在环境方面的处理比尼科斯住宅很多方面都要先进。混凝土平台向起居室一侧偏离中心，并且比地面高了一级，与承雨线脚的最高边持平。相应地，附属建筑也由原先的平行位置变到与房子相垂直的方向，并且向外延伸至可以容纳一个加大的小房间。斟酌过的重新安排将主入口的门置于墙正中心，可以有一个更宽大的前厅，减少了到达首层起居室所需的台阶数目，并且将入口前厅移到一边，一个不对称的位置。另外，在前厅的尽头增置一个窗户，以便俯瞰平台、入口步道以及楼梯井正对面窗户下的第三个种植器，无论是踏上几步台阶来到起居室，还是下几步台阶来到前厅，或是从主要室内生活空间，视线可以全方位地欣赏花园般的景致，视野得到扩大。

赖特的初步方案显示了场地的种植布局，及将法式门朝未形成的平台敞开。这些变化在设计图中表现出来，就与《沃斯姆斯代表作选辑》1910年的平面图描述的一样。场地平面图和透视图反映了房子起居室前的景观以及房子和与房子相平行的人行道中间那窄状草坪地带。到前门时，小道变成了步行道，通过一个狭长的入口花园，花园一侧用石头镶边，另一侧设一连串葡萄藤格子架。周围布置植物并用石头饰边，这样将整个开阔的场地变成了一个花园。种有葡萄的格子架让人感觉到这个住处如同一处风景，并且形成了有意思的阴影及图案，呼应那朴素简单的大混凝土建筑。

《沃斯姆斯代表作选辑》中的透视图和场地平面图也揭示了在空地上布置房子的多个方案。赖特心里可能一直在继续深化四合一设计理念。这个假设可由一个事实证明，也就是从两个房子每边延伸出来的围墙与先前在《杂志》文章中设计的房子是一致的。另外，在延伸的围墙边，可见一个与四合一方案中相似的平顶房，并且透视图右边的树丛后还可隐约看到花园的灌丛（图3–61）。这种布局表面了赖特考虑将低处的人行道作为公共场合，将步道与其中一条人行道合并，让其形成花园正中心的景观要素，就如罗伯茨的四合一规划中的“B”和“C”布局方案。这就可以解释取消界线，内向的种植方式和没有提供离开大街的停车处、车道、车库或马厩的缘由。

图3–61　这张透视图表明了赖特在他的四合一规划布局中，考虑了他的“防火住宅”（来自《沃斯姆斯代表作选辑》授权的记录规划图，1910年）

托马斯·R·盖里夫人（Mrs.Thomas R.Gale）私人住宅，橡树园，伊利诺伊州（1907–1908年）

托马斯·R·盖里（Thomas R.Gale）住宅对赖特的创造能力是一个极大的挑战，因为这个项目要考虑一个年轻的寡妇带着小孩的现实要求以及郊区对地产的限定。[198] 然而，周围的环境激励赖特去设计建造一个实用美观的户外居住空间。事实上，这就是赖特新创的利用街头两水平面来围合户外居住空间的方法，一种场地的错觉处理方式，并且基于生态学方面的考虑，5.6英尺宽的平顶挑檐，也是赖特在这项设计项目中最前卫的贡献。

赖特精心设计了一个连续性看到街景场面和伊丽莎白王宫（Elizabeth Court）的入口体验，来处理这个小场地的局限性。从弗里斯特大道看去，房子完全消失在视线之外，只有在接近安妮女王（QueenAnne）宫殿时才开始显现在视线之中。

只有在大街和人行道的拐弯处，才可以完整地欣赏住宅临街那面的建筑立面（图3–62a–c）。

从公共人行道看过去，第一眼看到的是围墙，围合并隔离户外的生活空间：离二层两个北向卧室较远的悬挑式阳台，与起居室北端相隔甚远的宽敞平台，被抬高到水平面的起居室，位于一层接待室上方的平台。整个胸墙的压顶、宽大的挑檐、壁炉的大烟囱柱头，以及建筑整齐的深色水平木基线都加强了建筑的水平特性。[199] 从街边看不见从平台延伸到房子东南角的阳台；屋后面的挑檐用来遮护二层朝南的卧室不受夏日强光的照射，并保证冬天足够的光照；同时卧室处向外延展的屋檐，对于一层南面的厨房和餐厅窗户起到同样的作用。设置高于地面1.5英尺的土平台，以及所有其他环境设计元素的结合，使盖里住宅极具水平的现代感。同时，该住宅在那些邻近的三层楼的住宅群中保持着自己的特色。

a

b

c

图3–62a–c 伊利诺伊州橡树园，进入托马斯·R·盖里夫人住宅（1907–1908年建）的一组照片（照片由查尔斯·E·阿瓜尔拍摄。© 贝蒂安娜·阿瓜尔提供，2002年）

J·奇本·因加尔斯（J.Kibben Ingalls）住宅，里弗福里斯特市，伊利诺伊州（1909年）

J·奇本·因加尔斯住宅给赖特提出了与盖里住宅相同的挑战课题。这对年轻夫妇的两个孩子患有肺结核，因此，在没有足够的医疗手段来对付这种疾病的时代，要求设置用于小憩的门廊和适当的通风走廊作为一种辅助疗法。而且，宅地只有55英尺宽。然而，赖特最后设计了一栋这样的住宅：室内外既相互渗透又有绝对的隐私。以至于现在的屋主约翰·蒂尔顿和贝蒂·蒂尔顿（John and Betty Tilton）这样描绘：

> 赖特在房子的选址方面表现出色，他考虑到了向南穿越车道到达的邻近的那栋经典建筑，即安妮女王宫殿（Queen Anne House），以及55英尺宽的场地限制，而那个场地曾是英国北方都铎式建筑（the Tudor–style house）的侧院。绘制的场地分布图的范围特别大，约330英尺。这个长度至少是很多场地包括这里和橡树园场地的两倍多。
>
> 尽管赖特将起居室前那面墙连接起来，以便和别的房子保持一致的后退距离，他还设计了一个大门廊或朝前挑出的有顶平台。这就意味着我们可以在完全隐蔽的地方喝早咖啡或者读报，就像在一个大公园中拥有我们自己隐蔽活动的庇护所一样。由于那两排苍劲的榆树，我们几乎不能透过街道看到房子。尽管邻近房子的院子非常狭窄，我们踮着脚才能看到它们。挑檐和阳台的阴影增加了私密空间，所以外面看不见处在阴影中的居户。
>
> 房子朝向很好，例如我们卧室有窗的那面墙朝东，所以我们清晨就可以在卧室感受阳光。赖特用窗户包围所有主要生活场所……当你从外面向屋内看时，觉得里面一片漆黑。但是，从里面向外看时，外面都是明亮的、开敞的……这就是赖特处理室内外空间联系的手法之一。除了所有的玻璃外，房子是隐蔽的、安静的、舒适的，这都归功于从街道作了较大距离的后退，以及房间的组织形式，以此来协调狭窄场地和场地周边那些老房子所带来的局限性。大量的窗户提供了足够的通风，直到今年，我们才安装了空调。然而，我们并没有密封窗户，就像现代许多人一样，依然利用自然凉风带来的舒适感觉。[200]

蒂尔顿继续讲解草原式建筑基本的十字形布局所固有的灵活性如何实现，并扩展了约30%的室内生活空间，而户外生活空间则增加四倍，真是令人难以相信，这些建筑风格不改变街道景观或不更改赖特式建筑特性（图3–63a–b，图3–64a–b，图3–65）。尽管约翰·蒂尔顿作为一个建筑设计师，他曾经修复过一些赖特设计的房子，并有着超越大多数屋主眼界的丰富想像力，但他的一些改建方案被认为是重复的，因为他指出了幻想的“诡计”，这个“诡计”是说赖特过去一直为谦逊的客户降低建筑费用，并解释在恢复、改造和现代化过程中有扩张这些个性住宅宜居的潜能：

> 赖特设计的住宅都传达了一种合理的设计理念，任何一个智力不差的人都能用合理的方式来扩充这些理念。我们在1981年新建了一个厨房，增建了一间起居室，修理了所有最初设计的艺术玻璃窗，并且增加了21个新的、与之相匹配的玻璃窗。在主要的改造和扩建过程中，我们坚持尊重最初的设计精神……我们按赖特办公室绘制的原始设计图来建造有基座的外挑木盒，用以取代混凝土种植缸，使之符合时代特征。很多先前设计的部分很久前就已遭腐蚀……为了达到最高的预期寿命，我们用红木木板替换了环绕水泥基础的承雨线脚。和外表相反，它并不是一块水泥平板，而是用已经腐烂了的2″×12″木板来建造的……我们把围墙的木条和其他木栅栏漆成灰绿色和浅黄色两种颜色。因为我们觉得自己有艺术权利来使用这个时期的色彩，所以我们不会试着去相配最初的漆样。[201]

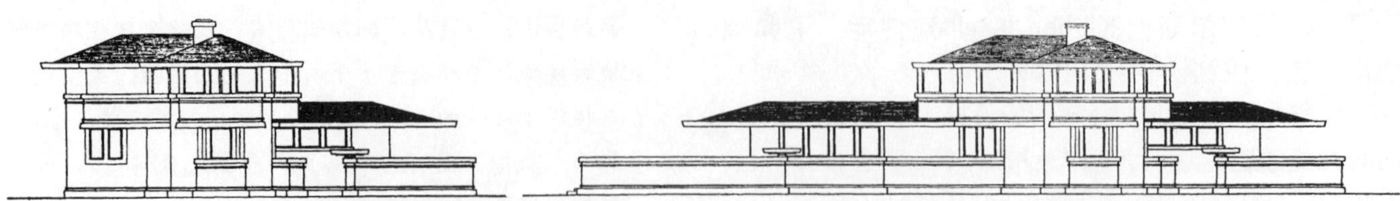

图 3–63a–b 伊利诺伊州里弗福里斯特市 J· 奇本 · 因加尔斯住宅（1909 年建），1981 年大型改建前后的南立面对比图（由约翰 · 蒂尔顿惠赠）

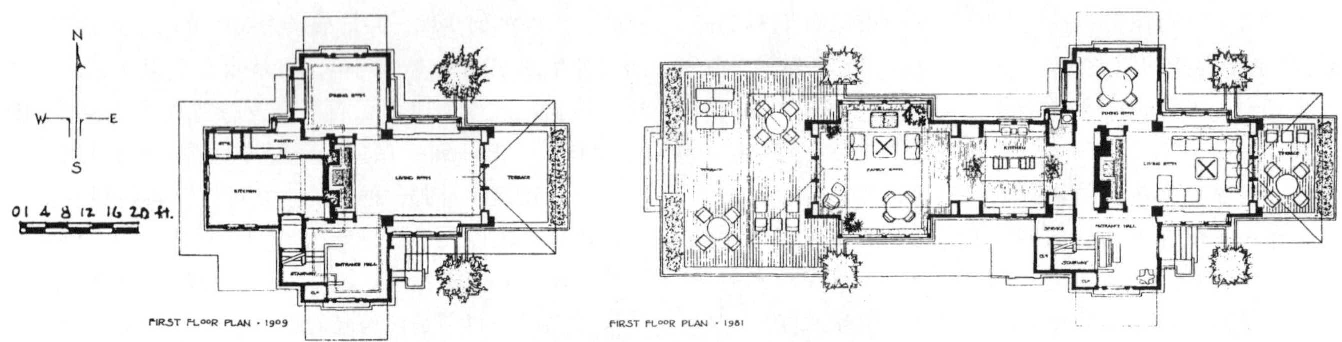

图 3–64a–b J· 奇本 · 因加尔斯住宅 1981 年改建前后的底层平面图（由约翰 · 蒂尔顿惠赠）

图 3–65 因加尔斯住宅后面拓展的室外生活空间保留了最初设计的完整性（由约翰 · 蒂尔顿惠赠）

蒂尔顿家也自然领会了赖特设置阳台种植器和大量种植缸的重要性，尤其是关于应该选用的植物种类，正如他们1990年面谈期间达成的意见："最近，我们砍去了北面死掉的两棵成年树，我们就可以在鸟食器周围建造一个浓荫匝地的花园，里面种满了杜鹃属的植物，紫荆属植物，山茱萸以及覆盖地面的富贵草属植物，并为了丰富春天的色彩，我们增种了500株水仙花。今年，我们铲除了一些生长过旺的侧柏，它们已经长到了4英尺多高，遮盖了整个承雨线脚和前面平台大部分的胸墙。"[202]

关于装饰景观区域以及它是否应该存在一直是赖特设计的房地产所有者和重建者所关心的问题，尤其是其中的草原式风格。赖特想让入口花园从公共人行道起始，因此，就应该种植低矮的、贴近地面的落叶植物。还要仔细预想到植物成熟后的大小尺度。在宅基周围同样要考虑这些原则，因为任何常绿树的变化最终将会隐藏承雨线脚，这就违反了赖特想要在地面上暴露建筑接合点的强烈意愿。赖特也想到用草地或地被覆盖的绿基面，这样，在不同表面材料的基面上，房子看起来似乎抬高了些，就像他在温斯洛住宅（the Winslow House）中首次提议的那样。

另一个（也许是最重要的一个方面）重建赖特式住宅时应该考虑的因素，就是不停更换、补种原先栽种的植物，这一点非常重要。那些已栽种的树，如路两边的那些树，不论那些现有的成年树何时死去，也不管是否死于不可避免的疾病、自然灾害或年龄过大，更换它们从而长久保持景观是重要的。

赖特在为中等收入家庭设计住宅的同时，他也在为三个比较富裕的客户（well-to-do clients）——艾弗里·科恩利（Avery Coonley）、伯顿·J·韦斯科特（Burton J.Westcott）和弗雷德里克·C·罗比(Frederick C.Robie)的设计中，加入自己关于场地规划方面的新想法和细部设计。虽然赖特为这些客户重新设计的方案可认为是赖特受到日本风格的影响，但是他并非以日本人的方式让建筑配合场地的自然特征，而是将建筑和景观有机融合。

艾弗里·科恩利（Avery Coonley）私人住宅，里弗福里斯特市，伊利诺伊州（1907年）

科恩利宅地基本上环绕了奥姆斯太德规划的里弗福里斯特社区最南端社区的一个完整地块。由布卢明沿岸（Blooming bank）和斯格特斯伍德路（Scottswood roads）柔和曲线形成泪珠形，这块地直接横穿一条名为印度花园（Indian Gardens）的景观绿道。到1907年的时候，由于郁郁葱葱的林荫树和沿着德斯普兰斯河（Des Plaines River）的开放空间，整个场所产生优雅、宽阔和乡下般的宁静感。因为场地邻近外围环境，赖特又一次选择了曾经在胡瑟尔住宅、托马斯住宅、赫特利住宅和托米克住宅中同样使用过的抬升地下室的设计方法。

对不断完善的场地规划进行分析显示，赖特只有一个土地区划布局方案，而没有考虑其他的替代方案（如图3–66a–c）。方案"A"，最早的概念规划，直接绘制在地形图上，显然出自赖特之手。[203] 场地西北部没有绘制等高线，但是为了场地平衡，1英尺的等高线勾绘了最初的平台设计，显示出场地中心位置是一个基准面；场地西南地形逐渐倾斜，形成一个缓坡，场地东部面积最大；从高出斯格特斯伍德路的南部大约3英尺，到高出斯格特斯伍德路和科恩利路的十字路口约10英尺处都属于东部范围。尽管赖特理智地选择了这块最宽处来建造房屋，但是他这样做几乎没有考虑台地的自然特点。他有意颠倒了设计程序来改变不同层面的土平台，就像他为宅地平整的客户所做的设计一样；在某种意义上，他眼前的地图仿佛是一张空白纸，可以任意由他勾绘布局。

科恩利住宅复杂的土地利用规划包括生活起居空间和客房、佣人的厢房、马房、车库、修车院落、喂马的地方、一个大的下沉式花园和一个台地式的花园。在"A"方案中，主轴线位于正中，经过餐厅和大的规则式镜面水池；佣人的厢房沿着西北边线布置。西北–东南轴线穿过马房，位于主体建筑东约125英尺处，园丁房沿着西南边线布置。一条笔直车道与这条轴线平行，是出入该场地的主要方式。这条车道横穿整个场地，因

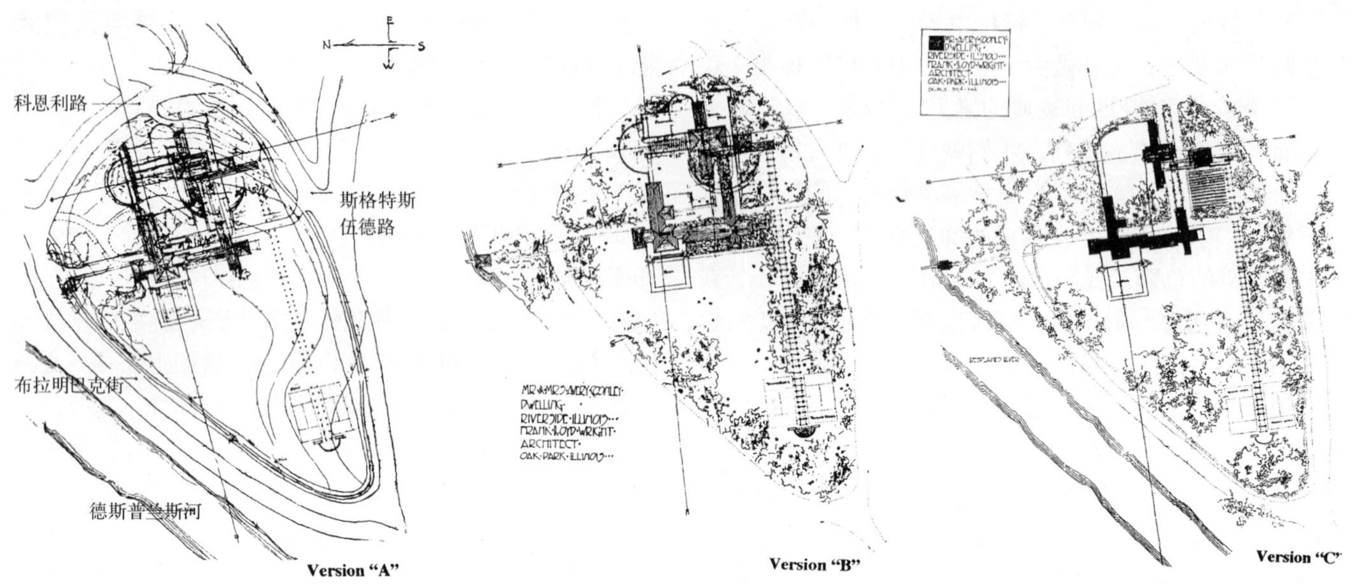

图 3−66a−c　伊利诺伊州里弗福里斯特市的艾弗里 · 科恩利住宅(1907 年) 场地规划的几种演变形式(由查尔斯 · E · 阿瓜尔提供,基于历史相片,个人分析以及最初的记录画绘制成,©2002 年弗兰克 · 劳埃德 · 赖特基金会,亚利桑那州斯格特达勒市提供,©2002 年贝蒂安娜 · 阿瓜尔临摹)

为是科恩利路到北面或斯格特斯伍德路到南面的便捷通道,提供了通往里威塞德市火车站相对便捷的路线。马房和车库从内部的小路和辅助入口进入。一个花架平分两个网球场,这使网球场显得拓宽了约 400 英尺,从园丁房的南端一直延伸到宅地最西端的半圆形花园处。

尽管方案“B”中的等高线被省略了,但表示树干位置的黑点仍暗示着这时已经确立了每棵树的详细位置。这些原有的树直接关系着赖特建筑和户外生活空间的结构布局。然而不论谁绘制这个方案和后来的“C”方案,都错误地将主轴线中心通过了佣人的厢房,而并非像赖特在地形图上描述的那样将它沿场地西北边布置,更重要的是,建造时它却是沿西北边布置的。这些设计说明赖特对场地和建筑结构改建时能精确地把握,去创造必需的水平空间,以适应规划的土地利用,包括必需的基础设施处理(坡度、下水管道、输电线、人行道、置石、地基、台阶、围墙、桥、藤架、凉亭、格子架等等)。平台被削至地面,广延的挡土墙包围了一切。

科恩利住宅是赖特首次使用“区域规划”(Zoned plan) 概念,一个典型的日本数寄屋风格 (Japanese sukiya style) 的建筑结构布局的代表作,各个空间相互关联,且功能分区明确,包括生活、进餐、休息、娱乐和工作等区域。建筑不对称形式和花园平衡连接,以及巧妙安排花园的次级道路系统,都强调了这一布局。然而,布局的中心是那非自然形状的镜面水池。在客厅就可以生动捕捉到水池景观,客厅的阳台作为中景,装饰的铁扶手充当了捕获器。同时,通过细心控制视线,客厅甚至主要的阳台都只能看到水池的一部分。赖特还引入了象征自然灵感的装饰性图案,如蕨类植物、常见的洋槐树、郁金香及其他花纹,利用无生命的介质如电镀艺术玻璃、发光的瓷瓦、青铜、混凝土和铸铁等表现这些图案。所有这些人工设计元素交织着各种天然的植物、色彩和质地,从二层居住空间看去以至于每个细节每时每刻都分享着同一旋律,且与整体非常协调,由室内的顶棚开始,然后是毯子和壁画,最后穿过艺术玻璃窗户延伸到户外地面,从花园小品设施,到墙壁砖瓦,以及棚架,到每一个花园的硬质景观,甚至水池的反射、藤架以及阳台围栏的阴影都有着如此协调的旋律（图3−67）。

尽管赖特使用无生命的媒介来建立这种联系，而不是像日本利用有生命的植物媒介，但他的场地布局沿用了日本的规划系统、定义和关联空间，如梅瑟尔威（Messervy）所描述的那样："日式建筑……是一种景观连续的、有透视感的建筑。有持续的变化空间，步随景移，从一个地方到另一地方都有着细微的改变；但是无论追求的变化有多大，都不能达到整体可塑的理念。缺少的是产生可塑性单元所必需的张力和稳定性；每件事物随着位置的移动和时间而改变。连贯的手法使得众多的空间序列成了同一环境中不可分隔的一部分。"[204]对于赖特设计的最终结果，科恩利的女儿，伊丽莎白·福克纳（Elizabeth Faulkner）的评论对此做出了很好的回答："它是一所大房子，但它看起来既亲切又温暖……它有很多的拐角，所以你在任何时候都只能看到房子的一小部分，这就使人对它产生了一种亲切感。"[205]

景观设计师延斯·延森（Jens Jensen）极好地洞悉了赖特的设计布局和设计手法，并在此基础上作了详细的、复杂的种植规划（图3−68）。根据格里斯（Grese）的记载，可以确定延森在1908年至1917年间一直从事科恩利住宅的景观规划，但并不清楚延森是何时或如何加入到这个项目中的。[206]极有可能的是，他受到了奎恩·科恩利（Queene Coonley）的聘请。因为延森的名望，奎恩通过社会圈子或是他在1906−1907年芝加哥洪堡公园（Humboldt park）工作期间所得知的。科恩利下沉式

图3−67　艾弗里·科恩利住宅墙上的藤架投影创造了一种象征自然精神的装饰画（照片由吉尔曼·莱恩（Gilman Lane）拍摄，伊利诺伊州，橡树园，橡树园公共图书馆吉尔·莫里惠赠）

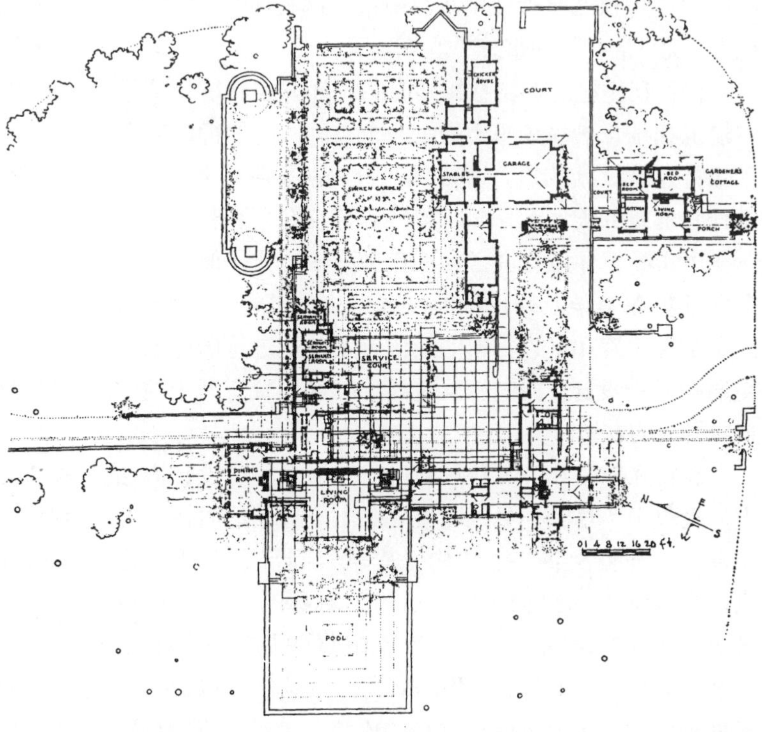

图3−68　艾弗里·科恩利私人住宅的场地规划，由景观设计师延斯·延森设计（© 弗兰克·劳埃德·赖特基金会，亚利桑那州斯格特达勒市提供，2002年）

花园与延森为洪堡公园设计的巨大下沉式花园很相似，而较小的台地花园与他为其他的几个公园和住宅设计的环形或方形花园造型都相同。这和延森参与到另一处于1907年在河畔的房产修建项目，即沙利文的亨利·巴布森（Henry Babson）地产景观设计也有直接的联系。[207]或者延森曾受赖特邀请，尽管赖特在1930年给他的信中暗示他们从来没有互相合作过："例如在过去的27年当中，从来没有你那边的业务让我参与，或我这边的工作给你做……只要你愿意，和我一起工作不是很自然的事吗？难道不是？难道是因为从不愿共同分享心意。明星只求利用更少的人来达到他的目的，事实上他出于自我维护才有这样错误的认识。"[208]无论与延森直接接触的最初目的是什么，那都是直到科恩利住宅建成以后才发生的事情，据伊顿（Eaton）观察，延森直到建筑建好后才参与到巴博森住宅项目中来，这在他"早年的实践中"是"常有"的事。[209]

科恩利住宅是赖特按照延森的设计方式将植物造景与建筑相结合的极为重要的第一个实例，这种行动表明了赖特建筑设计的进一步成熟，也表明了他尊重了景观设计师延森的天资和声望。赖特和延森在科恩利住宅的业务中实际上并没有进行真正意义上的合作，他们只是考虑植物在美学上的设计而没有在一起进行场地分析，决定主次建筑和室外元素的最佳位置或是进行场地循环交通的元素设计。他们相互之间的接触无疑有助于他们形成持久的友谊。

赖特在定位和开发科恩利住宅的整个环境设计方法上，表现出了真知灼见，即使它基本上与场地内在情况相冲突。他首次将二个结构元素块移到每条轴线的边缘，来调整长轴线和视线。通过不对称的方式并排设置三个独立的建筑单体，比意大利风格的别墅显得自由一些，赖特避免了左右对称的形式，并创造了新的平衡，或许他的同代人也可取得这样的成绩。他对建筑物周围的场地处理，从另一种意义上说，是运用意大利几何学模式，但是惟一用规则形式设计的是将建筑的边线延伸到了户外。同时，他通过建筑的水平特征表现草原风格，把种植缸安置在视线终点位置，并运用垂直绿化。当赖特的建筑构成在延森的个性化景观设计风格中得以统一与加强时，方形套方形的规则式下沉花园为非规则式种植提供了平衡对比，他选择非规则式种植来满足周围街道的视线景观。在建筑和场地的自然特性之间可以提升一种亲密的关系。尽管如此，科恩利住宅建筑形式仍表明赖特具有发展一种美国式建筑的理念，即建筑要和场地建立物质和精神上的统一，但没有完全包括那种本土主要草原景观最纯粹的处理形式，这在后来被威廉·米勒（Wilhelm Miller）所提倡。在文艺复兴时期以及为那些古典建筑风格训练者们所支持的，或者说景观营造中的微妙思想的运用，这在东方已存在了数百年。美国、意大利、日本空间构造方法夸张的混合超越了赖特此前的一切工作，并由此引发了一种基于家庭建筑环境设计的全新萌芽，直到四年后这种形式达到全面兴盛，即赖特设计的自宅——"塔里埃森别墅"。

科恩利地产的西头从来没有按规划开发，这一部分在1952年重新划成四块售出。然而这里的建筑没有一座是赖特设计的。20世纪50年代，赖特最初设计的房屋和开发的区域也一起被重新划分成了四个独立的生活单元：主建筑的北翼部分，南翼部分，原来园丁的小屋和车库(图3–69)。该区东北部的某个地方，另建了一所房子，尽管这不是赖特设计的，但与赖特风格很相容，并不显得很生硬。即使这样，赖特非凡的场地环境设计中极富魅力的特性得以保全，这点作者通过1990年与卡罗琳·霍利特和詹姆斯·霍利特（Carolyn and James Howlett）的会谈中得到证实，他们1953年住进车库，把此处改为住宅。

主建筑后面的马厩和整个科恩利建筑群的其他部分一样并非是独立单元，它自身的一系列构造物和房子、花园是一个整体——整个设计中一个必不可少的部分……我们尤其喜爱那个便捷的通道，可以直接从房子的每个房间来到花园、庭院以及室外活动区。比起平时，

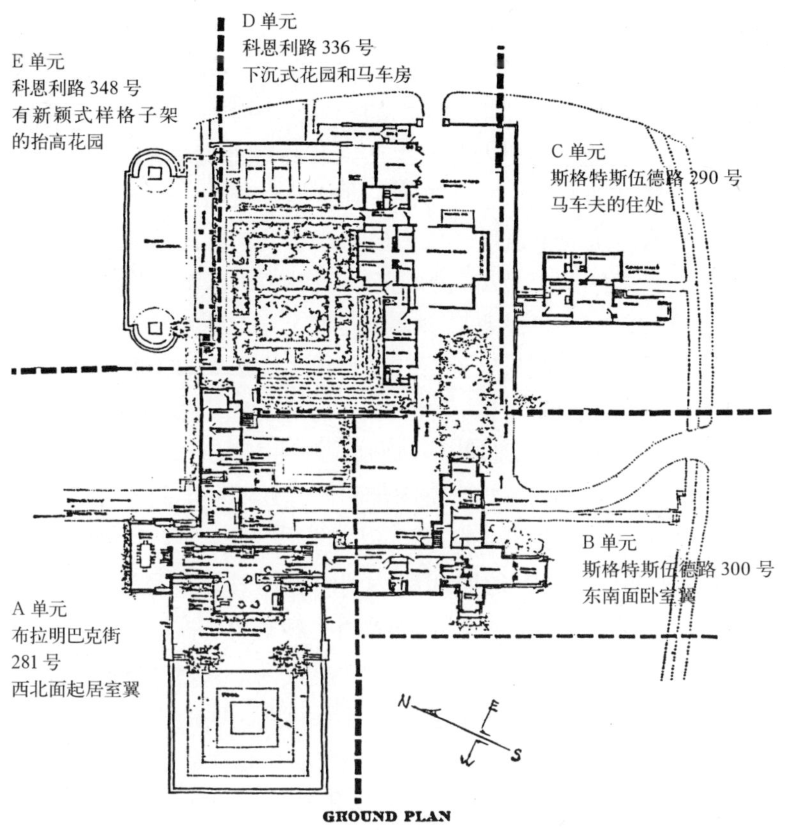

图 3–69 艾弗里 · 科恩利房产的土地规划显示出住宅于 1952–1957 年划分成五个独立的生活单元（詹姆斯 · 霍利特和卡罗琳 · 霍利特提供）

在芝加哥我们更多地在户外活动，因为这里冬季的气候相当温暖，这种微气候的形成要归功于充满阳光的“下沉式花园”，这是我们最大的室外空间，从室内能很便利地走到室外。

朝四个厢房开放的四座花园，随时能让我们体验到温度、暴晒、庇荫和空气流动的不断变化（图 3–70）。其中一座花园高出房屋地面，夏天炎热的夜晚，我们有时张开吊床在那里休憩。另一座花园位于厨房的前面，我们可以在此举行露天晚餐。这样的环境，使我们比朋友们在春天来临时更早地享受户外生活的乐趣，而在秋季这种乐趣则持续得更为长久——这多亏了对阳光和风的调节利用，感谢那很宽的挑檐、有顶的过道和爬满藤蔓的藤架。

当我们度假归来时，感到像是又来到了日本，许多搞艺术的朋友说我们生活在皮特 · 蒙德里安（Piet Mondrian）的艺术作品里。我们自己更乐于认为是生活在美丽而有序的雕塑中——无论是雕塑构造的外部装饰，还是正反面的形式，赖特的方形构图都在不断地重现……只有弗兰克 · 劳埃德 · 赖特这样的天才才能设计出这个 85 年后依旧如此适合五个家庭生活方式的作品。[210]

图 3–70 车库花园照片，此住宅从 1953 年归卡罗琳 · 霍利特和詹姆斯 · 霍利特所有，即以前的科恩利住宅（查尔斯 · E · 阿瓜尔拍摄，© 贝蒂安娜 · 阿瓜尔临摹，2002 年）

伯顿 ·J· 韦斯科特（Burton J.Westcott）私人住宅，斯普林格菲尔德市（Springfield），俄亥俄州（1907 年）

韦斯科特住宅位于伊斯特亥大街（East High Street）和格林山大道（Greenmount Avenue）的交叉口。宅地位于最西面，并且公园穿过街道后一直到东面，是一座小山样的自然台地，从东大街开始倾斜至一条小径，巧妙地勾勒出宅地北边界。然而，格林山大道穿过的地方比周围地势低了 7 英尺，沿街两侧是很陡的峭壁。或许这正是再次激发赖特灵感，使用土台作为该整体形式设计的原因所在。与此同时，赖特在进行以下处理时基本上保持了原有地形：将小山的顶部处理成方台，在山颠塑造小丘，使生活区朝南，面向伊斯特亥大街。三层的住宅，起着连接作用的花架和车库沿着格林山大道的峭壁连续排列。整个建筑从南到北长达 160 英尺。对韦斯特克特住宅进行了大量研究的斯蒂芬 · 赛克（Stephen Siek）恰当地描述了赖特创造的效果："房屋在它后部的小丘处看起来并未在此终止，而是以一个水平环绕继续向外延伸。"[211]

韦斯科特住宅前面的土丘和科恩利住宅前面的台地主体紧紧相依，这在 1908 年 3 月份出版的一期《建筑实录》上赖特曾讲过。赖特说，这里的要素具有和科恩利住宅一样的倾向。尽管如此，他最乐意采用的是悬梁金属栅格以及两个层次的窗户来俯瞰水池。科恩利住宅的金属格栅朝西南方向，支撑着葡萄架，以减弱下午的阳光照射，而韦斯科特住宅朝正南但并不妨碍冬日阳光的照射，夏天则撑起一个普通的帆布树状遮荫篷，为花园平台遮荫。为科恩利住宅设计的水体主要作为倒影池，而为韦斯科特住宅则设计成了一个睡莲池。此外，韦斯特克特水池底部将砾石铺砌在泥土上，而不是混凝土衬底，两个抬高的混凝土莲桶基座使睡莲明丽的花朵和深绿的叶片更为醒目，从而使它们融进周围花园的景色当中。有机的构造掩饰了几何形体特征，19 英尺长的混凝土花坛安放在花园台地的边缘，作为水池的前景。

一张有历史意义的老照片说明赖特使用三棵胸径从 6–16 英寸不等的原树，来建立从高到低不同梯度的土台形象（图 3–71）。两级平台准确划分了防御堤的梯度，一扫原来地形陡峭和尖削的外观。上面的平台包括主要生活区地平面以及位于生活区及睡莲池之间的花园台地。睡莲池与花园台地等高，且延伸到较高的台地边，每侧有台阶向下通往较低平台的草坪上。或许是赖特曾经设计过的两个最高大的混凝土花钵位于两侧台阶的最低处（图 3–72）。这些花钵高度与那个水泥花坛相当，一起构成了花园的终点，并使花园与整个场地环境相融合。他们利用高台的高度，将房子、花园与公共区域从视觉上隔离。所有这些处理都强调了规则式的冲击，突出了建筑的重要性，并通过遮挡卧室阳台和窗框处不同层面的视线，创造了一种设计幽静花园环境的手法。赛可评论道，这些"非同寻常"的处理所达到的总体效果，是"一个占据了整个前庭，强烈而持久的主题花园"。[212]

当赖特为韦斯科特住宅继续考虑入口设计时，他遇到了入口选址的难题，有两个地点让他选择：其中一处从格林山大道直接进入，另一处由车库经过藤架过道进入。位于大街一侧的入口切断了土台，宽阔的人行道两侧都有基座，然后通过门道进入花架下方低矮顶棚的门厅，

图 3–71 所知道最早的（约 1909 年）俄亥俄州斯普林菲尔德市的伯顿 · J · 韦斯科特住宅的照片，反映了那些确定土台形式的树（斯普林菲尔德市，俄亥俄州，克拉克县历史委员会惠赠）

图 3–72　一张韦斯科特住宅 1992 年的照片，展示了两个大的混凝土花钵，它们将房子和花园从公共区域分割开（照片由查尔斯·E·阿瓜尔拍摄，© 贝蒂安娜·阿瓜尔临摹，2002 年）

之后上几级台阶，到达通往会客厅的开阔场所。赛克描述了赖特对这个区域环境的细节处理："夏天，门式采光窗的长条……敞开使空气进入，恰好位于客人和主人头部的上方……楼梯正上方隐约出现的装有间隔很大的玻璃天窗，镀上了一层金色的光芒，流光溢彩，光线在天窗和瓦屋顶之间依次折射。夜晚的时候，台阶上方几英寸处，路灯嵌进水泥墙的玻璃盒子里，提供必要的照明。"[213] 赛克还记录道："大厅封起巨大的暖气管……上面有使热空气上升并散开的板条……通风口吸收前门处被暖气管加热过后又变冷的空气。"

看起来赖特对从藤架经过的通道进行了大量创造性的思考，在很大程度上可能是因为它的结构所起的作用，同时也可使进入体验增加美感。为车库而设的南部小丘的一部分，被绘图者错误地标成"北"丘，清楚地显示出其堡垒状的结构。赖特详细说明了藤架的保存下来的混凝土墙的情况（图 3–73a–c）。过道上方的胸墙只有 8 英寸厚，上部是东方格调的窗式开口，其厚度延伸到坚实的地下扶墙的基部，此处厚度达 4 英尺 8 英寸。赖特利用这种结构，保持大量所需的回填土，形成藤架走道的基部，并使其与后庭的基部持平，以此扩大了房子的地坪基面，从而能容纳延伸的幽静花园空间。[214] 他设置了混凝土窗井，以回收位于车库南面和西面的 10 扇窗户的土。这样后庭院就和前面一样，原址上每一丝自然斜坡的痕迹都被消除了。

藤架走廊与车库在街道同高的地方连接，而与房间则在高出两级台阶的地方连接。因此经过藤架的入口通道后上或下一级踏步就来到走廊，并且在爬满瀑布般的蔓生植物的椽子下通过。藤架的细部显示出花园精心的布置，而 8 英尺宽的步行道则暗示这里是户外活动的空间，此处实际上是一个带顶棚的平台，沿着藤架的每一个开口都可以进入花园。在接近房屋的正后方的地方，藤架廊转变成桥架状的地板结构，为服务入口提供便利。然后地板一直铺到格林山大道进入庄园的入口上方，藤架在该处加了盖顶。入口门厅西侧的花纹玻璃窗的方形格，映照出东部藤架窗户的方形图样。这些混合处理，创造出一个与花园截然不同的入口空间，让眼睛适应逐渐增强的亮光，并且显著增强了藤架入口处的体验。

无论从哪一个入口进入会客厅，第一印象都是由会客厅、起居室、餐厅组成的连续、平坦的空间，从一头到另一头一共长 62 英尺。赖特在这个区域采用的分散化措施，产生了一种加强花园景色的效果，它似乎涵盖了整个长度和宽度。说明赖特设计意图的是窗户下两端 17 英尺长的用锌作衬里的花箱。这些花箱是平台种植、睡莲池以及巨大花钵以外的种植形式——从主要生活区的窗户以及朝花园平台开放的玻璃门都能看到这些景观，楼上的阳台和卧室同样也可以对此一览无余。

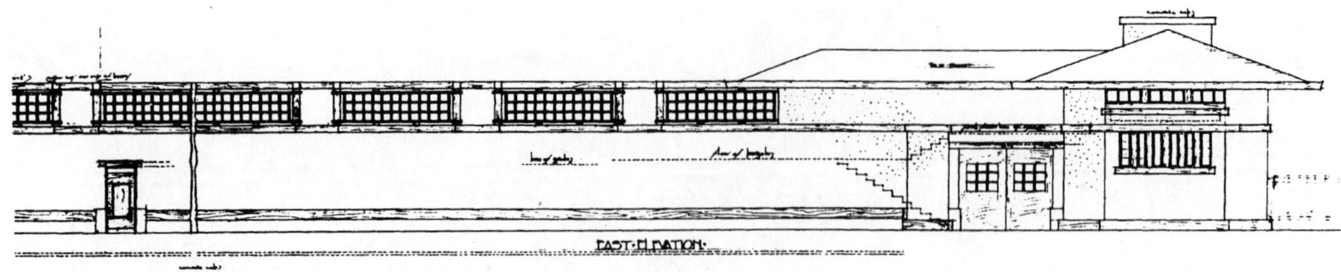

a

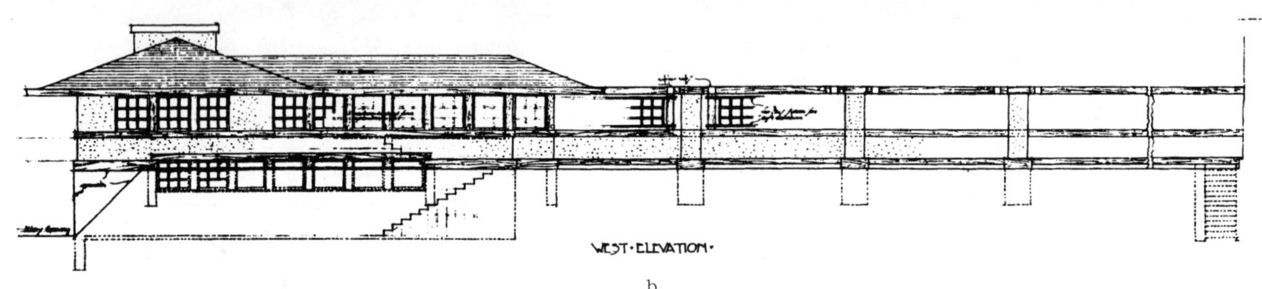

b

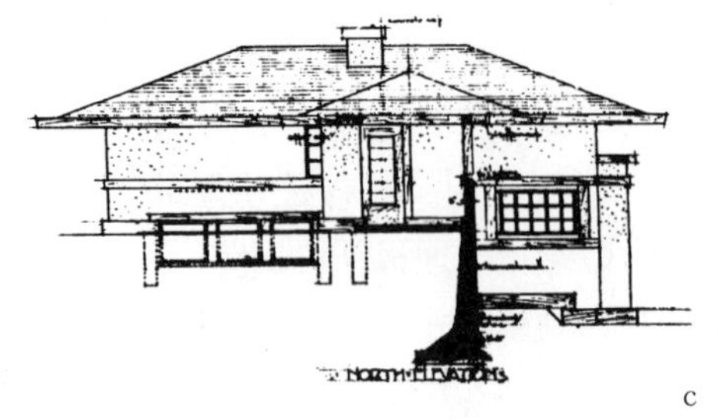

c

图 3–73a–c　韦斯科特住宅车库和马厩南部的台地（3–73a），以及藤架和车库东西两面的高地处理（3–73b–c）（© 由弗兰克 · 劳埃德 · 赖特基金会，亚利桑那州斯格特达勒市提供，2002 年）

伯顿 ·J· 韦斯科特住宅展示了赖特对利用自然与人为环境因素来加强文化景观和人文背景的充分和全面的理解。这样，他一直都对场地作一些建筑上的处理，使他的建筑设计更加容易。他保留了原有的一些树木，并把它们归入幽雅环境之中。他将房子朝一个理想的，阳光能够很好透进主要住宅区的方位，同时他利用挑檐和具有当地风格的遮阳篷来防止夏日的暴晒。赖特还利用连续环绕房间各个拐角的诸多窗户，加强室内外的联系；同时又利用交叉通风装置加快室内空气冷却；利用烟囱的通风口使空气自然对流，并且他还在楼梯间和入口处的顶部设置了大天窗以便于自然采光。他还崇尚室内外空间的亲近心理关系，以及公共空间和私密空间中水池、平台、藤架、室内绿化、花钵等富有挑战性的布置。赖特对这些关键环境要素的研究与关注，让他创作出了这个出色的“整体设计”，这使研究赖特的历史学家格兰特 · 曼森（Grant Manson）把韦斯科特别墅描述成“对我而言，一直是最友善、最可亲的草原住宅中的一栋”。[215]

大半个世纪过去之后，韦斯科特住宅开始走向衰败。这个过程开始于 20 世纪 40 年代，当住宅开始向公寓转变时，房屋主人对平台和阳台从基部到顶部进行了重新的粉刷，从而使这些建筑看起来如同一个大固体块。即使曾被列为国家级历史遗址（the National Register of

Historic Places)，即使它的所有者谢里·斯尼德（Sherri Snyder）曾经努力对这所房子进行单独的修复，这个衰退过程一直持续到20世纪90年代末。2000年9月，斯尼德将此别墅卖给弗兰克·劳埃德·赖特建筑保护协会（the Frank Lloyd Wright Building Conservancy）。通过2000年12月3日出版的《蒙大拿标准》（Montana Standard）的一篇文章得知，斯尼德是为了使"一切保存完整"[216]才将此房子卖掉的。文章中说："保护协会打算将此房子转卖给当地的一个基金会，这个基金会打算募集大约270万美元对别墅进行修复，从而作为建筑博物馆对公众开放。"

弗雷德理克·C·罗比（Frederick C. Robie）私人住宅，芝加哥市，伊利诺伊州（1908年）

弗雷德理克·C·罗比房产位于伍德劳恩大道（Woodlawn Avenue）与海德公园（Hyde Park）外边缘的东第58街交叉部分的东北角，海德公园是芝加哥最早的郊区住宅社区之一。对于这种风格的生活社区，罗比有自己的设想，他构想并准备了一些基本的草图以利于建筑师对这种想像的特殊场所有明确的了解。当时，赖特被列入罗比候选的建筑师之列，于是，赖特便开始设计满足这个客户预先构思好的建筑模式，踏上了一个富有挑战的历程。另外，任何东西都必须适合中等尺寸的城市场所（60英尺×180英尺），其宽度与标准的网球场一样，而长度则比网球场长三分之一。当然，还会受实际操作的限制，如从伍德劳恩大道缩进35英尺，那么有用空间的范围就更紧缩了。尽管如此，露天场所和户外生活区对赖特来说是如此重要，以致他将一半以上的场地（56.5%）分配给了这些部分。

在设计过程当中，赖特受到了环境因素的挑战。这个地方贯穿了一个沼泽地区，曾经在奥姆斯特德开发南公园街区（the South Park District）和哥伦比亚博览会房产（the Columbian Exposition）时，回填成开放公园（见第1章）。由于地势低洼，附近地区的土壤存在排水能力差的问题。正是因为这个原因，周围的房子才在地平面上将房基抬高2英尺，其作用并不是如赖特设置土台那样为了观赏风景。也正是这个原因，赖特限制在房子下面开凿，同时基于芝加哥城市基础设施系统（the Chicago Foundation System），他设了很多墩基，从而增加了松软多孔的土壤承载力。[217]然而，看似荒谬的是，赖特完全蔑视了场地土壤的特性，竟选择在地平面上修建罗比住宅，但是，分析表明，这种看似不可能的事情却是建立在一定的逻辑和观察基础之上的。

赖特将房屋建在地平面上最初是考虑到要保留原有的树木。这个观点被历史照片所证实：在汽车庭院围墙的两边，和契约指定的后退区内有许多成年的大树。如果赖特遵循原有建筑的建造标准设置土平台，他将不能充分发挥这些树木的有利作用。这块地的形状，伍德劳恩大道（南部边界）前边较窄，场地南面的长边和与东第58街平行，强调了水平方向的作用，其向南的建筑从三个水平层面上决定了主要生活空间的位置（图3–74）。对南面来说公园式的环境是又一个可借景之处，再次激发了赖特抬高地下室入口的创作方法。房产区域边缘现有和将来的建筑的垂直高度以及相似性决定了这些区域的安排与布置并非人们生活所必需。

基于这些需要，赖特将房屋划分为两个主要单元：一个基本的生活单元和一个服务单元。服务单元的三层建筑群与北部边界毗邻，在入口庭院的后面，三层的生活单元相对靠前，并从南部边界处稍作后退。这种安排保留了房屋后部相当大的开阔庭院空间和南面充足的空间，以便赖特设置一个带围墙的花园庭院。可从一层台球室以及活动室，经过12道法式门直接进入此花园。花园和围墙的胸墙为阳台确立了基线，这使得房子看起来像一系列的水平面，当那些围绕并界定3个阳台胸墙的种植池中种满了各种垂直绿化植物时，这种水平效果更加明显（图3–75）。给人感觉这种结构比社区里其他房屋更具围合感。正是这种景象，使曼森和希契柯克（Hitchcock）都将罗比住宅比作"在水中漂流的船"。

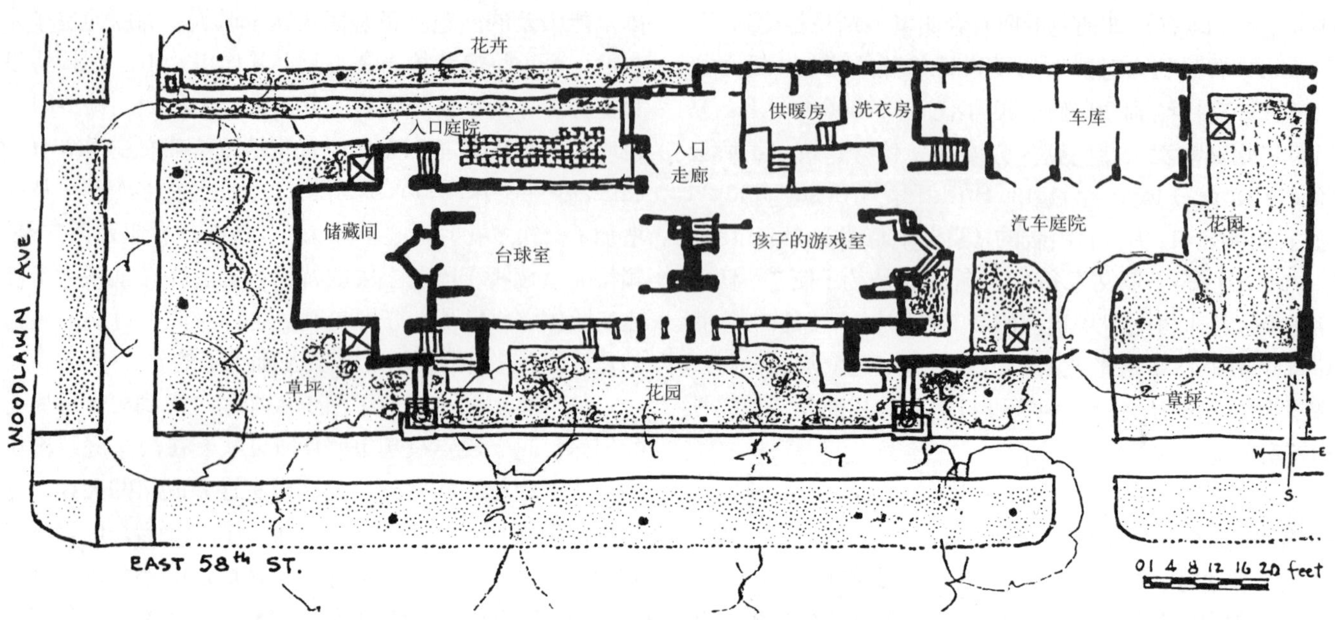

图 3–74　推测的伊利诺伊州芝加哥弗雷德理克 · 罗比住宅（1908 年）场地规划，其中的开敞空间分区图（图片由查尔斯 · E · 阿瓜尔于历史照片、个人分析以及原始设计记录绘制而成。© 由弗兰克 · 劳埃德 · 赖特基金会，亚利桑那州斯格特达勒市提供，2002 年。© 贝蒂安娜 · 阿瓜尔临摹，2002 年）

图 3–75　大量层列的多植物种植，强调了罗比住宅建筑的水平结构特征（来自《沃斯姆斯代表作选辑》授权的记录规划图，1910 年）

和场地的建筑结构组织巧合的是，赖特在他的设计中综合了功能性的户外生活元素和优美的开敞空间。从室内外主要生活空间在两个层面上的分配比例可以看出他设置的户外生活。在底层，这个比例被扩大到两倍以上：相对于 3440 平方英尺的南庭院开敞空间和车库面积，台球室和游戏室占了 1680 平方英尺。在建筑第二层，这个比例正好相反：相对于 838 平方英尺的卧室门廊、阳台以及客厅阳台面积，卧室、餐厅和客房占了 1936 平方英尺。而且，在场地的东南角和围墙平行的方位，有 720 平方英尺的一大片开阔空间。这个空间和西北角入口开阔处 1690 平方英尺的开阔空间一起，在整个场地的构成上建立了一种不对称的平衡。

赖特注意到西北区的建筑空间比例对他的包含一切的方法十分重要。在这个区域内，合同规定了整个房子西墙的定位，赖特仅把突出的中心柱放置在突出的起居室里，这里可以满足 35 英尺后退空间的必要条件。正如唐纳德 · 霍夫曼 (Donald Hoffman) 所形容的那样，赖特灵活地遵守着“那违背精神实质的信”，因为赖特把门廊延伸到了合同中规定的缩进区，所以“从场地基线到门廊西墙的距离仅有 18 英尺 4 英寸”。[218] 这种安排使得起居室门廊相应地在缩进空间接近现有的树丛，树丛的天然顶篷有效遮挡了下午强烈的阳光。同时，树冠也丰富了门廊空间，并把它与场地连接起来，改善了房子的立面景观。门廊组成了414 平方英尺的开敞空间，并在下面由一层半的砖墙围成了一个完整的水平储藏空间。如果没有树丛和赖特对竖向和横向对立空间元素的深思熟虑，这个门廊则会很显眼。

服务建筑的竖向质体削弱了门廊从西面看去的视觉效果。门廊的地板比起居室的地板低 18 英寸，并且砖砌胸墙也相应低那么多。石头作为胸墙压顶，基础用宽的砖砌承雨线脚，并且沿着宽阔的门廊以及两边楼梯顶部设置种植器。就像从场地西南角的交叉点看上去一样，树木的树冠、低矮的门廊、种植器等的垂直性减弱了门廊的视觉效果。还有 1845 平方英尺的开敞草坪空间围绕在门廊周围，就像一个水平的绿基面，有如日本非凡的悬挑屋檐（正如赖特第一次在托米克住宅中设计的屋檐一样）。

在这个例子中，起居室门廊上的悬挑屋檐，给底层游戏室到东侧车库庭院的通道起到了遮荫效果。正是这些屋檐创造的遮荫效果给了霍夫曼心理上一种统一感，并使他认识到：“在现实中，这个门廊将成为整个房子不可或缺的一部分。”[219] 游戏室和后院的建筑组合空间产生了相同的效果，也唤起了罗比的儿子对过去的回忆：“最有趣的就是我骑着三轮脚踏车，从第一层的游戏室到后院绕来绕去。”[220] 然后他解释道：“父亲给了我一辆带有黄铜散热器的小汽车，很多时候，在我的玩耍中，我把父亲从住房送到他工作的地方。这是一段长而有趣的旅途：从游戏室到最远的三个车库……对我来说，最后的一个车库就是父亲的办公室……然后，我又接父亲回家……父亲最初设想把游戏室和后院变成我的世界，事实上，它就是属于我的天地。”

然而，赖特关于罗比住宅室外空间有许多想法，他对入口区赋予了最重要的意义。在图纸上，赖特甚至把它们看作和建筑本身一样重要。赖特将三层楼的北墙往后退缩了 5 英尺，因此形成了一条阴影带，它们可以在一天不同时段增强或者减弱服务单元楼的视觉效果。赖特给 70 英尺长的入口庭院筑起了一道和邻近土平台一样高的 2 英尺矮墙（图 3–76），矮墙的后缩距离为北墙的一半以上，其余部分则是地面高度的土带，形成了一个连续的 2 层排列的入口花园，这个花园从街边 5 英尺宽的砖石种

图 3–76 罗比住宅的入口庭院和入口花园（照片由吉尔曼 · 莱恩拍摄。由伊利诺伊州橡树公园吉尔莫里收集、橡树公园公共图书馆惠赠）

植池开始，终止于客房阳台的砖墩处。大石头压在挡土墙上，这给赖特的整个设计方案引入了额外的水平元素。同时，石头也给整个庭院提供了座位，并使其与花园环境更协调。

通过对入口花园做台阶并且不在阳台周围种植花草，赖特设计了一条从入口花园直接到达室内外主要过渡处的视线通道。在起居室门廊的附属楼梯的终点和步行道加宽以突出门槛的地方，赖特设置了一块很宽的欢迎进入式的瓷砖铺地以标志这个地方是入口庭院。这个细节处理，可以直接把客人的视线引向那扇 5 英尺宽的艺术玻璃大门。从街上以及公共人行道上看，这扇门是完全隐蔽的，这是因为它被谨慎地置于入口步道对角线之外。东南角的入口凉廊位于外挑的客房阳台之下，同时也位于门廊楼梯胸墙的后面，这样的安排与赫特利住宅的入口相互呼应。赖特最初的目的是：保护主入口，预防各种因素，特别是防止冬季盛行风对主入口的不利影响。然而，因为阳台外挑的深度，使凉廊总是处于阴影当中，这使得凉廊像一个洞穴的开口而不是入口。任何人如果不是特地去找寻一个入口，很容易就会忽略它。[221]

通过对入口仔细的设计，赖特艺术地遵循了藏与露（hide-and-reveal）的禅宗原则，并且不断地把这一原则用于室内设计。从艺术玻璃门起，有一条短的对角线形的通道，从宽敞的入口大厅通向楼梯井，在这里它们已经合并成中央壁炉。踏上楼梯，经过一系列的转向，产生一种强烈的空间压抑感，直到中央平台的中点位置，顶棚对人的这种拘谨感才得以消除。上面的空间从楼梯栏杆扩展到起居室和餐厅拱形顶棚的高度。接着到达了主要的生活空间，在这里，目光马上就会被户外优美的景色所吸引。通过在空间形式上对阴和阳（Yin and Yang）、水平和垂直（horizontal and vertical）、明和暗（light and dark）、室内和室外（indoors and outdoors）的不断转换，以及对注意力的吸引等方面的控制，赖特不仅控制了光线强度，而且创造了一种预期的氛围：加强了人们注视目的点的效果。

这个例子中很重要的一点就是目的点是起居室、餐厅、南面阳台与北面门廊而不是壁炉。赖特更侧重于建立室外视线，而不是让视线集中在壁炉上。赖特把壁炉边上的座椅减少了一半，因为他想把室内人的目光透过安有玻璃门的墙，引向南侧阳台优美的中景，那里胸墙捕获了树木和周边环境开敞空间的视线景观，并将它引向主要的生活空间中。赖特很关注南面借景的作用，因此他在餐厅的东南角建了一个小阳台，为达到借景的目的提供了一个额外的观景平台。

赖特对罗比住宅户外生活空间环境进行设计的一个重要的目的是：在如此靠近两条公共人行道，并如此朝户外开敞的地方创造一个舒适的生活空间。无疑，他不得不围合户外生活空间，以确保场所的私密性，就像格兰特·希尔德布兰德（Grant Hildebrand）所说的那样：“南侧平台的胸墙被用来阻挡来自邻近人行道的视线；在外面能看见那些法式门顶上的木边，并且在主要楼层空间的外面根本不装玻璃。楼上卧室设置的种植器也起到了很好的遮挡视线作用，这样的设计使得卧室以及室内的其他地方的隐私不被外界看见。”[222]但是室外生活空间不得不通过增加砖墙的密度来减弱噪声的影响。因为街道上的噪声在一条对角线上直接向外和向上扩散，阳台胸墙的高度和厚度对声音传播途径有直接的影响，同时，它们也能减弱从底层到顶楼各个吸收点上的噪声影响。环绕车房周围的围墙有着夸张的高度，目的也是为了保护隐私以及减弱噪声，就像赖特故意把南侧庭院的水平高度降低到低于街面高度 18 英寸以下那样。风景园林师约翰·西蒙兹（John Simonds）解释道：“地域对噪声是敏感的，噪声甚至可能会渗透到住宅之中……空间可以把声音反射回去，或者向内反射……对于声音，和光一样，入射角等于反射角。人们暴露于噪声中，必须考虑墙的形状、斜坡以及建造合适的建筑外形。”[223]

从台球室到南侧花园，赖特沿着法式门的墙设置了 5 个墩柱，这反映出赖特既注重公众的视点，又不放弃底层生活空间的舒适性。其中三根柱子和赖特在达尔文·马丁住宅的餐厅南墙安置的柱子有着同样的功能：柱子就像垂直的百叶窗窗帘，能够让自然光进入，并且不会阻碍室内人的视线，但是限制了过路人朝里看的视线。同样，这些柱子也符合赖特建造南庭院的意图：在各个季节改善天气对庭院的影响。通过降低整个庭院的高度以及在门的前方安装砖石平台，赖特建造了一个细长的太阳能板，这个太阳能板能够在秋冬季太阳低照的日子里收集一整天太阳从东到西移动时的热量，五个墩柱也能够收集并且储存这些太阳热量。反过来，外悬阳台的深度因为位于正上方，因此很狭窄，屋檐则更加外延，这样可以在春天和夏天防止高角度的阳光暴晒室内。当所有的门都敞开时，这些门就和赖特为这个房子设计的复杂通风系统一起起通风作用了。[224] 起居室、餐厅和游戏室的突出部分也应视为受到了环境意识的感悟。通过把突出部分伸出外墙，使四扇艺术玻璃窗和旁边的镶条朝着 4 个不同角度的方向，赖特的设计使得室内从黎明到黄昏的自然光都很充足，比传统的扁平面玻璃窗，甚至比凸窗都更有效。

罗比住宅整个复杂精妙的设计，是赖特把建筑科学以艺术手法应用于地势平坦的城市用地上的结果。通过这种设计手法，赖特实现了在住宅设计中关于日本禅宗原则的每一个细微差别,因此亨利希·英格尔(Heinrich Engel) 形容道:“功能组织把房子与环境相互联系起来，但花园是在比例上而不是在规模上给室内外空间带来了心理上的紧密联系……所营造的空间不仅是三维的，例如建筑本身，它的扩展和房子内部空间一样重要……住宅花园已演变成了具有连续性的空间单元，并且构成了房子结构的一部分，因此也并入了住宅的有机部分。”[225] 但是，罗比住宅设计和日本建筑几乎没什么联系，因为赖特在他的环境设计主色调上吸收并改变了东方设计哲学的本质。罗比住宅被看作是赖特晚期的草原建筑杰作，也是他晚期的杰作。因此，它也应被承认是赖特所建成的诸多草原建筑环境设计中的晚期杰作。

罗比住宅在 1926 年之前都是给单个家庭来居住，但此后，房子连同它的家具被卖给了芝加哥神学院（the Chicago Theological Seminary）作为宿舍。1948 年，作者与风景园林师佐佐木英夫（Hideo Sasaki）亲自到现场参观，此人是作者在伊利诺伊大学的讲师。此时，住宅已经破损得相当严重，窗户已经被满是涂鸦的胶合板封住；整个房子已经被计划拆除来建一栋新建筑。1957 年，韦布（Webb）和克纳普（Knapp）两家建筑公司买下了这栋房子，并开始紧急修复工作，以便用来作为他们管理和恢复海德公园城区的总部。韦布与克纳普两家公司于 1963 年把房子捐赠给芝加哥大学，同年，房子被指定为国家历史地标（National Historic Landmark）。1992 年，芝加哥大学建议弗兰克·劳埃德·赖特之家兼工作室基金组织（the Frank Lloyd Wright Home and Studio Foundation）一起合作，修复这所房子，使之能成为一座住宅建筑博物馆。基金组织同意，并正在制定一个完美的修复计划；三个车位的车库被改造成了一个书库，在装修的同时，公众开放计划也在制定之中。修复的费用估计为 300 万至 400 万美元，随着档案博物馆对公众的开放，整个工程估计于 2007 年竣工。[226]

赖特对于科恩利住宅、韦斯科特住宅、罗比住宅和其他住宅的环境设计作了极大的努力。巧合的是，在 1908 年至 1909 年的工作室期间，赖特在环境设计上似乎忽略了对一些当地不重要的住宅建筑的环境设计。对这一结论最为重要的证据就是由工作室设计的一个规划而演变的四个方案，这些方案分别是为尊敬的威廉·诺曼第·格思里大人（Reverend William Norman Guthrie）、弗兰克·贝克（Frank Baker）、沃尔特·V·戴维森（Walter V. Davidson）和职员伊莎贝尔·罗伯茨（Isabel Roberts）设计的。对格思里和贝克方案而言，惟一的不同就是顾客的名字，而罗伯茨和戴维森的两个规划方案则只有稍许变动。每所房子定位的标准是将有玻璃的两层立面朝向街道，就像在平面图显示的那样：

位于田纳西州、伊利诺伊州和纽约州相似的住宅规划图中的太阳高度角和风向的季节性变化图（1908–1909 年）

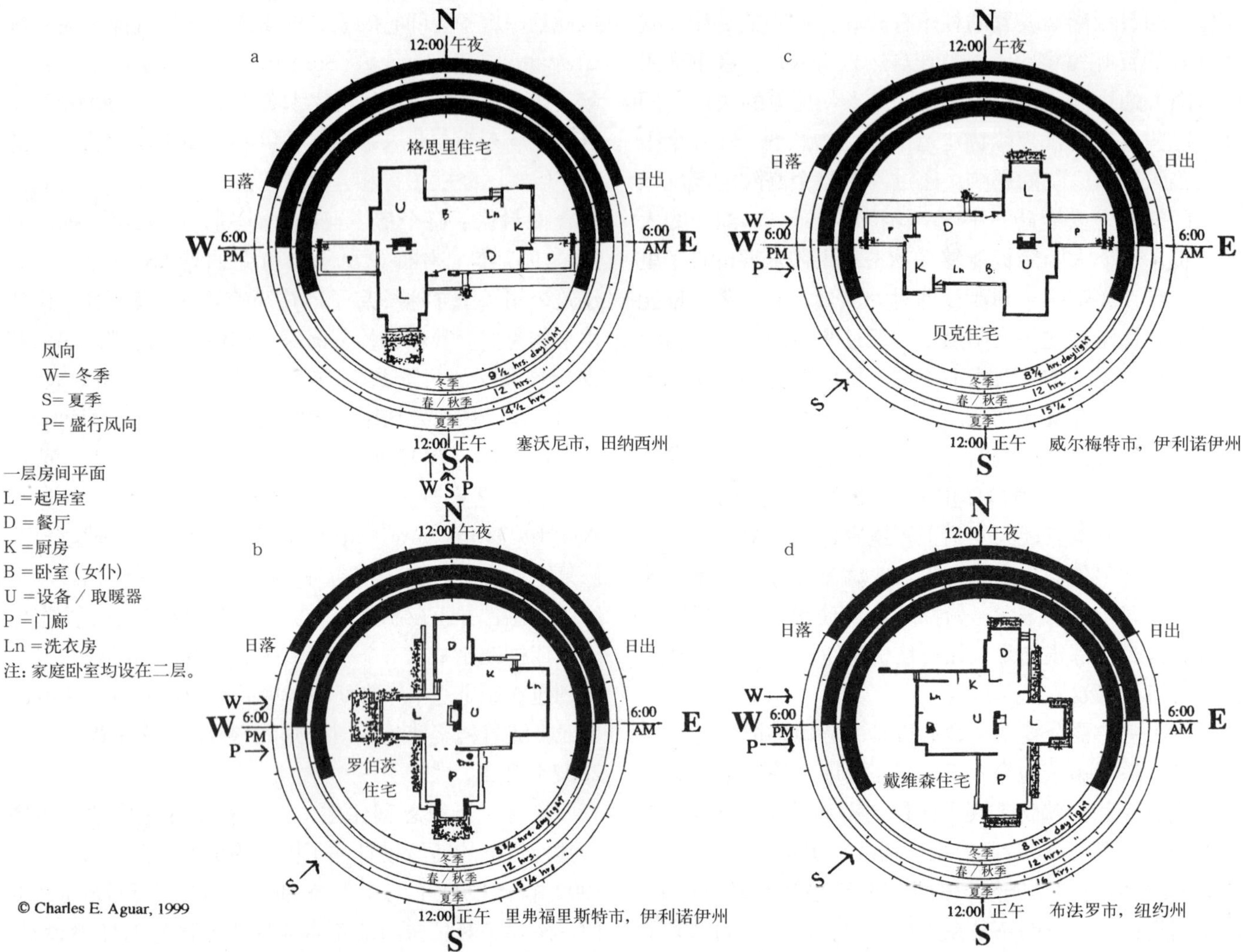

图 3–77a–d 不同朝向和纬度的四所房子，受太阳高度角和季风影响示意图（查尔斯 · E · 阿瓜尔于个人分析和记录的规划图绘制。© 由弗兰克 · 劳埃德 · 赖特基金会，亚利桑那州斯格特达勒市提供，2002 年。© 贝蒂安娜 · 阿瓜尔提供，2002 年）

每个房子朝向一个不同的主方位（图 3–77a–d）。在这个过程中，忽略了每个场地的纬度、气候因素的影响。因此，对于这四座住宅，赖特首先收回了那些赞扬每座房子的华丽语言，即他常说的这些房子的设计是根据“充分考虑场地、客户需求、尊重环境及居民的生活方式来进行设计的”。[227] 因为格思里的规划方案是惟一满足这一设计标准的方案，所以作者猜测方案的最初客户是格思里，这个推测也被对现场每个建筑的布局及朝向的因果关系分析结论所证实。

威廉·诺曼第·格思里大人（Reverend William Norman Guthrie）的私人住宅，塞沃尼市（Sewanee），田纳西州（1908年）

格思里住宅坐落于查塔努加（Chattanooga）西北方向40英里处，北纬35°12′。赖特建议选址于此，这样这座两层楼的住宅的起居室有玻璃的立面就面向正南，即朝向街道。早先的草图，作者认为是格思里住宅的布局，从这个草图中可看出整个场地规划，二层楼的立面以及屋顶结构，赖特将概念设计成正式文本并没有花费太多时间。一张小小的草图清晰地体现了赖特充分考虑到了场地树木的方位，并且很好地利用了树冠的庇护作用，同时也考虑到了竖向对比关系（图3—78）。如果房屋选址和定向按规划方案施工，那么起居室和餐厅将充分利用夏季盛行的南风，此外，主要的生活区将常年明亮、通风。外伸的屋顶和有落叶树的树冠会在夏天阻止多余的光线与热量进入室内，在冬季也会最大限度地利用太阳能。

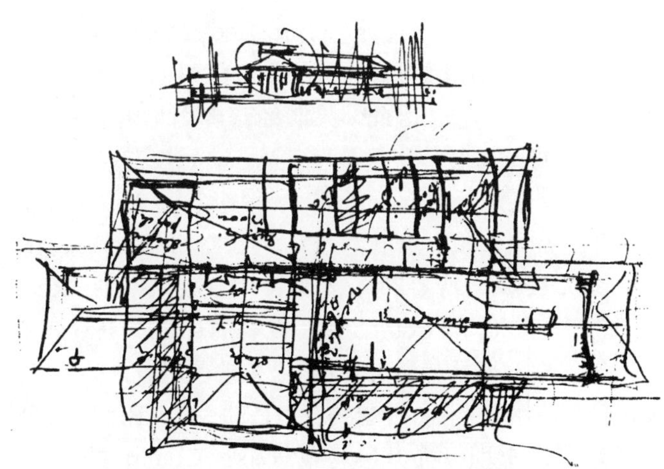

图3—78 赖特为田纳西州塞沃尼市的威廉·诺曼第·格思里大人的私人住宅设计勾绘的草图（1908年），重叠的屋檐线是对太阳光的利用与防护。这草图还表明了对现有树木的考虑（© 由弗兰克·劳埃德·赖特基金会，亚利桑那州斯格特达勒市提供，2002年）

弗兰克·贝克（Frank Baker）住宅，威尔梅特市（Wilmette），伊利诺伊州（1909年）

贝克住宅距离芝加哥北部4英里，距离格思里住宅北边500英里，北纬42°5′，这里1月的最低温度是19°F（比田纳西州的温度要低14°F），积雪量是格思里住宅所在地区的10倍（38.6英寸）。然而，贝克住宅是旋转180°向公共街道的，两层起居室的正立面朝北，因此也暴露在从密歇根湖（Lake Michigan）吹来的寒风中。同时，这样朝向的房屋将不会从夏季盛行的西南风中受益。[228] 同时，这样也会造成主要的生活空间获得很少的太阳能，不过在厨房西墙的一侧，却过多受到太阳照射，以至于不得不安装遮阳篷。相反，南向的外延屋顶的功效被大大打了折扣。

沃尔特·V·戴维森（Walter V.Davidson）私人住宅，布法罗市，纽约州（1908年）

戴维森住宅在格思里住宅的方位上旋转了90°，两层楼的正立面朝向正东。因此，起居室在冬季不能很好地接收太阳光的照射。只有南侧墙的角落在日出时有充足的阳光，而在夏季这里却整天暴晒在强烈的日光下，同时，这里也不能在夏季充分利用来自西南方向的风。

伊莎贝尔·罗伯茨（Isabel Roberts）住宅，里弗福里斯特市（River Forest），伊利诺伊州（1908年）

伊莎贝尔·罗伯茨住宅可以说是戴维森住宅方案的镜像。因此朝西的两层起居室的正立面完全暴露在盛行的北风中。向西的朝向，在夏季也导致很多天数的暴晒。同时，餐厅与厨房仅仅能采集到反射光，夏季的西南风也不会直接吹到这个区域。所以，在夏季，如果不开空调，卧室的舒适程度将会大打折扣。虽然赖特努力想保留现有的遮荫树，让树冠改善不良的环境——甚至环绕一棵英国品种的榆树建造了朝南的起居室门廊和屋顶，历史照片显示：在早期，窗户的遮阳棚横跨着起居室延伸在外的窗户。[229]

在三座住宅当中，罗伯茨住宅是惟一的一座有两层花池横跨正立面的建筑，并且花池和低倾斜度的屋顶连成一体，也表达了赖特想要创造一种水平层次感的意图。在20世纪90年代，沿街的立面景观也反映了许多变化。20世纪20年代中期，哈里·罗宾逊被雇用，他以亮棕黄色的砖饰物来修复破裂的灰泥和木头饰物。接着，在1955年，即在这个建筑建成46年后，赖特被当时房屋的所有者沃伦·斯科特（Warren Scott）邀请重新改造这座建筑。此时赖特并不反对改变原来的设计，只要对户主有好处。在建筑的改造过程中，赖特安装了空调与铜屋顶建筑材料，并用钢材加强了下凹的屋顶悬臂，而且，通过围合卧室门廊，室内生活空间得以扩展。在这些改造过程中，赖特仔细考虑了在屋顶的开口处安置橡胶密封垫，以此来保护那棵榆树，并且扩宽地面以容纳树干，以及在树根部安装一根水管（图3–79）。这棵树一直活到20世纪90年代，这也证明了即使是一棵树，赖特也要考虑它美学与环境上的用途。

关于赖特对客户态度与场地规划的想法的极大改变，一个可能的解释就是，他立志要寻找一条道路来改变他的生活。据橡树公园的雇员约翰·S·凡·卑尔根（John S.Van Bergen）说，赖特当时在处理工作室的工作中，

图3–79 位于伊利诺伊州里弗福里斯特市的伊莎贝尔·罗伯茨住宅一景（1908年修建）。展示了一棵穿过门廊屋顶的英国大榆树，在建筑修建了将近一个世纪后，仍然健壮的生长着（照片由查尔斯·E·阿瓜尔拍摄。© 贝蒂安娜·阿瓜尔提供，2002年）

显得“太分心了”，因为赖特卷入了与玛玛·波尔斯威克·切尼（Mamah Borthwick Cheney）[以前客户埃德温·H·切尼（Edwin H. Cheney的妻子）]的麻烦事情中（1903年）。[230] 凡·卑尔根坚持认为大部分的设计工作是由玛霍妮和德拉蒙来处理的，特别是在蒙大拿州的比特鲁特镇规划中，引用了玛霍妮的那些“非常漂亮的透视图”。凡·卑尔根很可能是对的，他认为是玛霍妮与德拉蒙完成的详细设计，几乎没有任何证据可以说明赖特做了些什么，他只是非常热衷于比特鲁特镇项目的概念规划过程。城市规划过程的发展在那时还在进行中，赖特可能很想在这个有前途的行业里积极努力，以便能够有所成就。然而，为了了解赖特为什么带头探索比特鲁特镇项目规划，就必须了解在赖特介入此项目之前的所有历史状况。

按照历史学家唐纳德·利斯里·约翰逊（Donald Leslie Johnson）的说法，1850年之前，位于蒙大拿州偏远的比特鲁特镇并没被作为居民点。在19世纪80年代前，农业发展没有成为该地区发展的一个关键因素，直到北太平洋铁路（North Pacific Railway）的一条支线延伸到这个区域。[231] 到1900年，苹果成为当地重要的经济作物，“大红麦金托什”（Big Red Macintosh）苹果扬名世界。然而因为新种植的果园需要七年时间才能使果树成熟并丰产，因此，果园经营者们想出了一个房地产发展的计划来提升苹果的产量，就如投资者的投资行为一样。芝加哥的金融家W·I·穆迪（W. I. Moody）雇佣了芝加哥人弗雷德里克·D·尼科斯（Frederick D. Nichols）管理比特鲁特镇灌溉公司（the Bitter Root Valley Irrigation Company）或者简称BRVICo公司的工作。此人正是赖特1906年给弗雷德里克·D·尼科斯设计草原住宅的同一个客户。正是同一年，BRVICo公司开始建造水坝以提升科莫湖（Lake Como）的水位，以及挖掘大水渠灌溉该地区。到1908年11月，赖特被正式委托来规划这个项目，至少有18位美国中西部学者被邀请参加这个项目，像芝加哥的一个高级市政官员弗

兰克·I·班尼特（Frank I. Bennett）也在邀请之列。穆迪和尼科斯一定相信，宣布他们这个设计项目，掌握在一个有声望的建筑师手中，可以使投资界确信高地大学是合法的并且是值得考虑的投资项目。[232]

科莫果园（Como Orchard），高地大学校园社区（University Heights Community），比特鲁特峡谷（Bitterroot Valley），蒙大拿州（1909年）

据报道，赖特在1909年2月与BRVICo公司官员一起对科莫果园–高地大学的选址进行了考察。当时，在萨费尔群山（Sapphire Mountains）山脚下做场址调研，其困难可想而知。在考察中，赖特对那崎岖的地形，包括组成大陆分割带的比特鲁特山脉（Bitterroot Mountains）的山脊背景，一定产生了深刻印象与灵感。赖特肯定也意识到坐落在西南面2英里远、隐藏在山脊后的科莫湖的巨大吸引力，该山脊要高出湖面1800英尺。

赖特将高地大学的中心会所选址在一个相对平缓的下坡地带，其后面是陡峭的山崖和层次分明的阶梯地段，它一直向下延伸到了邦克豪斯山涧（Bunkhouse Creek）（如图3–80所示）。学校会所的入口坐落在垂直轴线上，

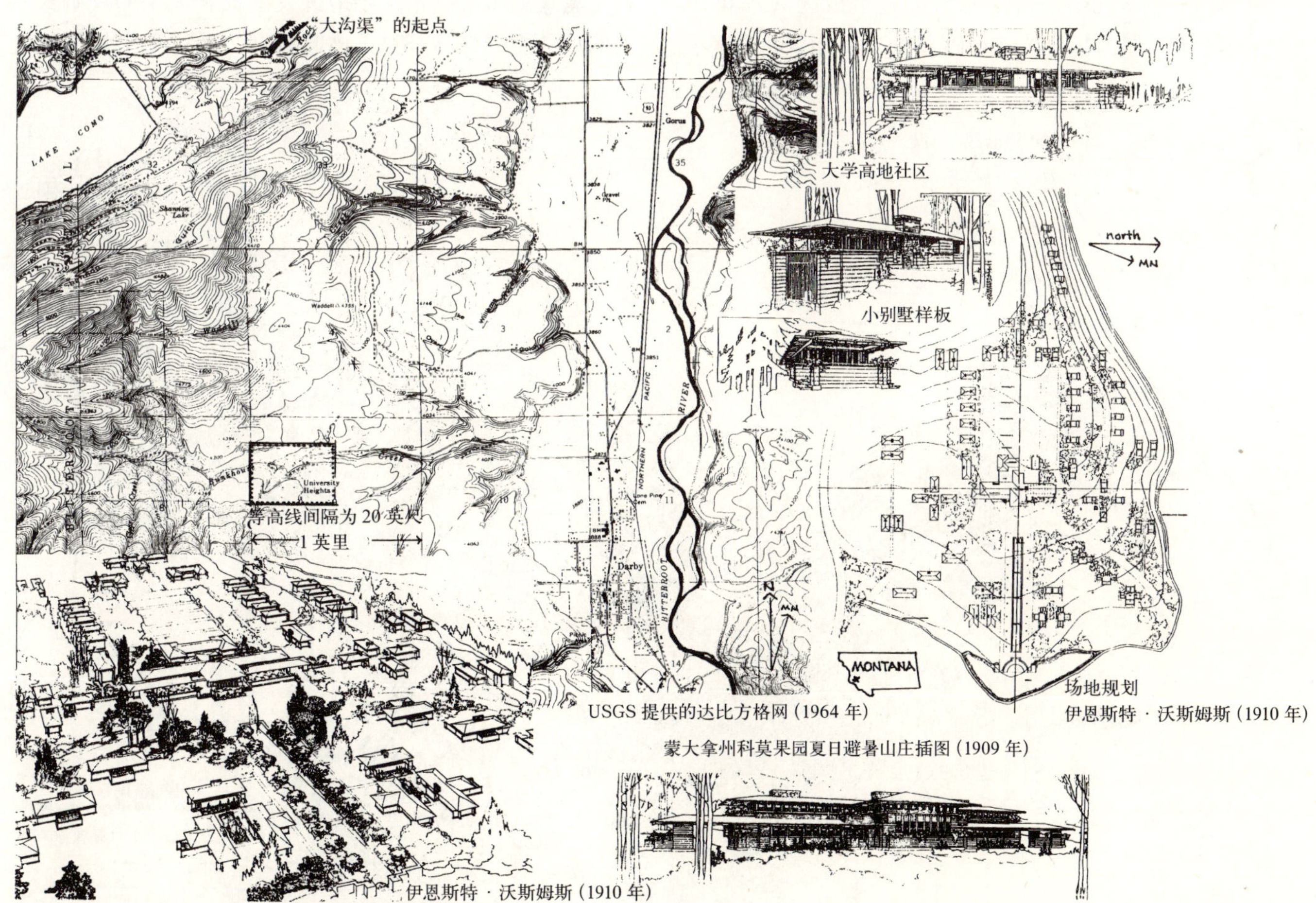

图3–80　赖特为蒙大拿州达比市的科莫果园夏日避暑山庄所作的场地规划和透视图（查尔斯·E·阿瓜尔于个人分析和1910年《沃斯姆斯代表作选辑》授权的历史记录规划图绘制而成）

入口处有一间歇性喷泉，该喷泉处于延伸的水景源头，最后又将水汇入其基部的一个池子内。两侧是人行道和成行的树木，水景成为视觉焦点，沿其边长间隔着一些台阶以分散地布置大约15英尺的高差。在选址与布局上，通过建筑前方大量的视景窗，能纵览到水景及比特鲁特峡谷景观。建筑后部是地形高低错开的网球场等休闲用地，其面积占到了该场地的四分之三。这个选址因其坡度较为缓和而显得较为适宜。然而，赖特把那些带停车场的较大尺度的服务性建筑布置在10英尺高的坡地上，从会所看去，这一点却有损山脉背景的景观。

拟建的61栋小木屋中，较大的建筑成区成片布置，较小的建筑大部分依自然地形规整地成行布置。在透视图中，所有建筑的屋顶在高度上看来似乎是平齐的，这种几乎不可能保持屋顶处于同一高度的情况之所以转变成了可能是因为该地地势最低处到最高处有45英尺的高差，这就意味着从一个30英尺高的建筑平台一端至另一端之间有10英尺的高差变化范围。建成的“几个农舍样板”清晰地解释了为什么要用大量基础结构和“填充”建筑去取得这种视觉上的水平错觉。

不知是有意还是巧合，赖特的规划与伯纳姆1905年对菲律宾群岛上的吕宋岛碧瑶市的规划布局有极其相似之处，他们之间有着设计理念上的联系与共同之处，尤其是建筑的质朴风格，场地开发模式和大量的规则式水景的应用[233]（图3—81）。由此可见，当时那个地区肯定

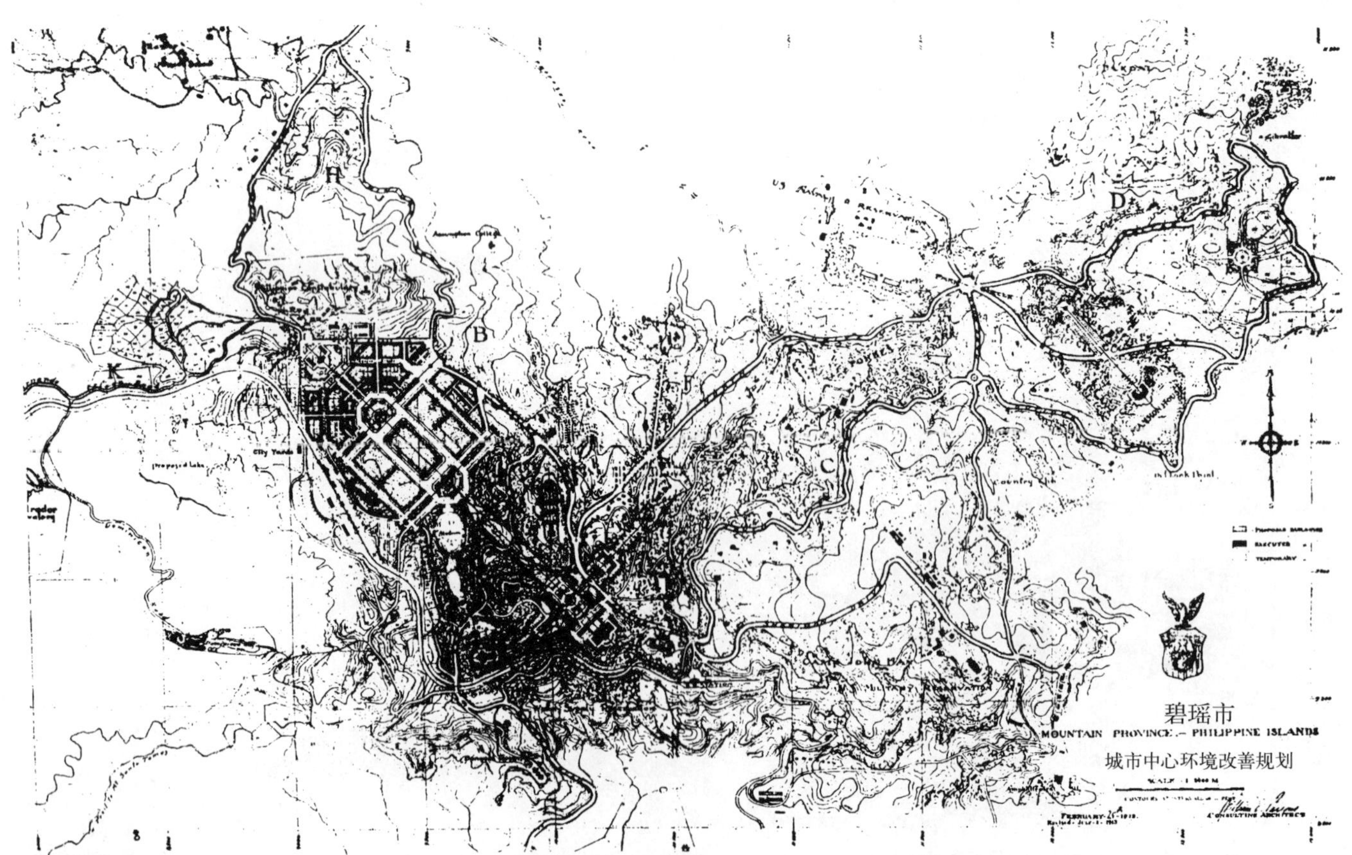

图3—81 丹尼尔·H·伯纳姆为菲律宾的碧瑶市所作的规划图，很可能激发了赖特在蒙大拿州比特鲁特镇项目中的布局设计（由罗宾逊·费谢尔惠赠）

有对伯纳姆作品的刊物介绍或某种形式的作品展示，因为即使有名的芝加哥人一般都没有在边远的地方开发新城镇的打算。甚至在1905–1909年间，赖特与他称之为“丹叔”的伯纳姆很可能有过私下的讨论。[234]这个项目规划为赖特提供了第一次社区规划的机会。而他在比特鲁特镇规划（the Bitter Root Town Project）中更是融入大量伯纳姆在碧瑶市（Baguio）规划中与城市有关的元素，以至于规划结果与伯纳姆的规划有渊源关系。

比特鲁特镇规划（Bitter Root Town Project），比特鲁特峡谷（Bitterroot Valley），蒙大拿州（1909年）

据说，从夏季聚居地踏勘后回到芝加哥后，BRVICo公司官员就决定委任赖特新的任务，其中就包括比特鲁特新镇的规划，打算把它建设成该州的第四大城镇。该地在现有聚居地东北面，约35英里的距离，正好在比特鲁特河对面。[235]至于是否在赖特考察蒙大拿的短暂旅途中就已将该城镇的规划委任于他，或是在此期间曾与赖特讨论过此规划，就不得而知了。因为BRVICo公司官员直到1909年后期才开始推动新城的开发。[236]

在对场址选择的过程中，首先考虑的是相邻的一条3英里宽的山涧（Three Mile Creek）与一条南北向的州际公路即东边高速（Eastside Highway），它将整个场地一分为二。赖特把这条公路处理为他规划中的第二大轴线，并且把城镇的中心就建在该南北向公路与东西向轴线的交汇处，将东西轴线规划成宽阔的林荫大道，两侧布置有矮墙、雕塑，以及起环境景观节点作用的各种大的喷泉（图3–82）。并且把铁路站安排在城镇中心的地势较低处。他把景观区块安置在东边和西边，以致向外看时就像跨过一个花园。在人、车交通分流问题上，尤其是商业区的交通问题上，赖特也是颇费了一番心思，如同奥姆斯特德与沃克斯（Vaux）设计的纽约中央公园地带一样，赖特甚至考虑在公路下面规划电气铁路作为开放的“地铁”。赖特在这样一个偏远的地方做如此复杂的电气化交通规划，在很多人看来并非明智之举，但这种看法随着时代的推进而改变了。约翰逊认为：“在1909年早期，许多人建议把铁路建在峡谷东边，便于东爱达荷州与比特鲁特峡谷的联系，也可促进农村工业的发展，以及北太平洋（North Pacific）对峡谷东部的辐射。另外，也有人建议把电轨从密苏拉（Missoula）南部延伸到汉密尔顿（Hamilton），甚至越过萨费尔山延至阿纳康达岭（Anaconda），其实赖特提议修建分割城镇的道路就是这条电轨线。”[237]

规划的商业街区中分为13个小区，几何规整地排列

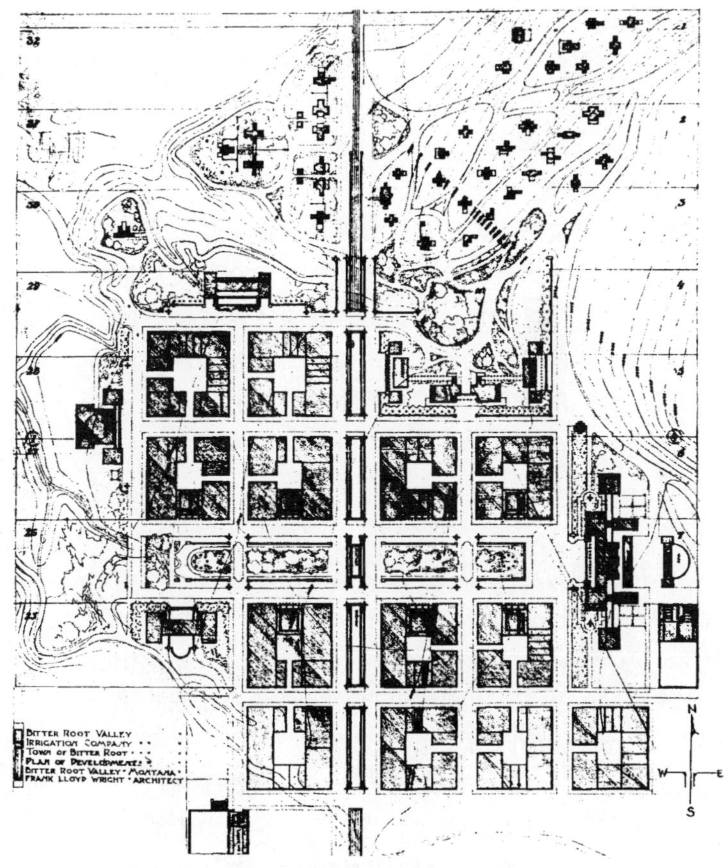

图3–82 赖特为蒙大拿州比特鲁特新镇所作的规划布局图（© 由弗兰克·劳埃德·赖特基金会，亚利桑那州斯格特达勒市提供，2002年）

成四个网格状。所有的商业服务建筑都沿视线面向其他纪念性建筑，布置在主轴线范围内。这种几何规整布局风格曾遭到一些历史学家的批判，认为它与该地区不规则的地形极不协调。但是赖特自己对此设计从未作出任何解释，用伯纳姆在“菲律宾吕宋岛碧瑶市规划”（Plan of Baguio， Luzon， Phillippine Island）中的部分思路进行解释似乎是适当的。文本中伯纳姆对当时城市美化风格的逻辑与原理的阐述同样适用于赖特的规划：

> 通常认为，几何规整的街道系统对城市紧凑的建筑布局最为方便有效，所以，整个规划中的目标定位是在尽可能适应不太规整地形条件下，采用规则式规划方案。乍看去，规则式道路系统显得有点呆板，与当地地貌不和谐。但是，这种缺陷在任何规整的布局中都是难以避免的。而要保障道路系统的便捷，其目的就是要求街道通畅，让山边节点贯穿街道线，允许大型建筑等节点邻近街道……相反，如果追求道路与山地地形吻合，追求曲径而舍弃规整式道路的纵景、远景效果的话，就会忽视城镇规划中对大型建筑物的考虑，当然它可以减少因地形等级差异而需改造的土方工程。意大利和法国的山城，更不用说日本的山地城市了，就有很多这方面的例子，在规划中为了道路的便捷通畅，常常将道路拉直到山地中的一些重要节点。[238]

赖特这种通过规划宽阔规整大道，并处理为规划中轴线的方法与伯纳姆在碧瑶市中的规划方法的解释正好吻合：“道路轴线已设成了一个草皮绿挂毯式的城镇中心开放休闲地……可以把到城镇的铁路处理为通往城镇的入口……处理为面向商业中心的轴线，这样一个端点可以成为一个给人印象深刻并恰当的入口……政府建筑，考虑到它与商业区之间的可达性，及它在城市中的特殊作用与地位，应该在规划中突出它在城市其他建筑间的位置，并有便捷的交通。”[239]

在赖特所规划的两个社区中的商业区有许多相似之处。所有公共或半公共建筑及沿着比特鲁特镇商业区边缘的休闲地带，按照蜿蜒的河道及曲折的地形，坐落在弯曲的街道两侧，这些都曾出现在奥姆斯特德设计的里威赛德景观以及在伯纳姆对碧瑶市的规划中。伯纳姆曾写下“为了提供大量的休闲地……山谷有着延伸的草地，形成了一条连续不断的景观道。在城镇西部还有大量适合游憩的地带，周围环绕的山形成了一个自然的山谷。”[240]公共与半公共用地的布局在赖特规划中最具特色，有大量的自然景观被有效地纳入到城镇中心，从原始的自然景观到规划整齐的苹果园、花园、成行成列种植的树木、灌木与花境、公共雕塑以及其他非自然城镇景观。

位于比特鲁特镇商业区西北向用于开发郊区大房子的街道与作为轴线的高速铁路成45°角，就像伯纳姆在规划碧瑶市住宅区时设计的网格对角线道路。但是，伯纳姆是在指南针的四个点上将对角线联系起来的，让“房屋的四个面都能在每天的一定时段受到阳光直射”[241]，可是，让人费解的是，赖特将诸多独立住房都以完全南北或东西向布局，根据自然地形布局的建筑很少。有些坡度的倾斜率甚至大于25%，许多房子是垂直山谷而建，所以，从一栋建筑的一端到另一端有15英尺的高差。而且，每个街区都很小，由此导致街道系统多而散，有些街区有两条街，有些有三条街，以致在有些建筑间的街道仅相距20–30英尺，造成1909年蒙大拿州社区过大的建筑密度。

事实上，赖特对胜任比特鲁特规划相差甚远。他对开发一个敏感山地地区，并没有什么技术经验，这种地方土地贫瘠，岩石裸露，气候变化大等等，都要求在规划中作出特别考虑。而赖特有限的工程经验与技术训练都不能为这个规划提供很大帮助，而且他对当地环境也没有多大了解。尽管当时他已做了160多个规划项目，只有3个（即哈迪、格拉斯内和韦斯科特）设计有场地地形差异问题，因此，他有一定的经验怎样最好地对场地地形的明显做些补偿。

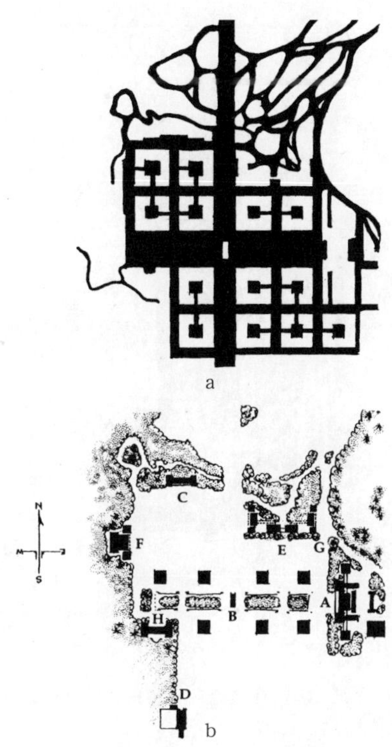

图 3–83a–b　比特鲁特镇街道和交通的定位（图 3–83a），公共建筑和开放空间的分配情况（图 3–83b）（查尔斯·E·阿瓜尔于个人分析和 1910 年《沃斯姆斯代表作选辑》授权的历史记录规划图绘制而成。© 贝蒂安娜·阿瓜尔提供，2002 年）

最后，小于常规尺度的那些分区，多模式的高速公路和铁路，和宽阔的景观大道占了超过 60% 的土地，主要用于人、车流集散，公共交通等其他道路用地（图 3–83a–b）。有可能是因为基础设施所需要的昂贵成本，BRVICo 公司官员对赖特过于铺张的规划持否定态度，相反，他们请当地一名调查员做了一份按比率缩减的大致平面图，包括干涸的沟壑中不能建筑的地块，这份图纸作为政府所做城镇规划的历史记录而保存下来。尽管 BRVICo 公司官员直率地拒绝了赖特所做的比特鲁特镇规划，认为这是他的个人表现，但是，很明显，无畏的赖特在建筑设计上投入了大量的时间精力与财力，对比特鲁特进行了非常细致的设计，而这一有名的“比特鲁特村庄规划”却并未载入史册。

比特鲁特村庄规划（Village of Bitter Root Development），比特鲁特镇（Bitterroot），蒙大拿州（1909 年）

很明显比特鲁特村庄规划完全是经过缜密思考后的规划，它是赖特本人经过慎思计算后的决策，不是马虎了事对待的。至少，赖特想证实自己，能够在城镇尺度规划中创造出与众不同、独具新颖的景观规划。不论什么理由，“村庄”理念总是表达一种非规整的规划思想，在这种理念中，行人尺度比城镇规划中那些矫揉造作的手法更适合于比特鲁特峡谷。这个规划也证实了赖特作为一名环境规划师、设计者在环境设计过程中有过较为成熟的自我反省。

赖特规划的村庄表现出延森（Jensen）的流动空间自由形式的风格，但是边缘和种植却是格里芬式风格（图 3–84）。在街景的细节处理上颇费心思，包括市场旁边的一条水槽、小桥、种植床、不同梯度的台阶及自然式水体的表现等。重新设计了东边公路上的桥梁，利用一个水池及一条沿旱谷的绿带来分割道路，桥两侧建有人行道。每一个重要建筑都与独特的环境结合构成不同景点，如水池、公园等周边环境对旅馆的衬托，哈里特公园（Harriet Park）对乡村图书馆的衬托等。建筑设计元素被有力地表现出来，以致大多数住宅的一层规划中几乎都是对建筑的详细设计。如果要指出一个城镇中心的话，那非开放氛围（Open Air）市场莫属，它是一个矩形的商业区，从所有建筑窗户中都可以看到一个闭合的购物大厅，形成了一个核心式的中庭景观。村庄规划也体现出建筑与区划线及结构之间的联系，比建筑与地形之间的联系更重要。一个正对着商业中心的街区的布局有各种各样的背景、侧院和主入口等。拐角处也处理成花园形式。有人认为这是赖特把街景处理得比他在住所规划中对前院的常规处理显得更为灵活的一面，这个村庄规划可以从 BRVICo 公司购买到，但并不会由赖特办公室对其选址建设进行监督。

在赖特的设计中，仅有一栋建筑在该区域建成，即比特鲁特旅馆，一栋两层的木结构建筑。尽管旅馆周围

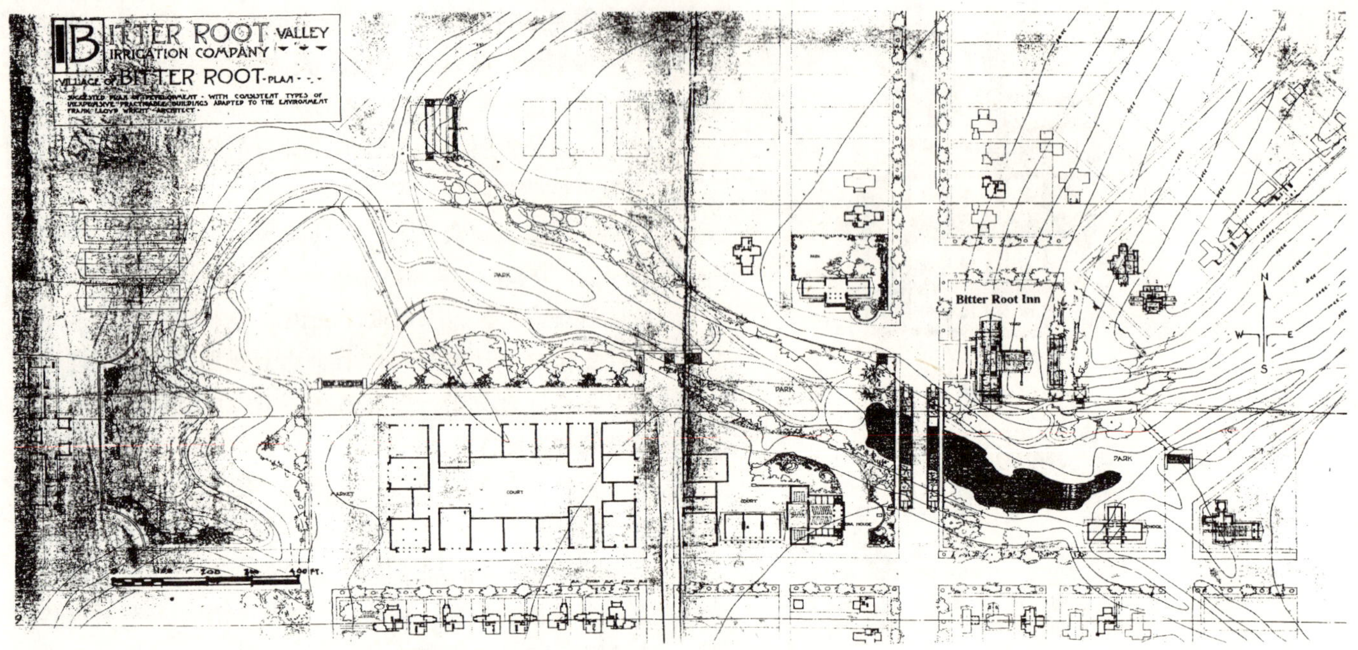

图 3–84 对比赖特为比特鲁特镇所作的宏伟而自负的规划，他对比特鲁特村庄所作的设计更显示出一种成熟、自由而符合行人尺度比例的特征，从而更加适合该地区的规划（© 由弗兰克 · 劳埃德 · 赖特基金会，亚利桑那州斯格特达勒市提供，2002 年）

那花园一样的背景并未按规划建设出来，但蒙大拿州历史协会档案（the Montana Historical Society）中的照片还是见证了该地规划的平面与效果图与塔里埃森档案中的情景惊人地相似。

橡树园工作室的关闭

1909 年 10 月，在去欧洲之前，赖特关闭了作为他事业基础的橡树园工作室。赖特首次去欧洲旅行的目的，是为了巩固和伊恩斯特 · 沃斯姆斯（Ernst Wasmuth）的谈判契约，即完成他的作品的专集，并为出版参与完成绘图工作。当赖特在玛玛 · 波尔斯威克 · 切尼（Mamah Borthwick Cheney）的陪同下，远航去欧洲时，所有要出版的图纸实际上已完成了。他们直到 1910 年 10 月才返回美国。这次欧洲体验可以看作是赖特长达一年时间超脱现实的体验。根据凡 · 卑尔根（Van Bergen）理解，赖特已经“为航程制定了神秘的计划”。有一段时期，他宣称赖特“当诸多杰出的项目完成前就草率地关闭了工作室。他在项目完成前就全部收集了这些项目”。[242]

赖特最后把所有的委托项目都托付给了赫尔曼 · 霍尔斯特（Herman von Holst），赫尔曼在施泰韦大厦拥有一个设计办公室已经有好几年了。接着，他又安排玛霍妮，为最后的这些委托人履行所应承担的责任，以维护工作室的信誉。许多以前的工作室职员，在经历一段时期的模仿或适应赖特的个人风格后，按传统方式开始了他们独立的设计生涯。在约翰 · 劳埃德 · 赖特写的一本书《我的父亲在人间》（My Father Who Is On Earth）中认为，橡树园工作室的职员是一群“对美国现代的前期建筑做出了诸多贡献的人们，同时他们也使得我父亲今天赢得至多荣誉、信任和认可”。[243]

第 4 章
关键时期：1909—1915 年

赖特并没有太多谈论或写过他在欧洲游历的经历，却经常提起许多令他印象深刻的所见所闻，而这些都是关于在土地演变过程中，建筑是如何与土地的利用和地形的演变有机统一的。在英格兰："那些古老的英格兰建筑……不仅仅属于那里，还属于居住其中的人们。"[244] 意大利："意大利没有看起来存在缺陷的建筑。所有的建筑都很好地承载了属于自身的装饰特色和色彩感，就如同那儿的岩石、树木及花园中的坡地一样地自然，并与它们很好地融合，浑然一体……这些建筑静静地屹立在那儿，并与那儿的环境融合为一个有机的整体。"[245] 显然赖特也还有非常独特的一面，即清晰而简明的世俗性。在托斯卡纳（Tuscany）时，他看遍了那些表面粗糙、砖石砌成的歌特式建筑。他还写道："当某一天你有机会来到意大利，那么去翁布里亚（Umbria）看看，去阿西西（Assisi）看看。"[246]

赖特之所以对那些地方有如此高的评价，是因为托斯卡纳区的景色对于赖特来说是非常熟悉的：郁郁葱葱的山脉，幽深的峡谷，奔腾的河流，蜿蜒的小溪以及如镜的湖泊。这些景色常被游记文学描述为"诗画般的景观"。这所有的一切，与赖特的家乡威斯康星州的景色是如此地相像。赖特首先在文艺复兴的发源地——佛罗伦萨小镇——建造了工作室，但在这一年的春天将尽的时候，赖特把整个工作室搬到了风景如画的佛罗伦萨，那儿完全是一派中世纪建筑风格。他的工作室就位于美第奇别墅（Villa Medici）附近，地处半山腰上，从那儿可以俯瞰整个阿尔诺河峡谷（Arno River valley）。当初，美第奇家族是为了在乡村修建一处避暑之所。美第奇别墅凝聚着美第奇家族数个世纪几代人的心血。当然，美第奇别墅也成了 15 世纪至 17 世纪集意大利建筑之大成之作。值得留意的是，景观设计师诺曼·T· 牛顿（Norman T.Newton）也曾写道："意大利的别墅建筑与场地是一体的，建筑并不脱离当地环境而独立存在。"[247] 赖特也许早已领悟到这一点，而且这种理念与日本的哲学也有很大的相似之处。而这也正是赖特设计他自己的私人别墅——塔里埃森别墅时抱有的设计理念。

当然，赖特当年为了深入了解其他国家的自然景观和人文景观而广泛游历。他应该也参观了具有个人主义特点的中世纪（the Middle Ages）小镇。在参观过程中，他领悟了那时建筑物所围合空间的人性尺度。这些围合空间有城市广场、小镇中心集散地、小型公园、路边咖啡馆以及其他在中世纪保护性城墙内公众使用的亲密空间。然而，当赖特向人们提及令其有深刻印象的外国景观时，不是他曾提及的文艺复兴小镇及花园，也不是与之相媲美的中国园林、日本园林，而是广袤原野上耕种的农田。这跟他的童年成长经历息息相关，他的童年是在他叔叔的农场上辛苦劳动中度过的。成年后的赖特，作为一个环境设计师，深深体会了被开垦土地的艺术之美。在日本，"那些熟耕的农田被垒积得越来越高，形成一排排梯田状的蔬菜基地，如无数的绿色斑点点缀在大地上。"[248] 在英国，"那些优美的农田景观没有篱笆。"[249] 而意大利，"当你来到意大利，看到成片的田野，你将发现这些梯田状的农田是多么令人惊叹的景观。你极力所思也想像不出他们是如何营造出这种景观的。然后当你看到原野中的那些房子，它们与大地、原野是如此的和谐、优美。这种景观绝无仅有，除非在中国和日本还能欣赏到。”[250]

1910 年的 10 月，赖特回到了美国。表面上他是回来跟他的家人一起度假，顺便完成《沃斯姆斯代表作选辑》的序言，但实际上，更似乎是为了从身心上告别以往痛苦的生活经历。这可以从次年一连串的事件中看出：1911 年 1 月，赖特又到欧洲作了一次简短的访问，并同沃斯姆斯进行了面谈。3 月，他回到橡树园的家。在他 4 月 22 日的日记中详细记载了“安娜 · 劳埃德 · 赖特的小屋”（Cottage for Anna Lloyd Wright）设计方案及思路。这座建筑位于赖特家族产业的威斯康星峡谷中一个特别的广阔土地上，建筑外形是个巨大的“L”形。然而，就在这一年的 6 月赖特用同样的大尺度建造了塔里埃森住宅。

据记载，塔里埃森住宅是于 5 月份动工的。这一年的 8 月，爱德华 · 切尼（Edward Cheney）与玛玛离了婚，并得到了孩子的抚养权。而玛玛在塔里埃森还未建成时就搬到了那里。同时，原来的工作室被改造成住宅，留给基蒂 · 赖特（Kitty Wright）居住，他的四个孩子仍住在橡树园的家，而原来的橡树园的家则被改造成一个个租用单元，这样赖特离开后可以为孩子们提供生活来源。没有人知道这两个工程具体是什么时候竣工的，只是有报道说赖特是在 12 月份的时候离开了橡树园那个原来的家，搬到了塔里埃森的新家。[251]

在这一系列的事件中，1911 年至 1912 年间发生的三件事情对赖特 70 年的职业生涯有着至关重要的影响：伊利诺伊州的橡树园的改造工程（the Home and Stuio Remodeling in Oak Park），伊利诺伊州格伦科的谢尔曼 · 布斯住宅（the Sherman M.Booth Project in Glencoe），塔里埃森住宅的建造——塔里埃森住宅是位于威斯康星州斯普灵格林小城（Spring Green）附近赖特的新家兼工作室。

环境设计，1911–1916 年

住宅和工作室改建，伊利诺伊州，橡树园（1911 年）

赖特改建橡树园的住宅和工作室是为了适应其家庭成员的变动，同时也体现了赖特的家庭责任感。赖特花大力气封闭了组织内部交通的门，并在住宅的北边和东边分别设置了双层厚度、砖石结构的防火墙，从而赖特把原来的半圆形结构分隔开来。赖特在如何扩展室内生活空间以及如何控制室外空间等方面也作了很周详的考虑（图 4–1）。

赖特把住宅的一部分改造成租用房，是基于他和他的家人多年在此生活时感受到了不便，原来的住宅存在着诸多弊端。如住宅西边的方位问题以及南边大量的邻近住宅给赖特的家带来了很多的不便。因此，改造时首先从住宅西面着手，在那儿设计了一个门廊，把它作为内外空间的连接点，这样就可以为更多的室外活动空间提供遮蔽，还可以阻挡外面行人的视线。在整个改造工程中，赖特完全改变了回廊和屋前大草坪原有的用途和功能。

为了改正其车行道与前面邻居房屋之间空间过于狭小而带来的不便，赖特把建筑西南角的阳台移走。这样一来，就打破了整座建筑原来的水平比例。为了填补移走西南角阳台后所形成的剩余空间，他在此开辟了一个 11 英尺 ×30 英尺的小型花园。为了给花园营造一个幽静的环境，赖特在花园周围筑起了高高的围墙。

为了保留室内外空间最主要的过渡空间，赖特在南边入口大厅重新设计了一个主要出入口，这样一来，赖特及其家人就可以直接从车行道进入住宅。而很巧合的是，他把原来的前门正好移到了起居室西面墙的两个凸窗之间，而只有此处可以由上面的双斜面屋顶形成的山墙部分地加以遮挡。为了更好地遮挡这扇门，同时也给西面的起居室提供足够的荫凉，以及保持回廊的完整性和连续性，赖特在楼梯入口处设计了一个带有悬臂、向外延伸的格子架，格子架与回廊相平行，这样透过格子架就可

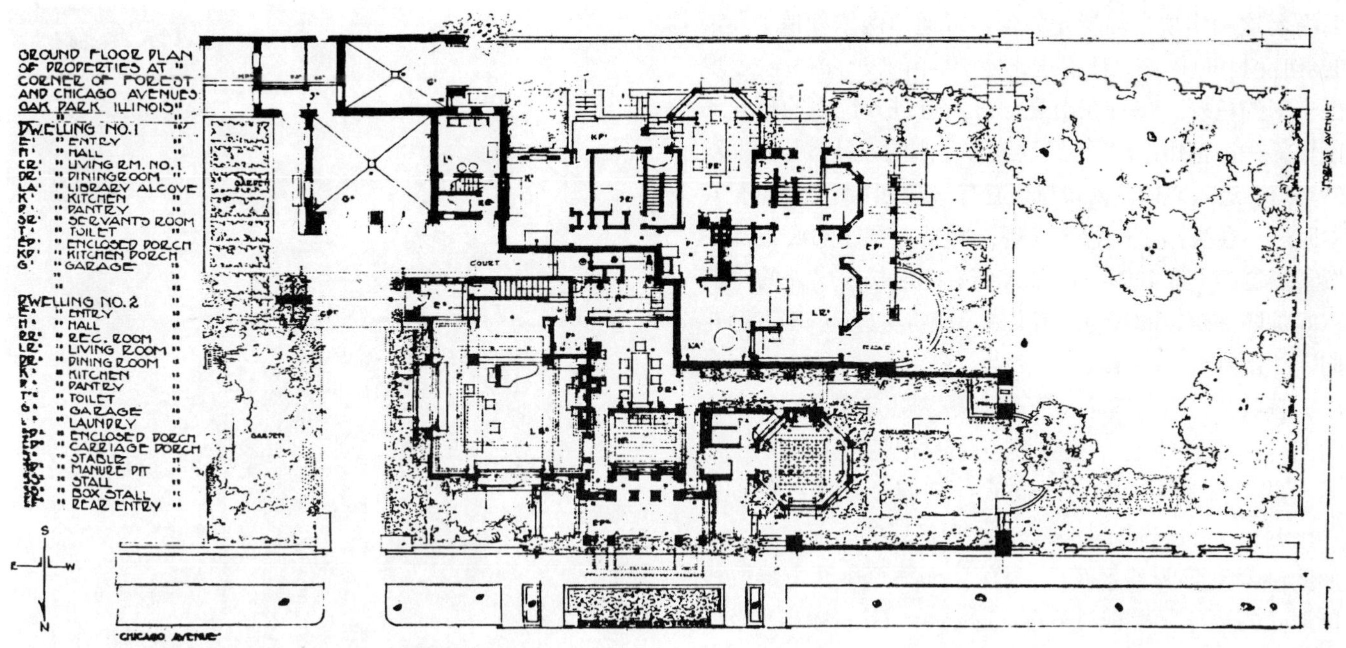

图4–1　1911年橡树园住宅兼工作室改造的场地平面图（© 由弗兰克·劳埃德·赖特基金会，亚利桑那州斯格特达勒市提供，2002年）

以看见车道及西边的大草坪。然后沿着车道内侧一直延伸到花园西南尽端的围墙，赖特种植了大量的落叶树及其他树木。这次改造主要考虑了以下几个方面：加强花园院墙所起的私密性作用；遮挡住宅入口，阻挡路过行人没必要的视线干扰，通过把原来出入口改为私人进出口而加强了原来出入口的地位。

在把工作室改造成住宅的过程中，赖特极好地发挥了他的创造力。他在芝加哥大道（Chicago Avnue）与建筑东部的走廊之间的内外空间转折点设计了一条新的车道。这儿的一株高大的银杏树更强调了入口的作用和地位，同时这棵树也为住宅东端的室外空间及车道提供了荫凉。在住宅的东端，赖特还设计了一处堆肥点，一个带有花园的厨房，一个观赏草坪和一个游乐场。另外还增加了一个新的马厩、两个车库，还在住宅原来的车库和厨房之间设计了一个面积很大的洗衣房。[252] 新的主入口直对着玄关，可以直接抵达起居室（以前的绘图室）；另外由楼梯可去二楼的卧室，在原来的住宅与工作室的过道上塞进了一个厨房；而从前沿一面墙种植的柳树依然在风中摇曳，舞姿优美。这次富有创意的改造使得原来的工作室变成了居住空间，并使得居住面积与1895年拓展后的原来住宅面积相当。

同时，改造后，还扩大了户外活动空间，与原来相比，大约增加了40%，也就是说增加了1250平方英尺。赖特封闭了原来工作室东、西向的入口走廊，即面向芝加哥大道的那个回廊。然后用一个雨篷来营造一个私密的、全封闭的台地和游乐场，从而使得家人更方便地出入生活区。为了弱化这一空间的主入口地位，赖特在街边的两处承重墙之间设计了一个2英尺高、极有装饰效果的现浇混凝土挡土墙，同时利用砖墙将场地的西北边界进行明确的限定，最后由宽宽的压顶以同样的正方形中套正方形的方式围合起来。赖特将场地西南角的墙体的交界处作为一个出入口，同时也是由弗里斯特大道（Forest Avenue）进入住宅的开端。在通向出入口的步行道两侧都设置了矮墙，这两堵墙与原来的院墙的方向一致。然后沿着这两堵墙，赖特在整条步行通道两侧种植了大量的落叶树和庭院树，使得这比他 20 年前设计的庭院呈现更丰富的色彩。赖特在由芝加哥大道进入住宅的方向还设计了一个备用出入口，经过连接原来的接待室与图书馆的小道，进入室内。入口与小道有一定的距离，当穿行其中时，不会被路上的行人发现。赖特在餐厅的西边还安置了篱笆门（图 4–2）。而进入新家，连接室内外的过渡空间是场地西边的八角形图书馆，赖特称之为“图书馆花园”（Library Garden）。

赖特的“图书馆花园”是他在参观完意大利等国家的园林后激发的设计想法，这一设计理念源于 1925 年意大利用作宣传销售的小册子 ：“建筑物间用石头砌成一个封闭性的花园，花园只在面向餐厅的一面开放，就如同佛罗伦萨的许多花园一样。”而方形中套方形的设计形式的墙体、栏杆与圣乔瓦尼（San Giovanni）及佛罗伦萨的建筑的艺术形式有很多相似之处。这种栏杆与室外空间形成的周围光影形式在赖特先前的室内设计中也采用过，如赖特在设计草原式住宅时采用的艺术玻璃以及“美国风”住宅（Usonian Houses）中常采用的细格子木质顶棚，自然地把光线引入室内。赖特把花园设计成台地园，通过五步台阶来提高地面标高以及加强花园始端的地势，另外，还改变了出入口处的通道及花园小径的方向。同时利用西南角拆除阳台后剩余的砖块和石头在花园的西边砌成了一堵墙。而正是这堵墙界定了花园开放空间的界线，确定了无顶房间的大小。为了达到特有的效果，这堵墙是特别定做的。围绕花园西南角那部分墙体的高度及形式与那高高的院墙保持一致，从而在视线水平上就像一扇窗，高悬于游泳池之上。这堵墙位于通向篱笆门至餐厅道路的轴线上，从而起到了视线焦点的作用，引导视线向外延伸，扩大了场地的视域和景深。所保留的 14 英尺长、位于西边的墙体设置在水平面之上，而不是在内部花园中升高的地平线上，这样可以重新形成主要建筑的西北角 7 英尺高的半圆形结构（图 4–3）。

图 4–2 赖特住宅兼工作室朝向图书馆花园进出的篱笆门（查尔斯·E·阿瓜尔拍摄，© 贝蒂安娜·阿瓜尔提供，2002 年）

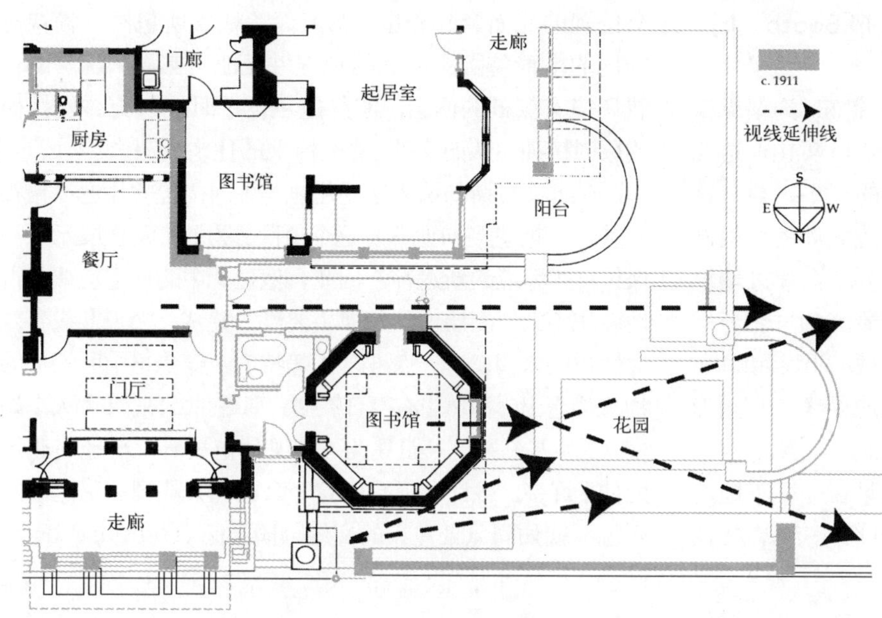

图 4–3 橡树园住宅兼工作室图书馆花园的西面墙体使视线得以延伸，营造更大附属于场地的环境空间（查尔斯 · E · 阿瓜尔于个人分析和总平面图绘制；伊利诺伊州橡树园，© 弗兰克 · 劳埃德 · 赖特基金会，2002 年；贝蒂安娜 · 阿瓜尔临摹，2002 年）

降低西边边界实际上形成了那段墙的内部空间，这种设计方式起到了几个方面的作用。首先，它如同一个围合要素，限定了花园的终端，同时也是西边大草坪的开端。第二，它为姿态优美的山楂丛及其他树木提供了伸展空间和衬托背景，但并没有减少实际的室外活动空间的面积。第三，它是一处“借景”的框景，把远处的景观“借”入花园狭小的空间中，扩大了空间感，让人误以为花园的面积很大。第四，透过图书馆的窗户以及隐蔽的图书馆花园，你可以欣赏更远的景色。而当你坐在花园中的草地上野餐时，你也可以环顾四周，欣赏身边的美景，或者你漫步在花园的小径上，你同样会被远处迷人的景色深深地吸引住。最重要的一点是，这段墙与原来住宅的墙体连成一体，从而使得在视线上觉得半圆形结构与其周围的环境更加协调，同时也削弱了此构筑物的突兀感。

在橡树园的家和工作室的改造工程中，赖特营造了令人愉悦的外部空间，同时也显示了他本性中向往自然的一面。总的看来，赖特的建筑与场地的环境是和谐的、一体的。西边的大草坪成了连接各个分隔的、同样重要的入口花园的媒介。

在弗兰克 · 劳埃德 · 赖特工作室基金会（The Frank Lloyd Wright Home and Studio Foundation）的赞助下，弗兰克 · 劳埃德 · 赖特工作室于 1975 年被评为国家级历史性地标（National Historic Landmark）。这个基金会是前一年在橡树园组建的一个非赢利性机构。从那时起，该房产就一直作为博物馆维护着。[253] 在这个过程中曾经决定把房产恢复到 1909 年赖特最后占据时的模样，而不是他 1911 年重新设计的样子。也许正因为如此，才决定把图书馆花园夷为平地。然而，在改造时，无论是住宅的入口小径，还是种植床，都沿用了先前的设计尺度。更重要的是，景观保留为在 1911 年至 1925 年期间进化的模样，而不是维持重新设计以前的样子。因此，重新建造的场地环境掩盖了赖特创新的前门廊方案的纯洁性，并把注意力移开——而不是朝向——赖特原始意图的视觉感受，即未经装饰的前草坪有落叶树为其遮荫，以及环绕四周的回廊的水平面和宽大的入口槛的开放感受。

小谢尔曼 ·M· 布斯住宅 (Sherman M.Booth, Jr)，伊利诺伊州，格伦科 (1911–1912 年)

谢尔曼 ·M· 布斯委托赖特在一丛林密布、沟壑纵横的一块基址上建造一巨型住宅，基址方圆 15 英亩，这儿的峡谷是从冰河世纪时的冰雪融化而成的 (图 4–4)。这块场地基本上是三角形状，场地东边的边界离密歇根湖 (Lake Michigan) 只有 0.4 英里；北边以一条穿过场地中主要峡谷的小溪为边界；西边则是沿着芝加哥北海岸 (Chicago North Shore) 与密尔沃基城 (Milwaukee) 内铁路线的对角线，西边的边界与东边的界线在三角形的中心相交。

经过详细预算和基址分析，住宅选址在一块平地之上，此处被认为是建造住宅的最佳位置 (图 4–5)。[254] 这个位置的北面紧邻悬崖，另三面为峡谷所包围。赖特对场地的地形特点有很好的把握并且他对其周围优美的自然环境有深刻的体会，使得他在设计时能够充分发挥他的原创精神，从而建造了令人惊叹的住宅景观。

然而，布斯却认为这座建筑与国内传统的住宅风格相差甚远。据说当初他开发这个项目是为了向大众展示一种保护自然环境的新途径。因此，他理想中的住宅应该是占地面积不大，而场地的其他主要部分建成一个公共或半公共性质的公园。这一点可以从赖特的工作清单中所添加的构筑物看出。清单中有夏日别墅、马厩、公园、1 #火车站台、2 #火车站台。而且为了实现种植设计，场地向北边延伸了许多。也许布斯想借这个公园加强周围邻里之间的交流，就如同风景宜人的高地公园社区 (Highland Park

图 4–4 伊利诺伊州格伦科的谢尔曼 · 布斯住宅效果图，1911 年 (未建成) (© 由弗克兰 · 劳埃德 · 赖特基金会，亚利桑那州斯格特达勒市提供，2002 年)

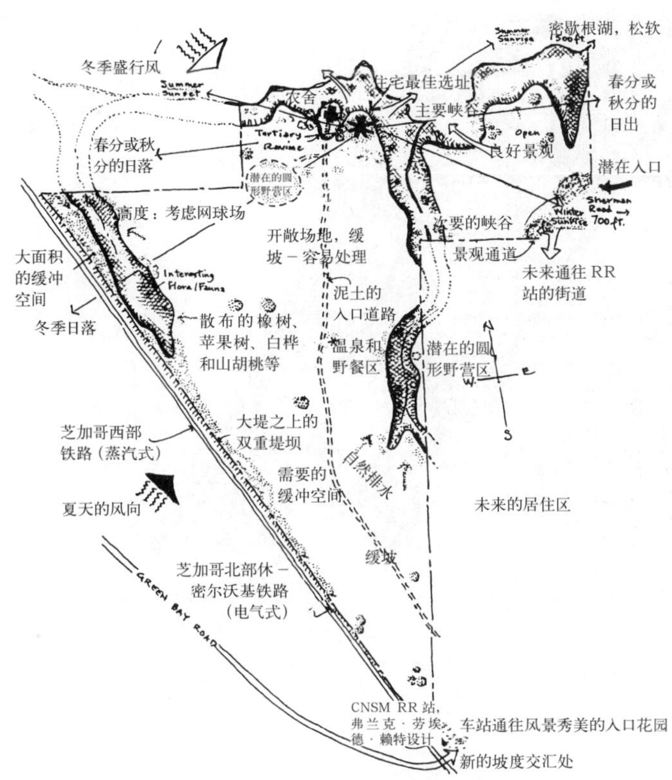

图 4–5　谢尔曼·布斯住宅的基址条件分析图（查尔斯·E·阿瓜尔绘制；© 贝蒂安娜·阿瓜尔提供，2002 年）

Community）一样。这两个社区在地质上有很多相似之处，而且这两个社区都是于1869年建成的。高地公园社区是由景观设计师H·W·S·克利夫兰（H.W.S.Cleveland）和他的合作者W·M·R·弗伦奇（W.M.R.French）于1872年进行重新设计和扩展的，它也为城市的长远发展规划提供了参考依据。[255] 而直到1910年至1912年间，格伦科当地政府才授权景观设计师延斯·延森来进行类似的设计，规划格伦科的街道及花园。

作为格伦科公园管委会（Glencoe Park District）的一员及公园开发处的主要负责人，布斯对高地公园社区的景观有很深的印象和浓厚的兴趣。他还获知延森于1899年至1904年间在区域尺度上对格伦科进行过潜在公园选址及自然要素等方面的现场调查，同时延森还是那个时期公园改造的领军人物。[256] 当然，布斯还清楚的知道延森曾写过一篇名为《景观建筑报告》（Report of the Landscape Architect）的文章，于1904年发表在德怀特·帕金斯（Dwight Perkins）编撰的《公园特别使命》（Report of Special Park Commission）杂志中（见附录E）。这篇文章占有很大的篇幅，149页的《公园特别使命》杂志中超过四分之一的部分都是这篇报告，其中有一系列折叠展开式图片。在这篇颇有影响力的文章中，延森重申了关于森林公园“是现代人和我们的后代保留自然如画的景观的理想途径，而这一目标，只要我们不建造大量的构筑物和大规模的改建即可实现”这一观点。[257] 也许正是由于这篇文章，格伦科开发处的人员对延森产生了兴趣。在这个大历史背景之下，在让赖特建造住宅之前，布斯极有可能与延森商讨过格伦科的发展要遵循延森所提出的发展规划思想。

关于这一点存在很多争议之处。首先，布斯选址的位置部分与延森1904年的报告中提到的“主题公园或保护用地”（Proposed Park/Preserve Land）只相邻半公里[258]，这显然是一个巧合（图4–6）。第二，事实上，赖特是在国外待了一年后，即于1910年10月8日回到了橡树园的家，之后的11月15日至20日待在纽约，而次年的1月16日又去了欧洲，到3月底才又回到橡树园。[259] 这明显表明直到1911年4月赖特才有可能开始做场地设计，而之前并没有足够的时间进行全面的、充分的考虑。而赖特自己也知道此场地面积大，地形又复杂。更重要的是，根据赖特以往设计的场地经验，他不可能选在如此平缓的地方建造住宅。[260] 而且之前他从未设计过道路系统，即使是位于蒙大拿的比特鲁特峡谷（Bitterroot Valley）项目（这个项目中，稍微体现了赖特对不规则的台地园设计的理解）。之前他只用过直线来规划步行及车行系统，而从未用过别的线形，即使是面积很大的场地，如威利特斯住宅（Willits）、D·D·马丁住宅（D.D.Martin）、科恩利住宅（Coonley）。因此，说赖特突发奇想，设计了环形道路系统并在设计中对场

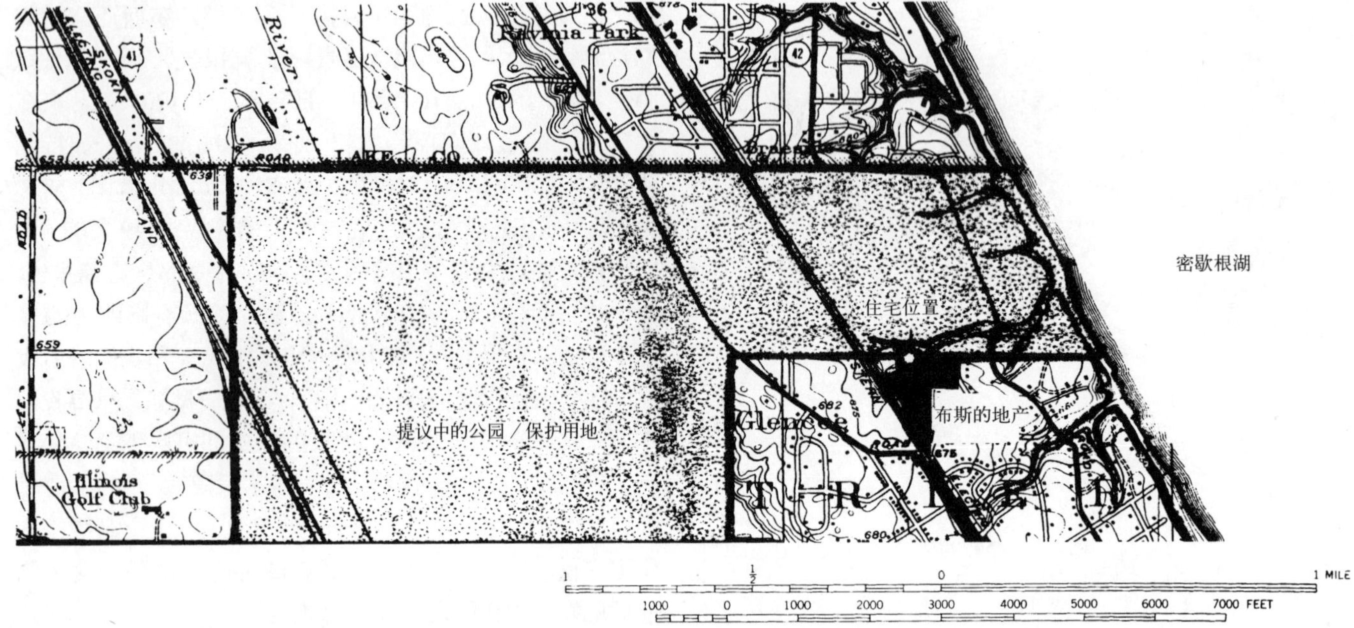

图 4–6 布斯住宅的基址与延斯 · 延森 1904 年关于“主题公园／保护用地”的位置关系图（查尔斯 · E· 阿瓜尔在 1926 年编辑的高地公园之 USGS 地图的基础上绘制；© 贝蒂安娜 · 阿瓜尔临摹，2002 年）

地能综合地加以考虑是有背逻辑的。此外，从延森 1912 年 10 月 18 日写给赖特的信件的言辞中似乎可以推测赖特的加盟及其工作的重要性："我很急切地想知道您将如何设计格伦科的喷泉，因为开发处的人（the Board of Commissioner）也很想知道我的设计方案，以便能早日呈现在公众的面前，并把它作为开发处的活动资金来源。我也知道你平日里工作繁忙，但请你在百忙中抽出时间画一个草图，这样我就可以把它用在我的设计方案中，从而设想它们的形式，诸如喷泉、花瓶或其他要素。"[261] 最后，有延森特有的签名的图纸证实他作为主要设计师的地位，他不只是一个画图者，他应该是此项目的主要负责人。[262]

场地的“植物规划”比理论上要复杂得多（图 4–7）。一个地形复杂的场地要做好植物规划，需要设计师有丰富的设计经验，同时还要求设计师有收集并驾驭场地所有资料的能力，如主要悬崖绝壁和次要悬崖的外形、场地的高程、整个场地精确的坡度、现有主要树木的胸径及种类、场地的交通系统（包括人行道、车道、引桥以及停车场）以及现有房屋、花园和活动场地的位置、大小、形式及将来的用途等。而自从明确 15 英亩的大部分面积用于耕种后，最基本的是要对场地重新定位和再造林。这就要求设计师能很好掌握耐寒性强的乡土植物以及下层地被，并对它们进行合理的配置，重造空间感，引入自然光线，形成良好的遮荫效果，从而营造一种与草原不同的景观。设计师要很好考虑植被所属的区系，并对种植的植物将来的景观有前瞻性的设想，对这种配置会形成什么样的景观要做到心中有数。[263] 最后要着重考虑的就是赖特设计的建筑形式和位置，建筑包括住宅、马厩、车库、挡土墙及公园三个入口的标志物。[264]

然而，支持延森是布斯主题公园设计的初创者的最有力证据是延森独有的设计风格和设计手法，具体表现在以下几个方面：(1) 可达性良好的车行及人行系统。据伦纳德 · 伊顿（Leonard K.Eaton）讲，延森作为一个

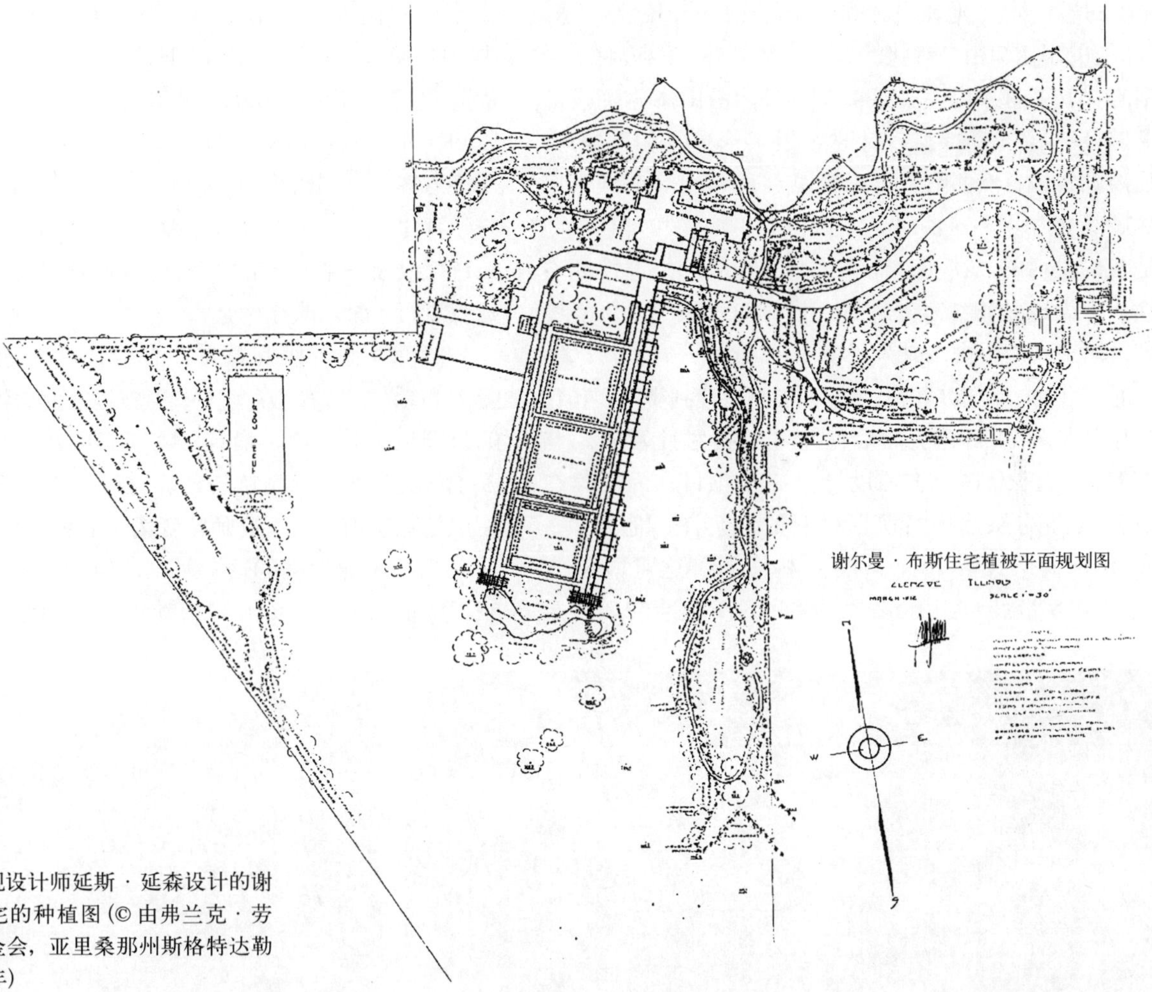

谢尔曼 · 布斯住宅植被平面规划图

图 4–7　由景观设计师延斯 · 延森设计的谢尔曼 · 布斯住宅的种植图 (© 由弗兰克 · 劳埃德 · 赖特基金会，亚里桑那州斯格特达勒市提供，2002 年)

景观设计师，他做设计时经常主要考虑的是公共空间的主入口设计："延森设计的公园入口是为大多数乘坐有轨电车的人群而设计的。他认为公园距离住宅区不应超过 2 英里，这样一个步行距离才是理想的公园步行尺度。" [265] (2) 公园入口处的雕塑 (由赖特设计) 在位置和功能上都恰到好处。该雕塑位于"公园与城镇的交界处"，这与延森向来的设计思想是一致的。罗伯茨 · E · 格里瑟 (Robert E.Grese) 曾谈到："延森认为有寓意的雕塑……当其位置恰当，周围背景优美时，可以体现雕塑的装饰美。同时雕塑本身的内涵应该让一般人都可以轻易地读懂，而不是需要借助简介才明白其中的奥秘。" [266] (3) 位于小径旁的环形聚会场所 (图 4–8)，格里瑟又介绍道："那低矮的、环形的石椅围绕着一个聚会篝火，人们在此讲故事、上演戏剧、弹奏音乐、跳舞和交谈。延森认为人群聚在这儿的时候，他们环坐在同样高度的座椅上，可以很好体现人人平等的思想。按他的理解，这种设计形式与原始时期我们的祖先和印第安人的习俗有很深的渊源。" [267] (4) 由喷泉供水而形状似自然湖泊的游泳池及西南角种植园中的雪松林。“延森设计的花园是独特的,”伊顿写道,“游泳池的出水口由自然状的岩石墙体封住,池边种上经过精心挑选的植物”[268]（图 4–9）。（5）沿山体轮廓设计的道路及小径。赖特在设计时常用 T 形广场和三角形,而延森则钟爱自然曲线。延森曾说：“景观设计的线形应同林冠线相和谐……曲线充满着诗意、浪漫和神秘,曲线是我们生活的一部分,而直线则有很强的强迫性和专制性。但无论是直线还是曲线,设计时都要与周围环境和谐,融到环境中去,成为环境不可缺少的一部分。”[269]

通过上面所述的事实,可以推测,直到 1910 年 10 月,赖特从欧洲回到美国后他才开始接触此项目。与此同时,他正为一个客户设计另一个项目。因此,在他返回欧洲的旅途中,根据已有的地形图,他做了一个初步的概念设计和复杂的结构设计。这可以从安东尼 · 阿罗弗森（Anthony Alofsin）所记录的赖特重要事件时间表中看出：“1911 年 1 月 21 日,赖特在旅途中,H·M·S· 路西塔里亚（H.M.S.Lusitania）；伊利诺伊州格伦科（Glencoe）,谢尔曼 · 布斯住宅（Sherman Booth House）的基址分析,考虑中；赖特给德国设计小型方案。”[270] 因此,可以说明谢尔曼 · 布斯住宅是赖特与延森惟一的一次合作。从整个基址中存在的疑难问题、入口路线及一般性质的土地利用等方方面面,赖特都同延森进行了深入的探讨。

然而,赖特极其精彩、充分反映场所精神的谢尔曼 · 布斯住宅设计方案从未实施过,而由延森精心设计的公园也没有实现,只有马厩和车库按原来设计方案施工了。虽然如此,赖特与延森这次合作的谢尔曼 · 布斯住宅是赖特由一名建筑师转变为一名环境设计师的关键。就在赖特职业生涯的这个时刻,他设计了塔里埃森住宅兼工作室（the Taliesin Home and Studio）,这也标志

图 4–8 延斯 · 延森独有的设计风格实例——位于伊利诺伊州斯普林菲尔德湖公园边缘的环形聚会场所（查尔斯 · 基尔奇内惠赠）

图 4–9 延斯 · 延森独有的设计风格实例——位于芝加哥的哥伦布公园的游泳池（罗伯茨 · P · 普里瓦惠赠）

着他从“草原式住宅”建筑理论转为有机建筑（Organic Architecture）理论，虽然那个时候赖特还没有意识到这一点。

塔里埃森住宅兼工作室，斯普灵格林城，威斯康星州（Taliesin Home and Studio-Spring Green）（1911 – 1912 年）

1911 年 4 月 22 日，面积达 31.6 英亩的地产归于安娜 · 赖特（Anna Wright）的名下。这块地位于过去经常发生洪水泛滥的威斯康星河旁，经过了数百年的冲积而形成，在威斯康星州的西南部，那儿地形极为复杂。在那块地所在的位置，河流加宽到大约 4 英里。那里有洪水冲积后留下的痕迹——包括东北方向的海滩边的险峻的小山，而住宅正好选在那儿建造。住宅正好坐落在威斯康星河南向拐弯处，距离北边的希尔赛德家庭式学校（Hillside Home School）只有 1 英里。这所学校是赖特的两个姑姑创办的，不过曾经有一段时间，这处产业归并到了劳埃德 · 琼斯家族（Lloyd Jones family），但被琼斯家族在 19 世纪 80 年代经济大萧条的时候卖给了赖特。自从赖特和他母亲买回这块地后，这儿也就成了赖特家族产业的中心。

赖特把位于芝加哥近郊区的家——橡树园迁至偏远的山区这一举动或许展现了赖特的日本情怀。景观建筑师布鲁克斯 · 威金顿（Brooks Wigginton）说：“当时的人们一直都有这样的信念，就是即使现在让他们重返丛林，他们也可以战胜自然，他们同样可以找到‘上帝之路’，这样就可以转移日常生活中的注意力。”[271] 但赖特并不认同这一观点，他更倾向于中国古老的风水哲学（the ancient Chinese art of feng–shui），那才真正体现了理想的住宅及花园选址，也就是中国古典园林中常说的“相地”，依山傍水才是理想的人居环境。[272]

在赖特的自传中他确认用他母亲的名字来购买的这块地不是随意选择的：“这座山……是我童年最美好的回忆，也是我童年时代最爱去的地方。3 月，阳光灿烂的日子，满山遍野的鲜花，还有来不及融化的白雪在山上留下一道道白色的痕迹。当你站在低低的山顶时，你感觉到你好像飘浮在半空中，峡谷、树木以及其他的景色都在你的脚下。‘罗密欧和朱丽叶’（Romeo and Juliet）风车仍屹立在东南方的平原上，而山边家庭式学校就处在山脊上。”[273]

从上面四句话中可得知赖特设计塔里埃森住宅的设计理念的理论基础（图 4–10）。第一句中的“鲜花”、“3 月的阳光”和“雪迹”说明赖特熟知威斯康星峡谷的冬天的长短和寒冷程度，以及自然光线是从东南方向射入峡谷的，而且向阳山坡的春天总是比别处要来的更早一些。第二句话说明赖特深知冲积平原下面密布的小溪的地势走向、山体的分布，以及欣赏景色的最佳视点。第三句话中提到的 1896 年设计的地标物“罗密欧和朱丽叶”风车恰好证实他曾研究过这儿一年四季的盛行风向。11 月至 3 月，吹寒冷的西风和西北风；5 月至 10 月，吹温和的西南风和南风。因此，他深知如果把房屋建造在场地的从北至东南的坡地上，自然而然，“北方的暴风雪”将折断“低矮的伸出去的屋顶”，而夏天的微风将不受阻挡地吹到位于下风向的峡谷中。[274] 第四句话中提到的希尔赛德家庭式学校使人回忆，赖特在 1900 年至 1903 年设计这所学校的二期工程时，他研究了周围山体表面结构及地质构造。也许正是在这段时间，赖特第一次将自然式的长椅一直延伸到场地东北方向的悬崖边，并把这儿作为住宅的备用之地。威斯康星州历史档案馆（the State Historical Society of Wisconsin）保存了赖特这一时期设计的 24 张图纸。[275]

自从赖特买了这块地后，他开始采用日本、印度的传统住宅建筑形式和思想来设计他的塔里埃森住宅，他主要考虑的是建筑形式与周围环境要完全融合。的确，在设计这座建筑之前，他早已深入了解了当地现有的景观——花园、庄园、家畜。“塔里埃森是一处理想的花园和农田，也是一个真正意义上的工作室和温暖的家……在这里，我可以欣赏美景，我还可以栽花种树，堆砌牛圈、

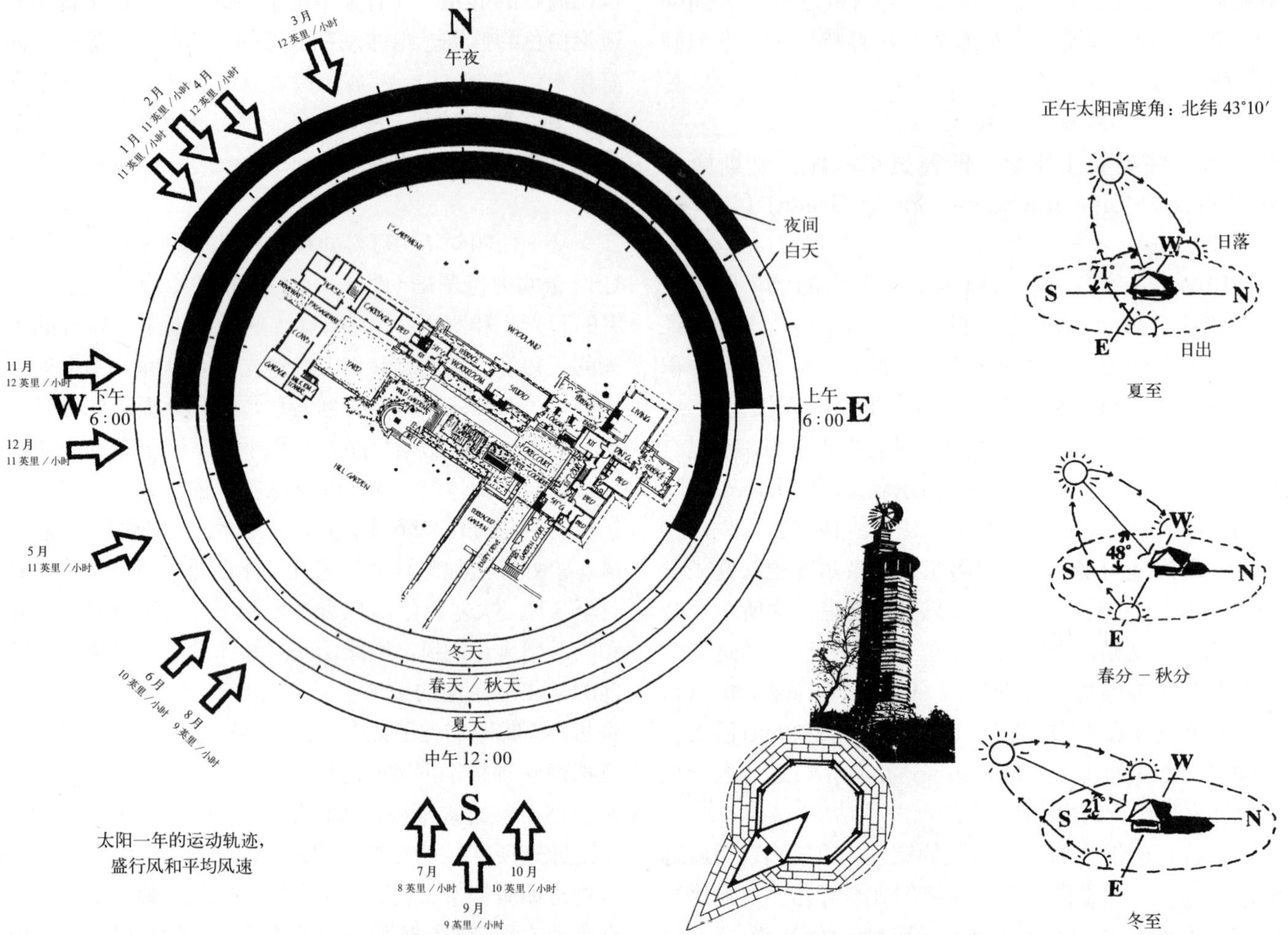

图 4–10a–e 威斯康星州，斯普灵格林城，1911–1912 年设计塔里埃森住宅兼工作室时场地四季的光照及风向分析图（查尔斯 · E· 阿瓜尔在美国各州气候区域基础上绘制；© 贝蒂安娜 · 阿瓜尔临摹，2002 年）

马厩、鸡舍，建造房屋……塔里埃森才是一个真正的家，充满了舒适和美感。”[276] 调查之后他开始了设计他的私人别墅之旅。他仿照了日本的梯田，有秩序的意大利果园、橄榄园和葡萄园，还有意大利的台地园（图 4–11a–b，图 4–12a–b）。在这个设计中，他用夸张的手笔融合了美国、意大利以及日本等营造空间的手法。而这些手法他在五年前设计科恩利住宅（the Coonley House）时曾研究过。

至今还不知在设计塔里埃森这个项目过程中，赖特使用了什么地图。尽管赖特在 1902 年的时候能拿到 USGS 提供的方格图，但似乎他实际找到的是间隔 20 英尺和比例为（1 英寸 = 1 英里）的等高线图，这种地形图对于塔里埃森这种复杂结构所需要确定的在各个水平上的坡度是没有多少价值的，通常都要用间隔 2 英尺的等高线图。更可能的是他使用了 1910 年的土壤分布图，尽管等高线是一般化的，可是在地形测量图上加注了土壤

a

b

图 4–11a–b　日本山体的梯田形式（图 4–11a）；参照此形式设计的塔里埃森台地园（图 4–11b）。塔里埃森沿山体的等高线设计的独特的梯田是线状梯田的典范［"水稻梯田"，© 尤奇 · 密顿卡瓦（Yoichi Midonkawa）拍摄，选自马克 · 霍尔波恩的"海洋与土地"，由波士顿的莎姆哈拉出版公司出版；塔里埃森的照片由弗兰克 · 劳埃德 · 赖特档案管理处，亚利桑那州斯格特达勒市提供］

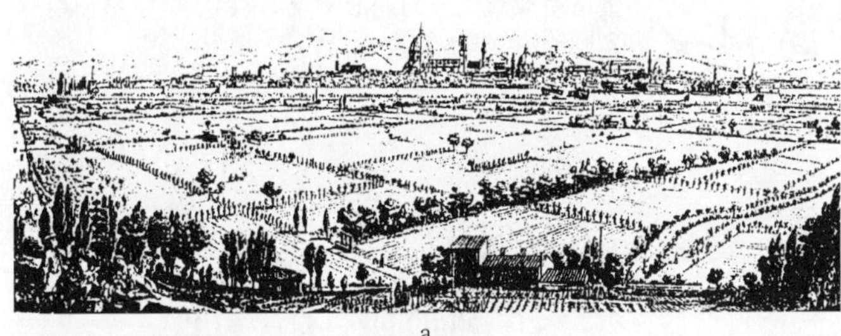

a

b

图 4–12a–b　从佛罗伦萨的小山上远眺的台地园景观，意大利（图 4–12a）；可以与意大利台地园相媲美的塔里埃森东南角景观（图 4–12b）（意大利 18 世纪中期台地园景观由朱塞佩 · 左奇（Guiseppe Zocchi）绘制，纽约皮尔蓬 · 摩根图书馆提供；塔里埃森由弗兰克 · 劳埃德 · 赖特档案管理处，亚利桑那州斯格特达勒市提供）

类别（图 4–13）。他开发这块土地的方式的确说明他熟悉地图上标注的符号。庄稼和牧草种植在土壤最肥沃的地段（标为 W1 或 Wabash Loam），小树丛及大树自然地种在半山腰上，而土壤贫瘠的岩石区则不种植树木（标为 R）。不管赖特参照了哪张地图，但是显然赖特让场地的自然条件来结构的组成和配置。

赖特把塔里埃森住宅布局成台地式是因为他参照了美第奇别墅（图 4–14a–b）。在实际的设计过程中，赖特把山体分隔成一个巨大的"L"形阶梯，在临近海滩的边缘切下两个台阶。赖特把起居室及客房安排在最偏远的东南角海角方位，工作室则放在东北向的峻峭的悬崖上，然后通过一座有顶棚的桥梁把这两个单元连接起来，桥梁的顶部是一个屋顶花园。利用"L"结构，赖特设计了外部空间开阔的入口厅堂，这样进行设计也有利于将来土地的利用。这种布局方式使得大多数居住空间都处于南偏东 56° 的方位角，而工作室则位于南偏西 34° 的方位角。通过定位和布局，使得更多的房间在冬天和早春的时候还可以享受到充足的阳光，同时避开夏日的暴晒。而东北向的阳光可以一年四季透过窗户，洒入房间，同时视线可以穿透整个室内及室外生活空间。[277]

赖特设计这座建筑的检验标准是他在自传中提到的"贫瘠之地的景观"。他把准备建造的建筑定义为有机建

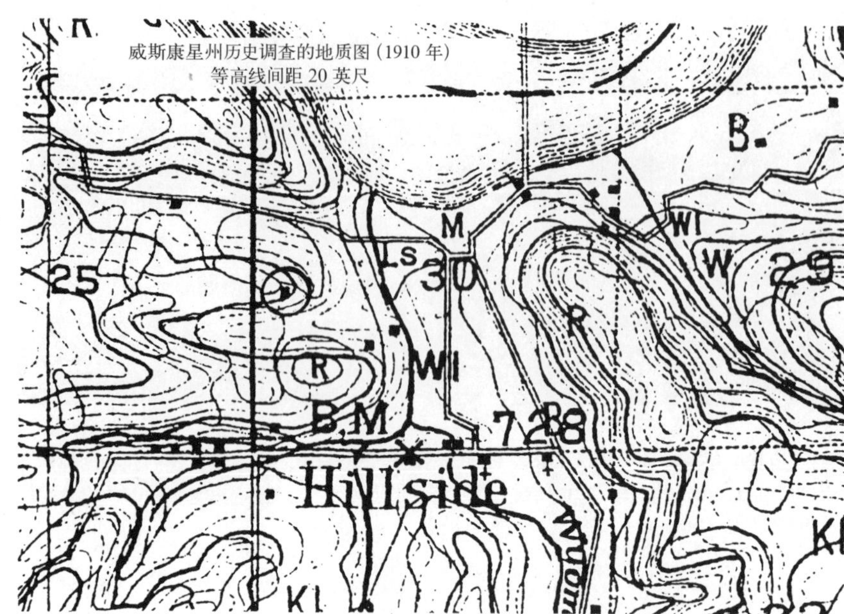

图 4–13 1910 年出版的土壤分布图，据说是最早有关塔里埃森周围的地形测量图（由威斯康星州地质及国家历史调查局提供）

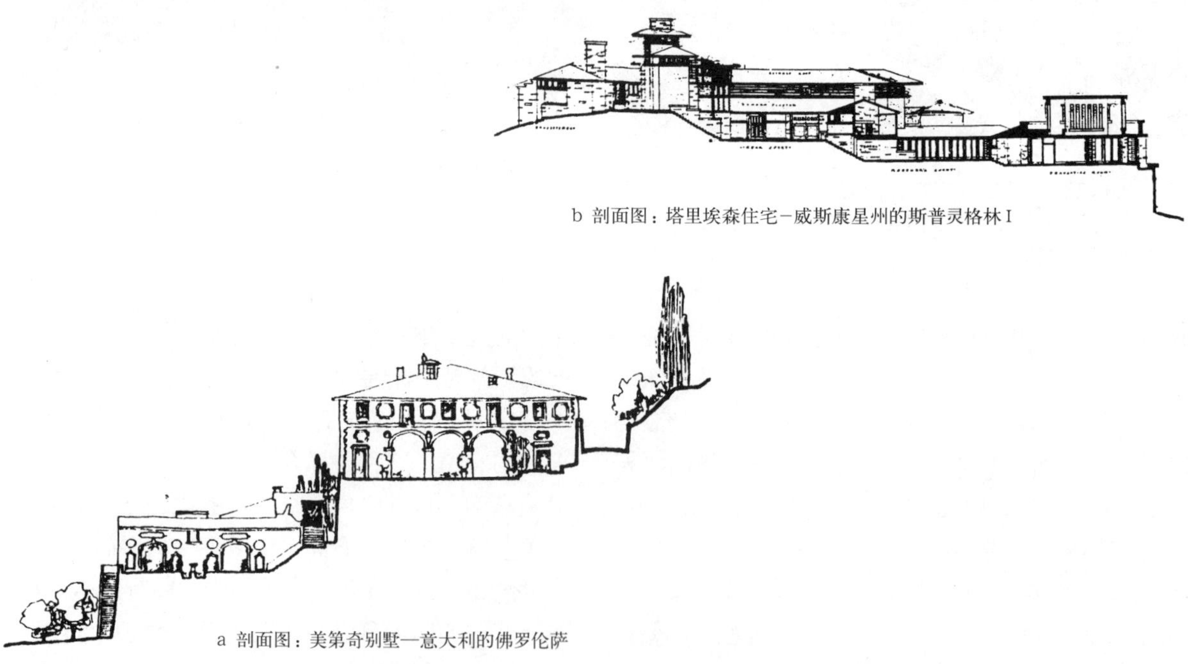

图 4–14a–b 意大利菲耶索莱附近的美第奇别墅的剖面图（图 4–14a）；借鉴美第奇别墅设计的塔里埃森住宅剖面图（图 4–14b）（美第奇别墅剖面图由佐治亚大学环境设计学院威廉 · A · 曼恩教授提供；塔里埃森住宅剖面图由 © 弗兰克 · 劳埃德 · 赖特基金会，亚利桑那州斯格特达勒市提供，2002 年）

筑，使用“L”形结构象征着“石块与木头的相遇，房屋的线条源于山体的走势……屋顶的倾斜角度与山体的坡度大体一致，而位于大屋檐下的木墙所用的灰泥饰面取材于附近的海滩，感觉屋顶就是小河边沙滩的延伸，二者的颜色是多么的协调一致”。[278] 在设计这项绝作时，赖特仍然采用直线形结构，而且很大程度上继承了日本极有乡村气息的“数寄屋”的建筑风格。虽然在此之前设计科恩利住宅时曾在这方面初步尝试过，但这回设计塔里埃森住宅时，赖特更加大胆，他在采用“数寄屋”的设计风格的同时，还把草原式住宅风格也融入其中。赖特非常推崇“数寄屋”的设计风格及其与周围环境的处理手法。关于这一点，伊藤贞治（Teiji Ito）曾谈论过：“设计中采用了台地形式，还有土地及水体的自然形态，以及山体、峡谷、江河、池塘……强调设计要素的自然美……柔和的自然色彩……无规律排列的房间……室内空间与室外空间无明显的界线……把自然环境引入建筑或者说自然本身就是建筑空间的外延。”[279] 赖特在处理门口及窗户时采用了对角线，这在“数寄屋”中也经常用到。“沿对角线安置建筑的各个部分。也就是说，建筑的不同单元只在一个角落相连。这样安排后，人在建筑内就可以透过室内从各个角度去欣赏窗外的美景，也有利于夏天空气流通，同时还便于房间更好的采光……窗外的景致也成了建筑空间的一部分……而且随着时间的推移及季节的交替，窗外的光线和景色也在不断地变幻。”[280]

然而，更值得称道的是，赖特在仔细考虑了视线组织和空气流通的同时，也很好地推敲了建筑的方位和开窗的位置。赖特很明智地保留原有的庭荫树，并仔细设计了户外活动空间，使之与树木、室内生活场所排列在一条主线上，在没法自然遮荫的地方，设计了局部向外延伸的大屋檐，从而为户外活动场所提供很好的遮挡。通过以上各种处理形成了过道风，从而很多空间可以享受更多的清凉。其中有：从台地园到工作室的西北方向，从台地园到起居室的西北及东南方向，从厨房庭院到厨房及客厅，以及从花园到同一客厅的西南墙。如此设计台地式凉廊，顺应了5月至10月的主风向。正南方向至西南范围，风速加快了5英里／小时，过道风穿过走廊和前庭，这样一来，入口处的柱廊成了通风口，为建筑主体提供了很好的通风效果。[281] 赖特还在前庭放置了颇大的水缸，分别位于门廊的左侧和凉廊的台阶处。水分的蒸发同样可以起到凉爽的效果。水缸还起到了控制火灾的作用，其自身的美学特征标志着内庭花园和凉廊的开端。[282] 然而，赖特在设计中所采用的环境要素都是常用的，他遵循了几个世纪以来古老的顺应自然的设计手法，这或许跟他在塔里埃森峡谷度过的夏日以及他在日本、欧洲游历时的所见所闻有很大的联系。[283]

现存记录中1911年4月和6月的方案都充分说明了赖特是怎样将塔里埃森住宅和周围的环境空间加以综合考虑的（图4–15a–b）。例如，在作为原始坡度基础的4月方案中，建筑的布局与周围的环境浑然一体，但为了它们以后的扩展和附属建筑的增加，又将它们从空间上隔开。这一点是很重要的。6月的方案中，在居室的东南角设计了车道，设计室那一翼在长度方向增长了一倍多，

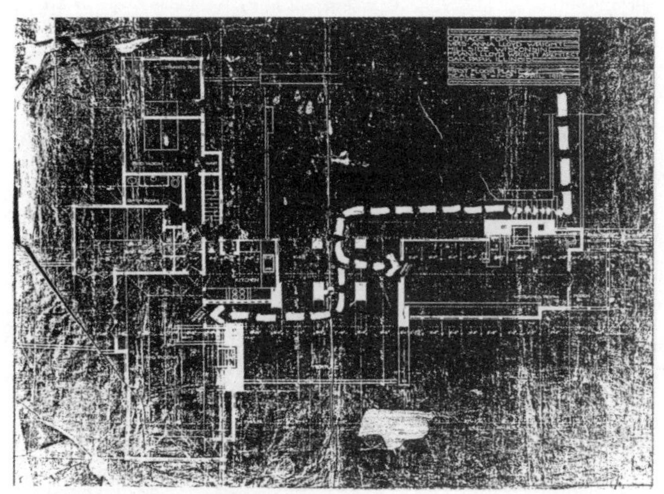

图4–15a 塔里埃森最早的场地设计（1911年4月）图。切断山体最高部分形成入口车道，车道两侧有很坚固的挡土墙，上九步台阶到达凉廊（© 由弗兰克·劳埃德·赖特基金会，亚利桑那州斯格特达勒市提供，2002年；© 贝蒂安娜·阿瓜尔临摹，2002年）

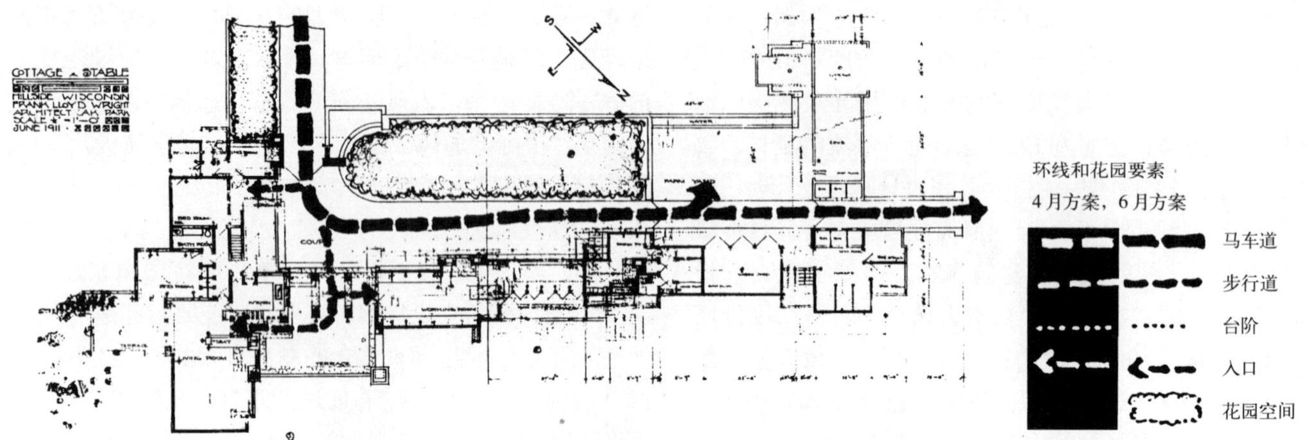

图 4-15b 塔里埃森扩大的场地设计(1911 年)图。一条车道贯穿西南方向的与入口花园等高的汽车道。步行很方便到达入口凉廊(由查尔斯 · E · 阿瓜尔在历史图片及个人分析基础上绘制;© 由弗兰克 · 劳埃德 · 赖特基金会，亚利桑那州斯格特达勒市提供;© 贝蒂安娜 · 阿瓜尔临摹，2002 年)

从而设计室与一间工作室、卧室、车库及马厩连接起来。在最初的蓝图上还增加了一间存放农耕工具的房子。工具房位于杂物院中，为了能布置在塔里埃森山和西北方向 75 英尺处，位于次峰一座小山之间的山凹处，赖特提升了工具房的水平高度。这样，通过这一附加的坡度，山顶的自然地形并没有遭到很大破坏。这种将一系列房间进行扩张、延伸或改造而“不对整体美造成破坏的设计能力，是仿照日本数寄屋的建筑形式所必需的，”贞治解释说，“建筑平面图显示出许多单个房间的组合，它们每个本身都是一个独立的单元，这些单元怎样组合在一起根本不重要，重要的是要使增建的部分仍在比例、质感和技巧上相和谐。”[284]

更重要的是——从美学和环境的角度看——在 4 月份的方案中，赖特留下了充足的空间来施展他预期设想的户外活动，即走道、环路、庭院、平台和花园。他继续细化并对景观进行了延伸,留出一个叫做“茶会圈”(Tea Circle) 的中层开敞空间，将杂物院从庭院花园中分隔并屏蔽起来。他使这一新的内部景观中的方方面面都朝向中心。这样一来，相应地他将周围的建筑以及它们所围合的空间及空间中的所有要素进行了夸张的表现，将整个空间要素整合到建筑实体中。这一向心性的空间布局充分表达了建筑和周围空间之间应具有的和谐与平衡，并同自然景观浑然一体。[285]

塔里埃森住宅的剖面图进一步揭示了赖特是将室外硬质景观要素——如挡土墙、水体、平台、台阶等与建筑同时设计的 (图 4-16a-d)。他利用它们的垂直要素，同建筑的垂直要素一起，将建筑外部的敞厅和中层开放空间统一起来，以使这一外延空间从视觉和功能上成为一个整体。他还刻意考虑了现存的树木，包括它们的林冠线和根系分布。这表现在房间和走廊的布局、挡土墙的放置和高度、中层平台和“野趣园”(Wild Garden) 的位置和布局、生活区、设计室、台地式凉廊的底层标高的确立。举例来说，庭院花园西南角的挡土墙的高度，是根据生长于山顶的树群中最矮的那棵树的主干基部决定的。同样，墙体的位置也比树干靠前一些，以免损伤树木根系的核心部分。山体东北坡上有标志性的橡树丛，它们高矮不一，形成了优美的林冠线，它们的自然生长的位置决定了台地和平台的逐级标高，以及通向它们的台阶数。此外，这些树丛的树冠和根系还成了台地空间与被称作“野趣园”的开敞空间的边界。当然，如果当初赖特没有保留台地周围空间的原有地形，那么橡树的根系便会遭到破坏，不久就会死去。最重要的是，最矮的

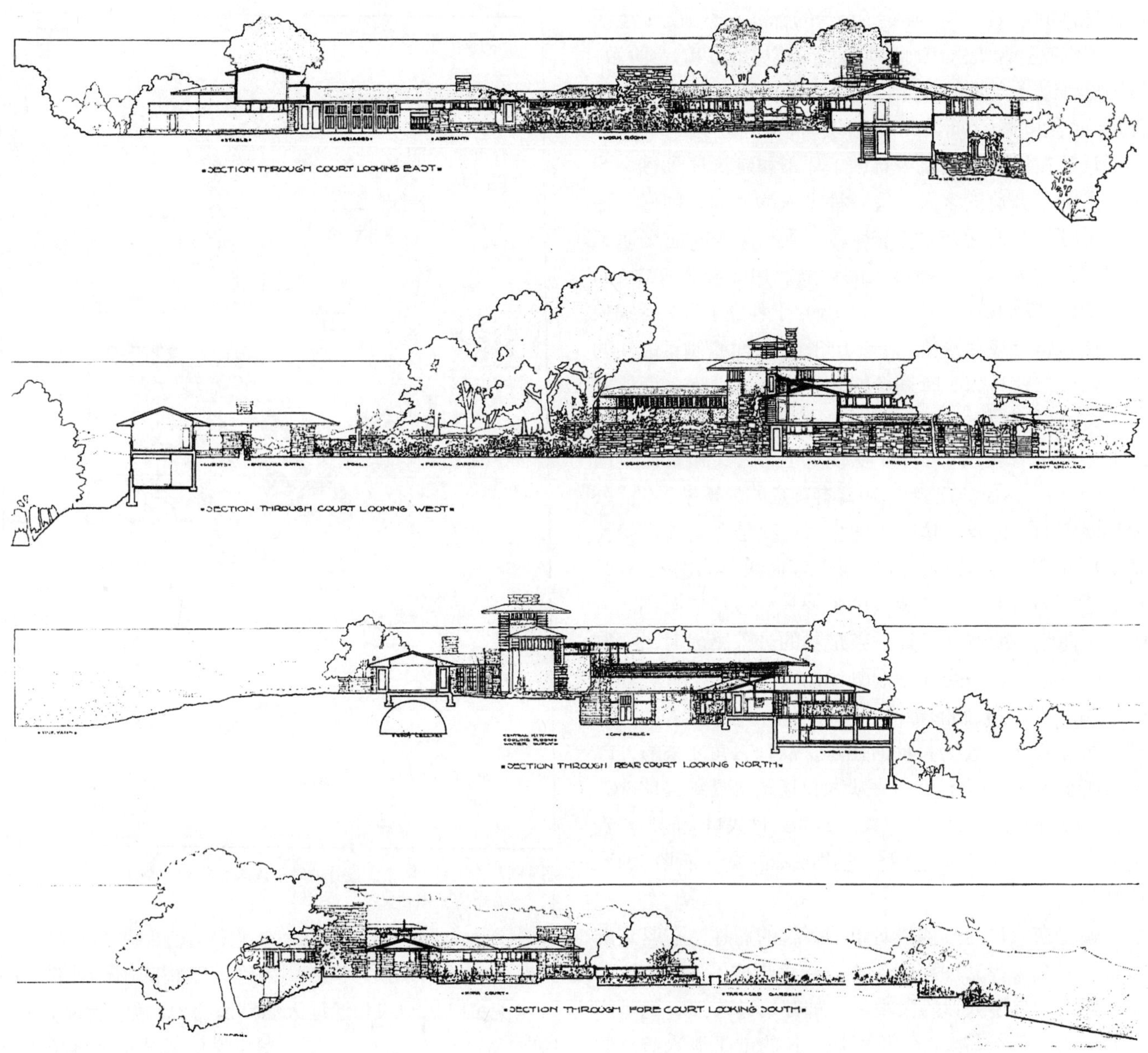

图 4–16a–d　通过内庭花园的塔里埃森住宅剖面图，1911–1914 年（© 由弗兰克 · 劳埃德 · 赖特基金会，亚利桑那州斯格特达勒市提供，2002 年）

那棵橡树的主干，不仅确定了平台的标高，还确定了生活区、工作室、台地式凉廊的地面标高以及入口的台阶数。这一点可以从台阶的数量以及为了使这些截然不同的特征达到内在的融合而最终确定的标高得到证实。

赖特在橡树园的家中首创了环路和建筑序列性，为步行或乘车到达的客人创造一种进入的体验。同样，他利用了塔里埃森更大的基址环境为乘马车或其他交通工具到达的客人创造一种进入的体验。1913 年 2 月的《西部建筑》(Western Architecture) 上刊登了为人所知最早的显示整个塔里埃森地产的地图，上面绘制了最初的进入路线，这与同一时期赖特和延森合作设计布斯住宅有很大的相似之处(图 4–17)。正是在这里，赖特在他的职业生涯中首次设计了一个在视觉上将公共和私人空间隔开的出入口，这与延森运用富有寓意的雕塑来界定“公园和城市的交汇点”这一手法相似。也是在此地，赖特首次放弃了直线形进入方式，采用了曲线形的进入路线，正如延森为布斯住宅所建议的那样——包括通向制高点的反转曲线。赖特在设计这条最初的进入路线时，绘制了一幅极有影响力的场地规划图，充分考虑了他对环境的感知，预见了人们的每一次翘首观望，控制了人们会看到什么样景物，景物将何时出现，从什么角度来看，以及会听到和感觉到什么——从入口通道自县级公路“C”(County Road “C”) 下来开始，经过入口大门，一直到通向家庭和工作室之间台地式凉廊的宽大石阶为止，都是如此。

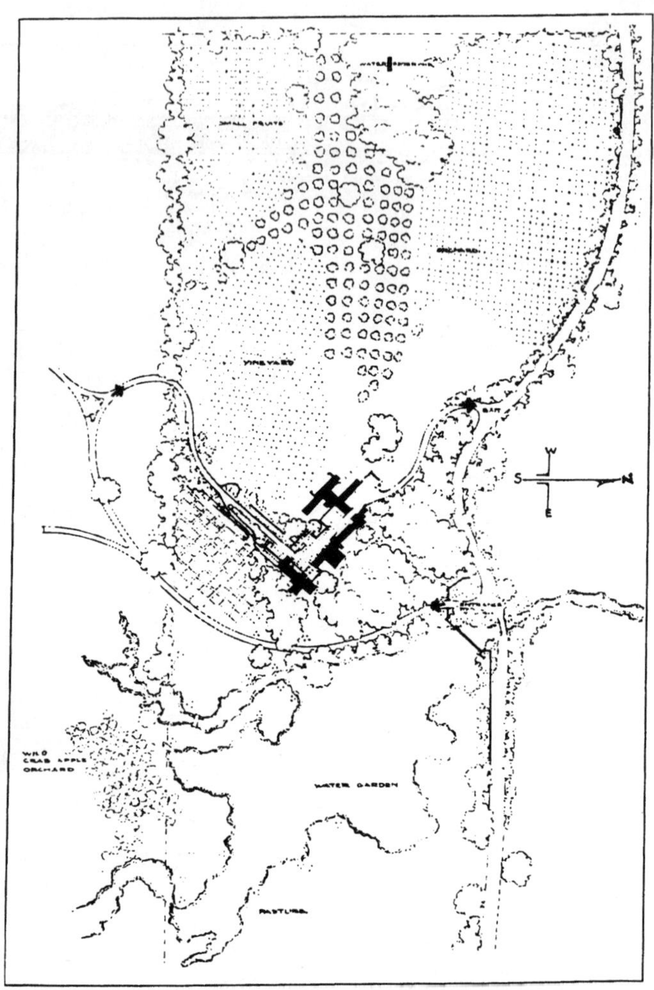

图 4–17 C·H· 阿希比设计的塔里埃森植物配置草图 (1913 年 2 月出版《西方建筑》期刊)

赖特在入口处两侧设计了带条纹的石柱，与厚重的石坝统一起来。石坝将小河拦截起来形成了一个水池和泄水道。如果说入口的景观是一种开始进入或者说是门槛的标志，那么与入口体验更加一致的就是泄水道。它在较远的一侧布置有岩石以创造出瀑布的效果。朝着入口慢慢移动，会感觉清水流向公路的动势，特别是当太阳光从背后照在溅起的水花上时。这种景观在一天中可持续好几个小时，因为泄水道是朝北的。流水从听觉和视觉上主宰着人们将注意力引向水池，然后引向水坝后狭窄而起伏的水面，接着引向远处宽阔的沼泽地带，那时水流可以在洞穴和低地天然储蓄，形成赖特所说的“水园”(Water Garden)[286]。泄水道和自然式的水池位于通道的开头，靠着一边。它们使视线顺着蜿蜒的溪流，穿过峡谷，引向远处的威尔士山脉 (Welsh Hills)。这样处理产生的效果是，人们知道水的存在，但不清楚它的形状，除非当你站在场地制高点上或在山顶附近的建筑周围才会看清水系的整个形态。

溪流在峡谷中蜿蜒，缓缓前行，进入住宅的通道也沿着这一自然岸线。在一片树荫下，公路经过“水园”以及蔬菜园、花园。它们分别位于公路的左右两侧。这些花园模仿了赖特在意大利翁布里亚（Umbria）所欣赏的栅格式耕地。公路在山上向西蜿蜒前行，经过一段缓坡后，在一片开阔的草地中转向，形成一个环状。这时花园的上部尽端在其右侧，葡萄园从左边出现在视野中[287]（图4−18a）。从这个位置开始，一面挡土墙把左侧山坡被挖掘的部分遮挡起来——看上去像自然裸露的岩石——将工作室和工具房的大部分隐藏起来，使人们把注意力集中在门廊和凉廊之上的有顶棚的天桥，带给人们一种期待（图4−18b）。当马车吃力地行进在渐渐变陡的笔直道路上时，马车会慢下来，人们的视野将穿过浓荫覆盖的树丛，之后，人们会惊叹，周围的环境把塔里埃森住宅衬托得更加美丽，富有空间感。

到此，赖特精心设计的进入体验是广阔的、全方位的，同观赏者保持着一定的距离感。从一个角度到另一个角度欣赏塔里埃森住宅的愉悦感，与大自然和人造景观带

图4−18a 从南边草坪看到的塔里埃森住宅主入口景观，左边是葡萄园，右边及下面是峡谷入口（由弗兰克·劳埃德·赖特基金会，亚利桑那州斯格特达勒市提供）

图4−18b 车道。左边是花园的石头砌成的挡土墙，右边是部分住宅（由弗兰克·劳埃德·赖特基金会，亚利桑那州斯格特达勒市提供）

给人们的千变万化的感觉交织在一起。当你看到宽阔的原野上迷人的景色，远处还不时飘来阵阵浓浓的清香，草地上牛群在悠闲地啃着青草，还不时发出哞哞的呼唤声，你会深深迷恋上这个地方。不过，当公路到达前庭的高度时，会呈现出一排类似于一点透视的景观，使注意力穿过走廊，跨过宽敞的前院和台地式凉廊，聚焦在覆盖了远处悬崖的树丛上。这样的处理传达出一种抵达、庇护和欢迎前往内部区域的感觉。

赖特赋予走廊一种古代的定义——即马车进入庭院的入口——所以这一前庭便成为人类尺度上的社区活动的交汇点。所有的内部活动都从这里开始，由此可通向工具房、马厩、杂物院、庭院花园、“茶会圈”、台地式凉廊、工作室和居室，是室内外过渡空间。因此当马车或其他交通工具在前庭中放下乘客，或减缓速度，向左急转到与前庭一般大小的杂物院时，参观者、家庭成员或佣人才可以开始积极地参与到进入的体验中来，并产生一种亲近感。人们到达后，在前庭下车，或者在杂物院下车后沿着两边镶着石块的土路踱回前庭，然后踏着低矮的石阶向上到达宽敞的凉廊。凉廊是开敞的台地空间的延伸，也是俯瞰威斯康星河谷的制高点，或者说是两个主要室内外的过渡空间之一，这时人们会对庭院花园的全貌有了清楚的认识。总之，赖特在精心设计幽静的内部空间时，将环境巧妙地与人们的感官进行了交流——涓涓细流奏出一曲美妙的旋律，嗡嗡不停的昆虫也来伴奏；鸟儿那宛转的歌声在风中飘散，马蹄在土地或石头上发出清脆的“得得”声，远处不时传来牛儿深情的呼唤，空气中散发着苹果、葡萄和其他植物浓浓的花香；温暖的阳光，凉爽的树荫，吹过山顶或穿过夹道的微风，以及双脚接触草地、柔沙、石块的感觉。

与赖特的草原住宅相比，他在塔里埃森的景观处理上有明显的不同。最大的改变是他使用的植物容器和植物的布局。没有修长的花箱，终点不设植物种植钵，建筑上不强调承雨线脚，因为，建筑基础与地面的连接部位已被密集的植物模糊和软化。这些植物种于入口台阶两侧几何形的种植床中。其中一个种植床顺着工作室的纵向方向，另一个则沿着厨房平台的围墙。宿根和草本植物的布置方法是靠近墙体种植较高的种类，边界上种植较矮的种类和地被作为前景，以显出植物层次与色彩的有序排列（见附录 E）。

赖特在基础种植态度上的变化反映了延森对他的另一个影响，尽管赖特常用规则的几何形式与延森典型的自然主义有所不同。此前赖特采用紧邻建筑进行种植的仅有两栋住宅，即科恩利住宅和布斯住宅，是延森为这两栋住宅进行了种植设计。延森在 1912 年 10 月 18 日给赖特的信中暗示了他对塔里埃森的想法：“我希望你能够尽情地享受这些美妙的秋日，我真羡慕你有这样一个漂亮的居所。”[288] 而且，赖特和延森还在 1912 年商讨建立一个苗圃，为塔里埃森住宅提供植物。这证实了赖特同延森就塔里埃森的景观在某些层面上进行了讨论[289]。赖特可能还和延森商议了植物储备器的类型和结实度，它们将创造出他预想的整体效果，因为延森向赖特提议的大部分植物都与除内部空间以外的果园、花园联系密切：醋栗（gooseberriy）、葡萄（grape）、黑莓（blackberriy）、悬钩子（raspberriy）、李（plum）、梨（pear）、大黄（rhubarb）、文竹（asparagus），285 棵苹果树（apple）。或者延森为了表示友好和恭敬，还可能将他提议的植物写在他的个人信笺上，以便临时更换。这可能就解释了为什么植物清单上会有福禄考（Phlox）、玫瑰（Rugosa Rose）、山梅花（Mock Orange）。一个普通的“福禄考”不一定是理想的植物，因为福禄考属中有 50 多个种，大小和形态也各不相同。而且山梅花和玫瑰（后者是中国、日本、韩国常见的东方玫瑰，被日本称作“海番茄”）在观赏特性上与延森所喜爱的草原本土植物反差很大，这说明它们是赖特选用的。此外，再没有其他的线索和记录证明延森参与了塔里埃森庭院花园的设计和种植，尽管“茶会圈”中的形式、材料和石座的摆放与延森典型的“聚会圈”（Council Ring）很相像，延森在同年将这一“聚会圈”也用到了布斯住宅中。

“茶会圈”是赖特为庭院－台地－花园(Courtyyards-Terraces-Gardens)这一新型、可控的景观形式进行设计和布局的焦点。这些开敞空间被作为一个整体加以统一考虑，体现出几何主义、有机形态主义和象征主义的一种融合(图4–19，图4–20)。很明显，橡树在赖特的环境设计的角角落落中都是标志性的角色。它们高耸的姿态和宽阔的树冠向通过入口进入庭院花园的人们宣布目的地的抵达。前庭和杂物院相互联系，它们的布局有机地组织了穿越景观的视线，并将人类和动物的生活环境隔开。但这些开敞空间的设计还避免了对耕作景观和周围的自然环境造成的破坏。另一方面，庭院花园作为从前庭慢慢走来的沉思的场所，跟意大利台地园一样进行布局。确定庭院花园尺度最重要的因素是：位于花园始端、远离前庭处石头砌成的长方形水景(Stone Water Feature)；沿山脚设置的石头砌成的挡土墙；观景台、石凳和挡土墙，它们和位于庭院末端的、由大量石头垒成的车廊构成一个统一的整体；以及庭院另一端石头垒成的茶会圈、楼梯平台和石阶。

图4–19 从西北方向越过入口庭院的水池和喷泉看后面的庭院时所看到的景色(由亚利桑那州斯格特达勒市的弗兰克·劳埃德·赖特档案馆惠赠)

同时，乡村的宁静和简朴以及自然植物和石雕工艺的组合，分割场地空间的茶会圈，甚至庭院的名字自身都暗示了赖特的设计灵感来源于日本的茶庭(Tea Garden)：这些特征与一些权威人士对茶庭基本特征的描述是一致的。大卫·H·恩格尔(David H. Engel)写道：“茶庭应该包含寂(sabi)和侘(wabi)中那些不可言喻的，被日本茶庭主人以及所有参加茶道的人所苦苦追寻和极度褒扬的品性。“寂”(sabi)是指古迹、岁月、老年、田园生活、自然纹理的表现，而“侘”(wabi)则是描绘了寂静、收敛、好的品位以及某区域内所营造的宁静所带来的感觉。”[290] 伊藤贞治(Teiji Ito)指出，茶庭“通常被称作‘露湿的场所’或‘露湿的小径’。也就是所谓的路地(roji)……这个词有多种含义，如‘在途中’或‘正行走时’”。[291] 而且，当罗莱尼E·库克(Lorraine E.Kuck)提到这一空间时，将其比作“这个世界的世外桃源，是幽静的茶室与喧闹的外界过度的空间”。[292]

图4–20 从庭院后方向东看便是前庭，茶会圈则在右侧(由亚利桑那州斯格特达勒市的弗兰克·劳埃德·赖特档案馆惠赠)

在茶会圈的石质露台中还有水池，其位置和形状仿照日本禅宗茶庭中的水池："靠近等候处的长椅。"[293] 在茶会圈最靠近入口行车道的台阶终点处，赖特仿照日本茶庭，在所要求的位置上，按必要的理由安排艺术品，这是他的风格：先是石膏作品"墙缝中的花"(A Flower in the Crannied Wall)，紧接着则是更典型的日式石灯笼。而其所遵循的原则就是"靠近里面的大门，靠近等候处的长椅，靠近行礼时用的水池……[为了提升]花园的美学品质"。[294] 而就茶会圈本身而言，它的功能就如同日本在茶室建筑出现前的伺茶区：也就是伺茶区的一侧向庭院开放，而客人们则坐在露台或阳台处静静观赏前面的庭院。的确，自从塔里埃森住宅建成伊始，只要天气允许，那里的每个人在黄昏的时候都会聚集到这里，谈天说地，放松心情，这已经形成了惯例。在20世纪90年代中期，一口悬挂在保留下来的橡树上的韩国古钟替代了曾经悬挂在塔上的校钟，用来提示喝茶的时间的到来、一天工作的结束或在紧急时的呼救(图4–21)。

在对上述设计要素进行观察推理的基础上，赖特修建茶会圈的意图就很明显了：它同时形成场地布局，将工作环境与生活环境区分开来；它是庭院花园的一个目的地，是塔里埃森内在构成的精神领袖。

在塔里埃森住宅兼工作室的规划设计中，赖特巧妙且成功地融合了有冲突的美国、意大利以及日本的处理空间方式。正是这种风格之间的摩擦和融合赋予塔里埃森以创造的张力——因为正是张与弛之间，拘谨与雅致之间的不协调，传统与反传统之间的辨证分析证明了塔里埃森别墅是一种全新的、没有缺陷的杰作。

遗憾的是，能够代表茶会圈及内部庭院景观特色的橡树没有一棵活过20世纪。栽种在半圆形座椅内部的那棵树，其部分树干在50年后就死掉了，以后也没有做任何补救。这棵树死后，半圆形座椅的周围再也没有充足的树荫，无法遮挡午后阳光的直射，也无法滤去强烈的紫外线；同时，也不再拥有足够庞大的根系，无法增强和巩固"野趣园"中那棵挺拔的标志性植物——白橡树的根系了。尽

图4–21 1996年6月拍摄的代表了塔里埃森茶会圈特性的白橡树和韩国撞钟的照片(贝蒂安娜·阿瓜尔拍摄，©2002年贝蒂安娜·阿瓜尔提供)

管如此，这棵橡树依然存活到了1998年6月，直到一场猛烈的暴风雪将其连根拔起而终结了它的生命；估计那时，这棵橡树已经有225年的历史了。枯萎橡树的砍伐和根除对建筑结构和材质本身所造成的破坏是非常巨大的，工作室翼展东北方向的峭壁上300平方码区域内的泥浆滑坡造成茶会圈砌石的隆起和工作室翼展的破坏，并危及了支撑工作室楼厅的结构柱。

1990年塔里埃森保护协会(the Taliesin Preservation Commission)成立，该协会致力于确保塔里埃森住宅得以保存下来，并确保该住宅能向公众开放：重建费用大约在25万美元之内，当然超过这个预算也是可能的。但是，白橡树的死亡，或是20世纪50年代死亡的那些树，所带来的美学上的损失却是不可估量的，是无法用金钱来弥补的，短时间内也缺乏行之有效的处理方法。要使这一景观的周围环境能够再次形成，甚至能开始些许反映出赖特对于茶会圈以及整个内部庭院的设想，大约需要半个世纪，甚至更长的时间。这种自然引发的事件清楚地证明：只做结构上的保存和／或重建只能部分迎合赖特对自己所做建筑的全盘设想。实际上，这些树木的

缺失很清楚地证明，赖特的景观环境设计是经过深思熟虑后确定的，而对景观中的植物采取有远见的更迭是非常重要的，对此一定要给予理解和尊重。几十年前，塔里埃森茶会圈景观中补种了橡树，由于在补种之前，就已经有了全面的准备：了解这些实验树苗的合理生命期限，承认树木本身容易遭受病虫害和恶劣环境侵害的道理，这样，出现像先前那样由于各种原因而造成塔里埃森住宅景观的标志树——橡树——缺失的情况就大大减少了。

虽然塔里埃森住宅建成了，但是却没有给赖特的事业带来多大的促进。1913年1月，赖特亲自前往日本，与日方进行为期约6个月的接触，商谈自己承担东京帝国大厦（the Inperial Hotel in Tokyo）设计任务的可能性。但他同时也和以前的以及一些潜在的客户重新建立起联系，以确保他在5月份回国的时候能够有工作可做。而且在他离开的这段期间，通过那些有影响的出版物、展览和竞赛，赖特也有意识地将公众和业内专家的注意力吸引到他风格多变的建筑才华上。Sonderheft的美国版和专论于1月份在全美发行。在1月出版的《建筑实录》（Architecture Record）和2月的《西部建筑师》（Western Architect）中，也都特别报道了塔里埃森住宅。赖特投给"芝加哥土地发展竞赛城市俱乐部"（the City Club of Chicago Land Development Competion）的非参赛作品被选为3月7日"城市俱乐部住宅展"的展品。他在一本特别刊物——《装饰与艺术》（Arts and Decoration）上刊登广告，而这本杂志正在为"国际现代艺术展"（the International Exhibition of Modern Art）做准备（纽约军械展览）。此次展览的日期为3月19日至6月，地点在芝加哥艺术学院（the Art Insititute of Chicago）。而从5月11日至6月，在芝加哥艺术学院第26届"芝加哥建筑俱乐部年度作品展"（the Chicago Architectural Club）上，也展出了赖特的作品。而在这一系列有远见的宣传活动中，最突出、影响最大的便是赖特参加芝加哥土地发展竞赛的作品。

芝加哥土地发展竞赛城市俱乐部（City Club of Chicago Land Development Competition）（1913年）

只因意识到自己在社区规划上的能力，以及参加竞赛会促进自己四合一（Quadruple Block）规划理念更广为人知，赖特才参加了"芝加哥土地发展竞赛城市俱乐部"。通常，赖特拒绝参加这类活动，因为他觉得评审团一般都乐于选择一个比较中庸的作品作为最杰出作品和最平庸作品间的一个平衡；或者直接就剔除最有争论的作品。由于此次比赛是由美国建筑师学院（the American Institute of Achitects）的伊利诺伊支部筹划的，因此，大多数人猜测，赖特认为此次竞赛的水平要高于一般的同类竞赛。而且，由5名评论专家组成的评判小组中，有2名是赖特在希尔斯比办公室工作时的同事：延森和乔治·马赫（George Maher）。尽管如此，赖特选择将他的作品"参展但不参加比赛评奖"（hors concours），这样就不会遭受竞赛中价值观的批判。不过，很显然这个决定是令人遗憾的，因为赖特对作品的阐述的理念比其他的作品（包括德拉蒙和格里芬的作品）更贴近主题。[295] 他的作品刊登在三年后出版的《城市住宅用地开发——规划研究》（City Residential Land Development—Studies in Planning）中，成为26个特别详细介绍的规划方案之一。实际上，在那本书中，赖特作品所占的页数比其他任何一个参赛者都多：足足有7页，其中4页是彩色的。[296]

赖特是五位被选中对芝加哥已形成的栅格状街道系统进行规划设计的参赛者之一（图4–22）。为了便于在城市发展过程中控制车辆行进的速度，赖特将直通的街道数目限定在3条（一条为南北贯通，两条为东西贯通）。他还限定大道的边缘为快速道，并且在所有剩余的内部街道交织系统中引入限速的慢跑道（图4–23）。这种处理方式将芝加哥标准的规则式城市街区一分为二，其中较大的街区得以保留，用作建设商业区、公共设施、公园、娱乐场所以及两片浅水湖。虽然评论家批评赖特的规划"是让城市主干系统不便于布局，因此，很明显，这种

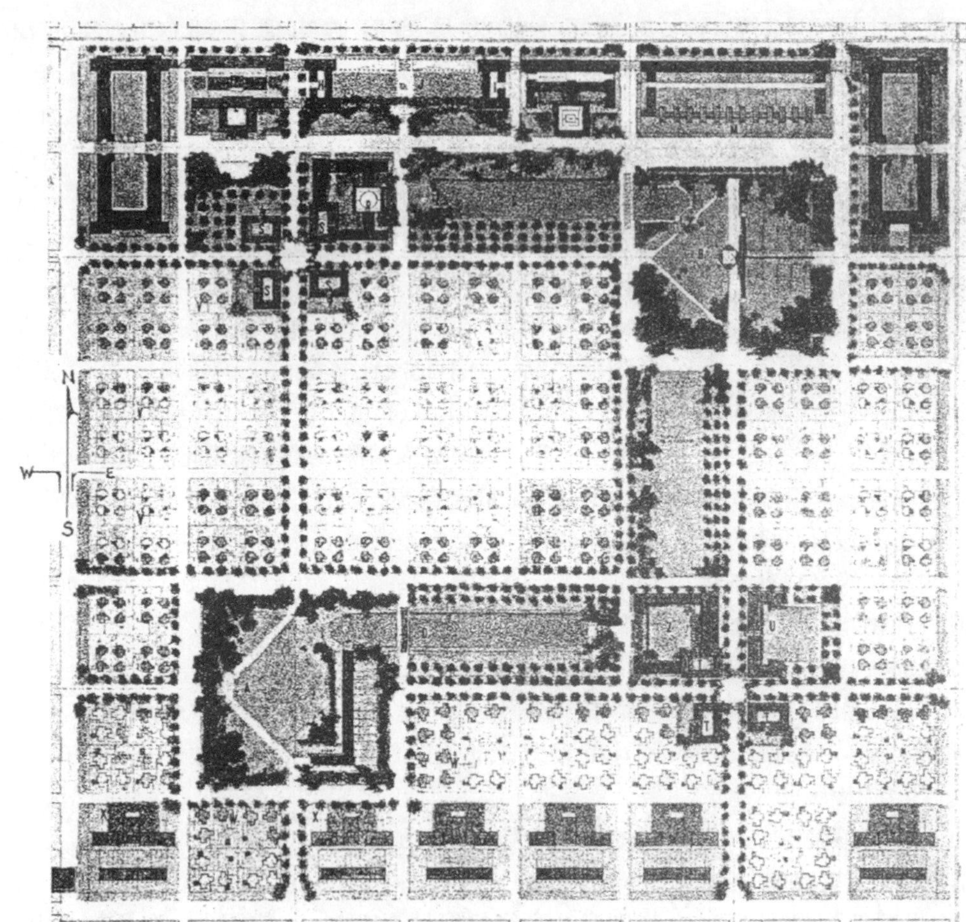

图 4–22 赖特为芝加哥土地发展城市俱乐部所作的规划（1913 年），显示了一种凝聚力极强的开放空间（©2002 年由亚利桑那州斯格特达勒市的弗兰克·劳埃德·赖特基金会提供）

设计是糟糕的"，但是他们对于赖特尽力消除那些"难看的小巷"的做法依然很欣赏。[297] 同时，评论家还提到了赖特四合一规划理念的再现，这一规划理念最先发表在 1901 年 2 月刊的《女性居家杂志》上。评论家还提及了先前出于投资目的而进行的多方案规划。为了这次比赛，赖特将那些规划进行了改动，对所要求的设计图进行细致认真的描绘，使其与大赛提出的假想场地相一致。基本上，通过引入商店、学校、公寓、独户式住宅，公共设施以及其他公共建筑，赖特扩展了他的土地发展规划，使其包含了社会要素。所有的这些要素都有机地分散在一个凝聚力极强的总体规划布局中，这一规划布局中还包括有公园、运动场，以及由景观道串联起来的水景，从而形成了一个完整的林荫系统（图 4–24）。行道树的种植呈特殊的格局：只有通往公园、学校的街道两旁的行道树是等距离栽植的，而其他公共开放空间则是随意而行的。在这些开放空间中，这些更为有机分布的林地以其自然的面貌展现在众人面前，与人工栽植的植物形成了对照。

赖特在北边的商业——住宅带栽种了树木。树林的正立面以及像巴斯克人（Basques）：沿着浅水湖和相邻公共空间常用的对称树冠，都是当时美国中西部并不流行的设计手法，因此，这些设计灵感极有可能来源于赖特在欧洲旅行时所看到的景观。因此，赖特更为直接的

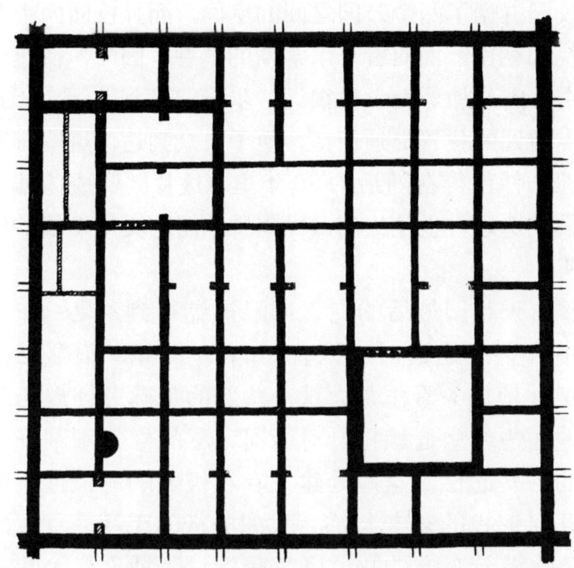

图 4–23　为芝加哥土地发展竞赛城市俱乐部所作的街道系统方案图（查尔斯·E·阿瓜尔基于个人分析和记录中的原图绘制。©2002 年由亚利桑那州斯格特达勒市的弗兰克·劳埃德·赖特基金会提供。©2002 年贝蒂安娜·阿瓜尔临摹）

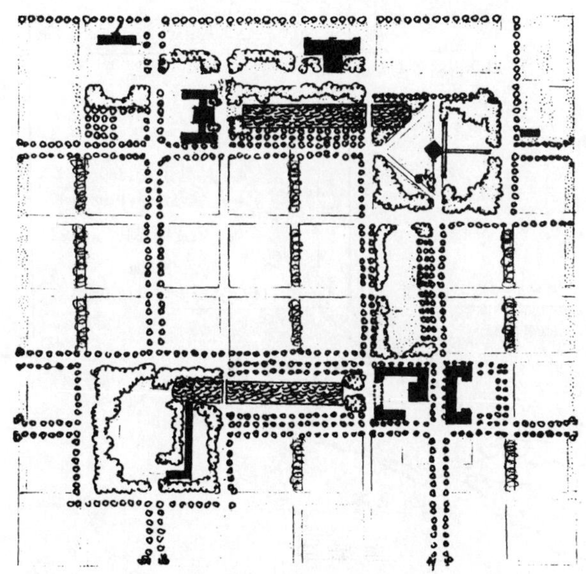

图 4–24　为芝加哥土地发展城市俱乐部所作的公园、运动场、行道树、园林式林荫道、学校及公共建筑方案（查尔斯·E·阿瓜尔基于个人分析和记录中的原图绘制。©2002 年由亚利桑那州斯格特达勒市的弗兰克·劳埃德·赖特基金会提供。©2002 年贝蒂安娜·阿瓜尔临摹）

灵感也许来自四年前，当时他住在伦敦，而邻居家花园般、适于居住的设计让他羡慕不已："伦敦的方方面面都让人感觉是那样的富有，如此的令人愉悦，很人性化，修建得很坚固，安置得很稳定……到处装点着绿色——花园以及洋溢着绿色的庭院。到处开满了鲜花，没有任何东西让你感到过于正统和无趣，没有什么是正方形的。在这个世界上还能看到这样一个适合居住的伟大城市真是让人感到欣喜，这真是个奇迹，真是太棒了。不知他们用何种方法成功地让伦敦成为最适于居住的城市……每个人都和自己生活的区域紧密相连。而且似乎事实上也的确如此。在一个、两个或三个街区内，你可以找到你想要的任何东西。这里有剧院、电影院、干货店、理发店、土耳其浴室——你想不出还有什么是在伦敦城内找不到的东西了。"[298] 而抛开赖特灵感的源泉，其规划构思最终的结果是提出了一个在芝加哥城市网格框架下，用一种切实可行的方法规划一种可与奥姆斯特德的里威赛德乡村社区（Olmsted Riverside）相媲美的公园般的环境。[299]

赖特在城市俱乐部规划设计方案中的洞察力和实用性反映出他对水平的草原城市社区规划是多么熟悉。毕竟，他曾经亲身经历过规划社区中那些假设居民的生活方式和社会行为方式。而且多年来，他一直都在仔细观察这些社区中，以公共交通或私人交通进行的通勤模式，以及他们上学、礼拜、购物和追求休闲活动的方式。而且，他发表在《城市住宅用地开发——规划研究》（City Residential Land Development–Studies in Planning）上的文章就对他在所给 1/4 土地区域内进行土地使用分配的方法，提供了一种经过深思的、合理的解释。这篇文章是少有的几个实例之一，在这里赖特对于自己针对某项特殊项目或任务的规划的基本设计原理给予了清楚的表述和明白的辩护。但遗憾的是，赖特再一次选择了报刊媒体。而在报刊媒体中，赖特关于四合一规划中的土地细分的优势的解释只能让有限的美国观众看到。更加糟糕的是，赖特这次竞赛作品在官方档案列表中从没有编号，因此，在很大程度上，它被忽略了，或是在同一时代的出版物中只是稍稍提及。当然，也正是由于这些原因，我们这里才将赖特的文章毫无删节地刊登出来（见附录 H）。

1913 年 5 月，几乎是刚刚返回芝加哥，赖特就收到了通知他已被选为帝国饭店（the Imperial Hotel）设计师的信函。这应该是赖特职业生涯中最具挑战性的任务之一。为了完成这一设计任务，赖特几乎把所有的精力都放在这个项目上，并大约花费了他 6 至 8 年的努力。接受这一设计任务后，赖特多次往返于芝加哥和日本之间，每次坐轮船都要花费 3 周的时间。1913 年 8 月，帝国饭店的设计开始进行。也正是在这个时间段内，一群投资者找到赖特，商讨赖特设计的“米德韦花园”（Midway Gardens）的可能性。这座集餐饮、游艺等为一体的综合性公园的一个主要投资者就是小爱德华 · C · 沃勒（Edward C.Waller, Jr.），他的父亲在 18 年前曾就赞助赖特设计沃尔夫湖娱乐公园（Wolf Lake Amusement Park）项目。

米德韦花园（Midway Gardens），芝加哥，伊利诺伊州（1913 年）

投资者计划兴建的城市娱乐中心，坐落在科蒂奇 · 格罗夫大道（Cottage Grove Aenue）和第 60 大街（60th Street）交叉点的西南角，占地面积 2 英亩多。从这个地方直穿第 60 大街就可以到达华盛顿公园（Washington Park），而米德韦 · 普莱桑斯（Midway Plaisance）的最西部则与此娱乐中心位于对角线上（图 4–25）。有电车直达这里，而且，此地往西 1 英里就是连接市中心环线的城铁站，这条中心环线穿越杰克逊公园（Jackson Park），也就是先前哥伦比亚世界博览会（Columbian Exposition）的所在地。现在，杰克逊公园里的美术宫（Fine Arts），位于郁郁葱葱小岛上的凤凰殿（Ho–o–den），以及密歇根湖的海滨区域依然是受欢迎的短期旅游胜地。最为重要的是，芝加哥大学的校园占据了两个公园之间的空间，而且校园内主要的庭院都朝南，面向着普莱桑斯的草坪，因此，待建的娱乐中心离芝加哥大学也很近，步行即可到达。由于这个地点所处的位置交通便捷，便于公众到达，这些有利的地理条件使得在随后的 20 年里，这片区域成为博览会的最佳选址，也是提高公民素质、促进文化发展的绝佳场所。

由于花园最后的完工期限被缩短到不足一年，而其中真正的建设时间只有 90 天。因此，很显然，赖特把这项任务看作是尝试一些新的基础设计理念的机会，这些理念是赖特针对帝国大厦的修建刚刚开始形成的一些想法。这两处建筑存在极大的相似性，都有纯几何形式的复杂装饰；欧洲流行的手法：复古的材料，弥漫着东方韵味，以及赖特对于抽象艺术的个性

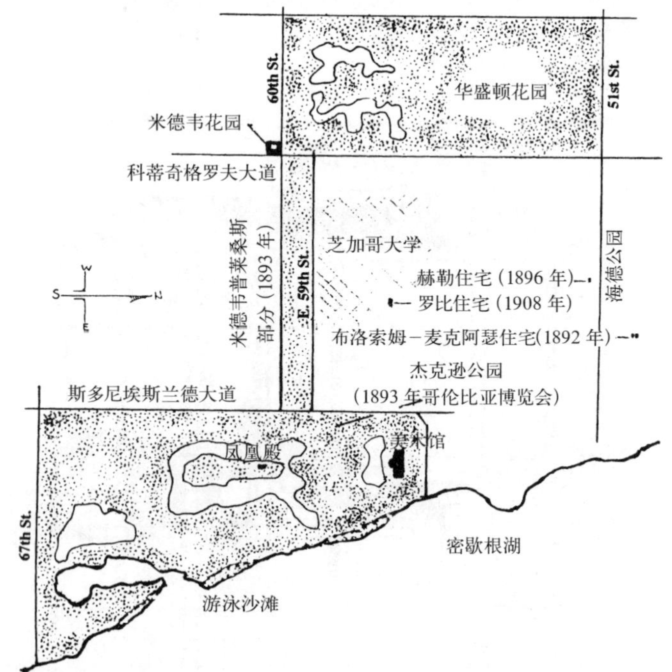

图 4–25　芝加哥米德韦花园与杰克逊公园、华盛顿公园以及米德韦 · 普莱桑斯间的位置关系图（查尔斯 · E · 阿瓜尔基于个人分析和记录中的平面图绘制，芝加哥南部公园委员会提供。©2002 年贝蒂安娜 · 阿瓜尔临摹）

表达。这栋建筑的细部所表现的艺术修养经常被同时代的文献引用。不过仔细观察后发现两栋建筑中最主要的差别就是植物的装饰：植物的位置、种类，植物的摆放和布局,以及对整体效果的影响。在定义“花园”(gardens) 这个词的内涵时，硬质景观和植物景观被认为是构成环境的不可分割的整体，正如赖特自己说的那样：“米德韦花园被设计成一个‘夏季公园’，是由步行道、凉廊，以及长廊围合起来的低矮石露台系统，侧面就是冬日公园。”[300] 另外，赖特的景观处理方式和建筑烘托下的开放空间规划的重要性就在于此。此外，还有一些关键性的、基本性的影响，它们形成了赖特规划布局的基础，也影响了夏季公园外部空间的体量。而这个体量正是全部复杂结构的“本质”。正如西蒙兹(Simonds) 对外部空间的解释：“当开放空间被结构元素全部或部分包围时，就呈现出一种建筑特性……按照这个定义，每一个开放空间都是一个实体，自成一体。不过，对于每个邻近的空间或建筑来说，它们又是一个不可分割的整体……一个体积确定的室外空间形成一个空间井。它真正的空旷度就是它的本质属性……这样的空间，如天井，庭院，公共广场，在大多数建筑群中都是焦点，呈主导地位，以致相邻建筑的真正本质都在那里得以提炼和表现。”[301]

更为宽广的场地环境在众多方面影响了赖特的建筑设计和对开放空间的规划。例如，科蒂奇 · 格罗夫大道和第 60 大街交叉点上的社会各阶层的融合以及这里对于公众来说方便的交通，决定了其主要通道和游乐场建筑群的位置。在建筑群中包含了冬日公园、私人俱乐部聚会室以及酒馆。在赖特的自传中阐明了这一点：“冬日公园坐落在主干道的前端……营业性质的酒吧坐落在主要街道的街角……在这块地的最外端，则竖立两块面向主干道的欢迎标志牌……指明通往夏日公园和冬日公园的入口。”[302]

尽管这篇自传描述了花园的建设正如其最终建成的那样，但在赖特较早的 “初步规划和方案Ⅱ”中也提出了相同的基本规划想法，该方案呈现不对称的形式。在这一方案中，东北角的结构群是整个街区规划的一部分(图 4–26)。在这个最初的规划方案中，外围的街道上，安排了相关的或互相竞争的休闲娱乐用地——舞厅、沙龙、溜冰场、饭店、影剧院、夜总会；西南角的主要场地及内部的土地打算用来修建公共的或半公共的公园性质的花园。[303] 这种安排使得无论是在花园之外还是其内都很容易到达娱乐区，而开放空间则会成为广阔的华盛顿公园的延伸。这一方案最明显的缺点就是娱乐设施相互分离，分布散乱，这样就会造成管理上的困难，也降低了服务性。

赖特最终的米德韦花园规划为他非凡的三维空间规划提供了一个如教科书般完美的范例——也就是说，各个空间都等待着去“体验”(图 4–27)。冬日公园大约占场地面积的 1/3, 这个公园的围合空间满足了活动的需求，而公园地形的变化正好营造了 5 个不同高度的空间场所。夏日公园则占据了这一场地其余 2/3 的面积。夏日公园内

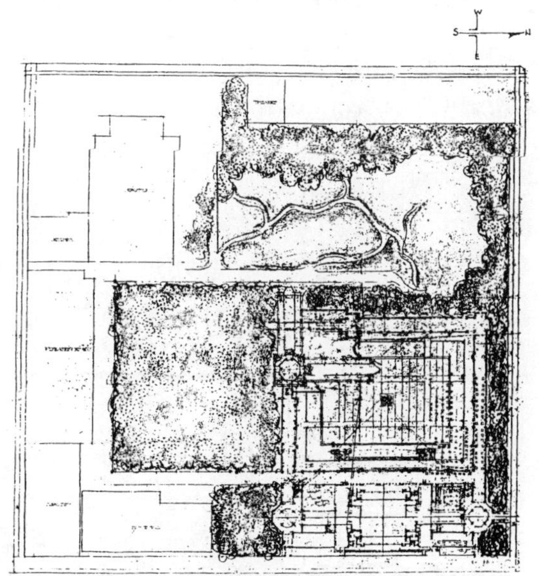

图 4–26　伊利诺伊州芝加哥市米德韦花园的“初步规划，方案Ⅰ”，1913 年 (©2002 年由亚利桑那州斯格特达勒市的弗兰克 · 劳埃德 · 赖特基金会提供)

的台阶和坡道还可以提供其他的服务功能：景观视线的连续变化。坐在台阶和坡道上就可以观看许多艺术形式和建筑物，同时可以眺望视线所及的园林景观，观看人的活动以及开放空间中的表演（图 4–28）。

赖特将夏日公园的开放空间设计成一个像古罗马式的圆形剧场的围合空间。表演的舞台和回音壁（acoustical shell feature）安排在主轴之上和冬日公园的中点上，但是偏离正中央的圆形广场，位于一个抬高的台地之上，其两侧是规划的开放空间，开放空间的每一侧都设置了一堵围墙。广场两边的回音壁本身也设计成开放式的，这样一来，表演时，在 180° 的半圆之内，在观看地点较好的范围内，都可以得到同样良好的视觉效果和听觉效果。因此，这种舞台和回音壁整体看上去是不对称的。的确，在赖特的设计中，其各个方面的控制因素都非常流畅地呈现出这种特征：任一一边的拱廊和露台；圆形广场由上至下、分为三层的阶梯；冬日公园的餐厅，餐厅里有窗墙，而且敞开的大门分隔出一块块就餐区域，一层层直到最下面的圆形剧场；楼梯，连拱廊的阳台，屋顶花园，悬伸出四座高塔和两座望景楼的阳台。[304] 因此，米德韦花园复杂的景观元素构成的独特个性反映出前文艺复兴时期内公众空间的基调，这与赖特所游历过的欧洲中世纪小城时所看到的是一致的。在那些小镇中，不同的建筑围合在一起，中央则形成公关开放空间。这样布局便于临近的建筑取得功能上的联系，同时这些中央空间和更广的环境可以取得审美上的效果和环境效应。

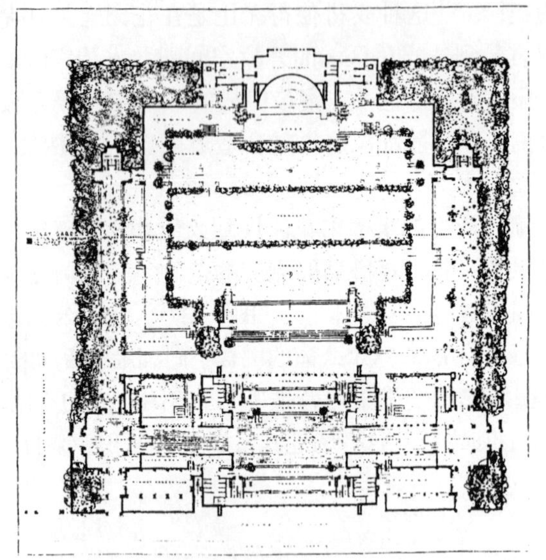

图 4–27　米德韦花园最终的规划设计图（©2002 年由亚利桑那州斯格特达勒市的弗兰克 · 劳埃德 · 赖特基金会提供）

赖特决定建造一个气度非凡的、正式入口道，与位

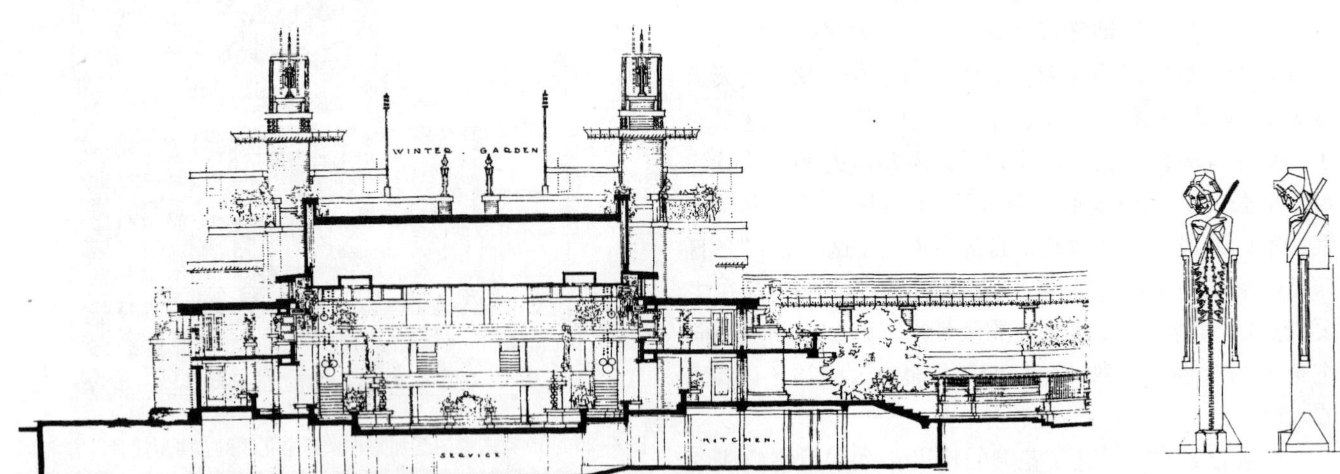

图 4–28　米德韦花园多层次冬日公园的部分纵向剖面图（©2002 年由亚利桑那州斯格特达勒市的弗兰克 · 劳埃德 · 赖特基金会提供）

于花园最外围转角处的两个入口遥相呼应。这种做法也与赖特设计行进路线时的理念一样。他通过弯弯曲曲的狭长走廊让游客千回百折地来到圆形剧场。从转角处进入圆形剧场的处理手法就如在欧洲旅行：穿过狭窄的、蜿蜒曲折的人行街道，领略街道两侧的小镇风光，然后来到公共广场和露天市场，但围合的感觉并没有被消减。对角线的视角有扩大空间的心理效果，比人们最初所看到抽象的开放空间要大得多，似乎从任何一个角度来看——向外、向上，它都延伸到无穷远处。这一富有想像力的空间处理使得游览米德韦花园成为一次在三维空间中的非凡的、有趣的探险旅程。在这一三维空间中，人们在观看风景的同时，又成了别人眼中的风景（看与被看——你在看的同时，也成了被看的对象）；参与各种自发的活动（讨论、演讲、冒险等等）；观看形态各异的行人；交叠的色彩、材质、光线，以及圆形剧场上演的乐队演出——这些体验同探险、观看、参与所有令人激动的活动一样令人兴奋，这一空间所具有的活力同威尼斯“圣马可广场”（the Piazza SanMarco）华丽的开放空间一样，但是在一个更为亲切宜人的尺度上。

图 4–29　从阳台处看到的米德韦花园多层次娱乐空间，显示了一种整体性，向天空开放的设计（©2002 年由亚利桑那州斯格特达勒市的弗兰克·劳埃德·赖特基金会提供）

米德韦花园的硬质景观（Hardscape）大多是功能上的需要。许许多多排列成行的盆栽植物界定了圆形剧场内部空间和周围各级台阶的形态，而这些台阶就形成了自然边界，这与拱廊、墙壁、阳台、楼梯以及屋顶花园处的盆栽植物的作用是一样的（图 4–29）。盆栽植物的高度是经过认真考虑的，即不会阻挡人们的视线，使人无法看到圆形剧场。同时，这一高度还可以挡住较低处的好奇的目光，有一定的隐蔽性。沿着拱廊的围墙高度也是精心考虑过的，还考虑了矮墙上一排排的石瓮，以及石瓮中的植物。不过，硬质景观和栽植景观构成了一个整体，成为米德韦花园这个复杂结构的主要组成部分。围墙上的石瓮是位于米德韦花园终端的那些石瓮的延续，作为媒介物，结合了前景和背景，无论这个背景是圆形剧场还是华盛顿公园的外围环境。悬挂在浓荫掩映的入口处的盆栽植物，和常见的沿构筑物基础放置的盆栽植物一样，也起到了限定空间和分割空间的作用，不过在空间上和心理上营造了一种更为重要的感受。跟悬于头顶之上的那些平面——拱廊顶、悬垂的露台以及悬臂式阳台一样，一天之内形成一种流动的阴影和太阳的照射，从而可以捕捉不同的光影变化，获得不同的光影感受。建筑中那些无生命的装饰元素——尖顶、雕塑、结构和纹理——都被赖特有目的地运用于设计之中。通过对这些要素的处理，赖特在户外环境中营造了一种戏剧性的体验和感受。然而，若没有生机勃勃的植物做点缀——特别是各种各样的装饰植物——单靠硬质景观和建筑装饰不能清楚地表达结构和纹理的对比，也不能反映赖特设计韵律中的全部感觉。因此，当没有足够的资金来完成所有的设计内容时，或许这就是为什么赖特会感到特别的遗憾。譬如“在冬季公园四座塔楼上方的高空广告板上，本来要配上葡萄藤和鲜花，作为最高处的欢迎标志；同样，在游乐场的角角落落栽植大树的想法也成了一种奢望”。[305] 尽管如此，有了人群的活动，给公园带来了无限的动感和生命力（这是赖特最本质也是最生机勃勃的装饰要素）。如果只看短短两年内所起的作用的话，赖特建造米德韦花园是难以置信地成功的。

据汤姆布利（Twombly）回忆，在 1914 年 6 月，也就是米德韦花园盛大开业典礼后才几个月，第一次世界大战在欧洲爆发。在芝加哥，人们开始对那些具有德国血统的人产生极大的敌意。但这些人却是前往米德韦花园游玩的主要人群，他们占芝加哥人口的很大一部分。美国官方直到 1917 年才正式出台相关政策，到米德韦花园参观游玩的人数锐减，以致其经济收入都无法填补公园管理的费用。[306] 另外，克鲁提（Kruty）就这一问题提出了自己正确的观点：在建筑上的资金投入不足，加上随后贷款的过度超支以及其他因素的综合导致了经济上的困难。[307] 无论是什么原因，1916 年该花园破产，同年被艾德韦斯酿酒厂（Eidelweiss Brewery）收购，并被改名为艾德韦斯花园（Eidelweiss Gardens）。从前，这个名字是华盛顿公园北部一个小型啤酒游乐场的名字。不过改名后的啤酒和舞蹈大厅的运作也没能吸引足够多的有钱人的光顾，而且当禁酒令开始实行的时候(1920–1933年)，它在财政上也同样陷入困境。在空置了多年以后，于 1929 年，也就是在废除禁酒令的前四年，整个米德韦花园游乐场被全部夷为平地，这对子孙后代来说，真是一件不幸的事情。

1914 年 8 月，赖特惊闻一个悲惨的消息：他在塔里埃森的家和工作室失火。但是，直到赖特坐上前往斯普林格林（Spring Green）的火车时，才了解了整个事件的详情，了解了自己真正的损失。他写道：“现在我记下这一切的时候早已过了事件发生的时间，一个薄嘴唇的巴巴多斯黑人（Barbados Negro）……突然发了疯，他点燃了房子，瞬息之间，一切都陷入了火海，七条性命就这样葬身于火海之中。30 分钟之后，房子连同其内所有的东西就烧得只剩下石头砌成的框架，有些地方甚至只有地面存留了下来。塔里埃森住宅的生活区在一个疯子梦魇般的纵火和谋杀中完全毁灭了，只有工作区保存了下来。”[308] 在大火中丧生的人包括两位工人，园丁的小儿子，以及当时正在塔里埃森拜访的切尼夫人（玛玛）和她的两个儿子。

即使赖特经历了丧失亲人的巨痛，他仍将自己投入到恢复塔里埃森生活区的繁忙工作中。而亲人和朋友的帮助和关心则成为支撑他活下去的力量，其中包括哈里 · 鲁宾逊（Harry Robinson），他在这关键的时刻和赖特站在一起，帮助赖特度过难关，而没有加入澳洲的沃尔特 · 格里芬和玛丽恩 · 玛霍妮 · 格里芬事务所（Walter and Marion Mahony Griffin）。[309] 对于像米德韦花园、A · D · 基曼商店（A.D.German Warehouse）、帝国饭店、芝加哥小型剧院（Little Chicago Theater）这样的大型委托项目，其大部分的设计工作都是由赖特和他在塔里埃森的工作团体完成的，鲁宾逊主要负责监督芝加哥地区住宅的结构。在 1915 年，他负责的任务里还应该包括拉维尼 · 布鲁弗斯房地产项目规划（Ravine Bluffs Housing Development）。

小谢尔曼 · M · 布斯（Sherman M. Booth, Jr.），拉维尼 · 布鲁弗斯房地产项目（Ravine Bluffs Development），格伦科市，伊利诺伊州（1915 年）

拉维尼 · 布鲁弗斯房地产项目的开发实际上是对原本于 1911–1912 年谢尔曼 · 布斯项目（Sherman M.Booth）预留地的再规划。由于预算超支或是其他什么因素，布斯无法修建赖特为其设计的大厦，甚至连延森的场地设计（Grounds Development）都无法进行下去。因此，1915 年布斯重新签定合约，对这块场地进行再规划，对土地的功能进行重新分配，这样就增加了许多的住宅，也包括新建了布斯自己的住宅。

从保存下来的设计图纸看出，此次土地重新细分并没有太多根据原有的公园规划方案，不再使用有自由形式的创造性。在原有的公园规划中，入口处拥有优先的感知权。但后来的重新开发所强调的重点却是开发行为在财政上是否可行。新的场地规划有两条相对笔直的公路：梅多路（Meadow Road）（北－南向）以及西尔万路（Sylvan Road）（东－西向），将这片土地差不多一分为二（图4–30）。梅多路的走向极有可能是沿着进入路线，因为沿着最初的路线可以到达现存的农舍。这个假设的基础是通常这条行进路线穿越了场地的绝大部分，而且经由这条道路可以很容易到达场地的各个部分。西尔万路与这块场地相连的地点正好是延森原先设计的通往公园的车辆通道的位置，不过路形是笔直向前，而不是沿陡坡蜿蜒向上，越过场地中最大的沟壑。因此，桥梁结构的费用显著降低。赖特设计了两个火车站，其中之一建立在这块地产的东、西边界的交点，而这块地产又位于延森所建造的三角形铁路公园内。而且，赖特的三个富有个性的混凝土入口雕像也建立于此。[310]

在设计布斯私人住宅时也考虑了管理费用。马房和车库被移往位于悬崖边上的原有农舍旁，这些完全不同的建筑物被整合成一个巨大的住宅群。布斯还在分区内建造了四栋出租房，这样做大概是要用所得的房租来支付未来开发所需的费用。在延森的种植规划的预留地上准备修建一个巨大的规则式花园，栽种蔬菜和插花花卉。据说，赖特事务所并没有监督这些房屋的修建，但是这些房屋有趣的选址、空间分隔以及方位的变化都表明：在某种程度上有其他人——也许就是鲁宾逊——参与到这项工程中来。最后值得指出的是，尽管拉维尼·布鲁弗斯房地产项目规划没有完全“保存”15公顷敏感的森林环境作为开放空间，但所有的溪谷都保留了其自然状态，让人感觉是公园般的环境，而且其邻近的环境一般也比大多数城市郊区更易理顺。

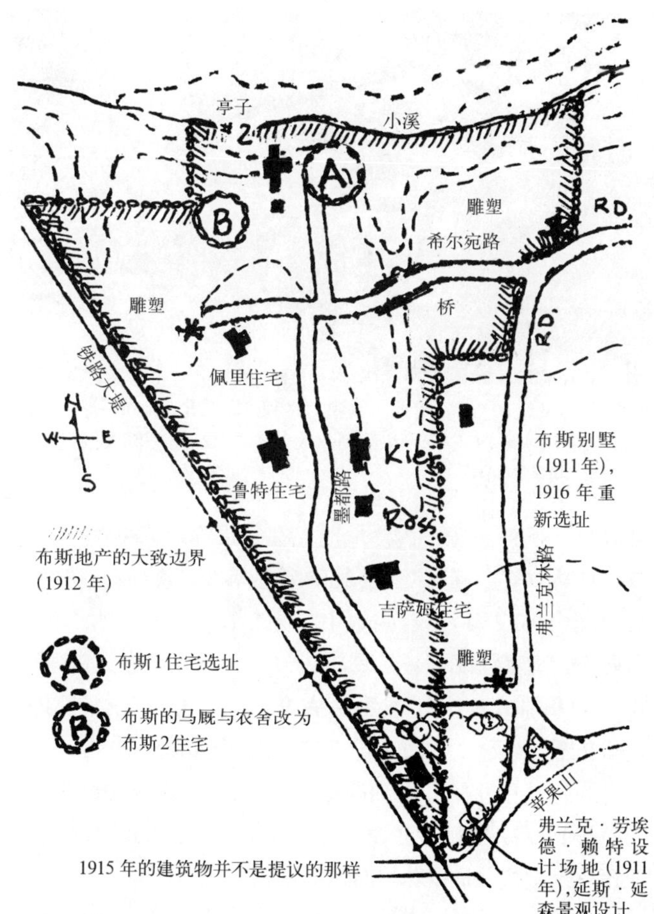

图4–30 推测的1915年伊利诺伊州格伦科市小谢尔曼·M·布斯，拉维尼·布鲁弗斯房地产开发区初步规划图（查尔斯·E·阿瓜尔参考USGS地图，伊利诺伊州高地公园四方形社区，1926年版本所绘。©2002年贝蒂安娜·阿瓜尔临摹）

亨利·J·艾伦（Henry J. Allen）私人住宅，威奇塔市（Wichita），堪萨斯州（1915年）

通常，人们把堪萨斯州威奇塔市的亨利·J·艾伦所委托建造的独立式住宅视为赖特最后的草原式住宅（图4–31）。如此判断的理由是因为这栋住宅与草原式住宅有着相同的外貌特征：延长的车廊可供马车等出入，突出的承雨线脚，宽阔的四坡顶，高耸的烟囱群以及较大的出檐。出檐的下表面配以平滑的、色彩和谐的赭土抹灰，

图 4–31 从地产入口处附近所看到的亨利 ·J· 艾伦住宅东南角，威奇塔市，堪萨斯州（1915 年）（堪萨斯州威奇塔市，《威奇塔雄鹰报》/《威奇塔灯塔报》惠赠）

可以将光反射进窗户内。同时，在每层窗户的挑檐下，还有一些内置的、有锌制条纹的栽植容器。然后，在每一组由两个窗户和／或法式门组成的单元之间，水平的带齿砖缝、墙墩和砖块点缀其间。[311] 这一处理方式与赖特其他的草原式住宅处理手法完全不同，即在屋檐下安排长排的窗户。不过由于墙砖宽度的变小和统一处理，使得水平的感觉并没有明显的消减。[312] 同时，这些确定的风格上的差异也反映出赖特在设计过程中设计思想的转变，这与他在这个阶段受日本思想的影响紧密相关。

首先，艾伦住宅的布局是一种非常不标准的“大草原住宅”类型。位于两翼的生活区呈“L”形排列，围绕内部的庭院花园展开。南面的一列生活区为上下两层，底层建有地下室，形成南部的防御层。东部的一列为单独的一层居室，从而确定场地的东部边界（图 4–32）。带有围墙的散步道确定了场地的北部边界，而一栋花园别墅及一面围墙则界定了西部的边界。所有围合空间要素都采用相同的石材，并且比例恰当，使得场地与其周围的环境不至于完全割断。在一个 3 英尺宽的网格内，所有结构和空间元素按照一种似数寄屋的组织形式排列开来，网格和日本京都地区榻榻米垫子（约 3 英尺 ×6 英尺）一般大小。[313] 而且，在这种布局中没有明显的中轴线。实际上，所有的构筑物和园林要素都是不对称的平衡，即使是庭院花园中的主要景观元素——那个巨大的下沉式反射池——也是如此。而且，与赖特其他的草原式住宅不同，那些混凝土质的种植容器并没有放置在终点上，而是用来强调庭院中集中的特殊点或是置于散步道围墙之上。这些种植容器以及其中的植物都依照比例设计，以免破坏视线，这与米德韦花园的设计手法是相同的。

在赖特的艾伦住宅的设计中，另一个重要的考虑就是内、外空间自然环境和功能的关联性和相依性，此外，建筑占地面积（22%）和庭院花园围合空间面积（44%）之间的空间比率也造成心理上的亲密感觉。设计时住宅和花园是一个整体，而且，也没有按照西方人的传统，在建筑物完工后将花园按照住宅的形式进行改动。这里的花园也没有按照欧洲传统的庭院布局。在传统的庭院中，要用鸟瞰透视图才能更容易看清和欣赏几何图案和格局。同时，整个住宅的各部分是按照东方的传统手法作为一个整体进行设计和规划的，当在整个空间中连续运动时（无论是在建筑空间中，还是在庭院内），都可以看到这些部分，步随景移。实际上，内部与外部之间的循环路线控制了赖特设计中的三维视觉演变——无论你步行还是乘车，你首先感受到的就是入口处的景色，从前门外就可以看到这一掩映在车廊之下的景色。

前门通向一个极为巨大的门厅。巨大地砖铺成的地板始于入口处，将人们的视线从地平面引向住宅一楼。一楼处，位于各侧翼交叉平面的中心就是中央大厅。由于在大厅与客厅之间没有墙或门进行分割，使得这一过渡空间没有明确的围合感。只有一个书架形成了观看者视线上的小小屏障。这个书架置于大厅中心一隅，直接阻挡了看往室外的视线。但是地面的视觉连续性将人们引往客厅或饭厅。直到经过这个交汇点，进入主要的起居空间时，拱顶以及通往宽敞的矩形露台的法式玻璃门的边台（这个露台完全填充了两翼结合点形成的外部空间，而且同室内一样铺有地板）造成在空间上向上和向外的戏剧性扩展，这样赖特的设计意图所产生的效果得以全部

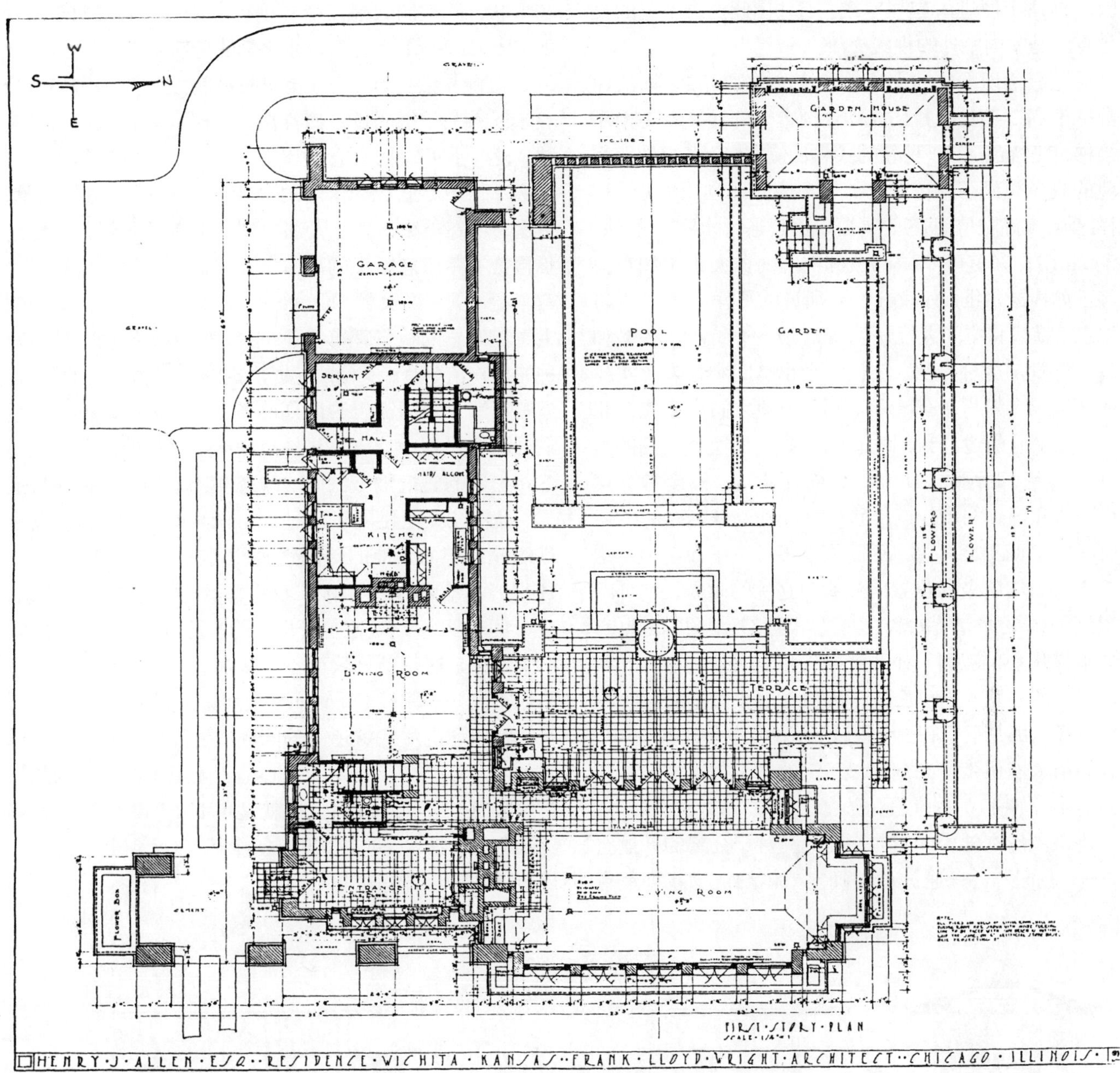

图 4–32　艾伦住宅的一层平面图 (© 由弗兰克 · 劳埃德 · 赖特基金会，亚利桑那州斯格特达勒市提供)

体验。再往上便进入起居室或餐厅，因此，最主要的设计焦点就是室内室外的视线交流。

通过有意识地略向上抬升建筑的首层高度，即约比正常标准高2英尺，并且依靠逐渐上升的通往中央大厅的楼梯，赖特创造了一种新的式样，使人们对入口处即将出现的景色充满了期待。这种处理方法还创造了另一种式样：受日本庭院空间处理方式的启发，通过水平"分层法"(layering)，在庭院有限的内部空间内扩大景深和空间感。正如梅瑟尔维（Messervy）所说的那样："东方人习惯用水平横线将空间进行分层，以创造一种前景、中景和背景的感觉，这种方法，会使一个小空间看起来比实际面积要大很多。"[314] 将露台抬高后，方便人们从庭院东北角，经由围墙两边的封闭式花床，到达庭院西北角的目的点：露亭（Garden House）。而且从这一高度可直接通往一楼和铺砌的步行道。露亭（Garden House）的屋脊有一个遮荫平面，这一平面位于步行道平面之上，这样，当人们从所坐的位置向外看向庭院的时候，就可以观察到一幅更加完美的景色[315]（图4–33）。同时，也有一些偶然出现的层面，如石质板层和里面栽有植物的砖墩，巨大的石瓮，平台及围合栽种于地平面上的植物的石头边缘。那儿正好有一个稍微下沉的反射池(图4–34)。当人们沿着石质步道来到稍微下沉的水池时，更容易观察到池中婷婷玉立的荷花和游曳的金鱼，以及白云、阳光、建筑投影在池中的美景。因此，对于全部的开放空间——"花园"——通过详细确定整体的植物栽种地点和形状，并按照效果仔细安排行进路线，表现出硬质景观（hardscape）和建筑各水平面的巧妙并置。

赖特并没有为艾伦住宅进行植物规划或是列出植物名录。然而，很明显，赖特在某段时间内曾经这么打算过。这一点可以从艾伦1918年1月写给赖特的信中得以证实。信中写道："我很乐于看到花园中所栽植物名单，不过，现在看来，您是无法兑现您先前的承诺，我已经不再抱有希望您所说的，在春天来临之前把它给我。"[316] 霍华德·W·埃灵顿（Howard W.Ellington），艾伦住宅重建工作的执行理事和建筑师，认为艾伦住宅最后栽种的植物清单是由艾伦的花匠决定的。[317] 然而，由于赖特当时正忙于帝国饭店的前期准备工作，因此，在艾伦住宅的修建过程中，缺少栽种植物清单这样的问题同赖特不断出现的建筑细节方面的疏忽相比就明显地微不足道了。赖特在艾伦住宅建设过程中投注的精力过少，艾伦对此非常担心。他的首次这种担心表现在他1916年11月13日写给赖特的信中："我将您所期盼的支票寄给您。按照我的理解，这是监督管理费的一部分。当然，我知道，不论怎样，这些预付款都不会减弱您对工作的兴趣。我不得不离开一段较长的时间，在此，请容我再督促您一遍，希望您能尽快就所有的问题回复舒尔（Shuler）[原文如此]的信。"[318] 艾伦的担心是不无道理的，原因是就在接到这封信的下个月，也就是1916年12月28日，赖特就会前往日本，而在其后的五个月内（直到1917年5月17日）是不会回美国的。[319]

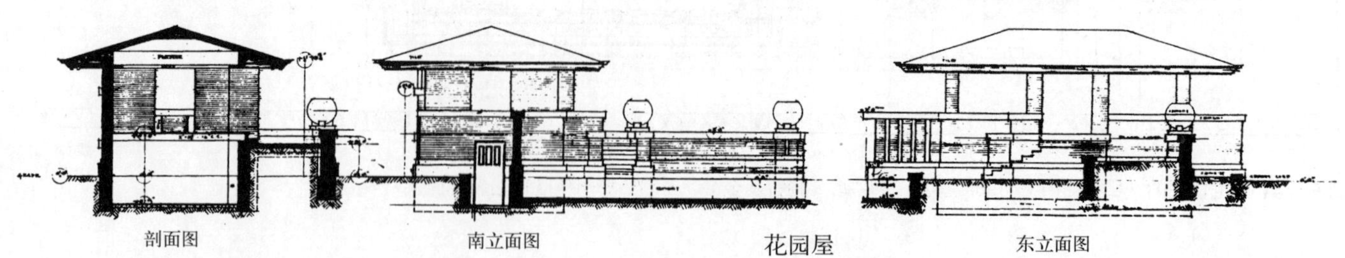

图4–33 沿艾伦住宅花园和花园屋中心线的剖面

图 4–34　图片显示了艾伦住宅庭院引入受控的空间深度后显现的水平“分层”（国家设计博物馆收藏的 Cooper–Hewitt 摄影档案，史密森学会 / 艺术资源，纽约）

大概赖特最终做了一定的安排，使得那些设计图和技术要求能够在他出国的这段时间内得以完成，因为艾伦一回来就立刻收到了这些东西。没有人知道最终是谁承担了这个任务，但无论是谁，他都忘记了在每张图上标记出指北针。在将规划提交给中标的承包商和转包商时，这一严重的失误造成了不小的麻烦。由于他们是按标准的规划设计形式设计的，因此，承包商一定认为设计图的顶部是北，底部是南。这不仅是“定位”的标准，而且它也是在艾伦住宅正面图标记中所反映的定位。然而，实际上，这些设计图错误地显示了真正的定位轴，产生了整整 90° 的偏差。定向错误在环境上引发的结果就是露台和起居室的法式玻璃门实际上是朝向西方，而不是南方。这样阳光充足的朝南方向就浪费在卧室、餐厅、厨房、女佣间、车道，车库以及地下室等空间。而且，两层楼高的卧室形成的翼展挡住了夏季盛行的南－西南风，因此只有起居室和露台能够间接地享受到凉风的吹拂。

埃灵顿曾经提出在绘制草图的过程中，产生了一些困惑，这可能是因为：跟此项目同时进行的还有威廉 · 艾伦 · 怀特（William Allen White）的堪萨斯州商业中心改建项目和亨利 ·J· 艾伦的堪萨斯州威奇托项目。[320] 而且，埃灵顿不认为定位错误会影响到建筑本身：“虽然定位的标识发生错误，但是房子还是盖在了赖特原先设计的地方，通风良好，而且能够驾车进入。两层侧翼的位置也丝毫不差，它能够保证卧室空气对流……而且还提供了可以眺望花园庭院的隐秘的视觉空间……从南边相临的二层住宅。”[321] 同时，埃灵顿也不相信定位的错误会将赖特设计独特的送风塔的有效性减至最低。这种送风塔是对原有的从楼梯井和浴室伸出的热烟囱的一种重新设计：“卧室内部，衣橱上方活动的通风窗，使空气从南面进入，经过卧室，再通过内部的窗户，从储物间上方流出；然后通过北部走廊的窗户流向室外。”

然而，艾伦在 1918 年 1 月 2 日给赖特的信中留下了一丝疑问，至少，他认为出现的任何差错都与赖特对此项工程一直不重视有关：“在我交往的人中，没有人能够像您一样让我如此喜欢。和您一起在芝加哥度过的时光使我终生难忘，这是之前的任何一个朋友都不能替代的；

对某人认为不错的设计意图，我也从没有像现在这样始终深信不移；我也从没有像现在这样对一个人能否完成他所承诺的工作是如此的没有把握……我想说您是我所知道的对委托人的委托最习惯性、技术性地给予忽视的人，不过，我并不怨恨。我认识的建筑师不是很多，但是通过我从您身上了解到的，我很乐意将您推崇为这个世界上的忽视冠军。"[322]

虽然在设计上存在着这些问题，并且委托人也因此受到了不利影响，但是，1918 年完工的艾伦住宅是赖特最具艺术性的花园设计，同时建筑和人工景观的过渡极为和谐。实际上，跟同期所建造的任何一个住宅类建筑相比，艾伦住宅是 20 世纪中期受草原式住宅影响最小，而更接近正统的美国风格的设计。这样，我们就很容易理解为什么赖特把艾伦住宅当作"我最好的设计"之一。[323]

艾伦住宅一直维持独户住宅的模式，并且保留了赖特最原始的创作意图。当然，花园除外。据埃灵顿讲，在住宅建成后，大约过了 12 年，增加的竖铰链窗和玻璃门将花园封闭起来。20 世纪 80 年代后期，艾伦住宅后来的主人 A·W· 金卡德（A.W.Kincade）将这所住宅和土地遗赠给威奇塔州立大学（Wichita State University）。1990 年艾伦－兰博住宅基金会（the Allen–Lamble House Foundation）向该大学购买了产权。[324] 从那时起，艾伦住宅的产权就由基金会所有，成为"艾伦－兰博住宅博物馆和研究中心"（The Allen–Lamble House Museum and Study Center）。目前，正在对该住宅、花园和其内部进行重建。

直到 1916 年 2 月，帝国饭店的所有者爱作林（Aisaku Hayashi）到达塔里埃森，并与赖特就合同的最终细节问题进行协商以后，赖特才被正式任命为该饭店的主席设计师。值得一提的是，赖特从最初接到通知开始，在仅有这一通知书的情况下，连续 3 年一直进行该饭店的设计工作。实际上，在 1916 年早春，安托宁 · 雷蒙德（Antonin Raymond）到达塔里埃森的时候，赖特就已经在着手进行方案的完善了。[325]

第5章

加州岁月：探求新方向，1916–1923年

1914–1915年冬天，赖特第一次亲身感受南加州的亚热带气候。当时赖特正前往圣迭戈参加巴拿马－加利福尼亚国际展览会（the Panama California International Exhibition），顺便去看望他的儿子劳埃德。劳埃德是一个景观设计师，他自从1911年秋天被奥姆斯特德派往加州，负责那里一项苗圃的设计、管理工作，此后，就一直住在那里。这个苗圃负责为展览会提供大会所需的植物材料。[326] 在《我的自传》中，赖特提到了明媚阳光的效果，"这儿的美国式住宅……跟中西部地区的建筑一样充满挑战性，中西部的建筑处在淤泥和白雪的背景上……而这里，在持续阳光照射之下，这些建筑显得更加坚固，而实际上已完全不需要它再抵御恶劣天气了。"[327] 他描绘了太阳照射下的庭院，仿佛这些景色在构筑之前就已经出现过："这片土地是多么的富有韵律和诗意……令人惊奇的茶金色小山丘从班驳的沙质小路边突起，一直延伸到山坡边，陡坡上生长的绿油油的树丛就像猎豹身上的斑点。这一前景向远处伸展开来，一望无际，与它相比，人类就渺小的消失得无影无踪。"[328] 赖特观察到"水流过来……像一年一次的洪水，突袭着屋顶，流水席卷着沙石，掀起深沟中的巨石，而沙漠中突然出现的流水又会将沉积物搅起。于是，一切又呈现在阳光下，像从前一样的平静。"而且，赖特也意识到，"正是由于绵延的大山中郁郁葱葱的树林，这片小城镇中修剪优美的绿色草坪才得以保存。"因此，当阿丽妮·巴恩斯达尔（Aline Barnsdall）（石油巨富的女继承人，赖特的客户，她委托赖特设计芝加哥剧院，此时赖特已绘好了项目的草图）提出将项目地点改设在加州的时候，至少，赖特对于地点改变、气候条件变化而对设计产生的影响有了初步的认识。巴恩斯达尔的这个决定，与她后来还把自己的私人别墅也委托给赖特的做法有更大的关联。

环境设计，1916–1923年

阿丽妮·巴恩斯达尔的霍利霍克别墅（Aline Barnsdall's Hollyhock House），洛杉矶市，加利福尼亚州（1916–1921年）

1919年6月23日，阿丽妮·巴恩斯达尔（Aline Barnsdall）获得了她在东好莱坞的地产，也就是将要修建霍利霍克别墅的地方。不过，众所周知，赖特似乎在大约3年前就开始着手为阿丽妮·巴恩斯达尔进行霍利霍克别墅的设计了。这一起始时间从安托宁·雷蒙德那儿得到证实，在1916年春天，他在塔里埃森工作室的草图架上看到过巴恩斯达尔项目的草图。[329]

将1916–1918年修改后的霍利霍克别墅的鸟瞰图与1921年工程计划完工后的透视图相比较，二者的细节之处有着惊人的相似——如户外生活空间的位置和比例；露台的台阶数目；外墙的开口方式；建筑的布局、高度、长度，围墙的弯曲度以及植物的安排等。因此，对于霍利霍克别墅的这两种方案，认为二者只在细节和精致度上有所差异，而在设计理念上是完全一致的推测还是比较可信的。而赖特自己却从未提到过他的设计理念，除了在他的自传中，他非常理想化地（也许不是很正确）说道:“正如我提到塔里埃森时所说，霍利霍克别墅也是一座随环境的变化自然修筑的天然宫殿，与加州气候的配合完美无暇。”[330]

赖特的确将这所住宅设计成了能够根据南加州气候条件变化而做出“响应”的建筑(图 5-1)。[331] 然而，由于他的客户强烈要求他为房屋进行一种基本的概念设计，以便日后无论在什么地方选址都能进行修建。尽管对最后选中的修建地的景观状况，包括地形、纵向变化、地质条件、土壤、植被状况、小气候，或现有的自然特征等没有任何了解，赖特还是按照客户的要求这样做了。同样，赖特也无法得知那里是否因秘密性的需要而进行遮蔽，对现场环境中存在的任何潜在的美景也没有概念。因此，他的最终设计不得不严格按照客户的要求，适合在洛杉矶任何地区上建造，无论那里是发达的城市还是贫穷的乡村，也无论那里的地形是平坦还是崎岖。也正因为如此，最后设计成的这座建筑物不可能做到如赖特在其 1894 年和 1901 年所发表的著名演讲中所说的 “轻而易举地与周围的环境相融合”。但是，它却可以成为“一件艺术品”，正如他在 1900 年在对芝加哥艺术学院建筑联盟(the Architectural League of the Art Institute of Chicago) 所做的演讲时所描绘的“一栋建筑应该是与独特的，重要的有机体的完美协调，但这并不意味着自然主义——它是对人们已知的自然进行的最高级的，最个性化的象征化表现，同时，它的有机组合又最真实地遵从自然，此时，这个建筑才成为艺术品。”[332]

正如许多作者指出的，霍利霍克别墅的基本建筑原理所显现的设计特性显示出了与美国西南部的本土建筑和古老的玛雅文化(Mayan Culture) 之间的联系——包括环绕在内部方形庭院开放空间周围的侧楼，小窗户，平屋顶，以及他提出的用混凝土作为基本的建筑材料。不过，这些特性与北非、中亚、中国、意大利、希腊和西班牙南部所发现的同类建筑式样也是一致的。对于在如此广阔分布的地理区域内，为什么气候条件会产生如此多相似和／或独特的建筑特性，建筑史学家卡尔文 · 斯特劳布(Calvin Straub) 提出了解释:“平屋顶[无雨地区];厚泥浆、石墙和圆屋顶(绝热，少量的结构木料);小窗户和开敞空间(控制光照和温度);有荫凉的走廊和有墙壁围绕的凉亭(免受滚滚干热风的侵袭);总而言之，是内在的，具有保护性的环境……这种通过对开放空间

图 5-1 阿丽妮 · 巴恩斯达尔夫人位于加州洛杉矶的霍利霍克别墅的鸟瞰图(1916-1921 年)(©2002 年亚利桑那州斯格特达勒市的弗兰克 · 劳埃德 · 赖特基金会提供)

和庭院周围建筑结构的设计，创造出一种内在的，具有保护性的，适合人类居住的庇护所的观念是人们追求保护性场所的结果。”[333]

赖特用混凝土铸造的蜀葵作为装饰物，这种指示性的装饰方式与地中海建筑的设计特性是一致的。众所周知，正因为女主人巴恩斯达尔对于蜀葵的钟爱，才激发了赖特的灵感：用蜀葵作为装饰物。然而，赖特对这一装饰形式的重复使用：作为花园庭院柱子和植物容器上的抽象符号，作为屋顶突出的叶尖饰，以及毫无装饰外墙上的装饰花边，其原因无疑和斯特劳布所说的与地中海建筑形式一致的原由是一样的：“灿烂的阳光刺激了这种建筑装饰方式的发展，这种装饰的雕塑形式会产生阴影，带来荫凉，这对遮挡阳光来说作用非凡。”[334]而且，赖特将屋檐向内延伸，以防止视觉扭曲，他所用的方法是希腊本土建筑的完美展现。其他类似的本土建筑的特性有：通过安插窗户和门来减弱强光的渗透，引入突出的、通往屋顶的楼梯，以及赖特提出的修建屋顶花园，这样，在凉风席席的夜晚，就可以一边散步，一边享受晚风拂面的惬意了。甚至许多巨大的内置栽植容器超乎寻常的深度都可能是为了满足加利福尼亚州比美国中西部地区更多的保水需求。因为相比之下赖特在中西部地区所设计的容器深度要浅得多。最后还有一点就是，赖特在花园庭院的设计中加入了喷泉、小溪，这种设计手法更接近于摩洛哥和西班牙的本土建筑。“水是这些花园中的重要元素”，斯特劳布解释说，“由于资源缺乏，对水的这种设计是非常保守，非常谨慎的。实际上，这种水景设计不仅带来感官上的愉悦，还可以改善周围的小环境。喷泉喷出的水雾，可以降低空气的温度。喷泉喷出的水然后流经花园庭院，甚至某些部位与屋内的水道相连，构成一个完整的水系统。”[335]后一种设计理念与赖特在霍利霍克别墅的设计手法相一致：赖特在霍利霍克别墅起居室壁炉的炉边周围建造了反射池。

由于赖特被要求完全根据自己的设想将霍利霍克别墅建成一种人为的景观，因此，“私密性”和“控制性”成为赖特最关心的问题。为此，人们所能看到的完全的景观只限于从屋顶和各式各样的台阶上可眺望的景色；按照赖特的设计，通过从地板一直向上延伸到顶棚的落地窗或是法式玻璃门只能眺望到（或到达）花园庭院和户外的生活空间；而且左右的户外空间都用围墙或胸墙之上的植物围合了起来；这些处理手法使得场地内外得以界定，而且也防止了行人对住宅内的窥探（图 5–2）。由

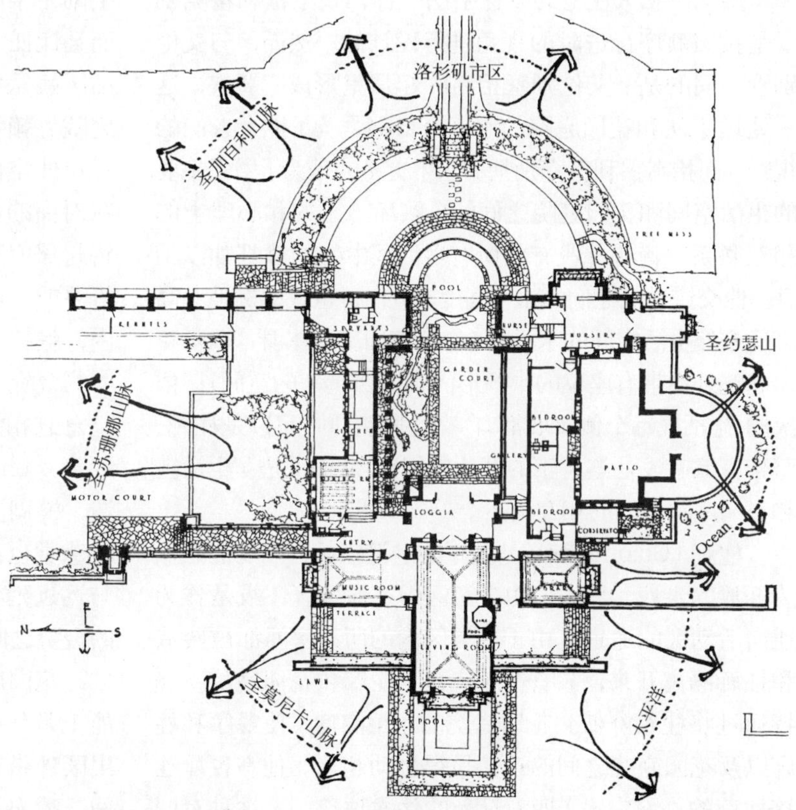

图 5–2　霍利霍克别墅首层平面图。通过台阶限制视角，从而保证住宅的私密性（查尔斯·E·阿瓜尔参考历史照片、个人分析和原始草图记录绘制。©2002 年亚利桑那州斯格特达勒市的弗兰克·劳埃德·赖特基金会提供。©2002 年贝蒂安娜·阿瓜尔临摹）

于设置了其他所有的外部围墙，赖特限制了窗户的用途，只让它作为光线照射的通道：狭窄的窗户向建筑里侧后退，隐藏于屋檐之下；使用天窗（不是所有的地方都安装），以及使用装有毛玻璃的装饰窗，不过，高侧窗除外。例如，赖特提出在起居室内不设置窗户，而且起居室的焦点也不是室内惟一的光华墙面上的景致；而是厚重的壁炉上浅浅的石浮雕。装在外墙上的壁炉，房间一个挨一个的布局方式，使用天光的强照明来强调壁炉正上方巨大的天窗，环绕着壁炉的反射池，以及豪华的按传统方式设计的家具排列成转角形，形成亲密的空间，从而将人们的注意力直接引向壁炉，所有这些都说明了赖特的设计意图。

跟艾伦私人住宅的设计手法一样，整个霍利霍克别墅是按照顺序行进时的视角进行设计的。然而，与艾伦别墅不同的是：艾伦别墅抬高的起居室形成一翼展，这一处理手法和花园庭院的水平分层都是为了扩大人们的视野，而抬高霍利霍克别墅的水平更多的是为了增强主要的生活空间和花园庭院之间的自然环境上的和心理上的相互联系。赖特并没有将所有生活区中的侧楼都加以抬升。他交错升高它们的水平高度，同时，也成比例地升高临近户外生活空间的水平面（包括花园庭院本身，以及花园庭院外由带有座位的半圆形门廊围合起来的空间）。依次的，生活区每个侧翼展都有一个过渡空间（可以是柱廊、藤架、凉亭或是连桥下的开放空间），从而促进了生活区和花园庭院之间的相互关系。

柱廊（Colonnade）是餐厅的过渡空间，在功能上作为开放的走廊，将人们由生活区引往服务区，或是作为通向活动区的通道。由于服务区内的所有房间都被砖墙和柱廊隔离开来，只有餐厅连接了柱廊和花园庭院。赖特通过将柱廊降低到花园庭院的水平高度，使餐厅和柱廊以及花园庭院之间的连接显得生动起来。他在餐厅连接柱廊的一面安置了四对反光的法式玻璃门，这种对门的设计与柱廊内各柱子间通道相一致，而且他设计的柱廊旁的水榭也方便人们向外观望，观赏花园庭院的美景。

凉亭／藤架（Pergola）是卧室的过渡空间，在功能上作为画廊和走廊，将人们由生活区引往儿童活动区，台阶直接往上通向巴恩斯达尔夫人的专属领地，或是通向前往活动区的通道。然而，凉亭／藤架有非同一般的宽度，它与客卧和儿童活动区之间用砖墙隔断。凉亭光滑的顶棚，砖墙围栏，被设计成栅格状花园的形式，梁的布置和柱廊的支撑柱相吻合，以及“凉亭”的用途——所有这些都说明赖特的设计意图是将其视为花园庭院整体的一部分。

主要的起居室位于一翼，与其平行的凉廊的设计功能是作为各通道的连接。由于它是放置在住宅楼门厅的中央，因此，对于整个建筑来说，它的功能类似于交通上的十字路口，通往各个方向。由于凉廊位于屋顶之下，而且比任一端的门厅都大得多，因此，凉廊也兼顾了生活区娱乐空间的功能。不过在心理上它同样依附于花园庭院：赖特在设计时所采用的围合方式暗示了这也是一片户外空间。特别是他重复了法式玻璃门的安置方法，在对面的起居室的外墙上安装了装饰窗，而此墙的内侧将起居室与凉廊分隔开来。不仅如此，赖特还安装了可折叠的，墙到墙的玻璃门。横跨凉廊的外立面，在凉廊内，赖特安置了一个巨大的外置型栽植容器，与通往凉亭的台阶交相呼应。甚至“凉廊”这一称谓都与户外的感觉息息相关。因此，在功能上，凉廊是一个过渡的空间（intervening space），在这里起居室和花园庭院相互渗透，模糊了空间氛围——即使折叠式玻璃门关起来了，这种感觉也不会削弱。当门敞开时，它又可以成为起居室与远远延伸出去、逐渐上升的、通往花园庭院开放空间的台阶之间的转换空间。

花园庭院最远端的连桥下是一片开放空间，它在功能上是作为一个活动的舞台，但同样也是花园庭院与演出区外带有座位的半圆形门廊所围绕的区域间的过渡空间。喷泉池的突出特征，分层环行排列的半圆形门廊，周围铺满草皮的散步区的高度和深度，以及森林般背景中树木（松树林）的稠密度（这一背景从视觉上和表现手法上将所有的开放空间都纳入到花园庭院的范围之内），所有这些处理方式表明：在赖特看来，半圆形门廊所围绕的空间就是花园的最终的焦点。

对于赖特着重强调营造霍利霍克别墅户外生活空间的结果非常值得一提。分配给台阶、天井和花园庭院的空间面积约为室内可用生活空间面积的 2.5 倍。如果将半圆形门廊所包含的开放空间计算在内的话，这个比例将上升到 3.5 倍。而且，如果再将设计的屋顶花园也包含在内的话，户外生活空间的面积几乎是室内可利用的生活空间面积的 5 倍。通过这种面面俱到、兼顾内外的设计方法，赖特创建了这种“半住宅半花园”的结构。1919 年 7 月，巴恩斯达尔夫人向媒体宣布她继承了奥利弗山（Olive Hill）上的土地，将要在那里修建自己的住宅和剧场，同时，她还向公众展示了赖特梦幻般的设计草图。当时，她提到过，赖特创造的这种结构就是“赖特先生认为加州的住宅应该有的形式”。[336]

阿丽妮 · 巴恩斯达尔的奥利弗山开发区（Aline Barnsdall’s Olive Hill Development），洛杉矶市，加利福尼亚州（1919–1924 年）

奥利弗山是属于类岩石台地高原，由于它同周围地形有将近 100 英尺的海拔落差，因此从周围环境中突兀地显露出来。奥利弗山（Olive Hill）名称来源于山坡上栽种的橄榄树（olive）。这些橄榄树大约栽种于 30 年前，那时西部各州经过 19 世纪晚期发展的灌溉项目，栽种了大量的树木，从而迎来了农业的繁荣发展期。为了美国西部地区的发展，好莱坞区（Hollywood District）又一次分成了矩形系统。此时，奥利弗山差不多位于这个矩形区域的中心。当巴恩斯达尔夫人获得这块土地的时候，可利用的土地面积略多于 35 公顷。由于在 1919 年的时候东好莱坞地区还不是很发达，因此在奥利弗山上有通畅的视线，可以看到北部的圣苏珊娜山脉（Santa Susana Mountains），东北部的圣加百利山脉（San Gabriel Mountains），西北部的圣莫尼卡山脉（Santa Monica Mountains），南部的圣约瑟山（San Jose Hill），东南部的洛杉矶城，以及西南部 11 英里远的太平洋的全景。山上有供维护橄榄林的园丁通行的土质便道系统，只要再经过拓宽和铺砌就可以成为通往霍利霍克别墅、剧院以及巴恩斯达尔夫人未来想添加的其他建筑物的通道（图 5–3）。

由于其美学上非比寻常的特点以及方便到达的特性，奥利弗山很多年来都作为感恩节举办庆祝太阳升起活动的地点，而且在某种程度上被认为具有公众和私密的含义。也许正是由于这个原因，巴恩斯达尔夫人在正式宣布她要开发这一领地的计划时，也考虑了这一潜藏的功能和用途。她还告诉媒体，将在面向佛蒙特大道（Vermont Avenue）的东坡上修建剧院，而且她将在高地上修建自己的住宅，大约占地 2 公顷，整个地表的垂直高差不超过 5 英尺。[337] 因此，当赖特在 1919 年 9 月初回到美国，

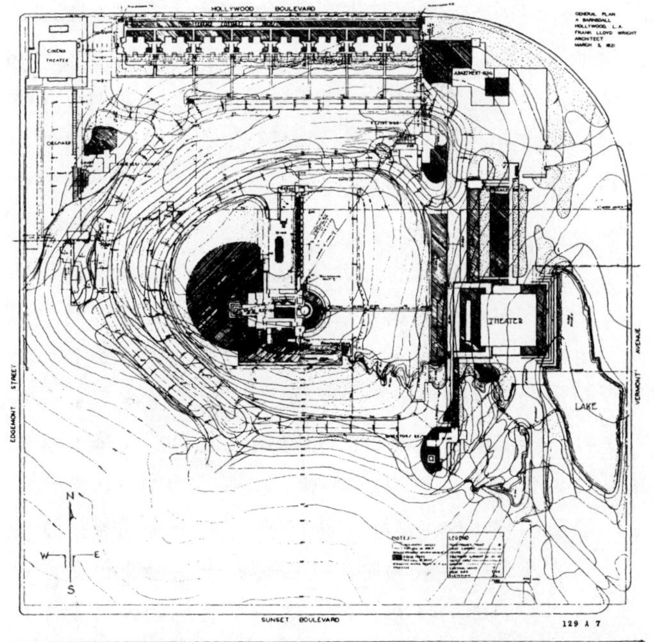

图 5–3　加利福尼加州洛杉矶市阿丽妮 · 巴恩斯达尔的奥利弗山开发区建设总体规划图（1919–1924 年）（©2002 年亚利桑那州斯格特达勒市弗兰克 · 劳埃德 · 赖特基金会提供）

并在洛杉矶碰到巴恩斯达尔夫人时，他的这位顾客早已单方面决定要对赖特的人造景观的开发提出方向，就像早些时候，也就是地址选定之前，巴恩斯达尔夫人就已经影响了赖特对其住宅的设计。也许巴恩斯达尔夫人还打定主意要参与现有的便道系统的工作，虽然地面曲线形的路线和六条反向形的曲线并不会和赖特的设计哲学和入口处的精心安排相矛盾。在这个项目中，赖特原本想使进入体验概念化，就像是从山脚地产的入口开始。

场地中一个非常重要的特征要素是高原顶部的整个表面覆盖着南加州特有的、刷子般极为密集的矮树丛。实际上，在这个地区并没有橄榄树，而且当地的果农对当地的气候环境有深入的体会：由于持续暴露在阳光和空气环流的综合作用下，山顶和山坡相比，其气温要高得多、也干燥得多。同时，他们也深知在广阔的平地上，这种情况（温度差、湿度差）还会加剧。他们还一定知道，任何栽种在高原上的植物都更易受到圣安娜季风（San Ana wind）所产生的干燥作用的影响。圣安娜季风是在当地每年的10月到来年2月间，由于从东部或东北部吹来的干热气流而产生的一种现象。气候学家加瑟尔·普拉姆（Gayther Plummer）总结了突然形成这种自然事件的条件：

> 在洛杉矶海岸外的海面上存在一种持续的高压系统。由这一高压系统产生的气流按顺时针的方向运动，从而使该气流从莫哈维沙漠（Mohave Desert）向加利福尼亚南部运动。当在大盆地上空形成高压时，圣安娜季风产生，并迫使气流向下沉降。这里的大盆地是位于谢拉山脉（Sierra Mountains）东部和洛基山脉（Rocky Mountains）西部的一块高原。这些气流在开始形成的阶段是温暖而干燥的，但是在通过那些山脉的峡谷并沉入洛杉矶盆地的时候由于压缩、加热的作用，这些气流会变得越来越热，越来越干燥。当这些气流最后停滞于洛杉矶盆地的时候，它的相对湿度只有个位数。正是这种现象导致了那些如毛刷般的植物更加干燥，以致一个小火星也可以演变成熊熊大火。[338]

由于赖特第一次参观洛杉矶地区是在冬天，因此，我们假设他至少在某种程度上对这种气候条件是了解的，而且他以及／或者他的委托人也考虑了在高原顶部修建住所的不利之处，以及修建后住宅视野良好这一有利点。另一方面，由于在上午以及午后，海面的微风都是盛行的沿着海岸吹来的西风或西南风，而在晚上和清晨则是来自北方或东北方的内陆风盛行，持续的、或多或少的空气环流也许被认为有利于自然通风，只要有圣安娜季风，所固有的干燥作用能够得到适当的缓和。

赖特预定在当年的10月中旬进行他的第四次日本之旅，在此之前，他大概有2个半月的短暂时间用来修改先前的奥利弗山规划。赖特邀请在维也纳接受过正规教育的建筑师鲁道夫·M·辛德勒（Rudolph M. Schindler）和他一起工作，并说服他的儿子劳埃德返回加州并全权负责设计整个项目的植物种植规划。劳埃德的职责还包括管理工作和监督施工质量，并在大概6个月的时间段内，在赖特往返于日本和美国时充当赖特与客户之间的联络人。[339] 让景观设计专家参与到这个过程中，应该是赖特这段时间内最重要的决定之一。此时，劳埃德正就职于他父亲位于芝加哥的工作室，但是，由于之前多年在洛杉矶地区工作的经历，他已经同当地的承包人和建材供应商建立起了很好的合作关系。[340] 更重要的是，他熟悉哪种耐干旱的植物最适宜当地的气候条件，同时也了解景观设计的特性，了解水文，以及在灌溉区权限下工作的复杂性（见附录J）。

目前，尚没有证据显示赖特在把已有的规划移交给辛德勒和劳埃德以前，对它的场所做过任何特别的变更。惟一明显的调整就是对汽车旅馆（motor court）的修改：将原先位于汽车旅馆的末端、可容纳3辆车的车库做了90°的旋转并偏移了车道的连接处。通过把起居室、花园庭院、末端水池以及半圆形户外座椅与东－西方向的街区中心线间建立关联，赖特形成了自己的建筑主轴（图5–4）。这种组织结构将从半圆形户外座椅穿过松树林延伸过来的通道，同每两行橄榄树间开放的网格组合起来。在这个开放式网格状的地方赖特提议设置长长的台阶，一路延伸而下，一直到达将要建立剧院的便道。[341] 很奇怪的是，这些台阶与剧院的轴线并不一致，而是剧院的轴线与往南20英尺的一条通道相吻合。更让人感到奇怪的是，事实上，这一选址方案是在高原范围内，而不是主轴的任何一个终端安排汽车旅馆、车库以及动物围栏的全部长度和宽度。如果赖特成比例的缩短汽车旅馆和动物围栏的长度或是调整最南端室内和室外的生活空间，使其沿斜坡逐渐向下，与自然等高线相一致，那样的话，这个问题本来会在图板上了结。没有依照场地的特征做适当的调整所造成的环境影响就是离高原范围最近的31棵橄榄树被迫迁移。而且在修建过程中所带来的树木损坏现象逐渐增多，大约增至树木总量的10%（约300棵树）。同时，在南坡处还被迫修建一堵60英尺宽的护堤，用来保护沿岸数以千计的墩子。这些墩子是人工设置的，用来将此区域提升到与高原同一水平，并且将自然形成的斜坡向下调整，从而与挡土墙（retaining wall）取得一

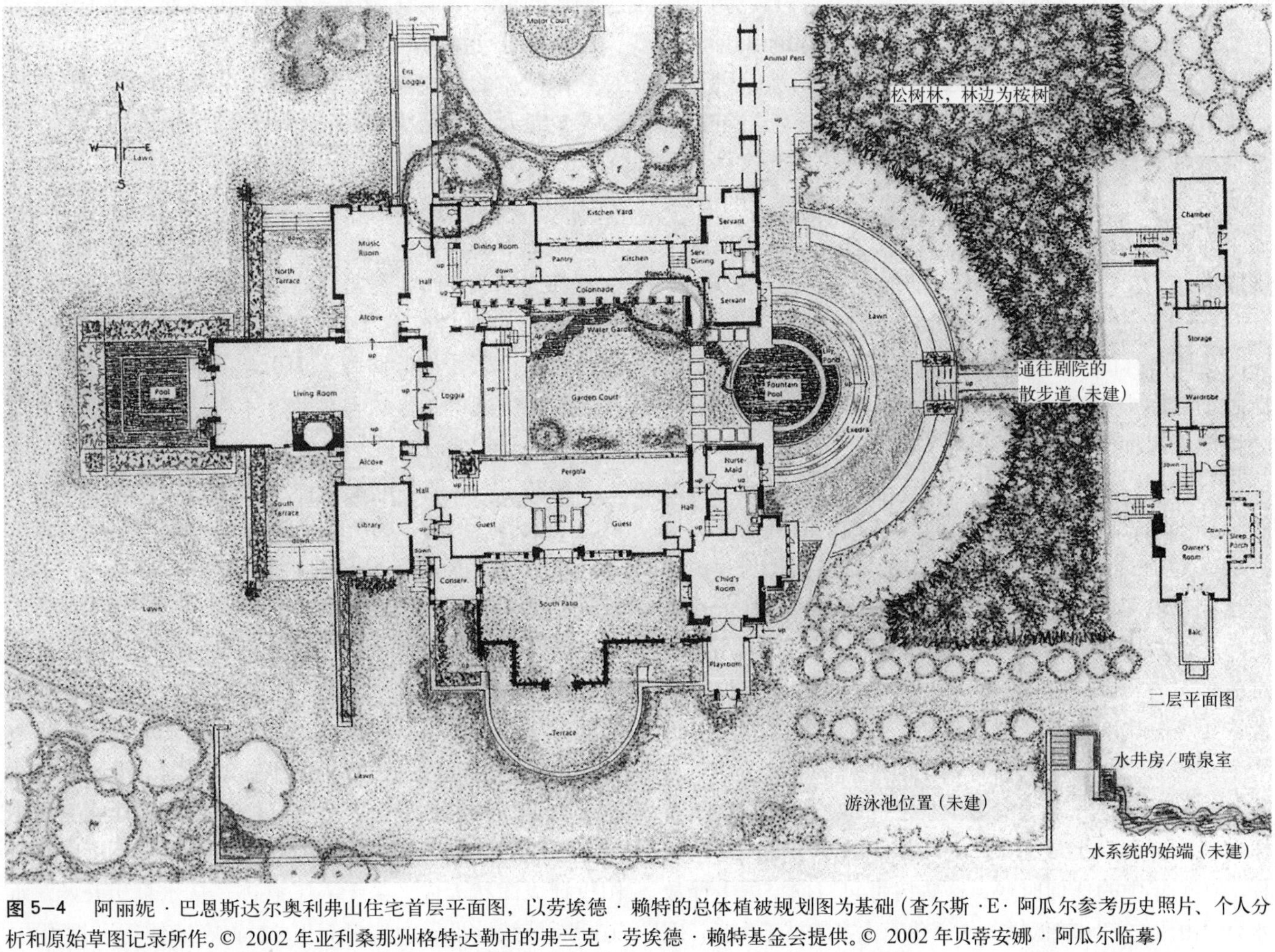

图5–4　阿丽妮·巴恩斯达尔奥利弗山住宅首层平面图，以劳埃德·赖特的总体植被规划图为基础（查尔斯·E·阿瓜尔参考历史照片、个人分析和原始草图记录所作。© 2002年亚利桑那州格特达勒市的弗兰克·劳埃德·赖特基金会提供。© 2002年贝蒂安娜·阿瓜尔临摹）

致。在最靠西南角的地方所建造的挡土墙至少有12英尺高，而且挡土墙的边角在西南角拐向内侧，融入斜坡之中。[342]

对于这些以及后来劳埃德根据当地环境特征所做的任何设计上的改动，没有人知道这会对他父亲产生多大程度的影响。但是，很明显，在某些地方，赖特很依赖劳埃德在环境方面的专业知识。例如，在1919年上半年的霍利霍克别墅的规划详图上，围绕在活动区域周围的松树林只被描述成用于美学背景的场所；而且，规划图上所建议的松树林的形式也和喷泉池的曲率相吻合。然而，在1920年的总体规划图上所描绘的松树林，同劳埃德所指导的总体植被规划图上的一样，向北面延伸，基本上界定了高原的整个东部边界，并且完全被栽种在中心地带、10英尺高的两排桉树环绕着。[343] 所有这些改动，包括树种的选择，栽植密度，以及向外扩展的树林界定的从东至北方向的边界的做法，与其说是美学上的需要，还不如说是功能上的需求，或者说是在美学基础上的功能需求。

意大利石松（Pinus pinea），一种地中海本土松树，是松树林的主要组成部分。据报道，这一树种是由巴恩斯达尔夫人亲自挑选的，因为她很欣赏这一树种的独特性：这种树的树冠呈不对称的伞状。蓝色橡胶桉树（Eucalyptus globulus）是一种从澳大利亚引进的常绿阔叶乔木。大概是赖特选中了这一树种，他将此种桉树描绘成："在橄榄绿和象牙白中又增添了美丽，与镶银的金色和玫瑰紫一起组成一曲充满异国情调的交响乐。"[344] 这两个树种除了景观上的特殊功能外，它们的选用最有可能是二者可以满足特殊的功能需求，这两个树种都在劳埃德所列出的能满足特殊功能需要的树种名单中。这两个树种都是抗干旱的树种，在南加州干旱的条件下都能生长良好。这一事实支持了上述推理。而且，这两种树在新的针形叶形成之前，老叶都不随季节而凋落，这样，在一年中的任何时候，这些树都可以向空气中释放水分。由于它们比较低矮的树干没有太多的枝干生长，因此，在景观中引入此类树木不会影响空气的循环。正是出于空气循环方面的考虑，同橄榄树林一样，松树－桉树林才整齐地栽植成行，而不是密集成林。这种安排有利于空气的带状流通，这与中西部地区依靠防风墙阻碍风的循环正好相反。因此，松树－桉树林的功能性目的与那些由特定地点的气候环境所决定的特定标准相吻合，包括：(1) 为干燥的空气增添重要的湿度；(2) 调节由于阳光照射和圣安娜季风联合作用引起的干燥效应；(3)"维持"空气循环产生的降温效果。而且，这一景观特征的重要性在于这是劳埃德的第一个详细规划的场所之一这一事实，劳埃德是在场地开始动工准备建造住宅前三个月完成详细规划的。[345]

庭院中的溪流表面、起居室外和活动区具有装饰性效果的池塘，以及由半圆形户外坐椅所围绕的两个游泳池共同产生了蒸发作用，再加上喷泉喷发的水流，都显著地调和了高原的微气候。而且，对于所有的台阶、天井、各层半圆形座椅的表层地区，或其他位于车库内的渗水表层都选择草皮作为表层覆盖物，同时选用沙砾、碎石、植被等渗水材料。渗水表层可以确保地下水得到补充，并且避免由于便道的坚硬表面引起的热量聚集情况。如果当时在上述的地区大量使用了不渗水的表层，原有的干旱和热量状况就会更加恶化。

当然，没有适当的灌溉，上面赖特所提议的对霍利霍克别墅进行的所有场所改进都会无法得以实施。因此，在劳埃德所设计的场地基础构造中，一个必不可少的特征就是构思精密的灌溉系统。这样的一个灌溉系统对于霍利霍克别墅的进一步发展也是非常重要的。特别是水文特征——包括静水和动水，这是赖特针对住宅和剧院之间的景观所做设计中的主导元素（图5–5）。这一水道的作用是努力营造一种水无所不在的氛围，正如赖特在意大利的埃斯特别墅（Villa d'Este）（又名千泉宫）中可能已经尝试过，不同的地方就在于他提议要将这种氛围设计成浑然天成，毫无人工痕迹。从水泵房开始，水道断断续续地沿斜坡蜿蜒而下，这样，在水体行进过程中，

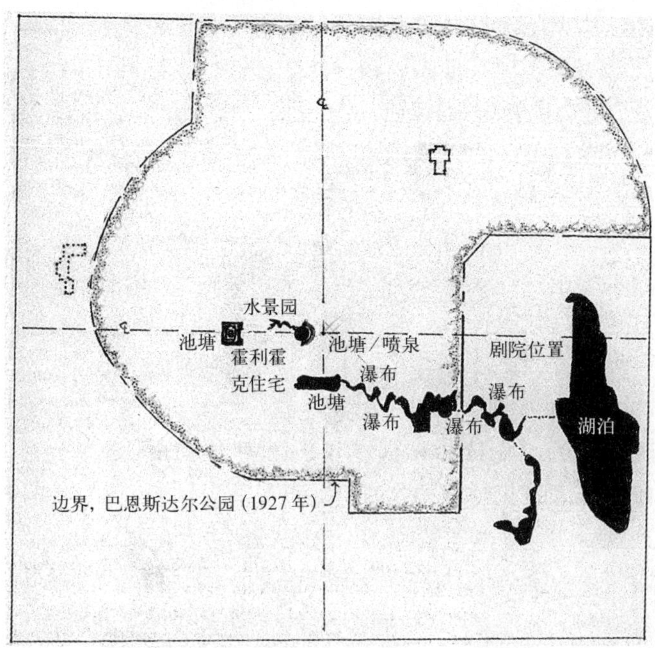

图 5–5　规划中的奥利弗山东南部水系统循环图（查尔斯·E·阿瓜尔参考历史照片、个人分析和原始草图记录所作。©2002 年亚利桑那州格特达勒市的弗兰克·劳埃德·赖特基金会提供。©2002 年贝蒂安娜·阿瓜尔临摹）

特殊的空间变化会引发观察者好奇心，诸如期待，好奇，充满悬念……的情绪。喷泉、水景园、游泳池、瀑布和小喷流中喷涌的、流淌的、喷溅的……水流形成宽窄不同的水道，与不同层次之间的人行道、台阶、桥梁相互交织直至山脚下，在开放的空间处形成一片宁静的人工湖，将剧院与佛蒙特大道隔离开来。[346] 在敏感性和功能性这两方面，这种富有想像力的水文景观是具有赖特风格的建筑设计中，各特征物之间最巧妙的结合之一。如果这一项目按照赖特所建议的那样得以建成，这一水景会成为山坡的标志性特征。不仅如此，这一水系统还可以培育数量巨大的植被，往在如此广阔空间内流动的空气中引入大量的、丰富的水分，使得诸如高原和整个东南斜坡地区的小气候更加适应环境的需求，这一点很超乎寻常。然而，当客观考虑当地所固有的气候条件时，所提议的处理方式在现实生活中的不可行就变得很明显，也就是说，当地发生地震的可能性很高，而年降水量又很小，因此，实际操作中就会缺乏充足的“自然”水源。

1920 年 8 月中旬，赖特与巴恩斯达尔在洛杉矶会面，在此之后，赖特任何想要指导和监督场地建设的希望就变得愈加渺茫。巴恩斯达尔夫人反复无常的性格决定了她会增添额外的建筑，包括在好莱坞主干道和森塞特林荫大道（Sunset Boulevards）的沿线修建商店。而且，她对每个项目都提前制定了项目预算和项目竣工期。当 12 月份赖特起程去日本的日期逼近时，辛德勒又重新被派往加州，而不是留在塔里埃森，继续将建筑草图进一步细化，并承担了监督霍利霍克别墅及随后建筑现场施工的职责。这一安排使得劳埃德可以把精力集中在设计扩展区域的基础设施、进行植被规划以及监督它们的实施上并且在随后关键的两年内继续发挥他中间联络员的本领。即使这样，由于赖特总是在日本，或是在往返洛杉矶、塔里埃森或芝加哥的途中，而巴恩斯达尔夫人又总是在全球各地到处旅行，因此，诸如交流中断、交流混乱、花费超支等情况就很难克服。最后，也只完成了霍利霍克别墅和 A 号住宅、B 号住宅的建造。原定在高原平台上修建的两个游泳池没有一个得以实施。而且，霍利霍克别墅的屋顶也没能像赖特在其早期的透视图中所设想的那样，建设成广阔的开放空间，即一个豪华的屋顶花园，在那里可以俯视风景优美的街道。事实上，霍利霍克别墅平屋顶带来的渗漏问题预示了随后赖特设计的、建于交叉街区的住宅建筑，也会由于其平屋顶而存在渗漏问题。因为一般在有较长的干旱期地区，所有的缝隙，裂缝和表面物质都会收缩，但正是在这里赖特第一次碰到这种情况：加州突发的一场冬日暴风雨所引发的洪水改变了当时长期干旱的状况。

对于整个奥利弗山发展项目（the Olive Hill Development）中所包含的所有土地来说，1920 年的街区规划是众多规划中的“主导规划”。由于巴恩斯达尔夫人的反复无常，这个街区规划方案不断改动。然而，像一些作者所推测的那样，这一改动基本上没有影响赖特将奥利弗山建成计划中的社区，即把土地和建筑结合成一个整体。根据定义，这些“计划的”社区都是根据明确定义的目标而有意识地修建的。制定这些目标的是一个资金充足的权威机构，其任务是对各可选场所进行评估；场所的选择和确定；组建一支规划队伍；为分段发展所需的基础设施、公路、人行道、建筑物准备一个长远规划；监督新的开发行为；在社区扩大到计划中能够生存发展的规模前，对其实施持续的控制。[347] 虽然巴恩斯达尔夫人拥有足够的资金支持社区的发展，但是，没有证据显示她与赖特曾经讨论出一套明确的目标。而更多的证据显示事实却恰好相反。

1926 年，阿丽妮 · 巴恩斯达尔将霍利霍克别墅和奥利弗山的上层斜坡转让给洛杉矶市，从此，这片地产更名为巴恩斯达尔花园。随着时间的流失，向公众开放的土地面积逐渐增多，但是，对这个地区的整体环境来说，城市化不可避免的发展步伐所带来的扩张已经影响了这个地区。从 1974 年劳埃德赖特被任命指导霍利霍克别墅的重建开始，关注的焦点就放在了改善该场地的环境上。多年的忽视已经造成了该场地景观的颓废。1995 年，由彼得 · 沃克 · 威廉（Peter Walker William）及其合伙人所准备的一份全面的主导规划中，认识到了社会、经济以及环境条件的不断变化，并在景观的恢复和改善方面提出了特殊的战略。这一突出成果等待着各界的评论、分析和评价。

1922 年 8 月 1 日，赖特回到美国，随后不久便到了塔里埃森。从 1922 年 11 月 2 日他写给沙利文的信中，可以看出赖特由于停留在日本的时间过长而对事务所的发展状况所表现出来的关心：“我要告诉你一个秘密，不过我希望你能够保守这个秘密。我现在的经济状况十分困难，而且目前手头上一个项目也没有——不仅国内没有，国外也没有。”[348]

为了发表一个强有力的、引导潮流的宣言，以在全美国范围内引起注意，赖特做了多方面的尝试。通过使用混凝土砌块作为基本建筑材料，赖特发展了一套建筑体系，从而使建造一种人们能够负担得起的建筑形式这一想法再次出现在他的脑海之中。赖特认为混凝土砌块虽是“建筑世界里最便宜（最丑陋）的东西”，而且“大部分用在贫民区的建筑上……为什么不看看能为那些贫民区的人做些什么呢？”[349] 赖特将“织物纹样砌块”的理念形象化，并将其作为一种在三维空间上提高内涵和美学质量的手段，从而跟毫无特征、功利主义的混凝土砌块形成强烈的对比。然而，值得一提的是，格里芬提出了一种连锁的建筑体系，他称之为“织锁”（knitlock），并在 1917 年注册了专利。这比 1923 年赖特作为“发明家”所签名的织物纹样砌块的设计图早了 6 年，尽管如此，赖特从未真正就他的这项“发明”得到过专利。[350] 而且，杰伯哈尔德 · 布里顿和沃 · 布里顿（Gebhard and Von Breton）认为，对于赖特使用混凝土砌块作为基本的建筑材料，劳埃德的影响巨大。他们认为正是劳埃德在修建亨利 · 波尔曼住宅（Henry Bollman house，好莱坞，1922 年）的构架系统时使用了钢铁，才激发了他父亲在修建斯托勒住宅（Storer house，洛杉矶，1923 年）时发展编织砌块（Knit Block）系统的做法。[351] 我们有充足的把握认为，当时存在着彼此交叠的尝试将混凝土和／或织物纹样砌块作为基本建筑物质的实验。而且，如果抛开在什么时间、由什么人创造了这一理念的问题，本书认为正是赖特最终决定在南加州修建私人的织物纹样砌块建筑实验地。[352]

若从事情的表面来看，就不能认为赖特对于这些方面的想法是不合乎逻辑的。在 1900 年至 1910 年间，洛杉矶的人口增长了 3 倍。再加上 1914 年巴拿马运河（the Panama Canal）的开放以及第一次世界大战的结束，种种迹象都显示，在未来，这片繁荣的景象会一直延续下去。这一推论得到了 1923 年洛杉矶城市规划委员会（the Los Angeles City Planning Commission）在年度报告上所列举的统计数据的支持：“在市政综合体中，平均每周增加 20 个分区；在 1922 年间，本市在一个工作日内，每 26 分钟就完成一个新的住所。”[353] 而且，由于在洛杉矶存在着这么一批人，他们人数虽少，但是却有着举足轻重的影响；他们不断努力，力求把洛杉矶建成外观上不同于美国其他城市的独特个性城市。对此，赖特有足够的自信。在20世纪20年代早期，南加州的社会条件和加州建筑师们的精神状态同20世纪交替时芝加哥草原学校（the Chicago Prairie School）的建筑师们所经历的没什么不同。甚至在合作的基础上，赖特将劳埃德带到他在加州的事务所时也遵循了一样的模式。这一模式由赖特创造，当时他被沃尔特·贝利·格里芬的才能所吸引。而且，正像格里芬的景观设计技能帮助赖特在创建草原式建筑时确定了自己的风格，劳埃德的景观设计敏感性也增强了赖特对其建筑和20世纪20年代提出的织物纹样－混凝土－砌块结构的创造性设计。那么，从1923年2月5日赖特写给沙利文的信中，他建议他的导师 “在这里努力工作准备扎根”[354]，就不是很奇怪的事情了。

这里还没有提及对于赖特在这一时间段内的思想的另一个比较显著的影响，那就是赖特有逐渐转向城市规划的倾向。在赖特从欧洲回来并着手设计塔里埃森后不久，国家住宅协会（the National Housing Association）成立。到1913年，已有18个城市成立了官方的规划部，而且马萨诸塞州还制定了首部州立法，规定制定城市规划是当地政府的一项强制性的责任。1916年，纽约市制定了首部综合性分区法令，也正是在这一年，赖特开始设计霍利霍克别墅。也正是在这一段时间内，参照以现实为基础制定社会和经济规划的观念，根据埃比尼泽·霍华德（Ebenezer Howard）首次提出的规划理念进行规划的社区已经得到发展、扩张，并引起高度的注意——包括威斯康星州科勒市（Kohler, Wisconsin，1916年）、田纳西州金斯波特市（Kingsport, Tennessee，1917年），以及加利福尼亚州的帕洛斯弗迪斯庄园（Palos Verdes Eestates，Califonia，1923年）。[355] 这种社区规划的影响反映在赖特在加州的工作清单中，即他对多埃尼农庄（Doheny Ranch Resort）和塔霍湖夏日胜地（Lake Tahoe Summer Colony）所进行的想像设计。上述两个项目都是在帕洛斯弗迪斯庄园正在建设过程中开始设计的。

多埃尼农庄规划项目（Doheny Ranch Resort Project），贝弗利山脉（Beverly Hills），加利福尼亚州（1923年）

爱德华·劳伦斯·多埃尼（Edward Laurence Doheny）是这片土地的拥有者。多埃尼农庄规划的透视图被进一步修改以适应多埃尼的财政背景，并且给了赖特实践的机会，让他可以设想一下自己可以采用的设计方法——如果赖特可以得到这样一个机会，能够实施一项规划，就可以让赖特进一步细分环绕在洛杉矶盆地周围、呈山脊－峡谷地形分布的土地。在这些草图上所提出的设想是一项多层的、结构巨大的土地发展计划，包括农庄的各项设施、住宅，带有围墙的花园，以及宽阔的、漂亮的屋顶阳台（图5–6）。这一系列建筑整体通过一套稳定的桥接道路系统而相互联结。这套系统的安排布置与场地原有地形的自然等高线相一致。赖特甚至逐步设想出了一系列初步的总体规划，其对象为三座选好的高度个性化的住宅。在这些规划中，赖特使用了织物纹样混凝土砌块作为基本的建筑材料。由于现在已没有场地规划存在，而且房屋规划也没有做到充分详细的地步，因此除了认为这些透视图是为制作一个理论上的图解说明外，没有证据能够支持其他的原因。

如果当时多埃尼农场的规划能够得到充分的实施和发展，赖特也许已经建立起一套设计标准，这套设计标准对于整个洛杉矶地区的情况具有意义重大的影响和改进作用，正如其随后被划分的那样。更重要的是，赖特所提出的针对场地的等高线发展观念本可以影响土地稳定性，充分降低加州发生大规模泥石流的可能性。但是泥石流还是发生了，导致一场环境灾难，受灾面积很大。

赖特的塔霍湖项目似乎是为了与多埃尼农庄项目相同的理由而准备的——即适应财政背景——不同的是，这是一处位于加州中部地带多山地区的风景胜地。由于所

图 5–6 为加利福尼亚州贝弗利山的多埃尼农场项目所提供的规划草图（1923 年），提出了山丘式发展观点（©2002 年，由亚利桑那州斯格特达勒市的弗兰克 · 劳埃德 · 赖特基金会提供）

有的图纸都暗示供选择的建筑都分散布置，而且他们与多埃尼农庄项目也没有什么内在的关联性，因此，不确定赖特是否曾经仔细考虑过基础设施的建设或是囊括了保护塔霍湖地区自然资源或是环境敏感性而必需的规划方法。

赖特在洛杉矶地区的工作清单包括一项未施工的住宅——阿丽妮 · 巴恩斯达尔住宅项目（the Aline Barnsdall House Project），以及四个建设中的住宅，分别是：艾丽丝 · 米勒德(Alice Millard)住宅，约翰 · D · 斯托勒（John D·Storer）住宅，塞缪尔 · 弗里曼（Samuel Freeman）住宅，以及查尔斯 · 恩尼斯（Charles Ennis）住宅。对上述住宅所进行的一项分析证明，最初的设计是为阿丽妮 · 巴恩斯达尔住宅准备的。不仅巴恩斯达尔住宅看上去很像是赖特亲手描绘的，而且它们还是惟一的几个规划得充分详细的项目，以证明场所的独特性以及采用那些也许会或也许不会重复出现在其他规划中（无论这些规划是同时进行的，还是前后进行的）的设计元素的理由。

阿丽妮 · 巴恩斯达尔住宅设计项目（Aline Barnsdall House Project），贝弗利山脉（Beverly Hills），加利福尼亚州（1923 年）

为阿丽妮 · 巴恩斯达尔住宅项目提供的场地位于圣莫尼卡山脉（Santa Monica Mountains）的皮温峡谷（Peavine Canyon）山脊 – 峡谷崎岖地形中，一座朝南斜坡上的陆相层（Land Formation）。皮克费尔农庄(Pickfair Estate)，著名无声电影影星玛丽 · 碧克馥（Mary Pickford）以及道格拉斯 · 费尔班克斯（Douglas Fairbanks）的家，颇受公众的注意，它就紧临阿丽妮住宅的北面。从斜坡的上层区域看去，映入眼帘的是视野开阔的洛杉矶盆地（Los Angeles Basin）和太平洋全景。赖特一定已经把这种布局当作显示其首座织物纹样砌块住宅（Textile Block Houses）的理想样板。

并不是从 1912 年的谢尔曼 · 布斯项目开始，赖特才有时间、有机会或者是出自私人动机对一个如此宏伟的场所的真实住宅进行特定设计（图 5–7）。也许正

图 5–7　位于加利福尼亚州贝弗利山脉的阿丽妮 · 巴恩斯达尔住宅项目（1923 年）的表现图（议会图书馆图片出版物管理部惠赠）

是由于相关的场所环境特征使得两个项目之间的相似点是如此的惊人。这两套规划都描绘了一种通过修建横跨峡谷的桥梁进入宅院的方法。这两个项目都有与服务区平行的车道；也都有一个独立的、可容纳 3 辆车的车库和带有供司机休憩和倒车的泊车庭院；餐厅都位于建筑的二层，形成了入口庭院；而且周围都有露台和阳台，向外延伸到由三面的峡谷所环抱的场所环境中。巴恩斯达尔项目也与霍利霍克住宅有一定的关联，这表现在一项分区规划设计中，内部一四方形开放空间的周围建有三栋侧翼展。然而，由于上面提到的项目是孤立的，而且受到东、北走向的山脊的保护，因此，在设计过程中，并没有特别要求考虑隐私性或是圣安娜季风带来的不利影响。因此，赖特的选址和设计方法代表了与修建霍利霍克住宅时所采用的适应性理念方法的另一面。赖特所有的结构图都显示场所和结构是作为一个实体进行处理的，而且与其说是建筑形式适应场所的自然地形特征，还不如说是场所的自然地形特征决定了建筑形式（图 5–8）。

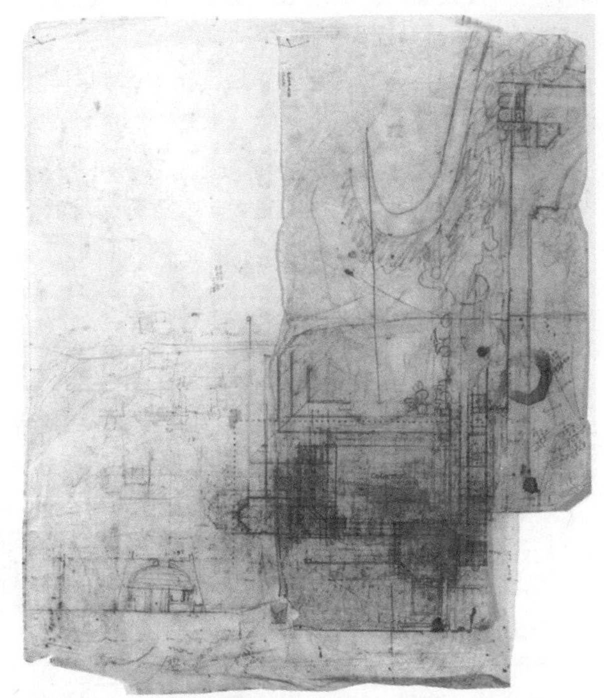

图 5–8　阿丽妮 · 巴恩斯达尔住宅项目早期结构图（©2002 年，由亚利桑那州斯格特达勒市的弗兰克 · 劳埃德 · 赖特基金会提供）

从场所的南侧经由萨米特里吉快车道(Summitridge Drive)可进入主体建筑空间。萨米特里吉快车道是一条与南部边界的自然等高线相一致的蜿蜒车行道，随着等高线盘旋而上。赖特选择了一处自然形成的带状地作为最适合的修建场地，这一带状场地沿着与路相反的曲线顺斜坡而下。赖特将二层高的主要生活区调整成直线，横跨整个带状场地，但是在边缘处后退，以调节规划好的场所周边土地的用途：东面是车道和入口庭院；南面是起居室阳台，游泳池的平台，以及围合式花园；西面是一个私人花园露台以及一个单独的花园露台(图5–9a–b)。然后，赖特将庭院中央的开放空间与主要生活区侧翼的轴线平行，并将连接服务区和卧室区的二层天桥的下部空间向外扩展，以便使庭院与位于西部、东部的户外使用空间(Use area)相连接。因此，实际上，庭院只占据了中央开放空间的一半。而剩余的空间则被分配给一个有坡度的土质边坡，侧面由向上通往露台的双重楼梯围绕。露台向外伸展,穿过树木茂盛的自然斜坡，然后在毗连任何一边的侧翼处扩展，而这些都向北延伸到斜坡处。

方案中惟一一个用来促进与中央开放空间直接联系的过渡空间便是凉廊(上面有走廊)，它所起的作用是将东部的使用空间(use area)和起居室主楼的西部末端连接起来，形成一条两层高的走廊。甚至这一走廊还促使起居室和起居室阳台有一种相像的相互关系。起居室的阳台平行于凉廊——走廊的另一侧，正如赖特所主张的，将两层楼高的、织物纹样砌块墩子和玻璃窗沿通道两侧进行交叉设置。其他所有与内部功能空间或是庭院取得联系的是作为场所开放部分的户外使用空间(use area)。赖特进一步提出车库和司机的休息区应该嵌入环形庭院交接处的斜坡内，作为通道桥梁，而且所有户外活动空间的标高都应该降至带状基址以下的高度，这样就可以形成一种穿透的感觉，并与自然的斜坡相融合(图5–10)。这种合并的处理方式使建筑与场地环境得到了完美的结合，并且在视觉上将建筑环境与大环境相融，即建筑环境与斜坡、山脊，以及起框景作用的峡谷融合在一起，这样建筑看起来就像是从峡谷岩壁上升起的一样。正是出于这样的设想，赖特进行了入口体验设计。

设计的入口体验仿佛起始于对建筑不经意的一瞥中：当行人沿萨米特里吉快车道向上行进时，建筑的影像会断断续续地进入视野范围内。沿着这一入口路径，没有任何看到建筑的暗示，因为所有的暗示都依赖于地形、道路的线形曲率，已有的植被以及将要种植的植被的高度和密度，随它们而改变。然而从入口通道向西转向建

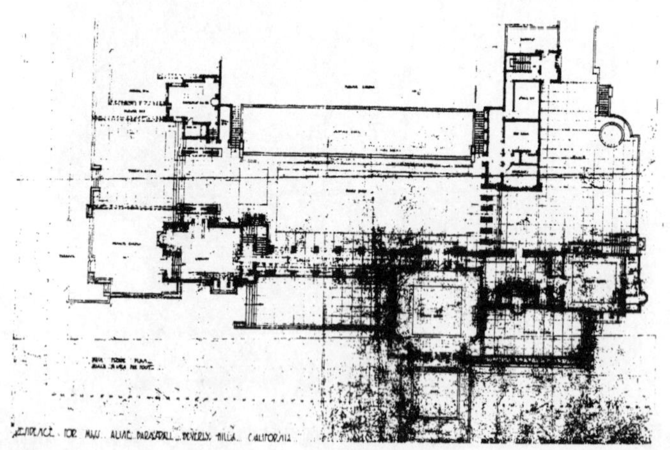

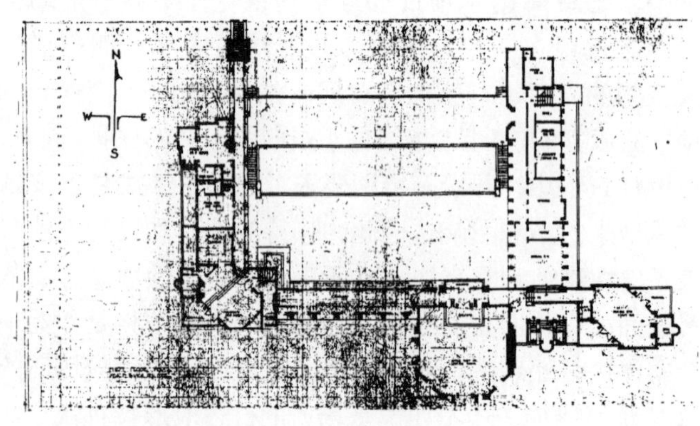

图5–9a–b 阿丽妮·巴恩斯达尔住宅项目主要的上层楼层平面图(洛杉矶市公园、休闲胜地和文化事物管理局惠赠)

图 5–10 阿丽妮 · 巴恩斯达尔住宅项目的南立面，展示了所设计的住宅立面和桥梁通道（议会图书馆图片出版物管理部惠赠）

筑入口的结合处开始，赖特则完全控制了印入眼帘的景物：什么东西可以被看到，什么时候被看到，以及从什么角度被看到。第一个表明赖特是有意识地想要控制全景的观察范围的证据，就是那座在最早的视线组织图中提出的罕有的拱形通道桥（图 5–11）。[356] 几乎在一拐向建筑时就引入的一条远离建筑的拱形曲线使得赖特可以阻止行人的前进，使其几乎停止在桥栏的右角，并将这作为将要进入这一私人领地的暗示。同时，这一短暂的停顿也为了反映更为集中的远景——正如他在处理塔里埃森的入口庭院时所采用的手法一样。带有棱角的护栏具有掩蔽峡谷直观性的作用，同时，通过朝向洛杉矶盆地也捕捉到了外围狭长的景色、宏伟的建筑、构筑物和快车道转换空间——所有这些要素都围绕着山坡而建，并与廊桥的基础相连接。

随着道路转向北面，进入桥拱下，视觉的注意力被集中到附近树木繁茂的山坡上。这给人一种瞬间的错觉：已经到达环形庭院了。随着道路转向南面，进入快车道，此时斜坡从视野中消失，观察者会对东边的峡谷有些模糊的印象。但是此时，注意力将会集中于 240 英尺长的

图 5–11 赖特最早对巴恩斯达尔项目所做的视线组织草图，描绘了特殊的拱形通道桥（©2002 年，由亚利桑那州斯格特达勒市的弗兰克 · 劳埃德 · 赖特基金会提供）

快车道和目的地：餐厅／客房的延伸部分位于密集的织物纹样砌块的正面，两层建筑延伸穿过入口庭院的最南端。这种安排是出于赖特的设想，这一说法通过他的行为得以证实：在服务区的一层不设窗户，转而将其放置在二层，并用带有栏杆的露台式阳台将其掩映；在二层餐厅的北墙上不设置窗户，转而将其放在一层的客房，并装有独立的护栏。[357] 赖特在地理位置和视觉上将服务区从快车道的视野范围内分离开来。在服务区向内凹进以容纳阳台的地方，赖特将快车道进行调整，使其向外以符合带状场地的东部轮廓。他还在悬垂的露台式阳台以及服务区和内部庭院中间桥式连接的空间下装饰了一种瓷砖，在内部庭院安装了一排织物纹样的墩子。这种处理方法明确了入口庭院的领域；确立了机动车移动范围；将入口处和真正的庭院分离开来；在不将人们对入口景致的注意力转移的情况下，将看向庭院的视线分割；并向洞穴般的凹陷处注入间接的光线，以在视觉上引导行动，直至户内——户外转换空间。这样处理还控制了亮度等级，增强了人们进入大厅的感觉。

入口处的门向内开，朝向通往二楼的楼梯，而进门后则踏进一座装修得气度非凡的厅堂。大厅采用自然光照明，光线由楼梯平台处一座造价昂贵的艺术玻璃窗射入，光滑的玻璃门则从侧面包围通往起居室东部花园阳台的楼梯。当向西转向起居室时，视线会扩展，可以看清整个凉廊——这让我们回忆起了对 D·D· 马丁住宅入口的处理方法。在凉廊狭小的空间内，赖特通过他的设计推动人们的行进速度和视野的范围。在有实墙的地方，行动会加快，而在视野开阔的、有断断续续的景观的地方，行动则会放慢，或者是停下来，进而转向庭院或是转向正对面有入口的起居室。这样处理之后，赖特确保了若不在起居室的入口处做 90° 的转弯是看不明其中的艺术效果的。

如同霍利霍克住宅一样，起居室的壁炉也是沿外墙放置的，而且霍利霍克住宅中还应该有一个橱式的通风天窗。然而，巴恩斯达尔住宅中，上述的两个设计元素都没有作为空间的焦点。通过将天窗安置在顶棚的突出位置，赖特试图将人们的注意力吸引到宏伟的、二层半高的圆屋顶结构之上。至于壁炉则打算将其逐渐融入到背景中，这一点由其所处的位置就可以看出：壁炉是沿着屋内惟一一面实心墙安放的。由于反光的单扇或双扇法式玻璃门散布在织物纹样墩子间，因此屋内其他所有的墙体在视觉上都更具有吸引力。不仅如此，起居室的焦点并不是景色，而是对景色的感知：即通过位于中间的户外活动空间将视线引向入口处，或是通过将注意力集中在景色暗示之上这一处理方式而获得。宏伟、壮观的艺术玻璃装饰了南墙狭窄的缝隙，形成的垂直元素填充了那里全部平面。赖特通过将起居室的东南角和西南角偏转 45°，将视线集中于此（图 5–12）。因此，赖特有意地让周围的景色成为艺术玻璃特写的背景，而且从起居室内看起来，所有的景观表现出一种捉摸不定的感觉。那时，正在修建户外活动场所，位置就在起居室的对面，环绕在起居室周围。其表现形式有西面巨大的矩形平台，东面的花园露台，占据西南和东南角开放空间中的几个三角形露台以及南面的露台和水池。赖特依然表现了自己对建筑全景的爱好和关注。这些全景从各自的有利观测点来看，将会呈现出无穷的变化。而所谓的有利观测点取决于前景、气候条件，观测时间是白天还是晚上，以及光线的角度。同时他诱使／或推进了人们朝向通道入口处的行进活动，而这一通道正好通向户外活动空间。

通往二楼的入口体验同入口处的感受相比，其效果的戏剧性就要稍微逊色一些。但是其基本的处理手法是一样的。而且，再一次的，焦点仍是对环境的感知。而这一环境的感知只能从位于二层功能空间的西南方向和东北角的三角形阳台上才能体验到。同位于西南角的起居室一样，位于这些功能空间中的墙壁也都呈 45° 角。这样做并非是偶然的，这一角度通常与太平洋海岸线的西北－东南方向的对角线平行。因此，通过人为的设计，正是从那些连接起居室、餐厅和主卧室的最西南端的突

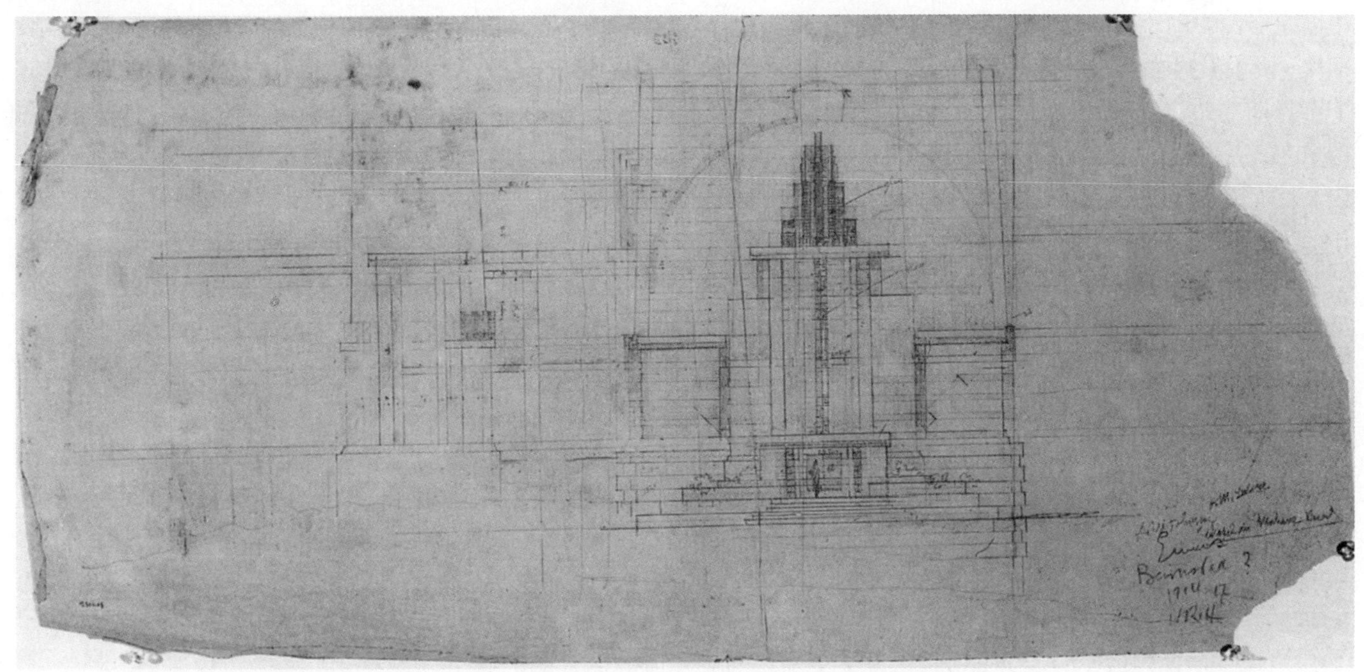

图5–12　艺术玻璃成为巴恩斯达尔住宅起居室南墙上狭窄缝隙的特征（©2002年由亚利桑那州斯格特达勒市的弗兰克·劳埃德·赖特基金会提供）

出部分，可以体验到景观整体的非凡轮廓线。

最后，反复无偿的巴恩斯达尔夫人再一次改变了她的想法，并决定不再进入绘制工作图和实施阶段。虽然1923年5月8日出版的一篇文章曾报道说巴恩斯达尔夫人已经买下“24英亩……花费大约6万美元并且将要建立一个造价大约15万美元的住宅”，但这笔交易从未完成。[358] 如果巴恩斯达尔住宅项目得以实施——就建在位于贝弗利山的这块地产上，并且按照赖特针对场所的独特设计所表现出的令人难以相信的环境综合特征进行施工，那么它将与达纳住宅、D·D·马丁住宅、罗比住宅以及赖特自己的塔里埃森住宅一样，被认为是同一等级的作品。但相反的是，最后它只成为了赖特想像的一个雏形。在迄今为止赖特所策划的179件设计项目中，有70件属于最终未能实施的项目。在赖特自己看来，巴恩斯达尔住宅项目是“那些只能停留在纸上的项目中最杰出的一个”。[359]

艾丽丝·米勒德的“拉·米尼亚图拉”住宅（Alice Millard's “La Miniatura”），帕萨迪纳市（Pasadena），加利福尼亚州（1923–1924年）

艾丽丝·米勒德是乔治·麦迪逊·米勒德（George Madison Millard）的遗孀，赖特曾为他设计了一栋位于伊利诺伊州高地公园的住宅（1906年）。通信记录显示是赖特正式提出了设计这一住宅的想法。实际上，正是米勒德让赖特认识到自己是多么渴望试验自己新的建筑理念，他自愿做这一切，没收取标准设计费（虽然他确实以留置权的形式保留自己对此建筑的利益）。这似乎暗示赖特应该曾经对巴恩斯达尔贝弗利山项目采取了同样的方法。虽然至今没有证据支持这种相关性，但是这两位前顾客的设计进程表遵循大体相同的时间段（从2月初到5月）。而且，现在看来，为人们所熟知的米勒德的拉·米尼亚图拉新居，从设计上来说，其场地设计的独特性不亚于巴恩斯达尔住宅。而且，赖特对这两个项目都提出

了相同形式的砌块构造，这是他在后来的任何织物纹样砌块构造住宅中都没有使用过的一套手法。然而，不同于巴恩斯达尔住宅项目的是，拉·米尼亚图拉的基础设计是在3月中旬通过的，并在随后很短的时间内就开始施工，而且很显然，在施工过程中不断进行设计的完善和细化工作。

拉·米尼亚图拉住宅（La Miniatura）属于洛杉矶市在1923年为其颁发了建筑许可证的6万所住宅之一，这一点似乎很重要。而且赖特将它形容为"加利福尼亚式建筑的第一胎［原文如此］"。[360] 在为发展霍利霍克住宅和奥利弗山的项目设计已经花费了十年的大好光阴后，这样的声明，必然是赖特在遵从客户和其他开发者提出的要求时，感受到了自己内心的反抗，从而有效地将其展示出来的做法。他写道："在这里，洛杉矶，周围都是我所厌恶的东西。由于掌握了先进的蒸汽铲，就可以将小山削平，并在山顶建造住宅，呈现某种令人恶心的流行'风格'，一种感觉上的空洞或其他什么……洛杉矶人口密集，热闹非凡。其中缺少了什么？完全缺乏对在现代工业和美国有利环境下的加利福尼亚生活的独特和真实的表达。就是这些。" [361] 很明显，有了拉·米尼亚图拉，他的第一个付诸实施的织物纹样砌块住宅，赖特希望能够对建筑和加州的发展模式都产生影响，其影响方式同他在中西部地区，草原式建筑发展时相同。这一推理由于赖特拒绝米勒德最初购买那块地产的行为而得以证实。他把在她那片"寸草不生的土地上"设计住宅的过程比作同当地的建筑一样的"白痴般疯狂的行为"。[362] 另一方面，赖特所选择的土地被描述为"邻近一条引人入胜的峡谷，场地上生长着两棵美丽的桉树。" [363]

赖特所选用用来描绘地形的词句只能被认为是一种浪漫主义。如果选择更实际一些的描述词语应当是"干枯的河床"（Arroyo），按照其定义，也就是"干旱地区的河道"或"经常干枯的冲沟或由水冲开的河槽"。[364] 正是由于这个干枯的河床的地理特征，帕萨迪纳政府开通了一条地下街道管道。而且正是由于赖特对于这一环境特征的漠视，在建筑完工不久后的一场暴雨中，泥水从管道溢出，泥浆淹没了一楼的使用区域。而赖特毫不害羞地将这种"在峡谷里发生罕见的暴雨"刻画为某种现象："在每个像这样有一个好天气的地区，都意想不到会有这样的事情发生。在50年内，没有人曾看到过这样的景象，房基下的排水管道向外溢水。但是上帝打开了天堂的门，雨水倾盆而下，直到它到达餐厅漂亮的水泥地板，如果可以，就会决然地将住宅淹没。洪水一定是错把这间住宅当作了另一个方舟，但，这次，将'方舟'移动的美梦却彻底破碎，只在低层的炉台上留下泥浆作为表示蔑视的痕迹，灭掉了地下二层的炉火，以及将煤气炉埋在了凝固的泥浆下面。最后离开……不过，在帕萨迪纳市政府的帮助下，我们很快就解决掉了这个小事情。" [365] 但是，赖特将这一建筑建造在干枯的河床底部的决定所引致的建筑学和环境上的收益，最后远远超出了这一意外事件所带来的挫败和不便。

首先，干枯的河床不需要太多的挖掘或缓坡处理工作就提供了一个稳定的承载基础。缓坡处理是一种设计手段，让赖特可以保存原有的树木和大多数的自然植被，包括灌木、蔓生植物和地被植物。这种地形处理是很重要的，因为正是由于对地形和原有植被的精心保护才最有效地决定了赖特的选址并使整个建筑与场地取得联系（图5-13a-c）。那两株桉树决定了建筑沿莱斯特大道（Lester Avenue）［现在的罗斯芒特（Rosemont）大道］向后退，建筑高度和宽度的比例，以及餐厅西南面花园露台的纵深和宽度。这两棵桉树连同场地的地形、那块土地上保留的其他树木，还决定了环行快车道（现在称"新月大道"）的主要进入点；花园小径以及与延森反射池类似的水池的位置和安排方式；生活区豪华瓷砖墙朝向西南方以俯瞰花园的环境；赖特交织安排户内、户外生活空间的方式（图5-14）。但是赖特决定将拉·米尼亚图拉建在干枯的河床底部所带来的最直接的结果，就是对这样一个特定的区域来讲，他也许可以完全控制这儿的微环境。

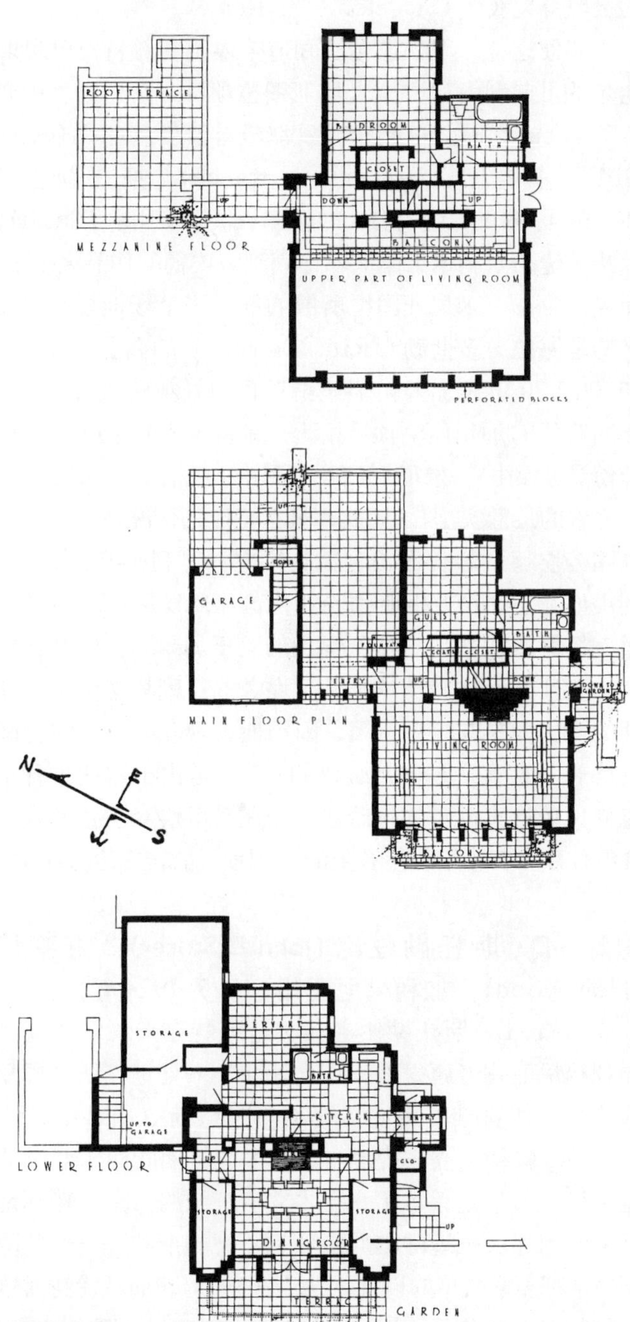

图 5–13a–c　位于加利福尼亚州帕萨迪纳市的拉·米尼亚图拉的底层平面图，由赖特为艾丽丝·米勒德设计（©2002 年由亚利桑那州斯格特达勒市的弗兰克·劳埃德·赖特基金会提供）

图 5–14　标志物——桉树以及其他的本地植物群落决定了拉·米尼亚图拉的选址和设计（由亚利桑那州斯格特达勒市弗兰克·劳埃德·赖特档案馆惠赠）

考虑到此地区盛行的西南风，在场地的西南边界为其提供了一条无障碍的通道。这种风从海上吹来，从早上一直吹到傍晚。同时，东北向的斜坡提供了天然的屏障，防止了圣安娜季风的破坏。这一季风从沙漠吹来，一般从第一天的傍晚一直吹到第二天的清晨。地形的凸形特点保留的丰富植被所释放的水分以及相当大的反射池水体，创造了西蒙兹所说的“冷气池”[366]，这种设计确保了干枯的河床中舒适的、稳定的空气对流。设计过程中还考虑到，白天气温升高，温暖的空气随之上升，而白天海洋风向内陆移动吹过池塘和花园，填充空间后，会变

得更加凉爽。而当夜晚降临时，盛行的东－东北内陆风沿山坡向下吹进干枯的河床，空气的流通格局逆转。另外,干枯的河床的外形形成了一种“文丘里效应”(Venturi Effect)，正如下面所形容的 :“一栋位于在峡谷［或干枯的河床］的底部的住宅，在白天所感受到的风比平原上的住宅更为强烈。狭窄的峡谷两壁所产生的‘文丘里’效应使得微风的速度增加，特别是在晚上。”[367] 因此，根据土地构造、土壤、植被、湿度、风向以及自然循环等特点，赖特就可以为拉 · 米尼亚图拉创造一种独特的、适合南加州气候条件的小环境。

另外，向莱斯特大道的深层缩进以及桉树全年所提供的遮蔽完全消除了通常伴随着西南朝向的负面影响。这是由于峡谷的自然坡度阻挡了傍晚低角度的太阳光线，而桉树的高度和冠幅有效遮挡了中午头顶的太阳光。因此，就不需要像赖特为其草原式建筑所设计的那种宽阔的挑出屋檐。通过在墙中插入玻璃和分散布置墩柱以创造一种百叶窗似的阴影效果，从而使得赖特得以在太阳全天运行的过程中完全控制阳光的强度。正是这种对光线的遮蔽和反射光线的引入，与通过在整个住宅有选择地布置多孔的织物纹样砌块柱漫射进来的光线结合起来，才柔化了混凝土砌块的坚硬表面。所以，从黎明到黄昏，拉 · 米尼亚图拉的内部活动空间都可以由自然光线照明。

毫无疑问，正是赖特的“想法”，即仔细结合环境的设计方法，形成了拉 · 米尼亚图拉标志性的特征。而且，正是由于赖特对自己的这种做法绝对满意，使得他在自己的自传中兴致勃勃地对此进行了解释 :“拉 · 米尼亚图拉坐落在帕萨迪纳湛蓝的天空下，依偎在两株相依相爱的桉树中间。虽然存在着一些挫折，浪费和事故，拉 · 米尼亚图拉依然可以说是一个完美的胜利……如同在拉 · 米尼亚图拉寻找简朴一样，你总会发现美丽……至于我，也许当了太久的隐士，大多数时候是从‘自然’这本书中获得灵感——我也许是从图画过程之外知道这些东西——因为我宁愿修建这种小住宅也不愿修建罗马的圣彼得大教堂(St.Peter’s in Rome)。”[368]

即便这样，现在也无法知道劳埃德在赖特对巴恩斯达尔的贝弗利山和拉 · 米尼亚图拉项目的设计过程中产生了多大的影响。这两个项目都没有像奥利弗山(Olive Hill)、多埃尼农场(Doheny Ranch)、斯托勒住宅(Storer)、弗里曼住宅(Freeman)、恩尼斯住宅(Ennis)，以及扩建的米勒德工作室那样列到劳埃德的作品名录中。而且，对拉 · 米尼亚图拉所做的惟一一个场地规划图签署的是海拉 · 多斯勒(Heila Deusner)的名字，他是在20世纪20年代加入帕萨迪纳项目的景观建筑师。[369] 由于同其他的加州住宅项目相比，赖特更多的是以私人的身份参加到拉 · 米尼亚图拉项目中(包括从概念的提出到方案的最后实施)，因此，最有可能的情况是：赖特通过同劳埃德一起合作霍利霍克住宅和奥利弗山项目，并利用他在整个个人生活和职业生涯中所发展的场所解剖学，将他所观察到的和所学到的关于加州的一切结合起来，而且开始依赖劳埃德的才华，自己则只是出于连贯性的考虑而参与一些项目，因为他发现花费更多的时间去培养一位客户是非常必要的。[370] 正是由于这些种种可能性，赖特不再对加州着迷，而在塔里埃森重建其永久性的住所，基本上将其有限的加州项目都转交给劳埃德。

约翰 ·D· 斯托勒住宅(John D.Storer)，好莱坞(Hollywood)，加利福尼亚州(1923–1924 年)

约翰 ·D· 斯托勒住宅其实是赖特在大约一年前对加利福尼亚州老鹰岩(Eagle Rock)一处地产所做规划的修订，那块地产的主人是 G·P· 洛斯(G.P.Lowes)。一年前，赖特正立志提高自己的才能，因此对于当时的他来说，似乎是采取了一种非常不正统的方法，特别是再考虑到那块土地陡峭的山坡和不规则形状——这些限制通常都要求常用的设计手法(图 5–15)。而且赖特对这些限制因素的考虑，正如他在 1908 年 3 月为《建筑实录》所撰写的文章中如此直言不讳指出的 :“从没有人设计的建筑物配得上建筑这个词，他把建筑物按照自己的口味

图 5–15　一张 1992 年的照片显示了位于好莱坞的约翰 · 斯托勒住宅场地（1923–1924 年）的不规则构造（查尔斯 · E · 阿瓜尔摄影。©2002 年贝蒂安娜 · 阿瓜尔提供）

绘成透视图，接着将规划胡编乱造以适应场地。这样的方法只能生产出场景描绘图。透视图也许可以成为一个证据，但没有丝毫营养。"[371]

根据建筑史学家罗伯茨 · L · 斯威尼（Robert L.Sweeney）的理论，为斯托勒地产所作的修改性规划最初可能是巧合的，这个方案是为"高级建筑公司"（Superior Building Company）所做的，而斯托勒可能正好是那里的负责人（图 5–16）。[372] 这一假设也许可以解释为什么赖特平整平台的坡度以适合现有的规划以及将车库最远端的一角偏转一定的角度——这就是"将规划胡编乱造以适应"新的场所——这样随意改动后，以至于一辆全长的轿车都无法停留在车库外墙旁。也许这

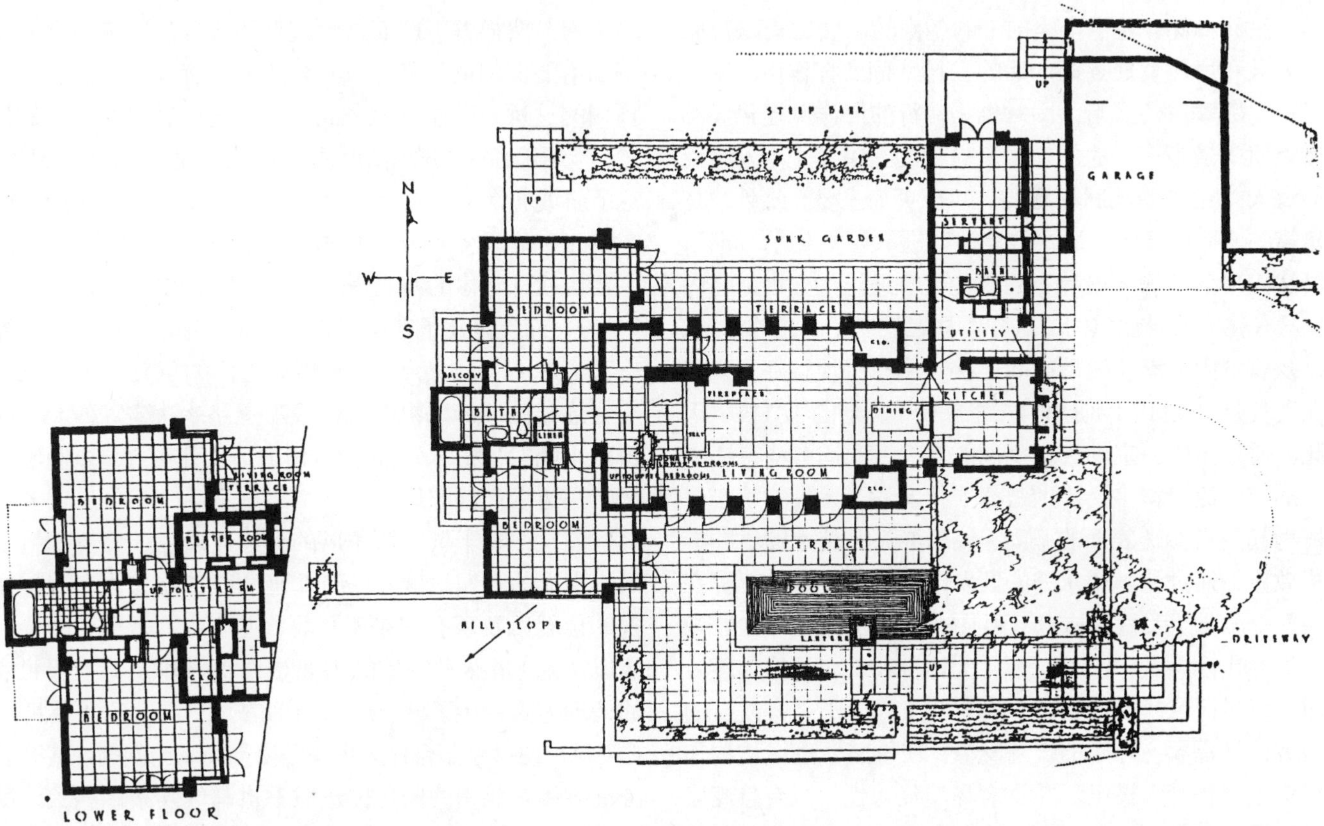

图 5–16　斯托勒住宅的首层平面图，显示了赖特如何将车库转了个角度以"将规划胡编乱造以适应"新的场地（©2002 年由亚利桑那州斯格特达勒市的弗兰克 · 劳埃德 · 赖特基金会提供）

也解释了为什么一个卧室被部分掩埋在山坡里。但是，这没有解释为什么赖特将规划来个180°的转向，而且完全忽略新场所固有的环境条件所带来的结果。

这种转向后的缺陷和难题是使得所有的卧室和主要的户外活动空间大部分都朝向正西方。而且，入口处的花架以及最大的带池塘的阳台和花园朝向正南方，这样从早晨到晚上它们都会暴露在阳光下，并且，较低层餐厅的露台上凹陷的巨大花园朝向北方，而这个方向的光线较弱。[373] 由于那块地方最初并没有树，傍晚渗透过来的阳光一直是质疑的焦点，直到几年后，栽种的桉树林长大才得以解决。正是由于这个原因，在1924年10月，房子即将完工时，劳埃德建议、设计并安装了装饰性的雨篷悬挂在光滑的通道和客厅西端阳台之上。[374]

虽然如此，住宅半路向下的朝南的斜坡位置以及服务翼展和居住翼展逐渐向后的安排共同发挥作用，调和了圣安娜季风的影响，同时也为盛行的海洋风提供了畅通无阻的通道——这同通常所提到的在审美上令人愉悦的海天一色的景观同样重要，甚至更为重要。此外，在建筑的四面修建露台最大限度地促进了空气流通，而且，沿法式玻璃门的墙壁散布的墩柱具有通道的作用，将海风导入住宅的居住空间。这些墩柱还控制了阳光的渗透，以及将室内、室外活动空间连接起来。劳埃德还引入了在奥利弗山项目中所使用的技术来调节露台的小气候，因此，通过室内、室外居住空间的空气会比周围城市环境里的空气凉爽得多。特别是劳埃德栽种了大量的抗干旱植物和具有渗透表面的坚固区域以消除混凝土砌块的产热效应；通过池塘中水分的蒸发以及喷泉产生的喷雾在空气中添加了大量的水分；而且，他还在合适的位置栽种了落叶性树木和小桉树林，为露台和大面积的瓷砖表面提供了荫凉。即使这样，有好几年，由于带有露台的山坡设计需要有厚重的墙片支撑，使得整个建筑结构在视觉上显得令人畏惧，并具有环境侵入性。只有当茂盛的随意栽种的植物长大后，由于场地改变所造成的气候条件恶化的现象才得到改善，而且建筑也呈现了融合场所的外貌——正如它在过去的半个世纪所表现的那样，也正如赖特父子最初设想的那样。[375]

塞缪尔·弗里曼（Samuel Freeman）住宅，好莱坞，加利福尼亚州（1923–1925年）

弗里曼地产朝向非常好：面南，临景，直面海洋风。然而，占地面积非常小，基本上只有70英尺×75英尺，在临街道路的弯曲处还有一块楔形地块。而且，由于整个地块呈现25%–30%的坡度，实际上，那里没有可以修建的空间（图5–17）。

赖特在一个4英尺的网格中设计了三栋两层的立方块来解决这一难题：（1）主要的居住立方块包括主层客厅、卧室以及休憩室；（2）连接的服务立方块容纳了主层的厨房、楼梯井、地面层卧室和设施；（3）车库立方体下面有储藏间通过架于尺寸合适的凉廊入口通道上带有顶棚的过桥与居住－服务立方体相连。居住立方体的位置、大小以及缩进距离取决于这块土地的宽度和斜坡，这个斜坡非常靠近宅地，以至于东、西两面都高于地面，车库下的存储空间和凉廊的相互连接的通道也是如此。主要居住立方体的西北角几乎触到公路用地（Right–of–Way），而且修建了存储空间，这样正好适合西、北地界交叉形成的小交叉点。[376] 车库立方体的位置和大小以及与之连接的凉廊的纵深由曲线形道路来决定。西北角朝公路用地（Right–of–Way）伸出不到几英寸，东侧墙体沿着东边地产线布局。

而且，对于圣安娜季风的引导性通道，赖特也给予了相当大的权重，这一点可以通过服务立方体东端楼梯井的位置以及所有的东墙和北墙基本上都是实心的特性予以认定（虽然私密性的需要也许也对赖特对主层北墙的处理方式产生了影响）。由于面积太小（大约4英尺×4英尺）使得将阳台作为户外居住空间成为问题，甚至服务立方体东北角的阳台扩建似乎也与气候条件相关。虽然，阳台和栏杆既提供了有利的观察点，也提供了安装法式玻璃门所必需的安全元素——正如建议的那样——

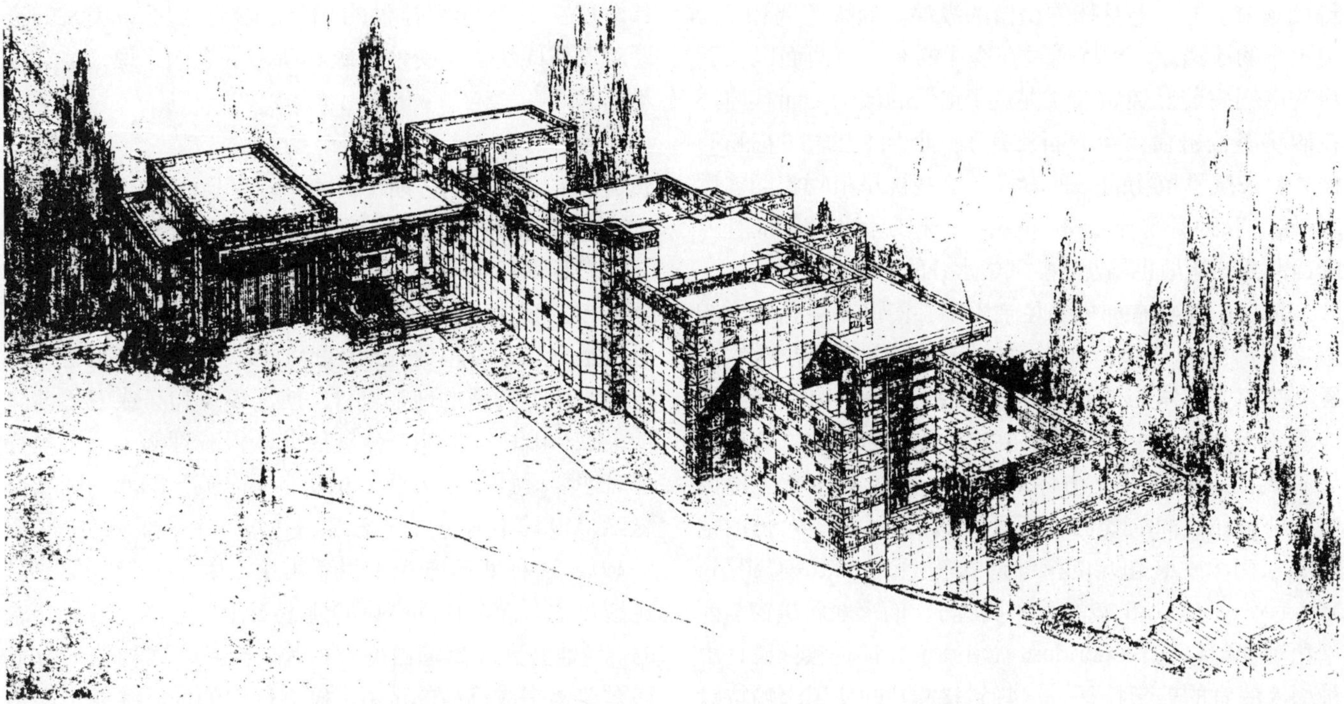

图 5—17　位于加州洛杉矶的塞缪尔·弗里曼住宅鸟瞰图，显示了场所陡峭的自然特征（©2002 年由亚利桑那州斯格特达勒市的弗兰克·劳埃德·赖特基金会提供）

法式玻璃门可以促进空气流通，允许重要的自然光线进入门厅和楼梯井，保护这些空间不受到圣安娜季风的影响，这一推测同样符合逻辑。各立方体台阶式向后退的处理手法也支持了这一分析——这种处理方式也使风向有了偏转，并在各个接待空间减弱了风力，包括凉廊通道的风力也有所减弱。

赖特对于弗里曼住宅的居住空间内照射的自然光线的关注也值得一提——特别是考虑到采用光滑的多孔石块所体现的艺术性。首先，他沿着门厅的北墙在人眼或接近人眼的位置安排了一行多孔的石块。除了入口大门，它们是北面墙体上惟一的开口，因此，其四重意图非常明显。它们是：(1) 将门厅从公众视线中隐蔽掉；(2) 使圣安娜季风的影响最小化；(3) 补充由敞开的门厅东端的入口大门和法式玻璃门进入的自然光线；(4) 调整逐渐变化的照明以加强那种就要进入客厅的感觉。还应该关注的是多孔石块形成的天窗。这些石块被赖特沿屋顶高出部分的三个侧面放置，而屋顶则位于两个加固的混凝土梁之间。这两个混凝土梁横跨南北向的客厅。这种处理方式强调了梁的建筑功能，于是，通过南、北、西侧墙上的光滑开口，这个空间在视觉上向上、向外扩展。在房间内部最北端引入自然光线在美学受益上具有同等的重要性——平衡了照明分级，并且当太阳从东往西运行时，使得此空间充满大量反射光。

赖特在南墙落地区域内、实心石块的支柱间分散放置的 2 倍宽的多孔石块支柱在视觉上与宽阔的光滑开口相配，但是他们在这一环境下更重要的功能是为了消除耀眼的阳光。多半，这种处理方式的引入是由于斜坡的坡度否定了栽种的桉树树冠或其他抗旱树种的有效性，而且预算的限制不允许花费大量资金修建连续植被栽种区域所需要的露台。通过增加客厅西面光滑开口（包括

斜接角窗上方）上悬挂的屋檐的纵深，赖特还调和了傍晚阳光的渗透。[377] 赖特通过在客厅的东、西两面以及厨房的南端安装竖铰链窗，促进了空气的流动。而且他还在厨房竖铰链窗露台下面放置了一个加长的 "花箱"，作为引入抗旱植物的一种方式。这些抗旱植物将同客厅"花箱"和卧室露台上的"花箱"一起发挥作用，而且凉廊西北角的池塘也增加了空气中水分的含量。

请考虑赖特在弗里曼住宅中小心谨慎，深思熟虑的态度所产生的结果。如果赖特没有将服务立方体的位置从车库立方体的位置作台阶式后退，入口凉廊将会始终暴露于视线之中。如果主要的居住立方体的位置没有台阶式后退到服务立方体的西边，那么从环境上说调整户外居住空间的景色就不可行了。那样在室内居住空间的东南角安装超凡的落地斜接窗（Floor–to–Ceiling Mitered Window）就变得不明智了。而落地斜接窗与西南角对应窗（Correspondent window）都是赖特设计中最引人注意的美学特征。这些斜接窗户的使用比赖特以前设计的角窗更为深奥微妙；它们延伸着跨过一层非常薄的地板，从而在没有打破居间层地板的情况下，创造出两层楼窗户的错觉。

弗里曼一家终生居住在这栋住宅里，20 世纪 30 年代的时候，他们委托辛德勒为这座住宅设计传统的家具，包括书柜和沿客厅东面墙壁设置的固定餐桌。虽然按照客户的意愿布置了这些家具，但将厨房从视野里遮蔽了起来。很显然的是，这一做法破坏了赖特在做环境规划时努力考虑到的自然光线和通风。

这块弗里曼房产最终遗赠给了南加州大学（the University of Southern Califonia），其建筑学院被委派负责保存并对场所和住宅进行重建。直到 20 世纪 90 年代，持续的地震所带来的破坏，使此住宅成为危房之前，这里都以收费的形式开放，成为周末旅游景点。但是，一些仅做权宜之计暂时放在那里的支撑物和油布组成的塑料"帐篷"无法保护该建筑不受任何自然因素的破坏。物质损坏是如此剧烈以至于南加州大学发现必须拒绝联邦政府在 1998 年所提供的基金，因为这 85 万美元的资助对于使此住宅免受地震破坏所需的金额来说，是远远不够的。[378]

查尔斯 · W · 恩尼斯（Charles W.Ennis），好莱坞，加利福尼亚州（1923 – 1926 年）

恩尼斯所拥有的那块土地的面积非常小，大约只有半英亩，而且地基是个四面都为斜坡的土墩（图 5–18）。无论是自然地形还是从绘制的地形图都暗示要对这一场地进行一个特殊的地形设计，使之环绕和／或者逐渐降低，以与山丘地形相一致。因此，很难理解为什么赖特那时想要设计一个需要 15000 多平方英尺的水平区域来容纳他设计中所包含的室内、室外居住 – 服务空间（图 5–19）。这种处理方式不得不夷平土墩，在"顶部中央"建造住宅。而在顶部中央的建造工作又是赖特激烈标志的"当地共同发疯的白痴"行为。而且，这种处理方式还需要运来成百吨的土方，树立巨大的地下混凝土底角防护墙，并且将它们整体用宽阔的织物纹样砌块挡土墙护住（图 5–20a–b）。在进入修建工程 7 个月后，住宅南

图 5–18 加利福尼亚州好莱坞的查尔斯 · W · 恩尼斯住宅（1923–1926 年）基本上由土墩构成（埃里克 · 劳埃德 · 赖特惠赠）

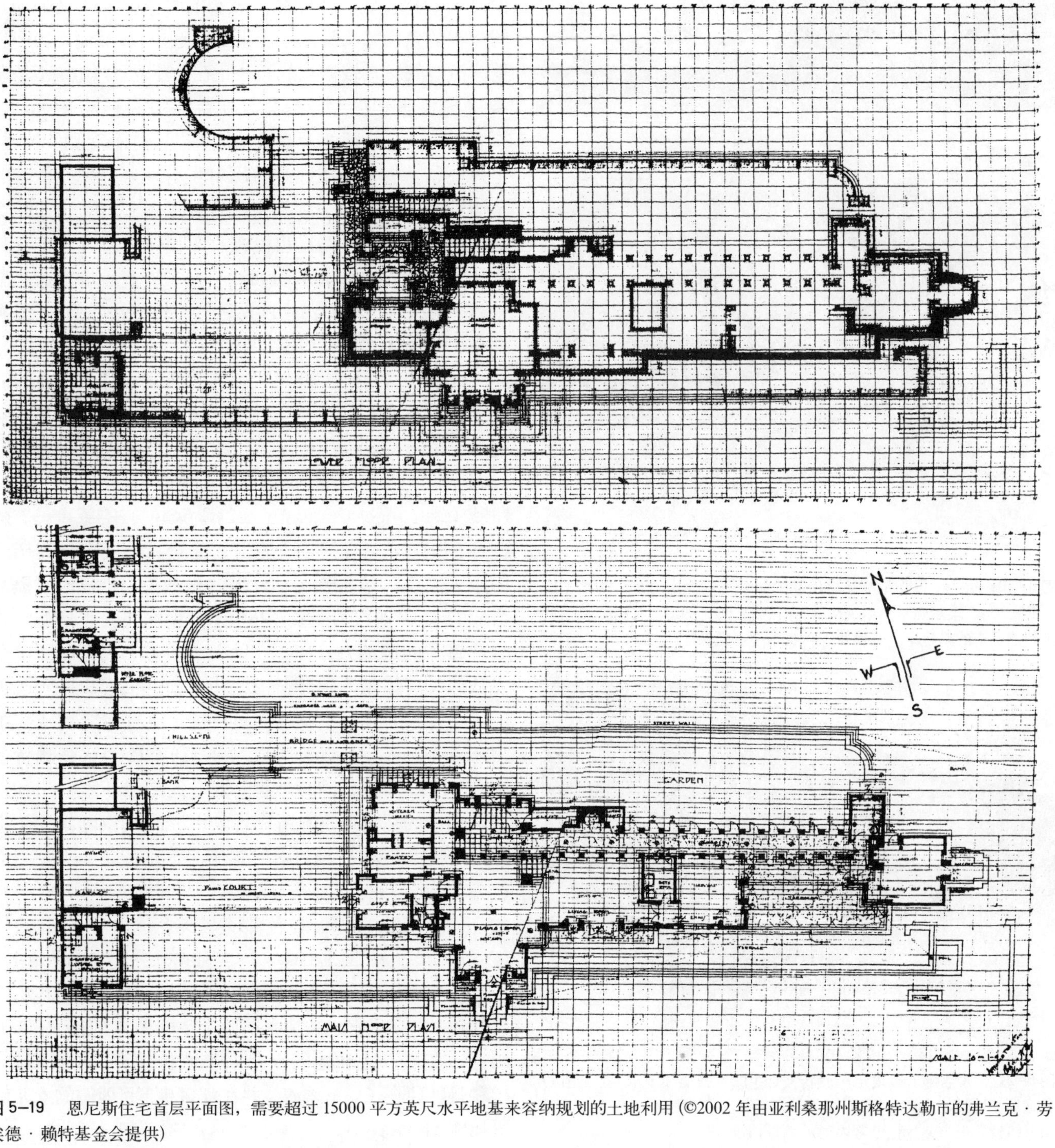

图 5–19　恩尼斯住宅首层平面图，需要超过 15000 平方英尺水平地基来容纳规划的土地利用（©2002 年由亚利桑那州斯格特达勒市的弗兰克·劳埃德·赖特基金会提供）

a

b

图 5–20a–b 支撑恩尼斯住宅所需的混凝土砌块组成巨大的挡土墙（图 5–20a，埃里克·劳埃德·赖特惠赠；图 5–20b，亚利桑那州斯格特达勒市的弗兰克·劳埃德·赖特基金会提供）

图 5–21 弗兰克·劳埃德·赖特文档中的一张照片显示了完工前的恩尼斯挡土墙，它被标记为“破裂的石块”和“膨胀的”（由亚利桑那州斯格特达勒市弗兰克·劳埃德·赖特档馆惠赠）

面巨大的挡土墙开始膨胀，破裂的时候，如此兴师动众的工程的负面效果显露了出来（图 5–21）。然而，当劳埃德告诫他的父亲较低层的石块正在“爆裂”，赖特还是坚持这些膨胀和破裂“不会有什么特别的影响”。但是，接着，他提到必须要设置附加的墙壁以弥补观测的错误。但这些措施并没有减少赖特因对现有地形忽视而带来的负面影响。正是这一地形首先导致了必须要修建如此宽阔的挡土墙。这些措施也没有改变赖特未考虑非家庭尺度的室内或者室外起居空间这一事实。当后来承认这些判断中的失误时，赖特才认为恩尼斯住宅是“超过了混凝土砌块的尺寸……是出格了。”[379]

在整个 20 世纪 20 年代赖特都在实验和修正他的混凝土砌块这种设计手法。然而，10 年后，当赖特整理自己的记忆时，惟一可以记述的“客户”只有 A·M·约翰逊（A.M.Johnson），芝加哥国家人寿公司（the National Life Insurance Company of Chicago）的董事长。赖特称约翰逊“愿意提供 2 万美元的贷款，代表他提出一座摩天大楼的结构性想法，而这正是我一年前已经提交给他的”。[380] 他接着花费了几页纸来说明还处于模型状态的悬臂式的玻璃办公楼——他总爱在这个模型前面摆个姿势照相。但是，赖特却丝毫没有向这位客户提到已被他概念化了的混凝土砌块建筑。这一建筑将要被建在加州死谷（Death Valley）的边上，通常认为这是赖特首次介入沙漠环境。同时，他也没提到在威斯康星州和得克萨斯州的任何地产上所设计的混凝土砌块建筑——也许这是因为在这些项目中，没有一个进入施工阶段。看起来，当年赖特事业的最高点似乎是赖特被引见给奥尔加·伊凡诺夫娜·拉佐维奇·米兰奥夫·亨尊伯格（Olga Ivanovna Lazovich Milanoff Hinzenburg），一位出生于南斯拉夫的舞蹈家，就是后来的奥尔基凡娜（Olgivanna）（是她名字中前两个字的派生词）。在二人相遇一年后，她和她的女儿斯韦特拉娜（Svetlana）一起和赖特住在了塔里埃森，并在那里生下了他们的女儿伊奥凡娜（Iovanna）。

第6章

一个时代的结束：1923—1929年

1925年的春天，一次闪电带来的火花引起了一场意想不到的火灾，而不完善的通信设备则助长了火势的蔓延，使得塔里埃森的居住区侧翼遭受了第二次破坏。而且，档案记载的工作表显示这一年里赖特只有一项委托任务。1926年，情况也没有什么特别的好转，工作表中只有5项委托项目，而且每一个项目只处于规划阶段，并未实施。1927年2月，当燃烧的树叶引发了塔里埃森第三次规模较小的火灾时，赖特发觉自己无法再支付房屋的修缮费用，而被迫公开拍卖自己所有的个人资产。而当这些所得也不能偿付赖特的到期债款时，威斯康星州银行（Bank of Wisconsin）没收了赖特的塔里埃森住宅和房产。银行的这一行为促使赖特向富有的朋友们、忠实的客户们、好友延森，以及家庭成员求助，成立一个调解机构，组织他们一起控诉银行的行为——其目的是确保赖特对其不动产和资产的控制权。这种努力最终成功了。"赖特股份有限公司"（Wright, Incorporated）成立；他的债务也全部还清；而且他还发行了以自己未来收入为依据的股票，以创造另一种赞助的方式。因此，在大萧条更加严重的时候，赖特没有成为人数不断增加的破产中的一员，那些人丧失了自己家园或农场。[381] 然而，由于公司保留了塔里埃森的名称，赖特实质上成为了公司一名拥有租赁权的雇员。但是，正是在这段职业和情感处于不安状态的发展期间，赖特开始着手两项工作的准备，这两项工作是赖特一生中比较显著的成就之一：塔里埃森Ⅲ（Taliesin III）的建造和塔里埃森设计团体（The Taliesin Fellowship）的成立。塔里埃森Ⅲ考虑到了方方面面，形成了独具一格（Character-defining）的花园环境。而塔里埃森设计团体最初被认为是研究综合艺术（Allied Arts）的希尔赛德家庭学校（Hillside Home School）。

环境设计，1924—1929年

塔里埃森Ⅲ，斯普灵格林，威斯康星州：进行中的项目（1924年—）

发生了第二和第三次火灾后，在重建塔里埃森生活区的过程中，赖特在1924年所设想的建筑上的扩展大多得以实现或展开。在这一改建过程中，赖特主要关注的是怎样与琼斯峡谷（Jones Valley）建立一种更为密切的联系——包括设置一个实际上横跨了整个东南面的阳台，也可以称之为走廊。穿过它，可以直达客厅、客卧、赖特夫人的卧室以及卧室之间被成为"蓝色走廊"的中间生活空间。这个中庭把两栋新增的建筑物结合在一起：利用玻璃封闭了先前的车辆通道所形成的"花园室"以及赖特私人的卧室兼工作室。增建的这间卧室兼工作室朝南，而且有一个大小适度、半悬臂式的阳台，站在这儿即可观赏北面的琼斯峡谷的美景，同时西南面米德韦山（Midway Hill）和罗密欧与朱丽叶风车（Romeo and Juliet Windmill）美景也映入眼帘。

然而，当项目发展到营造景观阶段（施工阶段）时，像多数房主一样，赖特更为关注工程的进展：自己的设想即将变成现实，他基本上都亲自到现场指导工程，以使设想与现有的环境更为和谐。由于这些设想的实施过程有些是好多年才得以完成的，而且留传给子孙后代的文本少之又少，因此，要准确无误地追寻某段特定时间内施工过程或范围是一件困难的时期。这里所提出的编年表也只是依据历史照片、1912 年和 1924 年所准备的项目规划图、1920 年 11 月一张由辛德勒准备的地图（它提供了对那个时期最完备的快照）以及一项回溯规划（它记录了不同时间段内，在赖特指导下修建的景观）进行深刻评估后的演绎推理（图 6–1a–c）。

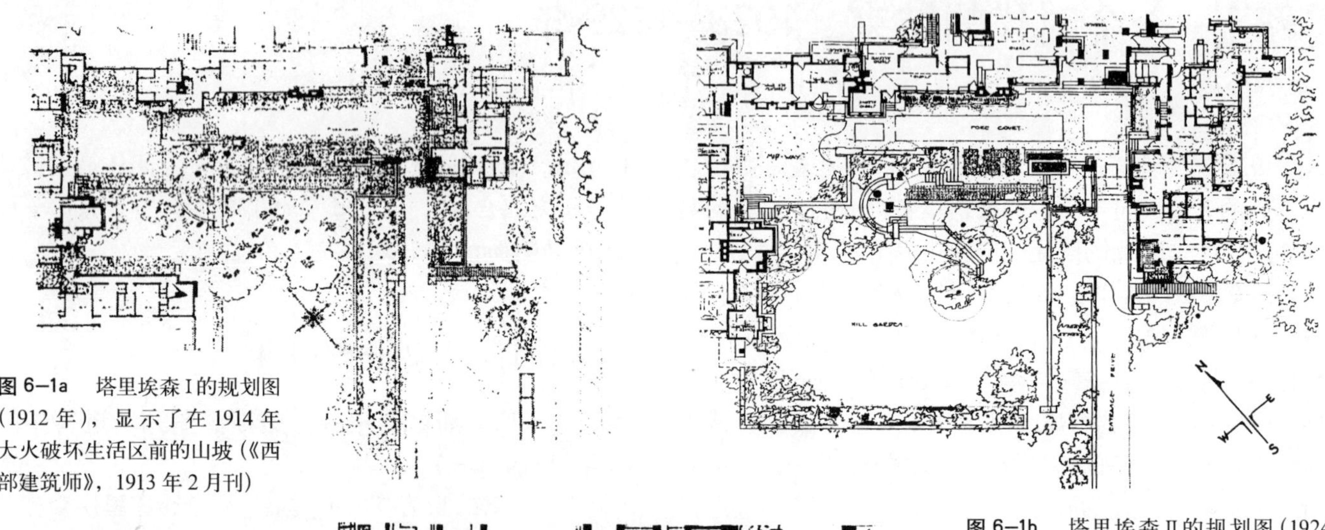

图 6–1a 塔里埃森 I 的规划图（1912 年），显示了在 1914 年大火破坏生活区前的山坡（《西部建筑师》，1913 年 2 月刊）

图 6–1b 塔里埃森 II 的规划图（1924 年），显示了在 1925 年的大火以及东区楼房重建前山坡上树木的缺失（©2002 年由亚利桑那州斯格特达勒市的弗兰克 · 劳埃德 · 赖特基金会提供）

图 6–1c 塔里埃森III的规划图（1925–），显示了 1925 年大火后山坡上树木缺失的情况以及其后 30 年内的修改（塔里埃森保护委员会惠赠）

图 6–1a–c 威斯康星州斯普灵格林，塔里埃森花园的演变

方案“a”明晰地描绘了茶会圈中两棵标志性橡树和最初生长在小山上的小树林的位置。[382]而方案“b”和“c”与方案“a”相比，小山上的树林面积极度减少，其中一些是毁于1914年的大火，而幸存下来的树木在1925年第二次大火中烧掉了或因严重受损而被砍伐了。因此，比较符合逻辑的是要解释赖特在第三次火灾之前的想法，同时解释火灾是如何随着时间的推移影响到项目的施工，并且将所有相关事件回溯到赖特在1911–1912年时的最初灵感。

方案“c”同较早的方案相比，一个比较明显的不同就是从入口一直延伸到前庭的车道消失了——这个想法多半是由于停车、通行能力、噪声以及汽车产生的尾气等问题而激发的。新的通道提供了两种明显不同的入口体验：(1) 景观路线。从原来的大门和入口通道，但绕过原来的车辆通道围绕着山体继续前行，经过西面的翼展到达车库或是到达通往上层庭院的廊桥下；(2) 最直接的路线：沿着陡坡的边缘前行，可到达同一目的地。无论选择哪种方式，入口体验都像散步似地穿过起过渡作用的开放空间，一侧是工作室旁的花园边缘，而另一侧是庭院花园。

赖特为塔里埃森别墅Ⅲ期周围环境所营造的一切有形的东西是前所未有的。从方案“c”中可以看出，先前车道两旁的开放空间是分隔的，以两个新增的附加物为标志，发展成为“阶梯花园”，与庭院花园相融合。通过将位于花园始端的、一个矩形石质喷水池和在新增构筑物东北角的半圆形环绕的大型花床进行偏移，从而新增的花园室(Garden Room) 已包含在扩展后的花园范围中。这种处理方式在视觉上和实体上将这一水景和先前前庭的终点融为一体，使二者遥相呼应，同时还将前庭的开放空间变成了入口花园，而塔里埃森别墅所有的建筑空间都融入到场所环境之中(包括自然环境和人工环境)。赖特还开始着手将山坡开放空间设计成一个“山地花园”(Hill Garden)，并将其与先前设计的庭院花园、茶会圈以及台地花园整合成一个整体。虽然山地花园的开放空间是与其他的花园空间相融合的，但在设计上，这里是作为一个隐蔽的空间而存在，也就是说从任何主要的户内、户外生活空间，它都是看不到的，而且只有从茶会圈和入口花园经过向上的台阶才能到达。

事实上，在方案“b”和“c”中对山地花园的规划基本上是相同的，只是对树木的描绘手法不尽相同。两个方案中都用560英尺长的(直线距离) 挡土墙将场地大约1/3英亩的开放空间围合起来，这样将山顶预留了出来。这些挡土墙还象征性地说明塔里埃森修建环境的限制，并故意将众人的注意力吸引到其他各个方向的景观上去。然而，为了实现挡土墙这一功能上的目的，赖特不得不从他处运来大量的土方，从而抬高山顶的高度和扩大山顶的体量，这样山顶看起来就好像是从天然山坡上升起的一道矮墙。赖特在《我的自传》中以追忆性的文字强调了这种环境：“石头沿着斜坡摆放，形成高墙。石头沿着山坡逐渐增高，如同山上的礁石，向各个方向伸出长长的手臂。这些巨石增强了房屋的稳定感……最为重要的是，很难说人行道和挡土墙到底在哪里结束，而地面又在哪里开始。很特别的是，山顶成了一个周围庭院之上的矮墙花园，而恰好砌入斜坡内的石梯可以到达那里。山顶之上，庭院上方的一侧生长着优美的橡树丛，无与伦比。一块用巨石雕刻的石壁坐椅又将树下的空间紧紧联系起来……山顶由此得以保留，而且那些建筑也成为山体本身的坡顶。”[383]在赖特进行设计的时候，他当然记得这座山，但当真正进行施工的时候，情况就完全不同了。赖特从前的合作伙伴——威廉·韦斯利(William Wesley)，即韦斯·彼得斯(Wes Peters) 在1989年8月10日同作者的一次访谈中讲述了真正的情形。那时彼得斯正担任弗兰克·劳埃德·赖特基金会董事会主席，他说山体的自然形态是经过精心设计的一种幻像。而在20世纪20–30年代期间，在环境施工过程中，为与环境相协调，将整个开放空间进行了重新整合，而且，这个空间最初是被施工的工人，后来是被赖特亲自监督和指挥下的那些学徒向上提升了几英尺。

对于“b”设计方案的研究显示赖特所描绘的露出地面的石灰石是人工引入的，其引入的地点之所以裸露，正是由于第一次的大火焚烧了树木的缘故。而在树木得以存活的地方，自然的景观也得以保留。这种处理手法使得赖特在山顶上及山顶周围地区的修建，看起来就像真正的岩层。而且，这种处理方式还为赖特提供了一种手段：向东望时，观望者能够捕捉到蓝天和远处威尔士（Welsh）群山的景色。所引入的岩层的高度和角度挡住了庭院花园和前庭的视线，形成了障景，而且使得生活区和凉廊的屋顶轮廓线很低，成为很好的中景，形成新的视野，将前景和背景融为一体。作为标志性景观而存在的橡树矗立在茶会圈的左边，那些存活下来的树木则位于茶会圈的右边，二者正好把人们的注意力引向这一借景之上。

随着小树林中残留树木的消失，人们的注意力不会再集中在这一借景之上了。赖特在 20 世纪 50 年代中期对这一环境做了弥补，即仿照中国传统造园方式，在岩层裸露地的最东边布置了一个巨大的人工景观，这样就平衡了茶会圈中的橡树树冠，并且在视觉上“剔除”了视野中可能减弱对这一景观注意力的其他外部景观要素。[384]（图 6–2a）然而，赖特一定发现这种处理方式是欠考虑的，不太恰当的，因为就在 1959 年他去世之前不久，他又重新设计了精致的藤架作为台地花园的围墙，同时形成了一个潜在的水平线，从工作室台阶的屋檐下延伸出来，一直延伸到站立在山顶之上所能看到的全部景色和面向东面的最远距离。虽然赖特在世的时候没能看到它的建成，但是正是这种水平的延伸与岩石上的水缸和远处山下的树冠一起，最终在赖特的建筑、人造景观以及周围大环境之间形成一个真正的视觉体系（图 6–2b–c）。

赖特将山地公园（Hill Garden）的水平面拓宽和提升的目的和他在修建草原式住宅（Prairie Houses）时提高一层地面的目的是相同的，即通过加强景深来丰富景观层次。抬高楼梯的做法创造了一种感觉，即提示人们进入山地公园的领地范围，同时也是为了加强对似乎无

图 6–2a 山边公园特写。此时，公园已于 1955 年添加了一口青绿色的明朝的大缸，以及赖特在 1959 年逝世之前设计的格架（詹姆士 ·S· 阿克曼惠赠）

图 6−2b　缺少明朝的大缸，建筑和景观之间的视觉体系被削弱

图 6−2c　明朝的大缸和那些格架捕获了远方“借来”的景色并使之生动化——这是赖特应用借景公园理念最完美的范例（詹姆士·S·阿克曼惠赠）

边无际的开放空间远景的感受，仿佛它向远处延伸到了山顶。而且，赖特将整个山地花园都铺上了草坪，让人感觉是墙与墙之间的一块地毯。穿过草坪，来到场地用石头砌成的边界，在这行进过程中，赖特进行了戏剧化的处理，并将人们的注意力集中到“系列景观”上。由于地面向上倾斜和几处自然景观相互融合产生的视差，有那么几秒种的时间，人们会感到迷惑。因此，通过这种敏感的考虑细微的规划，并将环境设计进行合理的组织，所有的事物形成一种有条理的景观序列。当面向东南的时候，即可看到远处威尔士山上的树丛和位于中景处峡谷中的“水园”的美景。清晨的薄雾在谷底萦绕，宛若仙境。当转向正南方时，米德韦山则映入眼帘，罗密欧与朱丽叶风车不时跃过树梢，指示了希尔赛德家庭学校的水源所在。还可以看到大片的农田，悠闲吃草的牲畜，葡萄园中的格子架。而当我们眺望西南方时，则可欣赏远处色泽亮丽的树丛、苹果园和夕阳掩映下，天空和云彩所呈现的梦幻景色。但是所有这些景色都随视角的改变而变化。随之而生的感官体验则是多样的、变化的，赖特也考虑了听觉、嗅觉、味觉、触觉以及所有的环境感知（图 6−3）。

1948 年 6 月，当那些花园全部竣工以后，参观塔里埃森（这是那些建筑师们生平第一次来这里朝圣）就是为了对最终的“赖特式景观”进行一次感官上的洗礼。塔里埃森似乎已经超越了它所矗立的场所，仿佛它世世代代就已经在那里存在了。而且，除了威斯康星河，琼斯溪流（Jones Creek），威尔士山脉（Welsh Hills），以及塔里埃森下面的断崖岩层，在那里所有看到的和感受到的都经过了赖特认真规划、精心改动，以实现他最初的设想。这在那些完全包围了茶会圈的花园中表现得尤为明显。每座花园都按照赖特最初的设计想法，依照相同的原理建造，其目的只是为了扩大精心营造的“流水石板”（dewy ground）（就如日本本土的日式花园）的尺度。通过这种布置，让参观者缓慢地前行，到达目的地：被庭院标志性植物——橡树的广阔树冠所围绕的、位于一隅的、单独矗立的茶会圈。但是如果赖特的建筑没有延伸到这里，而且其空间布局和景观序列也未像上面那样安排，这种宏伟的人造景观就不会产生相同的效果。正是由于赖特富有想像力、独特的设想，这里的景色会随着阳光照射角度的改变以及观察者在不同的有利观察点间的移动，其颜色、色调，高光、背光、反射光以及纹理每隔几秒

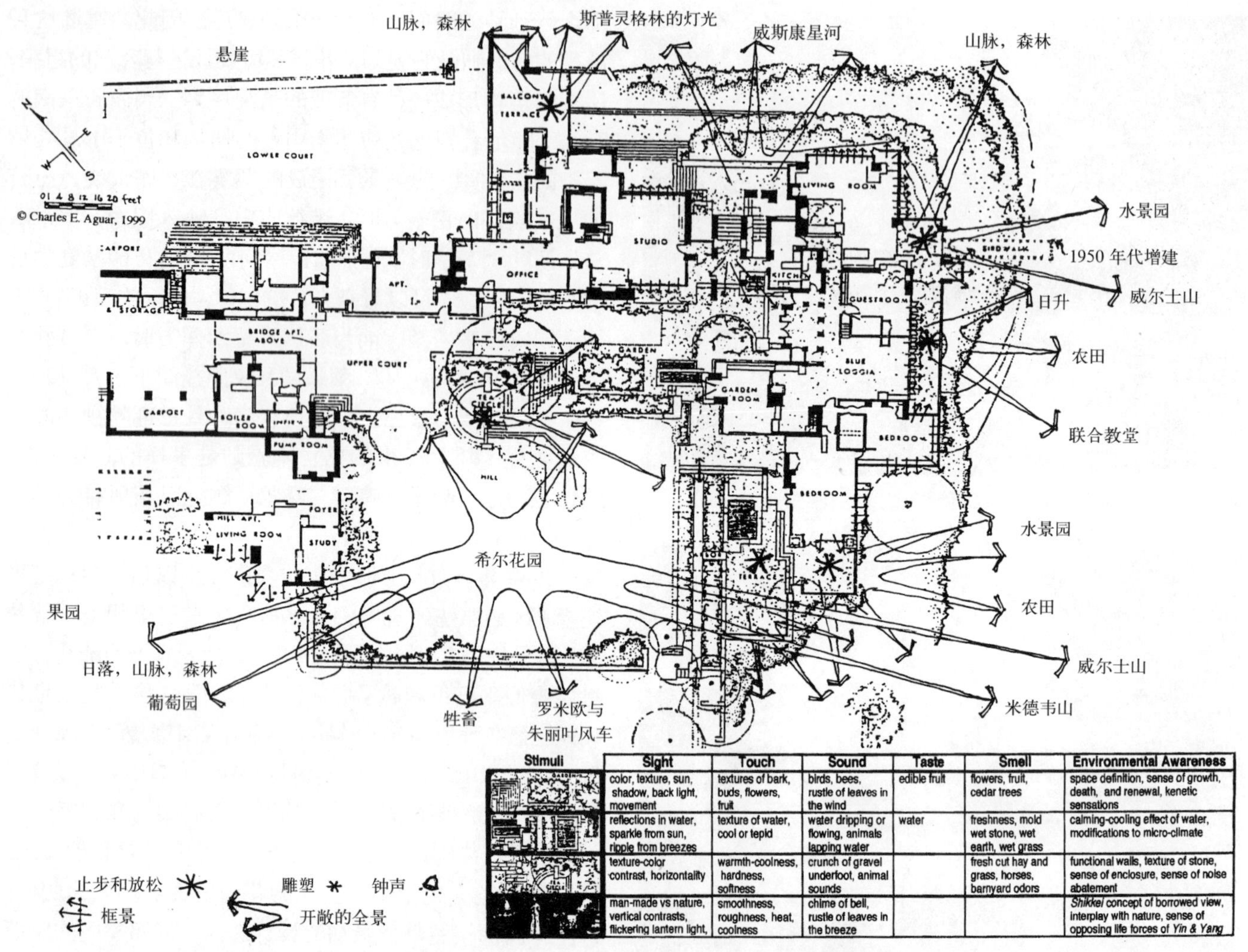

Stimuli	Sight	Touch	Sound	Taste	Smell	Environmental Awareness
	color, texture, sun, shadow, back light, movement	textures of bark, buds, flowers, fruit	birds, bees, rustle of leaves in the wind	edible fruit	flowers, fruit, cedar trees	space definition, sense of growth, death, and renewal, kenetic sensations
	reflections in water, sparkle from sun, ripple from breezes	texture of water, cool or tepid	water dripping or flowing, animals lapping water	water	freshness, mold wet stone, wet earth, wet grass	calming-cooling effect of water, modifications to micro-climate
	texture-color contrast, horizontality	warmth-coolness, hardness, softness	crunch of gravel underfoot, animal sounds		fresh cut hay and grass, horses, barnyard odors	functional walls, texture of stone, sense of enclosure, sense of noise abatement
	man-made vs nature, vertical contrasts, flickering lantern light,	smoothness, roughness, heat, coolness	chime of bell, rustle of leaves in the breeze			*Shikkei* concept of borrowed view, interplay with nature, sense of opposing life forces of *Yin & Yang*

图 6–3　赖特在塔里埃森Ⅲ的庭院、花园和建筑内创造了一种感官感受（查尔斯 ·E· 阿瓜尔根据历史照片、个人分析和记录中的原图绘制。© 2002 年由亚利桑那州斯格特达勒市的弗兰克 · 劳埃德 · 赖特基金会提供。© 2002 年贝蒂安娜 · 阿瓜尔临摹）

钟都会产生变化。对赖特来说，对这一人工营造的自然景观的延续是非常重要的，因此，只要经济上允许，他就自己购买一块巨大的地块，作为这个景观的缓冲空间，以确保使任何不利的环境影响降到最小。这些不利环境影响包括人们不经仔细考虑而随意建造的建筑物、电线杆以及那些户外广告的侵入，并且赖特把这当作自己毕生的任务。他坚持了数十年，使得这一景观最终的视觉领域比最初的面积扩大了 20 倍。[385]

不过，最后必须认识到的是，塔里埃森的吸引力并不在于它各个独立的部分，而在于在这有限的建筑实体系统内这么多部分所形成的这一有机整体，以及从这一人工环境的最佳观察点所看到的赖特在其住宅和工作室周围精心设计营造的综合性农场景观所呈现出来的韵律和协调感。如果赖特的一生没有建造（或重建）其他任何东西，仅靠他在临近威斯康星州斯普灵格林所设计和最终建造的塔里埃森住宅，他就能获得景观设计师（Landscape Architect）和建筑师（Architect）的称号，概括地说，也就是“环境设计师”（Environmental Designer）的称号。

综合了各种艺术形式的山边家庭学校（Hillside Home School for the Allied Arts），威斯康星州，斯普灵格林（Sping Green）（1926 – 1928年）

赖特最初的想法是建立一所在19世纪90年代很流行的寄宿式学校，教授美术以及手工艺制品，还设有手工工场。赖特在1926年12月7日写给景观设计师弗朗茨·奥斯特（Franz Aust）的信中对某一问题穷追不舍。这一问题似乎他们早先就已经讨论过，而且对所讨论的事情显然赖特早已深思熟虑过。除了那个想法外，在赖特的提议中，一个值得注意的方面就是赖特这次投资的最初合伙人清单：“我建议由我、延斯·延森、费迪南德·谢维尔（Ferdinand Schevill）博士，你自己，理查德·劳埃德·琼斯（Richard Lloyd Jones）、托马斯·H·劳埃德·琼斯（Thomas H.Lloyd Jones）作为签名人。那样再请来诸如宾夕法尼亚州美术馆（Pennsylvania Museum of Fine Arts）馆长、作家弗兰克·金宝(Frank Kimball）这样的人就容易多了。事实上，为获得签名，这东西可能从一个人转到另一个人，从一双手传到另一双手，直到我们得到了一个有相当代表性，囊括了全美国大约100位或更多的在这类事件上有着优秀判断力的最杰出的人士。”[386]

托马斯·劳埃德·琼斯和理查德·劳埃德·琼斯是赖特的表兄弟。托马斯是威斯康星州立大学（University of Wisconsin）一位杰出的教授（1915–1931年间）。在搬到俄克拉何马州的塔尔萨市（Tulsa）之前，理查德是麦迪逊市《威斯康星州期刊》（Wisconsin State Journal）的所有人和主编（1912–1919年），搬到塔尔萨之后，他又创建了另外一份同样有威望的报纸。费迪南德·谢维尔是芝加哥大学（University of Chicago）一位著名的历史学教授。当然，延森是赖特私交深厚的好友，但更重要的是，他是中西部地区一位著名的、受人尊敬的景观设计师。同样的，奥斯特也是一位景观设计师，曾经在伊利诺伊州立大学（University of Illinois）与威廉·米勒一起工作，直到1915年，他加入威斯康星州立大学园艺系（University of Wisconsin Department of Horiculture），成了一名景观设计教授。赖特同奥斯特的友谊是在他们都是延森的好朋友以及他们对彼此专业能力的仰慕的基础上建立起来的。赖特向奥斯特咨询塔里埃森的景观营造和植物的选择。而奥斯特则欣赏赖特从环境中寻找灵感的方式。他邀请赖特给他的学生做讲座，内容包括塔里埃森，也包括其他的项目，而地点有时在大学课堂内，有时也在塔里埃森的现场。在后来赖特努力使威斯康星州立大学成为正式赞助自己的学校，作为“实验学院”（Experiemental College）受其庇护时，奥斯特充当了积极的、中间人的角色。由于赖特的注意力都放在一个又一个麻烦的个人问题上了，让他无法抽身去关心远期的事情，学院的建设因此花费了大约1年左右的时间。

无疑，正是因为赖特那时这种个人状况使得他接受了阿尔伯特·C·麦克阿瑟（Albert C. McArthur）的邀请，作为亚利桑那州菲尼克斯市（Phoenix，Arizona）比尔特摩尔假日酒店（Biltmore Hotel–Resort）的技术顾问。由于麦克阿瑟为获得赖特织物纹样砌块系统（Textile Block System）的专利权而付过相当高的费用，由此可推测赖特没有提及自己的这个专利权从来没有被正式承认过。然而，比尔特摩尔假日酒店的重要性在于它使赖特从沙漠旅游这种新兴的娱乐方式以及退休中获得较高的收益。更重要的是，它促使赖特和亚历山大·钱德勒博士（Dr.Alexander Chandler）有了直接的接触。亚历山大博士是一位重要的新客户，他拥有一块1400英亩的广阔土地，并打算在那里建造一所休闲旅馆，也就是我们现在所熟知的“沙漠中的圣马可斯假日酒店”（San Marcos in the Desert）。

沙漠中的圣马可斯假日酒店(San Marcos in the Desert),钱德勒(Chandler),亚利桑那州(1928－1929年)

对于赖特来说,“沙漠中的圣马可斯假日酒店”这项委托任务来得确实太及时了。除了能够提供一份4万美元或更多的收入外,这项工作还首次为赖特提供了证明自己关于建筑的织物纹样砌块系统理论是如何应用到一个大规模项目中的机会。赖特兴致勃勃地考虑这一问题,而且在4月19日写给劳埃德的一封信中,赖特暗示他有意把他的这位大儿子立刻吸引到这个项目中来。同时,在信中赖特还要求劳埃德在进行地形测量后,立刻绘制那个地区的透视效果图。[387] 然而,赖特太兴奋了,他显然超前于实地勘测。这种假设由赖特4月30日写给钱德勒的信中得以证实。赖特在信中声称自己是“焦急地等待着地图和鸟瞰图[原文如此]”,但接着他又继续解释说自己已经把“那些照片进行剪切并依照他们的从属关系重新组合……形成了一个新的全景”,而且“现在已经万事具备就差绘图”,“规划方案已经明确成型”。[388] 换句话说,赖特直接通过照片的剪辑合成进行绘图。于是,当这块土地的真实地形比赖特参照照片所预测的更为陡峭时,赖特也许只是像他在G·P·洛斯项目中将规划进行修改以适应场地的改变,就如斯托勒那样简单地“将规划胡编乱造地予以适应”。这就可以解释为什么住宅的表现图和施工图中,在西部侧楼区域之下设计了一个纪念碑式的挡土墙。西部侧楼与主要入口通道大体上平行,那条入口通道位于深深的、峡谷似的干枯河床旁,它将两侧的不同高度的自然陆地分隔开来(图6-4)。

赖特在1927年5月写给劳埃德的信中附带了他的概念性设计,信中描述了“建筑主旋律是一个建立于三角地带……山脉……屹立于后方,三角形。萨华洛(Suhuaro)[原文如此]与所有其他沙漠植物的交叉地带——三角形。”[389] 他还提到他的透视图的显示程度,“显示场所的特性:那里沙漠还会进一步发展的状况,岩石原有状况,建筑物在所依靠的岩层间平移—所有事物的自然属性。”赖特在《我的自传》中的文字进一步支持了他从场所的自然状况中吸取灵感:“在这片沙漠之上,我试图表现所有我曾经学过的关于自然建筑的东西……亚利桑那州的自然特点似乎为自身呼唤出一种适合周围空间的建筑。笔直的线条,

图6-4 并未得以实施的亚利桑那州钱德勒“沙漠中的圣马可斯假日酒店”项目的透视表现图。(©2002年由亚利桑那州斯格特达勒市的弗兰克·劳埃德·赖特基金会提供)

平坦的平面，明媚的阳光，这些元素在所有的场所都一定会出现。”[390]

赖特所设想的“沙漠中的圣马可斯假日酒店”与约翰逊综合大楼采取的手法大致相同，都顺应自然地形使建筑的两翼在水平面上十字形相交，只是它是建立在30°角地基之上，而不是位于60°角的地基之上。建筑全部的公共使用空间都朝南，这样做可能是出于对视线的考虑和对阳光的需求。客房区也朝向南面，或是南到西南面，并设置成三层，以保证最大程度的空气流通，并且呈阶梯式向两座山后退，其方式如下：客房下一层的水平屋顶充当上一层的私密性阳台（图6-5）。所有的客房以及公共空间都巧妙地与台地和庭院交织，而且大多数空间布置了瀑布和/或喷泉，有效地将水分引入到沙漠干燥的空气中，并且通过潺潺的水声，创造了一种心理上的凉爽感觉。在度假酒店的背后还应该要修建游泳池，其外形可能是规则式的，也可能是非规则式的。而且，在这个复合型的建筑周围，还遍布着大量的种植床。

那个刚刚描述过的场所并把它作为冬日胜地对于不熟悉沙漠环境、气候特点的人来说，似乎是有道理的，而且赖特似乎也觉得它符合逻辑。毕竟，在他人生的绝大部分时间里，他的成长、求学以及居住的地方都是在

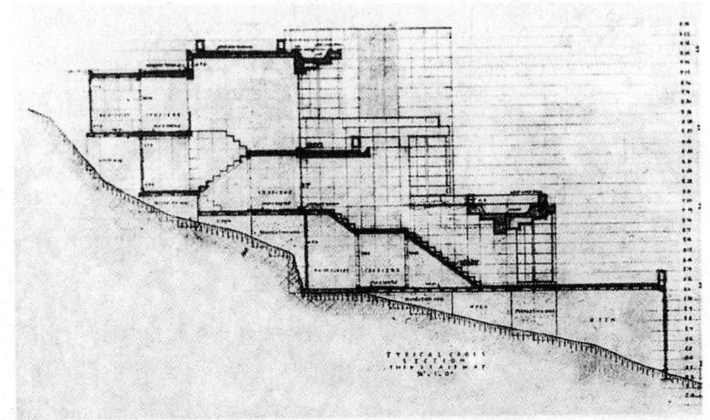

图6-5 “沙漠的圣马可斯假日酒店”，客房和三层楼每一层上的露台的横剖面，它向后面的两座山阶梯式地缩进（©2002年由亚利桑那州斯格特达勒市的弗兰克·劳埃德·赖特基金会提供）

纬度介于35°－45°之间的美国中部地区。这些地区，一年中的所有季节对太阳的直射角度和盛行风的考虑都是等同的，它们都同等重要。而且，最好的方位就是让建筑的长轴或是最主要的立面（起居室的窗户）依所处纬度的不同朝向南面或东南面。这种朝向的安排能够在冬天获得最充足的阳光，而且通过采用某种控制措施：悬垂的屋顶、落叶树、乔木或其他可以制造荫凉的措施，或是综合采用这些措施，就可以在正午和午后的大部分时间有效阻止夏日炎热的阳光照射。

然而，在纬度低于35°的区域，原则上，对环境的考虑就要求能够在夏天多获得微风的吹拂，同时又要避免受到强烈光照的侵袭。应考虑以下的自然现状：(1)亚利桑那州沙漠中的晴天年平均为86%；(2)白天极度炎热，而(3)夜晚极度寒冷。这样的环境条件不支持大量使用朝向南－西南方的玻璃门。[391]当地的居民使用砖坯墙，从而在白天能够减弱外部热量的向内传递，而且在寒冷的夜晚又可以逐步释放储存在室内的热量。无论是哪种方式，赖特的设计和这些特征惟一相关的就是织物纹样的混凝土砌块和铜质的、矗立在公共空间处（在公用地带的中间有桥相连），像一个巨型仙人柱样的“鸣塔”所展现的整体垂直性。这座塔所起的作用不仅仅是强调入口处的前庭位置，而且是为了抗衡9000英尺长的建筑物的延伸水平面，这才是设计时的想法。塔和楼梯井以及天窗和通风窗上的活动窗户都具有热烟囱的功能。在寒冷的天气里，这些窗户都紧紧地关闭着以保留所有吸收的太阳热能。而在炎热的天气里，这些活动窗和门又会打开以形成对流、自然通风。这样就会在较低的开口处吸入凉爽的空气，并将天窗和通风窗空间内积累的热量排出，从而为公共空间和私密空间带来清凉。

另一个赖特没有考虑到的重要气候因素就是盛行风的方向。在这个地区，全年的盛行风都是东风，7月份除外，那时盛行西风。这跟每年的11月到来年3月间，当冬天的暴风雪从太平洋吹来的时候一样。因此，虽然在赖特设计的时候，“沙漠中的圣马可斯假日酒店”的东翼得到

了全时段的保护，但是暴露的客房区的生活空间和西翼的阳台容易受到当地冬天里全部不利条件的影响。就算同其他的地区相比，亚利桑那州冬日凛冽的寒风还没有成为特别突出的问题，但是并没有失去它们的力量或潜在地减弱它们的影响。另一个值得思考的问题，就是赖特在峡谷似的河床中，对惟一一个入口车道的安置问题。显然，赖特又一次对于冬日里偶尔发生、水流湍急的暴风雨所造成的洪水状况没有给予足够的考虑。这些暴风雨所形成的湍流通过千年的侵蚀，产生了这种自然特征。而且，令人极度怀疑的是赖特或者他所咨询的那些工程师们在那时是否具有相应的能力，将这些水流引到具有美学效果的水景中去。这些水景位于酒店选址与河床东边沙漠的中间，将建筑景观和沙漠景观连接起来，成为他们的中景。

事实上直到1929年1月，赖特在那里度过了第二个冬天的时候，他才真正明了怎样的设计才是符合亚利桑那州特殊气候条件的最佳设计。

保存下来的那些记录证实，初步的研究报告是于9月份递送给钱德勒的，钱德勒“大体上”赞同这一设计概念，并让赖特“立刻深入完成这些规划概念，并继续下一步的工作，确保在1929年1月1日前能够准备完毕，并向我呈交一套规划方案以及对细节的设计和说明文本。”[392] 由于没有满足钱德勒的最后期限，而且工作草图在赖特回亚利桑那州之后很久才完成。因此，可推测赖特将那一年剩下的两至三个月全部投入到塔里埃森的改建，以及为俄克拉何马州塔尔萨市的客户绘制其房屋的概念规划草图，以及重新关注建立一种专业的赚钱机构（或者是建筑师联盟的形式，或者是联合艺术学校的形式），似乎是合理的。这个假设得到了5种来源的年表的支持：(1)《首都时报》(Capital Times) 7月刊的一篇文章报道说在塔里埃森，“灰尘、老鼠和青苔在它们侵入的领地宣告了领导权”，而“富有浪漫情调的建筑师”则被放逐了[393]；(2)《威斯康星州刊》(Wisconsin State Journal) 1928年10月25日刊的一份文章中报道了赖特打算雇用“大量的建筑师，住在塔里埃森，并在他的指导下工作”[394]；(3)《首都时报》在1928年11月8日版的另一篇文章，标题为“赖特将重新开办希尔赛德学校”[395]；(4) 赖特在1928年12月14日给他堂兄弟的信中声称他“已经画了几天草图了”[396]，而且(5) 赖特与延森、奥斯特以及谢尔维关于更改规划方案以及起草威斯康星大学赞助章程的通信。[397]

然而，正如事情所发生的那样，在钱德勒和赖特达成共识、认为赖特回到亚利桑那州会更好地推动事情的发展之后，学校的创建又一次往后推延了一年。

这是赖特在威斯康星州和亚利桑那州之间的许多次长途旅行的第一次旅行。在这次长途跋涉中，所使用的交通工具为汽车。队伍共由15人组成，包括6名绘图人员，威尔·韦斯顿(Will Weston)——塔里埃森的老木匠和帮工——以及他的妻子安娜，她是名厨师。[398] 他们一到达，钱德勒就和赖特就他的那些想法讨论了起来。这些想法赖特曾在先前表达过，后来又在12月份的通信中重申过：那就是，为这样大小的一个团体“在工地下方、靠近建筑场地的地方用木头或帆布搭建营地”，比在其他地区花费数千美元修建一处舒适的办公地点要划算得多。按赖特的想法，这样安排能够给自己实验混凝土砌块创造机会，也可以让他在建筑施工过程中，从建筑开始的阶段就能够进行现场指导。在钱德勒同意这一安排后，他立刻安排赖特开始实施，而这些建筑形式符合西南部沙漠气候，就如同“沙漠中的圣马可斯假日酒店”符合它的美学特征一样。

奥卡蒂拉沙漠营地(Ocatilla Desert Compound)，钱德勒附近，亚利桑那州(1929年)

钱德勒为奥卡蒂拉沙漠营地提供的地点被赖特形容为：“从一个无边无际的大沙漠层面升起的、低矮的、扩展的石垛。”[399] 其背后的山脉勾勒出它的框架，而北面和西面的峡谷则界定了它的范围——这与所讨论的大约1英里之外的度假胜地的地质特征相同。在首次参观这个场所后，赖特立刻开始着手设计营地。他写道："这儿很冷。他们说这种天气在钱德勒是'特殊的'，但是无论我什么时候到达这里，都会碰上这种'特殊的'天气：'在近30或50年来最冷的，或最热的，或最潮湿的，或最干旱的天气。'很快，方案就完成了。第二天早晨，我们开始修建第一个营地……到了晚上，我们已经建立起了第一个带有帐篷顶的包厢，并且在里面放置了帆布床……再过一天，所有的人都有了休息的房间，除了我的三个家人和我自己……但是我们会回到那个非常棒的餐厅吃早餐。餐厅有60英里宽，其长度和高度宛若整个宇宙。哦，是的，我们冻得发抖，但是，在明朗、凛冽的日出时刻，我们大家都快乐地唱着歌。这景色太美了！在亚利桑那州这片由自然的巨大力量所形成的战场上，环绕我们周围的是一片广阔的视野。"[400] 赖特同时还指出："我的绘图员们……以及我，我们都把营地建在了相邻的地方，彼此连接成片：用钉子，螺杆，铰链所需的橡皮带将它们连接在一起，用船只专用的绳索装备好侧翼。同那些永久性的建筑相比，投入的认真程度毫不逊色，甚至要更多。"[401]

也许，同任何其他建筑师早先对亚利桑那州所作的观察相比，上述注释显得更为生动。首先是因为它表现了赖特早期所经历的气候条件的变动；其次，是由于它暗示赖特在真正的建设过程中亲自参与其中，至少是现场监督的。正是由于这种联想，奥卡蒂拉沙漠营地，虽然是暂时的，也略显粗糙，但却比无比豪华、无比奢侈的"沙漠中的圣马可斯假日酒店"更加符合赖特随后将要为当地设计的建筑特征，即真正的有机建筑的特征。

首先，赖特将自己的设计方案直接绘制在地形测量图上——测量图的精确度非常高，甚至精确到每棵仙人柱的位置和大小。同样，在这片区域的大部分地方，树木的位置也被确定下来（图6–6）。有了这些非常关键

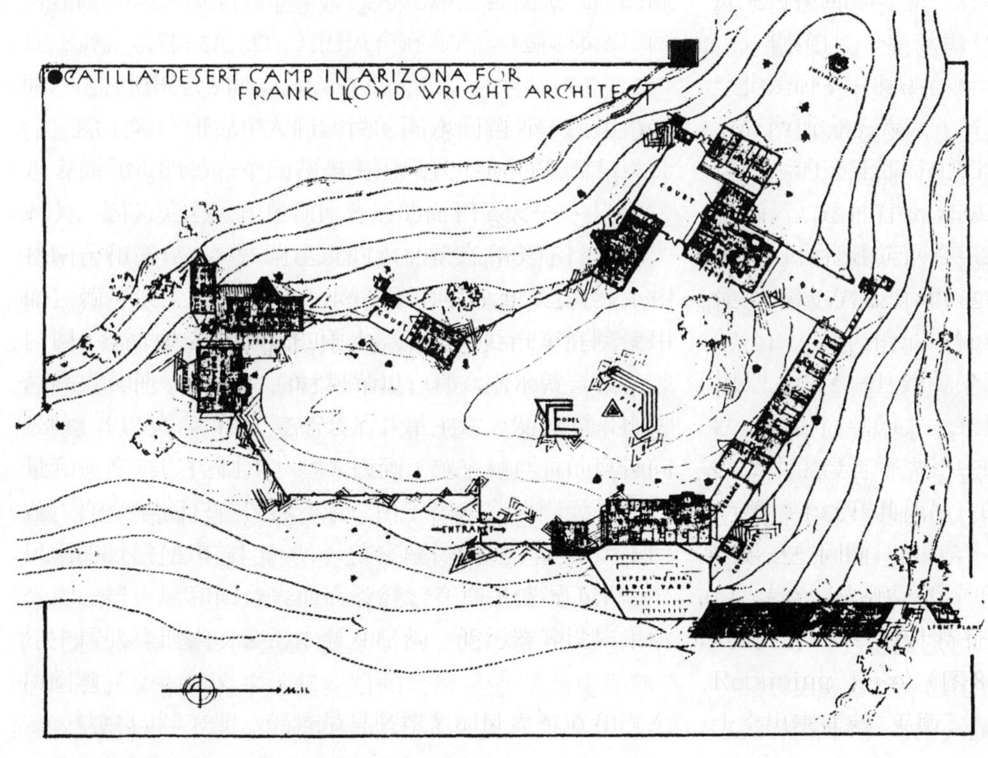

图6–6　在一张地形测量图上绘制的、位于靠近亚利桑那州钱德勒的奥卡蒂拉营地平面图（©2002年由亚利桑那州斯格特达勒市的弗兰克·劳埃德·赖特基金会提供）

的、必要的、独特的场地设计，赖特能够熟练地将那些木质外框、形似帐篷的建筑，以不对称的方式排列起来，与岩石台地表面不规则的外形相吻合。在岩石台地的表面，中间小土墩的地形得以保留，相对未受干扰，每一株仙人柱（Saguaro Cactus）或矮小的树木都保留了下来，而且现有地形也无须进行太大的改变，无须挖掘土方，也无须增添土方。由于赖特可以主观判定如何达到一个给定建筑的水平高度是将其埋于地下，还是用立柱支承的平台将其抬升和延展，因此当赖特在现场的时候，会对高程地形等进行更多的控制。正是由于赖特的参与，坡度变化非常小，可以用铁铲手工处理。

环形“列车”（Wagon Train）的营地布置，暗示了也许赖特把他的随从当作了西部冬日休闲运动的先锋。然而，很明显的，土地的形式——“大岩石台地上升起的巨大的自然雕刻物”决定了营地主要的水平尺度——这是一种意象，通过利用水平排列的木质板条墙来约束帐篷结构的底层部分，将“所有土墩旁的小屋”与“低矮的、交叉排列的板墙”相连接，以及在板墙的表面涂上冷色调的水性涂料，“以干枯的玫瑰色来搭配照射在沙漠表层的阳光”[402] 等方法，赖特加强了这一意象。而且，正是中间小土墩的形式决定了“营火”这一标牌的放置地点，虽然这种特征可能也与列车式的野营地有关。[403] 而且，正是土地的形态、成熟的仙人柱和现有的树木（这些树木形成了不对称排列的基础和帐篷结构的形状），决定了主要入口的设置，建立了独特的视觉特征和标示特征，形成了营地的轮廓，突出了营地三维空间的影响（图 6–7）。最后，土地形式和岩石台地左侧边界峡谷的位置决定了机动车的终点（车库）以及其他可以阻碍噪声产生的东西（实验性的工作庭院，产生氧气的光合植物）。[404] 因此，即使赖特把他的布局刻画为一种快速的研习，即使这个布局呈赖特所信任的 30°–60° 角，很明显，这是赖特在对景观现象充分了解的情况下，自然而然做出的一种景观设计。

图 6–7 大约 1929 年，赖特、奥尔基凡娜（Olgivanna），以及两个女儿斯韦特拉娜（Svetlana）和伊奥凡娜（Iovanna），坐在赖特在奥卡蒂拉的帕卡德（Packard）车中留影（亚利桑那州斯格特达勒市的弗兰克·劳埃德·赖特档案室惠赠）

对于入口体验的设计，场地交通，有利观景点以及户内、户外的使用空间，如装饰的台阶和带有围墙的庭院，赖特也给予了充分的考虑。他甚至还采用了一种红色的三角形来强调自己的三角形建筑构型。赖特曾经把这个红色三角形喷绘在帐篷的外壁和其他重要的地点上。壁炉镶嵌在起居室、餐厅和工作间的外墙内。一张历史照片记录了这样一种装饰，包括用色泽亮丽的纳瓦霍（Navajo）毛毯充当地毯（Throw rugs）和床罩，内嵌格架，按照传统风格设计的层压板桌子，一架豪华钢琴和一部电话，以及大量的正在生长的植物和干花。总而言之，赖特在写给他的朋友，景观设计师弗朗兹·奥斯特（Franz Aust）的信中说到从结构上来说，“这是一个非常诗情画意的露营地”，而且它作为“沙漠之舟……在其中央也许是全亚利桑那州最漂亮的沙漠。”[405]

有人猜测，赖特的“沙漠之舟”也许是受露营地中星罗棋布的帐篷屋的启发。这些帐篷屋为迁移而来的工人们提供了住所。[406] 然而，考虑到这些未经过精心设计的建筑和赖特设计沙漠营地建筑的显著差异，更为合理的说法似乎是赖特的创造动力来自于劳埃德在 20 世纪 20 年代在其沙漠项目中对帆布的使用——最独特的是

1924年劳埃德为棕榈泉（Palm Springs）的艾伦·楚（Ellen True）所设计的帐篷群（Rookery tents）；同一年，赖特父子在斯托勒住宅项目（Storer House）中使用帆布创造室外的叠层式的房间。在帐篷群中，三角形是一个重复使用的设计特征，每个单元配有壁炉，显得十分雅致；并且也修建了利于通风的框架式的帆布封盖。而且格布哈特和文·布雷顿（Gebhard and Von Breton）将它们说成是赖特"对帆布最非同寻常的使用……因为它全部或部分地覆盖了建筑主体部分"，并提到在这种方法中父子之间灵感上的相互联系："在他[劳埃德]20世纪20年代的沙漠项目中，无论是灯心草草席（Tule Mat）还是帆布都被用于屋顶或墙壁的设计中。在绿洲旅馆（Oasis Hotel）、索登住宅（Sowden House）、塞缪－纳瓦罗住宅（Samuel–Navarro House）以及德比住宅（Derby House）的设计中，帆布雨篷最初形成了一个很重要的视觉和空间元素。木头框架、带有帆布顶的帐篷群的出现可回溯到弗兰克·劳埃德·赖特1927年的奥卡蒂拉沙漠营地[原文如此]的三年前。"[407]

这种见识对劳埃德在奥卡蒂拉项目设计上的参与程度提出了疑问。一般来说，他都会被任命为透视图的绘制人。然而，劳埃德的履历表列出了为奥卡蒂拉沙漠露营地（Ocatilla Desert Compund）所做的"现状调查图和施工图"，为"沙漠中的圣马可斯假日酒店"所做的"现状调查图和远景透视图"以及"为这个项目所规划的大量的独立式住宅"。格布哈特和文·布雷顿叙述了劳埃德其他灵感的可能来源，而这些灵感来源同样也适用于赖特。(1) 在加利福尼亚州和佛罗里达州的西班牙殖民复兴式住宅（Spanish Colonial Revival Houses）中，大量使用了帆布雨篷，外部的帘子，庭院的帆布遮盖物；(2) 帆布雨篷和覆盖物更早应用在文艺复兴风格（Mission Revival）的建筑中；(3) 在20世纪20年代的早期辛德勒对帆布材料做了实验，包括他个人的住宅。这栋住宅还是在他为赖特工作的时候修建的。

然而，奥卡蒂拉沙漠露营地的最终建筑形式并不是赖特最初的设计想法，而是与他在沙漠环境中生活和工作的第一手经验以及这些环境因素对建造他自己的西塔里埃森住宅（1937年）的影响有关，美国国内其他为这种气候所建造的建筑也影响了赖特的想法。例如，当赖特调整建筑的结构以与自然地形和本土植物群落相和谐时，他巧妙地将建筑的朝向进行变化，朝向多个方位，就像露营者在各种各样结构的建筑中生活或工作，并且调整帆布做成的折叠式窗户和门"宛如船只航行，关闭……以抵挡风尘或只打开部分以使吹入内部的沙漠风偏离"那样[408]，他学会客观判断与气候状况相关的方位，并且在需要的时候做出调整。这一结论在他对奥卡蒂拉的自传式回忆中可以看出："在建筑底层，为通风而留出的隐蔽性开口到处都是，这是我在寻找凉风的时候发明的，这些通风廊道在一天中炎热的时候使用，在晚上关闭。"[409]同时也是在对奥卡蒂拉的回忆中，表达了他对劈开峡谷，形成岩石台地地形自然力的理解："我们所见的由于侵蚀所引起的沉降现在正改变这些连接成片的山脉的轮廓线，使其逐渐降低到岩石台地的水平……在这一地质代，人们发现灾难性的巨变是那些大自然的杰作，它们是天生的雕刻家，风和水创造了现在独特的地形特征。对于这些火与水二者合力形成的、巨大的、安静的、可以估计的集合块来说，除了火和水这两个建筑师，现在又有了一位雕刻家——风。风和水不停地侵蚀，无止境地工作以调和所有暴乱的痕迹，并使其安静下来，直到光荣的和谐再次沐浴在永恒的氛围中。"但是，在写给奥斯特的信中，赖特也许最好地沟通了这种亲自参与过程，学习怎样为西南部沙漠裸露的气候条件做最好的设计："没有人能够真正成为一个合格的景观指导者，直到他已经至少数次将沙漠系统，连同亚利桑那州的阳光渗透到他自己的设计系统中。"[410]

到1929年5月底，随着夏天的到来沙漠营地生活也结束了，一个实验性质的混凝土砌块的巨大结构模型已经完工，并且施工图也已经完成。然而在赖特离开的那些日子里，至少半数的营地——赖特和他的随从计划在8

月份的时候再来此暂时住下来——被大火烧毁了。8月份的时候他们来了，随后又走了，但是工程奠基的日期还是没有确定下来。这一切都是由于钱德勒没有筹集开工所必需的财政支援。实际上，冬季度假胜地的命运从1929年10月29日股票市场的崩盘以及大萧条时代的开始就已经注定了。

一回到塔里埃森，赖特就重申了自己与威斯康星大学的赞助者关于建造一所联合艺术学校的有争议的主张。虽然赖特付出了很大的努力，而且赞助者表面上也很热心支持他的"理念"，但是，赖特和委员会的成员在12月初的一次会议中陷入了僵局。在这次会议上，赖特对州立大学的当权者下了最后通牒，要求他们在4月30日之前接受他的提议。[411] 接着，他将自己的注意力转向手头正在做的规划。这些规划是为5位富有的客户所做的，这些客户没有在股市崩盘中受到太大的负面影响——包括他的表兄理查德·劳埃德·琼斯（Richard Lloyd Jones）。赖特为他表兄所设计的这种独特的、同一类的建筑代表了他十多年对于织物纹样砌块所做实验的顶峰。

理查德·劳埃德·琼斯的"西部山谷"（Westhope），塔尔萨（Tulsa），俄克拉何马州（1928 – 1931年）

"西部山谷"，即后来被人们所知的琼斯住宅的名字，这个名字源自尊敬的詹肯·劳埃德·琼斯（Jenken Lloyd Jones）（理查德的父亲）为他们家的夏日农舍所构思的名称。这个农舍建造在威斯康星河的南岸，俯瞰劳埃德·琼斯（Lloyd Jones）山谷。在一篇分析这一建筑的硕士论文中，雷蒙德·琼图尼·瓦尔（Raymond Jontowne Wahl）写到在1966年11月与乔治亚·琼斯（Georgia Jones）（理查德的遗孀）的一次会面中，告诉他"西部山谷"是"一个缩写的名称，不仅指明了方位，还指出了古老的盎格鲁–撒克逊人文字'hope'，它的意思是山谷。"[412]

这对表兄弟间关于这一建筑的交流记录反映了他们儿时的积怨和由优越感而产生的冲撞，而这些都被二人共同的家族纽带和赖特对于这份合同所带来的财政收入的依赖所调和。所有这种言语上的刻薄都在琼斯于1928年11月26日给赖特的信中得以反映，在那封信中，他极为详细地叙述了他的5口之家所需要的功能空间。他指示在建筑的第一层包括一间起居室；一间"可以容纳20个人的聚会"的餐厅；一间"要相当大的[原文如此]，不小于16英尺×24英尺"的书房；一个游泳池，"不能够小于22英尺×16英尺"；一间厨房，几间食品贮藏室，以及"一些放在通往前庭或是迎客大厅的东西"。[413] 在第二层，他指定5间卧室以及3间浴室——其中两间要有"浴缸和淋浴"，而一间只要有淋浴即可。他还向赖特提供了相关的气候信息："卧室最佳的朝向是南向，所以要尽可能使卧室都朝南，而且，在炎热的天气，凉风也总是由南向吹来……如果可能，我很乐意在部分第一层房间顶上有屋顶，这样在夏天的时候它可以被当作露台使用。而这个屋顶应该能让我们看到南面、西面和北面的景色。最不吸引人的景观应该设在东面……在车库之上，我们应该有大约3间佣人房，而且他们可以有一个阳台，朝向东面，这样，可以保护我们免于面朝大街。"

琼斯的上述想法说明了这对表兄弟具有相似的意向，这种意向同样是由威尔士的亲戚培养的，他们深受其影响。这些亲戚具有极强的适应自然过程的亲和力。在互相沟通的早期，很少有客户愿意展示他们对于方位和盛行风的关心和认知深度。不过还有琼斯对于景观的关注，虽然这种关注最大的可能是基于这样的事实：阿肯色河谷（Arkansas River Valley）朝北的景色以及特基山（Turkey Mountain）朝向西南方向的景色是仅有的几处宜人景色。而他打算建造房屋的基址基本上比较平坦外，毫无其他吸引人的地方，占地4英亩，多为农田。

看起来好像一直到赖特开始这项规划工作一年或更久之后，他才参观了这个地方，对场地进行了考察。在1929年11月18日给琼斯的信中，赖特所做的评论支持了这一观点：

至于那块场地的高差，我从你那了解的……而且，照片本身似乎说明，从场地一角到另一角，即沿着场地的长轴有10英尺高差，不过这丝毫不会影响我们的计划，将地形稍做改变，以略微增加房基的厚度，就解决了这个问题……你现在对土地斜坡所说的一切将通过变化建筑不同部分的水平面，对房屋的安排稍作更改，这从我的立场来看应该是对住宅的改进而不是破坏……然而，我不能设想这里竟有10英尺的高差和倾斜，除非你给我的关于你场地的照片是骗人的。可不可以麻烦您抽出一点时间或是派什么人到现场去，针对不同的土地界限精确定位好这10英尺落差？……这突然而来的10英尺的落差……真是出乎意料。我们只需要找出什么地方出现了问题，接着我将会看看我们应该怎么做。[414]

赖特在这封信的最后暗示琼斯也自己思考一下，他对建筑选址的片面决定："我不是很喜欢你将自己的住宅挤在你那块土地的一端，就像你草图上说明的那样，但是如果你能给我多寄一些有关场所的印刷品[原文如此]，那样的话，当你来的时候我们就可以研究出方案来了。"

赖特在接到项目的第一个冬天（在塔里埃森）提出了最初的概念规划，在随后的春天（在奥卡蒂拉）对概念进行了细化，划分了功能分区和大体布局，其布局形式与赖特在加利福尼亚州织物纹样砌块住宅中所运用的分区规划大体相同。同时，赖特还引入了为亚利桑那州沙漠营地所运用的三角形来布局，这也及时反映了他在那时的精神状态和想法。但是琼斯反对成角度的处理方法，因为他认为那样的建筑不太适合居住："正如马笼头上的眼罩会限制一匹马的视野一样，成角度的方法也会限制我们的视野……为了获得户外优美的景色，我宁愿牺牲建筑上的艺术性……给我们一个用四四方方的石块建造的房屋的方案。"[415] 随后确定的平面图方案与加州的织物纹样住宅非常接近。但其布局方式却同艾伦住宅（Allen House）极为相似：在艾伦住宅中，主要的生活空间向外扩展，横穿场地东侧一个内向型花园庭院，占据场地的西南角；在其对角线上，服务区以及能容纳5辆车的车库占据了场地的东北角；环绕内向型花园庭院的围墙是按照住宅外墙的样式复制的；在开放空间的周围设置几级台阶，增添空间的趣味性，延长景观的进深（水平层面）（图6–8a–b）。

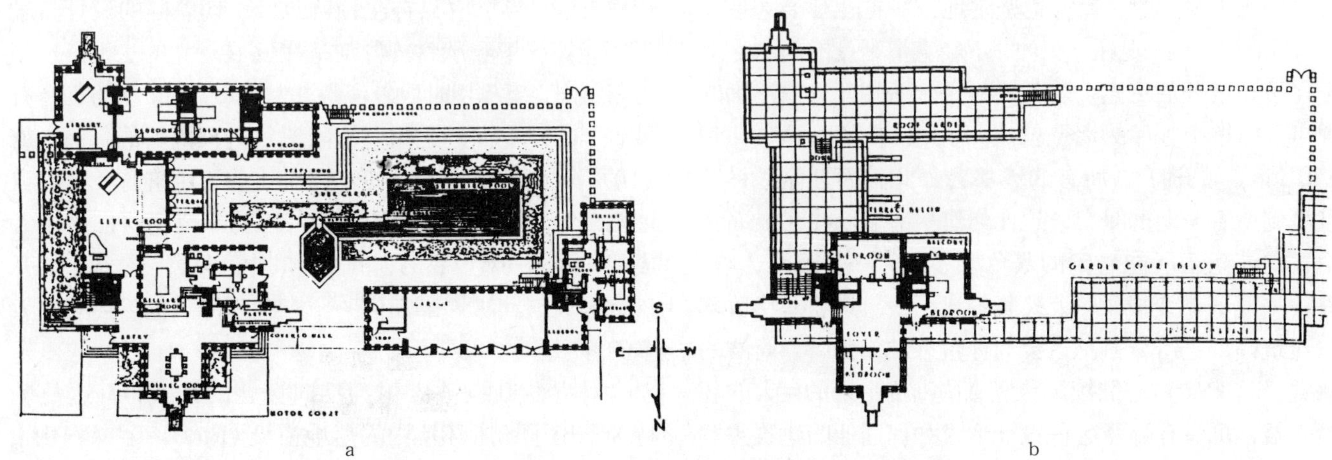

a　　b

图6–8a–b　理查德·劳埃德·琼斯位于俄克拉何马州塔尔萨的"西部山谷"住宅的一层平面图（6–8a）和上层平面图（6–8b）（©2002年由亚利桑那州斯格特达勒市的弗兰克·劳埃德·赖特基金会提供）

图 6–9 “西部山谷”独特的、极有韵律的外墙立面：落地混凝土砌块柱和光滑的玻璃交替运用（查尔斯 ·E· 阿瓜尔拍摄，©2002 年贝蒂安娜 · 阿瓜尔提供）

赖特为“西部山谷”设计了独特的、极有韵律的外墙立面：落地混凝土砌块柱和光滑的玻璃交替运用，以及每根柱子竖直方向上 15 英寸高、20 英寸宽的层叠部件（图 6–9）。花园庭院的围墙与建筑立面相比，只是在这些部件上有些不同；混凝土砌块柱是独立式的，而两根柱子之间的交替区域则是开放空间。甚至当琼斯争论到他倒是“非常宁愿换成赖特原先所设计的建筑外部风格，即长排的水平窗”时，赖特也坚定地维护自己对于这种设计方法的观点：“现在，关注一下竖直清晰度的问题：对于柱子和玻璃的更迭。当然，如果你采用了这一正确的观点，你整个客厅的墙壁就成为了一扇有竖框（Vertical mullions）的窗户。所有的墙都会如此。而且你这样可以看到所有方向的景色，这比你建一堵墙，并在上面挖个孔向外观望所能看到的景色要多得多……既然这样，整个一面墙就变成了一个长长的水平窗，其竖框将玻璃在建筑内部进行分割。这会为你带来非常独特、简洁的感觉。”[416] 赖特没有继续解释竖直清晰度带来的巨大的环境效益，也没有解释这种设计形式如何同他的建筑主旨形成完整的一体。

有一点非常重要的是，赖特在“西部山谷”中所运用的设计手法整合了他过去 10 年里所积累的、与设计相关的所有事情，包括加利福尼亚州和亚利桑那州的气候条件，而且这些手法也同样适用于俄克拉何马州灼热平原的气候条件。在白天，外墙所使用的大量堆砌的混凝土砌块从外部提供了减慢热传导的方式，并在凉爽的夜晚逐渐向内释放储存的热量。更迭的玻璃柱在视觉上将内、外部起居空间互相交错，不过其更重要的功能则在于它们位置的安排和可操作性。设计玻璃柱内的活动窗是用来为微风提供通道，使风自由进入住宅的生活空间，同时通过与有选择放置的凸起天窗上的活动窗以及楼梯井（其功能为热烟囱）顶部的活动窗共同作用，最大限度地促进了空气循环。组成花园庭院围墙的实心圆柱通过阻碍西南风的影响，帮助控制了室外生活空间的舒适程度。而且它们与开放空间的交错柱一起，为微风开辟通道，使其通过大小适中的游泳池，同时，丰富的草本植物也被引入到花园环境中，从而调和了庭院的温度[417]（图 6–10）。

竖直清晰度带来的私密性考虑也很重要。由于琼斯决定将其住宅“硬塞”在这块土地的一端，所以引发了这方面的考虑。像西部山谷这样尺度的建筑物（8443 平方英尺），以及公众对它的关注与赖特采用的全部采光技巧有很大的关系：它只有在赖特包容一切差异的设计背景下才能被理解和欣赏，特别是在发展对立的法则——阴与阳之间交互作用时他表现得非常细腻。而“各方面皆有风景”的对立面则是用竖框限制从外向内看的视野，就如瓦尔讲到的那样：“尽管‘西部山谷’建筑有大量的玻璃窗，但却没有私密性的担忧。因为每个窗格都被设置成朝向内部一对厚重的窗间壁，其中间只有一个很窄的开口装有玻璃。从外部任何一个有利观测点也不会看到太多的客厅。”[418]

对立法则也被应用到反向套叠的形式中。这是赖特为凸出于场所环境中的落地窗垛（Floor–to–Ceiling Window Bays）所进行的构思（图 6–11）。对这种截然不同的细节处理的最好描述也许是借景（Borrowed

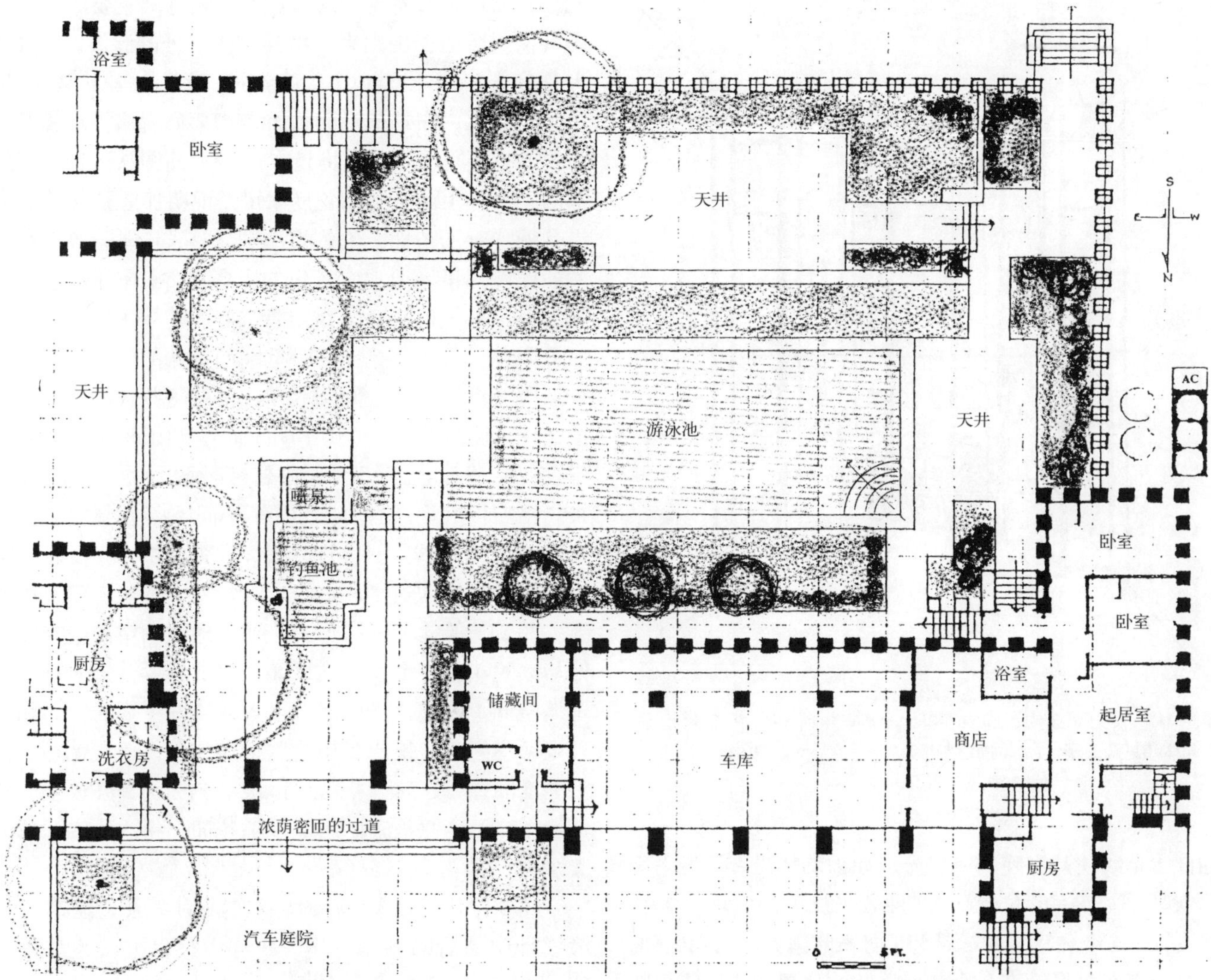

图 6–10　西部山谷的花园庭院规划（查尔斯 ·E· 阿瓜尔依照历史照片和雷蒙德 ·J· 瓦尔论文绘制。©2002 年贝蒂安娜 · 阿瓜尔临摹）

View）中借用风景（Shakkei）概念的深邃阐述。从内部向外看去，自然光线通过最里面非常宽阔的通道（前庭）扩散，直接吸引了人们的视线。接着，头顶的顶棚与框景逐渐变窄的手段相结合，将视线引向造型独特的植物或是在终点放置的艺术品（正中的目标物），从而“捕获”了非规则式配置的庭院（背景），并将其带到最前方作为一个完整的狭长景色。换句话说，是心灵，而非眼睛，拓展了观察视野的范围。另一方面，从外部向内看去，是从背后照亮的落地玻璃向外突出的形式，而非向内凹陷的较暗的内部空间吸引了视线。这是因为透明的玻璃窗格提供了清晰的平面，可以从中看到对面的景物，同时将光线反射或是允许光线通过——无论是白天

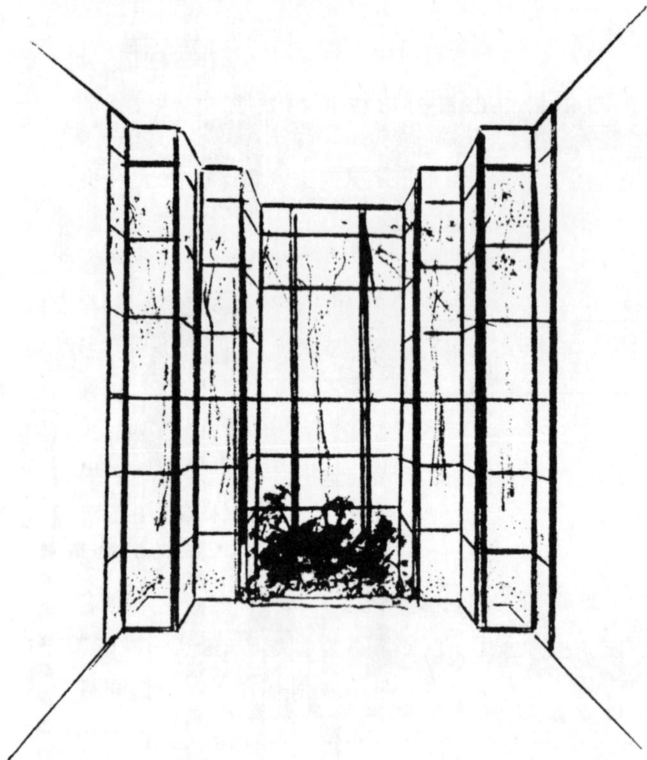

图 6–11 反向套叠的西部山谷落地窗（查尔斯 · E· 阿瓜尔绘制。©2002 年贝蒂安娜 · 阿瓜尔提供）

的自然光线还是夜晚的白炽光。如果赖特没有仔细考虑安放玻璃窗垛的“位置”，这种效果就无法实现。赖特只设计了 4 个玻璃窗垛，是为了向场地边界的四角延伸。但是，每个窗垛都在一个相对昏暗的位置，这与使用频率较高的生活空间恰恰相反：一个在图书馆的南墙上，在某种意义上伴随着生活空间；一个（还未建）在食品储藏室的西端；还有两个在门厅的东墙和北墙上。[419] 在这里，其重要性体现在：这些区域都是过度空间，也就是说，这些区域都没有天窗，所以可以控制背景的光线和白天的光线。

在采用这种复杂的综合处理方式的同时，结合凸出的天窗（这些天窗使设计好的内部生活空间充满了自然光线）的位置和宽度一起考虑时，赖特最重要的设计意图就很明显地表现出来：增强室内室外的联系，并且极大程度上将户外空间引入到室内，这比他表兄要求的，单纯扩大从内向外望时的视野范围要好得多。对相关平面图的分析可得出这一推论。这些平面图从设计主要的室内和室外生活空间的角度来讲，说明那些狭长的景色没有赖特对私密性、景色的控制以及入口体验等问题的关注程度。赖特把观看景致的主要观赏点限于卧室以及起居室一翼屋顶的宽阔露台；服务区的屋顶露台；以及二层阳台，它位于厨房－卧室区西南角的两间卧室的结合点所形成的外部空间的右角。虽然这些户外生活空间最初越过庭院花园，提供了朝向土耳其山脉的广阔风景，不过赖特肯定也意识到了随着栽种树木的成熟以及未来新增的构筑物，这些风景极有可能会被遮挡掉。而且，重要的使用区域——客厅、餐厅、图书馆——没有一个可以俯瞰周围的美景，也没有一处与内向型庭院直接相连。为了在视觉上或在形式上将上述使用空间中的任一处与庭院花园产生直接的联系，很有必要首先通过一个过渡空间。因此，当任何人进入或离开主要的室内和室外生活空间时，赖特利用这些过渡空间，适度调整它们对亮度的感知，这样视线可以被立刻吸引到开放空间的环境中，无论它是客厅还是庭院花园，到达的感觉被大大加强。

同罗比住宅被视为赖特所实践的草原式建筑的环境设计中最后的杰作一样，西部山谷也被认为是赖特 20 世纪 20 年代所实践的混凝土砌块建筑的环境设计中的最后的杰作。不仅是因为它代表了这里所提到的所有设计方法，而且还由于赖特对维护其最初设想的坚持。铅笔绘制的透视图所描绘的西部山谷表现出赖特在 1928–1929 年所设想的它建成后的效果（图 6–12）。将透视图与 1930 年住宅修建时所拍摄的航摄片（此时，这片土地光秃秃地没有任何特征（图 6–13））以及作者 1992 年拍摄的照片（图 6–9）相比较时，赖特非凡的想像能力分外清晰起来。

图 6–12　赖特铅笔绘制的西部山谷透视图，绘制于 1929 年（©2002 年由亚利桑那州斯格特达勒市的弗兰克 · 劳埃德 · 赖特基金会提供）

图 6–13　1920 年西部山谷的航摄片，此时它正在修建中（亚利桑那州斯格特达勒市弗兰克 · 劳埃德 · 赖特档案馆提供）

当大萧条开始后，大多数私营的设计所都处于停顿状态：除了与基本生活必需品相关的行业外，其他行业中的人也都处于相同的状态。弗兰克 · 劳埃德 · 赖特也不例外。这使他无论在职业上还是在个人生活上都处于危险的境地。虽然，作为一个建筑师，他先前已经取得了非凡的成就，但是从表面上来看，他是过早达到了事业的顶峰。而且，两次艰难的离婚所带来的私人生活上的苦恼，负面的压力和名誉扫地，法律诉讼，逮捕，杀人犯以及塔里埃森破坏性的大火都使他饱受痛苦——所有这些都预示了他将失去他所珍爱的一切事物。而且，那时赖特已经 62 岁了，又有了一个新妻子，两个年幼的孩子也仍然住在家中。他不得不再次寻找重造自我的方法——他做到了。事实上许多文章都提到了赖特一生最“多产”的时期是在他 70 岁至 90 岁的时候，也就是 1937 年至 1957 年。

的确，赖特最广为人知的，也是他大多数场合宣扬的本土建筑理论尚未形成。但是，不能否认的是，如果没有赖特在其职业生涯的前 40 年，即 1889 年至 1929 年的经验累积，他也不可能在最后的几十年如此多产，并达到事业的鼎盛。正是在其这职业生涯的前 40 年中，赖特精心创作，巧妙地实现了自己创造性的天分。正是这种天分让赖特在接下来的 30 年所修建的建筑都被明显地区分为“有机建筑”。正是在这最初的 40 年里，赖特始终如一地与景观设计师们在专业上相互学习，并深受他们的影响：沃尔特 · 贝利 · 格里芬（Walter Burley Griffin）（1899 年至 1905 年），延斯 · 延森（Jens Jensen）（1907 年至 20 世纪 40 年代），劳埃德 · 赖特（Lloyd Wright）（1912 年至 20 世纪 50 年代）以及弗朗兹 · 奥斯特（Franz Aust）（1915 年至 20 世纪 30 年代）。最重要的是，正是在这最初的 40 年里，赖特同客户的交流非常紧密，而且亲自去熟悉这些客户将要建造房屋的场所和环境。

第 7 章

萧条期——反思的年代：1929–1937 年

社会经济的大萧条使得赖特的事业陷入困境，在萧条时代开始后的前三年，他平生第一次拥有大量的时间来对抽象问题和自己的作品进行反思；参加一些大型的展览；为那些受尊敬的出版社撰写文章；在美国国内享有盛誉的场所发表一系列的演讲——包括在普林斯顿大学（Princeton University）所做的关于艺术、考古学和建筑学的康氏（Kahn）演讲。通过这些方式，赖特将注意力又放回到自身和自己的工作上。而且在参与这些事情的过程中，赖特自觉地进行了一些反思。1931 年，康氏的一系列讲演被辑录成书，并且一个关于赖特作品的巡回展也在全美范围内展开。赖特两本比较重要的书，极具思想性的《我的自传》（An Autobiography）和《消失的城市》（The Disappearing City）的出版成为赖特在这一期间所做努力的最终成果，而巡回展后在一些有影响的出版物上发表的积极的回忆则为这两本书打下了基础。

在很大程度上，赖特《消失的城市》中的内容代表了对现有城市不断恶化的一种悲观看法。在理论上赖特所提出的关于改变这一现状的主张相当有限。虽然如此，这本书还是吸引了广泛的关注——加之对他作品展的宣传以及他一系列演讲的集结成书，《纽约时报》（The New York Times）的编辑力邀赖特对 1932 年 1 月享有盛誉的、瑞士籍画家和建筑师查尔斯 – 爱德华 · 让纳雷（Charles–Edouard Jeanneret）所写的一篇文章做出回应。查尔斯的另一个更为人所熟知的笔名就是“勒 · 柯布西耶”。勒 · 柯布西耶是国际形式建筑派（the International Style of Architecture）的领导者之一，而赖特一直在言论中强烈反对这一概念。在 1932 年 1 月的文章中，勒 · 柯布西耶提出了他 10 年前，即 1922 年介绍的规划理念：将建筑学和现代运输技术融合到一个被他称为“光辉城市”（LaVille Radieuse）的虚拟城市形式中。这些规划强调使用高层塔楼和高密度的直线形建筑物。他预想这些结构形式被群集到中央区域，不过只利用了地表面积的 12%，并且沿一个位于公园般环境的场地里的 Z 字形图案蜿蜒布置。他进一步建议车辆交通只能用与建筑直接相连的架空道路，这样就可以将地面空间空闲下来作为人行道。[420]

在 1932 年 3 月 20 日《纽约时报》杂志中发表的文章以及在两个月后出版的《美国建筑师》（American Architect）发表的另一篇文章中赖特进行了双重回应，他在文字上抨击了勒 · 柯布西耶关于集中城市化的设想，并且将其归到他标示为“摩天大楼爱好者”（Skyscraperity）的一类。他提到这种发展将要演变成一种手段，以“把现在这个样子的城市消灭掉，只为了替地主们重建塔楼，使其间的距离稍微远一点。”虽然口头上是这么说，不过赖特自己在那段时间也设计了三个摩天大楼项目——国家人寿保险公司大楼（National Life Insurance Skyscraper，芝加哥，1924 年）、摩天大楼整治项目（Skyscraper Regulation Project，芝加哥，1926 年）以及堡卫列市的圣马克塔（St.Mark's Tower in the Bauwerie，纽约，1929 年）。[421]

赖特将圣马克塔的模型放到他 1931 年在纽约举行

的作品展中。很显然，针对芝加哥中心区“回路”内9个城市街区所做的摩天大楼整治项目，赖特是自愿参与的。他探究了许多其他与勒·柯布西耶相似的城市化设想。包括使摩天大楼的高度参差不齐以避免产生黑暗的阴影地带；为阳光和空气提供更好的进入通道；为城区的生活建立一个更为人性化的规模；开发屋顶城市花园，从而在城市内部为户外活动创造绿色空间；在街面的车行道之上为行人修建中等高度或夹层人行道或“天桥”；地下安排卡车路线；在地下车库安排泊车。他甚至提出用看起来像建筑的一部分的旗形图示来代替城市街道典型的、过多的那种附加的标识牌。这些规划的逻辑性说明赖特对于现代城市生活的动力学已经有了非常清晰的理解。

同时，从他的“草原之家”（A Home in a Prarie Town）设计以及发表在《女性家居杂志》（Ladies Home Journal，1901年）上的四合一规划（Quadruple Block development）开始，赖特始终从更为私人的层面试图尽力将自己的创造性设想放在城市发展规划上。参考一下历史记录可知，其探索过程中的项目和事件有：查尔斯·E·罗伯茨开发的四合一规划（1903年）；在伊利诺伊州斯普林菲尔德市所做的关于公民公德心的演讲（1906年）；《女性家居杂志》里所刊登的“5000美元的防火住宅”规划（1907年）；比特鲁特镇规划以及比特鲁特村规划（1909年），以及他为城市俱乐部竞赛所准备的两套城市发展规划（1913年）；美国预制系统住宅（1911–1916年）；整料工人住宅（1919年）；温纳奇镇规划（1919年）；混凝土商业建筑（1923年）；塔霍湖和多埃尼农庄概念化的郊区发展规划（1923年）；法布前街金属农场社区以及一个路边市场的规划（1932年）；汽车－飞机服务站规划（1932年）。[422] 因此，赖特一直坚持认为独立式住宅是主要的住宅形式，并主张“更为明智的做法是让汽车将城市带往乡村”，除了他自己坚信的东西，他没再陈述什么。[423]

同回应勒·柯布西耶的文章一样，对这些规划的介绍也或多或少做了删减，或只是做简要的介绍，反映了赖特在其早期为芝加哥城市俱乐部准备的演讲所做的反省——而这也是赖特那两部作品的基础资料——而且从整体上看，其理论在演讲中论述比他的书中所表述的还要好。但是正是在此书中，赖特首次使用了两个名词：“美国风”（Usonia）和“广亩城市”（Broadacre City）。而正是这两个名词在赖特一生和职业生涯的最后几十年始终与赖特的名字紧密相连。

赖特使用“美国风”这一名词（据称是小说家塞缪尔·巴特勒对美国的称呼）来描述一种生活模式，以及一种为“与自然和谐，普通人可以承受的简单生活”所进行的建筑设计。[424] 在这一建筑目标下，他建立了相应的场所和环境作为实现其设计所必需的要素：“美国风风格的住宅，目的是成为一种自然的表现；一个与场所融为一体的，与环境融为一体，与居住者的生活融为一体的建筑。成为一个与物质的本性相融合——即在那里玻璃就当玻璃用，石头就当石头用，木头就当木头用——而且所有的环境元素遍布住宅内外。”[425]

“广亩城市”这一名词据称是来源于亚利桑那州钱德勒外的奥卡蒂拉沙漠营地（Ocatilla Desert Coumpound）附近的广亩农场。不过，赖特用这个名词来使其城市分散化的规划方法更为人性化。通过在整个乡村的田地中和独户式以及多户型建筑物（通过高速公路很容易到达）中分布高层办公楼、工业区、学校、市政设施和文化设施来实现从本质上重现田园般风景的目的。赖特甚至劝告说机场和“飞机停靠站”应坐落在离汽车停车服务区20英里的间隔内，而且他还建议高速公路应该被用来作为“飞行器”的“起飞”地（虽然他一点也没有提到降落）。这是一个非常有预言性的想法，且仅在林德伯格（Lindburgh）完成横越大西洋的飞行五年后就提出了，而比第一个载人的飞行器（飞机）设计成功还早两年（虽然那时飞行员仍然坐在敞开式的驾驶舱里）。赖特应该是在20世纪30年代后半期、DC–3实现民用航空运输革命之前提出了这一前瞻性概念。

赖特的广亩城市理论反映了他对20世纪世纪交接之前和之后提出的三个极有影响力的哲学推理的阐述和总结：(1) 由埃比尼泽·霍华德(Ebenezer Howard)在19世纪晚期提出的英国花园城市(English Garden City) 理论；(2) 1928年由地方主义者和自然主义者本顿·麦克凯(Benton MacKaye) 提出的“无高速公路的城镇”和“无城镇的高速公路”区域规划理论；(3) 乌托邦主义者关于在邻里单元的基础上重建一个真正社区的理论，如社会评论家刘易斯·芒福德(Lewis Mumford) 在20世纪20年代晚期和20世纪30年代早期的几本书中所提出的主张。[426] 在《弗兰克·劳埃德·赖特回忆录》(Frank Lloyd Wright Remembered) 中，早期的学徒亚伦·格林(Aaron Green) 写到赖特同刘易斯·芒福德建立了一种“非常温暖的友谊”，而且对芒福德的评论性意见非常尊重，其尊重程度远远超过了其他人。[427] 因此，他肯定跟所有学习建筑和规划的学生一样，对芒福德具有洞察力的作品非常熟悉——无论在那时还是现在。而且也许他那时已经了解了芒福德的自由结合的美国区域规划协会(RPAA, Regional Planning Association of America) 的构成。这个组织发起了建立“分散型绿带”活动，激发了绿带城镇规划，并且在富兰克林·德拉诺·罗斯福(Franklin Delano Roosevelt) 1937年和1938年“新政”(New Deal) 中提出的《再定居管理法》(Resettlement Administration) 的基础上发展起来。[428]

因此，从负面批判广亩城市理论，说它是赖特惟一的一个规划理论，或者说它仅仅是一个规划理论（实际操作中也如此），是因为没有深刻理解赖特关于规划和社会改革的建议所蕴涵的更广泛的含义。赖特将都市化看作对美国普通大众生活质量的一种威胁。他是一个预言家，他预见了汽车对于任何形式的分散化和市郊化的影响，如果这种分散化和市郊化是没有组织、没有规划的。赖特不是惟一提出这一理论的人，他响应了这个时代许多由专业设计员转变而成的规划师对此问题、理论的关注，正如每年出版的国家城市规划会议录中所记录的那样，这种会议在1909年首次召开。通过亲自参与到那些切实可行的、将人工环境与自然环境密切结合的规划项目中，广亩城市理论代表了赖特在处理这些问题上的概念战略。正是有了这种思维，赖特阐述了自己进行一项可以承受的、美国风建筑的规划。也正是有了这种思维，赖特使其美国风社区概念化。同样正是这种思维，赖特重振了自己计划为建筑师们建造一所学校的尝试：塔里埃森设计团体(The Taliesin Fellowship)。

塔里埃森设计团体的建立

为这个设计团体所设定的形式是非常宽松的，其基础是由乔治·居尔迪耶夫(George Gurdjieff) 在枫丹白露(Fountainbleau) 建立的人类和谐发展学会(the Institute for the Harmonious)（奥尔吉凡娜在那里既是学生也是教师）提出的渐进式教育原则。在组织过程中，赖特要求一个极有声望和影响力的“名字”来承担校长的位置。他感到如果他想成功地吸引大量的学生到像威斯康星州的斯普林格林这么远的地方来，校长的任命是非常重要的。赖特想要聘请的众多杰出人物包括：荷兰建筑师H·TH·维杰戴维德(H.TH.Wijdeveld)，艺术家乔治亚·欧克非(Georgia O'Keefe)，作家、评论家刘易斯·芒福德(Lewis Mumford) 和亚历山大·伍尔科特(Alexander Woolcott)，以及景观设计师延斯·延森(Jens Jensen)。档案信件表明多数人对当时实际上已经一穷二白的赖特建立这样一个雄心勃勃的学校都没有当真。尽管延森确实为他的朋友提供了有建设性的批评意见：“关于那所学校……我是既同意也反对，作为我的权利[原文如此]……如果我要参与到这学校的话，你必须做些改变。大体上的原则都是好的，但是还有很多难以理解的规章制度、条条框框；而且你为什么要让聪明的想法，或者随便你叫它什么，屈服于普通大众要求的通用管理模式？我不能理解。”[429]

最后，1932 年发出的函件说明了设计团体是在赖特和三个毫不知名的居民领导下以学徒的方式运作的。当学生在学徒期满后赖特就会为他们提供亲自书写的推荐信代替了一般的文凭，但是，对于学业的完成没有确定的期限。即使这样，到 1932 年的秋天，已经有 40 个申请者成功注册，他们来自美国各个州，甚至还有来自法国、瑞士、俄国、丹麦、德国、尼加拉瓜、中国和日本。[430] 这些学员之中，9 位已经获得过建筑学的学位，12 位已经学习了 1 年至 4 年的建筑学，而且 4 位已经获得了其他专业的学位，其中一位获得景观设计学的学位。

赖特叙述了在这种形式下的教学法则："任何具有创造性认知的艺术可能包含在工作中，也可能在工作中得到训练，但决不会仅仅来自书本。"[431] 因此，在这里没有传统教学模式的正式课程，而且赖特也不用学术的语言去"教"。他的演讲或谈话与其说是直率，不如说是凭直觉，不过其所涵盖的信息量是巨大的，而且是可靠的。赖特安排学徒参观以及亲身参与在建工程的设计过程和建造过程来学习制图和设计。不过，早期的学徒埃德加 · 托弗尔 (Edgar Tofel) 叙述到在大萧条的第一年，大部分的制图只限于描绘或重画赖特先前已有的设计方案。而且制图的课程表时间不长，因为赖特更愿意让所有的人出去在现场工作，把一些东西拿到某处，或者去做其他确实需要的事情。[432] 在最初几年里，设计团体在很多方面都可以比作是有机建筑培训的"新兵训练营"，尽管这一营地还包括艺术的其他方面以及与国际名人的交流，它们一起推动了一个出色的整体环境的形成。

第一个"真正"由学徒们从始至终参与——从设计到建造的在建项目是明尼苏达州明尼阿波利斯的马尔科姆 · 威利和南希 · 威利 (Malcolm and Nancy Willey) 夫妇的家庭住宅。

环境设计，1932–1937 年

马尔科姆 · E · 威利住宅 (Marcolm E.Willey)，明尼阿波利斯，明尼苏达州 (1932–1934 年)

赖特收到的南希 · 威利寄给他的介绍性信件中列出了这两位业主想让自己的新住宅能够具有的所有品质："隔离，宁静，自由，视野开阔，私密，乡村住宅的宽阔和美丽。"[433] 这一新住宅是件"艺术品"，能反映"现代建筑原则"，而且建造费用"不超过 8000 美元"。信中他们还写道："我们知道你不会接受任何平凡普通的东西，而且你也会不屑一顾。"赖特的回信加强了 1932 年的建筑师的极端困惑："没有什么东西因为它不够大而显得平凡。但是如果我能够为您服务，那么无论是距离还是这块要建住宅的规模都不会阻止我给您一位建筑师应该给您的帮助。"

威利一家计划修建自宅的场所是一个不大的地块，位于地产的一角。它向围绕这片地的西面和南面的街道稍微有点倾斜。虽然场地很小，但是，建筑选址于一悬崖边，可以俯瞰密西西比河，这一有利环境缓和了场地过小的不足。密西西比河是起源于明尼苏达州北部艾塔斯卡州立公园 (Itasca State Park) 的一条小溪，到了威利住宅的场地处，它的河面大大拓宽了。无疑正是由于这种外围的环境使得赖特的第一选择是再次运用抬高地下室入口的办法，正如在 1932 年他第一次提出的设计理论中所表现的那样。这种抬高地下室入口的做法他在环境相似的草原式住宅中也应用过[434]，然而，到 1934 年，设计方案得以最后的确定，其外观造型和紧凑的 L 形布局预示了赖特最早的美国风风格单层建筑的基本理念——包括客厅和餐厅的结合，一个中心公用设施"工作空间"与壁炉位于同一条线上，形成了一套有效的、完善的通风系统，而且一条"长廊式"的走廊通向卧室翼展(图 7–1)。但是，正是零分摊边界 (Zero–lot–line) 的场地布局、砖砌围墙以及赖特环境设计的其他方面，使得威利住宅设计突破了常规。

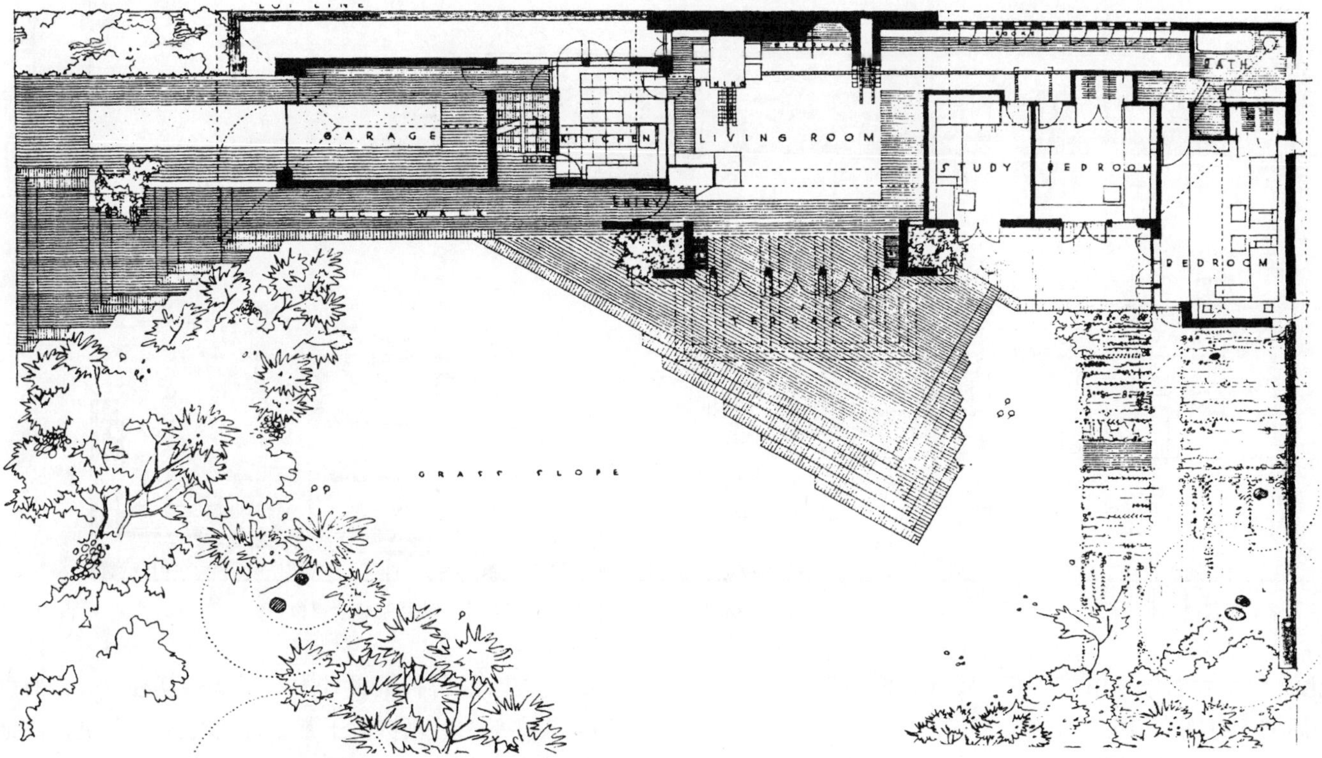

图 7–1　明尼苏达州明尼阿波利斯的马尔科姆 ·E· 威利住宅（1932–1934 年）的一层平面图，反映了早期美国风建筑的基本原理（©2002 年由亚利桑那州斯格特达勒市的弗兰克 · 劳埃德 · 赖特基金会提供）

赖特确定了威利住宅的位置，因此主要生活区的北墙和东墙基本上采用实心砖，处于这块地产边线的东北角。接着，他介绍了一种砖砌的“园林墙”（Garden Wall），这种园林墙向地产的东面延伸，几乎到了地产的东部边界（图 7–2）。同赫特利住宅（Hurtley House）一样，这种非常结实的砖墙重现了该住宅所使用的交替墙砖所体现的韵律和纹理，并且面向街道那面在外观上给人一种强烈重复的水平意向。这堵墙还在视觉上将地产予以界定，而且创造了一种错觉，使得住宅和景观看起来要比实际上宽阔得多。最为重要的是，它掩蔽了主要的室内和室外的生活空间，使这些空间不会被邻居看到，同时也避免了住宅在冬天受到盛行的东北风的危害——这是与明尼苏达州极其相关的一个设计要素。主要活动区的

图 7–2　威利住宅“园林墙”沿场地整个东边界扩张，既从视觉上界定了房屋的界限，也在视觉上使其面积最大化（查尔斯 ·E· 阿瓜尔拍摄。©2002 年贝蒂安娜 · 阿瓜尔提供）

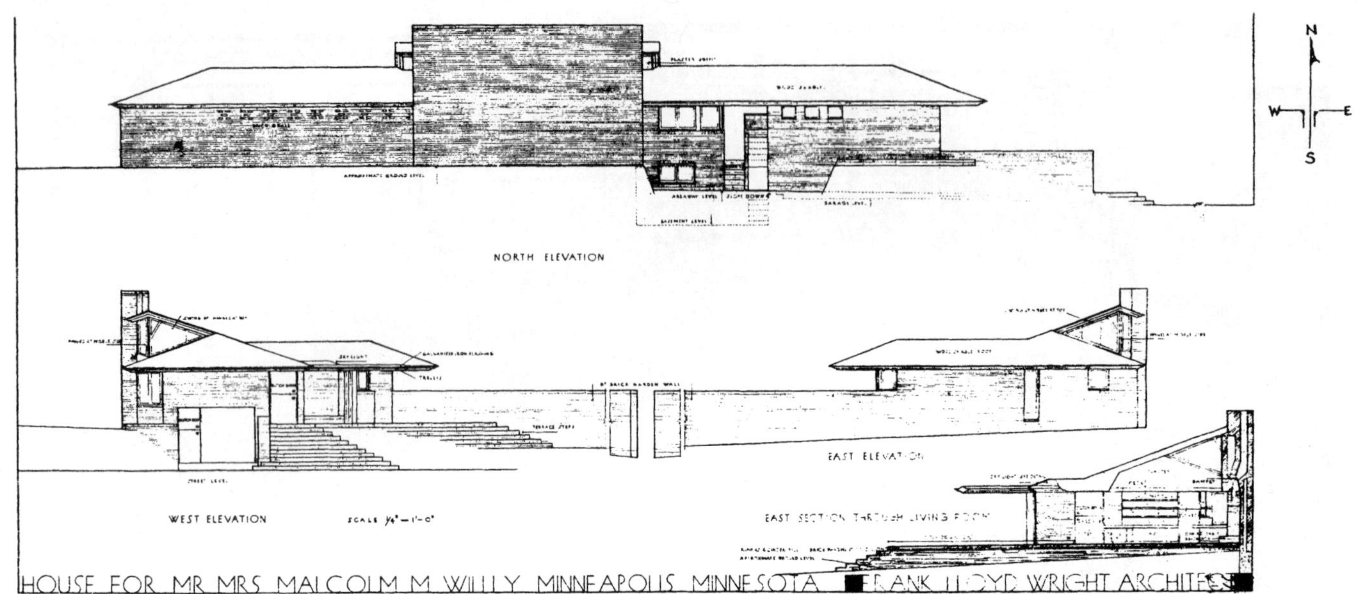

图 7–3 威利住宅北、西、东立面图（©2002 年由亚利桑那州斯格特达勒市的弗兰克 · 劳埃德 · 赖特基金会提供）

北墙和东墙也是应用了同样的设计原理，基本上都是采用实心砖（图 7–3）。

赖特没有按常规沿长廊式走廊的北墙安置窗户，其意义是深远的。但是他确实在砖墙上设置了一种格栅状的开窗形式。这些砖墙处的开窗与实心墙后屋檐下安装的一排小活动窗遥相呼应。

虽然他在客厅兼餐厅那里也没有开窗，但是他确实在朝北的凸出天窗的三面都安装了固定的和活动的窗户。另一面的后方则设置了与其等高的、起分隔作用的实心砖砌栅栏。然后赖特沿整个客厅兼餐厅的南墙安装了光滑的法式玻璃门，这样在冬天，太阳角度比较低的时候能够最大限度地让太阳射进屋内。赖特还在客厅兼餐厅的南面设计了宽阔的悬臂式的贯通悬梁，当夏天到来时，太阳高度角增加，悬梁为客厅兼餐厅提供荫凉。他还在主卧的西南角安装了法式玻璃门。所有的法式玻璃门依次开向朝南的砖砌露台。这种设计模仿了赖特在沙漠中所创造的三角形手法，而成一定角度环抱的台阶则沿斜坡一直向下。

这些要素在赖特的设计中似乎是相互独立、没有联系的，其实不然。赖特对于每一方面的设计动机都同他的环境设想相关。天窗上的开口和玻璃窗全年里可以将日光引到客厅最北端的区域，以及整个长廊式走廊。在夏季里，当微风从密西西比河向陆地吹来时，敞开的法式玻璃门和凸出天窗的顶棚旁打开的窗户形成的宽阔的通道，与长廊式走廊结合起来，形成极大的通风廊道，让空气对流，迫使热空气排出，同时也为新鲜的空气进入并通过主要活动区提供了通道。通过这些处理方式，住宅的空气可以自然调节。

客人车辆可以从西侧的公路直接进入车库。在公路用地旁，赖特沿地产北边边界保留了充足的开放空间，这样可以建造一个与邻近景观相连接的自由进出的入口花园，这样建筑就不会在场所上显得被压缩。这种处理方式提供了与地面停车处平行的入口通道，而且通过浅浅的宽台阶将天然的斜坡向上调节。三个露台分散于这些台阶间，同时与通往主入口和客厅露台的入口走道的宽度相协调。从客厅的露台可以俯瞰广阔的花园式前庭草坪。

这片土地属于典型的城市细分模式：面积一般大小，地处角落。通过上述的所有考虑，赖特最大限度地减小了不利条件，增强了有利条件。不幸的是，一条 94 号州际高速公路（Interstate Highway 94）和一道与该土地南边界线平行的厚重的侵入性隔声墙修建后，这种精心考虑的场所精神大打折扣。当作者在 20 世纪 90 年代再次参观威利住宅时，场所的三面都筑起了围墙。不仅如此，高速公路的噪声和排放的污染物破坏了整体的感觉。

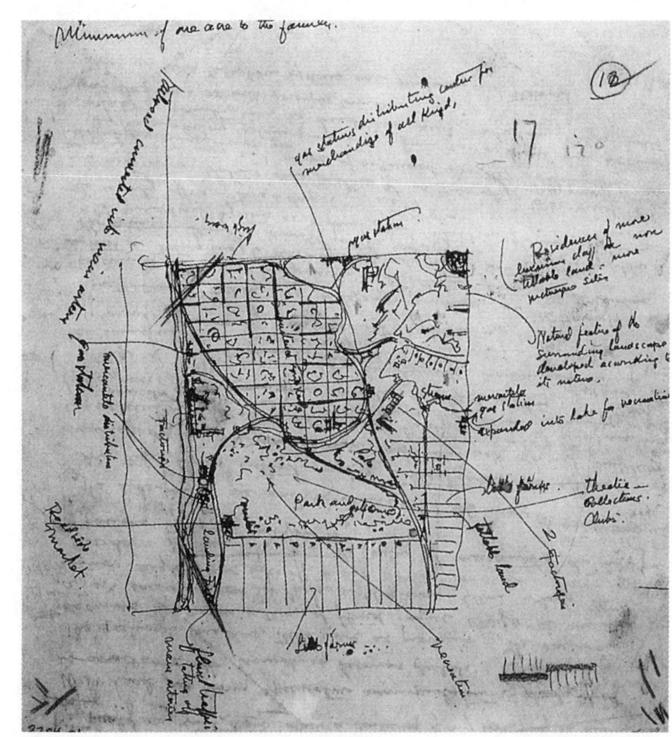

图 7-4a　广亩城市模型的草图上所留下的主要标注、说明，写道：更奢华的阶级居住在不适宜耕种的土地上——这是更独特的场所……周围景观的自然特征依照它自己的本性发展（©2002 年由亚利桑那州斯格特达勒市的弗兰克 · 劳埃德 · 赖特基金会提供）

到 1934 年的时候，总体而言，一些学徒开始厌倦描绘陈旧的文档图样，或者是开始厌倦这种苦役般的生活。很多设计项目不付给赖特设计费用，而且很明显，那时需要一个真正的项目能让学员们参与进去并挑战自己，而这一状态一直持续到经济萧条得到改善，赖特才再次得到真正的佣金。[435] 正是在这基础上赖特让学徒们制作模型来阐述他所设想的广亩城市理论。

三维广亩城市模型（Broadacre City, in Three Dimensions）（1934 年）

赖特将模型这种形式看作是一种三维的教学工具。通过在大城市的展览，用它来“广泛散布”自己关于分散的理念，其效果比赖特迄今为止所使用的其他方法都更加形象和有效。模型的基本概念元素是仿造塔里埃森内以及周围区域的地形图。随着赖特的思考过程从抽象概念落实到文字，他被卷入到大量具体的或假设的建筑细节中（图 7-4a）。1934 年列出的项目包括广亩城市的 15 个独立项目，从总体规划开始，还包括高速公路天桥和照明系统，医院，以及竞技场在内的细节部分。到参展的材料完成时，出现了几个独立的建筑模型、一系列放大图和一个 12 平方英尺的基础模型。放大图中每个具体颜色都被编码并写上数字，这些数字解释了关于交通的建议并细化了具体的建筑学上的建议（图 7-4b）。

图 7-4b　赖特和完成的广亩城市模型（© 贝特曼档案馆斜尔比斯提供）

广亩城市模型（Broadacre City Model）的首次展览是在 1935 年 4 月 14 日在洛克菲勒中心（Rockefeller

Center）的国家艺术工业联盟（the National Alliance of Art and Industry）举行的。大约5万人出席。其他预定的展览也是参观者众多。在1990年的3月同作者的一次会面中，从前的一位学徒科妮莉亚·布列里（Cornelia Brierly）描绘了模型对于那些参观最初展览的人的影响：

> 我的工作是向人们解释这个模型并且回答问题……在匹兹堡，任何人都能进来参观它，人们通常排队而入。但是，在华盛顿区的科克伦艺术画廊（Corcoran Gallery），只能是受邀参观者、部门的领导们、国会议员及其他政府官员才能来此参观，他们都在这里参观了很长时间，并且提了大量的问题。工程师和交通人员——有些是从欧洲来的——似乎对赖特先生关于高速公路的建议特别感兴趣。这在1935年还是一种非常先进的交通形式，那时大多数的道路还没有铺柏油呢。那时我们惟一拥有的一条越野路线就是林肯高速公路（Lincoln Highway），而它只是一条狭窄的铺砌带，其间穿插许多小城镇，而且还有当地狭窄的土路与它相交……赖特先生还规划了有效的、设计极好的、方便高速公路系统的汽车旅馆，不过旅馆在噪声区外，景观优美。[436] 在1935年，旅游者只能待在城里靠近火车站的旅馆中，或是小城镇的旅行者之家，抑或是郊区旅行者营地的乡村小屋中。从人们对高速公路所表现出的兴趣以及他们的留言中，我相信它［模型］对今后的州际高速公路系统的发展会产生极大的影响——即使最终修建的道路不像赖特先生所想的那样深远。赖特先生的想法是轿车和卡车的道路分开，中间是单轨铁路（图7-5）。

赖特的州际高速公路系统是受本顿·麦克凯七年前提出的区域规划理论的激发并在此基础上发展而来的。然而，布列里极为敏锐正确地觉察预测到这次展览对未来发展指明了方向这一深远的意义。事实也是如此，那时还没有哪一个规划方法曾像赖特的广亩城市理论如此清晰展现在世人面前，也没有哪一个规划有如此之大的影响力。广亩城市规划的精美模型给人留下了清晰的规划印象，此次展出也让更多的人了解了未来城市的可能发展模式。

模型的制作费用由一位学员的父亲——匹兹堡考夫曼百货有限公司（Kaufmann Department Stores）董事长埃德加·J·考夫曼（Edgar J.Kaufmann）提供。不过考夫曼为人们所熟知更多的是他的雇主身份。他聘请赖特在位于匹兹堡东南部大约60-70英里远的一块土地上为他们全家设计一座周末度假别墅。由场地周围不太可能的关系而引发的这个建筑被许多人评价为20世纪最著名的住宅建筑，即由赖特或其他建筑师所设计的“流水别墅”（Fallingwater）。

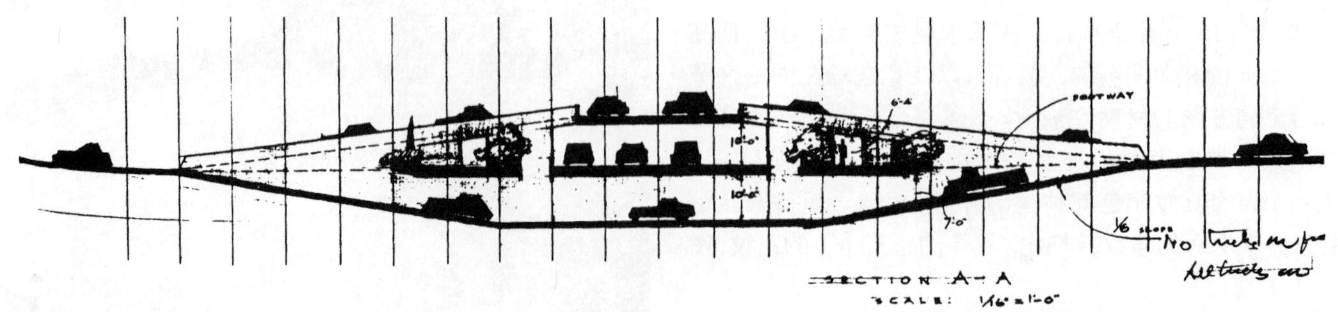

图7-5 广亩城市高速公路交叉点的草图，显示了各自分开的轿车道和卡车道，中间是单轨铁路（©2002年由亚利桑那州斯格特达勒市的弗兰克·劳埃德·赖特基金会提供）

埃德加·J·考夫曼先生(Edgar J.Kaufmann, Sr.),"流水别墅",米尔兰(Mill Run),宾夕法尼亚州(1935年)

埃德加·J·考夫曼先生要为全家再修建一栋住宅，他提供的这块土地面积宽广，地形起伏，林木茂盛。无疑，这是在赖特已经完成的作品中，环境效果最为显著的景观。赖特所设计的岩石/玻璃和混凝土的三层结构清晰地反映了建筑意图。这三层结构非常引人注目，层层悬挑，凌空飞架于瀑布之上，为来自世界各地，各行各业的人们所熟知(图7–6)。同时，如果没有认识到它与其说是"与自然相结合"，不如说是以一种傲然的姿态"驾御自然"的美丽的艺术品的话，就不能真实地思考、认清这个建筑物。实际上流水别墅与赖特关于"现代用途的描述"的各个方面都是对立的，正如《美丽住宅》《Home Beautiful》杂志1955年11月那一期所提出的那样。"首先，一个好的场地"，他写道，"接着，站在这块场地上，向你周围看，看看有什么能够吸引你。想想你想把房子建在这里的原因是什么？找到了！接着修建你的住宅，这样你就依然可以从你站的地方看到所有吸引你的东西，这样那些你在房子修建之前所看到的景色不仅不会丧失，反而还会增添新的、意想不到的景色。"[437]

比较有讽刺意味的是，考夫曼一家对于他们第二个新家的地点理想化的设想就非常遵从赖特上述理论。有一段时间，他们一直将这块地产当作休闲度假胜地，并且告诉赖特他们所选择的土地在熊跑溪(Bear Run Creek)南部的一个峡谷的底层，一条景色优美的瀑布正好背对着它。那么，为什么赖特忽视自己选址的原则，也不参考客户在住宅修建之前所选择的场地，而一意孤行地将建筑物设计成在视觉上和实体上都驾御环境之上呢？他甚至将家庭成员享受日光浴的岩脊与客厅的地板连接在一起——这倒符合了客户的要求，他们不想像赖特最初提议的那样，把它去除掉。

图7–6　流水别墅——20世纪最著名的住宅建筑——凌空悬伸在靠近宾夕法尼亚州米尔兰的瀑布之上(查尔斯·E·阿瓜尔拍摄。© 2002年贝蒂安娜·阿瓜尔提供)

一些历史学家猜测赖特设计流水别墅是有其目的的，是要表现出一种戏剧性的建筑形式和感受冲击，这样就可以引起公众的关注，强调其作为一名建筑师独一无二的天分，也可以重振自己委靡的事业。当然事实也是如此。数不清的关于流水别墅建筑构造的文章投往报社和杂志。在出版的印刷品中，有的甚至是几章乃至整本书的篇幅都是与这一作品有关。但是，对于最后得以实施的建筑，也存在着大量的反对意见。文森特·斯卡利(Vincent Scully)将流水别墅的主要特性与国际式样的建筑相比较。[438] 梅里勒 · 西 · 克里斯特（Meryle Secrest）将它比作一种塔里埃森的"感觉"。[439] 正如西克里斯特接下来所说的那样，自然环境得以保留，花园小径环绕着陡峭的山崖或消失于树林丛中的情况却是真实的（图 7–7）。赖特还出于环境效益的考虑确定了主要生活空间的方向，并且清楚说明了室内、室外间强有力的相互作用，正如他处理塔里埃森别墅时所用的方式。而且流水别墅的入口设计如同塔里埃森别墅一样，每个细小的场景都蕴意无穷——特别是当入口通道横跨在熊跑溪上的小桥时，建筑开始从树林中浮现，站在此处，巨石上奔流的溪水及沿瀑布飞腾而下的场景、水声吸引了人们的注意，刺激人们的想像，并且增加了人们对前方将要出现的景色的期望。但是，也正是在这点上流水别墅与塔里埃森别墅却大不一样。

在塔里埃森，确定的场所感随着天然吸引物的全景——场所广阔的环境——从室内到室外多视点地逐渐展开，是一种实实在在的场所感。在流水别墅，却不是这样。虽然赖特的设计诱导并推动了观测者向窗户和通往所有三层室外露台的入口方向行进，但是从任何有利观测点看不到任何天然吸引物——除非可以从一个阳台的胸墙上直接向下看。从密歇根湖望去，哈迪住宅（Hardy House）的远景优美动人，这一景色也得到广泛的赞美。但是对于每个从公路支路或住宅和露台靠近这所建筑物的人，是无法看到这一美景的。同理，流水瀑布最为人所熟识的远景，即住宅非凡的实体以及瀑布的正面风光也只能从峡谷对面的场地上才能看到，而那里也正是考夫曼一家预想修建别墅的地方。

图 7–7 穿过树林时，自然景色环绕着流水别墅（查尔斯 ·E· 阿瓜尔拍摄。©2002 年贝蒂安娜 · 阿瓜尔提供）

对本书作者来说，流水别墅是对塔里埃森住宅的颠覆。这也许正是赖特最伟大的幻想，令人叹为观止地表达了赖特的建筑艺术，然而却与其以往所表达的关于场所一致性和与自然相和谐的宣言相违背。的确，流水别墅以高昂的成本为代价"驾御"了自然，因为自然界冰冻与解冻之间的循环状态不断与这间侵入其间的建筑进行斗争。这种进退两难的局面得到了小埃德加 ·J· 考夫曼（Edgar J.Kaufmann，Jr.）的证实。他在别墅建成 50 年后所写的书中写道："由于温度的改变影响了建材，悬臂也随之起起落落……持续的运动使得裂缝再次裂开，防水板也变了形……水渗了进来……当我们第一次搬进去的时候，有 17 处这样的地方……一些渗漏仍在发生。"[440] 这些状况使得将流水别墅作为一项艺术作品来维护的费用十分昂贵。定期在杂志和报纸上登出的账目证实修补混凝土上的裂缝以及流水别墅结构支撑的费用是十分可观的。而且最近几年，酸雨的问题溶解了灰浆粘结剂，这使得每年的维护成本又增加了。

如果那时的环境保护标准能像今天这样严格的话，赖特是不可能获得流水别墅的建筑许可证的，而这所别墅也永远不会修建。虽然如此，所有的设计师——特别是学生设计者——在其一生中都应该至少"体验"一次这样具有传奇色彩的建筑，并且对于其间所出现的复杂问题形成自己的观点。因为，虽然每个合乎逻辑的论点都挑剔赖特的建筑方法，但是流水别墅却唤起了一种与场所相呼应，与场所的情况绝对一致的设计理念，包括：岩石林立所带来的崎岖不平，瀑布水流的动荡以及森林地带的自然面貌。事实确实如此，正是赖特设计中的各种不和谐要素的融合创造出了这种难以置信的感觉。景观建筑师约翰·西蒙兹深有感情地描述了它的特征："混凝土形式的精密、洁白与自然景观的形式、色彩和场所的纹理形成大胆的对比。但是，这栋建筑仿佛天生属于这里。为什么？也许是因为厚重的悬伸平台使人们想起了同样厚重的悬伸岩壁。也许是因为从岩石中冒出的石墙都是相同的岩石经过高度打磨而成。也许是因为建筑动态的精神与野性的、粗犷的林地精神相一致。也许还因为每个对比的元素都是经过有意识的设计，以便通过它明确的类型和对比度来唤起自然景观的最高品质。"[441]

赫伯特·雅各布斯I住宅（Herbert Jacobs I），麦迪逊（Mandison），威斯康星州（1936年）

赖特自愿为凯瑟琳·雅各布斯和赫伯特·雅各布斯（Katherine and Herbert Jacobs）夫妇首次设计的两所住宅被多数历史学家认为是第一个"建成"的、可以买得起的美国风住宅的原型。[442]它是由赖特1934年为广亩城市模型（Broadarce City Models）首次准备的"城市存留田产"买得起的住宅计划，以及他为堪萨斯州的威奇托市（Wichita）的D·H·豪尔特（D.H.Hoult）和南达科他州休伦市（Huron）的罗伯茨·卢斯科（Robert Lusk）所做的规划演化而来的。不过赖特所规划的那两栋住宅最后都没有修建。也许这就是为什么赖特在雅各布斯一家预算谨慎而周全的情况下欣然同意修建住宅的原因。在一本关于雅各布斯一家同赖特共同修建房屋的经历的书中，凯瑟琳·雅各布斯描绘了他们的首次会面：

> 第一次同赖特先生接触时，我们还住在密尔沃基。我们本来以为他是一个为富人服务的建筑师，但是通过我外甥，哈罗德·韦斯科特（Harold Westcott）的介绍，他在塔里埃森设计团体待了一个夏天，我们才有信心去拜访他，跟他讨论一下我们未来要建的住宅。虽然我们真的没抱什么希望，赖特先生会对设计这样小的的住宅（就像我们家的这块地）感兴趣。哈罗德知道赖特先生需要工作，所以我们开车去了斯普林格林（Spring Green）……为了打破沉默，赫伯特说："这片土地需要的是一栋5000美元的体面住宅。您能修建一栋吗？"赖特先生回答说："您真的需要一栋5000美元的住宅吗，或者您想要一栋1万美元的住宅，而不是这栋5000美元的住宅？"当我们告诉他我们能付的只有这么多，再多就承担不起了时，他回答说："好吧，我们进办公室吧，随便聊聊。"他编织了一个美丽而又切实可行的梦想，我们被他深深地吸引和鼓励着。他告诉我们，我们是第一个请他修建一栋5000美元住宅的客户。事实不完全是这样，不过我们却是第一家准备好建房的人。[443]

在1992年8月22日作者邀请他们进行的一次会谈中，雅各布斯说他们在离开之前要求赖特在他们选定了理想的房址、并买下它之前一定不要开始住宅的规划设计。但是直到过了一年，她丈夫在威斯康星州麦迪逊市的一家报社找到了一份工作，而工作地点离斯普林格林和塔里埃森都很近，开车不要一个小时的距离时，他们才找好了理想的房址。她回忆了寻找基址和住宅设计的过程："我们找到的那块土地位于一块名叫威斯特摩兰（Westmoreland）的城市新区，就在麦迪逊市外，有60英尺宽……当我们收到赖特先生寄来的规划后，非常仔细地研究了它。我们突然发现赖特先生是按整整好好60英尺宽来设计的。当然，我们知道这样的设计是不能放在一个同样60英尺宽的土地上的。我们在马路对面发现了一块土地，是一块原来基址2倍宽的边角地，而恰好这时赖特先生改变立场，不再坚持原来的设计想法。同其他的土地相比，我们获得了更好的朝向。我们的卧室依旧是朝南，但是装有玻璃的客厅不再朝西，而改为朝东——不过我从没有担心过这个，或者是过多考虑这种

改变的重要性。”因此，很显然，赖特又一次撤回他的话，“仅仅是改变了平面图”。在设计过程中，朝向问题有些改善完全是巧合。

在有关雅各布斯 I住宅的档案中没有任何分期规划和植被规划的记录。然而，赖特的确绘制了一张规划图，清晰表现了他关于景观设计的建议（图 7–8）。他建议在土地的北边边界和通往车库的短车道之间修建一个小型入口花园。他还建议将这块坡度比较缓的场地进行高程设计，形成一个半圆形的楔形堤，并种上地被植物——这种处理方式的目的是创造一种围合的感觉；而且建筑

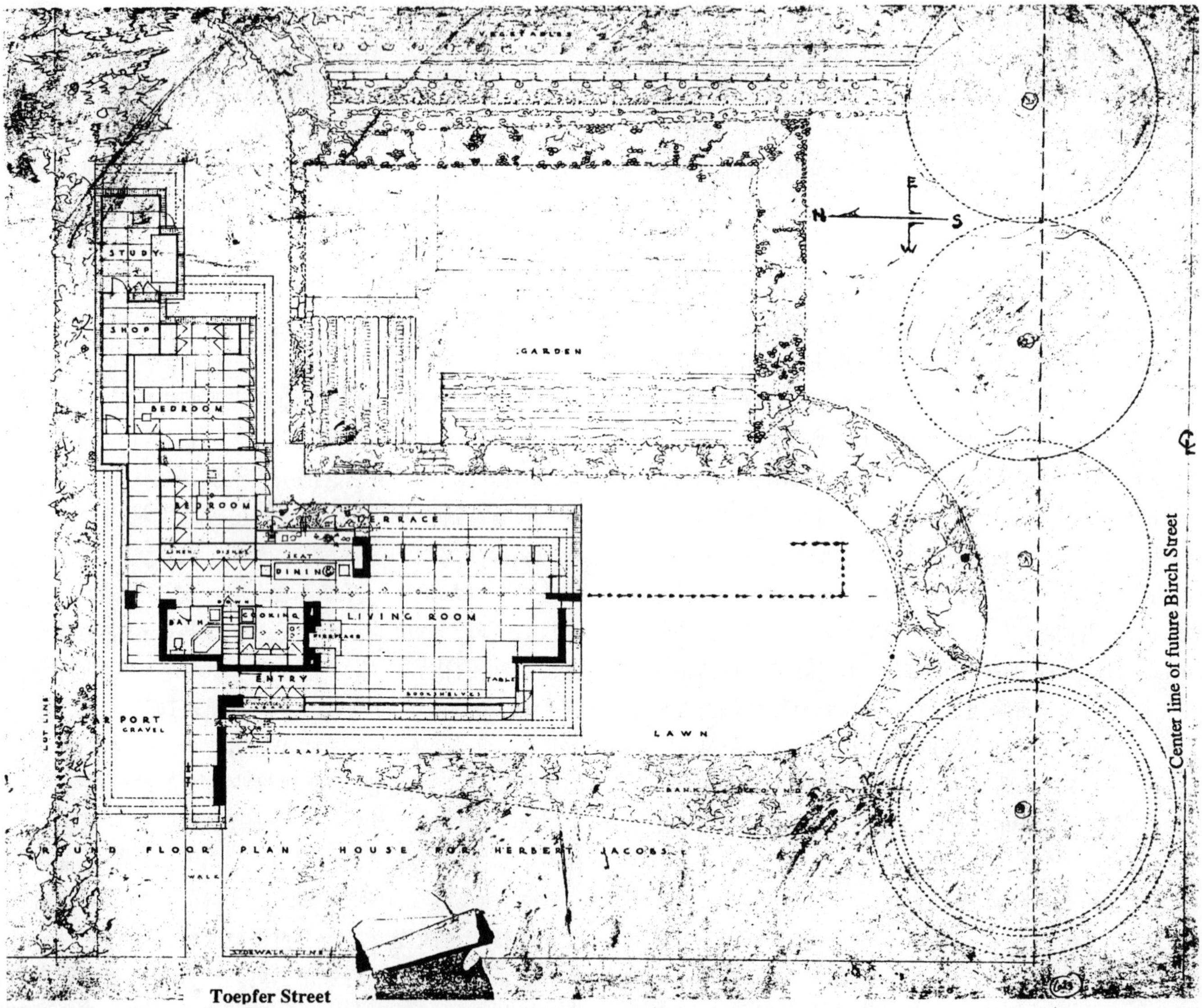

图 7–8　赫伯特 · 雅各布斯 I 住宅底层平面（威斯康星州，麦迪逊市，1936 年）。赖特提出了一种景观结合的方法，但是没有提供任何种植规划（©2002 年由亚利桑那州斯格特达勒市的弗兰克 · 劳埃德 · 赖特基金会提供）

两翼的法式玻璃门都开向混凝土露台，这样的处理方式也可以在视觉上使狭窄的露台得以扩展。他建议修建两溜砖砌台阶，通向下面一块树篱圈起的、隐密的、下沉式开放空间，这样，这块区域就可以被用作一块非正式的长期的花园和／或户外锻炼场所。然而，这些景观设计想法最终也未全部完成。雅各布斯解释说："我们没有任何详细的种植规划，但是在某种程度上依照了赖特先生的景观设计方案。大多数景观优美的灌木丛都是我们从树林里挖来的，正如赖特先生建议的那样。但是，在街角栽植的树木间距太小，它们又长得太大，所以我们不得不把其中的一些锯掉。我们也确实在一些低洼的地方填了些土。沿着街边栽植了一排树篱，但是它们却从未长到足够密集，以保障我们的隐私。当我们的经济条件好一点的时候，我们增加了一条矮栅栏，跟前庭相隔，这样就提供了更多的私密性。"

雅各布斯继续介绍了赖特为调整建筑成本而使用的一些改革措施："他采用这些措施使得所有材料的功能都不是单一的，这样，工艺就不会重复了。砖墙部分和木材在室内和室外都是一样的。门框的设计也只不过是 2×4s……整个住宅都像这样简朴。赖特先生将我们作为地龙式供热或辐射式供热的试验者，那时，这两种方式在美国的住宅中还从未使用过。他问我们是否愿意，我们回答说'愿意'。这就是我们和他之间的关系。我们有这样的勇气去信任他，给他自由尝试新的东西，目的就是从这位极具创新意识的人的身上获取更多的东西。"

赖特可接受的美国风建筑（Usonian Architecture）的外观逻辑上是由其草原式住宅（Prairie Houses）的基本设计、建造原理进化而来的（图 7–9）。让车廊（Porte-cochere）变成了一个悬臂式车库。客厅旁的走廊变成了一个开放的铺砌露台。外部终端的瓮变成了内嵌式花箱。宽宽的、用来提供自然光并保持私密性的艺术玻璃窗墙被砖墙上类似于格栅状的孔隙或嵌窗胶合板插入物后面的带状窗所代替。那种嵌窗胶合板插入物是受日本"栏间"（ramma）式的装饰性浮雕的启发而设计的。而且每时每刻、每天、每季自然光线会产生有如图画般金丝万缕的景色。1892 年赖特提出的斜接式拐角窗，如麦克阿瑟住宅(McArthur House) 挑头式拐角窗，恩尼斯住宅(Ennis House) 现代化的、宽阔的拐角窗，以及流水别墅中那种夸张的造型都在美国风建筑中得以重现。通过将角落的支撑物逐渐融入宽阔的、成角度的前景中，赖特得以创造出这样一种错觉：场地外围环境的适度细分会带来更丰富、更多样的景致。为威利茨和 D·D· 马丁所构思的详细的花环形种植方案以一个简单的、由花和灌木组成的半圆形形式再现，用来包含和隐藏主要的室外生活空间。而那个需要不断管理的、规则式的围合型常绿花园被从附近树林里挖来的本土植物所替代。同那些居住在赖特所设计的最昂贵的住宅里的户主相比，所有这些技术手段的结合为最廉价的美国风住宅内的住户提供了一样的美学享受。

不过，正是在这一时间段内，赖特也开始有规律地向他的客户介绍普通的或者预想的规划——基本上遵循以下原则："按我说的去做，别管我怎么做。"先前的学徒弗雷德里克 · 吉特海姆（Frederick Gutheim）描述了这样一件事情："记得有一天早晨，我进入赖特工作室时，他正在打开邮件。他将一封刚收到的信件扔给我，随意说道'这才是我想收到的信。'来信的是伊利诺伊大学（Illinois College）的一位系主任的妻子，她问赖特先生是否愿意为她设计一套住宅，并且详细描述了那块地产的特征。在我回信的时候，赖特给他的秘书打电话，'吉恩！把博物馆的住宅方案给这位女士寄过去。'那是给现代艺术博物馆（Museum of Modern Art）的花园设计的一栋建筑。我开始笑。'你是个出色的人，'我说，'从一开始就极为重视建筑行为，现在却要在一块你从未见过的土地上修建一所住宅。''那又怎样'他嘟囔道'那是应该建的'"[444] 这大概是在保罗 · 汉纳和琼 · 汉纳（Paul and Jean Hanna）同赖特就设计一栋住宅的问题商谈后不久发生的事情。这所住宅准备修建在加利福尼亚州斯坦福市一块尚未确定的土地上。

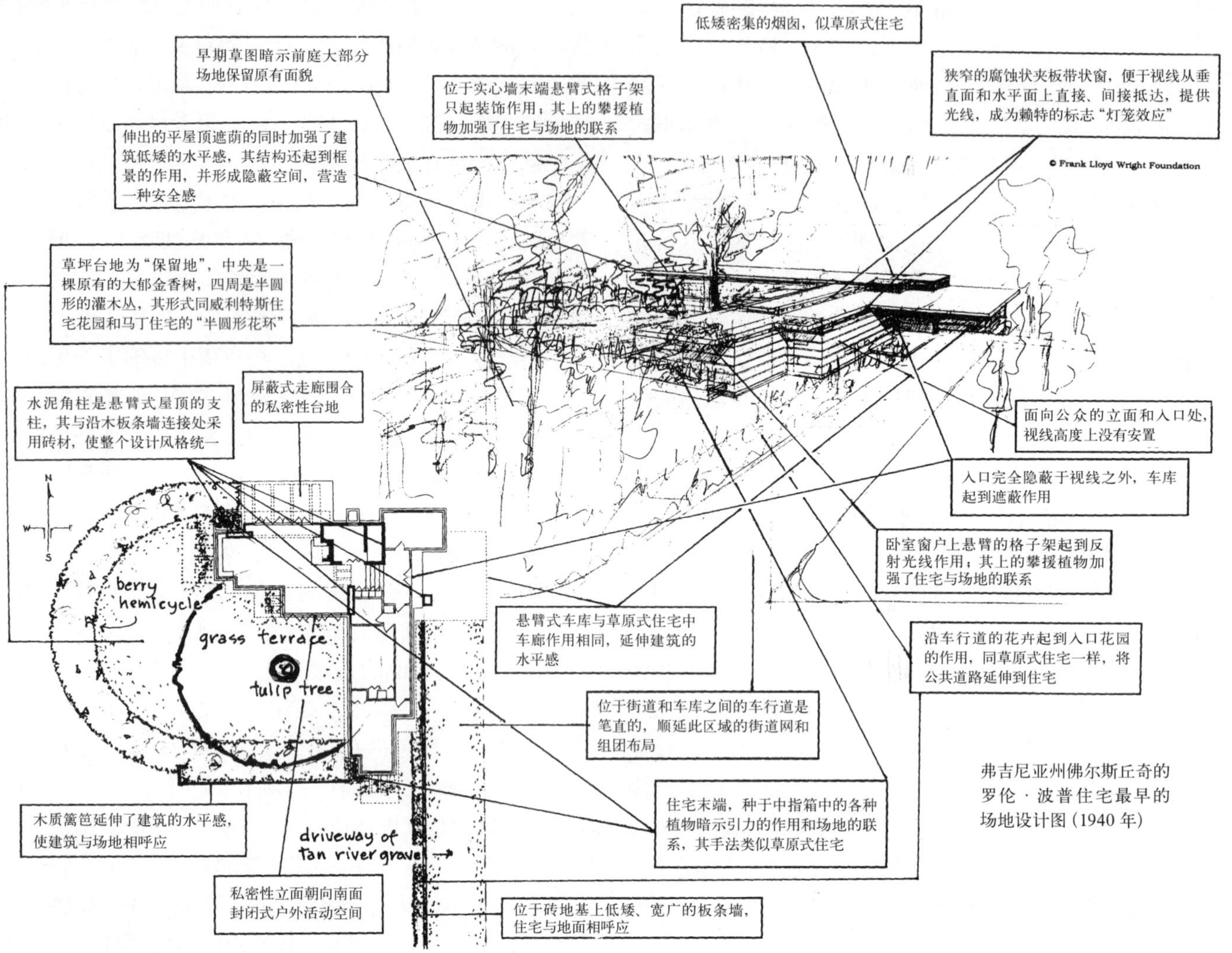

图 7–9 赖特美国风住宅建筑的平面图（查尔斯·E·阿瓜尔基于个人分析和草图记录绘制。©2002 年由亚利桑那州斯格特达勒市的弗兰克·劳埃德·赖特基金会提供。©2002 年贝蒂安娜·阿瓜尔临摹）

保罗·汉纳（Paul Hanna）私人住宅，斯坦福，加利福尼亚州（1936 年）

1930 年保罗·汉纳和琼·汉纳阅读了报纸上关于康氏（Kahn）演讲的内容，受其鼓舞，并于同年首次同赖特接触，之后不久他们就到塔里埃森拜访了他。离开的时候他们知道总有一天赖特也会为他们设计一套住宅。这一天终于在 1935 年来到了，那时保罗·汉纳在斯坦福大学（Stanford University）的某系找到了工作。汉纳一家被他们的塔里埃森之行深深感染和鼓舞了，这从他们的要求列表就可看出，包括“要坐落在山脊上，要有风景，有排水装置，要足够大，可以造园，玩耍，要有私密性”，“一所依偎在山的轮廓中的住宅”，“要有玻璃墙，这样我们可以总是看到日出或日落，云卷云舒，掩盖群山，田野中树木翠绿，青草芬芳，”以及“一栋有露台和花园的住宅，这样可以容纳200个客人随意活动，享受日光浴，或者是在阳光或树荫下休息，孩子们可以自由地嬉戏。”[445]（图7–10）。

据汉纳一家自己说，他们在收到一套二层住宅的方案时非常吃惊，因为那时赖特还没有参观过那个地区，而且他们的修建地点也还没有确定。仅仅在他们归还了那套设计方案，并随信寄上了他们需要一栋一层建筑的要求后不久，赖特来到了北加州，并且帮助他们从备选的三块场地中挑选了一块。选好的这块场地位于一块平缓的山坡上，朝向西南面，并且位于斯坦福校园广阔的边界之内，而斯坦福大学校园最初是奥姆斯特德规划设计的。[446]一旦场地选定，汉纳一家，同之前雅各布斯家一样，很愿意给赖特实践自己创造力的自由。结果便是大家所知的，与众不同的美国风住宅，即“蜂巢住宅”（Honeycomb House）。这一名称来自赖特在设计过程中使用的六边形单元系统，这种系统的基础不是传统的90°角而是120°角。赖特解释说，这是因为他相信钝角对于人类的活动来说更具有亲和性（图7–11）。

赖特最早的汉纳住宅设计草图显示他将现有的树木、户外的台地、宁静的花园空间、组织交通以及场所界定都当成了设计的整体元素。L形的规划与雅各布斯I住宅有明显的不同，表现为长廊式走廊以及主人们的卧室与主要的生活空间平行，服务单元与其他侧翼的佣人区连接在一起。这种安排使得赖特可以将所有主要生活空间的玻璃墙的方位都朝东，以获得最大的观景效果。沿着墙体朝向正西方的玻璃窗，仅限于屋檐正下方的区域。将建筑六角形的单元系统扩展到户外的边界砖墙，与按照塔里埃森的样子建造的自由流动的车道之间形成了鲜明的对比，构成了一道最为吸引人的景观。这条车道引入了一种类延森式——但是非常紧凑的——反向曲线（图7–12）。

在一本书中汉纳一家描写了这栋他们居住了39年（从1936年至1975年）的住宅，他们验证了赖特鼓励他们为协调和保留原有树木所做的努力。“赖特先生谨慎地选择建筑物的修建场地以保存那些橡树，我们也给予了它们特别的关注——修枝，施肥，浇水。那棵独立的柏树，通过车库的屋顶向外伸展。但是有个问题——树皮甲虫（Bark beetles）已经在上面祸害好多年了。赖特先生鼓励我们一起照看它。通过我们每年的修剪死枝和喷药，这棵树终于活了下来，并且缓慢地生长。”[447]汉纳一家回忆到，赖特还建议他们在这块地的后面“栽种一排针叶树”，以保证私密性。不过，这一建议以及确定边线

图7–10　加利福尼亚州帕洛阿尔托市斯坦佛大学校园内为保罗·汉纳的“蜂巢小屋”（1936年）设计的环境（查尔斯·E·阿瓜尔摄于1992年，© 由贝蒂安娜·阿瓜尔提供）

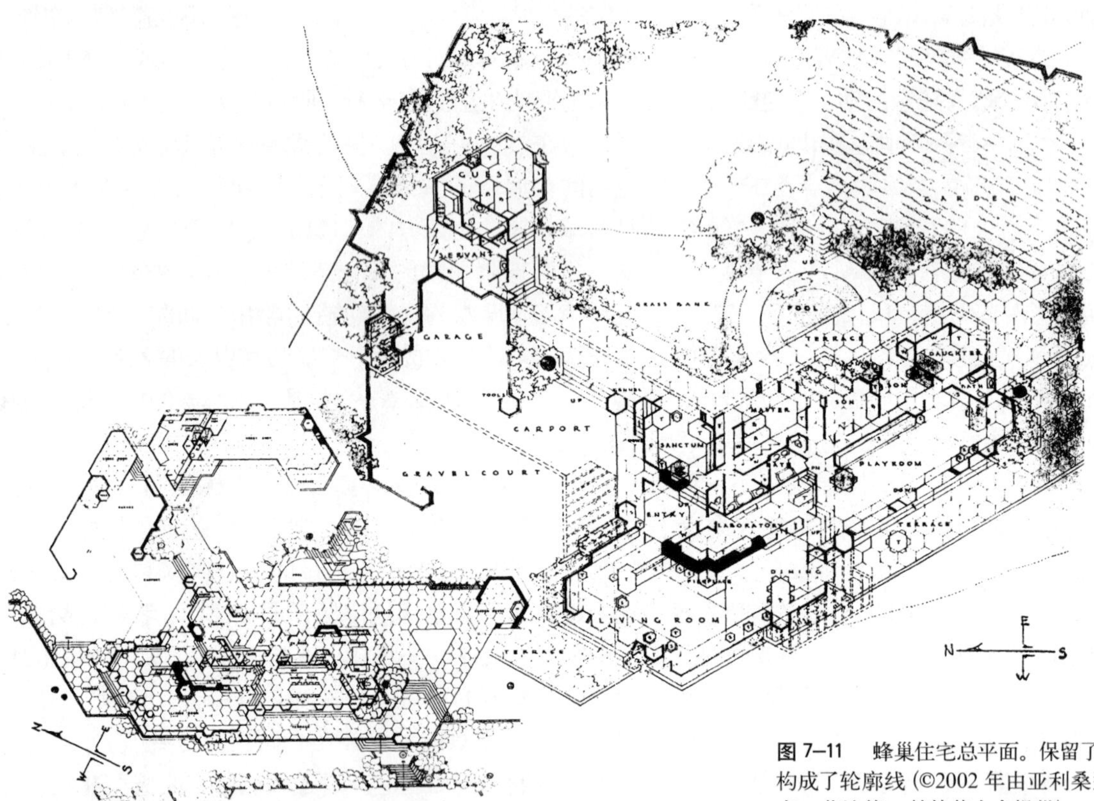

图 7–11 蜂巢住宅总平面。保留了原有的树木，低矮的砖墙构成了轮廓线（©2002 年由亚利桑那州斯格特达勒市的弗兰克 · 劳埃德 · 赖特基金会提供）

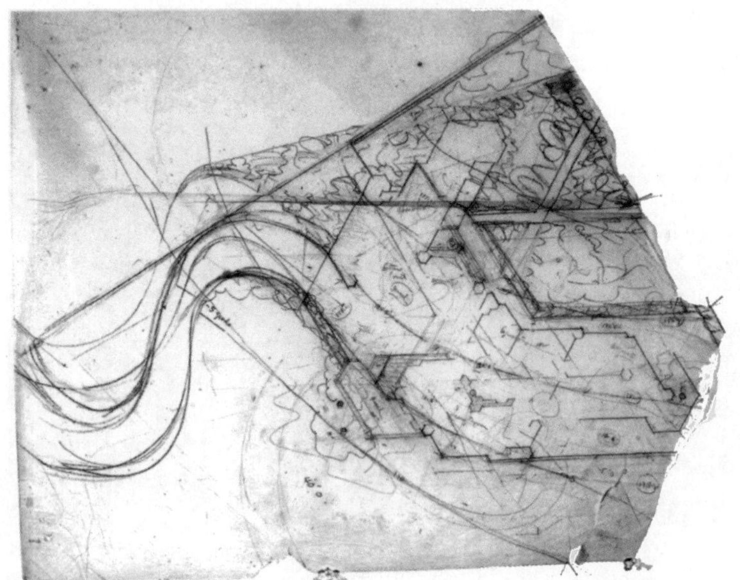

图 7–12 赖特为蜂巢住宅绘制的草图，运用了一种类延森式的反向曲线（©2002 年由亚利桑那州斯格特达勒市的弗兰克 · 劳埃德 · 赖特基金会提供）

的矮砖墙台地（所用的砖材同住宅的相同）似乎成为他关于景观种植方面的见解。学徒凯纳基 · 多摩托（Kenaji Domoto）告诉作者，他是比较晚的时候被召来栽植新的植物的，但是他只能回想起为他们设计狗舍；他说所有的露台和墙都已经建好，而且汉纳夫人"非常了解她的那些植物"。[448] 事实上，汉纳一家所写的书提供了大量有关他们在长时间内营造自己住宅的景观时非常个性化的过程。因为这是他们可以做得到的——笔者在进行本书的调查研究时，采访了许多美国风住宅的住户，大部分人所描绘的过程与此类似。

汉纳一家的书中所披露的另一个非常重要的细节就是，蜂巢住宅位于圣安得列斯（San Andreas）地震断层的分支上，而且他们和赖特在住宅修建之前就知道这一情况。看起来那时汉纳一家正在给他们的场地打界桩，他们在斯坦福大学的同事，一位世界闻名的地质学家打断了他们，并且告诉了他们这个惊人的消息。赖特对于他们发狂似的电报的反应却非常平淡："我设计了帝国饭店。"显然，举这个例子就是意图提醒汉纳一家那个已经被广泛宣传的神话，即这座著名的建筑是经受日本1923年9月1日大地震洗礼而惟一保存下来的建筑。实际上，历史记录证实那座帝国大厦周围的区域不处于震中附近；其他许多建筑的表现要好得多；而且大厦7层部分在整个事件中下陷了2英尺——总共应该是3英尺8英寸。[449] 正是因为大厦沉陷进泥土中这一问题导致了它在1968年的彻底毁坏。

在发现这里存在地震活动带后，似乎地质学家的警告并没有促使赖特增加任何用来支撑汉纳住宅的特别构筑物。而且大约50年内也确实没有发生与地震有关的破坏——直到1989年10月17日的地震。很显然那次地震是第一次包括了汉纳住宅下的那条地震断层分支。弗兰克 · 劳埃德 · 赖特基金会所准备的一份评估报告中显示修建抗震支架并在临近地带进行全面的恢复的成本为180万美元。[450]

虽然就知名度来说不及流水别墅，但是汉纳家的蜂巢住宅也列在了美国建筑师学会（the American Institute Architect）所认为的"弗兰克 · 劳埃德 · 赖特在建筑上对美国文化所做贡献的最好范例"的17个设计作品之中（其中9个为住宅）。同时，它也列在了国家历史景点记录（the National Register of Historic）中。

艾比 · 比彻 · 罗伯茨住宅（Abby Beecher Roberts），马凯特市（Marquette），密歇根州（1936年）

艾比 · 比彻 · 罗伯茨住宅的设计和选址过程揭示了塔里埃森工作室所独有的这种程序模式。同威利住宅项目和雅各布斯I住宅项目一样，罗伯茨住宅规划是根据赖特最初为广亩城市模型所做的一个规划演变来的。同流水别墅一样，监督修建过程的任务委托给了学徒们。赖特又一次没有根据场所的环境和当地的气候条件做特别的调整。当这个客户就住宅与场所之间的关系表达了自己的不满时，赖特建议她同自己的朋友延斯 · 延森联系。延森的传记作者伦纳德 · 伊顿（Leonard Eaton）解释了所发生的一切：

> 延森从埃利森海湾（Ellison Bay）赶过来，设计了一套植物种植图。它的一个主要特征就是延森在住宅前方栽植了一排糖枫。另外，他改变了入口通道，使得进入住宅更加容易；为罗伯茨太太设计了一个非常迷人的花园，在现有的水池旁栽植了一圈松树，使其看起来更加神秘。所有的这些措施没有一个与住宅有直接的关系，它们的位置表明了延森对于这类景观元素的感觉……同样的手法也被应用到了水景的处理上；它们通常被安置在住宅区的某一边上。但相反的，赖特想要直接在草地中央安排一个水池。延森在设计时就当那块草地已经存在（那块地的地形就适合那样，即使没有草地，他也会建造一块的），并且通过沿边线栽植常绿植物，强调了草地的边界。而且，为了能在秋天有丰富的颜色，他还集中种植了漆树。所有这些创新措施激怒了赖

> 特。后来，赖特强烈要求知道为什么延森要栽植“那些细长的树木”来破坏这所住宅的正面景观。延森，以一个景观设计师对未来的展望回答赖特，那些树木不会总是那么细的。[451]

据这时期的学徒们说，赖特所关心的是他认为和这所住宅的建筑曲线相冲突的东西。以他的观点来说，这里的树种得太多了，而且空间分布也太均匀了。出于这个原因，他让学徒们移走了一些树。这一举动破坏了延森在重要地段栽种它们的意图，因为很明显的，他栽植一排排的枫树不是出于美学目的，而是为了弥补最初选址的不当，以及赖特选择要在这块场地上兴建普通住宅的朝向缺陷（图 7–13）。考虑到起居室三面主要都是玻璃，而且每个的朝向也都不相同，包括面向东南、北和东北方——这是冬季盛行风的方向。这种布局对于位于北密歇根地区的场地来说可能是最糟糕的。因此，延森在起居室周围栽植一排排枫树的基本原理在于以下三个方面：(1) 形成自然防风林，以改变冬季季风的方向，减小风力；(2) 在晚秋、冬季和早春时节能够引入太阳能；(3) 最重要的是树阴能够在整个夏季提供一个保护伞。

图 7–13　位于密歇根州马凯特市的艾比 · 比彻 · 罗伯茨住宅的历史照片，显示了那些“细长”的树（W·A· 斯托勒惠赠，《弗兰克 · 劳埃德 · 赖特的同事们》，S.236，©1993 年）

伊顿推断说：“延森坚持认为就重要性来说，自己的艺术作品至少和赖特的不相上下。为此二人爆发了剧烈的争吵。由于赖特总是声称说建筑学是‘艺术之母’，因此不难想像这场斗争一定非常艰难……虽然延森私底下是个温和的人，但只要涉及到他对艺术的看法，他绝对不是一个温和的人。”

致使赖特在罗伯茨住宅上花费如此短时间的一个原因是他参加了一个非常重要的协会，还有设计监督位于威斯康星州拉辛市的约翰逊制蜡公司大楼（the Jonhson Wax Administration Building，1936 年）。[452] 另一个原因与健康有关，在 1935–1936 年的冬天，年事已高的赖特遭受了两次肺炎的折磨。在接下来的 1937 年，同样也是忙碌的一年，由于赖特和他的学徒们在处理流水别墅后期工作的同时也开始了“温斯布里德”（Wingspread）项目的设计和建造工作。温斯布里德是为约翰逊制蜡公司的首席执行官赫伯特 · F · 约翰逊（Herbert F. Johnson）一家设计的一栋精美的住宅。因此，当赖特的医生劝告他最好在亚利桑那州而不是威斯康星州度过接下来的冬天时，赖特拿出了足够的资金购买土地，并着手开始规划，这就是后来为人们所熟知的“西塔里埃森”。温斯布里德与西塔里埃森在全部环境表现上的显著不同要求对其进行勘查。

赫伯特 · F · 约翰逊（Herbert F. Johnson）的“温斯布里德”，温德泊因特市（Wind Point），威斯康星州（1937 年）

赖特坚持认为温斯布里德是他设计最完美的住宅，不过它也是赖特设计的住宅建筑物中最昂贵的一个。一个三重的天窗下，“大会厅”内主要的生活空间自由流动式的安排，而在这个主要生活空间的周围，四个生活空间的翼展被划分成区，这就是温斯布里德（Wingspread）名称的由来。赖特将其描述成为“似伊利诺伊州里威赛德市的科恩利住宅”，但是“由于用了更持久的材料，所以完成得更好。”[453] 赖特将科恩利住宅与温斯布里德联系起来，相比这种做法与建筑分区方面的联系，无疑要比与整个地产规划方面的联系更为紧密。这是因为人工景观随着时间的推进会得到开发和保留，不过对于两个场所的基本环境特征或人工景观的比较却少之又少。虽然赖特那时也许已经努力描绘他所设想的温斯布里德建成后的样子，正如8年前他在建造西部山谷时所成功实现的那样，不过，他对温斯布里德的设想从来没有完整地实现过。

温斯布里德建筑展示了当赖特遇上一位有能力的顾客，拥有充足的预算和技术娴熟的施工负责人（这所住宅的施工负责人是本 · 威尔特斯克）时所能展现的设计与技能上的卓越。锚定风车般布置的各个翼展的是一个宏大的，三层高，隔间式的壁炉。壁炉通往主要生活空间的5个区域——即社交区，进餐区，阅读区，一层的音乐欣赏区和二楼的中层生活空间（图 7–14）。但是，如果赖特没有像现在这样将主轴排列在西北－东南方向上，建筑的氛围可能已经显著改变了。这种安排使得赖特可以让大会厅内主要生活空间里广阔的玻璃都朝向东方，这样在白天，当太阳沿着弧形轨道运转时可以获得全部的光影效果。自然光线从各个方面透过三重的天窗、一排排的窗户渗透进来。玻璃的那种朝向所产生的全部效果清楚地阐述了赖特无与伦比的运用自然光线的能力，他几乎将自然光线当成一种建筑材料（图 7–15a–c）。

图 7–14 位于威斯康星州温德泊因特市赫伯特 · F · 约翰逊一家的“温斯布里德”（1937 年）（约翰逊基金会惠赠）

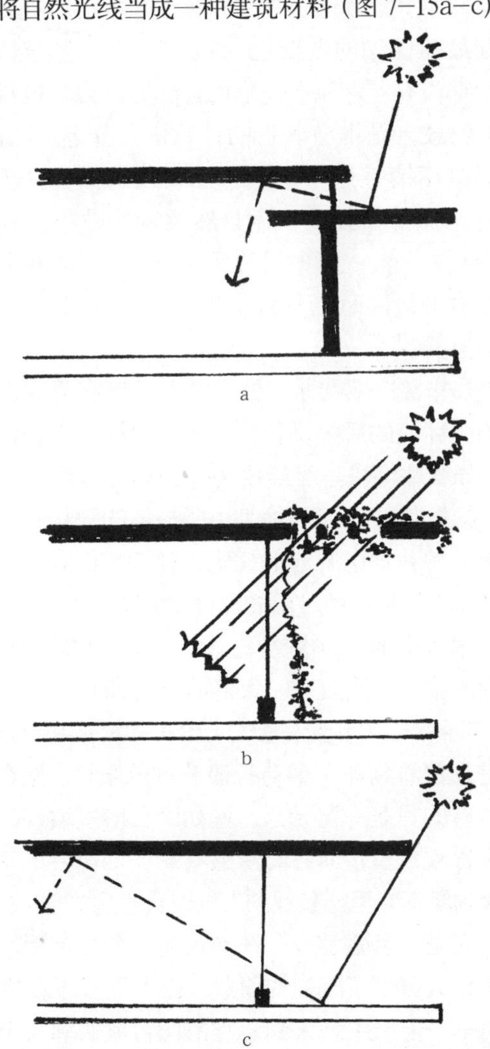

图 7–15a–c 赖特几乎将自然光线也作为了一种建筑材料。天窗上的窗户和挡光板（图 7–15a）将阳光反射，从而创造了一个“发光体”而不是强烈的阴影。藤蔓植物会过滤通过格架（图 7–15b）的阳光。反射光又被上面悬伸的屋顶下的石块反射走（图 7–15c）（查尔斯 · E · 阿瓜尔在个人观察和分析的基础上绘制。©2002 年贝蒂安娜 · 阿瓜尔临摹）

赖特最早的场地规划草图描述了各翼展的基本安排，安排了反曲线的前进路线（其后也是这么修建的），并且表明了他要在建筑物与浅水峡谷之间建立联系的设想，并且将其营造成一个自然形式的人工景观（图 7–16）。从场地规划和平面图都可以找到现有树木的地点，并在设计温斯布里德时作了考虑。而且这张场地规划图是那一时期最为详细的图纸之一（图 7–17）。不过，所有这些安排都没有参考原有地形的自然等高线，也没有对现有的植物或者是准备栽植的植物进行鉴定。即使这样，这些规划图清楚地暗示赖特想要创造一种自然般的环境。他还赞赏和鼓励树木自然放置的技巧。看起来好像赖特买来一蒲式耳的马铃薯，接着示范如何将它们在四周分散开，同时指导说："哪里有马铃薯，就在哪里栽一棵树。"[454]

令人非常遗憾的是，似乎没有任何有关营造温斯布里德场所环境的后续动作。结果，这所带有极优美人工景观的昂贵住宅决不可能成为与森林环境融为一体的住宅——就像赖特在那些规划中所描绘的那样——也不可能成为一栋林地中升起的住宅，就如广泛宣传的、对温斯布里德的效果图所展示的那样（在那幅图中，主卧阳台非常艺术地悬伸在雪松林之上）（图 7–18a）。相反，随着时间的推移，需要有一大群的园艺师来打理这种精心栽植、美丽非凡却需要大量人工维护的植被和草地。因此，如果是期望看到一个如鸟行般悬伸的阳台，站在其上能够将所有的美景一览无余，就如同在塔里埃森，站在阳台上俯瞰威斯康星河谷时所感觉的美妙境界的话，那么第一次到温斯布里德参观的人也许会感到失望了。笔者个人的反应是一种震惊——在参观完这所住宅后，其卓越的技艺给人留下了深刻的印象，让人沉浸于住宅整体的氛围中——走出主卧来到悬伸的阳台就仿佛一个园艺师正开着隆隆的除草机从底下通过，广阔的草坪映入眼帘，完全没有一棵树（图 7–18b）。这对赖特的幻想将是怎样的一种破坏啊！

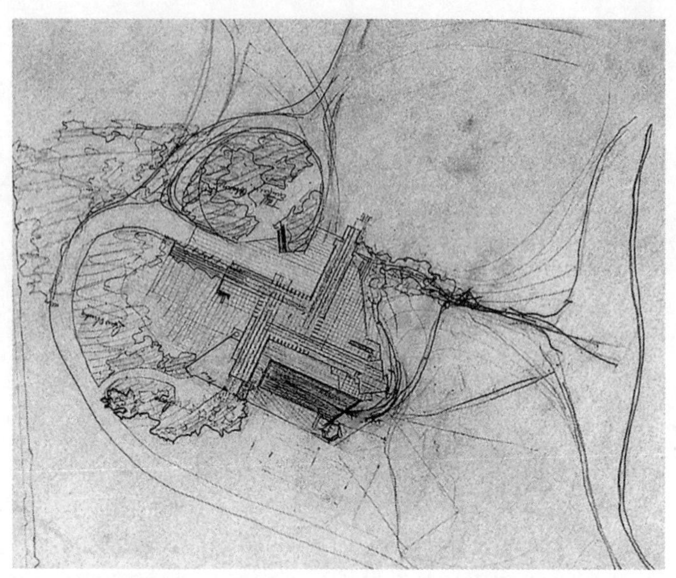

图 7–16 赖特最初的草图显示了温斯布里德的交通组织以及同峡谷的位置关系（©2002 年由亚利桑那州斯格特达勒市的弗兰克 · 劳埃德 · 赖特基金会提供）

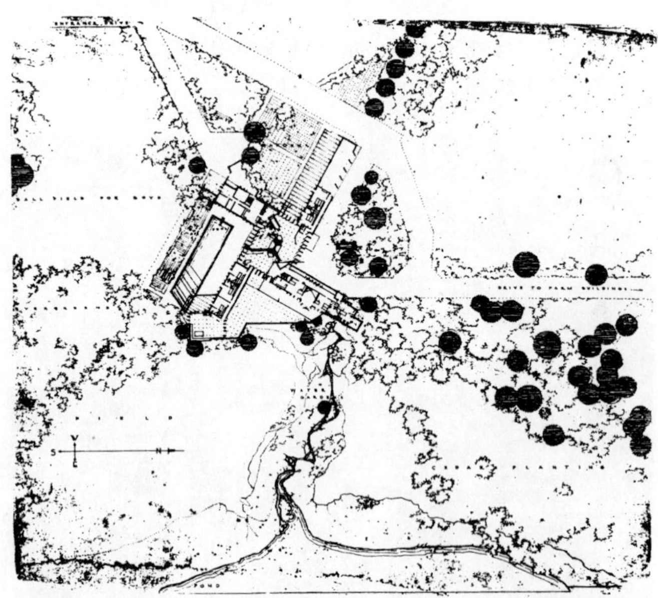

图 7–17 温斯布里德的场地规划是那时最详细的一个，但是它没有提供地形上的参考，或者是辨别植物种类（©2002 年由亚利桑那州斯格特达勒市的弗兰克 · 劳埃德 · 赖特基金会提供）

图 7–18a–b　广泛宣传的温斯布里德效果图显示了主卧阳台悬伸在雪松林之上（图 7–18a）；不过相同地点的照片却显示了这样的景观：广阔的草坪，完全没有一棵树（图 7–18b）（绘图 ©2002 年由亚利桑那州斯格特达勒市的弗兰克 · 劳埃德 · 赖特基金会提供。照片由查尔斯 · E · 阿瓜尔拍摄。©2002 年贝蒂安娜 · 阿瓜尔提供）

西塔里埃森住宅 (Taliesin West)，斯格特达勒市 (Scottsdale)，亚利桑那州 (1937 年 – 20 世纪 50 年代)

在 20 世纪和 21 世纪之交，西塔里埃森住宅感性地融入到马利科帕（Maricopa）台地的景色中，就像赖特 60 年前所想像的那样——麦克道威尔山脉（McDowell mountain）成了这一戏剧性景象的背景（如图 7–19）。赖特对温斯布里德的环境理念缺乏创见性的诠释，而对西塔里埃森的看法却进行了细致清晰的阐述，二者形成了鲜明的对照，这种对照伴随着他的个人兴趣和他所参与的事物而改变，并且始于他对场地选择和他对区域环境的渊博知识。

赖特并没有从市场出售的所有地产中选择西塔里埃森的建设用地，而是到乡下去寻觅，然后找到了这块特殊的岩石台地的所有者。这块土地对他的吸引在于它的地理位置——地处菲尼克斯东北方 26 英里处，位于一片沙漠的环境中，而这正是他 20 世纪 20 年代末所逐渐喜欢的环境——这里有被发展成全方位景观感受的潜力：朝着麦克道威尔山脉向北，经过布莱克山脉（Black Mountain）和格拉尼特里夫山脉（Granite Reef Mountain）向东，再经广阔的“天堂峡谷”（Paradise Valley）到西南，整个区域被驼峰山脉（Camelback Mountains）所包围。

西塔里埃森住宅最主要的帐篷结构是由水平排列的板条构造的墙壁和加框的帆布屋顶建成，这种屋顶就类似于10年前为“奥卡蒂拉沙漠营地”（Ocatilla Desert Compound）建造的那些屋顶。这种构造多年来都作为“露营地”的参照，对此赖特在1943年再版的《我的自传》中的回忆给予肯定：“我们设计了一种轻便的帆布覆盖的红木框架，将其放在山坡上的建筑物上，山坡到处是大块厚重的石块。在晴朗的天气下，当这些白色的顶端和副翼被吹开时，沙漠的空气和鸟儿就会从中清晰地飞过……我们新的沙漠营地属于亚利桑那州沙漠，仿佛从建造伊始就已经矗立在那里了一样……亚利桑那营地是一种无法描述的东西，人们甚至无法去谈论它，它就是那种非常卓越的神圣的存在。”[455]

西塔里埃森住宅所有暂时性的建设和大部分永久性的建设都是由学徒们完成的。他们在每年的11月开工，到来年4月停工，就这样工程持续了好几年的时间。韦斯·皮德斯（Wes Peters）详细描述了设计的过程：“赖特先生曾说过，西塔里埃森是他的‘伟大的建筑草图’。草拟的设计图是画在一张棕色的包装纸上的，但是主要的设计图实际上是装在他的脑袋里。所以，无论什么时候，草图需要改进或者修订，他就会把他的一帮家伙们都叫来，然后我们就会在时间紧迫的压力下按他的思路拼命地干。”[456]

尽管赖特也决定使用帆布，但是用最便宜的红木和沙漠碎石来修建永久性的结构还是必须的，这是由经济可行性决定的。由于建造时间充足，还有许多学徒这样的自由劳动力，毫无疑问，赖特建筑的检验标准就是沙漠风景的外观——正如“威斯康星不漂移区”（the Driftless Area of Wisconsin）是最初的塔里埃森的检验标准。此外，他那种前端突出并精确地偏离东西主轴45°的阳台排列方式，以及规划中建筑从南到西南的方位，是由整年不变的冬季盛行风向和每年11月到3月从太平洋吹来的风暴决定的（如图7–20）。风向的类型和太阳的轨道同样决定了主要居住区的排列方式、建筑的方

图7–19 处在一个戏剧性背景（以山脉为背景）中的西塔里埃森住宅的全景图（由亚利桑那州斯格特达勒市的弗兰克·劳埃德·赖特档案提供）

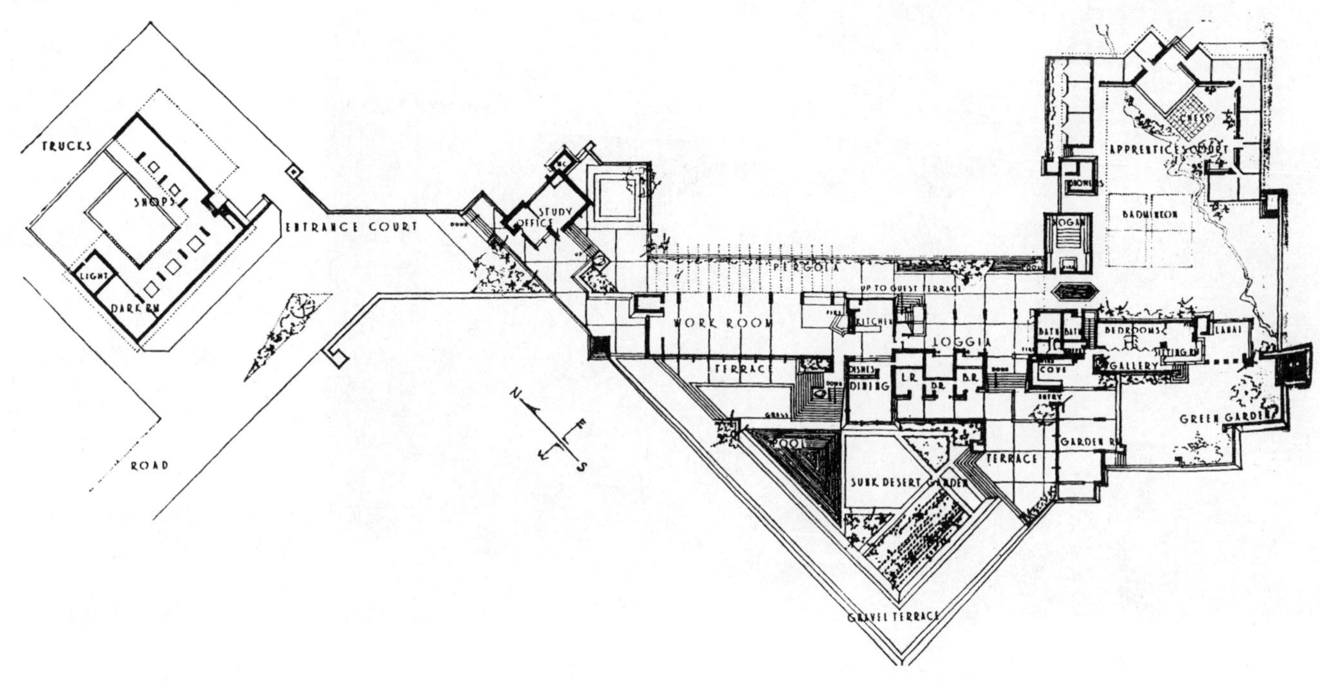

图 7–20　西塔里埃森住宅的底层平面（©2002 年由亚利桑那州斯格特达勒市的弗兰克 · 劳埃德 · 赖特档案提供）

位、屋顶轮廓线的坡度以及沙漠碎石的排列方式和高度。当然，还有阳光和阴影的运动对赖特整体设计的考虑也很重要；正是因为这个原因，建筑构造的所有侧面都是暴露在外的，甚至那些玻璃表面的有限区域也是如此。随着太阳的移动，那些建筑构造的影子就会不断地变化，首先在光滑的混凝土表面形成一条直线，然后被反射到岩石和流水上时，则形成粗糙的纹理。沙漠岩石墙壁中深深的水平条纹形成了阴影线，这些阴影线正强调了结构的水平状态，这和赖特在“草原式住宅”建筑中使用倾斜砖的方式是出于同样的目的。

像塔里埃森一样，西塔里埃森住宅是由主体结构和其他分散的结构构成的，但是所有的结构都由庭院、阳台、人行道和网格状的藤架连接起来，以表现这种密封的构筑物、围合的空间和空间内所有的特征，把整个体积空间变成一个建筑实体。一道低矮的沙漠石墙确定了建筑的边界，这道石墙还起到了双重效果，一方面视觉上把人工景观和硬质景观从沙漠的自然形式中分离出来，另一方面又防止蛇、沙漠生物和被风吹打的仙人掌侵占人为的开放空间——包括平坦的草地，赖特曾非常喜欢在清晨露珠蒸发以前，打着赤脚在上面走动。这种赖特曾努力用来维持、发展并加强场地环境以及表达自己的想法的方式得到了科妮莉亚 · 布列里（Cornelia Brierly）的支持，她是这样评论的：

> 刚开始，我们在建筑的周围栽种了许多多刺的梨树，石炭酸灌木和其他种类的仙人掌，但是人们不断地被这些针刺所刺伤。后来，赖特先生有能力可以购买一所植物苗圃，我们增加了更多色彩艳丽的开花植物，像九重葛（Bougainvillea）和马鞭草（Lantena），这使得建筑周围的直线风格变得柔和，这些开花植物也让自然的沙漠植物不被干扰。我们以前一直在建筑基址的远处，在它三角形的路基和

图 7–21 沿着沙漠地面朝西塔里埃森的方向看过去的景象（查尔斯 ·E· 阿瓜尔拍摄。©2002 年贝蒂安娜 · 阿瓜尔提供）

矩形的庭院处栽种土生的沙漠植物（图 7–21）。大块平整的草坪、表面光滑的台阶和阳台、水池，以及喷泉的动力效应等都与沙漠粗糙纹理形成了一种鲜明的质感对比。赖特先生总是在强调这种水平式建筑形式的地方设置垂直的元素，如雕塑元素，从而形成鲜明的对照。在沙漠中，他使用巨型树形仙人掌（即萨瓜罗仙人掌），垂直的常绿植物，还有甚至是竖直狭长的石头。赖特先生不断地把他的建筑和自然景观整合在一起。在西塔里埃森，这种整合从地面这一层面就已经开始了，将宽阔的沙砾小径和庭院同沙漠地表融合在一起，屋顶的角度是以一种抽象的形式与山体背景相呼应。在我们称为“打碎的碎石墙壁”中，或者仅仅是“沙漠石头工艺”中，那些无声的、色彩鲜亮的沙漠岩石在着色的表面、雕塑、东方的陶器和美洲印地安的艺术中得到重现。[457]

温和的亚利桑那州气候使得在全年使用各种形式花园和水池成为可能。赖特运用这些水流来产生心理上的影响：水流飞溅的声音，一次又一次地营造一种神秘感——这与某人走在宽阔的沙砾小径时所产生的嘈杂嘎扎的脚步声和鸟儿在仙人掌间忽远忽近的鸣叫声形成对照。西塔里埃森色彩鲜艳、被日光照射的表面，飞溅的流水，通风良好的过道以及室内室外的渗透等等一起创造了一种场地精神和一种不寻常的生气，明显地不同于威斯康星州乡村的那种宁静。

赖特最终似乎还是更喜欢他在亚利桑那州创建的简洁，易于运行，和沙漠景观，而不是可以俯瞰威斯康星河峡谷的家。从 1937 年开始修建到 1959 年他 91 岁去世，他和他的家人越来越多的时间都呆在这个环境非同寻常的别墅里。

第 8 章

塔里埃森工作团体时期——美国风年代：1937–1959 年

20 世纪 30 年代中后期，罗斯福开始实行新政，美国联邦政府开始着手一些新兴城镇的规划和开发。第一个就是田纳西州的诺里斯（Norris）——一个示范模型村，于 1934 年由田纳西峡谷权利机构土地规划和住房分配委员会（Land Planning and Housing Division of the Tennessee Valley Authority）对其进行规划设计，为修建诺里斯大坝（Norris Dam）的建筑工人提供住处。[458] 然后规划的是三个“绿色纽带”城市，它们被发展成主要大城市周边的卫星城，包括：马里兰州华盛顿特区北面的格林贝尔特城（Greenbelt，Maryland，north of Washington，D.C.，1937 年）；威斯康星州密尔沃基西南格林代尔城（Greendale，Wisconsin，southwest of Milwaukee，1938 年）；还有俄亥俄州辛辛那提北的格林希尔斯城（Greenhills，Ohio，north of Cincinnati，1938 年）。[459] 全美国最好的规划师、建筑师、景观设计师、工程师、地理学家、经济学家和艺术家聚集于此，他们对此提出了新的社区规划布局理念。尽管这些建筑作品没有获得奖项，但由于运用着色的混凝土石块，框架建设，以及／或者石棉－鹅卵石的侧面，这些住宅费用较低，引起了大众的关注，意义深远。[460] 政府期望此举能减少失业，缓解拥挤，为中等收入家庭提供精心设计的社区和得体的住房，鼓励购房。

赖特意识到这些社区乡村化的背景并且对此印象深刻，这在《建筑和现代生活》（Architecture and Modern Life）一书中赖特和贝克·布劳内尔（Baker Brownell）1937 年合著的章节里得到肯定，他们在这些章节里讨论和分析了这种形式的区域发展的正、反两方面的特点和影响。他们描述了诺里斯的街道是怎样“盘山而建”以及“房屋是怎样穿越树林分散地分布”，以创建出“比大多数夏季旅游胜地更宜人”的效果。[461] 布劳内尔观察到：“非常明显，TVA（田纳西峡谷权利机构土地规划和住房分配委员会）不止是在修建一个大坝。它是在建造一种文明，到此的访客看到的是下个世纪的景象。”赖特总结道：“从里到外都不再是遥远的理想。处处都在变成实际行动，坚持本土文化的新的整合行动。这是新的现实。”

环境设计，1937–1959 年

大概是因为政府的工程造成公众对这些情况的了解使赖特受到激发，他越来越自信地进行可供选择的场地规划设计。这种推论在他和“国防部住房局联邦工作代理处”（Federal Works Agency Division of Defense Housing）的通信中得到肯定，他们的联系是为了 1942 年“克罗维利夫住宅项目”（Cloverleaf Housing Project）工作的需要（参见“克罗弗利夫住宅项目”）。同样，在赖特的努力下，二战后，他被任命为美国国务院建筑项目主建筑师的事实也对上述推论给予了肯定。[462] 此外，在 1938 年至 1957 年间，他个人规划了 9 个社区。尽管其中只有四个被部分地完成了，但非常明显，他把每一项规划都视为是能把他的关于社区的设想和社区社会结构理论带向最终成果的手段，而且，他一直认为这种设想和社区社会结构是未来进一步发展的基础。有时候这种想法显得有些乌托邦，但是还是非常实际的，每一个这种美国风式的社区提供了价格合理的房屋，这些房屋被精心安置在与自然互动的环境中，里面充满了宜人的自然要素，如社区公园，社区花园以及通过性交通和本地交通的分离。

美国风社区

奥托·托德·马勒里的“桑托普住宅”（Otto Todd Mallery “Suntop Homes”），阿德莫尔市（Ardmore），宾夕法尼亚州（1938 年）

“桑托普住宅”建筑复合体被设计为一种低成本住房，是城郊发展的一种替代模式，对此赖特再次运用其在广亩城市模型中最初发展的理念。这种创新的螺旋式设计把多层次的住宅编织成一个紧密的四个单元组成的模块，这种模块被描述成与“四合一规划”（如图 8–1）的精致结合是最好不过了。每一个家庭单元由四个层次组成，所有的边都被用与主体结构相同的建筑材料建成的私密墙隔开。远离两层的居住区有私人花园露台，带厨房兼餐厅的夹层楼面提供了同样的氛围，远离主卧的阳台隐蔽在围墙的后面，第四层还有一个幽静的屋顶花园。因此，没有一个单元会侵扰到其他的单元——无论是触觉上还是视觉上——而且室内和室外居住空间的相互关系也是非常独特的。

这种四家庭模块建筑中只有一所修建起来。住在保守的费城郊区的土地所有者被迫接受任何一种多家庭的房屋居住模式，因为这种模式或许可以把居民密度从每英亩 8 至 10 人提高到每英亩 30 人。即使在驾车驶过或者走过赖特的这种结构模式时，这种模式呈现出单一家庭住宅模式的面貌。同时，这种四家庭式的结构模式中每一个家庭单元的室内、室外空间和私人领地都超过了此区域内典型的单一家庭住房。

赖特在“桑托普住宅项目”原始场地设计中惟一的一个瑕疵是一块异常大的区域的侵入特性，这块区域赖特是设计用来放置汽车的（如图 8–2）。要是这个问题早点被提及——这本来是很容易做到的——那么这些多家庭的单元就能最终得到它们应得的称赞，同时今天困扰全美国几乎所有城市的城市化问题就能够得到明显地缓和了。

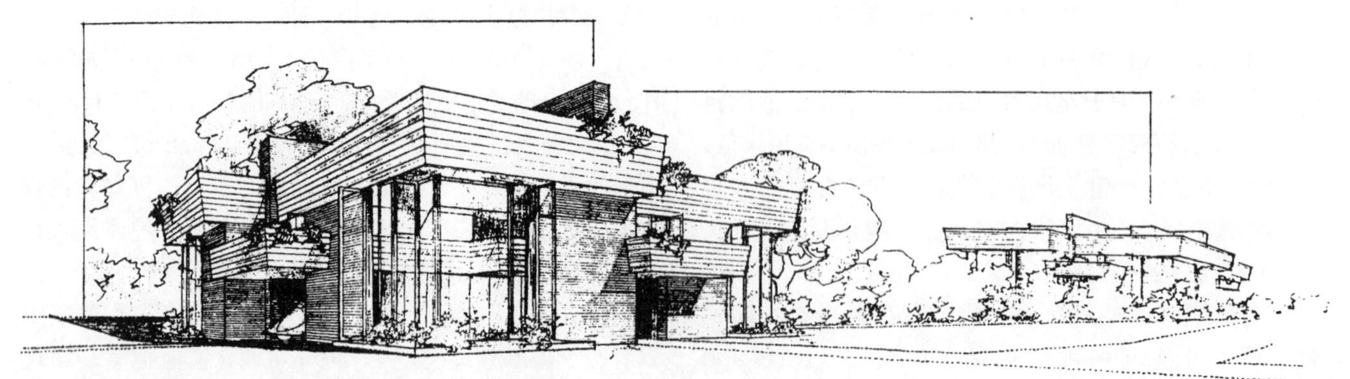

图 8–1 透视图展现的是赖特对于位于宾夕法尼亚州阿德莫尔的“桑托普住宅项目”的四家庭模块（1938 年）的独特理念（©2002 年由亚利桑那州斯格特达勒市的弗兰克·劳埃德·赖特基金会提供）

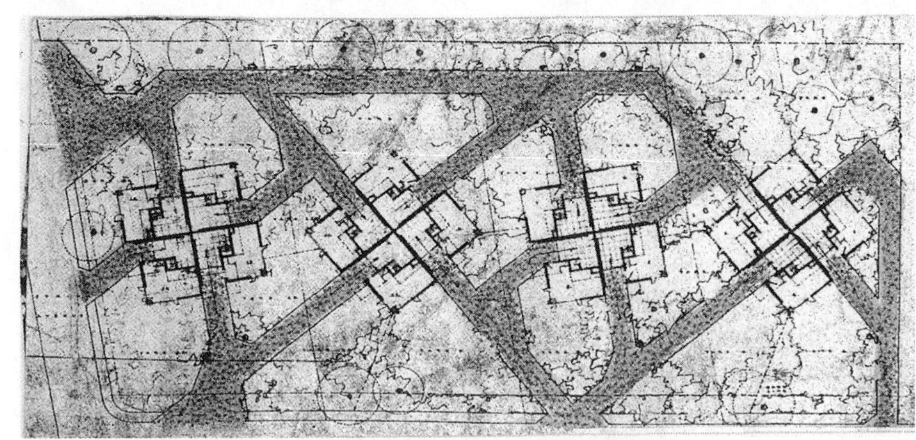

图 8–2　“桑托普住宅项目”的场地规划。设置了一个异常大的区域来停放汽车（©2002 年由亚利桑那州斯格特达勒市的弗兰克·劳埃德·赖特基金会提供）

美国风 I 区（Usonia I），东兰辛市（East Lansing），密歇根州（未建，1939 年）

美国风 I 区的委任设计使得赖特第一个有机会能为用户定制一个新的社区，并同时设计其中待建的所有个体住宅。委托人共有 7 个，他们全都是密歇根州立学院（Michigan State College）（即现在的密歇根州立大学）的教职工。17 英亩的田园场地位于赫伦小溪（Herron Creek）东边东兰辛城外不远处，它被认为是“赫伦地产”这一 40 英亩的合作社区的一部分，“赫伦地产”是位于小溪西边的一片传统住宅区。

档案记载显示，赖特其实曾有比实现七家庭模式还要大的梦想。他曾提出一个第八个住所的方案来为看守者提供住处，还在区域的中心区提出了一个广亩城市类型的“小型农场”式生活合作社单元——配以花园、果园、中心水井及鱼池。他还提到过在单元内设置一个狗窝，一个马房，以及骑马专用道的可能性；他甚至尝试引入动物园。但是这种设计的可行性引起了争议（如图 8–3）。那种直

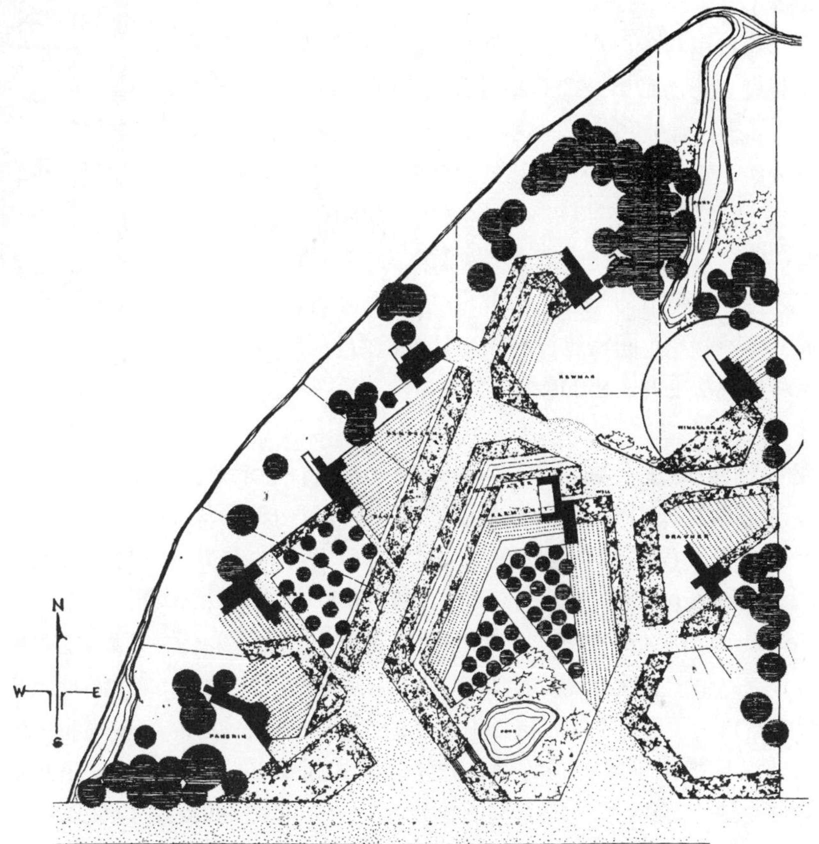

图 8–3　赖特为密歇根州东兰辛市一直没有实现的美国风 I 区（1939 年）所设计的场地规划，极具艺术性，但是实用性却受到质疑（©2002 年由亚利桑那州斯格特达勒市的弗兰克·劳埃德·赖特基金会提供）

线形的环路被设计用来通向每一个单元，这种环路没有曲线和转弯半径。环路外面的土地被分成七个部分，每部分的大小为 2 英亩至 4 英亩不等，但是花园和果园土地被墙壁所包围，这些墙壁忽略了这片土地的物业界限，所以这些小社区被视为半社区以及半传统的土地规划方法。其结构设计本身也有一些问题，包括房屋地面的供热设施。这些设计实际上违反了联邦住房委员会(FHA)颁布的“财产准则和最小建设要求”中列出的七点规范，包括最低屋顶高度不得低于 8 英尺，厨房在空间上与主体分割开，墙壁和屋顶结构的建筑隔声。因此，当联邦住房委员会拒绝为此项目给予资助的时候，这个计划就夭折了。[463]

赖特用“美国风”这个术语来鉴别这个特殊的事业，并假设其想法最终要把他的建筑和他的社区作为一个单一实体进行合并和营销。这一推论带有一定的猜测，尽管，或者说，正是因为一个混淆的说法：赖特在他 1939 年的“项目清单”中把东兰辛工程定义为“美国风Ⅰ区”，同年他在伦敦讲座的评论中把塔里埃森指为“美国风Ⅰ区”，而把东兰辛工程指为“美国风Ⅱ区”，把在西弗吉尼亚州的威灵（Wheeling）即将建设的一个社区指为“美国风Ⅲ区”，这两种说法之间引起了混淆。[464]

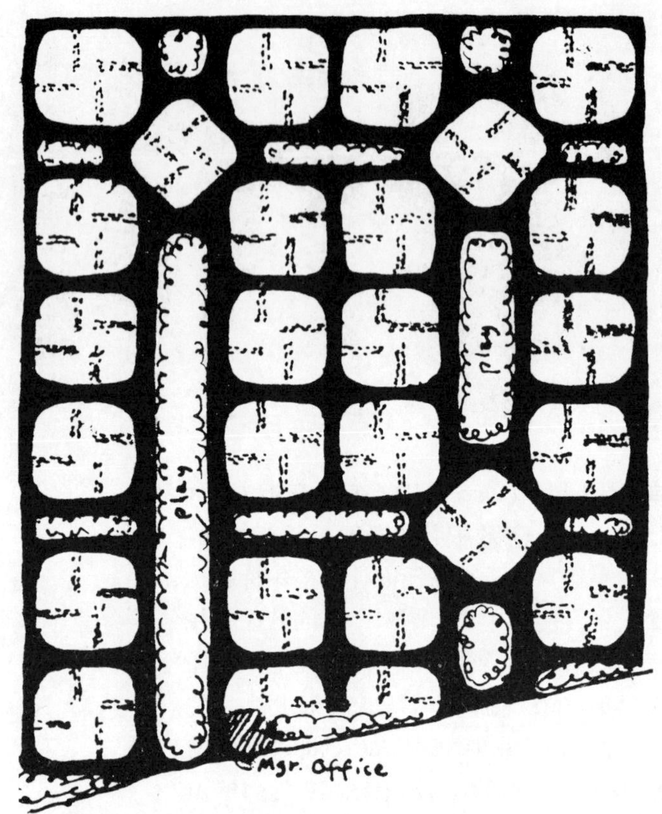

图 8–4　在密歇根东兰辛未建的克罗维利夫项目的场地设计，展现了多家庭的设计方案（©2002 年由亚利桑那州斯格特达勒市的弗兰克 · 劳埃德 · 赖特基金会提供）

克罗利维夫住宅项目（Cloverleaf Housing Project），皮茨菲尔德市（Pittsfield），马萨诸塞州（1941–1942 年）

这个工程是由“国防部住房局联邦工作代理处”（the Federal Works Agency Division of Defense Housing）在二战初期委托的，赖特实质上是把“桑托普住宅项目”进行了精简，他改进了单元之间的隔声效果并且创造了为屋子的三层都引入更多光源的方法。这个场地设计把土地细分成许多呈独特转轮式排列的小块，这些小块，容纳 25 个四家庭的单元和一个办公室（如图 8–4）。虽然街道设计再一次为汽车提供了大量的循环空间（约占 47%），但是场地的 2% 被留出来栽种行道树和做中线林荫道。

最开始人们对赖特规划的反应是肯定的，正如代理处规划部分的负责人，建筑师塔尔波特 · 韦格（Talbot Wegg）所说的那样：“只要看过这些设计的图纸，就可以肯定赖特年轻、活跃、善于创造、技术性高，完全可以设计出史无前例的建筑作品。他的这个工程就足以让皮茨菲尔德和全美国感到荣耀。”[465]

虽然如此，克罗维利夫住宅项目最终也同样没有得以完整实施。据说是政治因素干预工程的实现，议院一位多数派的领导（一个马萨诸塞州人）不想让一个来自威斯康星的建筑师把当地（马萨诸塞——译者注）建筑师们赖以“谋生”的工作抢走。事实上，当时一项旨在委任全美国主要的建筑师努力调整大部分公共住房的平庸状况的工作——不管他们来自哪里——已经启动并处于运作阶段。政府这样做的根本原因是这些改进的设计方案可能会提高政府工程的名声，但事与愿违，现在的事实是人们怨声载道。韦格说这与赖特的“态度”和他的设计被拒绝有很大关联，赖特似乎更热衷于能为自己带来愉悦和荣誉的事情，也更喜欢“履行扰乱财政的义务”。专家从赖特1941年11月的信件里证实这种说法：“是时候了，我该在我自己的国家参与政府建设项目，而合作（和你们代理处的合作）只是我所预见的真正快乐的一个开始……我应该成为你们的努力和这种努力所带来的丰富与智慧的中坚力量，所以不要担心结果。你们会感到满意的……个人的特质（无论这种特质是什么）不会成为妨碍，只会使得我们的工作更生动，更有趣。”

韦格继续描述了“一个从常规程序的不同寻常的分离”，此时赖特参加了场地的选择，并和政府官员的随从一起视察了有发展潜力的场地：

> 初步的勘测已经完成，四个有发展潜力的场地已经连接起来……第一个场地，平坦而翠绿，曾被耕种过，开阔的田地能确保环境宜人和开发费用合理。赖特并未对此留下深刻印象。因为当考察小组步行去踏勘这块地的时候，他不耐烦地呆在车里。第二个场地，是一块粗糙的土地，上面有大块露出地面的岩石，看不到一棵树。赖特看到它的时候眼睛一亮，大叫着“停下来”，并从车里跳了出来。他以年轻人的雅致和活力在山间和溪谷间漫游，很显然他因这些峭壁而狂喜。“就是这儿了；这就是新英格兰……不用再看其他的地方了。这就是我们应该用来建设工程的地方。”当提及场地准备费用和建筑需要一个非常好的地形的时候，赖特说道：“我们可以把树木带过来。树冠优美的松树和山茱萸以及常绿植物。我们把它建成伯克希尔(Berkshires)名胜地。”

韦格推测说，赖特阻碍了自己事业的发展，因为他公开地指责英国“把我们拖入了战争”，并且在被军事高官围攻的情况下还为“了不起的日本人民”大唱赞歌——这几乎是在日本人摧毁美国珍珠港舰队（the American fleet at Pearl）之后不久。

合作家园社区项目（Cooperative Homesteads Community Project），底特律市，密歇根州（未建，1942 年）

委任赖特设计合作家园社区的小组由专家、教师和兵工厂的工人组成。这些委托人计划互相帮助，自力更生修建家园，筹集食物，甚至可能要自己栽种粮食作物，作为收入的部分来源。

赖特为这块距底特律市中心以北15英里的乡村场地所做的规划方案直接来自广亩城市的城市模型（如图8–5）。就像其他同类的规划作品一样，这个设计方案是基于一系列矩形的格栅，这代表了土地规划的范例。有一个单一的环行联络道路，为从许多无出口道路上驶来的车辆服务，而每一条道路都涵盖了三到六个土地单元。这种块地大多数在1英亩左右，其他的格栅单元大小有1.5英亩，2英亩，3英亩或7.5英亩不等。等高线显示：除了南边和靠近“东13英里大道”的地方，凹凸不平，还有一条小溪和两个池塘之外，大部分的场地相对平整或稍有起伏。这片场地用来栽种树木，作为公用场地和社区服务的缓冲空间，诸如带运动场的幼儿园、供应站、商店、社区中心和停车场地。这片有两条入口道路穿过小溪的区域，其两侧栽种了大量的树木。就像贴上了“树木河岸”的标签，支持着赖特保护自然环境的意图。也提出在某些地方形成防风林，尽管在房屋周围没有栽种遮荫树——可能是为了防止植物根系损害　“夯土结构”。

赖特为此项目提出的这种有效内嵌的两居室房屋的设计可能是他在其最完美的低成本住宅调查中想到的生态最健全的设计。他估计每一个单元的造价为4000美元。“夯土结构”比传统的建造方法的优势包括：私密性好；隔绝噪声；自然防火；防止外人侵入以及预防灾难性的大风暴；取暖／冷却费用低——基于土壤的热性质，这种性质使得它整年保持在一个相当稳定的温度范围内；大大减少了对自然环境的影响。不过，赖特所做的不只这些。他把像防洪堤一样的墙壁控制在窗台基部，确保不会挡住户外美景，也不会影响通风（如图 8–6）。他用长的悬臂来保护墙壁和路肩不受潮。他提出在建筑结构周围布置凹陷的花园，以此作为雨水径流的自然滞留池。他还建议土制墙壁用土地作为掩饰，这样就把对植物根系可能造成的侵蚀降低到了最小程度。

“夯土结构”已经在全世界发展中国家应用了几个世纪，而且在 20 世纪 50 年代和 20 世纪 80 年代分别被布鲁斯·高夫（Bruce Goff）和西蒙·范·德·里恩（Sim Van der Ryn）这样的先锋设计师成功地运用。然而赖特对这一概念的理解并没有解释“夯土结构”的“科学”之处。任何一个从事这种类型结构设计的人都必须对土壤的结构有一个透彻的了解——这就是：(1) 哪一种形式适合每一种土壤类型；(2) 哪一种土壤形式可以通过空气作用被成功夯实；(3) 对于每一种土壤类型应该用哪种形式的防水；(4) 哪种形式的排水系统最为有效。这使得人们很难理解赖特为什么把整个工程交给一个学徒：亚伦·格林（Aaron

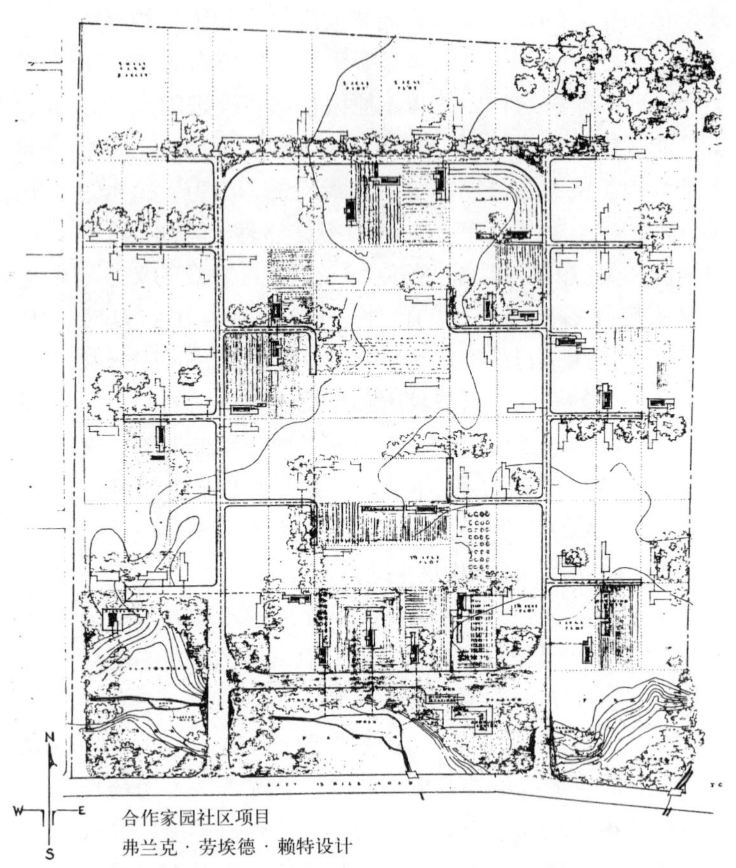

图 8–5 这份土地规划图描述了赖特在 1942 年密歇根州底特律市的合作家园社区规划（未建）中的理念（©2002 年由亚利桑那州斯格特达勒市的弗兰克·劳埃德·赖特基金会提供）

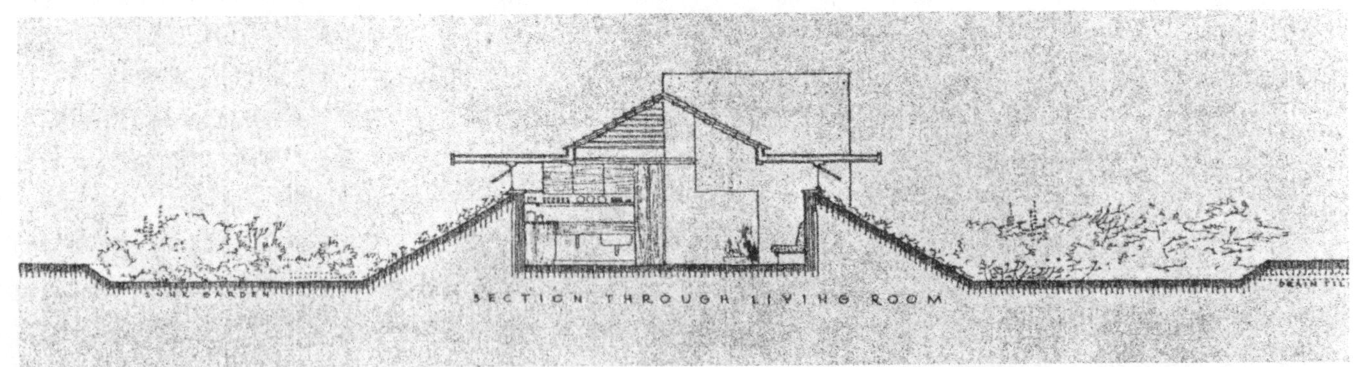

图 8–6 该剖面图图示为 1942 年“合作家园社区设计”提出的“夯土结构”住宅（©2002 年由亚利桑那州斯格特达勒市的弗兰克·劳埃德·赖特基金会提供）

Green)。格林说，他花了好几个月的时间进行开工准备和建造第一个原型建筑。“战争期间的立法使得我们必须获得‘国防部住宅’身份，”他说，“以便购买……二手土壤处理和空气冲压设备，并对沥青混凝土添加剂和对劳动密集型土地建设进行预期实验。战争对劳动力的需求，使得劳动力减少了许多，但是我们能够通过足够的建设来验证这些技术。当空军把我征去训练的时候，工程的排水系统仍在建设中。既没有建设负责人也没有预期的工人，排水系统也没有完成，整个工程于是成为战争的牺牲品，严格地说就这样流产了。”[466]

赖特此后再未设计过夯土结构的项目，尽管大概8年之后他在为明尼苏达州罗切斯特市（Rochester）的托马斯住宅做设计时再次使用到夯土结构这一理念的某些方面。如果哪怕有一个夯土结构的原型建筑被完成的话，它也会和赖特的那些用砌块和沙漠碎石建造的房屋一样成功——而且造价还要低很多。

盖尔斯堡乡村社区，“一英亩”和“帕克文乡村”项目（Galesburg Country Homes, “The Acres” and “Parkwyn Village”）盖尔斯堡，密歇根州（1947年）

在乡村地区建造一个方便到达工作地的住宅社区这一想法最开始是由厄普约翰研究所（Upjohn Institute）的五位化学家提出的。厄普约翰研究所是一家位于密歇根州卡拉马祖市（Kalamazoo）的制药公司。第二次世界大战刚结束，他们就成立了一家非盈利性的公司，取名为“盖尔斯堡乡村社区协会”（The Galesburg Country Homes Association），并且开始寻找合适的土地。幸运的是，所有信件的副本、协会会议记录，以及剪辑的相关报道都被完整地保存下来，这要归功于最初的秘书莉莲·迈耶（Lillian Meyer）（柯蒂斯夫人）的先见之明。她整理了所有关于社区整体规划的信件并保留了档案。1991年，这些档案属于克里斯汀·韦斯布拉特（Christine Weisblat）（大卫夫人）的，她曾经是协会的秘书，后来成为协会首任主席的夫人。这些文件提供了关于与赖特合作经历的非常有价值的看法，以及对组织工作、个人贡献和幕后工作的看法，这些幕后工作旨在发展一个正如赖特所设想的、适合居住的生态稳定的社区。

随后在1991年5月作者安排的一次会面中，韦斯布拉特回忆道：她和其他人一起努力工作，这些努力把赖特这种独特的家庭社区的设计推向了顶点。她说：“我们一组人一连好几个月的周末都忙着清理60至100英亩的乡村土地，并在这里修建我们的社区。我们在1943年或1944年左右的时候开工，那时战争仍在继续，所以不得不共用汽油配给票，但是，我们想做好准备，一旦战争结束就可以继续开工，而且到那时，建筑材料也可以得到了。那时，我们根本没有考虑去找一位名气大的建筑师。但是，在我们访问了卡拉马祖市一所周末对外开放的里面都是房屋模型的住宅——每一套都由不同的著名建筑师设计——之后，安·布朗和埃里克·布朗（Ann and Eric Brown）建议尝试把弗兰克·劳埃德·赖特请来设计我们的房屋。我们对此表示同意。”她接着说，他们踏勘了那块地，最终在冬天把它买了下来，但是对它的印象并不深——尽管72英亩开垦过的农场和林地有用于春季灌溉的溪流以及80英尺的高差，确保有许多诱人的因素。只是在科特·迈耶于早春独自回来之后，全组人员才回来，她说，“深深地爱上这里美丽而茂盛的山茱萸、紫荆、山楂以及满山遍野的野花。”并且做出了“立刻就地”购买这块地的决定。

埃里克·布朗致电赖特，然后在此基础上，五个家庭的代表首先于1946年10月到塔里埃森。尽管那时战后的委任项目已经越来越多，韦斯布拉特说赖特看起来非常希望与这组专业人员合作。当这个小组的成员把塔里埃森的地形和他们的土地做了一番赞许的比较时，很明显，赖特非常高兴，并且建议社区的道路应设计得窄一些、弯曲一些，就像塔里埃森这样。他甚至同意免费对这块地进行规划设计——可能是因为他们想法一致，而且准备授权赖特来做整个社区，以及他们个人房屋的规划（对此他能够得到他通常合同10%的费用）。[467] 这个先导小组回到密歇根，从而能够更好地评价好的土地规划能创造的奇迹以及何种微妙的规划能为这块已经优美的土地增添什么。随着卡拉马祖和塔里埃森之间通信的开始，小组成员在一张 2 英尺等高线的地形图上完成了工作，他们花了三个月中所有的闲暇时间来准备这张地形图。这份设计图详细地展示出泉水、溪流、树群、老农庄、苹果园、牧场、湿地和主要的景色优美的景象。他们还从不同的角度对这块场地拍照，并且对附加的照片进行注解，在地图索引上进行标注。还收集了其他鉴别土壤和霜穴的细节信息和小气候资料。

韦斯布拉特回忆到总体土地规划完成之前赖特到场地去参观的情形："赖特先生坚持步行视察大部分的土地。他涉水直接步入沼泽地。我们十分担心这对他这样 80 多岁的老人来说比较困难，可是他就像一个年轻的孩子一样在享受生活。我们担心他的安全，也担心在我们呈递给他对这块地的闪光描述之后，他看到的却是那些我们自认为是这块地上最差的部分。但他保持着高度的热情，坚持认为这块有趣的地根本不是沼泽，而是一块'高地泥泽'，就像他孩提时在马萨诸塞州西部玩过的那种泥地一样。"

赖特的第一份土地规划透视图描绘了 44 块圆形的小块地，每一块约 1 英亩，蜿蜒狭窄的道路像蛇一样环绕于圆圈的周围（图 8–7）。他这样解释他的设计："每一块土地和所有土地的大小和轮廓相同，但在朝向和地形方面差异很大。私人领地因此有极端个性的特点，不会侵犯甚至接触其他的私人领地。"对于小地块之间的公共空间，赖特建议土地所有者建立一套包括公园、花园、自然道路和社区游憩区域的系统。初始的规划带有注释符号，"绿色的社区植物不需要维护，"按照土地所有者的理解，便是这些区域被留做野生地，在绝大多数可见的地块和楔形地块都种上本地的乔木和灌木。溪流被引入三个梯形的池塘，大都是被用来拓展像西塔里埃森以前那样的"水景园"。一条小溪流经地产，沿着小溪洪泛区的边缘是社区花园和果园，对此也作了一些规定。一封 1947 年 4 月 17 日署名柯蒂斯 ·E· 迈耶（Curtis E.Meyer）的档案信件记录了协会成员对此的热情回应：

图 8–7 盖尔斯堡（密歇根州）乡村社区开发中"一英亩"项目的第一份土地规划报告（1947 年）（©2002 年由亚利桑那州斯格特达勒市的弗兰克 · 劳埃德 · 赖特基金会提供）

> 我们被你为我们的土地发展提出的理念征服——这是全组成员梦寐以求的……设计三个不同深度的水池的想法吸引了我们所有人。但是我们想知道，我们溪流的水是否可以补偿如此大面积水域的大量蒸发。由于其由泉水补给，春天水流充沛，即使在干燥的夏天溪流也不会干涸，但水流会收缩至约 12 英寸宽、6 英寸深。你认为建一个土坝好不好，在其周围种植柳树或安置原木作为筋条？我们特别担心部分溪流在进入我们的领地和流经树林的时候被滞留，那么其中一个池塘中水深足可以在里面游泳和养鱼……我们衷心赞同圆形小块地的想

> 法。虽然我们感觉未能抓住设计中的细微和精妙，但我们确实欣赏等高线和房屋间相互关系以及这种景观和直接的自然增长所带来的好处，我们不想失去任何一个价值。而且，至少我感觉到，场地越少，可以实现的流动性就越大，在有些情况下从树木中得到的利益更多……简而言之，如果你按你提出的那样做出一份同样的设计，在前面的区域内把15个开发场所限于每个场所占地1英亩，然后像这封信里建议的那样开发剩余的土地，我们就会非常满意。

然而，就在写这封信的时候，原工作小组已分成了两派这是没有敌意的决定。只是一些家庭觉得他们更愿意住在离卡拉马祖市中心区更近的地方，而不是在一个相对孤立的乡村环境。这一组中包括一个牙医，一个律师和两个内科医生，他们主要在家里办公。分裂出去的这组成员同意盖尔斯堡协会提出的理念，他们也要赖特为他们这一部分人作出他们的房屋规划设计。他们形成了自己的帕克文村协会（Parkwyn Village Association），并在罗伦兹湖（Lorenz Lake）岸线旁购买了一块47英亩的土地。这块地的大部分留做果园，因此保留了半乡村区域的特点。这两个协会继续一起工作，或多或少地作为一个分两个部分的合作小组——甚至共享埃里克·布朗的服务，诸如代理记录之类的服务(图8–8 a–b)。

当赖特开始为两个协会的居民设计个人住宅时，他重新采用了以织物纹样砌块做主要建筑材料的理念。这些和随后的织物纹样砌块房屋被称为“美国风自动装置”，它们是以赖特的社区开发总体规划方案为基础的。韦斯布拉特对奉献、承诺和整个家庭在此开发过程中投入的精力的描述适用于所有参与的家庭，无论其位置是否在“帕克文村土地”的管辖范围内：

> 在等待自家住宅规划被寄来的这段时间内，全家都帮助那人测量土地，移除树桩和标志牌，在社区里栽种果树，以及重新安排树苗的位置。我们最

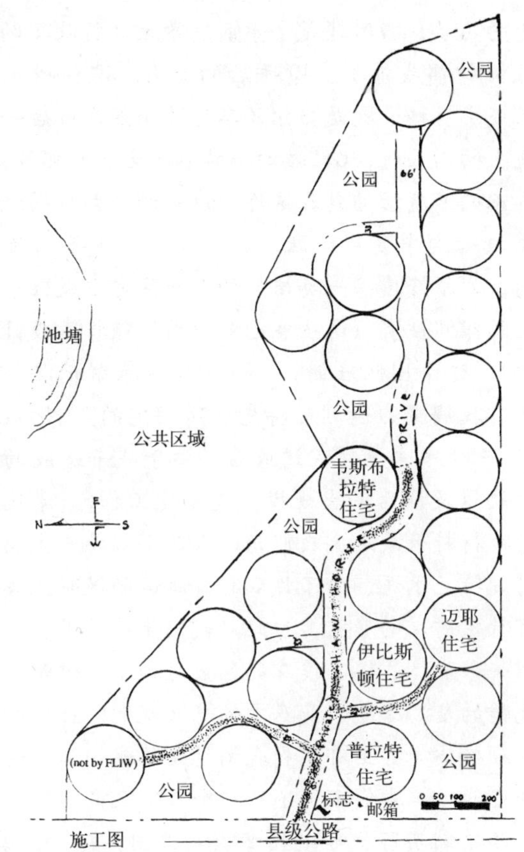

图8–8a　作为盖尔斯堡乡村社区一部分的“一英亩”的最终规划(©2002年亚利桑那州斯格特达勒市弗兰克·劳埃德·赖特基金会)

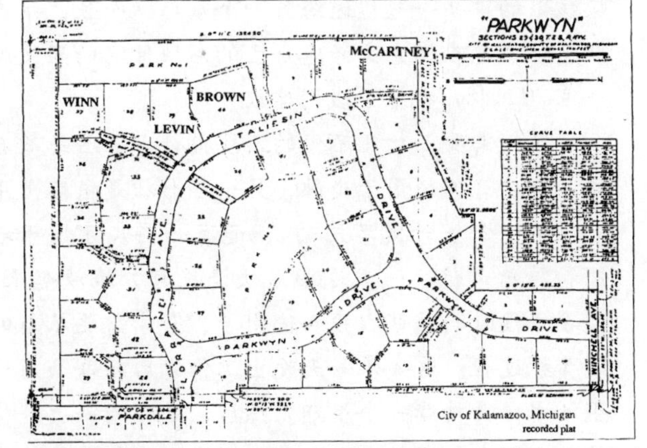

图8–8b　乡村社区两部分中的帕克文乡村社区的最终布局图(©2002年亚利桑那州斯格特达勒市弗兰克·劳埃德·赖特基金会)

小的儿子，当时还是个学前班学生，将收集的鹅掌楸树种都栽种了。40 年后的今天，这些树木已经长成了森林，就是当你开车通过坐落在最后一个弯道上的山丘时，比较矮的一端尽头生长的那片树林。真正的家庭活动就在这作为建筑的一部分的混凝土砌块结构中变得活跃。在 1950—1951 年的暑假期间，为了修建“一英亩”的三间住宅以及位于帕克文的四间住宅（这些住宅都使用了赖特所设计的砌块），这个团队雇佣了一些大学生来帮忙混合混凝土，我们努力达到赖特先生所指定的色彩和纹理。当 1950 年这座住宅建成后，由于战争造成的供应短缺以及战后的大规模恢复重建工作，（建筑所需的）材料很缺乏。我们始终未获得赖特先生想使用的波特兰水泥。由于许多需要海运的混凝土模板都有特定需求的形状，为此，我们等待了很长一段时间……最终，塔里埃森的包裹运到了，但是，让人气愤的是，这还只是基本的平面规划。正规的混凝土砌砖公司甚至都不和我们讨论替我们加工这种砖的可能性。我们不得不找一个为这么多不同形状的东西绘制实际大小的图案（制造图）的人。其次，还需找一位钣金工为我们加工这些东西。我们分担这些费用，将建筑形式以及我们所掌握的应该和不应该做的事情一起传递给另一个家庭。而且，早我们一步，先在帕克文修建自己的石块住宅的里文思一家（Levins）也给了我们建议。

我们需要三打儿不同的石块设计，一些是多孔的，背后有玻璃用于走廊，另一些形状是角落上用的（室内和室外是不同的），还有一些尺寸用于墙帽和特殊部位。一旦这些石块浇筑好并堆放起来，再等一段时间就可以投入使用了，全家需要参与的是养护过程。这要求每天晚上工作完后往每条石块上洒水，并持续一个星期。然后，是每周一次，持续四个星期。每天晚上和每个周末，我们都要花费大量的时间在现场，但这是令人愉快的经历，就像每天开车去郊外度假。在建造房子的那段时间，我们和三个孩子一起住在卡拉马祖市的一个二层公寓中。绝大部分户外活动是幸福和有趣的。

很少石块会碎裂，但以防万一，除所需要的 2000 多块标准尺寸的石块外，我们真的制作了额外的备份。随着每间房子渐渐成型，一些合作者有石块剩余下来，于是就出现了一些交换和买卖的活动。实际上，这些石块是我们的木匠铺设的，而且这些木匠一旦熟悉了按水泥地板上永久刻下的 4 × 4 格栅铺设，在实际操作中就没有什么困难了。熟练的泥瓦匠只负责地板壁炉。木匠打造了可移动的和所有内置家具……这些全按照赖特先生提供的细节完成。因为他指定的柏树木材很难获得，所以协会购买了一车的洪都拉斯桃花心木（Hondurian mahogany），供两组共用。

杰克 · 豪（Jack Howe）是派给我们大家的学徒。他在关键时刻过来几天，和为他提供卧室的人家住在一起。铺设石块的时候，赖特先生过来检查我们的进度，而且，我记得他告诫工人们铺设石块时不要过于精确，因为我们想要看到的效果是“有曲有直”。他本不需要担心，但是他的相互交织的系统的含义那时已真正被理解了。

赖特设计 15 所单独住宅的目标从未实现过。然而，盖尔斯堡市乡村住宅社区的实现具有里程碑意义，比其真正流行早了约 20 年。[468] 而且，维斯布拉特对于赖特灵敏的环境设计方法的描述，加之他们在建筑过程中付出的大量心血，清楚说明对于计划的开发项目，赖特想以一种不受个人情感影响的不定方式来分散集权。

美国风 II，欢乐谷（Pleasantville），纽约州（1947 年）

赖特美国风社区最大的部分位于纽约城北约 30 英里的地方，靠近欢乐谷，其所在的土地原本是经皇室允许分配给威廉和玛丽学院（William and Mary

College）的。森林覆盖着风景优美的岩石峡谷，欢快奔腾的溪流，以及早期居住者遗留下来的石墙在三个方向有松树林绿带组成的隔离带以保护社区的分水岭。在赖特最初的计划中，那地方有55个1英亩左右的圆形土地，其中6块朝向中央小型公园或操场。各圆周间的三角形土地是缓冲空间，保留着原有状态或栽种当地原有乔木和灌木。公共场地分成社区的菜园，孩子的宠物农庄，游乐场，游泳池，社区中心，球类场所以及供客人居住的小别墅。蜿蜒曲折的路沿这些土地边缘迂回前行，穿越公共地带的路面狭窄，这种设计有意识地限制车速和穿越社区的交通量（图8–9a–b）。正如田地规划项目和帕克文乡村社区的性质一样，这些土地最终被弄成与当

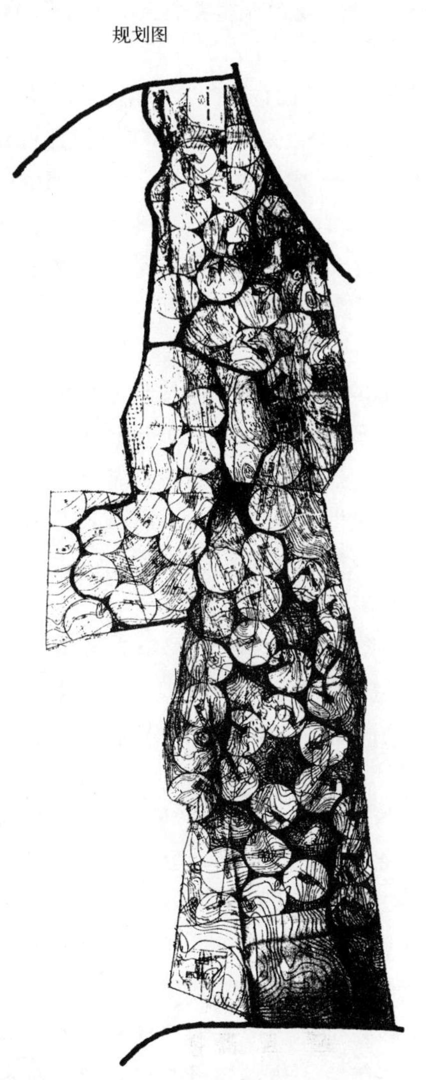

图8–9a　赖特对位于纽约欢乐谷的美国风Ⅱ最原始的设计方案（1947年），以圆形的地块为特征（©2002年亚利桑那州斯格特达勒市弗兰克·劳埃德·赖特基金会提供）

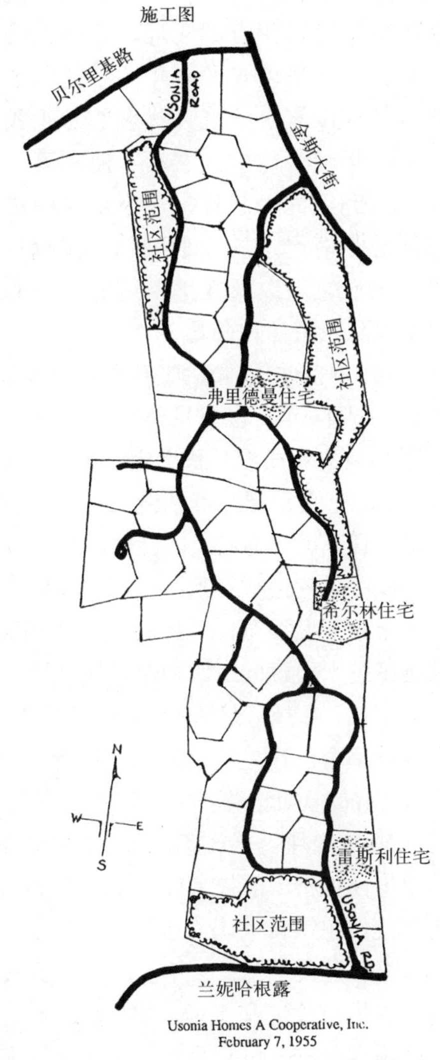

图8–9b　美国风Ⅱ规划图中的场地最终的格局为多边形，以符合当地的风俗习惯（©2002年亚利桑那州斯格特达勒市弗兰克·劳埃德·赖特基金会提供）

地的风俗习惯相一致的多边形形状。

大卫·汉肯（David Henken），一位年轻的工程师，被任命负责这个独一无二的社区的开发和实施。受到已大部分出版的赖特关于“广亩城市”的选择性发展理念的启发，他开始思考如何获得充足的土地，以及吸引赖特加入，组建一个建筑公司，以便自己建造住宅，社区中心和其他建筑。[469] 在与其他人商谈了多年并与赖特签订聘用合同之后，最终他确定了自己的发展战略：在塔里埃森做两年的学徒以便将自己的工程技能调整成以有机建筑为代表的非正式的家庭生活风格。在两年的学徒生涯之后，他和妻子普丽西拉（Priscilla）回到纽约，想打探一下朋友中谁对待这个项目的态度是绝对严肃的，是可以克服战时管制，高昂的价格，物质短缺以及几乎不可能实现的对于非传统住宅的无风险投资这些障碍的。

长时期的共同承担风险的失败使许多人都失去了信心。但是到了1944年，已有足够多的人加入进来，在纽约州法律约束之下成立了罗克代尔合作社（Rockdale Cooperative）。他们一起选点并购买了97英亩的土地。然而，到赖特真正被任命时，他已被战后恢复重建工作缠身。于是最后大家达成一致，同意将赖特的参与工作减少到准备土地开发规划，设计五座住宅和确定社区中心。赖特还答应承担顾问工作和对其他设计师设计的住宅规划进行审核，“以确保他的有机建筑原则得以实现，确保住宅设计适合已选定的土地，以及所选的方位有便利的光照和良好的视野。”[470]

直到1950年3月，一个储蓄借贷组织最终同意冒着风险资助团体性抵押，前提条件是公正的共同所有权和严格的建筑监控。银行家认为这种安排提供了最大限度的保护，防止邻里关系恶化。不过，最终所做的决定是所有成员独立拥有住宅和土地，但要保留社区财产、街道和公用设施作共同的风险投资。其他合作方面包括挖一口井，建造一间泵房和储存罐，设置供水干线和消火栓。在共同合作安排下，五间房子的修建作为一个先导项目，由10多位成员承担，他们共同筹集所需材料和享有99年的租借权，这一权利可被其后代继承。在开始的几天里，建筑的花销主要是购买大片土地。一些项目，诸如柏树以及供暖管都是成卡车购买。当木材极度匮乏时，购买了部队军营的剩余物资并从位于北卡罗来纳州的基地船运过来。各位成员去掉木材上的钉子，将其分门别类码放整齐。这是各位成员获得“辛苦的公平”的方式之一，正如赖特预想的“广亩城市”一样。

赖特为美国风Ⅱ设计了三套住宅，即索尔·弗里德曼（Sol Friedman）住宅、罗兰·雷斯利（Roland Reisly）住宅以及爱德华·希尔林（Edward Serlin）住宅。赖特亲自参与每栋住宅的设计。当地原有的石料不仅用来制造希尔林住宅的壁炉，而且也是弗里德曼住宅和雷斯利住宅的主要建筑材料——这种选择保留了当地郊区特有的风貌。一些建筑师加入到最终在本社区修建的47所非赖特式住宅的设计工作。这些住宅中的5所是由先前学徒卡尼吉·多马托（Kaneji Domato）设计的，他不仅是一名建筑师，还是一名景观设计师。剩下的住宅大约一半由大卫·汉肯和亚伦·里斯尼科（Aaron Resnick）设计。除了极少数的例外，这些非赖特式的住宅基本上遵循赖特的美国风格。

1985年，哈得孙河博物馆（Hudson River Museum）举办了一次展览，这次展览后出版了一本目录，在一篇为此目录所做的评论中，汉肯就美国风Ⅱ写道：

> 一个具有显著稳定性的社区已经逐渐成熟……我们已经到达树林中的一片荒地，创造出一个世界文明的社区……我们有一些漂亮的建筑，也有一些平庸的建筑……但是所有这些被赖特具有渗透性的影响聚集在一起，所有仿佛都破土而生，渗入到更高一步的环境中……我们已经为纽约的大都市地区带来了太阳能，热水辐射加热，精炼技术和精心设计。只通过我们的存在，我们就已帮助提高了分区标准……对于三州（tri—state）地区的多数规划、

设计和建筑学院来说，我们如同一个现场的教室。我们已经丰富并强化了我们位于欢乐谷和韦斯特切斯特的更大的社区……我们已经比同类小组走得远。我们希望其他的人能来这里参观，能从我们的过去中吸取经验教训，避免重蹈覆辙。这才是真正意义上的进步。[471]

美国风住宅(THE USONIAN RESIDENCE)

“简单的生活，与自然和谐相处，一般人都能承担得起的费用”，这种对生活方式和所设计的建筑的定义在1932–1945年间出版的关于赖特的美国风建筑和广亩城市的文章中一次又一次地被提及。这一定义在住房需求很大的时候对一大部分人口有感染力，而且触及他们的真正需求。在此之前和从此以后，这个国家再也没有经历过如20世纪40年代中后期发生的建房高潮。随后，正如现实中发生的那样，是接踵而来的因大萧条、物质短缺以及第二次世界大战禁止民用建设而引起的建筑缺乏。而且，成百上千的军人——拿着美国退役军人管理局提供的低息家庭贷款——都已回到家乡，他们都乐于，而且能体会乡村生活中，买下房屋，实现美国人拥有自己房屋的梦想。在这个期限内，赖特就购买公共用地为两本著名的杂志撰写了文章。第一篇是在1938年，即预期的大萧条末期，为《生活》杂志准备的；第二篇是1945年，即第二次世界大战即将结束时，为《女性居家杂志》编写的。

“为收入只有5000美元的家庭设计的住宅”(House for a Famliy of $5000 Income)《生活》杂志(1938年)

赖特是被委任加入商业期刊《建筑论坛》(Architecture Forum)和《生活》杂志的创新性合作的8位杰出设计家之一，这两本杂志都属于面向家庭的图片出版物。这项任务的目的是鼓励租户建造属于自己的住宅来宣告萧条经济的复苏。从这个乡村地区那些不仅想修建房屋而且也“有这个能力”的人群中选取来自不同地点的4对代表，要求候选人年收入必须在2000–10000美元之间才有资格。每一对代表都被要求描述一下现有住宅的缺点并详细叙述他们对崭新的“梦想”住宅的需求和期望。在每个家庭派驻2位设计师，一位负责设计出一套“传统”形式的住宅，另一位负责设计一套“现代”的建筑。设计方案将在1938年9月26日出版的《生活》杂志上刊出。

赖特被安排为位于明尼苏达州明尼阿波利斯市的艾伯特·R·布拉克邦恩(Albert R.Blackbourn)家庭做“现代”设计。波士顿造诣极深的巴里·威尔士(Barry Wills)负责设计传统形式的住宅。而布拉克邦恩一家有两个十几岁的孩子，而且一年的收入达到了5000美元。他们在市内靠近自己现有住宅的地方已有一块土地，而且他们对在此地修建的“梦想”住宅有特殊的想法：“一种，苏格兰乡村类型的住宅，带有四间卧室，两间浴室，一间为布拉克邦恩先生准备的书房兼工作室(布拉克邦恩先生的工作地点在他们的现有住宅外)，在地下室有一间游戏房，这样他们的孩子可以在这里招待自己的小伙伴，而大人们则可以在起居室招待自己的朋友。”考虑到赖特致力于促进建造人们负担得起的有机住宅和特殊场地设计，他看上去似乎应该已经准备为此投入相当可观的思考。而且，当把威尔斯和赖特所准备的规划进行比较时，“传统”与“现代”的分歧远不如二者外观上的差异明显。

威尔斯的传统方案提出的盐盒式矮房建筑有一个陡峭的屋顶，这是一种古老的防积雪过度堆积的处理方法。住宅临街的部分有一层；后面的为三层，包括能走出去的地下室；所有三层楼上的主要活动空间朝后，所以每个房间都有巨大的窗户来俯瞰湖泊和公园。《生活》杂志的文章中引用威尔斯的话，即他说过布拉克邦恩土地的形状和位置“显著地”暗示了他们想建住宅的规划。

而另一方面，赖特的现代方案的“小型私人俱乐部”

(Little Private Club) 看上去与其说是为明尼苏达州的这块土地而设计，还不如说是为亚利桑那州平坦的城市地区而设计（图 8–10）。他提出使用平坦的屋顶和延展的玻璃墙，但这在一个年降雪量常超过 100 英寸的地方是否可行却十分值得怀疑。而且，他将主要活动空间通向一个巨大的带有游泳池的封闭天井。而且由于在主要区域前有一个陡坡，可利用的水平区域要比上述四方形的尺寸小很多，因此需要成卡车的泥土来填充足够的水平区域以满足这项设计形式的需要。赖特还提出在所有的方向上栽种乔木和公园以创造进入和离开此地的景观——包括湖泊和公园的便利设施等。简而言之，赖特的现代设计方案忽视了布拉克邦恩一家详细列举的需求和期望，也没有考虑当地的气候条件，地点的自然条件导向，以及美学礼仪。《生活》杂志中的文章通过带括号的限定文本有保留地说出了这种不和谐："由所需支出来看，可能很有必要用一个凹陷的花园代替游泳池。"这样，最后布拉克邦恩一家最终选择建造传统类型住宅也在意料之中。

1939 年对位于威斯康星州两河地区的伯纳德 · 施瓦兹 (Bernard Schwartz) 住宅，赖特重新采用了《生活》中发表的规划。而 1956 年在为位于俄勒冈州极光 (Aurora) [后来改名为威尔逊维尔 (Wilsonville)] 的爱德华 · 戈登 (Edward Gordon) 做设计时，赖特再次使用这一规划理念。住宅的主人都没有选择修建游泳池。施瓦兹住宅是在郊区一块平地上修建的，通往用来活动和就餐的露台的玻璃门都朝向南 – 东南面，这样可以提供一处良好的景观，欣赏附近的河流。然而，戈登的乡间住宅沿着如诗如画的威尔逊维尔河一侧，从露台或任何主要的活动空间望去，没有任何风景——只有从二层的卧室才有风景可看。[472]

"497 号作品，玻璃房"（Opus 497, Glass House）《女性居家杂志》（1945 年 6 月）

1944 年 1 月，《女性居家杂志》发起出版了一系列的文章勾勒出"由国家杰出建筑师们设计的新住宅：即战后为人们指出通往更加美好，更加实惠的生活的住宅"。这本杂志为每个设计准备了完整的模型，内部细节包括家具和附加物。这些模型在马萨诸塞州技术学院 (the Massachusetts Insitute of Technology) 和波士顿精美艺术博物馆 (the Boston Museum of Fine Arts) 展出，1945 年 8 月 15 日，第二次世界大战正式结束的时候在纽约城的现代艺术博物馆展出。

赖特为这一系列所设计的美国风"玻璃房"描绘了一种正交化的翼展水平状态，正如他为位于沙漠区的圣马

图 8–10 透视效果图显示了赖特的"小型私人俱乐部"设计方案，他把这种方案作为针对 20 世纪 30 年代财政资源有限的家庭所需要的住宅的"现代解决方案"(©2002 年位于亚利桑那州斯格特达勒市的弗兰克 · 劳埃德 · 赖特基金会提供)

可斯做的那样（图 8-11）。通过将起居翼向卧室翼偏转60°，赖特可提出更有外延性的中央工作区和相当大的内部花架以增加户内、户外特征，并增强主要活动空间所有环绕式的花园象征——在规划中标注为“花园屋”。而这两翼的顶棚是可修建窗户的，凸出天窗在其正下方（壁炉区除外）有连续的栽植容器。在花园屋的顶棚上也有天窗，而开放的空间由三面的玻璃墙限制住——或者是固定的窗，或者是法式门——这提供了一种朝向户外的非常广阔的风景。正是由于赖特设计的这些方面，《女性居家杂志》的建筑编辑理查德·普拉特（Richard Pratt）在其主编评论中谈道：

> 虽然阳光和新鲜的空气是免费的，但鲜有住宅能享受到阳光和空气带来的所有健康、舒适和美丽。而这间住宅达到了……从少数户外门可以得到全部的空气……同时通过主屋顶上矗立的天窗上携带的可移动窗扇，这里有完全可控的通风设备。阳光透过顶棚的窗户向墙壁、地板、家具以及植物上投下光线，于是这些上层开口从上方提供漂亮的光线来源。这些生长在地板面格栅间泥土中的植物，不仅能装饰房间，让人兴奋、激动，还能使房间充满香气，而且在围绕着壁炉的休息处和餐厅部分（位于露台，开放的户外就餐和娱乐场所）间形成一种花草——植物的间隔。

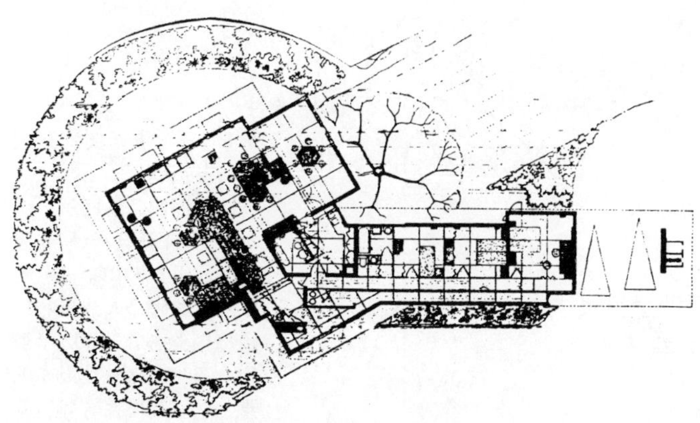

图 8-11 赖特“玻璃屋”的首层平面（©2002 年位于亚利桑那州斯格特达勒市的弗兰克·劳埃德·赖特基金会提供）

正是为朝向这一宽阔的开放空间，赖特设计了入口体验。从汽车停靠处进入后经过卧室翼的砖墙到达室内——室外转换区，即被上面宽阔的悬垂屋顶保护的地区。沿着大小适中的大厅和玄关（那里的顶棚不是凸出的），继续前进，越过植物池进入花园房向上和向外的宽阔区域前，会有瞬间的亮度变化，而花园屋向上和向外的宽阔区域则由来自四面八方的自然光线照亮。[473] 因此，赖特是有意识地创造一种场所感，即在大小适中的家庭里，让每块小地方都得以充分利用，就如同他为自己最昂贵的住宅营造的一样。

由于“玻璃房”要设计成一种能被战后回来的退伍军人家庭接受的、并负担得起的房屋类型，赖特提出用砖作主要建筑材料，并将建筑的展览模型安放在美国郊区附近最典型的平坦地带。同样的原因决定了现实中可行的门窗安排以及屋檐悬垂的尺度。悬垂屋檐非常深——这可能是为保护宽阔的玻璃区域，而不考虑朝向。

有讽刺意味的是，虽然赖特向几位客户提出了此规划的修改方案，但惟一贯彻执行直至完成的方案却是一个“奢侈的”方案，即财力雄厚的实业家洛厄尔·沃尔特（Lowell Walter）修建的退休后住所。正是在这种所有权的安排下，这个普通的规划在 1946 年 9 月那一期的《建筑论坛》上特别刊出。这期刊物是在修改之前或建筑开工之前刊印的。其附带的文字部分写道：“这种石工类型的美国风玻璃屋具有混凝土的板层屋顶，并带有卷起的屋檐。建筑中没有用到一根木料，包括其外部和内部。隔离物是固体石膏，门和窗扇是金属的，而地板一般是预制的瓷砖。重力取暖（gravity heat）。”然而，这种描述不能应用于沃尔特建成的住宅。胡桃木面板遍及各处，范围极广，而且内部的空间也被修改和扩大，正如在 1951 年 1 月那一期的《建筑论坛》中展示的那样。这一期的内容全部是介绍弗兰克·劳埃德·赖特的作品。

洛厄尔·沃尔特“雪松岩”(Cedar Rock)，夸斯奎顿市(Quasqueton)，艾奥瓦州(1946 年)

洛厄尔·沃尔特一家选择建宅的地点是一处位于艾奥瓦州乡间沃斯匹尼康(Wasipinicon)河一弯曲处左岸，高低不平的石灰石海角——绝对不是一处“美国郊区地带最典型的平坦地带”。在作者修建沃尔特住宅的过程中，在进行场所评估时，指出一定要修建挡土墙以在住宅周围创造一个同高的平台(图 8–12)。挡土墙的范围使关于原有的地形学问题以及在修建过程中的场地处理的程度问题被提出来。弗朗西丝·莱因霍尔德(Francis Reinhold)和沃尔特先生一同在这里长大。长大后，他在建筑队工作，在同约翰·德科文 ·希尔(John deKoven Hill)进行的电话交谈中，这位学徒被任命来修改草图、监督建筑的进行，负责提出此场所需要遵循的施工步骤，而这些步骤直接与赖特许多被广泛引用的有机建筑理论背道而驰。[474]

莱因霍尔德将雪松岩描绘成一处自然的特征，作为太平盛世的一处地标，并且直到 1891 年还处在索克和福克斯部族的印第安人保护区范围内。在这一年赖特已独立完成 6 处设计，正同阿德勒和沙利文一起工作。莱因霍尔德回忆到当他从第二次世界大战的战场上回到家乡时，许多激发了“雪松岩”设计灵感的本土雪松已从此场

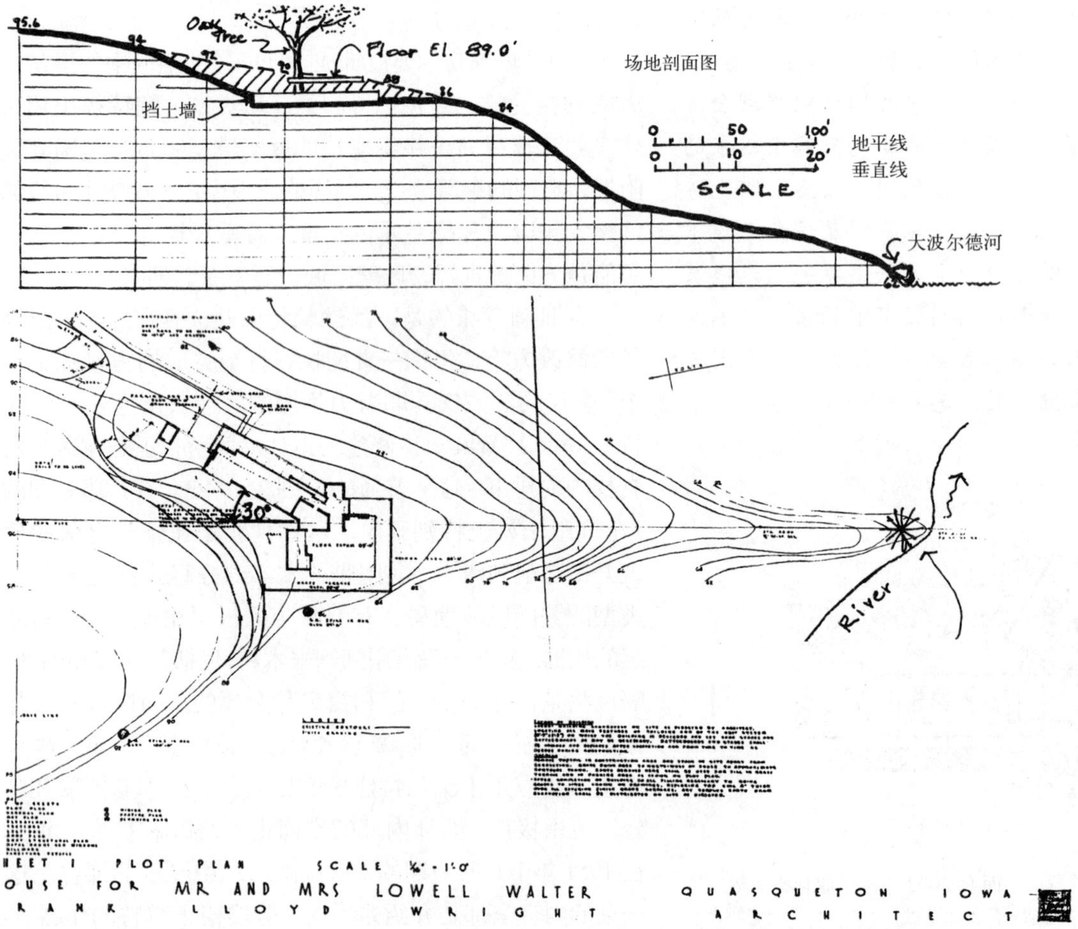

图 8–12 位于艾奥瓦州夸斯奎顿市“雪松岩”的场地剖面图。洛厄尔·沃尔特的美国风玻璃屋就修建在这里(查尔斯·E·阿瓜尔，参考个人分析和原始草图绘制。©2002 年亚利桑那州斯格特达勒市的弗兰克·劳埃德·赖特基金会提供。©2002 年贝蒂安娜·E·阿瓜尔临摹)

地上消失了。他还记得一天，赖特来到这块场地并下达了将这些树木移走的命令，为的是创造一种“狭长的景色”。接着他描绘了为接受这一普通的设计，这里的生态结构被改变的程度。他说使用了“许多爆炸的案例”以便“炸毁成吨的”自然地理景观——不仅是为了提供一贯水平的地基，还要适应加热系统，化粪池和蓄水池，以及其他对现代建筑的功利性的适应。他回忆说“许多，许多辆货车装载的黑色污泥”被拉到这里，一片广阔的草原由此建立。而且他证实惟一一个残余的裸露在地表之上的岩石位于山坡之上，靠近户外烹饪场所。

希尔还回忆他第一次和赖特参观那里时，“许多小雪松覆盖了山坡”，但他又说“却没有意识到岩石被移走了或者需要很多平整工作”。他确实回忆了赖特在地形图上确定住宅的地点并对将取得这样的结果感到骄傲。他还指出“沃尔特先生能使用所有的卡车和场所准备过程中所需的沉重建筑机器。”当被问到为什么一些人虽然有数目巨大的预算却愿意选择一个普通的方案，目的是取得稍微便宜一些的生活空间，希尔回答说，沃尔特“喜欢砖质住宅坚固的特性和混凝土的屋顶”，就像杂志中的文章所显示的，而且他感觉这个规划方案几乎不需要做什么调整就可以适合他们。他说选择全部用胡桃木装饰内部空间是因为它“代表了沃尔特先生追寻的那种质量”。他详细阐述道：“我不知道还有其他任何一间由赖特先生设计的住宅，其所有的家具，橱柜和面板都是以胡桃木为原料的。在整个内部空间广泛使用的那种坚固的黑色胡桃木并不是本地树种，但很容易从当地的伐木工人手里以低廉的价格获得：起码在那个时代是这样。”至于景观处理，希尔说：“赖特先生希望花房里种有植物，窗户周围有花和其他植物，就像在自己的花房内。而在挡土墙外，则保持自然状态。这成为建筑与自然之间的分界线。”（图 8–13）

基于这些说明，看起来赖特好像没有做任何努力向沃尔特先生证实如果用附近挖出的石灰石而不是用砖修建会得到同样坚固，同样高质量，成本相对较低而且更

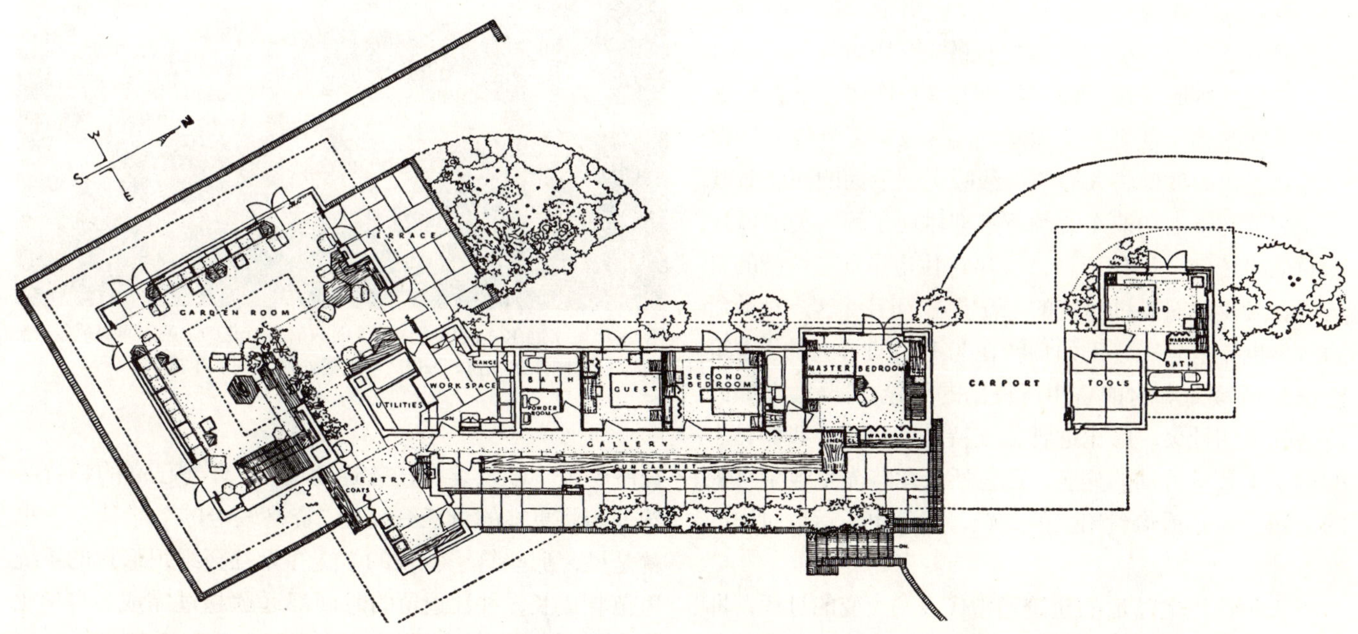

图 8–13 玻璃屋的首层平面，为洛厄尔·沃尔特所做的修改（©2002 年亚利桑那州斯格特达勒市的弗兰克·劳埃德·赖特基金会提供）

加适应环境的住宅。这些说明也没有解释为什么赖特要付出那么大的努力去修建一块正式的草坪，或者为什么他指定的那种应该种在花园屋窗前的花是在巴西而不是在艾奥瓦州花园中一年生的本土植物。还有其他不和谐的条件，直接与以下的问题相关：为什么要在一个明显不普通的场所上强制执行一个普通的规划方案。花园屋中宽阔的玻璃墙朝向南方和西方，这样在午后就需要使用从顶棚一直垂到地板的帏帐——虽然已经有了宽阔的垂檐以及引种到花园中为遮挡阳光的蔓生植物。而且，除了入口处的便道，没有好的外部观测点，可以看到河流的风光（图 8–14），这是因为露台是在花园屋的北面，面向山坡，而且规划中所显示的被环绕的露台也没有建成；取而代之的是基础植物，如刺柏、花卉和球茎类植物（图 8–15）。

在最后的分析中，必须被提及的是，沃尔特住宅的规划，其形式以及特点不是由“场所的自然特性”所决定的。规划不在“外向型的范畴内”。住宅也不是用“任何手里拥有的材料”来修建的。

而且也不能说这个结构没有“应用于内部”或者说雪松岩的景观没有受到修建过程的“野蛮破坏”。不过，沃尔特住宅同时实现了建筑法则和《女性居家杂志》文章中提出的美学法则。花园屋确实因反射了光线而熠熠发光；宽阔的玻璃将人们的视线吸引到下面的河流景观上；这里的氛围和遍布的场所感都体现了赖特美国风建筑的最佳传统。换句话说，沃尔特住宅呈现了场所的自然状态激发的对有机建筑的“幻想”。而且，客户对最后的结果也完全满意。正如赖特在为 1951 年 1 月的《建筑论坛》所写文章的前言中所得出的结论：“要远离如此清楚的文明社会，修建这种极度特殊的建筑，我们付出的远不止大量劳动的痛苦，还包括沃尔特先生数量可观的金钱。他不后悔付出去的金钱，我们也不后悔付出的努力。”

沃尔特住宅随后的建筑通常代表了改变的过程，即在此期限内，在伙伴关系运作中逐渐形成的变化。随着经济的改善以及委托任务逐渐增多，年岁已高的赖特必然开始将更多的责任分配给“资格较老的”学徒——也就是说，那些给予特权的学徒在无社会组织形式的系统里茁壮成长，并且逗留的时间都远远超过完成各自学业的需要。[475] 在这个团体中，出现了一些天生的领袖，他

图 8–14 洛厄尔 · 沃尔特住宅的入口通道是观看河流风景的惟一一个外部有利观看点（查尔斯 · E · 阿瓜尔拍摄。©2002 年贝蒂安娜 · 阿瓜尔提供）

图 8–15 洛厄尔 · 沃尔特住宅正面的前方有花圃，朝向河流风景（查尔斯 · E · 阿瓜尔拍摄。©2002 年贝蒂安娜 · 阿瓜尔提供）

们逐渐承担越来越多的运作和管理方面的责任并因此得到薪金。在1989年的会见中，韦斯·彼得斯（Wes Peters）告诉作者他是以作为赖特的“户外”人员开始自己的工作的——教授学徒们建筑技能，管理农场，监督塔里埃森和西塔里埃森的建设项目。约翰·“杰克”·豪（John“Jack”Howe）作为赖特的“室内”人员开始工作，在监督刻画工作草图进展的时候教授资质稍差一点的学徒如何绘图，并亲自绘制许多署名为赖特的示意图。[476] 考虑到在20世纪30年代至20世纪50年代，即前计算机化时代，每件美国风建筑都需花费数不清的绘图时间，这种情况变得极为恰当。即使这个建筑在形式上显得简单，而且一般的木匠可以很轻松的在现场建造磨坊，每间住宅也最少还需6张清楚的图纸及其他作为整个美国风系统的标准细节图。

由此形成了这样一个程序：大部分客户应邀到塔里埃森或西塔里埃森，而后期，当赖特参与到设计和修建期长达几年的古根海姆博物馆项目（the Guggenheim Museum）时，客户在公园广场旅店（the Park Plaza Hotel）与赖特会谈。在多数案例中，客户自己携带地形测量图，或者在随后提供（经常带有错误或遗漏），并且有书面的对住宅需求的解释，还包括照片和书面描述来阐述场地条件。

豪在弗兰克·劳埃德·赖特回忆录中解释说，当客户到达后，“赖特先生把自己关在办公室……因为他喜欢亲自与他们一起工作。在与客户会谈的时候，他没有让我们参加。也没有吩咐学徒们照顾客户。”[477] 豪指出，客户离开后，赖特专注于创造性的观念，并将他的想法绘出草图，接着将这个项目转交给他［豪］，让他起草工作图，包括尝试说明所有赖特在他们的私人会谈中对客户承诺的东西。有时客户会再次拜访西塔里埃森或塔里埃森，抑或在某些情况下，当赖特到他们居住地附近时与赖特相会，而解释这些设计中出现的问题一般通过电话、电报或信件——取决于既定条件下时间的紧急程度。基本上，这种合作关系——虽然依旧分类成一种教育设施——开始表现为一种专业性的建筑实践，正如赖特在他的橡树园工作室指导，而由那些学徒们完成一样。

这种经济上可行的操作方法就多数客户来说运行良好，但这个系统也不是没有缺点。对于在这个重新组织过程的早期所修建的四所住宅的分析，清楚说明解决问题的途径是不同的：如果赖特的行业技能受到挑战或是激发他亲自参与到项目中，那么问题就会得以解决。但当赖特不在现场的时候，问题就会出现。

约翰·C·皮尤住宅（John C.Pew），肖尔伍德山脉（Shorewood Hills），威斯康星州（1938年）

鲁思·皮尤和约翰·皮尤于1938年与赖特会晤，要看一看他是否可能考虑在威斯康星州的麦迪逊郊区为他们设计一套现代住宅。他们的土地是当时沿着曼多塔湖（Lake Mandota）北岸几块被开发的土地之一。这块土地树木林立，逐渐远离入口道路，并在此方向上有轻微的倾斜，但在到达岸边时下降。在1992年5月的一次访谈中，皮尤一家描绘了赖特如何前来查看他们的场地，而且“似乎很喜欢他所看到的”，不过接着他就告诉他们他不可能在50英尺的土地上修建他们设想的那种低预算的小房子。“他说在开工之前我们必须另外再购买50英尺的场地。幸运的是，我们东边那块地的主人已经准备开工，而且他有足够的土地，还能让给我们25英尺。然而那时我们没有钱买更多土地了，不过他给了我们一个很好的价钱，让我们买了下来。因为这样一来，那个逐渐被毁的峡谷就会完全成为我们的问题，而不再是他的财产。”他们接着说虽然赖特对他们不能购买更多土地感到失望，但他还是希望在曼多塔湖边修建房屋，“这是他从儿时起就想干的一件事情，”赖特同意继续。

赖特将这峡谷看作是一种挑战，而且找到了在其上修建房屋的办法。皮尤一家解释道：“赖特先生给予房屋一个角度——这就是他所谓的将其沿轴线翻转——以便使房屋横跨在峡谷之上，这样也让我们那块狭小的土地满足了修建的需要（图8–16a–c）。有

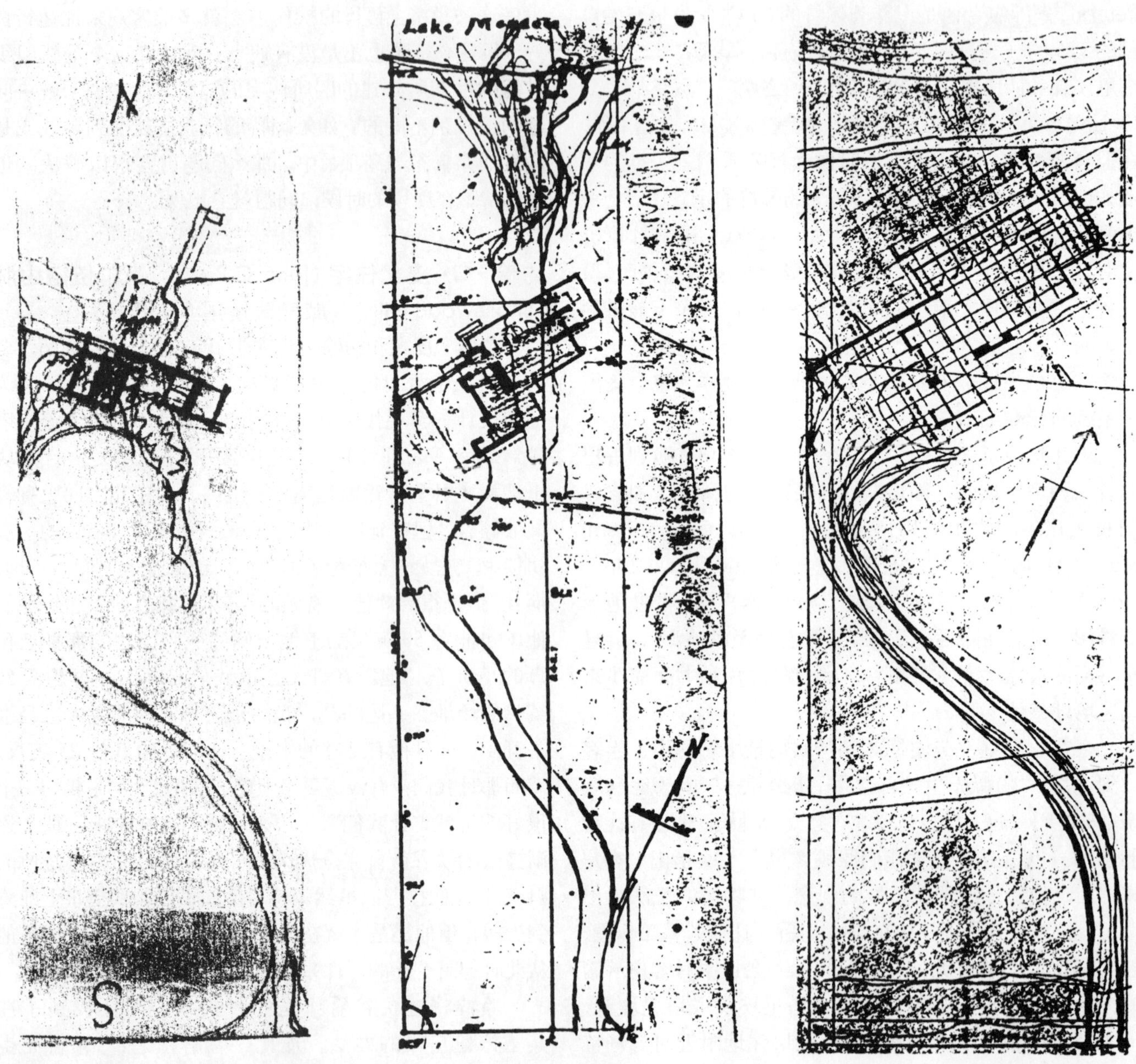

图 8–16　威斯康星州肖尔伍德山的约翰·C·皮尤住宅(1938 年)的场地设计草图的逐步进化过程(©2002 年亚利桑那州斯格特达勒市弗兰克·劳埃德·赖特基金会提供)

了这个角度，在多数房间内，我们看不到邻居的住宅，同时能给我们带来更加优美的景象。与周围那些同街道或湖岸走向一致的住宅相比，我们的住宅有更理想的阳光和更迷人的黄昏风景。它还比其他住宅更靠近湖边，这对我们家而言很合适。”当皮尤一家披露赖特设计这所住宅没有寻求任何技术支持时，他能如此微妙地安置住宅这件事就显得更为惊人：“在场地设计中有虚线的轮廓线和植物，这些植物有时会和我们的住宅一起刊印出来。而这个设计是一种严格的想像。也许在右面什么地方有一些树，但是我们从来没有为我们的住宅准备一本树木勘测记录或者是带有等高线的地形图。”于是皮尤一家自愿提供赖特最初的设计信息：他计划栽植两棵树，让其穿过起居室的木板，以此取代栽种单一的一棵菩提树（图 8–17）。看起来似乎大量的工作都放在周围地区的保护和围着一株椴树建房了，直到在某天早上，施工队到达后发现它已被砍掉了，整齐地堆在一边做生火的木材。

当我们知道是工作队中最强壮有力的，而不是最聪明的那个人“解决了我们的问题”的时候，我们并没有感到惊奇。在早些时候，那个人仔细检查了我们场地的角角落落，并仔细地将标记为保留的树木都砍伐掉，因为他认为那些是要移走的。实际上，他认为——但是我们却不记得曾经给过他这个许可——在我们的土地上搭建帐篷是正确的，这样每天早上，在其他人到达之前，他就可以开始工作了。他的力气非常大，能空手将树根从沟中拔出来，而其他人只能慢慢砍或挖出来。我们亲眼看到过他只用一双手就将钉子钉入到木板中。在由于椴木事件受到责骂以后，他移走了帐篷，人也离开了。有传闻说他参加了一个狂欢节，扮演一个大力士。

皮尤住宅可以比作流水别墅的经济版。毫无疑问，虽然皮尤住宅的场地面积很小，入口处的处理既简单，又缺乏想像力，但两处不同地点广阔的水文要素和自然峡谷地形却是可以媲美的。虽然皮尤住宅的基础建材

图 8–17　照片显示穿透皮尤住宅木板的突兀的菩提树。赖特最初计划保留 2 棵菩提树（查尔斯 · E · 阿瓜尔拍摄。©2002 年贝蒂安娜 · 阿瓜尔提供）

是搭接的木质薄板和石头（最初明确指出为砖块），而不是石材和混凝土，这两个建筑分享了在建筑上的贡献：眉角的悬檐，斜接的角窗，宽阔的玻璃墙，以及在峡谷上方悬伸的、高耸的阳台（图 8–18）。但这一面积适度的 1200 平方英尺的美国风建筑在任何方面都没有凌驾于自然之上。相反，它建立了一种真正的“自然联合体”，这一点从辛迪 · 爱德华（Cindy Edward）那里得以证实，她是这所住宅的第二任所有者，正是

图 8–18 皮尤住宅的景色证明了它建立了一种真正的“与自然相结合”(查尔斯 ·E· 阿瓜尔拍摄。©2002 年贝蒂安娜 · 阿瓜尔提供)

她和她的丈夫在皮尤一家搬往退休公寓时买下了它。辛迪评述说:“内部的木墙和顶棚，石材暴露的部分，以及正好位于右方的玻璃使阳光和阴影相互作用，石质壁炉以及厨房的石头地板——所有这一切，让人有居住于自然环境中的感觉……从绝大多数座位，从花床中，你都感觉到仿佛置身于树屋之中。坐在赖特为每个房间设计的物品上，你看不到其他的住宅，映入眼帘的是湖泊、树木和天空——还有阳光与阴影的交相辉映，让整个住宅宛若一件艺术品。站在外部的阳台上，感觉就好像站在一艘船上；你看不到地面，但却有橡树的树冠高架在头顶上。”[478]

劳埃德 · 刘易斯 (Lloyd Lewis) 住宅，利伯蒂维尔村 (Libertyville)，伊利诺伊州 (1939 年)

在这个时期，对于低预算的住宅，很少有像赖特为劳埃德 · 刘易斯设计的这种直线布置而高程不同的美国风住宅一样被很仔细地研究过。劳埃德 · 刘易斯是《芝加哥每日新闻》(Chicago Daily News) 的编辑，也是与赖特有 20 年交情的老朋友。对于这块位于德斯普兰斯河 (Des Plaines) 堤岸上的自然林地来说，赖特再次采用了提高基础平面的办法——其基础是为广亩城市模型所设计的“一个为小农户设计的典型住宅”。广亩城市的设计最初是赖特在 7 年前为明尼苏达州的威尔利一家做设计时提出的。然而，在这个案例中，提出抬高主要活动空间的设计形式的原因多半是以下两个方面：一是当地低矮的地形和位于百年涝原上的任何一块低地所固有的影响范围，包括：湿气，松软的沃土和发生渗流和洪涝的可能性；二是为提供更加广阔的视野，可以看见水域美景、湿地和野生动物的外围环境。

4 个初步研究都非常注意住宅的选址以及入口路线的安排使其更好地适应河流、现存树木，为种植常绿植物和蔬菜而准备修建的花园以及以野生状态保留的开放空间。由于注意到这些，该建筑与当地全年的太阳轨道模式相适应，也与修建地环境和河流环境结合得非常好。虽然春的消逝使大块冰块被从河中推向台地，但现任的主人——虽然在赖特去拜访的时候已经在该住宅居住了 30 多年——却从来没有看到河水上升到台地的第二个台阶以上。

花园位于与河流交相辉映的主阳台之下，赖特在平面图中描绘了花园中的苗圃，仿佛它流淌于住宅之下(图 8–19)。混凝土的走道将这些苗圃分割成列，并与砖墩相结合，以形成一种几何韵律，这可与赖特在其草原住宅中使用过的几何花园相媲美。这些还有助于形成入口处的风景。沿着 60 英尺长的凉廊，入口向前延伸，经过花园，随后继续前进，经过蜿蜒的楼梯到达向外和向上扩展的二楼活动空间以及宽阔的露台 (图 8–20)。从这些有利观看点所看到的河流景色可与站在游艇围栏旁所看到的一较高下。

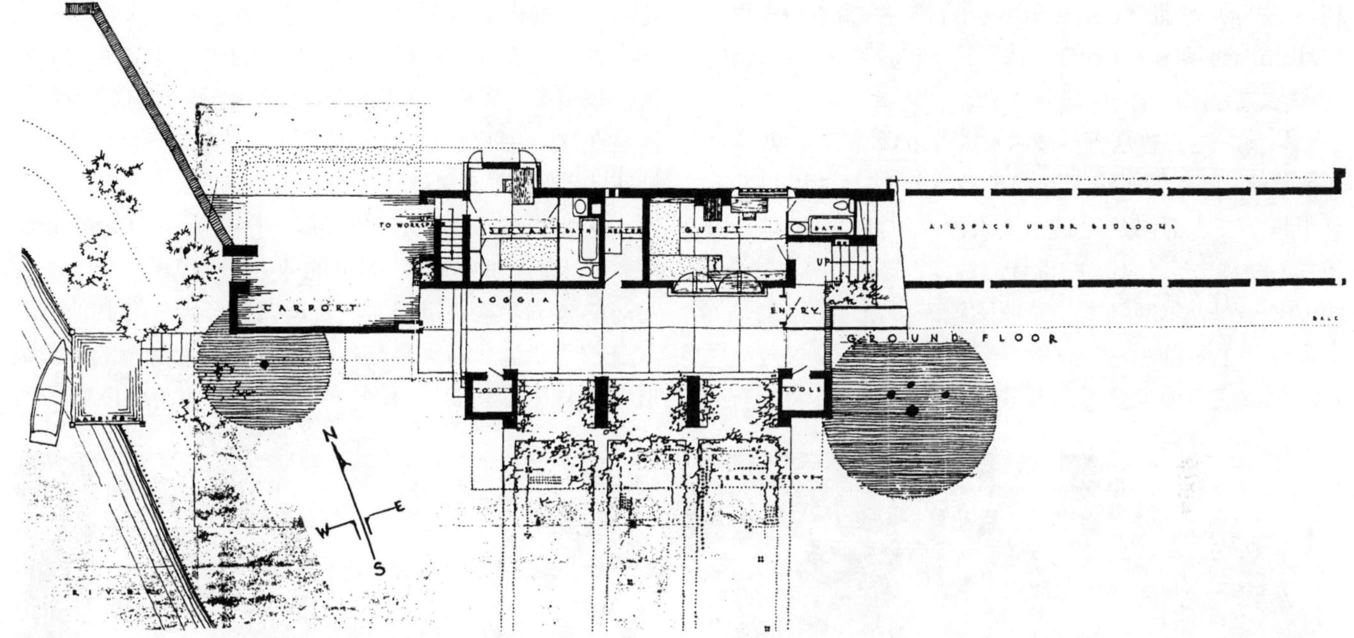

图 8–19　伊利诺伊州利伯蒂维尔村的劳埃德 · 刘易斯住宅（1939 年）首层平面，描绘了仿佛流淌于住宅之下的苗圃（©2002 年亚利桑那州斯格特达勒市弗兰克 · 劳埃德 · 赖特基金会提供）

图 8–20　透视草图显示刘易斯住宅户内 – 户外活动空间中向上、向外扩展的宽阔区域（©2002 年亚利桑那州斯格特达勒市弗兰克 · 劳埃德 · 赖特基金会提供）

利·史蒂文斯（Leigh Stevens）“古铜种植园”（Auldbrass Plantation），耶马西城（Yemassee），南卡罗来纳州（1939年）

从前，这儿曾是南卡罗来纳最大的种植园，即南北战争前的“奥尔德布拉斯”稻米种植园，占地4000英亩。对于将要在上面修建建筑的复杂性，赖特采用的是一种与刘易斯住宅完全不同的设计方法。[479]从这个南方的“低地国家”到查尔斯顿和到草原的距离相等。在这里，本土建筑将主要的生活空间抬升至离开地面，以获得凉风并以此适应当地炎热、潮湿的气候。赖特选择将所有的建筑置于地表的混凝土垫上。对于那些经过失败的积淀和各种考验而得以进化、历史悠久的传统建筑方式，赖特只采用了一个并做了某些调整，即把厨房与主屋隔开。通过在这一并不古老的传统中引入气候条件，赖特有目的地向自己挑战：要另辟蹊径应付这些问题。

选定开发的那块土地位于卡巴希河（Cambahee River）以南约四分之三英里的地方。卡巴希河位于一条运河的末端，这条运河通往货运码头。大米和其他货品从前都是在这个码头装船然后运往位于南加州的港口城市博福特（图8–21）。赖特首先是以一种面面俱到的空

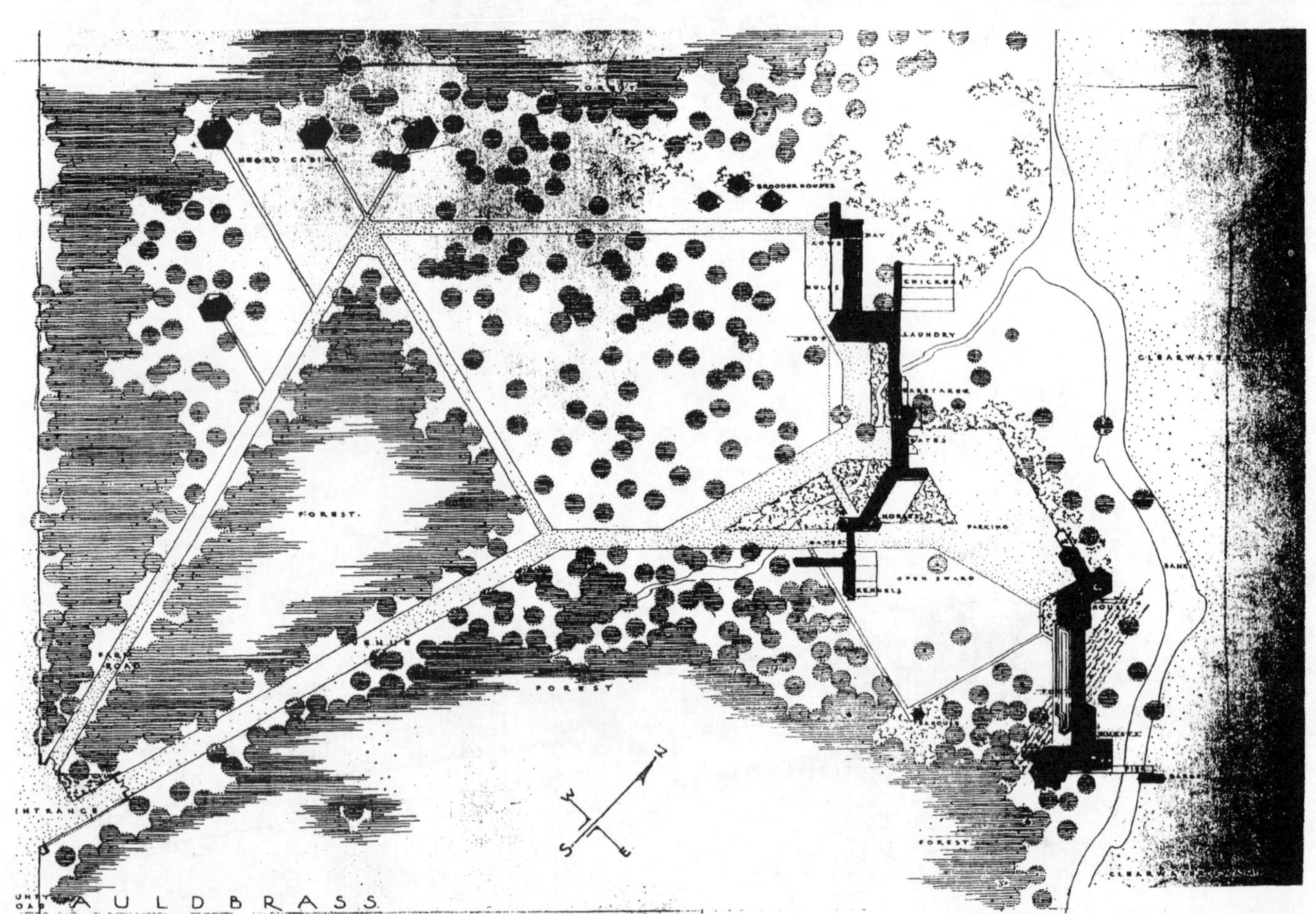

图8–21　南卡罗来纳州耶马西城的“古铜种植园”的总体规划（1939年），只有部分得以实现（©2002年亚利桑那州斯格特达勒市弗兰克·劳埃德·赖特基金会提供）

间布局，设计了一个相互连接的一层建筑群，形成一片连绵的区域，在他的建筑和已有的景观感觉之间创造出一种含义丰富的整体。对于主体建筑，他回归到汉纳住宅所使用的六角形模式而且通过调整房屋的位置，使所有的立面都暴露在外，如同他在翁斯布里德和西塔里埃森所做的一样。主要生活空间的玻璃墙朝向东南和西北面，引入屋顶天窗强调昼夜阳光、阴影、以及流动的月光之间的交相作用。为了在室内和室外之间创造一种流动的、有机的关系，赖特使自己的建筑成为确定场地特征的最主要的元素：大群的槲树（Live Oak）与寄生藤蜿蜒的藤蔓相互交织。为与槲树倾斜的树干协调，赖特把本地柏树木板墙内倾 9° 角（图 8-22）。他还在天窗窗框的嵌入夹板以及窗墙的框架上构造了一个槲树枝的图案。[480] 他还设计了落水管，以呼应寄生藤披挂的优美形象，仿佛垂落雨丝的灵动活现，从而创造了无数的动态模式，这一景色也成了一件艺术品（图 8-23）。[481] 他还在落地窗的底部安装了铰链活板门，在屋檐下引入了带铰链的窗板，有选择地安装一些铜质的屋顶通风设备，将上升的热空气排到室外。这种措施有两个作用：(1) 形成对流并自然调节房屋的空气；(2) 消除低地乡村气候条件下总是出现的发霉和侵蚀问题。

通过这种面面俱到的设计方法学，赖特自我挑战获得成功，即为低地和海岸地区的柏树湿地创造一种替代的有机建筑。

到 1981 年笔者第一次参观古铜种植园时，这块地产已被遗弃，任人进出。在被用作打猎场地的许多年里，很多柏树嵌板的破损只被随意修补了一下，而且主体建筑的增建工作也饱尝了偷工减料的苦果。同时，位于倾斜的墙壁底部的铰链板被大面积地侵蚀，或被田鼠或被虫子咬坏。赖特所有特意设计的家具——包括大部分具有艺术风味的落水管——也都被去掉了。

看到赖特设计的，独一无二的建筑破落到如此令人叹息的地步，笔者感到很痛心，于是鼓励佐治亚州立大学环境设计学院（the University of Georgia School

图 8-22　在古铜种植园，为了与槲树倾斜的树干相和谐，赖特把本地柏树木板墙内倾 9° 角。（查尔斯 · E · 阿瓜尔拍摄。©2002 年贝蒂安娜 · 阿瓜尔提供）

图 8-23　在古铜种植园。赖特设计了落水管以呼应寄生藤披挂的优美形象（查尔斯 · E · 阿瓜尔拍摄。©2002 年贝蒂安娜 · 阿瓜尔提供）

of Environmental Design）的研究生和五年级的大学生将古铜种植园作为其毕业论文的题目。笔者的想法是，这一过程也许可以引起那些有能力保护这所住宅的人的兴趣，这样也许能够重建这一往日的瑰宝。当发现这块地产要被出售，查尔斯顿政府历史遗迹管理办公室（the Charleston Office of the National Trust for Historic Preservation）试图保存它，并将此列为国家历史景点登记簿的申请提交时，笔者这一想法的前景变得更为乐观。但是，直到1989年的夏天，一位土生土长的查尔斯顿人，爱德华·A·布劳德（Edward A. Browder）才选择古铜种植园作为他大学五年级的毕业项目。

在进行撰写论文所需的调查工作中，他得知这块地产已被电影导演乔尔·西尔弗（Joel Silver）购得并正由赖特的孙子埃里克·劳埃德·赖特（Eric Lloyd Wright）监督重建。[482] 在重建的过程中，所有最原始设计中未实施的元素都得以实现，包括在先前柏树湿地的地方修建一个人工湖。今天的古铜种植园是赖特所有私有财产重建项目中最杰出的范例。

乔治·D·斯特奇住宅（Geogre D.Sturge），布伦特伍德高地（Brentwood Heights），加利福尼亚州（1939年）

这是一所非常朴素的、占地900平方英尺、砖和风化木质的住宅。它位于人口密集的近郊地区，在那里一般邻居的住宅建造在非常陡峭的山坡上。这块土地代表了赖特建议他的顾客去寻找的那类土地类型：要填实的土地——也就是说，“没有人会想要的那种土地。”然而，再一次的，赖特成功地实现了对自己的挑战，即找到合适的方法，使建造的住宅适应当地的地形，适合当地的气候条件，确保最大限度的私密性，并且提供一个狭长的远景，穿越圣莫尼卡城，囊括太平洋的全景（图8–24）。

首先，赖特在最东北面的墙上没有设置一个窗户，在北墙上也只设置了一个小窗户（图8–25）。这种处理方式掩蔽了主要的活动空间，从入口车道和公共道路是

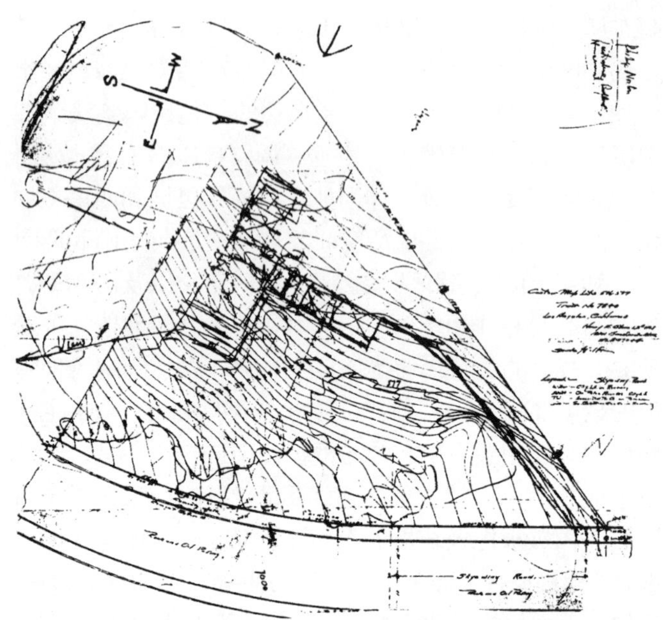

图8–24 赖特在对加利福尼亚州布伦特伍德木岗的乔治·D·斯特奇住宅（1939年）的地形测量图上所做的草图（©2002年亚利桑那州斯格特达勒市弗兰克·劳埃德·赖特基金会提供）

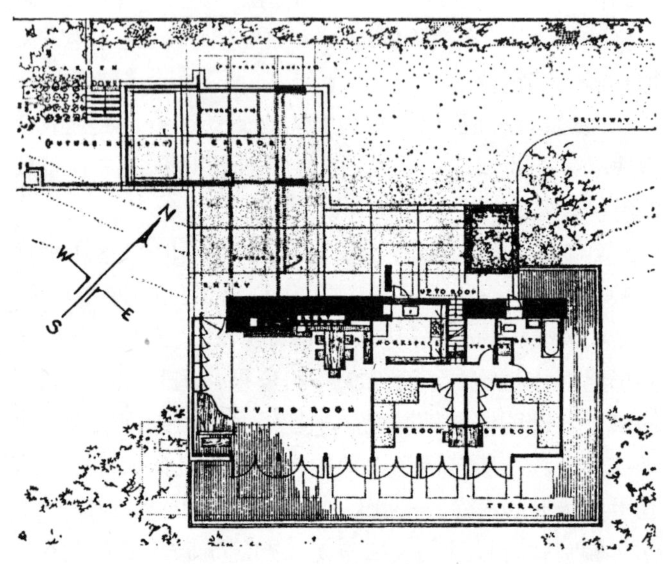

图8–25 斯特奇住宅的首层平面规划反映了赖特对私密空间和圣安娜季风的考虑（©2002年亚利桑那州斯格特达勒市弗兰克·劳埃德·赖特基金会提供）

看不见的，并阻止了圣安娜季风的直接侵入。圣安娜季风的影响范围决定了防护墙的位置，即在通往工作区域的大门西北侧。同样，它也决定了住宅西北角室内－室外主要过渡点的插入位置。而且，这种处理方式使得站在入口处时，透过落地玻璃门可以看到室外宽宽的木地板——设计图上标记为“露台”。这样视线正好形成一条对角线，而那些落地玻璃门朝向起居室、餐厅等主要空间。站在这些私人地板上所看到的景观全景宛若站在大海中的游艇上所感受到的一切。[483] 由于露台直接通往两个卧室，因此，在视觉和感知上仿佛要比其本身狭小的面积大得多。

在这一紧凑规划所体现的精湛的简洁中，赖特通过象征性的，精细加工的全木质内部以及镀镉螺杆，强调了飞翔和加速运动的感觉——这在20世纪30年代的流线形建筑里是非常流行的。为使这种飞翔的感觉具体化，他对从南向东南下降的斜坡加以处理——即把整个住宅悬伸在砖质表面的工场和砖石烟囱之上（图8–26）。虽然这种方法只能看作处理斜坡地问题的极端昂贵的解决方法：此种方法将建筑整个从地面抬起，显著降低了其对场地的冲击。需要的平整工作主要是建立陡的车道，而

图8–26　随着斯特奇一家的入住，赖特实现了自己为南加州创建一所本土建筑的目标。因为与其他建筑不同，这一赖氏景观真正包含并体现了自身的场所精神（查尔斯·E·阿瓜尔拍摄。©2002年贝蒂安娜·阿瓜尔提供）

使停车场呈水平状态，因此避免了在类似土地上进行修建时普遍需要的大量的分层充填；天然排水装置很少中断；附近植被的根系系统也得以保留。而且，桉树如雕刻般的树丛也为结构的水平性提供了对照物；栽植的暗绿色的英国常青藤包围着斜坡；景观的美感与建筑简洁的曲线完全融合。总而言之，斯特奇住宅代表了人们能接受的美国风住宅最佳传统中那种非凡的场所精神。

罗兰·B·波普住宅（Loran B.Pope），弗吉尼亚州福尔斯彻奇市（Falls Church）（1939年）

罗兰·B·波普住宅的规划、选址和定位都是根据委托人提供的地形图信息完成的（图8–27a）。在此基础上，赖特计划将房子建在水平区域的中心，这样的话，离可通行的公共道路会有77英尺的后退空间，主要居住区两边的玻璃墙则朝向正南和正北。这种安排能够最大限度地获得冬日斜射的阳光以及夏天盛行的南风，这样，通过玻璃门和可活动的天窗便可轻易得到良好的对流。按照波普的特殊要求，赖特还种上了白杨树样品，给卧室朝西的一面和起居室朝南的一面提供树荫。同时，这也保证了已有的常绿树木树丛能抵挡部分来自西北方向的冬季盛行风的影响。赖特还设计了格子棚和有孔的百叶窗来过滤冬天的阳光，并使卧室与公共街道隔开，保证私密性。他安排了矮墙和与车道平行的植物带以使户外部分呈几何扩展，还有栅栏，加上半圆形的浆果地，创造出一种私密空间，他还在居住区外设计了呈阶梯的草地。

然而，这个规划在环境方面的益处从未实现，因为绘图的错误：对地面坡度的绘制不精确，这使地面实际上向北急剧倾斜——这种状况直到一个学员为房子立桩标界时才发现。因为对该学员来说，这个任务并不像其在西塔里埃森那短暂的两年实习期与工作伙伴在建筑室内进行的工作，而是他的首次现场作业，他叫了一位高年级学员帮助重新选址；而他在建筑施工之前不得不去先处理另一项任务。目睹了他们重新划界时数次旋转建

筑平面图，调整样品树的尝试失败之后，波普将自己的房子称作“白杨错觉”。[484]

完成选址和建筑完工后，波普住宅自样品树向南移动了50英尺，也离公共街道近了50英尺，在定向上向西调整了135°，这样，主要居住区的玻璃墙就朝向东南和西北面（图8–27b）。这种重新安排的负面后果如下：1）白杨树只能掩映卧室一侧的末端；2）离可通行公共道路的后退空间只剩下27英尺；3）格子棚和有孔百叶窗失去了作用；4）冬季的西北盛行风会通过居住区一面的墙直接进入；5）另一面的阳光渗入会受到影响。改变房子和既有常绿树丛的关系后，冬季阳光照射就更受限制。还有，波普选择和引种的那些在街道和房子之间作天然私密屏障的浓密植物不仅影响夏季风的进入，而且完全挡住阳光。另外，户外部分几何上的扩展不复存在；车道变短并改变方向；生活区外阶梯状的草地和半圆形的围合特征都无法展现了。

在此分析基础上，难以理解赖特为何会给波普写这样的信：“房子这样安排在方向上更有利，整体上有更多阳光，看起来比较不流于形式。我认为有更多我们自己的东西。”他大概是指自己逐渐增长的在对角线上选址的偏好，这样选址可以在全天获得最多的自然光照射。当然，对于绘图不精确，以及他决定用改造、而非特定地点设计来处理局面所带来的一系列负面影响，他推卸了自己的责任。

波普一家只在这间房子里住到1946年。由于罗伯茨·利（Robert Leighey）一家居住的时间更长，从

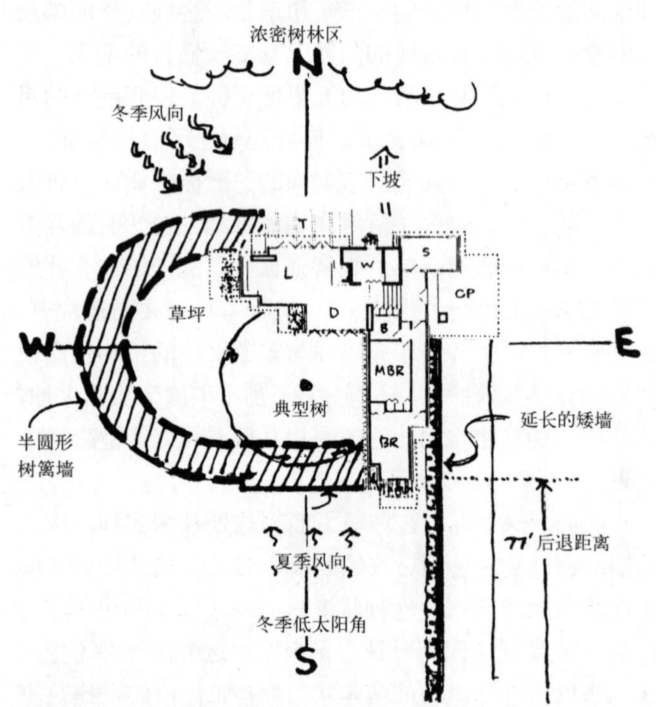

图8–27a 弗吉尼亚州福尔斯彻奇市罗兰·波普住宅（1939年），以地形图为基础的规划选址及定向（查尔斯·E·阿瓜尔依照个人分析和规划记录绘制。©2002年亚利桑那州斯格特达勒市的弗兰克·劳埃德·赖特基金会提供。©2002年贝蒂安娜·阿瓜尔临摹）

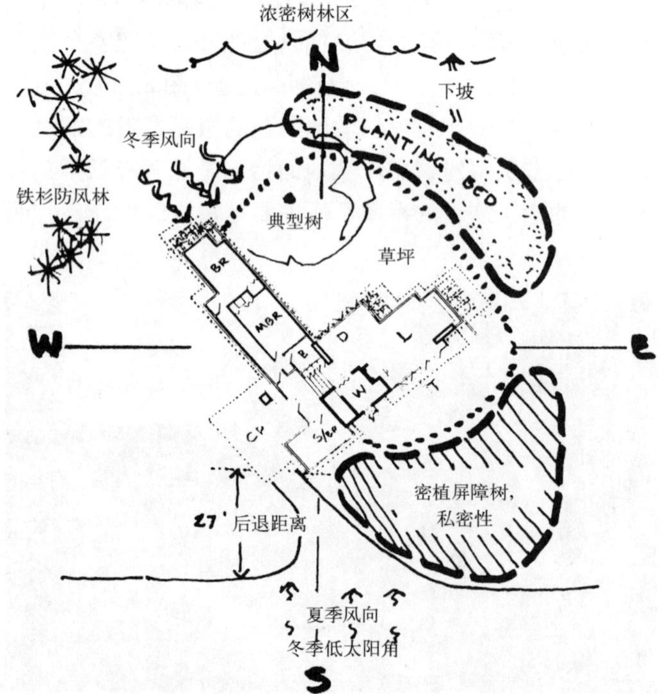

图8–27b 在已有的气候条件的基础上，波普住宅实际选址及方位（查尔斯·E·阿瓜尔基于个人分析及图纸记录绘制。©2002年亚利桑那州斯格特达勒市弗兰克·劳埃德·赖特基金会提供。©2002年，贝蒂安娜·阿瓜尔临摹）

这时起，这个住所就被称作波普－利住宅。1963 年，在利先生的遗孀将房子交与国家历史保护信托基金会（National Trust for Historic Preservation）后不久（她仍有终身承租的权利），66 号州际公路的扩建计划就威胁到了该住宅。国家信托基金会将这栋建筑移至弗吉尼亚州的弗农山庄种植园（Woodlawn Pantation in Mount Vernon），重建后它成为一所博物馆，地址选在福尔斯彻奇原址以东 70° 处（图 8–27c）。这次的重新定向使主要生活区的玻璃墙朝向西南和东北，这样一来，就改变和取消了原先的阳光照射环境，原先阳光从纵横格子的板中射入，据说马乔里 · 利（Marjorie Leighey）曾表示过不满。关于冬季盛行风对在车棚下等着进入前门的来访者的影响也不再考虑。人们也不再费神去重新恢复赖特最初的入口安排和福尔斯彻奇精心制作的通道，在福尔斯彻奇，地面略微倾斜。在种植园，汽车禁止入内，所有的参观者必须从上方进入，俯视宽大的平屋顶，从而获得一个不太好的第一印象。但重新选址的最致命后果出现了，因为房子建在 3 英尺的不稳固填土上，而这些填土的下面是已很糟的淤泥、沙、黏土的混合物——这导致混凝土板上出现 1 英寸的裂缝，暖气管破裂，板条墙上出现大裂缝，顶棚下沉。这些状况带来又一次迁移，还花费了约 50 万美元的修整费用——而该建筑原来的造价是 7000 美元。

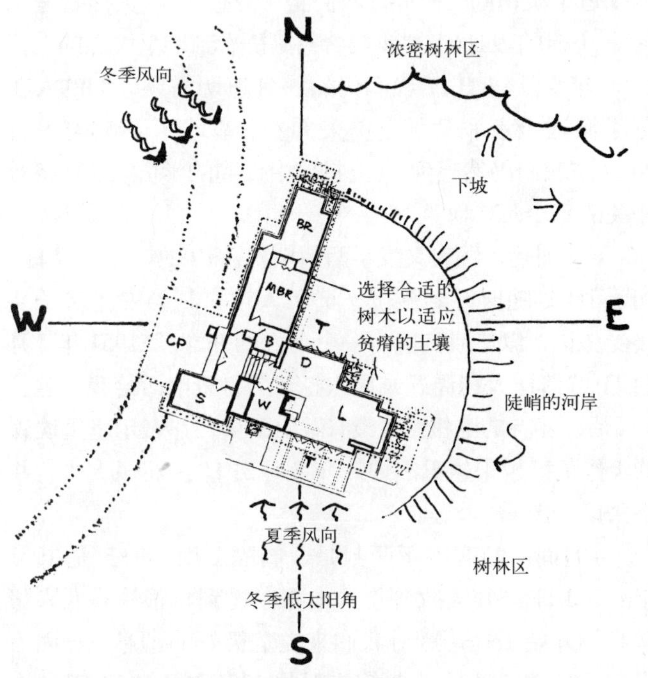

图 8–27c 国家信托基金会提供的移动后波普住宅的地址及方位，没有提及实际气候条件问题（查尔斯 · E · 阿瓜尔基于个人分析及图纸记录绘制。©2002 年亚利桑那州斯格特达勒市弗兰克 · 劳埃德 · 赖特基金会提供。©2002 年，贝蒂安娜 · 阿瓜尔临摹）

波普－雷住宅的故事强调了对赖特住宅建筑进行重整、重建和变换地点时忽视环境的后果。赖特并没有将自己的设计过程局限于建筑物的场地环境中。重建始末也不能仅限于此。

从 1932 年到 1959 年赖特去世，塔里埃森工作团体共推出了 650 件方案，其中 217 件（34%）得以执行，362 件（56%）未能执行。[485] 同一时期，共有 330 位学员在该地度过了长短不等的时间，一些人只有几个月或一年不等的时间。许多人把这里当作其他艺术职业的踏脚石——如室内设计，布景，雕塑和绘画。凯文 · 林奇（Kevin Lynch）回到正规学校学习，成为麻省理工学院城市研究规划系（the Massachusetts Institute of Technology）受人尊敬的教授。至少有三人继续专攻景观设计学：詹姆斯 · 德劳特（James Drought, 1932 – 1934 年），卡尼吉 · 多莫托（Kaneji Domoto，1939 年），约翰 · 保罗（1949 – 1952 年）。大约 80 名早期学员都凭自己的努力在国内、国际建筑业方面有所作为。曾有 17 人在塔里埃森工作团体的科系内执教，同时以塔里埃森建筑师作为职业。[486]

虽然按照通常的理解，作为训练的一部分，每个学员都应全身心地投入到至少一项工程中去，从基础工程开始，贯穿整个项目，并以此作为自己的任务，这似乎成为标准的程序，但并不是规则。总的说来，实际上只有不到 10% 的学员承担了这一责任。学员们——通常是高年级的，但也并不都是这样——被分配的工作至少是为大部分建筑物立桩，而他们真正参与建筑的程度随工程的不同而不同。尽管赖特的标准合同中，把全部10%费用中的2%算作“建筑监工”。合同也提出了学员承担监管或担负现场监工职责时获得补偿的方式，如下：

> 建筑师在找不到好的总承包商时，要详细列明制造工作和建筑材料——将合同按件交给分包商，并在塔里埃森工作团体能适时派出合格学员负责，进行必需的采购并控制整个建筑工作时，不要总承包商。学员要检查费用——规划，投标等，将建议改变的地方提交建筑师，并努力使工作圆满成功。学员食宿由业主承担，业主应负担其必要差旅费及工作期间每周30美元的费用。

鲁斯·皮尤和约翰·皮尤(Ruth and John Pew)说，卡利·卡拉维(Cary Caraway)为他们解释设计图，并为房子的钢悬臂支架“做了一些工作”。他们还回忆起，卡利·卡拉维曾经指导学员赫伯·弗里兹(Herb Fritz)的部分在职建筑训练——与本地承包商一起工作，并在有问题时立即向韦斯·皮特斯(Wes Peters)报告。他们还记得，塔里埃森的“男孩们”定位并拖动他们壁炉上的大石板，确保位置“正确”。但都没有回忆起学员以其他方式参与建筑过程。这里的重点是，他们房子的地理位置离塔里埃森只有不到一个小时的车程。

关于田纳西州查塔努加(Chatanooga，1950年)新婚夫妇吉尔特·沙文和西莫·沙文(Gerte and Seamour Shavin)，赖特在他们对塔里埃森的数次探访中，都未提及可能为他们派遣可用的学员。直至他们到塔里埃森等候设计图完成时，学员马尔文·巴赫曼(Marvin Bachman)提出以低价为其房子的工程监工，这时他们才知道此事。当时赖特似乎正准备离开塔里埃森。鉴于他曾在卡内基工学院(Carnegie Tech)完成两年的建筑课程，沙文夫妇决定接受他的自荐；房屋工程将近结束时，巴赫曼死于交通事故[487]，此前，他一直同沙文先生的父母挤住在一起。沙文夫妇把巴赫曼对他们美丽的家居工程的敏感细致的投入称作是“交了好运”，因为巴赫曼坚持在细节上认真执行。

在作者采访的最早一批家庭中，除了沙文夫妇外，几乎没有一个学员参与工程超过一、两天，也几乎没有偶然的拜访。有时，四个不同的学员同时参与——为建筑立桩，其他人监管不同时期的工程。即使这样，学员们还是只可能在顾客强烈要求下才出现，这在威廉·帕默住宅(William Palmer House，密歇根州安娜堡市，1950年)建造时的通讯记录中可以得到证实。也许这是因为二战后，家庭责任的领域被定义为“持家者”和“养家者”，而通常由“妻子”负责联络工作。

顾客首次求助是在1950年的9月2日：“我们获悉，大约每隔一月，就会有塔里埃森的人来到密歇根州。如能知道下次访问的时间，我们将十分感谢。”紧接着是三封信。1950年9月6日：“我们希望尽快看到塔里埃森的人。”1950年9月14日：“我们仍然感到迫切需要你们的人在冬季搬迁至亚利桑那之前来看一下基址。”1950年9月24日：“我们仍然感到，(上封信中提到的学员来访)将对相关的每个人有利。”

6个月后，顾客又发了两封电报。1951年3月17日：“我们计划随时开始施工。请派人过来帮助安排房子并接受咨询，以使我们能有一个良好的开端。”1951年3月24日：“请让人在周五或周六打对方付费电话给我。急。”6天后，赖特的电报回复没有做出承诺，并表示塔里埃森的工作负担越来越重。1951年3月31日：“将派人去。并寄去设计图。”

4月间，顾客寄了两封信，间隔2周。一封是1951年4月1日：“昨天收到您的电报，提到将很快有人来帮助我们开始工程，这对我们来说是极好的消息——因为我们已经准备开始了。”第二封是1951年4月13日：“抱歉我们要求来人帮助安排住宅——但我们期望完美。我们感谢您，并等待获知来人的日期。”这封信又加上了一封电报作为补充。1951年4月13日：“我们何时才能见到帮助我们安排住宅的人。衷心感谢您的支持。”

两周后，顾客采取了另一种方法。1951 年 5 月 2 日：“今天我们听说您在底特律劳伦斯工学院（Lawrence Tech in Detroit）的讲座提前至 5 月 14 日。不知您是否有可能在讲座之前或之后来安娜堡见我们。如果您在方便的时候看看我们的选址我们将感到非常高兴……无论如何，我们都计划在 14 日聆听您的讲座。并将在破土前等候您的消息。”赖特的回复还是没有做出承诺。1951 年 5 月 6 日：“我们会试试看。在劳伦斯学院见。”

最后，在第一次要求发出 10 个月后，顾客收到了一直等待的通知——它来自赖特的私人秘书尤金 · 马斯林克（Eugene Masselink）。1951 年 6 月 19 日：“杰克 · 豪（Jack Howe）将在下周末到达安娜堡——如果您方便的话。”1951 年 6 月 22 日：“请在信中告诉杰克，我们强烈希望，他一定要来……我们期待他的到来。”

1951 年 8 月 14 日，顾客致谢：“我们再次感谢您派杰克来。我们工程的开始在他的帮助下受惠极大，我们也希望您知道，当您能派他过来时，我们将非常感激。”但 6 周后，顾客又寄出了另一封相当紧急的电报。1951 年 10 月 3 日：“我们有 6 个泥瓦匠，工作进展很快。您能否派人来帮我们避免一些错误？”对于这个要求，赖特不紧不慢地做了至少可以说是模糊的回复。1951 年 10 月 16 日的回复是：“亲爱的威廉 · 帕默一家：我们将在去西部之前‘及时’派人去。忠诚的弗兰克 · 劳埃德 · 赖特。”

尽管顾客们在这种延时交替中感到受挫，但对赖特的尊重从不动摇。作者采访的 37 个早期家庭都表示了这样的感受。他们也感到，尽管赖特从未亲自访问该地点，但他尊重他们的需求和家庭生活方式，能够容许他们参与设计过程，并对住宅设计和建造保持鲜明的兴趣。赖特只在建设前访问过其中 3 所房产，但在建设开始或完成后访问过 10 个——这种情况似乎并未给自己或客户带来过分的焦虑。米尔德雷 · 罗森鲍姆，斯坦利夫人，（Mildred Rosenbau， Mrs. Stanley）曾数次邀请赖特参观他们亚拉巴马州著名的 1939 年“美国风”佛罗伦萨建筑，而赖特一直没有接受，她愉快地解释了赖特的理由：“我不需要来。我用心灵的眼睛已经看见了你们的房子，我已明确知道它们的样子了。”[488] 赫尔曼 ·T· 莫斯伯格夫人（Mrs. Herman T. Mossberg）（印第安纳州南本德市，1948 年）对赖特的想法也提出了类似的看法：“赖特先生只来访过一次，那是在他到圣母院讲座、我们的工程仍在进行的时候。他只看了起居室，当我们邀请他看看房子的其他部分时，他告诉我们：‘我两年前设计时就见过了。’[489]”她还补充道：“他似乎对进展很满意，但什么都没说，就转过身去走出房门。”这些解释显示了赖特杰出的个人魅力、传奇的才干和对每次工作的全局掌控能力。

在 20 世纪 40 年代衰退的那些年里，赖特工作任务越来越多，整个 50 年代，建设持续加速——那正是赖特 80 岁至 91 岁的时候——这时，他的监管控制水准下降。他还花费大量精力完成古根海姆美术馆（Guggenheim Museum），新亚利桑那州议会大厦（Arizona State Capitol），伊拉克巴格达（Baghdad，Iraq）的新公共建筑，以及加利福尼亚马林（Marin County）市政大厦综合建筑。因此，不可避免的，某种程度上的标准化开始在他命名的”美国风”建筑上出现了。

分析表明，“整体设计”的影响几乎是 1905 年格里芬离开工作室状况的再现——但扩大了好几倍。为什么？一个显而易见的原因是佣金数额。另一个原因是，客户是美国郊区居民的代表人物，许多地点选在不规整的地形上——这从不是赖特的强项。另外，这些地点覆盖了广大的纬度范围。赖特在给希尔斯比（Silsbee）和沙利文当学徒时，通过尝试和错误为中西部草原做设计的方法，当时他亲自住在那里，同格里芬和延森一起工作。他通过尝试和错误学会设计西南海岸和沙漠地区，他住在那里，与劳埃德一起工作。但是现在，许多工作地点都选在其范围之外，在个人水平上说，他无法客观评判经由遥控所做决定的影响。真实的情况是，赖特从来不熟悉选址开发的技术和功能等事宜。而在平整草原地面之外的地方做建筑设计，其最不易的一点就是地形设计。20 世纪中叶世态的发展致使他的这个弱点更为明显——因为他无法传授自己不知道的，正如无法传授自己敏锐的直觉一样。[490] 这个理由同样能经分析站住脚。

这次研究分析的 150 多个地形测量和／或地点图没有为规划构成——即使是如车道、汽车庭院、阳台这样的基本成分——提供指导或提出特别要求。也几乎没有影响建筑定位定向的参考因素——如露出地面的岩层、松散的大块石头、样品、树或风景。同样也没有土壤分布图，或提及土壤的适宜性或限制。虽然截面图或立面截面图 (elevation-sections) 有助于观察现有地形，但只有两三个计划曾建议绘出重新确定坡度必需的等高线。最值得注意的是，在弗兰克 · 罗伊 · 赖特的档案文件记录中，只有一个确定坡度的规划——是他准备和指导的洛杉矶奥利弗山房产项目。

确定坡度的规划详细说明为使自然地形适应建筑，通过确定坡度和挖填以建造车道及停车场所需的改造总量。同时详述了排出建筑地表水所需的坡度——尤其是有大门通道和台阶的地区。绘制已有的或计划的等高线，对于在可能的情况下避免挡土墙，控制整个地形的最终外观来说，是很重要的。

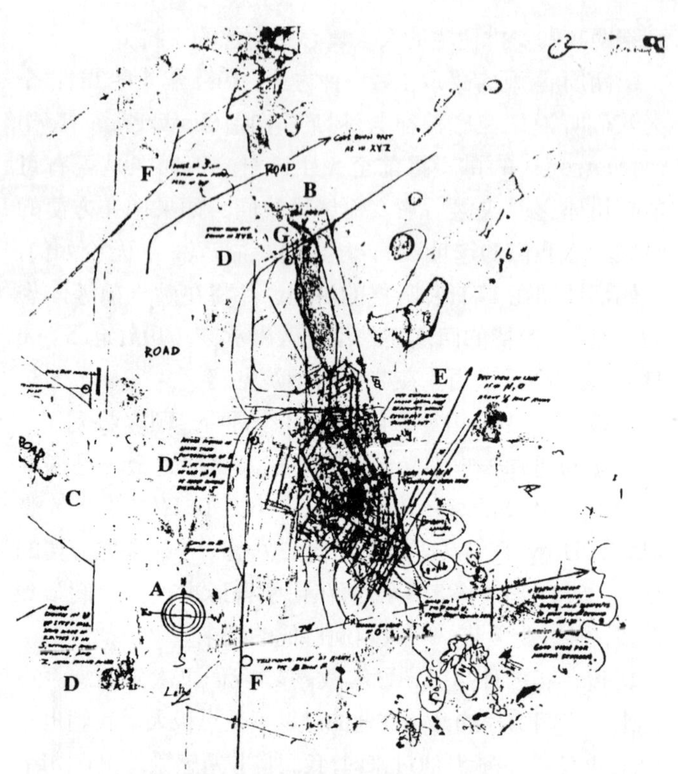

图 8–28 印第安纳州奥登当斯镇的安德鲁 · 阿姆斯特朗 (1939 年) 选址分析 (©2002 年亚利桑那州斯格特达勒市弗兰克 · 劳埃德 · 赖特基金会提供)

记录中只有一个选址分析——是 1939 年豪为安德鲁 · F · H · 阿姆斯特朗 (Andrew F.H. Armstrong) 在印第安纳州奥登当斯 (Ogden Dunes) 的美国风建筑做的——这个分析同大部分选址分析比起来 (见附录 K)，显得相当粗略。之所以做这个选址分析，很可能因为该地点次级沙丘的生态敏感性，以及它的位置——离密歇根湖只有一个街区，距印第安纳州邓斯 (duns) 公园的东部边界只有 6 英里。[491] 工作地图包含赖特亲绘的透视图和房屋计划的略图——很显然，该设计至少在哈维考察该场地前就已做出(图 8–28)。地图上的标注只是大略，很不完整，但对于赖特和哈维来说，与显而易见是在考察过程中拍摄的照片联系起来看，还是有一些价值的。有北方的方向标，但 E (东) 和 W (西) 颠倒了，说明也不正确。建筑地点的北部画了一条弯曲的路 (就是今天的 Cedar Trail)，标注是“迅速下降”和“急剧的冲砂” (Steep Sand Cut)。到处都有字母和注解，明显是与照片配套的——例如“图片 B 和 F 右侧的电杆”；“E 前景中大树的大致区域”和“N 中在此附近的桔松”。也标注了邻近相关的部分，包括电杆、邮箱和两所房子的位置——西南“陡峭的山上……铁路枕木制的汽车道”，另一所在北部“陡峭的山上”。还用铅笔划出了许多尺寸。一些箭头标注想法，如“1/4 英里外最好的湖景”和“通过翻滚的沙丘群看到的景色”。

这里的重点是，这一难以描述的地图似乎是阿姆斯特朗委托的场地规划范围。没有与建筑结构图相应的场地规划。也没有地形勘查的记录。现在的所有者所保存的最初

设计图中，只有角落里一小张位置图表来指示房子应如何建造。为了理解这种不当选址带来的有时轻微有时显著的困难，也许应该总结与“容纳汽车”、“30°/60° 三角板特性”、“阳光半圆”及“地形清晰度”有关的因果关系。

容纳汽车（Accommodating the Automobile）

美国风建筑大部分位于郊区，在建造时，那些地方较接近乡村。因此，作为房屋大环境的一个必须部分，汽车是无法被忽略的。在考虑处理房产时，建筑物的地点、交通、进入体验，甚至整个布局，都要考虑汽车如何抵达住所、汽车与住所的相互关系，以及容纳汽车本身。大体上，在塑造环境时，对于汽车这一机动对象，要使它能从公共道路直接到达汽车庭院或距房子入口最近的停车场、或停到突出的长屋檐下的停车处。

车道成为许多美国风建筑正门前的确认点，这些建筑具有所谓“赖特式”特征——一盏灯，一个邮箱，大门，或其他艺术形式——比如赖特最早同延森一起设计的布斯住宅。车道本身成为进入体验的一部分，因为多数美国风建筑都位于地产后部——既为保证私密性，也为有一个看起来宽阔的通道。因为地形图上安排的车道没有实际的选址分析，所以它们呈现出不同的形式——直线的，弯曲的，普通环形，死胡同（cul–de–sac），角形网格——更多的是建筑网格，而不是考虑土地的地形。汽车庭院也倾向于呈现建筑网格构造，这在平面透视图上可以看出来（图 8–29）。一些甚至还超出分给居住者使用的面积。由于角形网格不考虑转变半径和车轮移动的真实需要，其中一些车道－汽车庭院构造从一开始就产生了车辆调动上的问题，如皮尤住宅中的车棚（图 8–30a–b）。

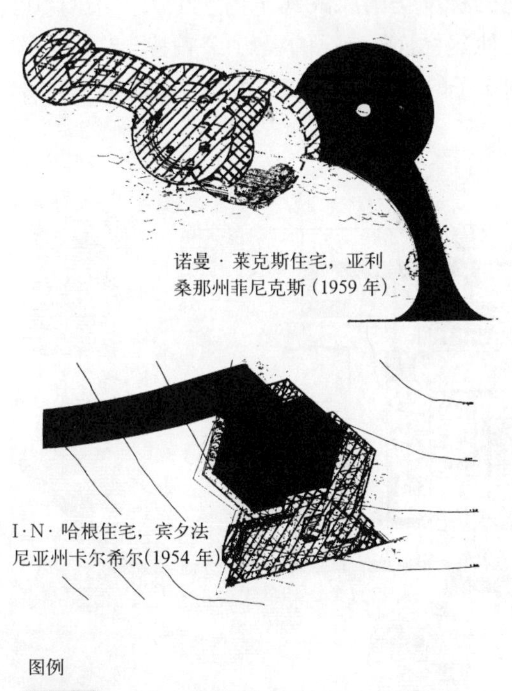

图 8–29　美国风建筑底层透视图关于容纳汽车的问题（查尔斯 · E · 阿瓜尔罗基于个人分析及图纸记录绘制。©2002 年亚利桑那州斯格特达勒市弗兰克 · 劳埃德 · 赖特基金会提供。©2002 年，贝蒂安娜 · 阿瓜尔临摹）

美国风建筑的进入体验，由于费用因素，它们在设计时只有一个进入点，直接与汽车庭院（50%）或车棚（30%）相连。在许多情况下，车门和前门之前最多只有几英尺的距离；每个人——不论是家庭成员还是访客——都必须先挤过停放的汽车处才能进入住宅。另一个相反的极端是，美国风建筑在车棚和房门之间设计过长的走道，走道的长度从杜耶·赖特（Duey Wright）住宅（威斯康星州沃索社区，1956年）的72英尺，到约翰·O·卡尔住宅（John O. Carr House，伊利诺伊州格伦尤维社区，1950年）的130英尺不等。赫尔曼·T·莫斯伯格（Herman T. Mossberg）的住宅（印第安纳州南本德市，1946年）不同寻常，前面有一个对着公共街道的入口，还有一个对着车棚的便门（Service Entrance），用较高的砖墙将建筑与公共视野隔开。而其他美国风建筑很少有便门。

直线式车道通常位于美国风建筑的一侧，这种车道很可能是沿袭草原房屋时期的风格——那时，由畜栏改造的车库直接与小路相通，当没有小路时，直接与房产的一侧相连。这种处理方法可看作保持大部分房产作为优美如画的户外空间的延伸单元。约翰和鲁斯·皮尤提出费用是一个因素："尽管我们的计划中有弯曲的车道，但沿着地产界线（Property Line）的车道通常是直的。也许这能使车道变短以节省费用，尽管这样一来，车道变得较陡。"对于后来的屋主辛迪·爱德华（Cindy Edwards）来说，皮尤住宅陡直的车道在有积雪、冰或冰雹时难以通过——这种时候在威斯康星州并不少见。罗兰·雷斯里一家（纽约欢乐谷，1950年）最后只好在类似的陡直车道下放置电线圈来防止积雪或冰带来的危险。[492] 其他一些老顾客告诉作者，他们觉得有必要改变设计图中的直线车道和重新确定坡度。罗素·克劳斯（Russell Kraus）（密苏里州科克伍德市，1951年）是个艺术家，他的标准美国风式建筑由学生灵·泊（Ling Po）选址的，他这样描述自己的经历："赖特先生原来设计的由县道到房子的车道（约800–1000英尺）是直线上

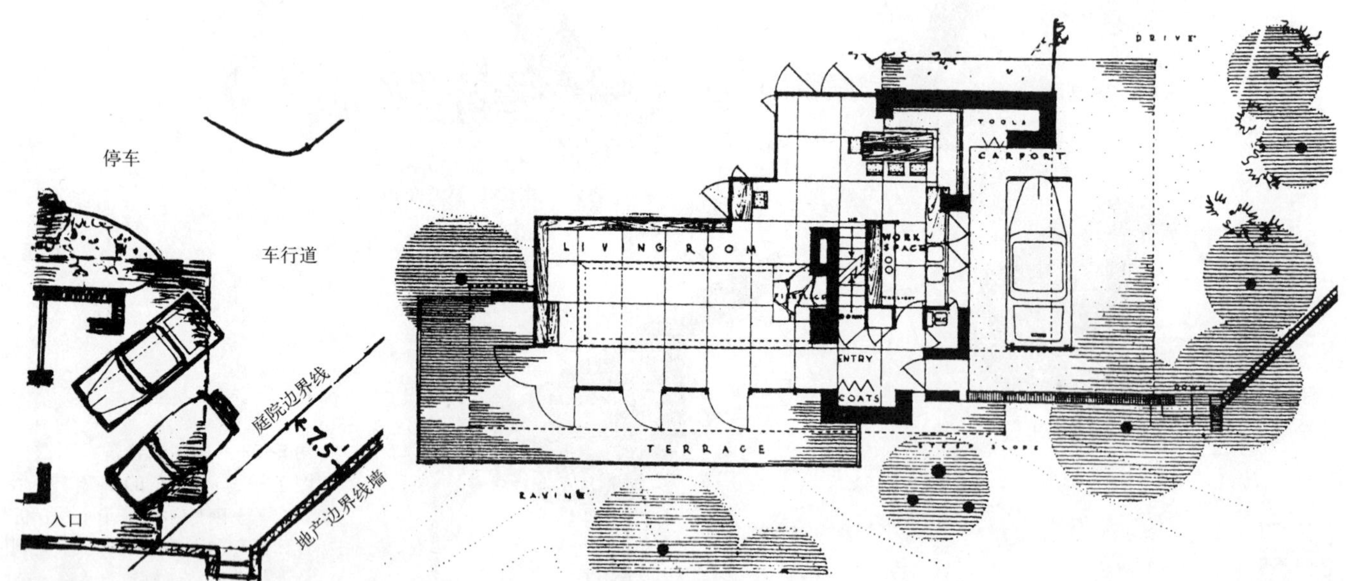

图 8–30a–b 皮尤住宅汽车庭院在理论上可行，但实际上无法调动的车辆放置安排（查尔斯·E·阿瓜尔基于个人分析及图纸记录绘制。©2002年亚利桑那州斯格特达勒市弗兰克·劳埃德·赖特基金会提供。©2002年，贝蒂安娜·阿瓜尔临摹）

坡的。这在维护和使用上都非常实际。但我们决定采用更为‘浪漫’的、从隔开房子与县道的森林中穿过的弯曲车道。但正如我们的发现，更浪漫的车道难以保养，在路面光滑的冬天，弯曲的上坡路面较难使用。不过全年开车穿过森林真是一种美好的体验。所有来访的塔里埃森学员都夸赞过这条穿越美丽森林的车道。”[493]（“如果”考虑到自然等高线的话，这里应该注意的是，弯曲的车道与直线车道相比，能使陡峭的路面更易通行）。

美国风式建筑的车道和汽车庭院中，最常使用的地面材料是沙砾，虽然有时赖特会采用其他的透水材料——如碎红石或碎红砖——来更好地与入口台阶、阳台表面和室内地板相协调。有的时候，他甚至还会针对某种低车身切诺基红色跑车选择路面材料、重新设计和协调色彩，因为他感到，当车子停在他那种建筑附近时，是一种“表达”。但由于美国风汽车庭院由混凝土、沥青或砖铺设，问题便产生了。使用任何不透水的材料都会对建筑环境产生负面印象，因为光和热会使微气候的温度上升。当铺设范围像美国风车道和汽车庭院那么广阔时，这种情况会加剧。

除了赖特研究中人们常说的漏水问题外，使用不透水表面加重的另一个问题与美国风式屋顶的宽阔和设计有关。因为美国风式屋顶比普通的面积要大—— 以便遮挡阳台和窗户，并强调建筑的水平状态和美学比例——而且赖特认为排水沟和落水管要同他设计的建筑线条相协调，这样就会有大量的雨水流出。只要汽车庭院使用沙砾或其他透水的表面材料铺设，那么雨水就会较易被吸收。但在车库和前院铺装后，屋主常会发现雨水排放量和速度难以控制。一些人谈到了越来越严重的腐蚀问题。许多早期户主告诉作者，由于积水，他们无法在暴风雨的时候使用前门。另一些家庭提到地下室和炉子间受潮，挡土墙和阳台表面有裂缝。在许多情况下，需要建土质低洼地或安装污水泵和暗沟、滤污器等设施来解决问题。

这些问题表明，赖特最早坚持美国风式车道和汽车庭院使用透水材料的原则是正确的。但这也引出了另一基本问题，但这问题只在雨水下落时才变得突出——那就是对不同地形的不恰当选址与建立坡度。这些情况更多的表现在赖特美国风式设计规则中对30°/60°三角形的偏好上。

30°/60°三角形特性

在《自然住宅》（Natural House）中，赖特写道：“正确的定向……是房子采光的首要条件……如果建筑师对太阳以不可避免的朝南角度由东向西的运行有所感悟的话，日光就能得到良好控制。”[494] 他后来一直偏爱30°调整的定向。同样在20世纪50年代这段时期，一个学员告诉作者：“30°/60°三角板是赖特先生最喜欢的制图工具。他能够用丁字尺、30°/60°三角板和一些彩色铅笔来做出任何设计。”[495] 这些观察的真实性与本书直接相关，因为如果这是定位和定向的主要工具的话，一概这样做会造成无可挽回的问题。

据统计，一半以上（59%）美国风式建筑的整个结构，至少是卧室一侧都在南北或东西方向上倾斜正30°。其中只有两所房子的位置与等高线平行。这说明大部分美国风建筑的选址都同自然地势相反，基本上是对自然地形的“挑战”。这种有分歧的30°选址引入了一种立体感，有时，这是一种把建筑网络系统整合和扩展到室内外空间的方便合理的方法，同时这也大大增加了需应付的自然地形的范围。按惯例最好针对这些问题准备特定地点的坡度规划，因为一旦建筑选址不当和楼面高设计不当，就无法以经济简单的方式来处理地面沉降问题。正是因为在制图板上没有解决这些问题，所以许多美国风建筑过分依赖挡土墙和其他昂贵的现场施工、地形处理的方法来缓解这些问题。

针对不规则地形的问题，赖特想创造一种相对统一的方法，一个设计特征就是砌石挡土墙基（Masonry–Retaining Base）（图8–31）。他使用的技巧是，在斜坡上突出建筑来“平衡”一层的高度，建筑物由10至30英

图 8–31 赖特为解决不规则地形而作的砌石挡土墙照片（查尔斯 ·E· 阿瓜尔拍摄。©2002 年贝蒂安娜 · 阿瓜尔提供）

尺高的混凝土砖石挡土墙支撑，用数车土石回填[496]（见附录 L）。被赖特砌石挡土墙基支撑的三角形起居室阳台常被描述为像有“船首”的船一样。它们和半圆形植物带具有相似特征，因此可作为建筑和自然之间的分界线。女儿墙（Parapet Wall）的作用是在保证私密的同时，将阳台限制为面向天空的户外空间。因此，很少安排直接通向后院的通道。

今天看来，突出的从中到高规模不等的砌石挡土阳台是建筑在陡峭坡地的美国风建筑中的“标志性”设计——不论其建筑材料如何。这种技巧也常在缓和的地形上采用，使地点更具戏剧性。在建于缓和地形上的 31 个美国风建筑中，有 30 个采用这种设计方法。它们都很美丽，但美丽需要付出代价——既有经济上的，也有生态上的。这些建筑中有许多被认为与所在地环境“和谐”，这强调了一个事实，即“幻想”是理解的一个重要因素。

对砌石挡土墙基最合理有效的应用是在非常崎岖的山坡地形上，且赖特本人参与设计全程。出于这些因素，两座美国风建筑看起来的确像从自然环境中“生长”出来的，那就是为克林顿 · 沃克夫人（Mrs. Clinton Walker）和罗兰 · 雷斯里（Roland Reisley）所做的设计。

克林顿 · 沃克夫人住宅（Mrs.Cliton Walker），卡梅尔（Carmel， California），加利福尼亚州（1948–1952 年）

在赖特为特定场地所做的设计中，为黛拉 · 沃克（Della Walker）设计的典型美国风建筑最能体现其所追求的与自然有机的“统一”（图 8–32）。具有挑战性的是，赖特要在蒙特利湾（Monterey Bay）海岬（这是最

图 8–32 加利福尼亚州卡梅尔黛拉 · 沃克之家（1948–1952 年）阳台的砌石挡土墙基（查尔斯 ·E· 阿瓜尔拍摄。©2002 年贝蒂安娜 · 阿瓜尔提供）

宏伟的环境之一）相对受限制的多岩石地形上，为她设计一所可负担得起的“度假小屋”。从海岬上能看到地平线上海洋的全景。海岬底部是海浪撞击形成的巨大岩层、海边植被、海鸟、海獭、海狮和退潮时的宽阔沙滩。赖特参与设计建造全过程，由于朝鲜战争（the Korean War），该工程持续了数年时间。

首先，就这块地而言，用形状像“船首”的砌石挡土墙基再合适不过——尤其是涨潮时卡梅尔岩石（Carmel Stone）阳台向海平面上自然岩层延伸时。从每个角度看，阳台都像是从海岬上生长出来的，青绿色的悬垂式房顶就像漂浮在朝海洋延伸的宽阔的六角形居住空间之上——朝海洋的延伸被巨大的窗户限制，这240°的窗子面向除东南之外的所有方向。因此，从日出到日落——无论是在屋内还是在阳台上享受日光浴或放松——海洋的气息、波浪的撞击和海水的飞沫都无所不在。由于赖特为房间、窗子和玻璃门做了独特的钥匙形（Key-Shaped）设置和定向，每个房间都能获得持久的海风（图8–33）。对于保证房屋面向公共部分的私密性和海洋与

图8–33 推测的扩建前带有沃克住宅特性的场地规划图（场地细节由查尔斯·E·阿瓜尔基于个人分析及图纸记录绘制。©2002年亚利桑那州斯格特达勒市弗兰克·劳埃德·赖特基金会提供。©2002年贝蒂安娜·阿瓜尔临摹）

主要生活区的接近，赖特也做了很多考虑。同样鉴于上述原因，赖特在房子最接近公共区域的南－西南面墙上没有设置窗户。也是出于同样的考虑，他在主要生活区三层有支承的带状玻璃上设计了下部通风口，以使海水飞沫的方向发生偏转并减小阵风的影响。

海水飞沫关系到植物能否生存。由于没有确定的种植计划，沃克咨询了景观设计师托马斯·丘奇（Thomas Church）。赖特得知以后，在情绪上有相当不寻常的反应："许多地方都有令人烦恼的消息。其中之一是我以前的学徒……对亚伦·格林说：'有人用景观美化毁了赖特先生的房子。'沃尔特·奥尔兹（Walter Olds）痛苦地说：'沃克夫人雇用了一位专业的景观设计师，毁坏了赖特先生为他所作的一切。'如果你真的聘请了一位景观设计师的话，这是我建筑生涯中首次遇到这样的事。这是我第一次受到如此粗暴的侮辱。我不敢相信……引用工作上的密友伍尔斯特（Wurster）的话：'我知道赖特不会喜欢我所做的'——这说明他的意图是暗杀[原文如此]……我希望我听说的不是真的，我的爱没有白费。我爱这间屋子就如珍惜自己的头颅。"[497]

当然，赖特要求顾客都不去咨询景观设计师的主张是完全不正确的。格里芬、延森和劳埃德·赖特都接受过多次咨询，1952年，丘奇本人也为A·C·马休斯（A. C. Mathews）制定了种植计划，在这封信写出之时，丘奇正准备修改古铜种植园规划。无论如何，沃克带有责备的回复会让赖特自在一些：

> 多严重的批评啊！这可不是我该承担的。有人想制造麻烦。其实没有损害房子的事情发生……我让从小认识的汤米·丘奇帮忙……我自己种了2000株肉质植物和冰叶日中花（Ice Plants），并从海滩上买了石头……放在你说应该放的地方。我去森林中找了枯死的小松树。要找到经得住风和海水飞沫的东西越来越难。也许可以种上幼小的灌木，但我简直等不到它们长大（但愿我能）。我也不愿意照料草坪，于是汤米建议我用……像阳台那样的沙砾层，我这么做了，也挺喜欢。但如果你不喜欢，我就不用。实际上我们并未做什么改变，有人提到汤米说过你不会喜欢，这也是没有理由的。他惟一的想法是遵循你的规划草图。

顾客提到的海边环境情况，不仅与选择植物，而且与建筑占地关系极为密切。拿流水别墅（Fallingwater）来说，投入这个敏感地点的维护费用仍在增加。就该海滩的情况看，显然人们多年来做了很多努力来抵御顽固的自然体系的主宰。为限制堤岸侵蚀，人们建起一座石墙，并在石头支柱上加了许多码混凝土（图8-34）。然而，房子的地基仍受到了严重侵蚀；一段原来在石头中的排水管露出了5英尺；由于海浪的作用，一大块混凝土正渐渐被沙化。上述一切证明，与"自然母亲"斗争的代价有多大，努力又多么徒劳。

图8-34 沃克住宅的海边景象，从中可见柱石受到严重侵蚀（查尔斯·E·阿瓜尔拍摄。©2002年贝蒂安娜·阿瓜尔提供）

罗兰·雷斯里住宅（Roland Reisley），纽约欢乐谷（1950年）

罗兰·雷斯里美国风住宅是赖特为“第二代美国风”建筑群设计的第三座也是最后一座住宅（图8–35）。他再次亲自参与全程——在他最后一次考察工地时，还设计了厨房灶台处的壁炉。那次考察是在1952年6月，雷斯里一家搬进当时尚未完工的房子之后不久。也是在当时，他表现出了视觉与精神评价的超凡能力，并能对任何既有情况进行评估。在1992年的一次采访中，雷斯里一家告诉作者，赖特把车开进车道，下了车，用手杖指着烟囱，然后立即提出烟囱应该加高2英尺——以便同屋顶协调并发挥壁炉的最佳功能。雷斯里一家认为他们获得了“赖特先生许多特别关照和有益的建议”。他们说，他曾在建设期间考察了三、四次，并派高年级学员艾伦·L·“戴维”·达维森（Allen L.“Davey” Davison）监工。

达维森的职责是在大块石头间合适的地方立桩并使其符合崎岖地形的自然等高线。实际上，原先设计的房子沿逆时针旋转了13°，以防露出岩层的大石头受到冲刷而这种冲刷对这个建筑已清晰可辨了。这种调整是正常合理的，也显然在赖特原先设计构想的范围内。而且由于法式门是顺着主要生活区等边三角形的东南、南和西南边排列的，所以这种旋转并不影响为获取光照所作的定向（图8–36）。此建筑高悬的屋顶通过这些玻璃墙，在夏天提供树荫，每年冬天树上叶子落光之后能尽可能多地获得阳光。室内的石墙可以吸收日光，在生活区域释放热量。空气对流也很好。

雷斯里住宅的户内–户外关系密切，这一点在生活区外表现得尤为明显，玻璃门通向阳台，本地石头制成的栏杆处在建造过程中受到谨慎保护的大块石头之上。阳台栏杆的船首部分把人的目光引向似乎完全不受干扰的自然林地，那里到处是山胡桃树（Shagbark hickory）、杨叶桦（Gray birch）、山茱萸（Dogwood）、漆树（Sumac）、山月桂（Mountain laurel）、野梅

图8–35　纽约欢乐谷，罗兰·雷斯里住宅（1950年）原先起居室阳台的景象（查尔斯·E·阿瓜尔拍摄。©2002年贝蒂安娜·阿瓜尔提供）

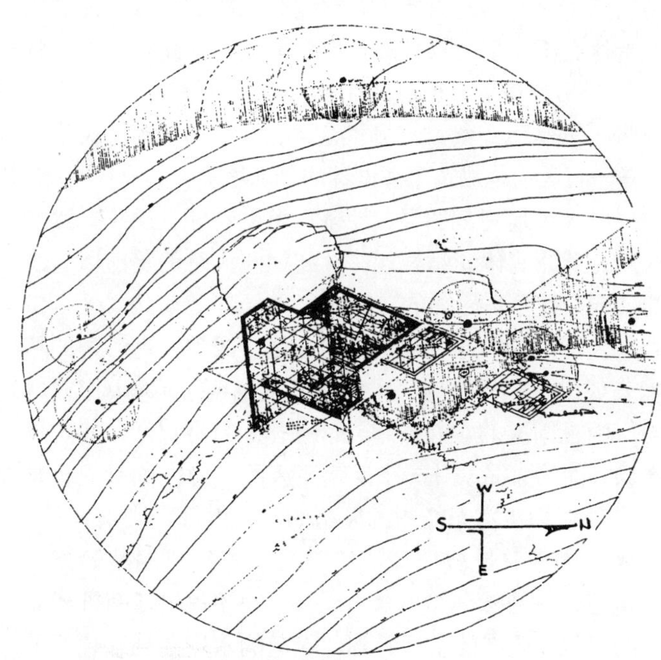

图8–36　如地形图所描绘，雷斯里住宅的布局确定了具体方位（©2002年亚利桑那州斯格特达勒市弗兰克·劳埃德·赖特基金会提供）

(Bayberry) 和须芒草(Bluestem grass)。高悬屋顶之下的厨房后面，藏着一个就餐阳台。

1956年,添加了一个部分建在地下的卧室－娱乐室－储藏室这使得雷斯里住宅的面积扩大至原来的两倍。环绕添加部分北墙的坚固石墙一侧扩展到生活区的东南翼展,这样一来所有地上的窗户都朝南了。但值得注意的是,此时推土的工作量比原先建房时更大了——但研究会档案并未记载旋转13°的后果。这一疏忽使得人们必须使用多于原计划的挡土墙。

雷斯里一家聘用了景观设计师A·E·白(A.E.Bye)来帮助他们进行根本的改造："通向上面草坪的倾斜石阶、假山花园、地被植物和本地灌木都是爱德·白(Ed Bye)的设计的一部分(图8–37)。他的种植计划需要90%以上的本地植物。铁杉(Hemlocks)、山月桂、(Leucothae)、山茱萸和各种同自然系统相配的刺柏(Juniper)。地被植物的苗床将房屋的网格图扩展到了户外。"但必须感谢雷斯里一家具备保持该景观完整性的敏感性。这仅仅源于他们不许把植物带的边缘修剪成本地流行的直线状(图8–38)。最后，正是这种极为细致的处理，让人难以分辨哪里是建筑终结，哪里是自然开始的地方，或是相反——而这正是赖特景观设计的最高境界。

尽管场地规划图存在缺陷，但赖特和其弟子无疑能成功地将感官体验结合起来，其如此大量的美国风建筑能给人一种尽善尽美的建筑感，里外都是如此。无一例外，受访的最初顾主对他们所生活，或曾经生活过的环境表现出极强的情感诉求。这确实证明了美国风式"体系"内在固有的空间条理，这种体系足够灵活，能容许布局方面的大量变化——反映主人的个性。同时它也是技术创新和极富想像力的风格的有力例证，既满足了人性化的需求又比较节俭。但美国风式建筑的精髓所在正是建筑和自然环境的相互关系——不仅包括两排树木间的深景，固有的土地外形，附近的水域和现存位置的植被，还包括地方大气状况，尤其是太阳高度角及盛行风向。[498]

图8–37 雷斯里住宅的山边花园，台阶由景观设计师A·E ·白(A.E.Bye)设计(查尔斯·E·阿瓜尔拍摄。©2002年贝蒂安娜·阿瓜尔提供)

图8–38 从美国风路看到的雷斯里住宅。建筑似乎是自然岩石和树林环境的一部分(查尔斯·E·阿瓜尔拍摄。©2002年贝蒂安娜·阿瓜尔提供)

在这些自然环境的影响中，定位朝向太阳最具深远影响，且讲求精确。以场地纬度为基础，一年当中的任何一天当中的任何时间太阳轨道的角度都能从出版的项目表中来确认。赖特是一位擅长利用自然价值的大师。定位对朝向季节性风向、盛行风向和微风的要求不太严格，因为空气流动受如下一系列变量的影响，如地球旋转、邻近海洋、以及太阳对大气辐射的间歇加热效应。空气的运动同样也受场地的特殊小气候这些变量因素的影响，这种小气候因曝露于太阳的范围不同和风的角度不同而不同，此类差异就像建筑工地周围的树木物种和结果导致上空覆盖物的不同一样细微得难以察觉——浓密的或稀疏的，常绿的或落叶的，年轻的或成熟的，虚弱的或健康的。盛行或季节性风向因月月、年年而动摇不定，基于地方机场或科学考察站保存的详细记录——战后年间设计美国风住宅时赖特及其学生能够充分利用这一资源——这些风向能够最好地被测绘出来。

赖特被灵感激发所设计的半圆形太阳建筑被使用和滥用的故事能够最好地证明，当房屋主人和其他部分参与建筑过程的人不理解定位和朝向对其美国风建筑的重大意义时，问题就出现了。

半圆形太阳建筑（The Solar Hemicycle）

半圆形太阳建筑的原型是1944年赖特为赫伯特·雅各布斯和凯瑟琳·雅各布斯（Herbert and Katherine Iacobs）设计的第二所住宅，它位于威斯康星州的米德尔顿（Middleton）（麦迪逊市的一个郊区）。在相隔两年的二次见面中——1990年3月和1992年4月——雅各布斯夫妇生动地描述了赖特第一次参观他们住宅场地的情景，他用超常的能力进行直觉性判断，并相当准确地判断应在哪里并如何最好地定位他设计（将在那儿建造）的建筑。

> 我们已经售完了麦迪逊外那片52英亩的农场中几乎所有的土地，只剩下三四英亩，但仍不确定到底在哪儿建造我们的住宅。我们预想它应该在土地的最高处——在北方能看到曼多瓦塔（Mendota）的远景。但我们仍在等待赖特的决定。当他携夫人抵达时，这是一个激动人心的浪漫时刻——他俩和我们全家一起跨越一大片白三叶草的草地。赖特很快驳回了我们要使工地尽量靠近郡县公路的想法。他解释说："除非要拓宽、修直路面和带来更多的人口，你们不能依赖公路部门，除此之外，人们不应把房屋建造在视野所及的最美风景处的顶上。如果你把房屋建得靠近它，也许能得到更多的欣赏和享受，并且任何时候都可以随兴所致漫步到那儿。"
>
> 赖特先生经常手持藤条——并不是因为需要它，除了便于指出问题和以姿势示意外别无他用。他很快来到先前挥舞藤条指向的位置说："这是各种景观汇聚的地方。"以此为例是想说我们拥有一片几乎无止境的远景：南方有绿色的农田，西方有能看到栎树边缘的美丽景色，东方的风景被弧状的公路切断。尽管这是我们的房屋，但当时我们甚至不知道它就是第一所半圆形太阳住宅，推开门窗扑面而来的是整个户外连绵不绝的美景。我们的女儿苏珊，那时才5岁，对赖特先生挥动藤条的动作感到十分好奇，对我窃窃耳语："妈妈，他好像在指挥音乐！"[499]

尽管在雅各布斯夫妇看来，赖特似乎是在建筑场地随意逛游，事实上他是用视觉调查对这块地进行解剖——它固有的水文学，地质学，地形以及自然植物——从而"读懂"这块土地。同时记录土地形式本质并评估当地大气状况，以此决定待建建筑的选址和朝向。在上述所有方面，赖特起到景观设计师的作用——他个人完全有能力胜任这项工作，就像他是一位合格的建筑师一样。

雅各布斯夫妇表达了希望参与的愿望，赖特于是在信中提出邀请，他们可以过来观看他最终设计成形并将在建设场地施工的平面图。她说："赖特先生写道，他准备让我们再次成为'替罪羊'以享受他所谓的'建筑新兴事业'。他提醒我们如果不接受他的设计，会有其他人欣赏的。他称之为'真正的首创'，我们一定会非常喜欢。他甚至用铅笔在短信中写到，我们必须'严加戒备'，因为'它太棒了！'"雅各布斯夫妇继续说到，当第二周周五抵达塔里埃森时，直到赖特不厌其烦地解释了这幢首创的“太阳半圆形”住宅的功用后他们才豁然开朗，而在此前一直无法理解赖特展示的设计图（图 8–39）。

赖特为雅各布斯住宅 II 构思设计的半圆形宅邸——下面将会提到——所有主要居住空间均朝南，以石块为基本建筑材料（里里外外），用土坡覆盖最北面的立面。他的意图是这种美国风式房屋能为美国中西部大草原上的最早移民提供故乡旧居的感觉——也就是说，这种土坡型建筑冬暖夏凉。低凹的花园被朝南的凹形正立面环抱，通过形成一团静止空气来捕捉冬日的阳光，这样一项技术被赖特描述为“流线形空间”。[500] 雅各布斯夫人说，赖特先生告诉她丈夫低凹花园的空气会平静到他能在那儿的强风中点燃烟斗。赖特还特别调整屋檐的深度在冬至能最大限度地吸收穿透的阳光，因而蓄热的石墙能在住宅各处散发热量——即便是夹层中的卧室也不例外（图 8–40）。另一方面，春分时射入的阳光在中途到达起居室。夏至期间，屋檐恰好精确地阻挡了夏日阳光，与此同时，盛行凉风透过玻璃门阵阵吹来，整栋住宅内弥漫着宜人的微风。

赖特设计的自然翼（剖）面基本上发挥了预想的功效。布局的惟一瑕疵是入口隧道的东北－西南朝向要经过土坡。根据美国商务部气象局记录，1950 年中等年份威斯康星州这一地区的风向波动较大——最初从 11 月的正南风向，到 12 月的西南风向，再到 1 月、2 月、3 月的东北风向（图 8–41）。由于据记载冬天风速可高至 65 米／小时，地下通道入口有可能转变为实际意义上的风洞。[501] 尽管如此，这所半圆形太阳住宅确实是一项卓越的设计，因为它合理考虑和处理了威斯康星州的气候压力问题，这里的极端温度（最高或最低温度）呈现出巨大的差异，从冬天的最低温度 −37 °F 到夏天的最高温度 +107 °F。

以雅各布斯住宅 II 的半圆形太阳房屋模型中的设计和建筑为蓝本，赖特和／或其弟子随之为各种各样（多于 12 栋）的一层或两层半圆形或半环形宅邸做设计。下

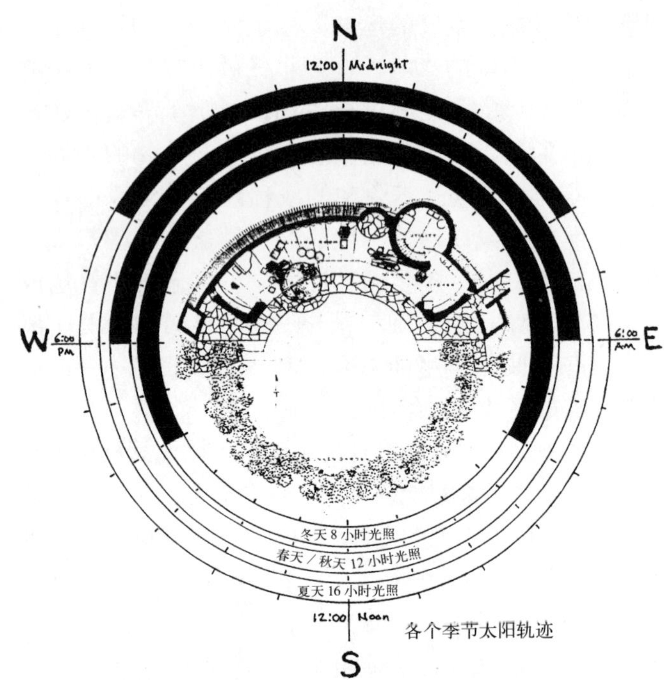

图 8–39 赖特为赫伯特 · 雅各布斯和凯瑟琳 · 雅各布斯建造的第二所住宅的设计草图，位于威斯康星州的米德尔顿——第一所“太阳半圆形”美国风住宅——向我们展示了四季太阳的轨迹以及日出日落的位置（查尔斯 · E · 阿瓜尔基于个人分析和图纸记录绘制。©2002 年亚利桑那州斯格特达勒市弗兰克 · 劳埃德 · 赖特基金会提供。©2002 年贝蒂安娜 · 阿瓜尔临摹）

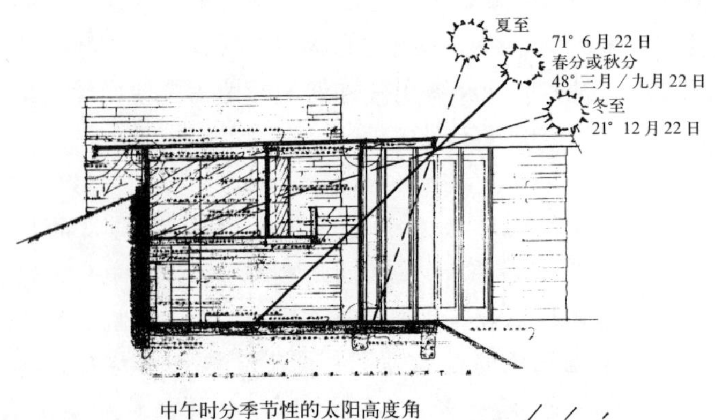

图 8–40 雅各布斯住宅 II 的断面图，向我们展示了夏至，春分／秋分，以及冬至时期的房檐对太阳光的控制（由查尔斯 · E · 阿瓜尔基于个人分析和图纸记录绘制。©2002 年亚利桑那州斯格特达勒市弗兰克 · 劳埃德 · 赖特基金会提供。©2002 年贝蒂安娜 · 阿瓜尔临摹）

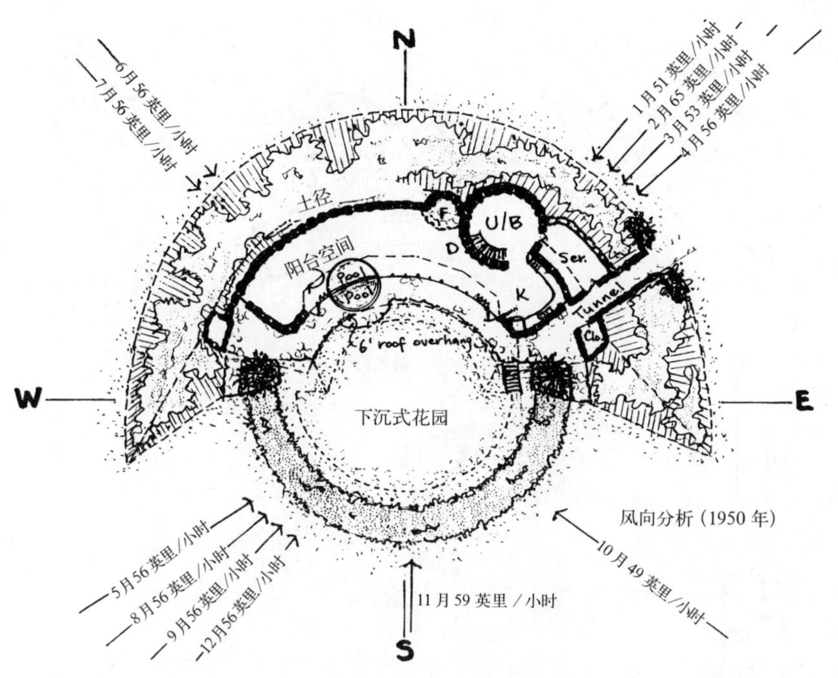

图8–41　1950年为雅各布斯住宅II所做的风向分析中显示没有"盛行"风向；每月风向波动变化，差异甚大（由查尔斯·E·阿瓜尔基于气象局提供数据绘制。©2002年贝蒂安娜·阿瓜尔提供）

列十座于20世纪50年代早期到中期建造，分布于美国的不同纬度之间：

安德鲁·库克住宅（Aderew Cooke）（弗吉尼亚州，弗吉尼亚海滩）；肯尼思·劳伦特住宅（Kemmeth Laurent）（伊利诺伊州，洛克弗德市）；乔治·刘易斯住宅（George Lewis）（佛罗里达州，泰拉哈希）；路易斯·马登住宅（Louis Marden）（弗吉尼亚州，麦克林恩）；柯蒂斯·迈耶住宅（Curtis Meyer）（密歇根州，卡尔斯伯格）；威尔伯·C·皮尔斯住宅（Wilbur C.Pearce）（加利福尼亚州，贝德伯格）；约翰·L·雷瓦德住宅（John L.Rayward）（康涅狄格州，新迦南）；达德利·斯宾塞住宅（Dudley Spencer）（特拉华州，威尔明敦）；罗伯茨·温因住宅（Robert Winn）（密歇根州，卡拉马祖市）；以及R·利伟林·赖特住宅（R.Lewellyn Wright）（马里兰州，贝斯色达）（图8–42）。

有必要注意这么一点，尽管所有这些住宅都被笼统确认为半圆形太阳建筑，但仅有四所的定位符合标准，它们的玻璃正面朝南，可以准确地界定为上面的类型——这四所是库克住宅，皮尔斯住宅，斯宾塞住宅及赖特的住宅。其他的住宅就阳光收益而言均要划入不正确定位的范畴，把它们无论是凹形还是菱形结构确认为半环形似乎更为恰当。这就引出了疑问，即被派遣择定这些半环形住宅位置的学生是否深入了解正南方向定位的重要性。为从预测的太阳弧中获取最大限度的阳光受益，允许南偏东20°以内的变异范围，但仅此而已。对于佛罗里达州的刘易斯住宅而言，安有玻璃的广阔区域面向东北似乎毫无意义，因为任何低于纬度35°的建筑都能优先享受和煦的阳光及醉人的微风。但在密歇根州和伊利诺伊州北部的两座半圆形住宅——众所周知，这两个地方的温度能够降至−20 °F——定位朝向西北，因此主要生活空间完全曝露于冬风的直接冲击之下，完全接触不到任何阳光。

当然，有时委托人也会萌发重新定位的意愿。信件记录证实莉莲·迈耶和柯蒂斯·迈耶曾提出将他们的房屋进行角度偏转的要求，以使大雪飘落进汽车间的可能性降到最低，尽管这种变化——旋转90°——的结果是两层的玻璃正面均朝东北方。[502]1992年对路易斯·马登夫人的一次电话采访中，笔者了解到他们的两层楼房正面朝西北，这样能更好地欣赏波多马克河（Potomac）和以及华盛顿纪念馆的景色。她说他们自己亲手搬动设计标桩，"弗兰克·劳埃德·赖特的设计与房屋的实际定位及现存的任何景观毫无关联。"

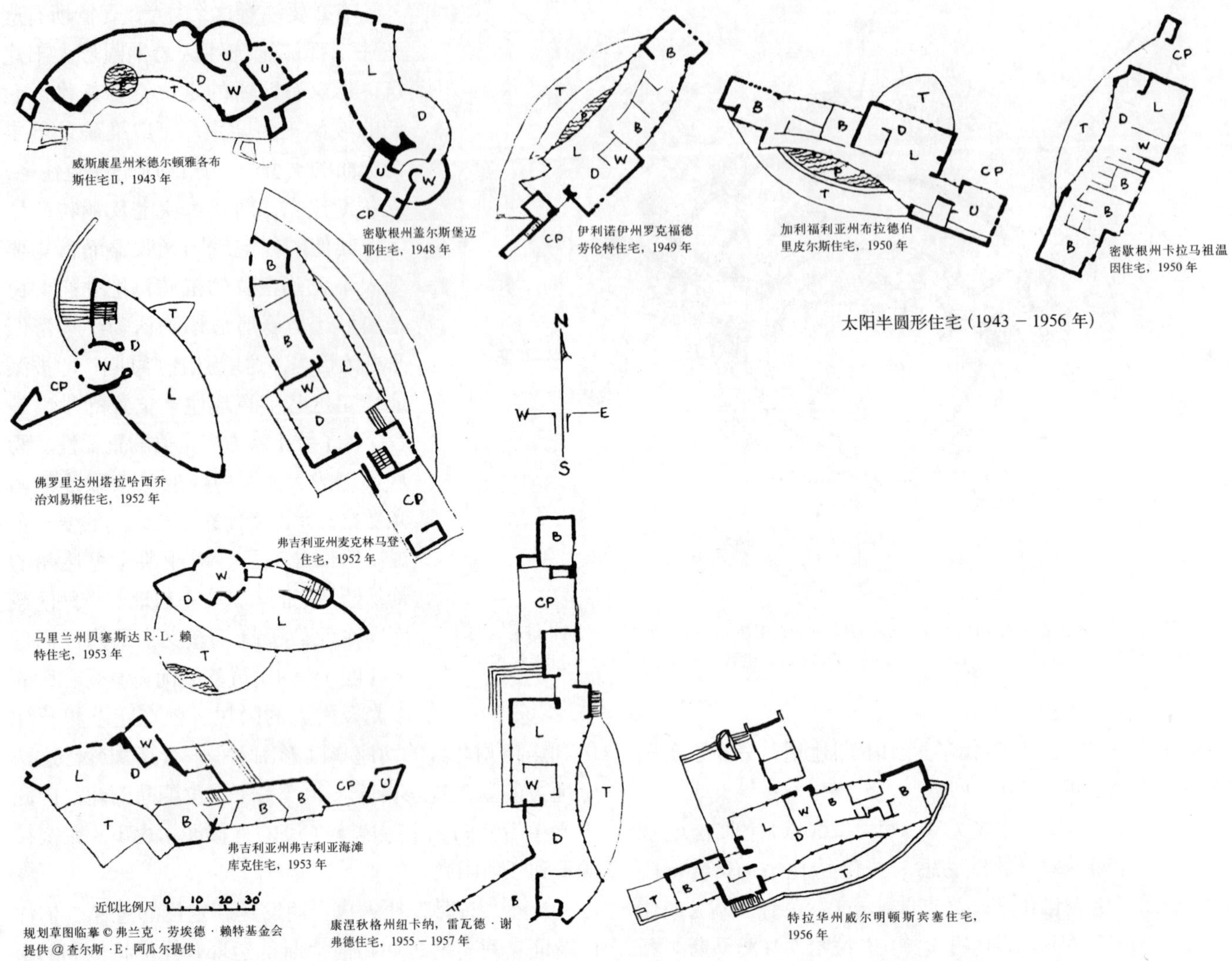

图 8—42 真正的半圆形太阳建筑在选址时的各种变异，向我们展示了定位朝向不恰当的半环形建筑（查尔斯 · E · 阿瓜尔基于个人分析和图纸记录绘制。©2002 年亚利桑那州斯格特达勒市弗兰克 · 劳埃德 · 赖特基金会提供。©2002 年贝蒂安娜 · 阿瓜尔临摹）

景观的结合（The Articulation of the Landscape）

塔里埃森工作团体的合同将植被栽植列入赖特建筑的范围内："个人建筑服务得到的报酬是整座建筑全部花费的 10%，其中也要包括庭院的栽植。" 然而从 20 世纪 30 年代至 40 年代中、后期最早的美国风式房屋中，庭院植被随时光流逝在赖特退出人们关注的视野之后逐渐发生了变化，约翰 · 皮尤（John Pew）这位专业的林务员－研究者，说出了大多数早期美国风房屋主人的心声："赖特先生从未画过你们所称的景观或栽植设计图。这是由于我们无论如何也没有资金购买设计图中的植物。" 鲁丝 · 皮尤（Ruth Pew）补充说："赖特先生喜欢野葡萄和美洲南蛇藤，于是我们在房屋附近种了许多年葡萄藤。

美洲南蛇藤使得布局鲜艳多彩，但我们同样难以把它带入居所。”

基于这种见解，可以假设赖特从未在确定意义上真正将美国风式房屋发展为投入－产出比较高的模式。然而这的确是因为在地形图上除了提示性描绘外没有任何指引了，这么多的早期美国风式房屋和庭院本身没有树木荫蔽，而这在正常情况下是可取的。尽管建筑预算复杂性的增加反映这一时期社会日益繁荣，然而景观设计的水平使得委托人能够保持相对平静。这一推理在埃里克·布朗（Eric Brown）（密歇根州卡拉马祖市，1950年）关于设计图的笔记中得以证实：“槭树、栎树或白桦树，”“漆树［原文如此］”和“松树”，“水平桧柏”，“野花和高高的野草”，“三三两两的混合灌木丛——绣线菊，连翘等等。”[503] 1951年，约翰·豪（John Howe）给柯蒂斯·迈耶（Curtis Meyer）的回信非常不详细：“利用本地的开花灌木，就像那些房屋周围已有的一样。环形圈应包括桧柏、不同高度的雪松组等，三四株雪松、桧柏归为一组，山茱萸点缀其间。”[504] 这些概述给委托人带来不少问题，因为他们必须从上千种可能的物种，变种及杂交物种中精确挑选自己所需的——其中许多可能无法适应场地相对寒冷的气候。

截止到20世纪50年代，许多美国风式房屋的主人不断寻求并接受园艺师的建议，购买树种，从国外引进植物——如日本槭树，东方樱树，中国桧柏——以一种类似于其所在地区更难以描述的房屋使用方式来布置他们不同寻常的居所。当这些美国风式建筑被安置在那片缺少植物、原自然景观被引进的外来景观所替代的平坦城郊土地上时，赖特建筑的特色手笔遭到严重损害。但也有例外，有些景观设计师被雇来按顾主意思绘制种植设计图——如黛拉·沃克（Della Walker）住宅和罗兰·雷斯里（Rolland Reisley）住宅——或是房主知识渊博、对景观有独到的见解，能够指导或监督专业人士，或亲手营造景观。这一评论的有力例证是萨拉·马克斯韦尔·史密斯和梅尔文·马克斯韦尔·史密斯（Sara and Melvyn Maxwell Smith）的“建筑和景观结合”；约翰·豪为格特鲁特·莫斯伯格和赫尔曼·莫斯伯格（Gertrude and Herman Mossberg）草拟的种植设计图记录；玛丽·帕默和威廉·帕默（Mary and William Palmer）采纳的选址和景观设计；为约翰·L·雷沃德（John L.Rayward）的半圆形住宅和安德鲁·库克（Andrew Cooke）半圆形太阳住宅后来主人精心打造的专业景观设计；以及伊丽莎白B·特蕾西和威廉·B·特蕾西（Elizabeth and William B.Tracy）多年心血浇铸而成的个人主义色彩浓厚的景观。

梅尔文·马克斯韦尔·史密斯住宅（Melvyn Maxwell Smith），布卢姆菲尔德山脉（Bloomfield Hills），密歇根州（1946–1949年）

当教师萨拉·史密斯和梅尔文·史密斯这对新婚佳人于1941年初次拜访塔里埃森时，他们的激情简直难以用言语表达——许多赖特美国风建筑理想的早期追慕者的情况与此类似。那时他们和赖特匆匆见了一面并告知赖特，他们没有建筑预算但决心将来有一天住进由他弗兰克·劳埃德·赖特亲自设计的房子里。惊讶之余，赖特嘱咐他们找到一块施工场地并赠其一幅地形勘测图。他建议房屋应坐落于其他人都不要的地方，更为可取的是“某处险峻的斜坡上”。尽管他们的计划在史密斯应召入伍，在珍珠港（Pearl Harbor）当兵之后被长期搁置，但他们仍然梦想着与赖特的合作。

战争结束不久，史密斯夫妇发现了他们所谓的“理想”场地——远离拥挤的底特律市（Detroit），靠近声名远播的克兰布鲁克（Cranbrook）教育社区（不过在以后的地产图中以“高级区”标示）。这片地产其实是一个旧的铁路枕木废弃场，上面蔓生植物本土植物混杂，但这恰恰符合赖特无人要的场地的要求。对他们而言，更重要的是购置价格必须在预算范围内，因为这个周围有大树，坐落于高地上，能够俯瞰沼泽和小池塘的地方，有着他们正在追寻的舒适环境（图8–43）。

图 8–43　密歇根州，布卢姆菲尔德山脉的梅尔文 · 马克斯韦尔 · 史密斯住宅（1946–1949 年），向我们展示了池塘及周围细腻的风景（查尔斯 ·E· 阿瓜尔拍摄。©2002 年贝蒂安娜 · 阿瓜尔提供）

为削减开支，史密斯决定自己充当承包商。他花两年时间潜心研究赖特的开发计划草图和规格说明。然而，在 1947 年 6 月收到工作草图后不久前往塔里埃森拜访的过程中，他提出一个自认为能改进高侧墙窗的设计建议，心中惴惴不安担心赖特对这个想法不理不睬。然而，出乎意料的是，赖特向豪交待立刻按此改正，事后告诉萨拉：“你丈夫是一位很好的建筑师。”

在 1991 年的一次采访中，萨拉 · 史密斯告诉笔者：“赖特先生参观了我们家，他在 20 世纪 50 年代曾三四次提到它，称之为他的‘可爱的宝石’。我们在经济允许的情况下有了进一步扩建的想法。扩建部分以及南侧的排房最终于 1969 年依照塔里埃森的设计师们预备的图纸建造起来。”她还描述了丈夫如何亲自清除灌木丛，安置草坪，种植许多桧柏，并担任其他职务，但仍对这所被他们命名为“我的避难所”（Myhaven）的房屋的整体形象不太满意。她随后详尽阐述丈夫的坚强性格，解释他们环境敏感型景观的发展来由：

史密斯是一位不同寻常的人。有一个词可以典型地概括他，即“完美”。他对景观和建筑都十分在行。他认为赖特先生是最好的建筑师，而托马斯 · 丘奇(Thomas Church)是最棒的景观设计师。战争结束后，他认为没有理由不从这两位大师那里各取精髓……20 世纪 60 年代末期抑或是 70 年代初期，他听说丘奇先生即将造访克兰布鲁克，于是我们就与他联系，要求他和我们呆上一段时间。他逗留了一晚，清晨起来在花园内漫步。他走进房内，把我们的餐桌当作画板开始绘制景观设计方案。多么有魅力的人！

在他离开之前，史密斯与他讨论自己关于景观营造的想法，提到让他设计一个湖代替沼泽。丘奇先生告诉他“你心中已有了所有的构想；实际上，你不再需要我。”史密斯小心翼翼地落实我们景观的计划。然而几年后洪水泛滥，淹没了沼泽，毁掉了那个小池塘。铁路枕木漂得满地都是。史密斯认为是时候再次请丘奇先生出山了。不料我们耽搁了太久。他已离开人世。因此史密斯亲自指导重型机械操作者如何挖掘在他脑中已成形的湖。那年的冬天异常严寒，但他仍坐在驾驶室准确地告诉操纵机

图 8-44　M· M· 史密斯住宅周围景观，多年发展而成（查尔斯 ·E· 阿瓜尔拍摄。©2002 年贝蒂安娜 · 阿瓜尔提供）

器的人每一铲土应往何处扔。现在，“我的避难所”直接面向克拉维利夫湖（Clover Leaf Lake），我们的房屋坐落于三湖湾之上。因此你看到的一切都是史密斯(Smith)坚持不懈的成果。“我的避难所”是灵魂、精神的美好展现，它给许多人带来了欢乐，也包括我自己（图 8-44）。

赫尔曼 ·T· 莫斯伯格住宅（Herman T.Mossberg），南本德市，印第安纳州（1948-1951 年）

为格特鲁特 · 莫斯伯格和赫尔曼 · 莫斯伯格设计的植被平面图对任何美国风式房屋来说都是这一时期档案中最完备的一例。当笔者询问豪有关这些设计图的独到之处时，豪对格特鲁特 · 莫斯伯格住宅植物平面图大加赞赏：“这一平面图如此详尽，完全归功于莫斯伯格夫人设计植被和景观的精湛技艺。我绘制这张景观图完全是为满足她殷切的期望。她带着我漫游四周，告知我哪个地方应摆放什么植物。她真是了不起。”在我们 1992 年 4 月的那次会面中，听到这样一番评价后，当时已 94 岁高龄的格特鲁特抿着嘴微笑说：“杰克仍然是我们的好朋友。他和我们一起在旧居生活了两个月，负责评估，并在我们餐厅的餐桌上给优美的透视图着色。我们楼上还保存着原画。”

在交谈的过程中，莫斯伯格夫人提到她丈夫“把我们后面的街道布置成一条死胡同”，如此一来他们那幢幽深、公园似住宅安静的一侧便没有往来的车流、人流了。她说设计和建筑施工历时两年因为“熟石膏贸易遭到重创”，他们夫妇俩到塔里埃森拜访，并仔细研究对设计图做出怎样的改动。“重大的变化是把厨房设计成一个外部房间。赖特先生起先把它设计成一个不透明的、看不见外面风景的房间，我告诉他，做饭时我想往外看到花园。他满足了我的要求后甚至做出了更多的改动，在同地板持平的大平台上另外装了几扇法式落地门，直接通往厨房和餐厅。平台原先设计在不同高度，而场地允许按照现在这样做。还需要安装地下排水系统因为许多地方都向下倾斜。”

莫斯伯格夫人的场地设计图如此明确详细，她要求在表面铺设着一块块 5 英尺长、6 英寸宽的方格式砖块的平台上留下一块方形空地——正如笔者美化的地面设计图那样——提供空间来种植一株枫树（Sycamore），给平台和朝南的玻璃墙带来树荫（图 8-46）。她说她认为枫树能给半圆形平台增加一种“雕塑般突出效果”，视觉上有效地把形状规则的草坪与过渡草地及保持为自然森林状态的房屋外部边缘区别开来。她指出较少修剪草地，要在更大程度上保留原有的地表覆盖物和随风飞舞的色彩缤纷的野花（图 8-47）。

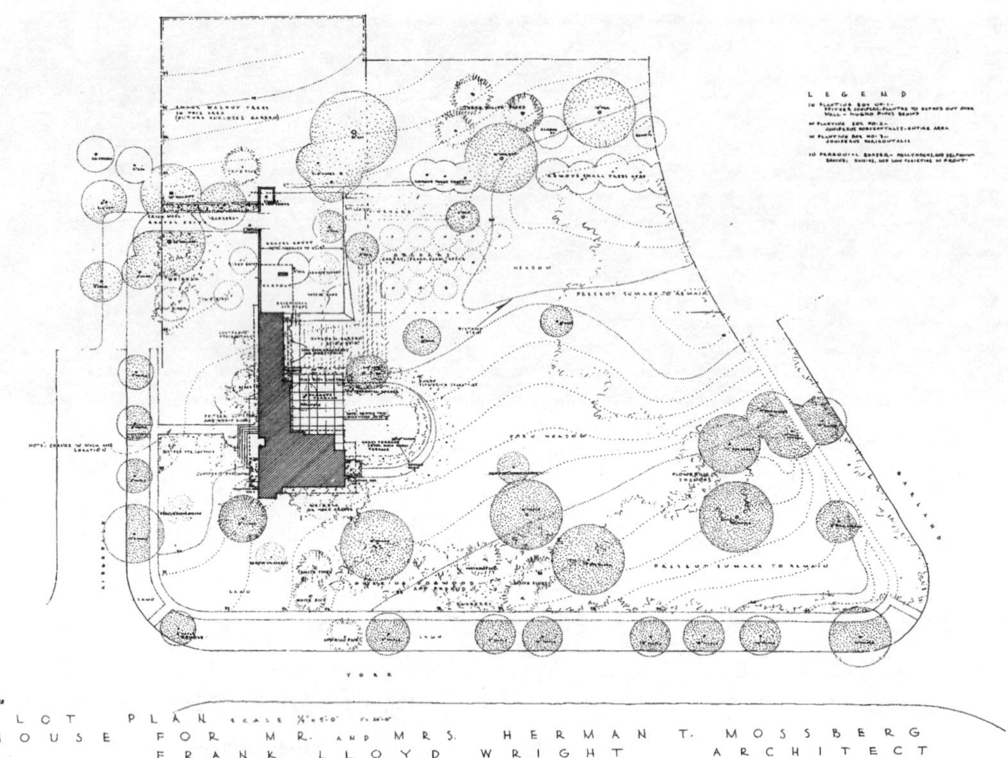

图 8–45 约翰 · 豪为赫尔曼 · T · 莫斯伯格(Herman T.Mossberg)住宅(1948–1951 年) 绘制的种植规划图，它位于印第安纳州南弯，由格特鲁特 · 莫斯伯格 (Gertrude Mossberg) 亲自指导，图中人们能够得到真实的景观视觉感受 (©2002 年亚利桑那州斯格特达勒市弗兰克 · 劳埃德 · 赖特基金会提供)

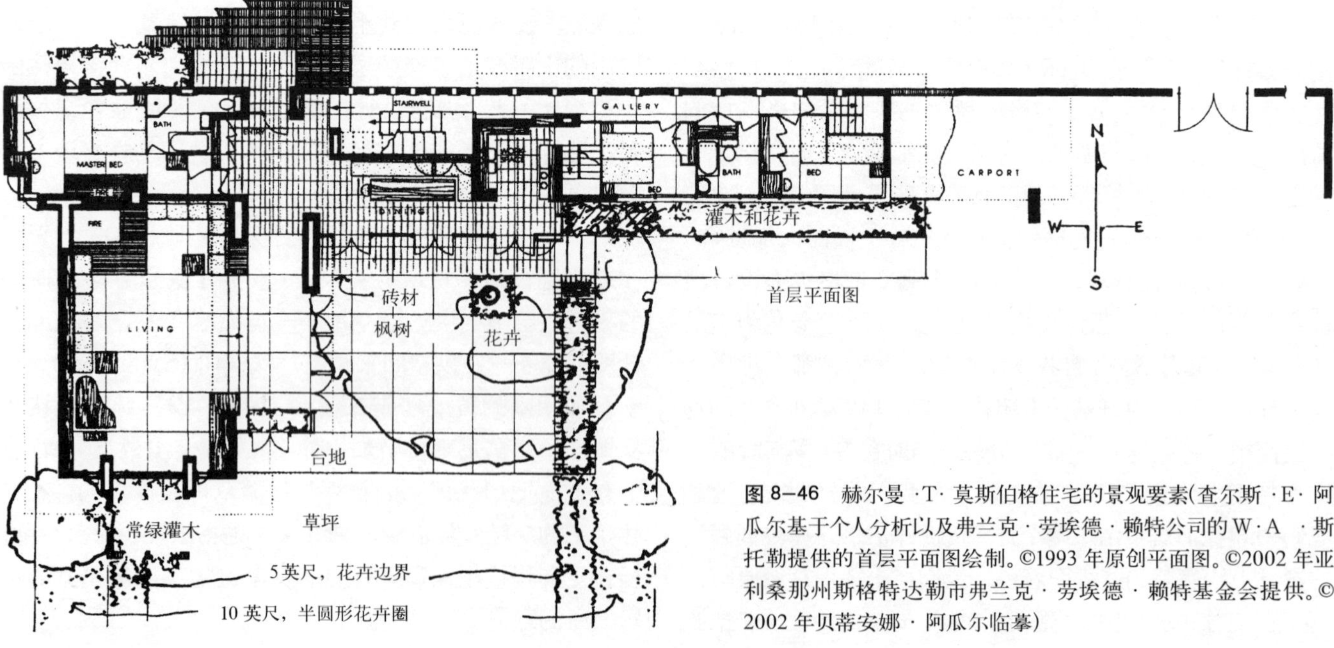

图 8–46 赫尔曼 ·T· 莫斯伯格住宅的景观要素(查尔斯 ·E· 阿瓜尔基于个人分析以及弗兰克 · 劳埃德 · 赖特公司的 W·A · 斯托勒提供的首层平面图绘制。©1993 年原创平面图。©2002 年亚利桑那州斯格特达勒市弗兰克 · 劳埃德 · 赖特基金会提供。©2002 年贝蒂安娜 · 阿瓜尔临摹)

图 8–47　1997 年的照片展示了从莫斯伯格住宅的自然环境处可看到的发展成熟后的景观（查尔斯 ·E· 阿瓜尔拍摄。©2002 年贝蒂安娜 · 阿瓜尔提供）

图 8–48　1992 年位于密歇根州安阿伯市的威廉 · 帕默住宅照片，其中有低位突出的前端和砖石结构的挡土地基平台（查尔斯 ·E· 阿瓜尔拍摄。©2002 年贝蒂安娜 · 阿瓜尔提供）

威廉 · 帕默住宅（William Palmer），安阿伯市 Ann Arbor）密歇根州（1950 年）

威廉 · 帕默住宅给我们提供了清楚了解景观的机会，也强化了赖特先生对于选址重要性的看法，即美国风式住宅应注重朝向太阳和／或更好地采光和纳荫，而并不优先考虑靠近风景优美处。

1991 年 5 月在弗兰克 · 劳埃德 · 赖特建筑物管理委员会（the Frank Lloyd Wright Building Conservancy）的会议上，玛丽 · 帕默对笔者谈到："我们要求杰克 · 豪把房屋从原先设计的位置基础上旋转 90°，以使三角门廊的位置变得更低，从而使得进入花园所需的台阶数变少。我们不希望不经过走廊、树丛和花园就直接步入高处的阳台。"也就是说，他们希望调低砖石构造的挡土地基的突出前端的高度（图 8–48）。在随后的一次电话采访中，豪确认了方位的重新调整："我记得是应委托人的要求改变房屋的位置，但不记得这在多大程度上影响原定计划的方位。如果玛丽 · 帕默说它旋转了 90°，它就是旋转了 90°。她对房屋知识了如指掌，而且深谙最精确的原始资料。然而，我们只有在赖特先生许可的情况下才能做调整。"[505]

赖特之所以同意做调整最有可能是回应帕默夫妇提出的推理，这一推理是建立在他们对地方状况的缜密思考和研究的基础上的：

> 自从上次到塔里埃森拜访首先看到房屋的总图以来，我们一直因住宅的位置焦躁不安……除了第一规划内的那个方案，我们还开始尝试其他可能性。这一尝试在图纸和实地同时进行。最终我们来到了一个近乎理想的地方。它保留了住宅设计图中所有的美好特质，同时与北边的风景交相辉映、相得益彰，这也是这个地方最吸引人的特点之一。夏日里，我们俯瞰壮观的阔叶树林。冬天树木凋零，视野向外伸展 2 英里，越过秀丽的休伦山谷（Huron Valley）。我们认为，如果用其他位置取代这个地方优美的自然景观将使我们遗憾至极。其他几个主要优点同样也应予以考虑。至少可以节省四棵美丽的大树——两棵你打算从车道移植过来的山核桃树，一棵枝繁叶茂的苹果树，还有一棵因卧室边房而不得不移开的榆树。我们对车道长度的最初反应一定让豪先生记忆犹新。最后，与原先的地点相比，我们对书房和客房的要求（依我们看来）在改变后的地方可能更容易得到满足。[506]

当帕默住宅的在地形图上的方案按照赖特最初规划和帕默夫妇建议分别展示出来时，其优缺点相当形象地展现在我们眼前(图 8–49)。赖特规划的位置的确穿越了自然的等高线。边角的卧室和书房被小山的南斜面切割——这一地点的最高高度——但街道那侧的房屋建筑则温暖而舒适地偎依在周围的环境中。一旦选定这一地点并建筑房屋，住宅的大部分将“融入等高线的纹理之中”，大致顺着微微向下倾斜的山脊线。在这条线上，书房被切割成斜坡，后面院子的深度也陡然增加。重新进行建筑定位最负面的后果是，它需要在汽车间和一层居住空间的水平面之间安置 12 级台阶(图 8–50)。弗兰克·劳埃德·赖特设计的住宅很少会有如此大幅度的改变或是需要如此多的台阶才能进入户外－室内过渡地带的主要位置。

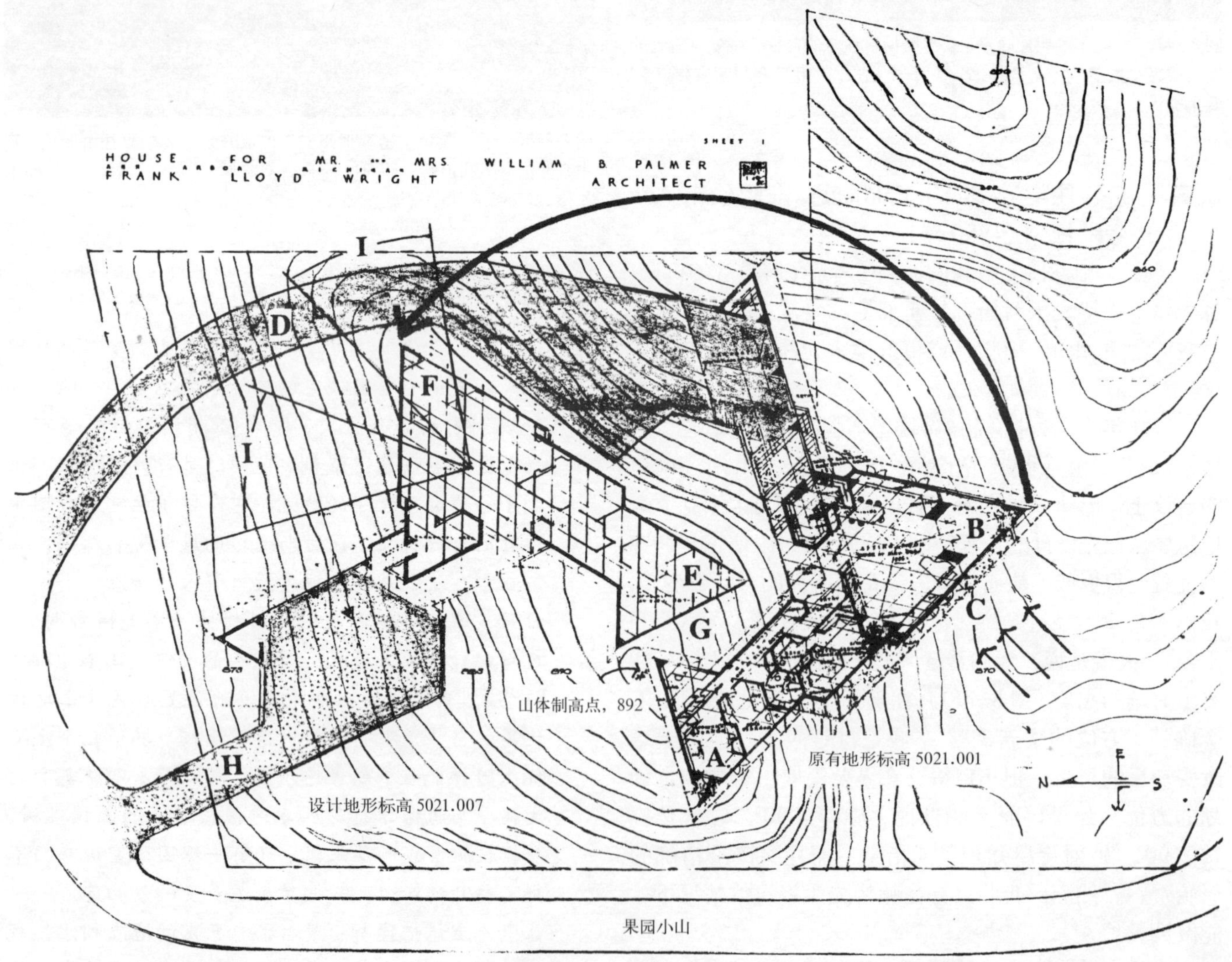

图 8–49 赖特为帕默设计的场地规划，与旋转 90° 后的竣工场地 (©2002 年由亚利桑那州斯格特达勒市弗兰克·劳埃德·赖特基金会提供。©2002 年贝蒂安娜·阿瓜尔)

图 8–50　旋转后的帕默住宅增加了 12 级入口台阶（查尔斯 · E· 阿瓜尔拍摄。©2002 年贝蒂安娜 · 阿瓜尔提供）

最初选点的主要优点是起居室－用餐室的开阔空间朝向，在冬天从日出到日落都能最大限度地吸收光照。不利之处在于：(A)边角的卧室离公共街道只有25英尺；(B) 平台层高出自然高度 5 英尺，限制了通向花园的道路；(C) 主要起居空间装有厚玻璃板的广阔区域在冬天将曝露于凛冽的盛行西南风之下；(D) 漫长的车道。除此之外，一年四季任何时候朝阳都不可能照进卧室的边房（图 8–51a–b）。重新定位的地点可取之处有：(E) 边角的卧室离公共街道有 50 多英尺远；(F) 平台仅高出水平面几级台阶，提供了通往花园的便捷之径；(G) 只有一扇窗暴露于盛行的西南冬风之下；(H) 更短的车道；(I) 能俯瞰远处休伦山谷的全景。当然其主要缺点在于，起居—用餐室无法直接接受太阳光的照射。然而，因为这套住宅是三角形，所以一些落地窗户朝西南，因此春秋季节的寒日里 6：00 到 9：00 间清晨阳光将穿越宽阔的悬臂屋顶。另外，从早晨 7：30 卧室边房便开始沐浴在阳光中。

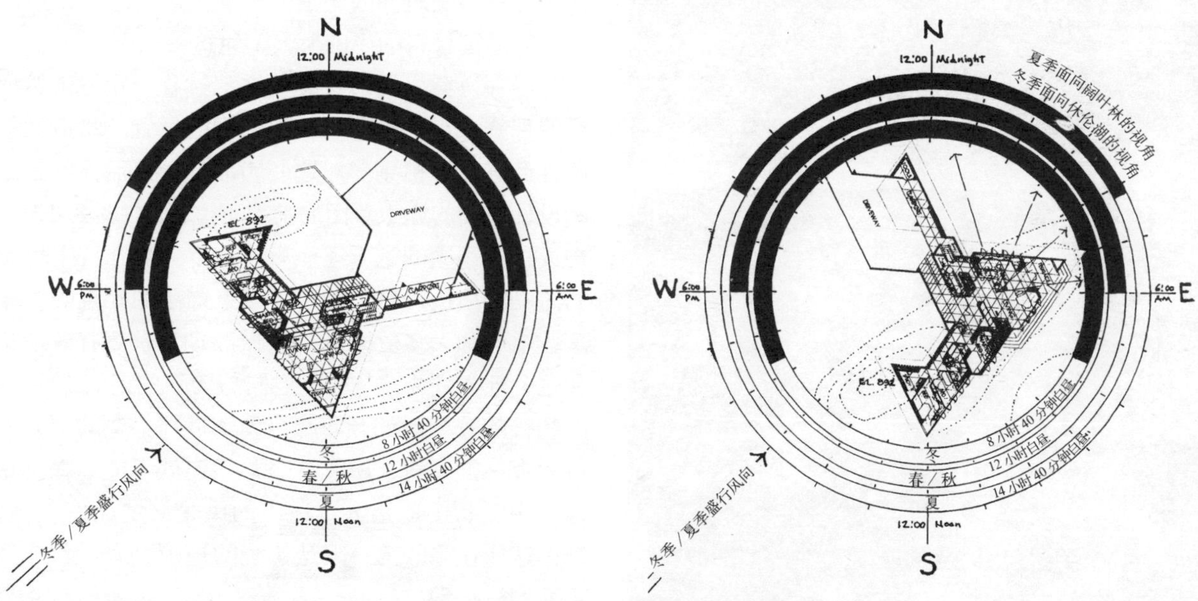

图 8–51a–b　方位差异示意图向我们展示帕默住宅的环境影响，以及 (a) 赖特原方案的基址和方位与 (b) 帕默住宅实际建造的基址的对比（由查尔斯 · E· 阿瓜尔基于个人分析和图纸记录绘制。©2002 年由亚利桑那州斯格特达勒市弗兰克 · 劳埃德 · 赖特基金会提供。©2002 年贝蒂安娜 · 阿瓜尔提供）

图 8—52a—b 帕默住宅周围的自然景观，多年精心营造而成（查尔斯·E·阿瓜尔拍摄。©2002 年贝蒂安娜·阿瓜尔提供）

今天帕默住宅呈现出本土植物的自然景观与由帕默夫妇多年来精心设计的蜿蜒的花园小径的完美融合。帕默夫妇是执著的园艺爱好者，玛丽·帕默说他们还与密歇根州立大学风景设计学专业的教师、学生和研究者们进行了磋商。最终的结果是具有细腻情感意味的赖特景观，前所未有地掺杂着赖特建筑与自然风景的相互关系，即使雨天也是如此（图 8—52a—b）。

安得鲁·B·库克住宅（Andrew B.Cooke），弗吉尼亚海滩，弗吉尼亚州（1953—1959 年）

与大多数委托人不同，尽管莫德·库克与赖特在纽约皮尔扎（Plaza）宾馆的套房里进行过一次见面，但库克夫妇从未去过塔里埃森。好像为两套分开的住宅绘制了工作草图——砖块结构半圆形太阳住宅和混凝土砌块自动型美国风住宅。实际上直到 1959 年建筑施工才开始着手进行，而且中间没有多少信息沟通，塔里埃森没有人参与到实施过程中去。因此，究竟在原定地点修建哪所房子这在很长时间内还是一个谜。最终结果是以砌块作主要的建筑材料的半圆形太阳建筑被选中。

尽管协会成员亲身参与施工过程，房屋仍然如豪描绘的那样，正确坐落于面朝南方的位置，建造过程的精确性简直无可挑剔——这一切都是在遵循他的细致说明和设计完美的施工草图的前提下进行的（图 8—53）。惟一与设计图不同的是车道——被安排为契合汽车轮胎半径的流动的曲线形状，而不是图上描绘的笔直的边缘和角落。地形和大多数树木都未做改动，以更有效地将建筑和这个地方融为一体——它向与切萨皮克（Chesapeake）湾相接的一个大湖倾斜。接到街道那一侧的部分保持着自然森林的风貌，所以从公共街道处不能窥探到这座宅地。由弧状车道进入，途中的风景必定让你大饱眼福，瞥见这所住宅的第一眼是传统的矩形卧室－汽车间翼展正面（图 8—54）。

只有当来访者穿过户外、室内的过渡地带，进入主要起居室，触人心弦的大教堂式顶棚向上、向外伸

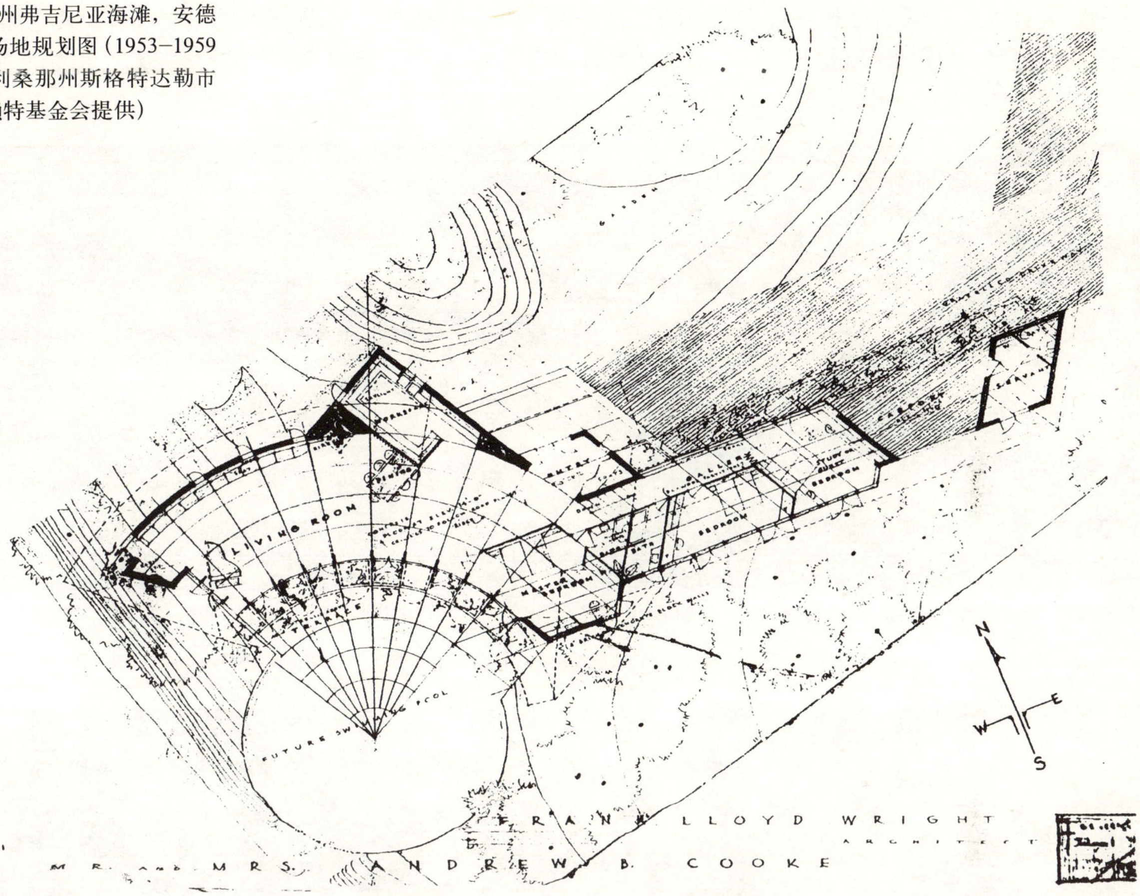

图 8–53　弗吉尼亚州弗吉尼亚海滩，安德鲁·B·库克住宅的场地规划图（1953–1959年）（©2002年由亚利桑那州斯格特达勒市弗兰克·劳埃德·赖特基金会提供）

图 8–54　进入安德鲁·B·库克住宅首先映入眼帘的是矩形的卧室翼展（查尔斯·E·阿瓜尔拍摄。©2002年贝蒂安娜·阿瓜尔提供）

张的开阔区域才变得如此明晰，透过弧形的玻璃墙，外面的植物景观、水景尽收眼底。这地方给人的总体感觉是一片有浓厚乡村风味的滨水区，而非城郊地区（图 8–55）。

1994年9月，在采访丹·杜尔（Dan Duhl）夫妇（房屋的第二任主人）的过程中，他们说自己“在这1英亩的地方都要比在纽约18英亩的伍德斯托克住宅（Woodstock）拥有更多的私人空间。”他们继续详述了20世纪80年代末购买这套房子后对地面和房屋进行的大量整修工作。在这期间，他们特意聘请了景观设计师J·巴里·弗兰克菲尔德（J.Barry Frankenfield）重新设计，并建造一座多种类型——水平高度（即不等高）的花园以迎合大型泉涌的地理环境需要，同时还在地下煤仓专门修建了一间健身房（图 8–56）。结果是对赖特设计的住宅进行革新性的景观设计，使它有效满足现代需求并契合建成 30 年后房屋新主人的生活方式。

图 8–55 进入库克住宅后，透过弧形的玻璃墙窗外的绿树、清水便一览无余地展现在我们面前了（查尔斯 ·E· 阿瓜尔拍摄。©2002 年贝蒂安娜 · 阿瓜尔提供）

图 8–56 库克住宅的景观设计师设计了一座不等高的花园，大型的地下休闲和锻炼场地（查尔斯 ·E· 阿瓜尔拍摄。©2002 年贝蒂安娜 · 阿瓜尔提供）

约翰·L·雷沃德住宅（John L.Rayward），新迦南（New Canna，Connecticut），康涅狄格州（1957年）

雷沃德住宅是将雅各布斯住宅II住宅稍微改动后的住宅，但它被错误地称为半圆形太阳结构。由于玻璃正面朝东，这种说法其实是误用。

作为节省开支的一项途径，原建筑由普通混凝土砌块和菲律宾桃花心木建成，它坐落于一片林木葱郁、近20英亩的大型乡村庄园之上，从20世纪50年代末至80年代其范围逐渐地大为扩展。与建筑相接的是一片绿色广场，建筑周围环绕着私人植物园，这是一个远离喧嚣尘世、祥和安宁的地方（图8–57）。

在景观设计师弗兰克·劳卡缪勒的精心安排下，栽植景色和自然景观和谐地结合起来了。劳卡缪勒的细心布置同混杂本土植物巧妙结合，他广泛运用岩石和巨石镶砌泄洪道以及池塘的外围边缘，他布局路网和桥梁以通往新颖的雕塑，设置隐蔽偏僻的角落和幽静的座位区，这些都给这片奇异超凡的地域环境增添了赏心悦目的感官刺激（图8–58）。

图8–57 康涅狄格州新迦南的约翰·雷沃德住宅，由景观设计师弗兰克·劳卡缪勒设计的格调高雅的植物园（查尔斯·E·阿瓜尔拍摄。©2002年贝蒂安娜·阿瓜尔提供）

图8–58 边缘镶嵌着岩石的池塘为康涅狄格州新迦南的约翰·雷沃德住宅，提若纳这片奇异非凡的环境增添了一道靓丽的风景线（查尔斯·E·阿瓜尔拍摄。©2002年贝蒂安娜·阿瓜尔提供）

威廉·B·特蕾西住宅（William B.Tracy），诺曼尼公园（Normany Park），华盛顿州（1955年－20世纪60年代）

为伊丽莎白·特蕾西和威廉·特蕾西设计的坚实小巧的“自动型”美国风式房屋被制成2平方英尺的模型后非常简单易懂。显而易见，建筑的理想标准是低成本、自己动手施工的建筑物。为节约成本起见，所有的织物纹样砌块与钢条掺杂在一起构建房屋。然而，“标准的”100英尺×150英尺的场地坐落于西雅图（更高级别细分部分）的悬崖顶上，从此处俯瞰，普吉特湾（Puget Sound）的壮丽景色尽在眼中。

赖特以个人身份参与到特蕾西住宅的建设中，仅在他们夫妇走访塔里埃森和西塔里埃森时和他们进行了交谈，在地形图上完成概念草图，在设计逐渐形成的过程中提供建议，并在委派绘制设计图的学生完成工作草图时签字示意认可。实际的工程在赖特死后才开始。

在这一案例中，气候状况与建筑的位置根本毫不相关。没有一个地方的朝南方向会被曝露。事实上，主要起居空间的玻璃正面朝向西方，能够眺望水景。也无须考虑自然地形。建筑的大部分都横切等高线，卧室翼展、独立的汽车间以及仓库的墙壁都挖到了山顶（图8–59）。另外，卧室的平台建立在填充物（已填到悬崖的顶部）的基础上，悬崖坡段异常陡峭。

尽管如此，特蕾西住宅展现了非凡的场所感和室内、室外的良好衔接（图8–60）。传统玻璃块的精确安置使得房屋四周的光线分配恰到好处。穿过织物结构的女儿墙，人们的视线从平台转移向外，注意到宏伟壮观的景色；这道墙还能阻挡来自加拿大的寒冬冷风。在20世纪90年代的成熟风景中，这所住宅悠然自得地偎依在这个场地的怀抱中（图8–61）。这种幻觉直接与特蕾西夫妇

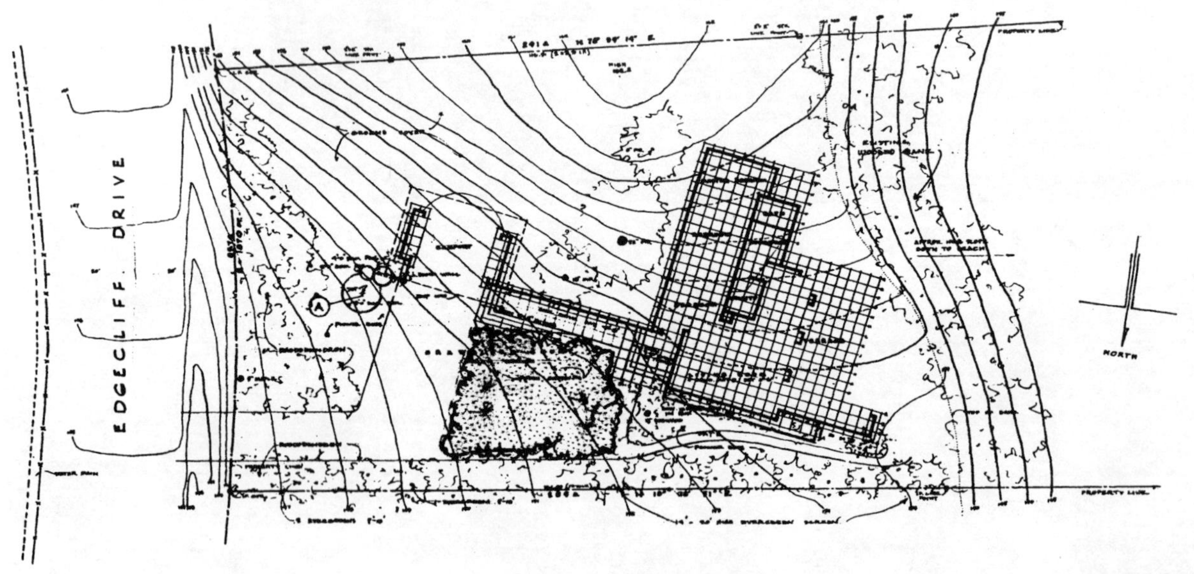

图8–59　地形图上的规划方案向我们展示位于华盛顿州诺曼尼公园的威廉·B·特蕾西住宅（1955年–20世纪60年代）横跨等高线纹理的场地设计（©2002年由亚利桑那州斯格特达勒市弗兰克·劳埃德·赖特基金会提供）

图 8–60　1992 年特蕾西住宅的一张照片，显示了它的场所感和室内、室外的连接（查尔斯 · E · 阿瓜尔拍摄。©2002 年贝蒂安娜 · 阿瓜尔提供）

图 8–61　特蕾西住宅似乎偎依在周围环境的怀抱之中（查尔斯 · E · 阿瓜尔拍摄。©2002 年贝蒂安娜 · 阿瓜尔提供）

的天资相关，他们都是痴迷的园艺爱好者。他们栽培地表植被以减少维护草坪的经常性需要。

他们要求塔里埃森工作团体的工作人员设计一个池塘——喷泉景观安置在独立汽车间那一侧，通过涓涓细流的图景和声音增强视觉和听觉的冲击效果，使人在进入住宅时置身其中（图 8–62）。同时，他们还把先前庭院的大部分改造成入口通道式花园，四周剔除本土草木，这一切在感觉上将住宅与周围环境及一系列精心布置的台阶结合起来，走过台阶便可进入住宅中自然繁茂的森林部分。因而，入口体验尤如接近、进入一片自然林地（图 8–63）。

这一极富思想的景观展示了任何地方均可找到的最宁静的环境之一，建设得好，维持得也好。其每一部分均由主人依循赖特景观传统尽可能精心制作——从织物纹样砌块到挑选和栽培自然植物。因而，除了没有位于美国风式社区之内以外，这所非常适中的自动型美国风式建筑体现了赖特最终想创造的那种“简单生活，与自然相协调，而且普通人能负担得起的”生活方式和建筑风格。

图 8–62　特蕾西住宅中由塔里埃森工作团体设计人员设计的一个小型水池和喷泉，增强了入口体验（查尔斯 ·E· 阿瓜尔拍摄。©2002 年贝蒂安娜 · 阿瓜尔提供）

图 8–63　特蕾西住宅的入口体验，创造出一种靠近和进入一片自然森林的幻妙感觉（查尔斯 ·E· 阿瓜尔拍摄。©2002 年贝蒂安娜 · 阿瓜尔提供）

第 9 章 编后记

弗兰克·劳埃德·赖特于1959年4月9日逝世，享年91岁。全世界人民对他的逝世深表哀悼。歌曲“再见了，弗兰克·劳埃德·赖特”(So Long, Frank Lloyd Wright) 由民歌歌手西蒙(Simon) 和加方克尔(Garfunkle) 谱曲并录制，表达了对他的怀念。当人们对赖特的作品进行分类时，发现他给后人留下的富有创造力的设计作品竟达1150件。在这些作品中，半数以上(650件) 是在其生命的最后25年里在塔里埃森工作室完成的。不过，其中约有10%为非委托项目，如广亩城市模型，塔里埃森或西塔里埃森，而且，只有217件(34%)进入到具体实施阶段。也许，这种编纂工作最显著的方面告诉大家这样一个事实：赖特设计作品的主体是住宅建筑。其中像大多数杰出的建筑师在其职业生涯中得以扬名的可称作“纪念碑”式的建筑，相对较少。可是，正因为稀少，这些作品才更显珍贵，赖特的美国风式的建筑就是一例。自从赖特死后，对它进行赞美的文章不计其数。

时间充分证明了赖特的小家庭式住宅对现代美国国内建筑形式的影响，同时使其广受赞誉。也许赖特本人最认同的是这种热情赞誉仅仅符合其所认定的成功条件，正如他在1957年在与阿里斯泰尔·库克(Alistair Cooke) 会面时，对成功下的富有见解的定义：“随着时间的变迁，谁知道谁最后是真正的成功者？成功不是依平常标准衡量的，看其是否成功应该看50年后是否成功。所以，从现在开始50年后你才可以知道我是否是个成功的人。”[507] 即便如此，1958年在《住宅花园和户外活动空间精美杂志》(the House Beautiful Book of Gardens and Outdoor Living) 展开的美国建筑独立价值评估中，约瑟夫·E·豪兰德(Joseph E.Howland) 对赖特对美国住宅建筑所带来的毫无争议的影响的间接赞扬，无疑使赖特在逝世前感到在建筑领域的部分成功。

> 20世纪中叶，美国人显示出一种比以往任何时候都猛烈、持久的对减少室内生活限制的兴趣，他们加大努力，不计代价的要在日常生活中享受到原先只有富人才能享受的户外活动带来的益处。
>
> 随着人们越来越希望接近土地并从中获益，美国人修建的房屋仿佛是从土地上自己冒出来的一样：形式和材质相融合，经常去掉了成排的围墙和原先习惯采用的用来将房屋架高的基座……这些房屋向户外延伸来获得可见的，真实的空间……最后形成的趋势是，所建的房屋不让住宅和花园形成强烈的对比，而是让二者更为和谐，人为的弥补自然缺陷。今天，人们可能以新的眼光来看待这些花园——作为一个完整的居住空间，露天的房间，住宅的一部分……现在，对于住宅和花园的设计更倾向于按照场所的地形进行，而且无论是业余园丁还是专业设计者，几乎都致力于充分利用场所现有的乔木、灌木和各种构成要素，而不是按照人类的想法随心所欲地改变自然……这些房屋向户外延伸以获得可见的，真实的空间……使用大幅的玻璃作为固定的或滑动的墙体，这种做法的势头高涨……它

对室内与室外的相互关系有着广泛的影响……平台和起居室可以在瞬间成为一体而不让你感到一个何处终结而另一个何处开始。[508]

在这本《赖特景观》中，作者调查了赖特对美国住宅景观和户外活动空间以及他对横跨美国的城市－郊区景观可能产生的更伟大的影响，至于赖特的住宅建筑，可以确定的是，他的设计并不总是结合自然。但是，违背自然的设计，最终不如结合自然的设计成功。拿赖特自己的塔里埃森来说，实际上，他确实将景观和周围环境结合起来，正如托马斯·杰斐逊一个世纪以前做的一样，把农业技术与艺术原理结合起来塑造这片土地。然而，和杰弗逊不同，赖特不是精明的园丁，园艺实践家以及场地工程师，因此无法像他一样使自己在景观方面的贡献和在建筑方面一样恒久。赖特对紧邻建筑物的户外区域的处理通常都是构造性的，而且构造的结果经常让人们确信这就是自然的一部分，而没想到这只是对场地自然资源的整合，是一种根据自然价值而产生的一种建筑和景观建筑方法。如果弗兰克·劳埃德·赖特和延斯·延森（Jens Jensen）这两位不断寻求变化，而又自视清高的人能像赖特最初设想的那样进行真正的合作，共同创办一所学校，教授建筑学和景观设计学，而不是在同一个州各自创办学校，那么这两位教授取得的成就可能会达到一个新高度。[509] 赖特在他职业生涯的前40年里明显显露出来的设计尺度是不朽的，不过也被夸大了。它应该是现代建筑学与现代景观设计学的结合：有机建筑在赖特的装饰中得以强烈表现。

而且，作者同样确定，也许赖特的景观设计是结构上的和虚幻的，但当对其进行恢复、重建、修复或对住宅景观进行适当的重新利用时，惟一有缺陷的环节是不顾当时的设计，没有对赖特景观进行正确的叙述，无法实现赖特的最初设计意图，也不能完成他想呈现的环境氛围。不过，赖特肯定不会支持毫无个性的景观，外来景观和程式化的、不自然的日式景观，那些景观中的消极装饰特性可以取消。常绿基础栽植可以不要。过度生长的植物可以适当修剪或重栽。断裂的墙壁和其他户外建筑可以修整。四周用玻璃围住的走廊可以重新对户外开放。除此以外，“如果”精心挑选的设计者在自然景观设计方面具备较高艺术修养，同时园丁们善于修枝剪叶以保持自然的形式，当住宅的主人们没有时间或天分亲手恢复他们的景观以求更适应赖特建筑时，可准备实施专业景观设计（见附录N，弗兰克·劳埃德·赖特设计的住宅的所有者们应该和不应该做的事）。换句话说，在景观恢复工作开始前，应当尽最大努力去理解和诠释赖特整体设计哲学，“无任何特殊的”景观通常会发展成与赖特“特殊的”建筑相匹配的“有些特殊的”景观。

赖特的美国风社区理念对美国城镇居民的潜在影响尤如他的住宅建筑一样猛烈。赖特对于织物纹样砌石块、预制单元的专业意见以及他在社区设计项目中投入的时间和思考，提供的办公住宅，原本都可能对美国——也许是全世界——新兴城镇的发展产生深远的影响。之所以没有发生，直接原因是赖特的美国风建筑示例在实际建造时从未完全依照原型，这是非常令人遗憾的。赖特设计的作品，包括帕克文村的“一英亩”项目（The Acres，Parkwyn village），纽约安乐谷的美国风Ⅱ（Usonia Ⅱ，Pleasantville，New York）以及广亩城市（Broadacre City）未实现更为广阔的理念。在本质上，他是实施新的学科——环境设计——的先锋，而这一学科被学术界普遍接受则是几十年以后的事。通过关注影响客户生活和利益的各个方面，通过把社区发展为带有花园、娱乐设施、公园、果园、分隔人行道和机动车道的居民区中心；以及通过调动所有参与设计、管理和建筑过程的人员，赖特将自己作为建筑师、规划师和环境学家的技能同其他多种设计领域中展现的技能有效地融合。自莱昂纳多·达芬奇（Leonardo da Vinci）之后，没有一个设计者再展现过如此多方面的卓越才华。

如果在国家建筑发展项目中，延森支持赖特为成为主建筑师而付出的努力；如果赖特愿意服从政府规划的

原则和标准并和国防部住房局联邦工程处（the Federal Works Agency Division of Defense Housing）的成员，城市郊区城镇再规划管理委员会（the Resettlement Administration' s Greenbelt towns）的成员达成共识，那么广亩城市的理念和设计也许早已付诸实践。[510] 因为赖特有许多朋友，包括以前的学徒詹姆士·德劳特（James Drought），菲利普·L·霍利迪（Philip L.Holliday），约瑟夫·卡斯特勒（Joseph Kastler），塞缪·拉登斯盖（Samuel Ratensky），刘易斯·史蒂文斯（Lewis Stevens）以及哈里·哈德雷（Harry Hardley），并且同那些部门交情很深，因此，修建广亩城市看起来不是什么难事。如果赖特利用这些关系来推行他的广亩城市理念，而不是徒劳地吹响号角，那么他也许能掀起一场美国社区革命——他曾说“这对整体来说有更高的价值”。

赖特的理论让我们对21世纪初横贯美国的城市——远郊景观表示赞同。分析证实，得以实施的赖特关于广亩城市的预言比我们普遍认为的多。在罗伯茨·费舍曼（Robert Fishman）对战后美国郊区化的综合分析中，他发现“从1945年开始的大量重建工作与其说代表了200年郊区化的顶峰，还不如说是它的结束。实际上，这种大规模的改变完全不是郊区化的结果，而是创造一种新型的城市。但这种城市的创建原则与真正的郊区化完全背道而驰。”[511] 费歇曼相信只有H·G·威尔士（H.G.Wells）和赖特这两个真正的预言家才能感知产生这些“边缘城市”的力量。而且，他支持他们关于建立“一个对现代技术与社会的分散趋势的深刻剖析”的观点，他详细阐述了“在美国，威尔士和赖特曾预言的事，如变革，已经发生了。这种变革最值得一提的地方是，尽管它发生了，但无人清楚认识到它的发生。虽然各种各样的团体致力于他们信奉的美国‘新郊区化”，但事实上，他们是在创造一个新的城市。威尔士和赖特无力创建他们预见的那种新型城市。而且，20世纪的技术和社会固有的力量在创建一种新的城市生活模式方面显示了自己的威力。”[512]

当然，中心城市没有像赖特设想的那样消失，也没有完全像威尔士认为的那样发展：丧失了金融和工业的功能，成为商店和娱乐中心的展览厅或“集市”。费舍曼描绘的新兴城市类型，或者说是“技术化城郊”，在高新技术工业园区周围表现得最为明显。这些工业园区诸如北加利福尼亚州的硅谷（the Silicon Valley），马萨诸塞州128街（Route#128 in Massachusetts），或北卡罗来纳州的研究三角区（the Research Triangle in North Califonia）。这些沿高速公路的发展走廊展开的可行社会经济学单元及它们校园般的办公区，商业街以及包罗万象的住宅类型和赖特对于广亩城市的想像越来越类似——不过，这一切是通过设计控制实现的。这种控制与其说是寻求有机建筑的和谐或感觉，不如说是为防止建造大同小异的住宅。这些住宅很少以格栅或其他集合形式设计安排；其街道模式与奥姆斯泰德的里威赛德社区（Olmsted's Riverside）紧密相关。

考虑一下在这样的地方生活和工作的好处吧。住宅群以一种创造性的方式形成公共形式的开放空间，减轻了传统分区模式中较为直接的规则感——这点与赖特的四合一规划理念的变体，也就是赖特早在1901年就尝试使用，并直到20世纪50年代都一直追求的方式相似。而且，由于住宅、工作间、商店、学校以及其他服务设施都在一个合理的服务半径内，因此花在上下班的时间缩短了，而这与赖特原先预计的一致。

除去这些精华部分不谈，赖特预言中的更多元素已经蔓延到整个美国。与他设想的一样，州际高速公路系统以及数千英里的收费公路所形成的交通运输网络虽然还存在不少缺点，但却方便了国内大部分地区之间的交流。在一些地方，如新泽西州收费公路的一部分，设置了单独的轨道线以更好推进私人轿车这种交通形式。曾是中心城市独有的区域的表演艺术中心，现在也逐渐在诸如华盛顿外的沃尔夫特拉普农庄（Wolf Trap Farm Park）那样的地区出现了。在美国，已有超过一打的大城市出现这种情况。西部乡村娱乐活动从纳什维尔

(Nashville) 分散到密苏里州环境更加乡土化的布兰森(Branson)。首映电影剧院已从市中心转移到了城郊和地区商业街。[513] 中心城市街区交汇点和高速公路交汇点的便利店类似于赖特设想的作为交流中心的加油站。他提出的那些路边市场可看作商业中心的前身。虽然人们存有这样的印象，即农村已经成为一个大铺砌的停车场，但自然保护区、天然景区及整个生态系统还是受到了保护和保卫。赖特认为土地发展应该绕过敏感地区和良好的农耕区，为与这一观念一致，人们恢复了已排干的湿地。除此以外，美国逐步迅速恢复非全日农耕，有的至少是园艺娱乐，作为对远距离输入新鲜产物的补充。保护河流的绿色通道、自行车道、小径和防止城镇蔓延的绿化带都是近几十年积极的开放空间项目。在某段时期，虽然发展给森林带来毁坏，城市绿化工程却空前发展起来——这与"树木银行"及赖特提出的应发展的市政森林项目类似。这一项目可保证森林资源的持续产出和维持多种用途。

换句话说，赖特在大约 60 年前提出的对于分散城市形式——广亩城市——的想像实际上已经实现了，而且确实像他设想的那样："它无处不在，但又处处不在。"而且，在计算机信息时代，传真机以及其他电讯上的突破使户外工作概念越来越实用，这又是赖特广亩城市理念中的又一方面，比技术上的实现提前数十年。而且，在我们可预见的未来，也许能够看到赖特设想的直升机的士，惯性轮双座车以及原子能游艇。更重要的，赖特提出的全能的"乡村建筑师"可以代替代表着当前指导开发而有重叠控制权的大杂烩的许多个人。也只有时间才能说明这一切。

本书提出的许多结论很可能会引起争论或受到质疑。这对于一本包罗万象的书来说是很正常的。在此之前，从未有人对弗兰克·劳埃德·赖特的景观和环境进行评价。如果此书能防止建筑迁地保护所带来的破坏（即为挽救有历史意义的建筑，而将其迁地保护，但却完全不顾及迁移位置与朝向与原有场地的关系，如 1964 年对波普－雷美国风住宅的迁移和 1990 年对斯多克曼草原式住宅的迁移），那它就是有价值的。如果此书能让人们意识到替补栽植的重要性，即当标志性树木由于自然的原因不可避免地死去时，能确保有一棵根系发达的成熟树木填补它的位置，那它也是有价值的。如果它能让重建者——无论是私人拥有者，还是公共非赢利组织，在重建前深入研究赖特原有场所环境以及这种选址和朝向的基本原理的话，那么它也是有价值的。

注 释

1. 唐纳德·约翰逊(Donald L. Johnson)。《弗兰克·劳埃德·赖特大事录》,第3卷,第2册,1980年版,“关于弗兰克·劳埃德·赖特(Frank Lloyd Wright)父系家谱的注释”,第7页。
2. 马吉奈尔·赖特·巴尼(Maginel Wright Barney)。《全能上帝毗邻的山谷》,阿普尔顿世纪出版社,纽约,1965年版。
3. 梅丽尔·斯克里斯特(Meryle Secrest)。《弗兰克·劳埃德·赖特传》,阿尔弗雷德·科诺夫有限公司,纽约,1992年版,第26页。
4. 弗兰克·劳埃德·赖特(Frank Lloyd Wright)。《我的自传》,第三版,地平线出版社,纽约,1977年版,第38页。
5. 同上。1977年版,第26,192页。
6. 赖特经常混淆使用“自然的”和“有机的”两词。
7. 一些更为常见的栽培花卉。例如:雏菊,铃兰,番红花,飞燕草,美洲石竹,毛地黄,剑兰,太阳花,黄花菜,羽扁豆,紫罗兰和蜀葵。
8. 赖特。1977年版,第26页。
9. 弗兰克·劳埃德·赖特。“建筑设计的起源”,《建筑实录》1908年3月刊。
10. 赖特。1977年版,第77页和第79页。
11. 小托马斯·海恩斯(Thomas S. Hines, Jr)。“弗兰克·劳埃德·赖特——麦迪逊时代”,《威斯康星州历史期刊》,1967年冬季刊,第109–119页。
12. 沃尔特·哈维格斯特(Walter Havighurst)。“1856年芝加哥土地买卖”《漫长地平线的土地》,考沃德–麦克肯有限公司,纽约,1960年版,第269页。
13. E·G·奥蒂斯(E.G.Otis)于1857年发明了电梯,使得芝加哥在第一次重建时,能够建造高达六层的建筑。
14. 唐纳德·米勒(Donald L.Miller)。《世纪之城》,西蒙斯–苏斯特出版社,纽约,1996年版,第304页。
15. 布鲁斯·布鲁克斯·佩伊费(Bruce Brooks Peiffer)。“日本版画阐释”,《弗兰克·劳埃德·赖特文集》,(1894年–1930年),重印,利佐里/弗兰克·劳埃德·赖特基金会,第1卷,纽约,1992年版,第122页。
16. 凯文·努特(Kevin Nute)。《弗兰克·劳埃德·赖特与日本》,范· 诺斯崔德·莱因霍尔德出版社,纽约,1993年版,第22页。
17. 同上。1993年版,第22–25页,第1章,脚注70。
18. 同上。1993年版,第22–25页。
19. 布鲁斯·布鲁克斯·佩伊费(Bruce Brooks Peiffer)。“日本的影响与福禄培尔训练法”,《弗兰克·劳埃德·赖特鲜活的声音》,弗兰克·劳埃德·赖特基金会/加利福尼亚州立大学出版社,加利福尼亚州弗雷斯诺市(Fresno),1987年版,第32–33页。
20. 努特(Nute)。1993年版,第44页。
21. 爱德华·莫尔斯(Edward S.Morse)。《日本家居及其周边环境》,查尔斯·塔特尔(Charles E.Tuttle),1972年重印,1904年,1886年以及1885年译本,第273–295页。
22. 克雷·兰卡斯特(Clay Lancaster)。《日本对美国的影响》,沃尔顿·罗尔斯出版社,纽约,1963年版,第7页。
23. 格兰特·曼森(Grant Manson)。伊利诺伊州橡树园社区橡树园公共图书馆档案资料。
24. 彼得·马勒(Peter O.Muller)。《当代美国郊区》,学徒大厅有限公司,新泽西州(New Jersey)英格伍德克利夫斯市,1981年版,第33页。
25. 摘录自奥姆斯特德于1893年上交委员会的报告。
26. 约翰·科尔曼·亚当斯(John Coleman Adams)。“伟大的城市——白城的教训”,《新英格兰期刊》,1896年3月14日新版,第3–13页。
27. 唐纳德·莱斯里·约翰逊(Donald Leslie Johnson)。《沃尔特·贝利·格里芬的建筑》,澳大利亚的麦克米兰公司,澳大利亚,南墨尔本与北悉尼,1977年版,第27页。
28. 克里斯托弗·弗农(Christopher D.Vernon)。“景观设计师沃尔特·贝利·格里芬”,《美国中西部建筑》,伊利诺伊大学出版社,乌尔班纳市,1991年版,第218页。
29. 摘录自《伊利诺伊州期刊》,1906年4月25日版,伊利诺伊州斯普林菲尔德市林肯图书馆,由图书管理员罗伯茨·摩尔查找。
30. 约翰·汉考克(John L.Hancock)。“变动的美国城市的规划者,1990年–1940年”,《美国物理学会期刊》,1967年版,第293–294页。
31. 威廉·威尔逊(William H.Wilson)。《美国城市规划历史简介》,新泽西州新布伦兹维克市鲁杰斯大学城市政策研究中心,1983年版,第113页。
32. 带拱廊的商业街毁于1926年。佛罗伦萨酒店到20世纪90年代仍有部分保持使用功能。直到1998年11月1日的一场大火将其彻底摧毁之前,市政大厦顶部的钟塔一直是芝加哥市南部的标志性建筑。
33. 米勒(Miller)。1996年版,第224页。(《美国之旅》,第586页。)
34. H·艾伦·布鲁克斯(H.Allen Brooks)。《草原学派:弗兰克·劳埃德·赖特和他在中西部的同代人》,诺顿公司,纽约,1972年版,第4页,第16–17页。

35. 简 · 劳拉 · 亚当斯（Jane Laura Addams），美国社会改革家，和平主义者，女权运动倡导者。船型房屋后来成为了美国许多其他殖民地房屋的典范。亚当斯于1919年成为妇女和平与自由国际联盟主席，并与尼古拉斯 · 默里 · 巴特勒（Nicholas Murray Butler）一起获得了1931年的诺贝尔和平奖。
36. 格兰特 · 曼森（Grant Manson）。选自1940年与玛丽恩 · 玛霍尼 · 格里芬（Marion Mahony Griffin）的谈话记录，伊利诺伊州橡树园社区橡树园公共图书馆。
37. 罗伯茨 · 格里瑟（Robert E.Grese）。《延斯 · 延森：自然式公园与花园的建造者》，巴尔的摩市约翰斯 · 霍普金斯出版社，1992年版，第25页。
38. 伊利诺伊大学是美国第二个设立景观设计学专业的机构。第一个设定此专业的是哈佛大学，于1901年设立的。
39. 格里瑟（Grese）。1992年版，第23页。
40. 伦纳德 · 西姆提斯（Leonard Simutis）。"重新评价大弗雷德里克 · 劳 · 奥姆斯泰德"，《美国物理学会期刊》，1972年9月号，第278页，第284页。
41. 布鲁斯 · 布鲁克斯 · 佩伊费（Bruce Brooks Peiffer）。《给建筑家的信：弗兰克 · 劳埃德 · 赖特》，加利福尼亚州立大学出版社，1984年版，第51–52页。
42. 威廉 · 米勒（Wilhelm Miller）。"景观设计中的草原式风格"，美国，《建筑记录》，大字版，1916年11月号。
43. 伦纳德 · 伊顿（Leonard K.Eaton）。《美国景观艺术大师：延斯 · 延森的一生及其作品》，芝加哥大学出版社，1964年版，第12–18页，第34页。
44. 可以用于证明赖特与延森之间友谊的往来通信，在洛杉矶的盖提艺术中心里收藏众多。
45. 延森认为他所有的照片记录都在一场大火中毁于一旦。但20世纪70年代中期，佐治亚大学学院环境设计系教授达雷尔 · 莫里森（Darrel G. Morrison）清理空地时，在阁楼上发现的一只手提箱中装满了有历史意义的照片。
46. 伊顿（Eaton），1964年版，第87页。
47. 斯蒂芬 · 克里斯蒂（Stephen Christy）。"延斯 · 延森"，《美国景观设计师：设计者与作品所在地》，保存本出版社，1989年版，第78–81页。
48. 保罗 · 凯路蒂（Paul Kruty）（文章，目录，及所选参考书目），马蒂 · 马尔德里（照片与文章）。《沃尔特 · 贝利 · 格利芬在美国》，伊利诺伊大学出版社，芝加哥，1996年版，第15–16页。
49. 詹姆斯 · 比勒尔（James Birell）。《沃尔特 · 贝利 · 格利芬》，澳大利亚圣卢西亚昆士兰大学出版社，1964年版，第11页。
50. 弗农（Vernon）。1991年版，第12页。
51. 比勒尔（Birell）。1964年版，第11页。
52. 赖特。1977年版，第101页。那时的家庭成员包括赖特，他的母亲，他的妹妹詹妮（Jennie）和马吉奈尔（Maginel）。
53. 米勒（Miller）。1996年版，第277页。
54. 赖特。1977年版，第91页。
55. 同上，1977年版，第104页。赖特是这样描述约翰 · 布莱尔（John Blair）的："一个对大自然有真情实感的苏格兰景观园艺师"。
56. 阳台提供了900平方英尺的户外活动空间，比第一层的活动空间多出了65%以上。
57. 修复弗兰克 · 劳埃德 · 赖特住所及工作室基金委员会。《修复和适当利用弗兰克 · 劳埃德 · 赖特住所及工作室的设计图》。芝加哥大学出版社，芝加哥，1997年，1998年版，第19页。大多数公开的设计图没有显示从餐厅到后走廊的门，原先的门在修复过程中进行了检修。
58. 莫尔斯（Morse）。1972年版，第235页，第241–243页。
59. 同上，1972年版，第241–243页。
60. 赖特经常使用的藤蔓植物，很可能是恩格曼常春藤或波士顿常春藤。这两个品种在芝加哥地区难得一见，都有美丽的叶片，在秋季会显示出灿烂的色彩。
61. 这种门厅形式与狭窄的混凝土步行道（宽度设计很保守），与茂密的常绿树木营造的矛盾效果完全不同，并且不应该混淆。在把赖特住宅及工作室改建成博物馆的过程中，这些常绿植物被移入完全不同的装饰性移植床，作为西南工程的基础种植。见"橡树园的住宅和工作室改造"第4章。
62. 5级进门台阶每级6英寸，离地面的总高是2.5英尺。
63. 伊藤贞治（Teiji Itoh）。《雅致的日式住宅：传统的数寄屋建筑》，沃克（Walker）/怀特赫尔（Weatherhill），纽约—东京，译自日文本，初版1967年，京都，淡交社，标题《阁式数寄屋》，1969年版。第110页。
64. 见威廉 · 温斯洛（William H. Winslow）私人住宅（1894年），弗兰克 · 托马斯（Frank Thomas）私人住宅（1901年），亚瑟 · 赫特利（Arthur Heurtley）私人住宅（1902年），弗雷德里克 · 罗比（Frederick C. Robie）私人住宅（1908年）。这些住宅的设计中都有深远的悬垂屋檐遮挡西面窗户，除温斯洛住宅外，主要入口都得到了精心围护。赖特在这里设计的是分隔的家庭式入口，由车辆可出入的庭院的通道隔离开来，"美丽的榆树"为房屋西侧洒下荫凉。
65. 同样，麦克阿瑟住宅明显低于布洛索姆住宅，因为其入口台阶的主体嵌于底层门厅和二层大厅之间。
66. "承雨线脚"是赖特称呼柱座基础的术语，他把其定义为"屋基的顶部或表面——作为一面墙壁或其他结构基础的一系列固体砖石组合，地基"。《世界书籍字典》第2卷，L–Z，第2052页。赖特经常使用平滑的木板建造屋基的表面，又一次强调了其建筑的平衡性。
67. 弗兰克 · J · 斯科特（Frank J.Scott）。《美化郊区住宅周边环境的艺术》，约翰 · 奥尔登（John B.Alden），1886年版，第34–37页。
68. 帕拉第奥式窗属于"安德烈亚 · 帕拉第奥（Andrea Palladio，1508年－1580年）建筑派别。安德烈亚 · 帕拉第奥是一位意大利建筑师"或是属于"帕拉第奥所接受的古罗马式建筑风格"。《世界书籍字典》，第 2 卷，L–Z，1990 年版，第 1498 页。

69. 弗兰克 · 劳埃德 · 赖特。《自然建筑》，1954 年版，第 51 页。
70. 诺曼 · 牛顿（Norman T.Newton）。《土地设计：景观设计学的发展历程》，哈佛大学出版社贝尔克奈普分社，剑桥，马萨诸塞州，1971 年版，第 xxiii–xxiv 页。
71. 佩伊费。1984 年版，第 51 页。
72. 赖特。《弗兰克 · 劳埃德 · 赖特的建筑》，伊恩斯特 · 沃斯姆斯（Ernst Wasmuth），柏林，1910 年版，第 24 页，图表 1。
73. 斯科特（Scott）。1886 年版，第 33–34 页。
74. 据早期的设计图描述，花圃是一个由花园环绕的水池，花园中长满了自然生长的多年生植物。即使这里曾经有过一个水池，也在很久之前就污秽不堪，旁边种上了经过修剪的常绿植物。
75. 曼森（Manson）。1958 年版，第 71 页。
76. 佩伊费。1992 年版，第 31–32 页。
77. 杰克 · 利斯尼克（Jack Lesniak）。《希尔斯 · 迪卡路私人住宅：弗兰克 · 劳埃德 · 赖特，1906 年建造》，赖特增补，1999 年版。第 2 页，第 11 行。约翰 · 蒂尔顿（John D. Tilton）给予作者极大帮助，让我们得以见到橡树园社区的历史人物杰克 · 利斯尼克。蒂尔顿住宅在 1976 年一场大火毁坏了建筑整个上层后，他是蒂尔顿住宅修复的技术人员［在他之前是格雷（Gray）］在此工作。
78. 赖特。1977 年版，第 153 页。
79. 斯科特。1870 年版，第 51–52 页。
80. 利斯尼克（Lesniak），1999 年版，第 2–6 页。据利斯尼克记载，格雷私人住宅的新设计反映了赖特在世纪之交时的思想。“他的屋顶设计体现出的日本风格”与这一时期他所设计的其他房屋屋顶相似。
81. 威廉 · G · 珀塞尔（William G.Purcell）。“那幢鬼屋”，《西北建筑师》，第 16 卷，1952 年第 6 期。第 16–17 页。
82. 作者对西德尼 · 奥斯卡 · 希尔（Sidney Oscar Hills）（1999 年 5 月 24 日）和内森 · 格里尔 · 希尔（Nathan Grier Hills）（1999 年 6 月 8 日）的电话采访。
83. 卡拉 · 琳达（Carla Lind）。“摩尔住宅第一号及绿廊”《不为人知的赖特：弗兰克 · 劳埃德 · 赖特不为人知的作品》，西蒙 – 苏斯特编辑，原型出版公司，1996 年版，第 46 页。
84. 利斯尼克，1999 年版，选自家族历史照片。
85. 赖特所用语句来自《沃斯姆斯作表作选辑》中的主要观点。
86. 在本土的景观设计中，“软质景观”一词指场地自然地形和植物材料，而“硬质景观”一词则指引入到自然之中的的结构元素，例如墙壁、铺面材料、水景、小径、停车场，以及户外设施。
87. 赖特。1977 年版，第 162 页。
88. 格温多林 · 赖特（Gwendolyn Wright）。“赖特早期设计中的建筑实例及社会洞察力”，《弗兰克 · 劳埃德 · 赖特的天性》，芝加哥大学出版社，芝加哥与伦敦，1988 年版，第 100 页。
89. 同上，1988 年版，第 100 页。
90. 布鲁克斯（Brooks）。1960 年版，第 168–169 页。
91. 范 · 赞顿（Van Zanten）“草原学派的教育：赖特的早期草原形式传播深远”，《弗兰克 · 劳埃德 · 赖特的天性》，芝加哥大学出版社，1988 年版，第 79 页。
92. 贾尼斯 · 普里格阿斯科（Janice Pregliasco）“玛丽恩 · 玛霍尼 · 格里芬的生活与作品”《草原学派：中西部的设计理念》，芝加哥博物研究所艺术机构，第 21 卷，1995 年第 2 号，第 165 页。
93. 布鲁克斯，1977 年版，第 221 页。附属于第 14 号脚注，参考 1915 年 7 月 3 日拜尔尼（Byrne）对威廉 · 米勒的注释。
94. 同上，1977 年版，第 73–74 页。
95. 凯路蒂（Kruty）。1966 年版，第 18 页。
96. 弗农。1991 年版，第 219–220 页。据弗农记载，格里芬已经完成了一件独立的景观设计的作品，是 1900 年为东伊利诺伊州立普通学校准备的。此学校坐落在伊利诺伊州的查尔斯顿市。
97. 据推测，这些充满想像力的装饰性设计图经过了格里芬的加工，使得它们比那些格里芬在工作室指导下准备的设计图更加吸引人。
98. 老多拉斯 · 波克 · 皮埃尔（Dorathi Bock–Pierre，Ed）。《对一位美国艺术家的追忆：雕塑家理查德 · 波克》，C.C 出版公司，加利福尼亚州洛杉矶市，1989 年版，第 67 页。波克和赖特的友谊持续了一生。
99. 老布鲁斯 · 布鲁克斯 · 佩伊费（Bruce Brooks Peiffer，Ed）。《弗兰克 · 劳埃德 · 赖特文集，1894–1930 年》，利佐里与弗兰克 · 劳埃德 · 赖特基金会合作，第 1 卷，纽约，1992 年版，第 55–57 页。
100. 同上。1992 年版，第 55–57 页。
101. 同上。脚注第 16，第 7 页。《芝加哥建筑学年报》，1902 年，未标明页数。“幽谷（glen）”无疑引发了布拉德利住宅为众人周知的名称“格雷洛伊德”。
102. 克里斯托弗 · 弗农。“布拉德利式景观的变革”，《格雷洛伊德历史意义景观的报告》，1990 年，第 2 页。弗农教授和现在的屋主罗纳德 · 莫莱恩（Ronald L.Moline），以及美国建筑师联合会提供了大量历史报告、1900 年左右的场地规划，以及规划设计的景观设计图，使作者受益匪浅。
103. 附加文字为，赖特为《女性居家杂志》（1901 年 2 月刊）准备了名为“草原之家”的短文。
104. 令人遗憾的是，现在只有极少的证据显示，赖特的景观设计师地位——在《女性家居杂志》文章中插图与建筑同等重要——很少真正被理解，甚至是被注意过。那时或是现在的草原式住宅的建造者和户主，一直在用充满异国情调的植物“窒息”这些住宅，这些植物布局不当，并且所使用的盆栽植物也极为不当。
105. 摘录自赖特的手书笔记，这被认为是他第一份四合一规划的素描方案。
106. 摘录自赖特为 1901 年 4 月《女性家居杂志》所作的“多房间的小型住宅”一文，第 15 页。
107. 同上，第 15 页。
108. 布鲁克斯。1977 年版，第 197 页。
109. 托布利（Twombly）。第 57 页，脚注第 24。

110. 这种技术现在仍然被广泛应用。当被认为有必要"出卖"一个新概念，特别是当从这种新方法中能够产生两个同这种设计一样的传统住宅建筑时，表现得尤为明显。
111. 曼森未出版的笔记。伊利诺伊州橡树园社区橡树园公共图书馆。
112. 约翰逊。1977 年版，第 41 页。
113. 约翰逊。1977 年版，第 34 页，第 149 页。
114. 帕克 · 狄克逊 · 高里斯特 (Park Dixon Gorist)。"斯科特斯曼 · 格迪斯与城市"，《美国物理学会期刊》，1974 年 1 月号。
115. 选自《弗兰克 · 劳埃德 · 赖特实事通讯》，第 3 卷，第 1 号，1980 年第 1 季。1901 年 1 月的信件副本显示了赖特和汤姆林森 (Tomlinson) 婚姻关系的短暂。这封信是由纳利斯科 · 米诺克 (Narisco Menocal) 于 1979–1980 年间发现的。
116. 曼森。摘自 1940 年间与玛霍尼的谈话，伊利诺伊州橡树园社区橡树园公共图书馆。
117. 比勒尔。1964 年版，第 38–39 页。
118. 从胡瑟尔住宅可以远眺密歇根湖。托马斯住宅，赫特里住宅，托米克住宅，科恩利住宅和罗比住宅都是典型的草原学派的水平风格，但这些房屋都被抬高以便看到外部环境。基尔莫住宅建于小山上，但其私人活动空间得以抬高，使得高于其他住宅，使梦多塔湖 (Lake Mendota) 的景色得以畅通无阻地映入眼帘。
119. 佩伊费 (Peiffer)。1992 年版，第 35 页。赖特第一次提及这种设计元素是在四年以前，即 1896 年。这是在他为伊利诺伊州的利文斯通大学协会 (the University Guild of Evanston) 准备的演讲报告中提出的。他描述了自己"家"的观念，这是一个与"房屋"相反的观念。同时，他把走廊称为"美国住宅的祸根"。
120. 由于相似的深谋远虑，赖特在二层楼的高度设计了一个向外伸展的屋檐，扩大厨房和起居室走廊的面积，使这些空间整年能得到自然光线，同时也不受阳光直射之苦——使烹调时产生的过热降到最低程度。设计早餐室东面尾部的窗户和起居室的走廊，是为了使清晨的低角度阳光得以进入。
121. 弗农。1991 年版，第 224 页。
122. 约翰逊。1977 年版，第 36 页。
123. 这些描述适用于所建成的保护私密性的围墙，设计图描绘了一道围绕着所有地产的未知高度的围墙，作为一种保护地产的措施。
124. 20 世纪 80 年代，当对著名的达纳–托马斯住宅进行修缮和对其场地重新进行规划时，景观设计师为力特住宅设计的种植方案被伊利诺伊州政府保存了下来。
125. 杰克 · 利斯尼克 (Jack Lesniak)。《亚瑟 · 赫特利住宅：弗兰克 · 劳埃德 · 赖特，1902 年》，赖特增补，1998 年版。
126. 见"内森 · 摩尔住宅——伊利诺伊州橡树园 (1895)"。
127. 直到赖特 1905 年首次日本旅行之后，他才开始外延悬臂式屋顶的实验。主要是约翰逊住宅（威斯康星州戴拉文镇）和托米克住宅（伊利诺伊州里威赛德乡村社区）。
128. 最初那里有三排有空隙的砖石，但作者于 20 世纪 70 年代中期拍摄的照片中，那时最低一排的砖石空隙处已被填满。
129. 杰克 · 普鲁斯特 (Jack H.Prost)。"一件杰作的感知：赫特里住宅"，《弗兰克 · 劳埃德 · 赖特实事通讯》第 4 页。普鲁斯特是伊利诺伊大学的生物科学副教授，他是这座房屋的第 4 任主人。
130. 格兰特 · 卡彭特 · 曼森。《弗兰克 · 劳埃德 · 赖特到 1910 年：第一个黄金时期》，莱因霍尔德公司，纽约，1958 年版，第 124 页，第 126 页。
131. 关于马丁住宅的许多历史背景材料，来自作者对户主的孙女卡罗琳 · 曼 · 布拉凯特 (Carolyn Mann Brackett) 的电话采访 (1996 年 12 月 19 日)，她 1997 年 1 月 13 日和 1997 年 2 月 22 日的信件，以及与另一个孙女苏珊 · 威妮弗蕾德 · 马丁 · 潘纳 (Susan Winifred Martin Penner) 的当面采访。现在的屋主劳拉 · 泰拉斯凯 (Laura Talaske) 也对作者帮助颇多。
132. 摘录自 1903 年 2 月 7 日威妮弗蕾德 · 马丁 (Winifred Martin) 写给其丈夫的一封信，由其孙女卡罗琳 · 布拉凯特提供。
133. 摘录自 1997 年 1 月 13 日与 2 月 22 日的通信。
134. 卡罗琳 · 布拉凯特表示，其家庭在马丁住宅中曾经居住过三至四年。然而，她的母亲洛伊斯 · 马丁 · 曼恩 (Lois Martin Mann) 和父亲宁愿搬去近郊的一所房子，使卡罗琳和她的妹妹——苏珊 · 曼恩 · 潘纳和堂娜 · 曼恩 · 邓肯 (Donna Mann Duncan) ——得以在许多年中保持拜访他们的祖父母的习惯。
135. 历史照片由卡罗琳 · 布拉凯特和现在的屋主劳拉 · 泰拉斯凯女士提供，或摘录自 1911 年在《沃斯姆斯代表作选辑》的会谈记录，以及基尔莫湖档案库，伊利诺伊州橡树园社区橡树园公共图书馆。
136. 理查德 · 泰拉斯凯 (Richard Talaske) 先生和太太出借了这份设计图的复印件作为本文的参考资料，给作者提供了极大帮助。
137. 弗农。1991 年版，脚注第 11，第 228 页。
138. 同上。1991 年版，弗农在一个脚注中写道，这样的赏识文字仅仅出现在米勒一份手稿的草稿中，而没有出现在公开出版的版本里。"很显然，格里芬反对使用这样的词句'当雇用其他人的时候'，米勒也就给这篇文章标上了'不合格'"。
139. 布拉凯特记得波克 (Boch) 也是"祖父的一个朋友"。她解释道："所有由赖特设计的建筑其屋主都是相互熟识的。里弗福里斯特 (River Forest) 的温斯洛先生时常拜访里威赛德社区 (Riverside) 的艾弗里 · 科恩利 (Avery Coonley) 住宅……赖特与他们（布拉凯特的祖父母）一起度过了许多个周日，一同欣赏歌剧唱片。赖特的孩子们把马丁之家当作自己家，经常驾着小马车突袭厨房……伯妮斯 (Bernice) 是第一个孩子，与弗朗西斯 · 赖特 (Frances Wright) 同岁。他们一起上学，一直都是很好的朋友……威妮弗蕾德是凯瑟琳 · 赖特 (Catherine Wright) 的忠诚挚友。"
140. 选自 1997 年 1 月 22 日劳拉 · 泰拉斯凯写给作者的一封信。
141. 赖特。《声明》。地平线出版社，纽约，1957 年版。
142. 露台两边胸墙中点的凹入部分，是传统的观赏花园风景之处。由于工程设计图中并没有显示出上述修改，这很可能是在建筑的建造过程中另外加入的。
143. 默里 ·S· 海因斯 (Murray S.Haines)，老 S · J · 海因斯 (S.J.Haines)

的儿子，第二代建筑设计师，20 世纪 50 年代末期的规划委员会主席，当时作者是斯普林菲尔德－圣加蒙（Springfield-Sangamon）乡村规划委员会的首席执行理事。

144. 唐纳德 · 霍尔马克（Donald P.Hallmark）。“弗兰克 · 劳埃德 · 赖特的达纳－托马斯之家：历史，沿革与保护”，《伊利诺伊历史期刊》，第 82 卷，第 2 册，1989 年夏季号，第 8 页。霍尔马克是州级历史遗迹——达纳－托马斯住宅的管理人。

145. 根据 1997 年 9 月与霍尔马克的交谈，法国式的玻璃门在 20 世纪 40 年代取代了原来的栅栏门，保证在严酷的天气条件下房屋受到保护，并确保能够常年使用。

146. 特里 · 帕特森（Terry L.Patterson），美国建筑师联合会。《弗兰克 · 劳埃德 · 赖特及其选材的意义》，范 · 诺斯崔德 · 莱因霍尔德（Van Nostrand Reinhold），1994，第 95 页。注释：欲了解更多赖特在这一领域所注重的细节，请参看此出版物。

147. 詹姆斯 · 约翰逊（James Johnson）。《达纳－托马斯住宅，历史性建筑报告》，建筑设计师汉斯布洛克／亨德曼授权使用。1985 年出版。关于植物的鉴定摘自莫尔斯、约翰逊和桑德尔联合有限公司的景观设计师詹姆斯 · 约翰逊所作的景观分析文章。

148. 亨利希 · 英格尔（Heinrich Egnel）。《日本住宅：当代建筑的传统》，查尔斯 · 塔特尔公司，1964 年版，第 254 页。

149. 作者的老朋友娜拉（Nara）和拜伦 · 皮得斯（Byron Peters）提供了达纳住宅十多年间修复情况细节的剪报，给作者提供了极大帮助。

150. 霍尔马克（Hallmark）。1990 年版，第 14 页。

151. 波克 · 皮埃尔（Bock-Pierre）。1989 年版，第 78-80 页。

152. 斯克里斯特（Secrest）。1992 年版，第 182 页。

153. 赖特。1977 年版，第 217 页。

154. 兰卡斯特（Lancaster）。1963 年版，第 140-142 页。日本在其他十处同样安排了额外的展览空间，包括娱乐区中的另一组日式建筑，靠近米德韦花园的北面入口。这组建筑包括两个重复的日式通道、一个集市和一个日式剧院，这一剧院用于作为英国化的歌舞伎演出的场所。

155. 丹下健三（Kenzo Tange）。《日本桂树：日本建筑中的传统与创造性》，耶鲁大学出版社，康涅狄格州纽黑文市，1972 年版，第 8 页。

156. 朱莉 · 莫伊拉 · 梅瑟尔维（Julie Moir Messervy）。《内向型花园：创造一个美丽而意味深长的地方》，小布朗公司，纽约州波士顿市，1995 年版，第 164 页。

157. 英格尔。1964 年版，第 268 页，第 275 页。

158. 为马丁设计的绿廊更多地与“拱廊”联系起来。拱廊是“被覆盖的任何形式的通道”，而绿廊则是“由柱子支撑的格架所组成的林荫道，为葡萄藤或其他植物生长而建”。赖特交替使用“拱廊”和“绿廊”两个词——不顾建筑的方式或功能——正如他交替使用“阳台”，“露台”和“门廊”三个词。

159. 布鲁斯 · 布鲁克斯 · 佩伊费。《给委托人的信：弗兰克 · 劳埃德 · 赖特》，加利福尼亚州立大学出版社，加利福尼亚州弗雷斯诺市（Fresno），1986 年版，第 11 页。

160. 同上。1986 年版，第 13 页。

161. 同上，1986 年版，第 9 页。

162. 初步的场地设计图并未标明时间，但根据场地的规划布局和在赖特掌握之中的事实，已经可以清楚判定赖特的思考过程。据此可以推测，这份设计在建造开始前的 1904 年间就做了准备。

163. 赖特在建造马丁住宅时，既从美学角度加以考虑，又关注了烹调和通风的环境设计，这一点从赖特设计一组独立的窗间垛可看出。在 1904 年 7 月的谈话中，赖特称这组窗间垛为“阳光陷阱”，在《沃斯姆斯代表作选辑》的设计书中有对细节的详细描述。

164. 沃斯姆斯的设计图中省略了轴线 E 所建立的直观中轴线轴线 E 延伸到未加标注的 12 英尺 ×100 英尺的画板和地面环境。取而代之的是，它展示了偏移的矩形 “花园”，它的轴线与花园西缘对齐。

165. 玛莎 · 奈里（Martha Neri）有深刻见解的评论，回答了作者在 1995 年 8 月和 11 月之间提出的一系列特殊问题。作者也研究了布法罗档案馆中的设计图副本文件，这份资料是通过馆际互借从佐治亚大学借得的缩微胶卷所提供的。

166. 英格尔。1964 年版，第 262 页。

167. 佩伊费。1986 年版，第 13-14 页。

168. 奈里（Neri）。1991 年 8 月 29 日的信件。

169. 摘录自 1905 年建筑设计师弗兰克 · 劳埃德 · 赖特所做的“弗洛勒尔新规划”，橡树园社区，伊利诺伊州。

170. 在布法罗档案馆微缩胶卷上的设计图副本文件中，还有一份种植物设计图，签署的是：沃尔特 · 贝利 · 格里芬，于 1910 年 10 月 15 日。由于这个日期与赖特在欧洲的时期相吻合，而当时格里芬正在设计新增的马丁花园，我们不难假定达尔文 · 马丁和格里芬重新建立了某种程度的工作关系，以修改一些种植物设计图的细节。

171. 布鲁克斯。1972 年版，第 81 页。

172. 西面的有窗的墙体被纵深的窗间壁，窗上直棂和大型种植器分隔开，造成私人化效果——与达尔文 · 马丁住宅图书室与餐厅的窗墙设计方式同出一辙。

173. 格里芬个人广泛参与了乌尔曼项目，但这一项目一直没有达到实现阶段，这也就使得五月末赖特从日本归来后，格里芬离开了工作室。

174. 赖特。1977 年版，第 218-219 页。

175. 堀口铃木（Horiguchi Sutami）。《日式花园的传统》，第二版，东西部中心出版社，东京，1963 年版，第 9-10 页。

176. 赖特。1977 年版，第 218-219 页。亚瑟 · 查尔斯 · 阿瓜尔（Auther Charlie 奥格罗）从一架 B-29 飞机上第一次看见日本的时候是 19 岁。他在给我的第一封未经审查的信（1945 年 9 月）中描述了他的看法，与赖特的看法惊人相似：“那是我曾经在天空中俯瞰的国家中最美丽的一个……它比加利福尼亚美多了……它的海岸线崎岖蜿蜒，布满美丽的珊瑚礁……每一英寸土地都用于耕种……农田并不像在美国的这样方正，相反，放眼望去都是不规则的弯曲形状。他们生活于各处——山麓与其他各个地方……大多数农田都被水覆盖着，但你只有当太阳光以特殊角度照射时才能看清，因为它们乍看上去全是绿色。一切看上去都是那样优雅而洁净——我想我是惊呆了。”

177. 伊藤贞治（Teiji Itoh)。《日本式花园的空间与幻觉》，淡交社／怀特赫尔（Weatherhill)，纽约，东京和京都，1973年版。第50页。
178. 同上。1973年版，第15–18页。
179. 堀口铃木。第16页。宽大的走廊式遮荫阳台装上了玻璃，这并不合适，但显然是为了符合赖特想让内部与外部空间通透联系的初衷。
180. 赖特也想在米勒德I住宅，切尼车库，盖里夫人的夏季别墅和其他别墅中运用看似粗糙、布满斑点的水平板材。
181. 赖特。1977年版，第219页。
182. 普里格阿斯科（Pregliasco)。第167–169页。虽然这件作品是由玛霍妮完成的，但其中的观念与赖特最初草拟的非常相似。对于威斯康星州的环境来说，日本木兰盛开的景致似乎不太适宜，但其位于半空中的设计安排是玛霍妮常用的日式技术手段，以获得一种三维空间的感觉。必须提出的是，赖特在《沃斯姆斯代表作选辑》中的土地设计中对场地环境的细节规划，是对陡坡和下部沙滩的不恰当的运用。一系列对称的、类似于通道的楼梯从后部露台的两侧伸出，呈对角线状横穿过峭壁陡坡的中部，最后通向一个建造在密歇根湖的岩石沙滩上的形式化的池塘。尽管并没有迹象显示有人尝试过完成像这样一个不可行的设计图——这种设计很可能对这样一个因受湖水腐蚀而极其脆弱的地区环境造成严重影响——这一规划仍然意义重大，因为它显示了赖特对于几何形状人工造物持续不断的兴趣。
183. 莫尔斯（Morse)。第9页，第50页，第51页。
184. 努特。1993年版，第59–60页。努特同时把凤凰殿（Ho–o–den）寺庙与哈迪住宅的十字架形布局联系起来。
185. 凯路蒂（Kruty)。1996年版，第20页。似乎格里芬的父母在社交场合中认识了乌尔曼夫妇。
186. 布鲁克斯。1972年，第81页。
187. 佩伊费。1992年版，第66页。还有，皮埃尔－波克。1989年版，第89页。
188. 布鲁克斯。1972年版，第81–82页。
189. 1990年9月作者进行的一次采访中，玛雅·莫兰（Maya Moran）的谈话记录。
190. 伊藤贞治。1969年版，第158页。
191. 玛雅·莫兰。《实记：对于弗兰克·劳埃德·赖特设计的托米克住宅的深入剖析》，南伊利诺伊大学出版社，1995年版，第87页。
192. 或许是由于这个原因，赖特有时从最初的着色透视图上抹去了大门入口和中央入口，只留下花园围墙，并勾画出了一条新的步行小道，直通向围墙上开口处。赖特有时会把档案设计图修改为他所认为应该的那样，以反映他回首过去时的想法。
193. 莫兰。1995年版，第75页，第83–84页。
194. 詹姆斯·亚历山大·鲁宾逊（James Alexander Robinson)。1989年版，第17–19页。[在这里，作者想对威廉·马耶夫斯基（William Majewski）表示感谢。他是一个城市规划师，作者的老朋友，为我们提供了珍贵的手稿。] 赖特与鲁宾逊见面时，赖特是伊利诺伊大学建筑设计师俱乐部的客座演讲者，是鲁宾逊作为俱乐部主席向他发出的邀请。鲁宾逊在拒绝了得克萨斯大学建筑系提供的一份教职后，接受了赖特的邀请。
195. 沃尔特·L·克里斯（Walter L.Creese)。《美国景观设计的最高标准：八个主要空间及其建筑》，普林斯顿大学出版社，新泽西州，1985年版，第252页。
196. 赖特。见1907年4月《女性家居杂志》的一篇文章“5000美元的防火住宅”。露台用于“扩展空间”的作用需要加以解释，因为它不是赖特提出的。通过扩展窗扉上窗户镶边的悬垂物，赖特使得二层顶棚似乎延续出房屋结构之外，创造了一种与户外的直接联系，与此同时扩大了卧室尺度。
197. 拉姆普住宅似乎是防火住宅类型建筑发展的先驱。其中位于角落的窗间墙和其他外部装饰物，也包括设计者署名的菱形壁炉和封闭的砖石露台，都显示了格里芬负责的不仅仅是“起草”他通常接手的设计图。在《沃尔特·贝利·格里芬在美国》一书中，马迪·马尔蒂（Mati Maldee）把拉姆普住宅作为“格里芬在弗兰克·劳埃德·赖特工作室的作品”一文中所举的两个实例之一。伊利诺伊大学出版社，1996年版，第160页。
198. 据某些人推测，盖里住宅早在1904年就完成了设计图，但到1907–1908年才开始建设。然而，从盖里住宅的悬垂式屋顶和其他周边环境设计看来，它更类似于赖特1904年日本之旅归来以后设计的住宅。
199. 虽然赖特并没有为盖里住宅设置“承雨线脚”，但他使用的暗色木质材料与灰幔的奶油色调形成了鲜明对比，突出表现了建筑的基线。
200. 选自1990年9月6日作者进行的一次谈话以及1999年4月7日的一次电话采访录音记录的文字版，除了设计和监管盖里住宅的现代化修复工程，为其屋主的个人使用提供便利，蒂尔顿还作为修复建筑师为伊利诺伊州橡树园的希尔－德卡洛住宅和马萨诸塞州戈兰德瑞皮特（Grand Rapids）的迈耶·梅住宅工作。
201. 摘录自1990年9月作者进行的一次当面采访记录。
202. 同上。这只是一个判断失误，与赖特设计作品的户主们犯的错误相同——即用新的常绿灌木丛取代了簇叶丛生的低矮杜松，这将遮盖“承雨线脚”，最终使得赖特把建筑物接触地面的部分展现出来的强烈愿望难以实现。
203. 这份概念性设计图初稿显示，位于地产北部和中部的两个大型建筑物最初是存在的。但在赖特设计的综合大楼建成之前，这两个建筑已经被拆除了。
204. 梅瑟尔维。1995年版，第38页。
205. 杜里克。1991年版，第157页。
206. 20世纪90年代罗伯茨·盖里斯（Robert E. Grese）进行的研

究明确了一点，即延森受科恩利委托作出了多份景观设计方案。资料来源是延森收藏馆，伊利诺伊州利瑟里默顿植物园，以及密歇根大学艺术与建筑图书馆。

207. 伊顿。1964 年版，第 109 页。同样出现在杜里克。第 145 页。

208. 延森与赖特之间的历史信件记录，资料来源是存放于盖里研究会艺术史中心，以及加利福尼亚洛杉矶人文学科研究中心，关于弗兰克·劳埃德·赖特的档案资料。

209. 伊顿。1964 年版，第 109 页。

210. 选自 1990 年 9 月 5 日作者进行的一次谈话的文字记录。詹姆斯·L·霍利特（故于 2000 年 11 月）是一个摄影师和广告艺术专家。卡洛林·霍利特（Carolyn S.Howlett）是芝加哥艺术学会的一名退职荣誉教授。

211. 斯蒂芬·塞克（Stephen Siek）。“弗兰克·劳埃德·赖特在斯普林菲尔德设计的韦斯科特住宅”，《俄亥俄州历史》，第 87 卷，第 3 号，1978 年版，第 289 页。这篇文章的历史背景基于他和两个人的私人交谈。其一是约翰·韦斯科特女士，她是伯顿·韦斯科特和欧芬·韦斯科特的媳妇。其二是威廉·希克斯（William Hicks），他是建筑过程中承包商威廉·普尔手下的一名电气技术员。

212. 塞克（Siek）。1978 年版，第 288–289 页。

213. 同上。1978 年版，第 291 页。

214. 同上。1978 年版，第 289 页，第 292 页。在第一次世界大战期间，它同样被一个“维多利亚式花园”取代，同时也建成了一个黏土网球场。根据家庭成员回忆，“在房屋后部的西北角有一个可以储水 125 英桶的蓄水池，它通过安置于房屋四个角落的储水器收集雨水。这些设施由赖特精心隐藏在屋顶和墙壁结构之间的落水管连接起来。其中的存水从第三个龙头灌入赖特设计的巨大的特殊浴盆中，用于洗澡，……当运转时会形成一个微型瀑布。”

215. 摘录自塞克收到的一封未标明日期的信件，当时他正在韦斯科特物业做最初的调查。

216. 在这里，作者想感谢朋友琼·塞维伦斯和韦恩·塞维伦斯（June and Wayne Severance）。他们在本书付梓前寄来了《蒙大拿州标准》一文，正好使作者能在本书出版前把它引入参考目录。

217. 芝加哥所有的建筑设计师都很熟悉那些在密歇根湖附近松软土地基础上建起的巨大建筑物。他们动用了 1873 年弗雷德里克·博梅恩（Frederick Baumann）建立的芝加哥基金体系，建造了适于承重的孤立支柱。

218. 唐纳德·霍夫曼（Donald Hoffman）。《弗兰克·劳埃德·赖特的罗比住宅》，多弗出版社，纽约，1984 年版，第 17 页，脚注第 21。

219. 同上。1984 年版。第 17 页。

220. 同上。1984 年版，第 57 页。罗比的儿子在搬离那座房子 50 多年后，仍然念念不忘那些经历。

221. 北墙花架靠近边墙的空地上矗立着一座历史性地标，它被很好地遮住了锋芒。赖特有意使其成为门厅中的一个不显眼元素，同时与过去被称为“拍照位置”的漂亮屋角形成平衡。

222. 格兰特·希尔德布兰德（Grant Hildebrand）。《赖特的空间：弗兰克·劳埃德·赖特设计的住宅》，华盛顿大学出版社，西雅图，1991 年版，第 53 页。

223. 约翰·奥姆斯比·西蒙兹（John Ormsbee Simonds）。《大地景观：环境设计指南》，麦格劳－希尔公司，纽约，1979 年版，第 125–126 页。

224. 关于赖特设计的通风设备细部装饰的更多细节，请见：唐纳德·霍夫曼。《弗兰克·劳埃德·赖特的罗比住宅》，第 32 页，第 77 页，以及第 78 页。

225. 英格尔。1964 年版，第 258 页。

226. 简·路易斯·瓜里诺（Jean Louis Guarino）。“罗比住宅的修复计划”《弗兰克·劳埃德·赖特建筑保护委员会实事通讯季刊》，第 6 卷，第 2 版，1997 年夏季号，第 8–9 页。对植物的恢复有望纳入这一工程，所以在未来，当目前的树木衰败或必须被移走时，就会有作为替代物的树木移植过来。

227. 佩伊费。《著作选集》，第 5 卷，1995 年版。

228. 房屋西侧尽头的阳台过去受到盛行风的影响，但现在已经被封闭了。

229. 许多出版物中流传着这样一种说法，即延斯·延森为伊丽莎白·罗伯茨住宅场地设计了景观方案。必须说明的是，这种传闻完全没有根据。

230. 范·伯根在 1940 年 2 月 19 日与格兰特·曼森一次谈话中所作的评论。伊利诺伊州橡树园社区橡树园公共图书馆。

231. 由于 1913 年之前关于比特鲁特峡谷（Bitterroot Valley）项目的通信似乎都没有保存下来，在这里引用的关于这一项目的背景材料都摘录自蒙大拿历史学会（MHS）的记录，以及当时的会长劳伦斯·索米尔（Lawrence C.Sommer）收藏的 1995 年的报纸文摘，特别是唐纳德·莱斯里·约翰逊 1987 年和 1990 年所完成的著作。约翰逊在南澳大利亚贝尔弗德园的弗林德斯大学任教，是一名历史教授。他首次深入研究比特鲁特峡谷项目，是为其手稿的写作做一些准备。他的手稿是《20 世纪 30 年代的弗兰克·劳埃德·赖特与美国》，麻省理工学院出版社，1990 年版。

232. 弗兰克·劳埃德·赖特工作文件记录的档案编号，增加了比特鲁特峡谷项目的混乱程度。档案有的被标注为“科莫果树园夏季度假胜地”，有的则是“比特鲁特峡谷城镇建设规划”，或是“比特鲁特峡谷小饭店”，但并没有任何一个档案编号是“比特鲁特峡谷乡镇规划”，而实际上设计的是比特鲁特峡谷小饭店。同样会起误导作用的是，标记为“科莫果树园夏季度假胜地”的工程在美国地质勘探局的地图上标明是“大学高地”，而当地人也是这么认为的。

233. 作者发现了伯纳姆（Burnham）在 1905 年关于初始设计的一份报告，这是由景观设计师罗宾逊·费歇尔（Robinson Fisher）偶然发现的。当费歇尔看见科莫果树园－大学高地的场地规划图和

鸟瞰图时，他立即注意到了其与碧瑶（Boguio）项目的相似之处。费歇尔和同样是景观设计师的妻子芭芭拉一起，早在 20 世纪 90 年代就拜访了碧瑶。当时菲律宾共和国正与世界银行商量其发展问题。

234. 赖特在 19 世纪 90 年代中期就认识了丹尼尔·伯纳姆。当时，伯纳姆和真正的房地产投资商爱德华·卡森·沃勒尔（Edward Carson Waller）—— 赖特的长期资助人——向其保证了要照顾基蒂（Kitty）和他们的孩子，同时为赖特支付他在巴黎和罗马学习 6 个月的花销。而赖特归来之后，就能够在享有很高声誉的伯纳姆公司里谋到职位。1895 年，沃勒尔首次委托赖特设计爱德华·沃勒尔公寓和弗兰西斯克·特勒斯公寓（"解决低收入者住房问题"）。1905 年，他再次委托赖特改造鲁基大楼（伯纳姆在 1886 年建造的一座摩天大楼）。他也赞助了赖特许多没有建成的工程，包括一处住宅（1893 年），两处度假别墅（1902–1902 年），沃尔夫湖娱乐公园（1895 年），以及切尔滕纳姆河岸娱乐公园（1899 年）。
235. 唐纳德·莱斯里·约翰逊。1987 年版，第 19–20 页。转引自：尼克拉斯。"比特鲁特峡谷"，1910 年 3 月号，第 23 页。
236. 劳伦斯·萨马斯（Lawrence Summers）（MHS）转引自：1909 年 10 月 1 日《西北论坛》，（明尼苏达州史蒂文斯韦尔）上的文章。文中提到，起促进作用的著作至少在 1909 年中期之前不可能蓬勃发展起来，因为大西洋在 1910 年之前不可能发展到足够接近这一领域。
237. 同上。1987 年版，第 22 页。
238. 伯纳姆。《菲律宾群岛吕宋岛碧瑶规划》，1905 年版，第 197 页以及第 201 页。
239. 同上。1905 年版，第 197 页以及第 201 页。
240. 同上。1905 年版，第 198–199 页。
241. 同上。1905 年版，第 199 页。
242. 曼森的注释，伊利诺伊州橡树园社区橡树园公共图书馆。
243. 约翰·劳埃德·赖特。《我的父亲在人间》，第 40 页。
244. 布鲁斯·布鲁克斯·佩伊费。《弗兰克·劳埃德·赖特：鲜活的声音》，加利福尼亚州立大学出版社 / 弗兰克·劳埃德·赖特基金会，1987 年版，第 145–146 页。
245. 同上。1987 年版，第 103–104 页。
246. 同上。1987 年版，第 149–150 页。
247. 牛顿。第 59 页。对于美第奇别墅细节感兴趣的读者，可以参看约翰·奥海姆和雷·奥海姆的《时光中的花园》，1980 年版，第 144–152 页。1981 年夏季的 12 个星期中，作者为学习建筑设计的高年级学生或是学习景观设计的四或五年级学生讲授景观设计课程，这是由总部在意大利克罗迪的国外研究项目赠款委员会主办并赞助的。在这一课程中，主要是游历和研究美第奇别墅（至今仍然是私人拥有）、马焦雷湖上的伊索拉·贝拉巴洛克风格花园、科洛迪的加尔佐尼别墅、博洛尼亚（Bognaia）的兰特别墅以及罗马附近的许多别墅——包括著名的蒂沃利市（Tivoli）的伊斯特别墅中的水上花园。与上述别墅和其他许多别墅相比，美第奇别墅似乎面积狭小而形式保守。我们并没有成为意大利别墅的专家，而是由当地的意大利艺术家，先锋设计师，建筑设计师和景观设计师带领和教导。在我们三次去往菲耶索莱（Fiesole）的旅行中，有一次由皮埃罗·波齐纳伊（Pietro Porcinai）带领。他是一位有名的景观设计师，他的别墅设计作品可与美第奇别墅相提并论，并且与劳伦斯有相似的地位。
248. 赖特。1977 年版，第 218 页。
249. 佩伊费。1984 年版，第 145–146 页。
250. 同上。1984 年版，第 148–152 页。
251. 芝加哥报纸新闻记者获悉，赖特为其过去的住宅做出租广告，这使赖特不得不结束其用来掩饰的托词，或许也促成了他比预先计划提前搬至塔里埃森（Taliesin）。
252. 一道楼梯通向将被装饰成公寓的阁楼，这提供了额外的租金收入。
253. 1972 年，当这一场地宣布将被出售时，基金会发起的委员会就已经开始商议收购这块场地的问题。
254. 现在没有任何财产清单或分析记录保留下来，而这种推测性质的研究需要综合众多值得考虑的因素。
255. H·W·S·克利夫兰（H.W.S.Cleveland）是芝加哥最早的住宅景观的设计师，他在 1869 年把办公室搬到了这座城市。他的合伙人威廉·弗兰士（William M.R.French）是一位土木工程师和庭园设计师，他创建了芝加哥艺术协会，也是此协会的第一位会长。
256. 作者得到了建筑历史学家苏珊·索尔威（Susan Solway）的大力协助。她使得我们注意到布斯对公园发展的兴趣，以及他在格兰科公园行政区里发挥的职务作用。索尔威先生和她的丈夫拥有并修复了两所由赖特设计建造的建筑。其一，拉维尼·布鲁弗斯（Ravine Bluffs）卢特·凯瑟曼（Lute E.Kissam）住宅，他们在那里居住的时期是 1978–1986 年。其二，格兰科的埃德蒙·布里法姆（Edmund F.Brigham）居所，他们在那里居住时期是 1986 年至今。
257. 延斯·延森。"景观设计师报告"，1904 年《特殊的公园委托任务报告》的第 6 部分，德怀特·伯金斯（Dwight Perkins）主编，芝加哥城，哈特曼公司印刷并装订，1905 年版，第 80 页。
258. 同上。1905 年版，第 65–67 页。以及第 66 页图 19。出现于 1904 年设计图中的相当大的开阔空间仍然存在，但这一空间受到了遮蔽。延森提倡的著名的库克乡村森林保护区包括斯克里泻湖，这一保护区的一部分后来改建为芝加哥植物园，仅仅位于布斯房产的西南方 1.5 英里处。延森在 1929 年设计的湖岸乡村俱乐部正在其北部，而格兰科高尔夫俱乐部在其西部 1 英里处，这些场地都建于开阔空地保护区之中。
259. 安东尼·阿罗弗森（Anthony Alofsin）。《弗兰克·劳埃德·赖特——失去的岁月，1910–1922 年》，芝加哥大学出版社，伊利诺伊州芝加哥，1993 年版，第 308 页。
260. 做出场地详细目录和分析的最重要原因，是为了确定打下主要建筑物地基以及主干道的最适宜地点——这不是定址的次要考虑事项。需要进行地质地貌和土壤研究，树木测绘，并对气象因素给予强烈关注，因为它们会影响到自然光线，美的感觉和生活舒适程度——既包括了夏季和冬季的主导风，自然植被，最有利的视角，太阳的光线，以及太阳升起和落山的角度（在夏至和冬至日，以及春分和秋分时）。

261. 摘录自 1912 年 10 月 18 日延森寄给赖特的信件，信的抬头标有斯泰韦大厦（Steinway Hall）的地址。格蒂研究协会，由弗兰克 · 劳埃德 · 赖特基金会收藏——在下文提及时缩写为“GRI/FLIW”）。
262. 现代艺术博物馆主办的 1994 年展览中，对谢尔曼 · 布斯住宅的“景观设计图”的评价归结到一点就是：延斯 · 延森似乎只是个制图员。同时，在泰伦斯 · 利雷（Terrence Riley）和彼得 · 里德（Peter Reed）主编的《建筑设计师弗兰克 · 劳埃德 · 赖特》344 页的目录册中，延森的名字被忽略了，仅仅是在作为参考的附带说明中提及一二，而他们对他的解说纯粹是“描写性质”的。更进一步来说，布鲁斯 · 布鲁克斯 · 佩伊费所写的《弗兰克 · 劳埃德 · 赖特专题著作，1907–1913 年》一书的第三卷收录了许多关于谢尔曼 · 布斯项目的手绘设计图，但这些图片不仅被大幅削减，而且模糊不清，仅仅被标记为“平面设计图”，甚至没有标明材料来源，没有看到延森的签名，也没有得到由他全盘设计了包括一所庄园和一个公园在内的全部项目。
263. 如果没有多年的设计经验，赖特绝不可能完成其中任何一项工程，而延森做到了这一点。在现代的美国社会，为了获得这种专业技术，一个人必须完成五年的学习以取得学士学位，再作为实习生工作若干年。具备了所有这一切，你才能有机会参加——或是通过——一个为期两天的测试，以取得本州政府承认的建筑设计师执照。
264. 这些入口——其中之一在赖特笔下被标记为“公园装饰物”——在《弗兰克 · 劳埃德 · 赖特专题著作，1907–1913 年》一书的第三卷中给出了特别关注。本书由二川幸雄（Yukio Futagawa）主编及摄影，布鲁斯 · 布鲁克斯 · 佩伊费撰写文章，东京，1984 年版，第 353 图版，第 180 页。
265. 伊顿。1964 年版，第 39 页。
266. 格里斯。1992 年版，第 79 页。
267. 同上。1992 年版，第 82 页。
268. 伊顿。1964 年版，第 40 页。
269. 格里斯 · 卡普顿（Grese Caption）。照片插页，未标明页码。
270. 阿罗弗森。1993 年版，第 308 页。
271. 布鲁克斯 · E · 威金顿（Brooks E.Wigginton），景观设计师。《日本花园》，玛丽埃塔大学，1963 年版，第 13 页。
272. 彼得 · 哈伯（Peter Harper），克里斯 · 曼德森（Chris Madsen），和杰里米 · 赖特（Jeremy Light）。《自然花园之书：花园的整体设计》，西蒙和斯库斯特有限公司，纽约 / 伦敦 / 多伦多 / 悉尼 / 东京 / 新加坡，1994 年版，第 54 页。
273. 赖特。1977 年版，第 191 页。
274. 同上。1977 年版，第 159 页。
275. 安妮 · 维斯顿 · 斯皮恩（Anne Whiston Spirn）。“弗兰克 · 劳埃德 · 赖特：景观设计师”，《弗兰克 · 劳埃德 · 赖特：美国风格的景观设计，1922–1932 年》，加拿大建筑中心，蒙特利尔 / 亨利 · 亚当斯有限公司，纽约，1996 年版，第 162 页，脚注第 22。
276. 赖特。1977 年版，第 192–195 页。
277. 赖特把大部分房屋设计为朝东，使得房屋中没有“黑暗角落”。直到 50 年之后，赖特才在《自然建筑》（1954 年版，第 154 页）一书中解释了他这样做的原因：“通常说来，房屋应该与南方呈 30° 至 60° 夹角。”实际上，南偏东 20° 至 30° 是最理想的范围，而赖特设计的大多数住宅正是以这个角度建造的。
278. 赖特。1977 年版，第 195 页。
279. 伊藤贞治。1969 年版，第 98 页以及第 110 页。在第 79 页中，伊藤贞治解释说，数寄屋建筑源自最初的“空之居”茶室，茶室主人通常在那里展示茶道。茶道“由两个重要观念侘（wabi）和寂（sabi）控制。虽然这两个短语很难用恰当的词语解释或定义，但我们可以认为它们类似于“乡土气息的天然质朴”和“漫长岁月留下的古色古香”。总而言之，虽然受到乡土气息的简朴式样和迷人古物的限制，这种建筑还是表现出了极大的创意。
280. 同上。1969 年版，第 80 页，第 95 页以及第 98 页。
281. 赖特后来才为工作室和生活区的门厅增设了双层大门，这一点显示，赖特一开始设计时并没有深思熟虑。在维持户内户外通透交流的同时，没有考虑到最大限度地避免冬季寒风的侵袭。
282. 唐纳德 · 艾米尔（Donald Elmer）和弗拉 · 摩尔（Fuller Moore），研究学者。“被动冷却装置：夏季冷却路面的自然解决方法设计”，《研究和设计：美国建筑师联合研究会季刊》，第 11 卷，第 3 号，1979 年秋季号，第 5–9 页。研究调查表明，“当水体被放置于炎热并且相对干燥的空间时，水会蒸发到空气中，从而增加空气湿度。在这一过程中，可以感觉到的热量被转化为潜在的热能，也就是降低了空气的温度。降温的效果明显：每一磅蒸发入空气的水相当于 1000BTUs。”
283. 这里的许多建筑技巧与托马斯 · 杰斐逊设计的蒙蒂塞洛社区（Monticello）（约 1805 年）时运用的技巧相似。同时，如果打开任何一扇原始瞭望台上的气窗（这一瞭望台建于塔里埃森起居室和厨房上方），屋顶排气孔通道中对流形成的凉风就能达到进一步的冷却效果，而这些排气孔正是因此目的而建造的。
284. 伊藤贞治。1969 年版，第 83 页。他所说的“建筑技巧”，指的是数寄屋建筑最基本的，不承重的方法。
285. 约翰 · 奥姆斯比 · 西蒙兹。《景观设计——场地规划与设计手册》，麦克格朗 – 希尔公司，纽约城，1983 年版，第 238 页。西蒙兹把这种幻想式的设计理念描绘如下：“每个建筑，除了它作为住房的最基本功能，还有次一级的作为艺术装饰品的功能。建筑群被合理规划，以形成并定义可能达到的最好外观效果……那些构成的封闭或半封闭空间将最好地阐释其功能，将最好地显示其结构，正面，或周围建筑的特色，并将把这个整体最好地融入外部风景。”

286. 1912 年设计的池塘就其自由形式来说，小巧而富有东方情调，并与小溪紧密相连。因此，它所追求的与其说是今天池塘的风格，不如说是日本式水上花园的风格。
287. 意大利式的花园土壤并不适宜这一空间。尽管地下蓄水池还在原处，但由于树木不断被移入这一区域，土地受到严重侵蚀。
288. 摘录自延森 1912 年 10 月 18 日写给赖特的一封信，在信件抬头处标有“斯泰韦大厦”的地址。格蒂研究协会／弗兰克·劳埃德·赖特基金会（GRI/FLIW）。
289. 简·法兰斯，纽约罗切斯特大学的艺术学副教授，在翻阅罗切斯特大学收藏的关于埃尔万格（Ellwanger）和白瑞（Barry）／蒙特（Mount）希望幼儿园的文集时，发现了赖特和延森的通信，获知了他们和这个幼儿园之间的关系。作者得到了迪克西·里格拉（Dixie Legler）的大力协助。她得到弗拉克·劳埃德·赖特基金会的支持，提供了一份“内部”实事通讯的副本以及她在 1997 年 6 月 26 日的通信，其中包括了以上信息。
290. 大卫·英格尔。《今天的日式花园》，查尔斯·图特尔公司，拉特兰郡，佛蒙特州／东京，日本，1959 年版，第 21 页。
291. 伊藤贞治。《日式花园：通向自然之路》，耶鲁大学出版社，纽黑文／伦敦，1972 年版，第 181–183 页。
292. 洛林·库克（Lorraine E.Kuke）。《日式花园的艺术》，约翰·得公司，纽约，1940 年版，第 191 页。
293. 伊藤贞治。1973 年版，第 84 页。水池当时所在地曾经被用土填埋过，现在原处是一个花架。
294. 同上。1973 年版，第 83 页。名为“有裂痕的围墙上的花朵”石膏铸件曾经被放置于不同地点，包括门厅石柱的顶部。
295. 阿尔弗雷德·尤尔曼斯（Alfred B.Yeomans）。《城市住宅土地的开发：关于城市规划的研究》，芝加哥大学出版社，伊利诺伊州芝加哥，1916 年版，第 1 页。
296. 同上。1916 年版，第 1–2 页。
297. 同上。1916 年版，第 111 页。
298. 佩伊费。1987 年版，第 145 页。
299. 我们在这里准备了街道和开放空间系统的平面图，是为了帮助说明赖特设计作品的复杂性。
300. 赖特。1977 年版，第 202 页。
301. 西蒙兹。1983 年版，第 251–252 页。
302. 赖特。1977 年版，第 202 页，第 203 页。
303. 我们没有理由认为赖特被委托设计整个街区，这更像是他那一部分承包工作。然而，正是因为有这样的竞争作用，赖特预测出了未来购物中心的建筑技巧。
304. 在恶劣的天气条件下，只有冬季花园旅馆，俱乐部活动室和酒馆这几处会关闭。
305. 赖特。1977 年版，第 208 页。
306. 图姆波利。1979 年版，第 121 页。
307. 保罗·凯路蒂。《弗兰克·劳埃德·赖特及其米德韦花园》，伊利诺伊大学出版社，乌尔班纳和芝加哥，1998 年版，第 52–59 页。
308. 赖特。1977 年版，第 209 页。
309. 罗宾逊。1989 年版，第 22–23 页。同样出现在尤尔曼斯，第 23 页。格里芬家人向罗宾逊提议由两者联合完成澳大利亚的建筑任务，因为当时他们把全部注意力放在格里芬的获奖设计图——新首都堪培拉—— 的设计细节处理上。
310. 卡拉·林达。《消失的赖特》。据建筑历史学家苏珊·索尔威所说，直到 20 世纪 50 年代市郊用电车辆废止之前，这座车站一直在使用。后来，车站附属的空地变成了自行车停放场。
311. 正如特里·帕特森（Terry L.Patterson）在《弗兰克·劳埃德·赖特及所用素材的意义》一书中所指出的（范·诺斯崔德·莱因霍尔德，纽约，1994 年版，第 92 页），艾伦住宅是赖特在 16 年里最后一次运用砖块。
312. 赖特在同一年建造威斯康星州密尔沃基城的伯格克住宅时，运用了同样的建筑技巧——平衡放置狭窄的砖块。他在日本时设计的建筑与此极其相似。
313. 伊藤贞治。1969 年版，第 80 页。这种测量方法出现于 17 世纪的日本，当时所有内外部结构和空间安排模式都由此方法度量。
314. 梅瑟尔维。1995 年版，第 164 页。
315. 花园中的房屋与主体建筑物形成对角线，达到了平衡的视觉效果。这样也就留出了一大块户外活动空间，与半圆形的花园小亭连为一体。与此同时，通过有顶设计造成了这样一种感觉，即人们可以在庭院的空旷处活动。上面提及的半圆形花园小亭是赖特为温斯洛、弗里克和格拉斯内设计的。
316. 亨利·艾伦。历史信件。格蒂研究协会／弗兰克·劳埃德·赖特基金会（GRI/FLIW）。
317. 霍华德·埃灵顿（Howard W.Ellington）／艾伦－拉姆比住宅基金会。摘自 1997 年 8 月的通信信件。
318. 艾伦的历史信件。格蒂研究协会／弗兰克·劳埃德·赖特基金会（GRI/FLIW）。根据埃灵顿所说，堂·苏勒（Don Schuler）是一名来自威奇托市（Wichita）的年轻建筑设计师，也是赖特建造艾伦住宅时最初的土地测量员。艾伦在这些信件中拼错了他的名字。
319. 阿罗弗森。1993 年版。《编年表》，第 310 页。
320. 同上。注释：“亚伦”下方的线条是通信者（埃灵顿）加上的。
321. 埃灵顿。摘录自 1998 年 4 月 30 日和 2001 年 11 月 12 日的通讯。
322. 艾伦。弗兰克·劳埃德·赖特档案馆，加利福尼亚州格蒂洛杉矶研究中心。
323. 埃灵顿。1997 年 8 月和 1980 年 4 月的通信信件。
324. 艾伦－拉姆比住宅基金会是以最初的屋主名字命名的，并用于纪念克劳德和波利·拉姆比，因为他们设立的基金会——克劳德·拉姆比慈善基金会——购买了这座房屋，并为房屋的修复工作提供了现金和实物支持。（1997 年实事通讯）摘录自历史性／代表团陈述。
325. 安东尼·雷蒙。1973 年版，第 46 页。
326. 这是赖特受委托设计的早期加利福尼亚工程——蒙特西托

(Montecito) 的乔治 · 斯特沃特 (George C.Stewart) 住宅——1906–1909 年间设计，1911 年建造。但并无记载显示他曾经拜访过这个现场。赖特其他的孩子也在南加利福尼亚州居住并工作。大卫曾经在 1911 年和劳埃德一起去那里旅行过，那时约翰正为圣迭戈 (San Diego) 的建筑设计师哈里森 · 奥尔布赖特工作，并与劳埃德同住一屋，直到 1913 年赖特邀请他参与米德韦花园的工程任务。赛格雷斯特 (Sergrest) 写道，赖特的女儿也写信给他，请他到西部，利用当时西部大开发的时机。

327. 赖特。1977 年版，第 263 页。赖特进一步阐明："早期委托人要求的意大利 – 西班牙建筑的'后屋'与加利福尼亚联系很密切"因为"这种南部式样的建筑避开了阳光直射造成损害，在西班牙或墨西哥的效果和今天在南加利福尼亚的效果一样。"

328. 同上。1977 年版，第 262–264 页。

329. 雷蒙。1973 年版，第 53 页。

330. 赖特。1977 年版，第 249 页。

331. 格洛里尔电气出版有限公司。洛杉矶属于地中海气候区，年均降雨量平均是 12 英寸。气温的年变化范围是从 7 月的最高 73 ℉到 1 月的最低 56 ℉。

332. 佩伊费。1992 年版，"优雅艺术的哲学"，第 43 页。

333. 已故卡尔文 · 斯达尔波 (Calvin C.Straub) 是一位建筑设计领域的著名教授，在南加利福尼亚大学和亚利桑那大学任教。上面提及的方程摘录自 1983 年寄给作者备忘的一份未出版手稿的"预备版"(第 16 页，第 32 页)，得到了斯达尔波的女儿克里斯汀 · 斯达尔波 (Christin Straub) 的授权。

334. 同上。第 67 页。

335. 同上。第 34 页。

336. 凯西 · 史密斯 (Kathryn Smith)。《弗兰克 · 劳埃德 · 赖特，霍利霍克住宅与奥利弗山》，纽约里佐利 (Rizzoli)，1992 年版，第 217 页，第 5 章，脚注第 4："脱颖而出成为风景区"，《洛杉矶观察者》，1919 年 7 月 6 日。

337. 同上。第 217 页。1919 年 7 月 6 日《洛杉矶观察者》上的一篇文章。

338. 加瑟尔 · 普拉姆 (Gayther L.Plummer)，佐治亚州的名誉气象分析学家。他基于个人经验常识并参考了杰克 · 威廉姆斯的《气象之书》(韦塔基)，《今日美国》，1992 年 4 月号) 而做出了 1998 年 3 月 3 日的评论。

339. 杰伯哈尔德与万 · 伯顿。1971 年版，第 19–23 页。劳埃德已经凭其本人的能力成为了专业设计师。他从 9 岁起就在父亲的指导下开始画建筑设计图，在威斯康星大学完成了两年的建筑设计训练后，劳埃德和父亲一起到意大利设计建造沃斯姆斯住宅 (1909–1910 年)。通过自行研究发达的园林艺术，劳埃德对于有机形式的认识有进一步的发展和提高。劳埃德从制图员逐渐成长为景观设计师——最初为波士顿的奥姆斯特德和加利福尼亚的奥姆斯特德工作，后来与他的搭档保罗 · 赛因 (Paul Thiene) 一起，在建筑设计师欧文 · 吉尔 (Irving Gill) 或威廉 · 多德 (William J.Dodd) 指导下工作。从 1917 年开始，劳埃德与巴恩斯德有了社交上的接触，他被介绍进阿丽妮 · 巴恩斯达尔 (Aline Barnsdall) 的朋友圈，并娶了女演员伊莱恩 · 海曼(Elaine Hyman) [她的艺名是克拉 · 马克汉姆 (Kira Markham)]。因此，委托人很可能认为，没有其他人比劳埃德更适合做赖特的继承人并完成这项任务了。

340. 摘录自写给赖特的委托人——威斯康星州奥什科什市 (Oshkosh) 的亨特 (S.M.B.Hunt) 先生的一封信，日期是 1917 年 10 月 16 日。这封信被发现于弗兰克 · 劳埃德 · 赖特住宅与工作室档案馆，由马格 · 克林考 (Meg Klinkow) 提供给作者。信件内容证明，这时劳埃德正作为一位景观设计师和父亲一起工作。

341. 设计图中为这些台阶标注的"散步场所"并不合适，这似乎是场地选择之前所作设计图的剩余部分。

342. 这些挡土墙与划分塔里埃森山边花园边界的挡土墙功能相似，但比那些墙高 3 倍，更加显眼，并构成了进门过道的一部分。

343. 历史地标和航拍照片档案显示，以桉树为边界的松树林正像设计图所画那样。杰伯哈尔德与万 · 伯顿 (1917 年版，第 23 页) 认为，这张设计规划图与劳埃德早期和保罗 · 赛因搭档时的景观设计有所联系。1911 年时，劳埃德和保罗 · 赛因都在为奥姆斯特德兄弟工作，他们在建筑设计领域的合作关系大约持续了一年，后来两人分道扬镳。

344. 赖特。1977 年版，第 262 页。

345. 史密斯。1992 年版，第 83 页，第 218 页，脚注第 22 和 23。松 – 桉树林设计图上标明的日期是 1920 年 1 月 27 日。这座房屋的建造起始日期是 1920 年 4 月 28 日。

346. 1919 年赖特最初的地形规划草图中，并没有出现这个人造湖泊。

347. 查尔斯 · 阿瓜尔。"城市规划讲稿注释"，环境设计系，佐治亚大学 (未出版，1975–1980 年)。

348. 史密斯。1992 年版，第 165 页。(第 6 册，第 221 页)。

349. 赖特。1977 年版，第 258 页。

350. 约翰逊。第 56 页。

351. 杰伯哈尔德与万 · 伯顿。1971 年版，第 34 页。

352. 赖特于 1922 年 10 月 5 日写给劳埃德的信件中，第一次提到他在考虑作这样一个改动 (弗兰克 · 劳埃德 · 赖特基金会)。

353. 高登 · 惠特奈 (G.Gordon Whitnall)，"洛杉矶区域设计进程"，《美国城市杂志》，1923 年 11 月 29 日，第 578–579 页。

354. 与此同时，他在好莱坞保留了另一个办公场所。然而，赖特实际上在塔里埃森工作，并不断在塔里埃森和好莱坞两地来来往往。正如他解释道："我从来没有过传统意义的'办公室'……没有一个机构会认为通常的建筑设计师能有固定的办公室。我虽然努力了这么久，但从来没有意识到办公室有多么重要。我在哪里，我的办公室就在哪里——也就是说，我的办公室就是我本人。" 赖特。1977 年版，第 260 页。

355. 威斯康星州柯勒市是由沃纳 · 赫格曼 (Werner Hegemann) 和埃尔伯特 · 皮特 (Elbert Peets) 共同规划的一个典型工业城镇。由约翰 · 诺伦 (John Nolen) 规划的田纳西州的金斯波特

(Kingsport) 是另一个典型工业城镇。奥姆斯特德兄弟规划的波尔斯·万达斯 (Palos Verdes) 地区是洛杉矶的一个卫星城——当时劳埃德·赖特是奥姆斯特德的学徒。或许那些有确切年代的社区设计更加广为人知：佛罗里达州的威尼斯社区 (Venice, 1926 年)，佐治亚州的芝柯匹社区 (Chicopee, 1927 年) 和新泽西州的雷达伯社区 (Radburn, 1928 年)。

356. 必须加以解释的是，凯文·林奇 (Kevin Lynch) ——赖特过去的学徒，后来成为了麻省理工大学城市研究与设计系的教授——在他的《场地设计》(第三版，麻省理工大学出版社，剑桥，马萨诸塞州，1984 年版，第 140 页，第 41 行) 一书中引用了巴恩斯达尔·波夫利山庄场地规划图的第一稿粗略示意图。他以此解释赖特如何把建筑物和场地的景观有机地融为一体。注释：这张草图被错误地标注为"科恩利住宅"。

357. 这是楼梯边缘低矮挡墙的扩展。这一楼梯从门厅一直通向露台的凸肚窗，从那里可以看见嵌入沟壑的阳台。

358. 史密斯。1992 年版，第 169 页 (第 222 页，第 24 行)。"建造波夫利山庄 (Beverly Hills)"，《神圣的叶片》，第 12 卷，第 20 号，1923 年 5 月 18 日。

359. 赖特。1977 年版，第 276 页。

360. 赖特，1977 年版，第 275 页。同样出现在德·龙。1996 年版，第 17 页。(1924 年统计版)。

361. 同上。1977 年版，第 257 页以及第 265 页。

362. 同上。1977 年版，第 268 页。

363. 同上。1977 年版，第 268 页。

364. 《维伯斯特新编学生字典》，美国图书公司，1969 年版，第 46 页。

365. 赖特。1977 年版，第 273 页。

366. 西蒙兹。1983 年版，第 88 页。

367. 欧瑟欧·布克斯 (Ortho Books)。"操纵风"，《根据天气的造园术》，查威隆化学公司，1974 年版，第 43 页。

368. 赖特。1977 年版，第 275 页。必须说明的是，对草坪所作的修剪——正如 1992 年作者拜访拉·米尼亚图拉住宅时所见——使得它不再具备赖特所极力想展现的风格—— 一种建筑被大自然覆盖或在大自然里"失踪"的错觉。

369. 当我们做调查研究时 (1992–1995 年)，这个城市的历史档案保存人员没能找出任何证据证明以下观点，即迪斯内女士当时与赖特一起工作。尽管他们找出了许多她与其他建筑设计师一起完成的作品记录。

370. 杰伯哈尔德与万·伯顿。1971 年版，第 27 页。劳埃德回忆他的父亲时说到："他竭尽全力想在西海岸发展，因为他完成的工程项目都不在此地，但他总是找不到愿意与他合作的人。他花费了大量时间，向钱德勒 (Chandler) 和简纳尔·谢尔曼 (General Sherman) 解说他的建筑设计方案，希望引起他们的兴趣——他们加以考虑并很好地招待了弗兰克·劳埃德·赖特，但没有接受他的方案。"

371. 弗兰克·劳埃德·赖特。摘录自"建筑设计的起源"，《建筑实录》，1908 年 3 月号，第 94 页。

372. 罗伯茨·斯维尼 (Robert L.Sweeney)。《赖特在好莱坞：一种新的建筑设计理念》，麻省理工大学出版社，1994 年版，第 67 页。

373. 乔尔·西尔弗 (Josl Silver) 购买了这一物业后，在 20 世纪 80 年代的修复－重建过程中，这个低于水平面的花园由建筑设计师埃里克·劳埃德·赖特 (劳埃德的儿子) 改建为游泳池。

374. 东部末端的遮阳篷除了与另一个相反方向的遮阳篷构成平衡之外，并没有其他的功能。

375. 斯维尼。1994 年版，第 67–68 页。"1935 年 6 月 7 日，毗邻斯托勒住宅的三处房产的房主提出控告。他们指控达夫尔斯 (Druffels) (这处物业的第五位主人) 放任桉树生长到他们的地产以及几家地产的边界上。生长过高的桉树阻挡了视野和阳光，最终导致了原告方的土地贬值。" 从那时起，以及接下来的许多年中，这些树木的顶端得到了几次修剪。

376. 需要说明的重要一点是，虽然他在这片场地上做了许多工作，但他并没有授权设计或建造弗里曼住宅，甚至在多年之后他又面临着同样挑战。此前一年，成立了洛杉矶乡村区域规划委员会，尽管直到 1923 年人们都没有对设定土地划分标准给予足够关注，也没有特别注意区分高度，建筑覆盖面积，阶梯形后退程度和类似物，但在美国最高法庭于 1926 年设立全面分区法之后，洛杉矶是最早接受这一临时标准的城市之一。洛杉矶也于 1927 年加入了国内促进计划，同样是最早加入这一计划的城市之一，但这带给城市的是美化作用而非全面计划下的千篇一律。纽约城在 1916 年分区运动中起到了先锋带头作用，公共场所数量大增，许多大城市开始研究这一范例。1928 年商业部通过的标准城市规划授权法是模范性法律。到 1931 年，已经有 800 个城市 (包括洛杉矶) 接受了分区标准。

377. 在生活区的东侧设计长度相同的悬垂屋檐，仅仅是为了追求对称的美感，而不是以实用为目的。

378. 戴布拉·皮克里尔 (Debra Pickrel)。"洛杉矶议会通过的重要建筑保护立法提案"，《公告》，《弗兰克·劳埃德·赖特建筑保护委员会实事通讯季刊》，第 7 卷，第 2 件，1998 年春季号，第 8 页。

379. 斯维尼，1994 年版，第 95 页。(第 67 行，第 249 页)。

380. 赖特。1977 年版，第 276 页。

381. 加尔琳·亚瑟 (Gallion Arthur)，美国建筑师学会会员，以及西蒙·埃斯纳 (Simon Eisner)，美国物理学会。《城市风格：城市规划与设计》，第三版，范·诺斯崔德公司，纽约，1975 年版，第 149 页。瑞尔房产的抵押赎回价格从 1926 年的 68100 美元上升到 1932 年的 248700 美元。

382. 本打算建造在山顶上的附属建筑物，一直没能从绘图板上的图纸变成现实。

383. 赖特。1977 年版，第 194–195 页。

384. 根据作者 1948 年拜访好友并游览塔里埃森别墅时拍摄的照片，这件中国工艺品看上去和希尔赛德家庭学校门厅中的装饰物是同一件。

385. 1989年8月10日在塔里埃森山庄的一次交谈中，威廉·韦斯利·皮特斯(Willian Wesley Peters)[昵称韦斯(Wes)]谈到了赖特爱做改动的偏好："你提到了你在过去40年中所见塔里埃森别墅的变化。如果我们再回溯40年，我们一定认不出所有的原始结构了。因为有机建筑会生长，不会保持原样，这是它的自然属性。直到他去世的那一天，赖特先生一直在对塔里埃森别墅做改变和修整。这就是他富于青春活力的兴趣和激情所在。即使在他过了91岁生日后，他仍然能从改变和修补自己作品的过程中获得满足。"
386. 选自1926年11月7日赖特写给奥斯特的信件。格蒂研究协会／弗兰克·劳埃德·赖特基金会(GRI/FLIW)。
387. 斯维尼。1994年版，第143页(第40行，第254页。"赖特写给劳埃德的信件，1928年4月19日。埃里克·劳埃德·赖特。")
388. 同上。1994年版，第143页(第41行，第254页)。赖特写给钱德勒的信，1928年4月10日。同样出现在德·龙，1996年版，第102页(第277行，第132页)
389. 斯维尼。1994年版，第143–144页。同样出现在德·龙，1996年版，第104页。
390. 赖特。1932年版，第331页以及第333页。
391. 在任何纬度带都不能设置朝向西面与西南面之间的大块玻璃，因为每天的晚些时候都会有大量光线穿透玻璃，造成强光照射的效果，而且目前没有合适的方法加以控制。
392. 赖特。1932年版，第320页。同样出现在斯维尼。1994年版，第144页，第44行。1928年9月25日钱德勒写给赖特的回信。
393. 希可丝特。1992年版，第345页。
394. 玛丽·简·汉密尔顿(Mary Jane Hamilton)，安妮·比尔贝(Anne E.Biebel)，约翰·霍尔泽特(John G.Holzheuter)。"弗兰克·劳埃德·赖特的麦迪逊关系网"，《弗兰克·劳埃德·赖特与麦迪逊:艺术和社会交往80年》，威斯康星综合大学董事会，1990年版，第5页，第25行。
395. 同上。1990年版，第3页，第26行。
396. 斯维尼。1994年版，第183页，第5行。
397. 希可丝特。1992年版，第349页。弗兰克·劳埃德·赖特档案馆提供的信件中同样出现。
398. 同上。1992年版，第349页。弗兰克·劳埃德·赖特档案馆提供的信件中同样出现。
399. 赖特。1977年版，第332页。"奥克特拉"(Ocatilla)一词来源于奥尔基凡娜(Olgivanna)，是生长于盐河河谷的一种仙人掌盛开的艳红花朵激发的灵感。这种花名拼写时在词尾有一个"O"，而不是像赖特原始设计图上所拼写的那样。
400. 赖特。1977年版，第332–333页。
401. 同上。1977年版，第335页。
402. 同上，1977年版，第335页。这种互接墙有"把恶棍们拒之门外"的额外功能。
403. 篝火的比拟与延森署名的野营地"理事会戒指"有关，正如他在为谢尔曼·布斯住宅(1912年)所写文章中解释的那样。
404. 同样建造于这个干涸河床上的"地下污水池"(标注为"清洗")似乎也并不合逻辑，因为暴雨降临之时河流涨水将带来许多问题。
405. 1929年3月5日赖特写给奥斯特的信件。格蒂研究协会／弗兰克·劳埃德·赖特基金会(GRI/FLIW)。
406. 约翰逊。1990年版,第21–23页。同样出现在斯维尼,(1994年版，第145–146页)以及德·龙(1996年版，第111页)。
407. 杰伯哈尔德与万·伯顿。1971年版，第37页以及第72页。第22行，第23行以及第24行。
408. 赖特。1977年版，第337页。
409. 同上。1977年版，第337页。
410. 摘录自1929年3月5日赖特写给奥斯特的信件。格蒂研究协会／弗兰克·劳埃德·赖特基金会(GRI/FLIW)。
411. 1929年11月16日赖特写给大学校长和奥斯特的信件。格蒂研究协会／弗兰克·劳埃德·赖特基金会(GRI/FLIW)。
412. 雷蒙德·琼图尼·瓦尔(Raymond Jontowne Wahl)。《分析"西部希望",弗兰克·劳埃德·赖特设计建造的理查德·劳埃德·琼斯住宅》(艺术学系，研究生院，塔尔萨大学，1967年版)，第12页。作者得到了塔尔萨的居民们以及老朋友约翰和墨尔·舍文迪曼(Merle Schwendimann)的大力帮助，他们开放了自己的图书馆研究材料，使我们得以查阅瓦尔的理论。
413. 1928年11月26日琼斯写给赖特的信件。格蒂研究协会／弗兰克·劳埃德·赖特基金会(GRI/FLIW)。
414. 1929年11月18日赖特写给琼斯的信件。格蒂研究协会／弗兰克·劳埃德·赖特基金会(GRI/FLIW)。
415. 斯维尼。1994年版，第187页，第9行。
416. 1929年11月12日琼斯写给赖特的信件。1929年11月18日赖特写给琼斯的信件。格蒂研究协会／弗兰克·劳埃德·赖特基金会(GRI/FLIW)。
417. 这里介绍的植被的主要形式是：爬满内部墙体或覆盖地面的藤蔓植物，生长于宽大花床中的花朵，灌木丛和遮荫树木。
418. 瓦尔。1967年版，第24页。
419. 北部，东部和西部朝向的凸窗都被设计为双层。
420. 这些年里，勒·柯布西耶在世界上许多城市中提出建设各式各样的"光辉城市"(La Ville Radieuse)，1925年巴黎市中心的重点恢复就是他这一计划的开端。25年之后，这种规划成为了美国城市新建和公共设施建设的原型。1951年时，勒·柯布西耶与马修·诺维克(Matthew Nowicki)合作,在印度的一座新城市——昌迪加尔推行了他的设计理念。
421. 圣马可塔楼在第二次世界大战结束之后立即投入施工，它的建筑式样是约翰逊·瓦克斯研究塔楼公司所创新的主根悬臂式楼层的设计，1952年再次设计的是位于俄克拉何马州巴特里斯韦尔(Bartlesville)的普莱斯公司塔楼。
422. 赖特所设计的美国样式房屋都取用现成材料部件——一些部件预先按规格裁切，另一些预先制做好——把他们运送到工程地点即

可。这是又一个例证，说明赖特在大多数创新者和购买大众都没有认识到这种“预制”建筑方法的经济利益之前几十年，就已经开始满足这一需要。这种“预制”法后来成为了建筑工业的主要运作方式。

423. 弗兰克·劳埃德·赖特。“明日美国”，《美国建筑师》，1932年5月号，第16页。
424. 弗兰克·劳埃德·赖特基金会。《工业革命的失控》，地平线出版社，纽约，1969年版，脚注，第23页。注释：重印并摹写自《消失的城市》，1932年出版。
425. 弗兰克·劳埃德·赖特。《自然建筑》，地平线出版社，纽约，1954年版。
426. 麦克凯（MacKaye）“没有高速公路的城镇”和“没有城镇的高速公路”最初设想激发了田纳西流域管理局的灵感，为田纳西州诺里斯的花园城市（1936年）修建了一条“迂回”通道，并为州内高速公路系统建设打下了基础。芒福德（Mumford）在这一时期最著名的作品包括：《木棍与石头》（1924年出版），《棕色的年代》（1931年出版）和《城市文化》（1938年出版）。
427. 帕特里克·米汉，美国建筑师联合会，编辑。“亚伦·格林”（Aaron G.Green），《记忆中的弗兰克·劳埃德·赖特》，保存本出版社，国家历史文献出版社，1991年版，第157页。赖特对芒福德的崇敬从20世纪20年代开始，持续了许多年。
428. 威廉·威尔逊。“鼹鼠与云雀”，《美国国家规划设计历史简介》，第4次印刷，城市政策研究中心，鹿特格斯大学，新布伦兹维克（New Brunswick），新泽西，1987年版，第88页。“关于城市规划的国家会议（从1909年起举办）聚集了众多规划者，公共与私人房屋建设工人，房屋屋主，建筑设计师，以及来自其他领域赞成这一计划的专家学者，他们共同研究讨论城市危机的解决方法……规划委员会同样是对于效率和秩序质疑的产物……规划文案如雨后春笋般迅速出现。《视窗》杂志，《美国城市》和其他期刊都介绍关于规划设计人员活动和灵感的新闻。印刷出版规划设计图，如《芝加哥规划设计》（1909年）是推广规划理念的好方法。很多‘怎么做’书籍弥补了规划设计图的缺陷。他们认为欧洲，特别是德国城市有更高的社会复杂性，如认真控制土地使用（分区），把地面留给公众，限止城市土地的投机买卖活动。”
429. 摘录自1929年1月3日延森写给赖特的信件。
430. 卡塞勒·伊丽莎白·鲍尔（Kassler Elizabeth Bauer）（过去的学徒）。《塔里埃森工作团体：成员名称字典》，初版，1981年版。
431. 弗兰克·劳埃德·赖特。引自《弗兰克·劳埃德·赖特季刊》，1992年秋季版。
432. 埃德加·塔菲尔（Edgar Tafel）。《作为天才的学徒：与弗兰克·劳埃德·赖特在一起的岁月》，麦克高尔山，纽约，1979年版，第156页。
433. 玛丽·康明斯（Mary Commings），署名。“梦中回忆：错误时期的赖特住宅”，南安普敦印刷，南安普敦，纽约，1991年5月17日。作者要感谢比尔·斯万，使他把这篇文章的一份副本寄给了我们。斯万那时是GWSM匹兹堡公司的负责人，一位景观设计师，现在已经退休。
434. 按广亩城市（Broadacre City）模式设计的“适合小型农场的典型寓所”是这一理念的范例。
435. 在1932年至1936年间，无人赞助或未设立基金的工程——包括塔里埃森住宅和广亩城市的模型和规划图——占了这个工作团体作品的59%。在54件预备妥当的设计作品中，只有9件得以施工，而这还包括了非建筑设计类工程，如平面造型设计和展览品设计。
436. 赖特最初对于“汽车旅馆”的设想，体现在他于1928年设计的圣马可斯水景园项目中（未建成）。
437. 《美丽住宅》杂志，1955年11月期。整期总计有18篇文章，全部用于讲述赖特的建筑设计生涯。本次研究中作为参考的最重要的两篇文章是“场地特征是景观设计首要因素”和“景观设计师赖特”。尽管两篇文章都没有署名，我们仍然不难推测出，赖特过去的学徒约翰·德考文·希尔（John deKoven Hill）——在担任了16年景观设计编辑后，他于1953年离开了这个设计团体——在这些文章的内容提供上起了很大作用。赖特本人也校订并／或批准了这些文章发表的内容。
438. 文森特·斯卡利（Vincent J.Scully）。《弗兰克·劳埃德·赖特》，佐治亚州巴尔兹勒有限公司，纽约，1960年版，第26页。斯卡利称流水别墅为“不仅仅是早期的欧式建筑，而且与洛厄尔住宅有特殊的相似性。洛厄尔住宅位于洛杉矶城，是理查德·诺伊特拉（Richard Neutra）于1929–1930年所建。理查德·诺伊特拉是一位具有国际风格的维也纳建筑设计师。他在20世纪时曾与赖特一起学习。”
439. 希可丝特。1992年版，第424页。必须加以说明的是，比尔·斯万——是GWSM匹兹堡公司的负责人，一位景观设计师——作为流水别墅周围环境的景观设计师顾问，在这里工作了多年。
440. 埃德加·考夫曼，《流水别墅：弗兰克·劳埃德·赖特设计的一座乡间别墅》，埃博维尔出版社，纽约，1986年版，第50页。
441. 西蒙兹。1983年版，第21页。
442. 在1943年出版的《我的自传》中，赖特多次提及雅各布斯Ⅰ住宅，把它称作美国风式建筑的原型——在建造了米勒德Ⅱ住宅30多年之后——赖特自传中有一章的标题就是“拉·米尼亚图拉住宅，加利福尼亚诞生的美国风式建筑”。然而，他在文中并没有做出解释。威廉·斯托勒在《弗兰克·劳埃德·赖特的同伴们》一书中表示，他不赞同大多数历史学家所说的。他认为，赖特在其86岁时所声称的最初的五座美国风风格的建筑，是指加利福尼亚的四座织物型建筑以及塔尔萨（Tulsa）的琼斯住宅，但尚无证据证实。为了写这本书，我们用平面几何图形来定义美国风式居所——设计它们时使用了坐标格，但表现形式有矩形，正方形，圆形，六角形，平行四边形，等边图形，甚至还有三角形。赖特在房屋内外采用了木质板材并且／或在有限的区域中使用了砖块和石块，或者与后来流行的“自己动手”建筑风俗一致，设计使用混凝土砖块。

443. 赫伯特 · 雅各布斯和凯瑟琳 · 雅各布斯(Herbert and Kathherine Jacobs)。《与弗兰克 · 劳埃德 · 赖特一起建造房屋》,编年史书籍,旧金山,1978年版。

444. 弗雷德里克 · 格斯姆(Frederick Gutheim)。"赖特建筑设计生涯的转折点",《美国建筑师联合会期刊》,1980年6月号,第48–49页。

445. 保罗 · 汉纳和简 · 汉纳。《弗兰克 · 劳埃德 · 赖特设计的汉纳住宅:委托人的报告》,南伊利诺伊大学出版社,1981年版,第18页。

446. 汉纳一家人并没有购置这一块场地,只是租用了很长一段时间。

447. 汉纳。1981年版,附录2,第141页。

448. 1995年2月9日的电话采访记录。凯纳基 · 多摩托(Kaneji Domoto)在其父亲拥有的,位于加利福尼亚州奥克兰的广阔植物园氛围中长大成人,但他于1939年抵达塔里埃森时,已经接受了建筑设计和景观设计的训练。埃德加 · 托弗尔还记得年轻的"凯" · 多摩托画了许多景观设计图,具有不错的园艺本领,而且"当赖特把植物种在了朝向不合适的地点时,他会大发雷霆"。

449. 罗伯茨 · 金 · 雷瑟曼(Robert King Reitherman)。《美国建筑师联合会期刊》,1980年6月号,第43页。

450. 马丁 · 艾尔 · 威尔(Martin Ell Well)。"汉纳的蜂巢式住宅的修复概况:但斯坦福向其提供的基金支持很少",《塔里埃森合作团体期刊》,1992年夏季号,第7期,第5–7页。注释:从作者于1992年拍摄的物业的全景照片可以看出,地震造成的破坏从外部基本上难以觉察,大学很好保持了地面状况,只是把车道两侧的灌木围墙做了一番修剪。为了更精确反映赖特对于园林艺术的不懈追求,所有的外部植物都能够以自然的方式向下悬垂,形成植物幕墙——无论是在草原式建筑时期,还是在美国风式建筑时期,一向如此。

451. 伊顿。1964年版,第221–222页。

452. 20世纪40年代末期,作者和其他许多学生趁伊利诺伊大学野游之机,拜访了此处。当时约翰逊研究中心塔楼正在建设施工。在安装管型玻璃之前,交替出现的圆形和正方形地板暴露在外。尽管我们中不少人都是经历了第二次世界大战的退伍老兵,曾经在日本或是被困于南太平洋小岛时见过这种样式,并把它与日本式塔形寺庙做了比较,但这仍然是我们中间任何一个人在美国见过的最激动人心的建筑设计形式。

453. 赖特。"翼展",《弗兰克 · 劳埃德 · 赖特专题著作:1937年–1941年》。东京文献汇编有限公司,1986年版,第4页。

454. 在与过去的学徒科妮莉亚 · 布列里(Comelia Brierly)和韦斯 · 皮特斯(Wes Peters)的分别交谈中,他们描述了这种技巧。斯坦 · 怀特(Stan White)教授,20世纪30至40年代任教于伊利诺伊大学的名扬四海的景观设计师,在课堂教学中使用了相似的技巧——从他的口袋里取出一满把硬币,把它们全抛向绘有草图的纸上。怀特教授对作者的一份课外作业很满意,因为这份作业看上去是自然主义风格的,原因是设计图上的每一棵树都用来遮住一个油污斑点。而这正是下列事件的结果——住在一个15英尺长的搬运拖车里,在一张翻倒的桌子上紧挨着两大盘沸腾的热菜绘制草图,因为这时设计图的合作者正在准备晚餐。

455. 同上。第479页。

456. 作者在1989年8月10日采访皮特斯时,他的评论。

457. 作者在西塔里埃森(Taliesin West)对科妮莉亚 · 布列里进行的采访。

458. 田纳西流域管理局的土地规划和房屋分区由伊尔利 · 德雷珀(Earle S.Draper)领导,他是一位景观设计师和城市规划师。一名景观设计师能够带领一支由专家组成的合作小组,规划并监督建造城镇、道路、公园和学校,这是有史以来的第一次。经他的参谋人员建议,处于蓄水池洪水时期可能殃及的城镇、道路和公墓都被搬迁或重建,他们也制定了湖岸边界保护政策。

459. 插入的日期显示,这是住宅完工,屋主得以使用的那一年。

460. 另有五处新的社区列入了下一步发展计划表,但由于这一计划没有得到法规条例的明确授权,也没有得到议会的首肯,在新泽西开始建造第四处社区之前,反对者们就使计划卷入了法律纠纷中。最终,工程半途而废。第二次世界大战之后不久,绿化带城镇就被出售了。从那时起,这三处社区的保护性绿化带都被部分出售并分割,以至于每处社区都得到了传统性的发展,开始漫无规划的扩张。然而,这一实例就今天来看是有益的。我们了解了一个能满足广泛的社会和经济客观需要的机会——包括提供所需房屋和就业机会,以及先进的整体社区设计——出现时,自己不能做什么。从中,我们学到了自己应该做什么。

461. 巴斯威尔(Braswell)和弗兰克 · 劳埃德 · 赖特。《建筑设计师和现代生活》,哈珀和兄弟们出版社,纽约,1937年版,第62页,第66–67页。

462. 通讯记录显示了赖特在这方面的决心。赖特请求延森写一封担保信件。当延森拒绝,并说他不相信赖特的选择将是"好的公共政策"时,两人交换了一阵愤怒的信函。之后,两个老朋友再也没有拜访过对方。

463. 赖特十分厌恶这些要求,因为如果要符合这种最低标准,就不得不让美国风式建筑的户主们付出过高的代价。雅各布斯,罗斯鲍姆(Rosenbaum),高士其–威克勒(Goetsch–Winkler)和其他一些屋主都必须重建整个屋顶,并用钢铁加固。

464. 基于1939年的"工程清单",这处工程被称为美国风式I建筑。

465. 塔尔波特 · 韦格(Talbot Wegg)。"弗兰克 · 劳埃德 · 赖特与美国",《美国建筑师联合会期刊》,1970年1月号,第49–52页。此机构雇用了第一流的建筑设计公司来设计这些国防部住房局的建筑工程,包括格罗皮乌斯(Gropius),布劳耶(Breuer),伊利尔(Eliel)和埃罗 · 沙里宁(Eero Saarinen),诺伊特拉(Neutra),乌尔兹特(Wurster),斯图宾(Stubbins),雷蒙,路易斯 · 康(Louis Kahn),斯通(Stone),斯坦(Stein)和格鲁兹(Gruzen)。

466. 亚伦·格林(Aaron G.Green)。"有机建筑：弗兰克·劳埃德·赖特的建筑原则"，《弗兰克·劳埃德·赖特：设计理念领域》，布鲁斯·布鲁克斯·佩伊费和格雷德·诺德兰德(Gerald Nordland)主编，南伊利诺伊大学出版社，卡本代尔(Carbondale)，1988年版，第139页。

467. 由于一共只设计了八处建筑，赖特最终因为土地规划而向这一协会缴纳了费用。

468. 帕克文(Parkwyn)村被并入克拉马祖(Kalamazoo)市；社区被重新划分以满足当地标准；赖特设计的圆形样式也改为了更加传统的多边形。从那时起，所有的地点建筑都基于此标准——其中一些采取传统房屋造型，另一些具有有机建筑的细节部分，与赖特的美国风式建筑风格相近。邻近的社会组织仍然十分活跃。但那些保留下来的圆形建筑区域一直没能够积极投入市场。五个家庭组成一个合作性质的社区，保持了一种乡村式，非农业式的生活方式和功能形式。他们继续分担维护公共空地和交通系统，路面维修，清除积雪，以及管理森林区域的开销。

469. 普里西拉·汉肯。"一处'广亩'工程"，《城镇和乡村规划》，1954年6月号。作者于1992年以拍摄形式采访了最初的美国风式Ⅱ建筑户主之一——罗兰·雷斯利(Roland Reisley)，为本文提供了必要的历史背景。

470. 同上。社区中心和他设计的两所住宅都没能够建成。

471. 大卫·汉肯。"美国风式建筑：一项综合实验"，《美国风建筑的现实性：弗兰克·劳埃德·赖特在西切斯特(Westchester)》，(为哈德逊河流博物馆的一次展览而作，这次展览的日期是1985年2月3日到4月7日) 第15页。

472. 赖特最初接受了高登的委托，仅仅是因为他过去的学徒伯顿·古德里奇(Burton Goodrich)在波特兰附近做建筑设计，因此可以在建筑过程中监督。由于建筑工程实际拖延至1964年才开工(赖特去世后5年)，塔里埃森建筑师联合会在没有考察过这片土地的情况下就做出了建筑结构图，高登一家后来邀请了古德里奇为建筑物重新定点。在1992年8月17日于作者的电话交谈中(作者在高登夫人家中打出电话)，古德里奇没能够回忆起任何定点规划的细节，只是表示他知道自己"把房屋搬迁至距河流不远处"。高登家族的农田被划分，并作为大型发展规划被占据。在这一进程中，美丽的建筑物与原始的自然环境完全隔离开了，只是通过公寓的一个停车场地联系起来。本来计划于2001年拆毁这座房屋，但弗兰克·劳埃德·赖特建筑物保护委员会为其另做安排——将把其搬迁至奥里根花园(Oregen Garden)，并在那里重建。

473. 户内与户外通透交流的重要一点是用一道砖墙隔开车辆入口处。这道砖墙与卧室的翼展平行，并把通向车库的人行道分开。很可能因此造成些许混乱。

474. 这次采访时间是1999年10月间。20世纪90年代时，州立机构把这处物业作为博物馆精心管理，而弗兰克斯·莱茵霍尔德仍然是机构雇员，负责监督管理这片土地。当约翰· 德考文·希尔被委派去设计沃尔特住宅时，他已经是塔里埃森合作团体中有10年经验的老成员了。

475. 在1929年至1938年间，只有10处委托任务建成，或者说大约是一年完成一件。1938年建成了4处受委托的建筑，1939年则有11处。从1945年大战末期到1949年，一共完成了43处受委托的建筑。

476. 本章写作的背景来自这一合作团体的其他出版物，例如：作者与韦斯利·皮特斯和科妮莉亚·布列里的私人交谈，以及作者与约翰·豪、埃德加·托弗尔和约翰·希尔的电话交谈。

477. 米汉。1991年版，第133页。

478. 摘录自1992年5月作者进行的采访。

479. 据说，赖特之所以选择这个古怪的拼写方法"奥德巴拉斯"(Auldbrass)，是为了表明其委托人有苏格兰血统。

480. 装饰性浮雕上的细节也被解释为"羽箭"，这一设计与最初占据本区域的美国原著民有所联系。赖特最初计划的一项节省开支的方法——在装饰性浮雕后部使用帆布——并没有考虑到南加利福尼亚这一地区的冬天有多么寒冷。很快，赖特用玻璃代替了帆布。

481. 赖特最初设计的落水管是做成艺术造型的铜制品，但他后来重新设计了现在使用的木质造型，因为使用铜的成本惊人，而且在大萧条时期也难以找到这方面的艺术家。当乔尔·西尔弗在20世纪80年代购买并重建这一地产时，他采用的是铜质材料。

482. 1939年为古铜种植园所作的总体规划只有部分得以实施，包括杂乱无章的道路系统。到乔尔·西尔弗获得这一地产时，很大一部分建筑物都在火中化为灰烬，所有的柏木家具都被拍卖完毕，甚至到1981年末也是如此。在重建的过程中，建造了极其类似于总体规划图中的，以细碎的红色砖块铺成路面的道路－人行道系统。所有的家具都根据原始规划图重新定制。埃里克·劳埃德·赖特重建过程中的一切要素都由过去的学徒班尼特·斯塔哈姆(Bennett Straham)监督完成。

483. 从靠近前门的外部楼梯通向屋顶的露台，就可以看到生动的建筑全景。

484. 波普作演讲和写文章时常常用这样一个短语形容这处居所——"白杨木错觉"。他和他的家人都极其珍爱和欣赏这所住宅，尽管他们仅仅在这里居住了5年。

485. 总工作量的10%不是受到委托的工程，例如塔里埃森和西塔里埃森。

486. 伊丽莎白·卡塞勒。《塔里埃森合作团体：成员名称字典》，1932年至1982年。

487. 摘自作者于1989年11月进行的对吉尔特·沙文和西莫·沙文(Gerte and Seamore Shavin)进行的摄像采访。当时南加利福尼亚州，亚马森(Yamassee)之外的古铜种植园正在进行重建完成的公开庆祝。

488. 1991年的采访。

489. 1992年的采访。

490. 经过采访许多赖特过去的高级学徒，我们得以清楚了解到，赖特并不亲自教授场地规划。对于园林艺术设计问题的答案从来没有涉及场地分析，场地规划，或是其他场地设计技术的复杂方面。在许多人眼中，景观设计相关的任何东西都与植物造景的美感有关——更专业的说，都与使用装饰性质的植物有关。

491. 1939 年时，大部分的生态问题都未得到重视。然而，基于芝加哥大学植物学系教授亨利·考勒斯（Henry Cowles）于 1896 年开始进行的科学调研，这片特殊的沙丘区域是我们所知的生态“科学”起源地，并于 1925 年被政府划归州立公园保护地。延斯·延森是考勒斯的亲密好友，常常和他一起进行野外研究。或许是因为这种联系，赖特鼓励这一地区的场地分析。今天，奥格登（Ogden）沙丘群落是由印第安纳沙丘国家湖岸包围的一小块国家公园界限内的私有土地，国会于 1966 年授权了这种做法。1972 年通过正式立法之后，这一段边界保护了密歇根湖的湖岸和湖岸线，以及欧格登沙丘群落中的所有沙丘。

492. 1992 年 9 月的采访。

493. 摘录自 1992 年 8 月与作者的通信。

494. 赖特。1954 年版，第 33 页以及第 154 页。

495. 这是他在一次拜访斯普灵格林城（Spring Green）的塔里埃森，与作者交谈时所作的评论。当时赖特尚在人世。

496. 大多数景观设计师认为，这种方法简单但不符合生态学原则，因为它改变了这一场所的自然状况。在景观设计师的设计工作室中，大家付出的努力都是为了尽可能少地破坏自然地形，使得砍伐与栽种达到平衡，并且避免暴雨后水坝发洪水殃及建筑，或者其他对生态系统的非自然改变。

497. 摘自 1952 年 3 月 21 日赖特写给沃尔克的信件。艾伦·格林是被委派去设计沃尔克住宅的学徒。赖特在信中提及的“弗兹特”指的是著名的建筑设计师威廉·弗兹特。他是位于伯克利（Berkeley）的加利福尼亚大学中过去的建筑学泰斗。

498. 例如，在纽约州的一些地方，西南朝向的房屋能获得最多的阳光，而且由于当地盛行晨雾，能得到最舒适的效果。

499. 1992 年的采访。

500. 这个自然法则在 50 年前赖特建造蒙多塔湖（Lake Mendota）市政船库时已经成功运用了。但他从来没有把这一法则用于建造住宅建筑。

501. 来源：来自美国商业部门的当地气象资料。当时弗兰克·劳埃德·赖特无法得到这样的细节记录，尽管他的许多活动——正如他的祖先在农场活动——受到了季节的限制，即受到了阳光，风向等因素的制约。

502. 1948 年 5 月 23 日来自柯蒂斯·迈耶（Curtis Meyer）的信件摘录如下：“正如我们在 1947 年 2 月的信件中指出，我们这里的盛行风是西南风和西风，因此车库的朝向并不正确。这将引起整座房屋朝向的巨大变动。”

503. 在这里必须说明一件有趣的事——即，安妮·布朗告诉作者，直到《我的自传》第 7 卷出版，她和她的丈夫才知道，这个场地规划图是为他们的场地所准备的。

504. 摘录自 1951 年 3 月 20 日约翰·豪写给柯蒂斯·迈耶的信件。

505. 摘录自 1991 年 8 月 27 日作者进行的电话采访。

506. 摘录自 1950 年 9 月 24 日玛丽·帕默（Mary S.Palmer）所写的信件。

507. 佩伊费。《弗兰克·劳埃德·赖特：创作高峰期》，加利福尼亚州立大学出版社，弗兰斯诺，1989 年版，第 48 页。

508. 约瑟夫·豪兰德（Joseph E.Howland）。《住宅花园和户外活动空间美化丛书》，双日有限公司，1958 年版，第 6–7 页。

509. 20 世纪 70 年代早期，建筑设计师帕特里克·豪森堡（Patrick Horsbrugh）在圣母玛利亚（Notre Dame）大学设立了一个环境问题调研项目，并组织了环境问题国际基金会。环境学是一个多方位的概念，鼓励通过改进建筑、景观和城市规划设计技巧，促进理解，控制和管理自然资源。

510. 伊顿。1964 年版，第 221–222 页。延森告诉赖特，自己非常尊重赖特建筑设计方面的天才，但他并不相信赖特的选择将是好的公共政策，因此他拒绝为赖特写担保信。互相寄发了一系列愤怒的信函之后，两个老朋友再也没有理睬过对方。

511. 罗伯茨·谢舍曼。《中产阶级的乌托邦：郊区的兴起与衰落》，基础图书有限公司，纽约，1987 年版，第 183 页。

512. 同上。1987 年版，第 187–189 页。

513. 塔利埃森吸引了附近城镇的居民来这里过夜，或是看电影，或是听音乐会，或是观赏歌舞表演。弗兰克·劳埃德·赖特在这一点上采取的行动比国家提前了几十年。

附录 A

查尔斯·E·阿瓜尔参观、评价过的弗兰克·劳埃德·赖特设计的建筑物和场所

编号	特别标识	参观日期	受采访的人员	日期
0	威斯康星斯普灵格林，联合教堂	1975/1976/1989/1992		
1	威斯康星斯普灵格林，希尔赛德家庭学校	1948/1996		
2，3，4	伊利诺伊州橡树园，弗兰克·劳埃德·赖特住宅兼工作室	1947/1976/1989/1990/1996	卡拉·琳达	1990/8/29
5，6，7，8	密西西比州欧神斯普灵斯冬日平房	1993		
11–13	伊利诺伊州芝加哥，沃伦·麦克阿瑟住宅	1990	鲁斯·迈克尔（户主）	1990/9/4
			L·迈克法尔琳（女儿）	1990/3/1
14，133	伊利诺伊州芝加哥，乔治·布洛索姆住宅	1990	爱丽丝·歇德尔	1990/9/4
16	伊利诺伊州橡树园，托马斯·H·盖里住宅	1947/1976/1990/1992		
17	伊利诺伊州橡树园，R·P·帕克住宅	1947/1976/1990/1992		
20	伊利诺伊州橡树园，沃尔特·M·盖里住宅	1947/1976/1990/1992		
23	伊利诺伊州橡树园，弗朗西斯·伍里住宅	1990/1992		
24，25	伊利诺伊州里威弗里斯特，W·H·温斯洛住宅／马厩	1947/1990/1992		
33	伊利诺伊州里威弗里斯特，昌西·威廉住宅	1947/1990/1992		
34，35	伊利诺伊州橡树园，内森·G·摩尔住宅	1947/1976/1990/1992		
36	伊利诺伊州橡树园，H·P·杨住宅	1990/1992		
37	威斯康星斯普灵格林，罗密欧朱丽叶风车	1948/1952/1959/1975/1976/1980/1989/1990/1992/1996		
42	伊利诺伊州橡树园，哈里·C·古德里奇住宅	1992		
43	伊利诺伊州橡树园，乔治·弗布克住宅	1990/1992		
44	伊利诺伊州橡树园，罗林·弗布克住宅	1990/1992		
45	伊利诺伊州橡树园，乔治·W·史密斯住宅	1976/1990/1992		
51	伊利诺伊州橡树园，爱德华·R·希尔住宅	1976/1990/1992		
52	伊利诺伊州坎卡基市，哈里·布拉德利住宅	1962/1992	伦·米林（户主）	1993/1/6
			克里斯·弗农（景观设计师）	1991/4/29
54	伊利诺伊州高地公园，沃德·维利特兹住宅	1990/1992	希比·罗宾逊（户主）	1990/8/30
55	伊利诺伊州坎卡基市，沃伦·希克斯住宅	1962/1992		
58，60	伊利诺伊州橡树园，	1989/1990/1992	威廉·德灵	1990/9/3

	威廉·弗力克住宅		和简·德灵（户主）	
61	伊利诺伊州橡树园，威廉·E·马丁住宅	1989/1990/1992/1996	简·德灵（C·M·布拉凯特住宅前任修复者）	1990/9/6
			马丁的孙女	1997/2/22
			劳拉·泰拉斯凯（户主）	1997/1/22
67	伊利诺伊州橡树园，F·W·托马斯住宅	1947/1976/1989/1990/1992	卡伦·布拉门（户主）	1990/9/4
68	伊利诺伊州里威弗里斯特，E·亚瑟·达文波特住宅	1990/1992	简尼特·菲尔德斯（户主）	1990/9/4
70，71	伊利诺伊州皮奥里亚市，弗朗西斯·W·利特尔住宅	1992	斯娃邓司基夫人（户主）	1992/5/3
72	伊利诺伊州，苏珊·L·达纳住宅	1930s/1950s/1990	J·约翰逊（景观设计师）	1993/1/22
74	伊利诺伊州橡树园，亚瑟·赫特利住宅	1947/1976/1989/1990/1992	杰克·普罗斯特（户主）	1990/9/17
96	伊利诺伊州橡树园，统一教堂	1947/1976/1989/1990/1992		
98	伊利诺伊州橡树园，托马斯·H·盖里住宅	1990/1992	麦格·克林寇（户主）	1990/8/31
99	俄亥俄州斯普林菲尔德市，伯顿·韦斯科特住宅	1987/1991	伯特·斯巴勒（前任修复者）	1991/9/6
104	伊利诺伊州橡树园，埃德温·切尼住宅	1989/1990/1992/1996	戴尔·斯米尔（户主）	1990/8/30
			吉姆·斯多比（技工）	1990/9/6
106	南卡罗来纳州麦克库克市，哈维·P·萨顿住宅	1992	卡努姆夫妇（户主）	1992/8/6
108	伊利诺伊州高地公园，玛丽·M·W·亚当斯住宅	1990		
109	伊利诺伊州格伦科市，威廉·A·格拉斯内住宅	1990/1992		
110	伊利诺伊州埃文斯通市，卡斯·A·布朗住宅	1990		
111	伊利诺伊州芝加哥，鲁克里·布尔吉住宅	1960s，1990		
115	威斯康星州拉辛市，托马斯·P·哈代住宅	1989		
117	伊利诺伊州橡树园，P·A·比丘住宅	1990/1992	约翰蒂尔顿（修复成员）	1990/8/6
119	伊利诺伊州里威弗里斯特，里威弗里斯特网球俱乐部	1990		
120	伊利诺伊州日内瓦城，P·D·霍伊特住宅	1992		
121	伊利诺伊州巴达维亚市，A·W·格里德利住宅	1992		
125	印第安纳州南本德市，科兹·C·德尔霍德斯住宅	1992	汤姆·米勒（户主）	1991/5/6
126	伊利诺伊州高地公园，G·M·麦勒德住宅	1990	胡安·蒙提尼格路（户主）	1995/4/23
127	伊利诺伊州芝加哥，F·C·罗比住宅	1947/1989		
128	伊利诺伊州里威赛德社区，费迪南·F·托米克住宅	1947/1976/1989/1990/1992	玛雅·莫兰（户主）	1990/9/3
129	伊利诺伊州日内瓦城，科尔·G·法比安住宅	1992	达琳·拉尔逊（户主）	1991/5/6
134	威斯康星州斯普灵格林，A·T·珀特“塔尼德里”住宅	1959/1976/1989 1990	苏珊·洛克哈特（成员）	1990/3/1
135	伊利诺伊州里威赛德社区，艾弗里·科恩利住宅	1959/1990/1992 1996	尼克塔斯·萨布拉斯（户主）	1992/4/30

137	伊利诺伊州里威赛德社区， 科恩利的马房	1959/1990/1992/ 1996	吉姆 · 霍利特夫妇（户主）	1990/9/5
138	伊利诺伊州拉格朗日市， 斯蒂芬 ·M·B· 亨特住宅	1990	艾蒂 · 玛尔赛兹（户主）	1990/9/3
139	艾奥瓦州曼森市，G·C· 斯多克曼住宅	1989	大卫 · 克里斯天森	1991/5/11
146	威斯康星州麦迪逊市，E·A· 基尔莫住宅	1992	安妮特 · 贝尔米尔斯博士	1991/5/10
148	密歇根州大瀑布城，麦耶 · 梅住宅	1991	卡拉 · 琳达	1990/8/29
150	伊莎贝尔 · 罗伯茨住宅	1947/1990/1992/1996	比尔 · 伯拉克（户主）	1990/8/27
151	伊利诺伊州威尔梅特，弗兰克 ·J· 贝克住宅	1947/1990	沃尔特索比尔（户主）	1990/8/30
155，156	艾奥瓦州曼森市，市纳特尔银行／酒店	1989		
158，159	伊利诺伊州橡树园，威廉 ·H· 克普兰德住宅	1990		
161	伊利诺伊州里威弗里斯特， J· 吉本 · 因加尔斯住宅	1990/1992	约翰蒂尔顿和贝蒂蒂尔顿 （户主）	1990/9/6
165	伊利诺伊州迪凯特市，E·P· 伊尔文住宅	1957	大卫贝尔（景观设计师）	1993/3/18
166	密歇根州大瀑布城，J·H· 阿姆贝格住宅	1991	汤姆 · 罗甘（户主）	1991/5/6
168	伊利诺伊州橡树园，O·B· 鲍尔奇住宅	1990/1992		
174	伊利诺伊州里威赛德社区， 艾弗里 · 科恩利的游戏室	1959/1992	特德 · 史密斯（户主）	1990/8/28
176	伊利诺伊州奥罗拉市，威廉 ·B· 格林尼住宅	1992		
179	伊利诺伊州橡树园，亨利 ·S· 亚当斯住宅	1990/1992	M· 布拉门撒尔夫妇（户主）	1990/8/28
183	伊利诺伊州里奇兰德市，A·D· 基曼商店	1959/1976/1989		
184	伊利诺伊州格伦科市，E·D· 布利哈姆住宅	1990/1992	苏珊 · 索尔维（户主）	1990/8/30
185	伊利诺伊州格伦科市，谢尔曼 ·M· 布斯桥	1990/1992		
187	伊利诺伊州格伦科市，谢尔曼 ·M· 布斯住宅	1990/1992		
188	伊利诺伊州格伦科市，查尔斯 ·R· 佩里住宅	1990/1992		
189	伊利诺伊州格伦科市，霍利斯 ·R· 鲁特住宅	1990/1992		
190	伊利诺伊州格伦科市，威廉 ·F· 柯尔住宅	1990/1992		
191	伊利诺伊州格伦科市，威廉 ·F· 罗斯住宅	1990/1992		
192	伊利诺伊州格伦科市，路特 ·F· 基斯曼住宅	1990/1992		
193	伊利诺伊州芝加哥，伊米尔 · 巴赫住宅	1990		
197	密歇根州格兰德比丘城，欧内斯特 · 沃斯伯格住宅	1990/1992		
198	密歇根州格兰德比丘城，约瑟芬 ·J· 贝利住宅	1990/1992		
199	密歇根州格兰德比丘城，W·S· 卡尔住宅	1990/1992		
201	威斯康星州密尔沃基市，亚瑟 ·L· 理查德连体住宅	1976		
203.2	伊利诺伊州威尔梅特市，A·L· 理查德地产	1990	玛丽 · 萨姆普尔（户主）	1990/8/30
203.4	艾奥瓦州莫诺拉市，A·L· 理查德二层住宅	1992		
214	帕萨迪纳市， 米勒德Ⅱ“拉名尼塔” 住宅	1992	斯蒂芬妮 · 德沃弗（保护人员） 鲍勃 · 斯韦尼（作家）	1992/10/7 1992/10/7
215	加利福尼亚州好莱坞， 约翰 · 斯托勒住宅	1992	若埃尔 · 西尔维（户主） 埃里克 · 赖特（保护协会成员）	1995/4/23 1995/4/23
218，219	威斯康星州斯普灵格林， 弗兰克 · 劳埃德 · 赖特塔里埃森Ⅲ	1948/1952/1959/ 1975/1976/1980/	韦斯利 · 彼得斯	1989/8/10

		1989/1992/1996		
221，222	亚利桑那州菲尼克斯市， 麦克阿瑟柏尔迪摩假日酒店	1990		
227	俄克拉何马州塔尔萨市，西部山谷	1992		
228	威斯康星州斯普灵格林， 弗兰克·劳埃德·赖特塔里埃森工作团体	1948/1952/1959/1975/1976/ 1980/1989/1992/1996	韦斯利·彼得斯	1989/8/9
229	明尼苏达州明尼阿波利斯，M·E·维利住宅	1992		
230	宾夕法尼亚州米尔瀑布，卡夫曼流水别墅	1989	托马斯·施密特 琳达·沃格内（馆长） 比尔·斯温（景观设计师）	1995/4/23 1989/8/1 1989/8/1
234	威斯康星州麦迪逊市，赫伯特·雅各布斯Ⅰ	1992	凯萨琳·雅各布斯（客户） 詹姆斯·丹尼斯（户主）	1990/3/1 1992/4/29
235	加利福尼亚州斯丹福市，保罗·H·汉纳住宅	1990	乔纳森·赖安（修复委员） 卡纳基多摩托（景观设计师）	1992/8/19 1995/2/9
237，238	威斯康星州拉辛市，S·C·约翰逊桥塔	1952/1959/1976/1989		
239	威斯康星州风点，H·约翰逊“翼展”	1989		
240	纽约东格里特尼克，本·里布行住宅	1992	约翰·霍恩（户主）	1992/10/16
241，245	亚利桑那州斯格特达勒市， 弗兰克·劳埃德·赖特西塔里埃森	1991/1992	韦斯·彼得斯 科妮莉亚·布列里	1989/8/10 1990/3/1
248	宾夕法尼亚州阿德谟市，桑托普住宅	1992	埃德蒙·安匝楼（户主）	1992/10/17
251–258	佛罗里达州雷克兰德，佛罗里达州南方学院	1985/1990		
260	印第安纳州奥登当斯，安德鲁·阿姆斯壮住宅	1990	约翰/帕特·皮德斯堡（户主）	1990/9/1
261–264	南卡罗来纳州亚马斯， C·L·斯蒂文斯古铜种植园	1981/1982/1987/ 1989/1995	约耳书·西尔维（户主） 埃里克·赖特（修复成员）	1995/4/23 1995/4/23
265	伊利诺伊州利伯蒂维尔，劳埃德·刘易斯住宅	1992	布鲁斯·海因斯夫妇（户主）	1992/4/1
267	亚拉巴马州佛罗伦萨，斯坦利·罗森保姆住宅	1991	密尔德伦·罗森保姆（客户）	1991/4/21
268	弗吉尼亚州亚历山大，罗兰·波普住宅	1992	罗兰·波普（客户）	1994/12/23
269	明尼苏达州奥克莫斯，戈特斯奇·文科勒住宅	1991	密尔德伦·罗森保姆（客户）	1991/4/21
270	马里兰州巴尔的摩市，约瑟夫·伊吾奇特曼住宅	1992		
272	加利福尼亚州布伦特伍德市，乔治·斯德基斯住宅	1992		
273	威斯康星州休伍德山脉，约翰·C·皮尤住宅	1992	约翰·皮尤和鲁斯·皮尤（客户）	1992/4/24
274	密歇根州布卢姆菲尔德，乔治·阿弗里克住宅	1991		
278	新泽西州本纳德斯维尔，詹姆斯·克里斯蒂住宅	1992	迈克麦克纳利（户主）	1992/10/12
282	新泽西州格伦利基，斯图亚特·理查德逊住宅	1992	萨拉迪纳夫妇及父母	1992/10/13
283	威斯康星州米德尔顿， 雅各布斯Ⅱ半圆形太阳住宅	1992	凯萨琳·雅各布斯（客户）	1990/3/1 1992/9/23
284，285	艾奥瓦州跨斯奎顿，洛厄尔·沃尔特住宅	1989	约翰德·扩文希尔 弗朗西斯·莱因霍尔德 乔安妮·阿姆兹	1993/9/27 1993/9/28 1991/5/10
287	密歇根州布卢姆菲尔德，M·M·史密斯住宅	1991	M·史密斯夫人（客户）	1991/5/3
289	艾奥瓦州查尔斯城，阿尔文·米尔博士住宅	1989		
291	密歇根休伍德山脉，惟一神教堂	1952/1968/1992		

292	密西西比州罗切斯特城，A · H · 布尔布廉博士住宅	1992		
294	密歇根州盖尔斯堡市，大卫 · 韦斯布拉特住宅	1991	克里斯汀 · 韦斯布拉特（客户）	1991/5/5
295	密歇根州盖尔斯堡市， 埃里克 · 普拉特住宅	1991	萨姆 · B · 洛沃尔（户主）	1991/5/9
			阿琳 · 莫兰（户主）	1995/4/23
296	密歇根州盖尔斯堡市，瑟缪尔 · 伊皮斯顿住宅	1991	詹姆斯 · 海明威（户主）	1991/5/9
297	密歇根州盖尔斯堡市，克鲁蒂斯 · 迈耶住宅	1991	里布特 · 阿德里尼博士（户主）	1991/5/9
298	密歇根州卡拉马祖市，罗伯茨 · 立文住宅	1991	理查德 · 威廉博士（户主）	1991/5/9
299	密歇根州卡拉马祖市，沃德 · 麦克卡特尼博士住宅	1991	沃德 · 麦克卡特尼博士（客户）	1991/5/6
300	密歇根州卡拉马祖市， 埃里克 · 布朗住宅	1991	埃里克 · 布朗和安妮 · 布朗（客户）	1991/5/6
301	密歇根州卡拉马祖市，罗伯茨 · 文恩住宅	1991		
302	印第安纳州南本德市，赫曼 · 莫斯伯格住宅	1992	格特鲁德 · 莫斯伯格（客户）	1991/4/22
306	加利福尼亚州卡梅尔市，克林顿 · 沃尔克夫人	1992		
309	加利福尼亚州奥瑞达，梅纳德 · 布勒住宅	1992	M · 布勒夫妇（客户）	1993/8/25
310	加利福尼亚州旧金山市，V · C · 莫里斯礼品店	1948/1957/1992		
312	密歇根州奥克莫斯市，伊尔灵 · 布拉内住宅	1991	E · 布拉内（客户）	1991/5/3
313	密歇根州奥克莫斯市，詹姆斯 · 爱德华住宅	1991		
314	明尼苏达州明尼阿波利斯市，亨利 · 内尔斯住宅	1959/1992	爱德 · 雷德（景观设计师）	1959/1989
316	纽约欢乐谷，索尔 · 弗里德曼住宅	1992	M · 奥修维特兹夫妇（户主）	1992/4/24
317	纽约欢乐谷，爱德华 · 谢尔林住宅	1992	多里斯 · 阿布拉姆逊（户主）	1992/10/14
318	纽约欢乐谷	1992	R · 雷斯利夫妇（客户）	1992/10/14
319	伊利诺伊州罗克福德市，肯尼斯 · 劳伦特住宅	1992	K · 劳伦特（客户）	1992/5/1
321	伊利诺伊州罗切斯特城，托马斯 · 克斯住宅	1992		
322	亚利桑那州菲克尼斯市，大卫 · 赖特住宅	1992		
325	新泽西州樱桃山，J · A · 斯韦顿住宅	1992	艾伯特 · H · 克拉克（户主）	1992/10/19
326	亚利桑那州菲克尼斯市，雷蒙 · 卡尔逊住宅	1990/1992	克里斯汀 · 彼得斯堡（户主）	1990/3/1
328	密歇根州奥克莫斯市，唐纳德 · 斯卡伯格住宅	1991	玛丽 · 路 · 斯卡伯格（客户）	1991/5/3
330	加利福尼亚州圣安斯尔莫，罗伯茨 · 伯杰住宅	1992	格洛丽亚 · 伯杰（客户）	1992/8/21
332	密歇根州安阿伯市， 威廉 · 帕默住宅	1991	玛丽 · 帕默（客户）	1991/5/5
			（电话追踪调查）	1994/5/18
334	伊利诺伊州柏拉图中心，罗伯茨 · 摩尔赫德住宅	1992	查尔斯 · 摩尔赫德（孙子）	1992/5/2
339	田纳西州查塔努加市，斯莫 · 沙文住宅	1983/1994/1995	沙文夫妇（客户）	1989/11/5
				1995/7/16
340	密苏里州柯克伍德市，拉瑟尔 · 卡劳斯住宅	1955/1992	拉瑟尔 · 卡劳斯（客户）	1992/5/6
341	伊利诺伊州弗里斯特湖，查尔斯 · 格洛里住宅	1990/1992	拉里 · 史密斯夫妇（户主）	1990/9/6
342	威斯康星州兰开斯特市，帕特里克 · 肯尼住宅	1990	P · 肯尼夫妇（客户）	1992/4/27
344	亚利桑那州菲克尼斯市， 本杰明 · 阿德尔曼住宅	1990	伯特伦 · 卡普夫博士（户主）	1990/3/1
345	南卡罗纳州格林维尔市，C · 奥斯汀住宅	1990/1992	洛伊 · 帕默夫妇（户主）	1990/10/8
349	亚利桑那州天堂谷，亚瑟 · 派伯住宅	1992		
350	华盛顿伊萨跨哈，雷 · 布兰迪斯住宅	1992		
351	怀俄明州科迪市，坤汀 · 布莱尔住宅	1992	Q · 布莱尔夫妇（客户）	1992/8/9
355	俄克拉何马州巴特而斯维尔市，普里斯公司塔楼	1992		

356	加利福尼亚州贝弗利山脉，安德顿法院	1980		
358	马里兰州贝瑟思达市， R·卢埃林·赖特（儿子）住宅	1992	伊丽莎白·赖特（客户）	1992/10/22
359	佛罗里达州塔拉哈西市，乔治·刘易斯住宅	1992	乔治·刘易斯夫妇（客户）	1992/9/29
360	弗吉尼亚州弗吉尼亚海滩，安德鲁·库克住宅	1994	丹·达尔夫妇（户主）	1994/9/18
361	亚利桑那州菲克尼斯市，乔金·布姆住宅	1990	查尔斯·肯特夫人（户主）	1990/3/1
364	密歇根州普利茅斯市，刘易斯·H·戈达德住宅	1991		
366	新泽西州米尔斯顿市，亚伯拉罕·威尔逊住宅	1992	劳伦斯·塔兰提诺（户主）	1992/10/12
367	威斯康星州斯普灵格林，里维维纽台地饭馆	1976/1989		
373	宾夕法尼亚州伊尔金斯公园，贝丝·肖洛姆犹太教堂	1992		
375	印第安纳州拉菲耶特市，约翰·E·克里斯汀住宅	1992	约翰·克里斯汀（客户）	1991/5/9
378	亚利桑那州天堂谷，小H·普里斯住宅	1992		
379	俄亥俄州辛辛那提市，塞德里克·波尔特住宅	1992	大卫·戈兹灵（户主）	1992/4/17
380	纽约州纽约市，霍夫曼自动化浴室	1984		
383	康涅狄格州纽卡纳安市， J·L·雷沃德"提兰娜"住宅	1992	T·斯坦利夫人（户主）	1992/10/15
385	加利福尼亚州洛斯巴罗斯市，兰德尔·法次特住宅	1992	M·R·法次特夫妇（客户）	1992/8/29
386	俄亥俄州阿姆贝里村，杰拉尔德·同金斯住宅	1992	贝弗里·同金斯（客户）	1992/4/17
388	密歇根州底特律市，桃乐茜·图克尔博士住宅	1991		
389	华盛顿诺曼妮公园，威廉·特蕾西住宅	1992	威廉·特蕾西夫妇（客户）	1992/8/15
392	密苏里州圣路易斯市，西奥多·帕帕斯住宅	1992	特德·帕帕斯夫妇（客户）	1992/5/6
399	威斯康星州万沃托萨市，希腊东正教教堂	1978		
400	纽约州纽约市，古根海姆博物馆	1958/1984/1988		
401	威斯康星州怀俄明峡谷语法学校	1989/1992/1996		
403	伊利诺伊州班诺克本市，艾伦·弗里德曼住宅	1990	萨·姆夫拉尔曼夫妇（户主）	1990/8/29
406	威斯康星州曼迪森市， 尤金·万·塔米伦住宅	1956/1992	E·万·塔米伦夫人（客户） 拉尔夫·哈特菲尔德（户主）	1991/5/9 1992/4/28
412.1	威斯康星州曼迪森市，沃尔特·鲁丁住宅	1992		
412.2	密西西比州罗切斯特市，詹姆斯·麦克宾住宅	1992		
414	密西西比州克罗魁特市，林德霍尔姆服务站	1960s/1989		
415–417	加利福尼亚州圣拉菲尔，海风城市民中心大楼	1968/1992		
419	俄勒冈州威尔逊维尔，C·E·戈登住宅	1992	C·E·戈登夫人（客户）	1992/8/17
422	得克萨斯州阿马里洛市，斯德灵·肯尼住宅	1992	斯德灵·肯尼（客户）	1992/8/13
427	密西西比州圣路易斯公园， 保罗·奥尔费尔特博士住宅	1992	保罗·奥尔费尔特夫妇（客户）	1992/5/23
428	加利福尼亚州贝克斯菲尔德市， 乔治·阿布林博士住宅	1992	乔治·阿布林夫妇（客户）	1992/8/30
431	加利福尼亚州莱丁市，博尔格拉姆公理教会教堂	1992		
432	亚利桑那州潭蓓市，加姆马基纪念馆	1990		
433	亚利桑那州菲尼克斯市，诺曼·莱克斯住宅	1992		

附录 B

赖特的社区规划和城市设计编年表

在赖特 71 年的职业生涯中，有 41 项作品涉及到土地利用与整体设计的协调，从规模上讲可以被认为是社区规划或城市设计。

其中只有八项全部完成：

塔里埃森别墅－农场—希尔赛德家庭学校综合体 1911—1959 年 (Taliesin Housing–Farm–Hillside School Complex)

米德韦花园 1913 年 (Midway Gardens)

帝国酒店 1916 年 (Imperial Hotel)

奥克塔拉营地 1928 年 (Ocatilla Camp)

美国风住宅，纽约欢乐谷 1947 年 (Usonia Homes, Pleasantville, NY)

帕克温村庄 1947 年 (Parkwyn Village)

有四处部分完成：

科莫果园夏日避暑山庄 (Como Orchards Summer Colony) 1908 年

佛罗里达州南方学院规划 1938 年 (Florida Southern College Campus Plan)

桑托普住宅 (Sun Top Home) 1938 年

盖尔斯堡乡村社区 (Galesburg Country Homes) 1947 年

还有 29 项设计只停留在规划层面：

沃尔夫湖娱乐公园 1895 年 (Wolf Lake Amusement Park)

切尔滕纳姆海滨胜地 1899 年 (Cheltenham Beach Resort)

四合一社区规划 1900 年 (Quadruple Block Plan)

罗伯茨四合一社区规划 1903 年 (Roberts Quadruple Block Plan)

比特鲁特镇规划 1909 年 (Bitter Root Town Plan)

比特鲁特乡村规划 1909 年 (Plan For Bitter Root Village)

城市俱乐部土地开发竞赛 1913 年 (City Club Land Development Competition)

莫诺里斯社区规划和详细设计 1919 年 (Monolith Homes and Subdivision)

华盛顿文纳奇城镇规划 1919 年 (Wenatchee, Washington Town Plan)

塔霍湖夏日胜地 1922 年 (Tahoe Summer Colony)

多赫尼农庄 1923 年 (Doheney Ranch Resort)

摩天大楼规划 1926 年 (Skyscraper Regulations)

沙漠中的圣马可斯 1928 年 (San Marcos in the Desert)

圣马克斯塔 1929 年 (St. Marks Tower)

广亩城市总体规划 1934 年 (Broadacre City Master Plan)

美国风 I 期总体规划 1939 年 (Usonia I Master Plan)

环松胜地规划 1941 年 (Circle Pines Resort)

克罗维利夫社区 1941 年 (Cloverleaf Housing)

合作社社区 1942 年 (Cooperative Homesteads)

匹兹堡市民中心 1947 年 (Pittsurgh Civic Center)

亨廷顿·哈特福德度假胜地 1947 年 (Huntington Hartford Resort)

匹兹堡尖端公园／双子大桥 1948 年 (Pittsurgh Point Park\ Twin Bridge)

漂流花园度假胜地 1952 年 (Floating Gardens Resort)

威尔斯天堂 1952 年 (Paradise on Wheels)

伊利诺伊大楼 1956 年 (Mie High Illinois Building)

菲伯森乡村社区 1956 年 (Fiberthin Village)

比姆逊住宅 1957 年 (Bimson Housing)

巴格达大学 1957 年 (Baghdad University)

巴格达市域规划 1957 (Greater Plan for Baghdad)

附录 C

为伊利诺伊州沃德·威尔利特兹（Ward W. Willets）的高地公园项目确定的植物名录（1901 年）

沃尔特·贝里·格里芬，景观设计师

Botanical Name 植物学名称	Common Name 常见名称	Notes 注释	Hardiness Zone 耐寒地带
Trees **树木**			
Betula papyrifera	Paper or Canoe Birch	Native ornamental	2
北美桦	纸质或独木舟桦树	本土观赏性植物	2
Crataegus mollis	Downy Hawthorne	Native, horizontal branching habit	4
野山楂	毛山楂	本土产，水平分枝	4
C.oxyacantha	English Hawthorne	Densely round habit	4
英国山楂	英国山楂	密集生长	4
Elaeagnus authustifolius	Russian Olive	Distorted branching, silver leaf	2
沙枣	沙枣	曲枝；银叶	2
Juniperus communis	Common Juniper	Native, variety of shapes	2
欧洲刺柏	普通杜松	本土植物，形态多样	2
Laburnum xwateri	Waterer Laburnum	Small, fine-textured tree	5
杂交金链树	水生金链树	小乔，质感细腻树种	5
Sorbus Americana	American Mountain Ash	Small native tree, red fruit	2
美国花楸	美国花楸	小乔，本土植物，红色果实	2
Shrubs **灌木**			
Cornus alba	Red or Tatarian Dogwood	Red stemmed shrub; hardy	2
红瑞木	红色株木或山茱萸株木	红茎灌木；木本	2
C.paniculata	Gray or Panicled Dogwood	Native, attracts birds	4
锥花株木	灰色株木或圆锥花序株木	本土植物，能吸引鸟类	4
Euonymus atropurpurea	Eastern Wahoo	Native shrub or small tree	4
紫叶卫矛	东方卫矛	本土灌木或者小乔	4
Lonicera bella	Belle Honeysuckle	Hardy hybrid	4
美丽忍冬	美丽忍冬	木本杂交品种	4
L.tatarica	Tatarian Honeysuckle	Tall, broad spreading	3
新疆忍冬	新疆忍冬	高大，广泛分布	3

Botanical Name 植物学名称	Common Name 常见名称	Notes 注释	Hardiness Zone 耐寒地带
***Shrubs*(Cont)** **灌木（续）**			
Rhamnus cathartica	Common Buckthorn	Vigorous tree-shrub	2
药鼠李	普通鼠李	生命力旺盛的灌木	2
Sassibucus Canadensis	American Elder	Native woodland border	3
加拿大接骨木	美国接骨木	本土植物，生长于林地边界	3
Syringa vulgaris	Common Lilac	Hardy shrub or small tree	3
欧洲丁香	普通丁香	生命力顽强的灌木或者小乔	3
Viburnum plicatum	Japanese Snowball	Horizontal branching habit	4
雪球荚蒾	日本雪球	水平分枝	4
Flowers **花卉**			
Altheae rosea	Hollyhock	Popular Wrightian flower	3
蜀葵	蜀葵	赖特经常使用的花卉	3
Coreopsis lanceolata	Lance Coreopsis	Daisylike prairie native	3
大花金鸡菊	大花金鸡菊	类似雏菊，生长于本土大草原	3
Delphinium hybrids	Larkspur var.	Especially tall English strain	3
飞燕草	燕草	尤其是高大的英国种	3
Digitalis purpurea	Foxglove	Popular European biennial	4
毛地黄	毛地黄	欧洲常见，二年生花卉	4
Eupatorrium coelestinum	Hardy Ageratum	Native, eastern U.S.	
紫茎泽兰	耐寒霍香蓟	本土生长，在美国东部地区	
Helianthus	Sunflower var.	Native, edible seed	3–4
向日葵	向日葵	本土产，种子可食用	3–4
Iris Kaempperl	Japanese Iris	Beardless var., many colors	4
花菖蒲	日本鸢尾	无芒种，颜色多	4
Ligustrum vulgare	Common Privet	Naturalized, rapid growth	4
欧洲女贞	女贞	天然，容易快速繁殖	4
Paeonia	Peony hybrids	Long-lived perennial	3–4
芍药属	牡丹杂交品种	多年生花卉	3–4
Papaver orientale	Oriental Poppy	Popular plant, range of colors	2–3
东方罂粟	东方罂粟	常见花卉，颜色多	2–3
Rosa xalba	Cottage Rose	Late-blooming hybrid	4
白玫瑰	白玫瑰	晚花期杂交灌木	4
Rudbeckia hirta	Black-eyed Susan	Native annual or perennial	4
黑心菊	黑心菊	本土产，一年生或多年生植物	4
R. lanciniata	Cutleaf Coneflower	Native perennial, moist woods	3
金光菊	金光菊	本土产，一年生植物，多生在潮湿处灌丛	3
Ground covers **地被植物**			
Achillea millfolium	Yarrow or Milfoil	Naturalized groundcover	2
西洋蓍草	西洋蓍草或者欧蓍草	天然生长的地被	2

SOURCE: Grounds plan© Frank Lloyd Wright Foundation., Due to the overlapping of names and plant symbols, the above list is believed to comprise 80 to 90 percent of the recommended plant materials. The freehand notes of botanical names were written by Walter Burley Griffin, Common names and Haredeiness Zones were added by author. Existing trees include red and white oak. A medium-size Ginko tree located to the west of the house in 1992 and not shown on Griffin's drawing is believed by the owners to have been specified by Wright.

资料来源：场地规划设计 © 弗兰克 · 劳埃德 · 赖特基金会。由于植物名称和特征的重叠性，以上的名称条目涵盖了 80% 至 90% 的被推荐植物。各种植物的学名是由沃尔特 · 贝利 · 格里芬标注的；植物常用名称和适宜生长地带是由作者增加的。现存树种包括红色和白色橡树。一棵中等大小的银杏树在 1992 年位于这所房子的西侧，但并没有出现在格里芬的植物种植图中，房子的主人认为是赖特特别指定的。

附录 D

伊利诺伊州皮若亚市弗朗茨·利特尔住宅确定的植物名录（1903 年）

沃尔特·贝里·格里芬，景观设计师

Botanical Name 植物学名称	Common Name 常见名称	Notes 注释	Hardiness Zone 耐寒地带
Trees **乔木**			
Ailanthus glandulosa	Tree of Heaven	Weed tree, not desirable as ornamental	4
樗树	樗（天堂之树）	野生树种，不像景观树种那样惹人喜欢	4
Cercis Canadensis	Eastern Redbud	Native, purplish-pink flower	4
加拿大紫荆	东部紫荆	本土产，紫粉红色的花朵	4
Cornus alba 'Sibirica'	Siberian Dogwood	Outstanding ornamental	2
西伯利亚红瑞木	西伯利亚山茱萸	著名的装饰性植物	2
Cornus florida	Flowering Dogwood	Native, one of best ornamentals	4
梾木	多花梾木	本土产，最好的装饰性植物之一	4
Crataegus cocciniodes x Mollis	Downey Hawthorn	Native, horizontal branches	5
堪萨斯山楂	丹尼山楂	本土产，水平分枝	5
Crataegus tometosa(sic)	Hawthorn	Native, horizontal branches	5
毛山楂	山楂	本土产，水平分枝	5
Fagus grandifolia	American Birch	Native, excellent shade tree	3
山毛榉	美国白桦	本土产，良好的遮荫树种	3
Juglans nigra(?)	Eastern Black Walnut	Native, not good ornamental	4
黑核桃	东部黑核桃木	本土产，不是很好的装饰性植物	4
Juniperus virginiana	Red Cedar	Native, hardy tall accent	2
铅笔柏	铅笔柏	本土产，有木质坚硬高大的特征	2
Juniperus chinensis	Chinese Juniper	Pyramidal accent; Messy in garden or lawn	4
圆柏	中国刺柏	金字塔形，多在花园或草坪上杂乱的分布	4
Magnolia stellata	Star Magnolia	Fragrant bloom before leafing	5
星花木兰	日本玉兰	在长叶之前开，芳香的花朵	5
Magnolia x soulangiana	Saucer Magnolia	Protect from late frost	5
二乔玉兰	朱砂玉兰	要防止晚霜冻	5
Platanus occidentalis	American Plane Tree	Native, good shade tree	4
美国梧桐	美国梧桐	本土产，良好的遮荫树种	4
Platanus orientalis	European Plane Tree	Good shade for city conditions	6
法国梧桐	法国梧桐	可作为城市空调的良好的遮荫树种	6
Ulmus Americana	American Elm	Native, shade tree, disease prone	2
美国榆树	美国榆树	本土产，遮荫树种，容易得病	2

Botanical Name 植物学名称	Common Name 常见名称	Notes 注释	Hardiness Zone 耐寒地带
Shrubs **灌木**			
Aralia spinosa	Devil's Walking-stick	Native,course tree/shrub	5
美洲楤木	"魔鬼的拐杖"	本土产，树木或灌木	5
Amelanchier Canadensis	Juneberry	Native, good foliage and bloom	4
加拿大唐棣	唐棣	本土产，有美丽的叶片和花朵	4
Clethra alnifolia	Summersweet	Native,fragrant white blooms	3
甜胡椒	"夏日甜品"	本土产，芳香的白色花朵	3
Corylopsis grandiflora	Winter-hazel	Late frosts can kill blossoms	5
大花蜡瓣花	冬榛	晚霜可能会冻死其花	5
Hibiscus syriacus	Shrub Rose of Sharon Althea	Late flowers in harmony with hollyhocks	5–6
木槿	莎伦阿尔泰亚的灌木玫瑰	开花较晚与蜀葵花期一致	5–6
Hydranga arborescens	Smooth Hydrangea	Native, masses of white blooms	4
八仙花	平顶八仙花	本土产，大簇白色花朵	4
Ligustrum vulgare	Common Privet	Thrives under neglect but can	4
欧洲女贞	女贞	无需照料即可生长繁茂但会引起入侵	4
Ligustrum(illegible)	Privet	become invasive	
女贞属（很难辨认）	女贞	无需照料即可生长繁茂但会引起入侵	
Lonicera morrowii	Morrow Honeysuckle	Dense shrub from Japan	3
金银木	金银木	来自日本，枝桠浓密灌木	3
Philadelphus coronairus	Sweet Mock Orange	Old garden favorite	4
山梅花	甜山梅花	老式花园钟爱的树种	4
Ribes alpinum	Alpine Current	Limited value hedge	2
高山茶藨	高山茶藨	有限的、珍贵的树篱	2
Rosa blanda	Meadow Rose	Native, very hardy	2
白玫瑰	牧场玫瑰	本土产，生命力顽强	2
Rosa rugosa	Rugosa Rose	Orange autumn foliage	2
玫瑰	玫瑰	秋天有橙色树叶	2
Syringa x persica	Persian Lilac	Hybrid w/profuse flowers	5
花叶丁香	花叶丁香	杂交品种，花朵密集	5
Syringa vulgaris	Common Lilac	Hardy shrub-small tree	3
紫丁香	普通丁香	生命力顽强灌木－矮小树种	3
Viburnum prunifolium	Black Haw	Native, small tree, Horizontal branching	3
樱叶荚蒾	黑山楂	本土产，矮小树种，水平分枝	3
Viburnum tomontosum(plicatum)	Japanese Snowball	Durable, horizontal branching	4
雪球荚蒾	日本雪球花	持久的水平分枝	4
Flowers **花卉**			
Altheae rosea	Hollyhock	Old garden favorite	3
蜀葵	蜀葵	老式花园钟爱的植物	3
Boltonia latisquama	Violet Boltonia	Native, perennial	3
波菊	紫罗兰色的波菊	本土产，多年生植物	3
Delphinium(illegible)			
飞燕草（难以辨认）			
Helianthus annus	Common Sunflower	Native, edible seed	4
向日葵	向日葵	本土产，种子可食用	4
Helianthus orgyalia	Prairie Sunflower	Native	4
具柄向日葵	具柄向日葵	本土产	4
Helianthus tuberous	Jerusalem Artichoke	Native, edible root	4
菊芋	菊芋	本土产，根可食用	4

Botanical Name 植物学名称	Common Name 常见名称	Notes 注释	Hardiness Zone 耐寒地带
***Flowers*(Cont)** **花卉（续）**			
Hibiscus moschentos	Rose Mallow	Strong perennial, large flowers	5
蜀葵	蜀葵	多年生，有坚硬巨大的花朵	5
Lobelia cardinalis	Cardinal Flower	Native, moist soil, shade	2
红花山梗菜	红花半边莲	本土产，适合潮湿土壤，阴凉处	2
Lupinus polyphyllus	Washington Lupine	Native, well-drained soil	3
羽扇豆	华盛顿羽扇豆	本土产，适合精耕细作的土壤	3
Paconia	Peony hybrids	Long-lived perennial	3–4
芍药属	牡丹杂交品种	持久存活的多年生植物	3–4
Phlox(illegible)			
福禄考（难以辨别）			
Phlox panicutata	Garden Phlox	Native, hundreds of varieties	4
圆锥福禄考	花园福禄考	本土产，上百种种类	4
Phlox subulata	Grand Pink	Long-blooming ground cover	3
丛生福禄考	富贵红	长花期地被	3
Rudbeckia hirta	Black-eyed Susan	Native annual or biannual	4
黑心菊	黑心菊	本土产，一年生一年两轮花期	4
Spiraea(illegible)			
绣线菊属（难以辨认）			
Thalictrum(illegible)			
唐松草属（难以辨认）			
Ground covers **地被植物**			
Rosa wichuraiana	Memorial Rose	Excellent on slopes	5
光叶蔷薇	光叶蔷薇	在斜坡上生长繁盛	5
Vinca minor	Periwinkle, Myrtle	Easily reproduced	4
小蔓长春花	长春花，爱神木	非常易繁殖	4
Vines **攀援植物**			
Ampelopsis	Boston Ivy	60′ clinging vine, scarlet in fall	4
蛇葡萄	波士顿常春藤	60′ 黏着的常春藤，叶片紫红色	4
(Parthenocissus)tricuspidata			
（五叶地锦）			
Clematis x jackmanii	Jackman Clematis	12′ hybrid vine, 5″ flowers	5
杂交铁线莲	杰克曼铁线莲	12′ 杂交常春藤，5″ 花	5
Clematis paniculata	Sweet Autumn Clematis	Fragrant autumn blooming	5
圆锥铁线莲	甜美的秋天铁线莲	秋天开花芳香无比	5
Clematis virginiana	Virgin's Bower	Native, naturalistic planting	4
弗吉尼亚铁线莲	弗吉尼亚铁线莲	本土产，天然植物	4
Lonicera japonica 'Halliana'	Hall's Honeysuckle	A nuisance weed when it becomes invasive	4
白金银花	霍尔的金银花	它无限制扩张时会是一种很令人讨厌的野草	4
Lonicera semperviens	Trumpet Honeysuckle	Native, twining vine	3
贯叶忍冬	贯叶忍冬	本土产，有缠绕的藤蔓	3

SOURCE: Grounds Plan of Plantings Groups Ⅰ, Ⅱ, Ⅲ ©Frank Lloyd Wright Foundation. This detailed planting plan at various scales showing botanical names only was prepared by Walter Burley Griffin. No existing trees on site are noted. Notes and Hardiness Zones were added by author. Due to blurring of original lettering, the above plant composite approximates 75 percent of the harbaceous materials and 80 to 90 percent of the trees and shrubs recommended.

资料来源：植物群落Ⅰ、Ⅱ、Ⅲ的平面设计图。版权所有：弗兰克·劳埃德·赖特基金会。这一详细的种植计划不同程度表现的这些植物学名称是由沃尔特·贝利·格里芬准备的。该地现存的植物没有一种被标注出来。注释和适合植物生长的地区是作者加的。由于原信件模糊不清，上述植物种类接近了75%的植物以及80%至90%推荐的乔木和灌木。

附录 E

在特别公园项目中确定的本土植物名录（1904 年）

延斯 · 延森，景观设计师

Moist Bottom Lands 潮湿的河滩地	Higher Levels 更高的水平面	Forest Floor 森林植被	Evergreens(Conifers) 常绿树（针叶树）
Soft Maple 软枫	Oak 橡树	Violets 紫罗兰	Red Cedar 铅笔柏
Willow 柳树	Hard Maple 硬枫	Dogtooth Violets 齿形紫罗兰	White Pine 美国白松
Swamp Oak 木贼叶木麻黄	Hickory 山胡桃木	Hepaticas 地钱属植物	Scrub Pine 威忌州松
Ash 岑树	Butternut 灰胡桃	Trillium 延龄草	Common Juniper 刺柏
Elm 榆树	Walnut 胡桃	Phloxes 福禄考	Creeping Juniper 匍匐柏
Cottonwood 三叶杨	Mulberry 桑椹	Anemones 银莲花	
Linden 菩提树	Ironwood 硬木	Spring Beauty 春美草	
Hackberry 朴树	Hop Hornbean 蛇麻草	Asters 紫菀	
Red Maple 红枫	Juneberry 唐棣	Goldenrod 秋麒麟草	
Alder 桤木	White Ash 美国白蜡树		
Hawthorn 山楂	American Bud Cherry 美国芽樱桃		
Elder 接骨木	While Red Cherry 红樱桃		
Ninebark 九层皮	Choke Cherry 野樱桃		
Blackhaw 黑山楂	Crabapple 野苹果		
Wild Grape Vine 野生葡萄藤	Plum 李子		
Roses 玫瑰	Arrow-Wood 箭木		
	Witch-Hazel 金缕梅		
	Hazel 榛子		
	Sumac(h) 漆树		
	Honeysuckle 金银花		

附录 F

格伦科市小谢尔曼·布斯住宅项目植物名称（1911—1912 年，未实施）

延斯·延森，景观设计师

Botanical Name 植物学名称	Common Name 常见名称	Notes 注释	Hardiness Zone 耐寒地带
Trees, Accent or Special Purpose			
乔木，特征或者特殊用途			
Amelanchier Canadensis	Juneberry	Native	4
加拿大糖棣	糖棣	本土产	4
Betula alba	White Birch	Native	4
银桦	白桦	本土产	4
Gladitsia trescanthos	Common Honeylocust	Native	4
美国皂荚	普通皂荚	本土产	4
Prunus americana	American Plum	Native	3
美洲李	美国李子	本土产	3
Prunus Pennsylvania	Pin Cherry	Native	2
欧洲酸樱桃	欧洲酸樱桃	本土产	2
Prunus serotina	Black Cherry	Native	3
黑樱桃	黑樱桃	本土产	3
Pyrus communis	Common Pear		4
西洋梨	欧洲梨		4
Sorbis Americana	Mountain Ash	Native	2
美洲花楸	花楸	本土产	2
Trees, Evergreen			
乔木，常绿树			
Pinus strobes	Eastern White Pine	Native	3
北美乔松	东部白松	本土产	3
Thuja occidentalis	Northern White Cedar	Native	2
香柏	美国金钟柏	本土产	2

Botanical Name 植物学名称	Common Name 常见名称	Notes 注释	Hardiness Zone 耐寒地带
Shrubs, Deciduous			
灌木，落叶树			
Cornus alba	Red or Tatarian Dogwood	Red stemmed shrub, hardy	2
红瑞木	红色梾木或红瑞木	红茎灌木，生命力顽强	2
Hamamelis virginiana	Witch-hazel	Native	4
金缕梅	金缕梅	本土产	4
Physocarpus opulifolius	Eastern Ninebark	Native	2
无毛风箱果	东部九层皮	本土产	2
Rhus typhina	Staghorn Sumac	Native	3
火炬树	鹿角漆树	本土产	3
Symphoricarpos exbiculatus	Indian Currant	Native	2
珊瑚莓	珊瑚莓	本土产	2
Symphoricarpos albus laevigatus	Snowberry	Native	3
雪果	雪果，白浆果	本土产	3
Vaccinium angustifolium	Highbush Blueberry	Native	3
高丛蓝莓	高丛蓝莓	本土产	3
Vaccinium corymbosum	Lowbush Blueberry	Native	2
矮丛蓝莓	矮丛蓝莓	本土产	2
Viburnum acerifolium	Mapleleaf Viburnum	Native	3
槭叶荚蒾	枫叶荚蒾	本土产	3
Viburnum dentatum	Arrowwood	Native	2
箭木	箭木	本土产	2
Viburnum lantanodes(alnifolium)	Hobblebush	Native	3
桤叶荚蒾	桤叶荚	本土产	3
Viburnum opulus	European Cranberry		3
欧洲荚蒾	酸果蔓		3
Juniperus communis	Common Juniper	Native	2
欧洲刺柏	普通杜松	本土产	2
Juniperus virginiana	Eastern Red Cedar	Native	2
铅笔柏	铅笔柏	本土产	2

SOURCE: Planting Plan, Grounds of Sherman M. Booth, ©Frank Lloyd Wright Foundation.

This plan was signed by Jens Jensen. Freehand notes of botanical names are in his handwriting; Common names and Hardiness Zones were added by author.

Notes: Plant on bridge and all buildings: *Vitis labrusa*(Fox Grape), *Ampilopsis Engelmini*(Engelman Ivy). Around spring plant ferns, *Clematis virginiana*(Virgin's Bower)and Trillium. On ledge of pool group common and creeping Juniper, ferns, Trillium, Euonymous and *Clamatis Virginia*. Edge of swimming pool covered with limestone slabs or St. Peters sandstone.

资料来源：种植设计，谢尔曼 · 布斯住宅，弗兰克 · 劳埃德 · 赖特基金会。

这一种植设计是由延斯 · 延森签名同意的。为植物学名称徒手做的注释是他的笔迹；常见名称和植物生长适合的地区是由作者加的。

注释：在桥上和所有建筑上面的植物：狐臭葡萄，英国常春藤。周围的春季生长的蕨类，弗吉尼亚铁线莲和延龄草。在水池边是丛植刺柏和铺地柏、蕨类植物、延龄草，卫矛和弗吉尼亚铁线莲。游泳池旁边由石灰岩石板或圣彼得砂岩铺垫而成。

附录 G

威斯康星州斯普林格林市的塔里埃森别墅植物名录（1912 年 –）

菖蒲，筋骨草，水车前，芦荟，蜀葵，银莲花，白头翁，金鱼草，黄花耧斗菜，翠绿蕨，紫苑，六月雪，菊花，铁线莲，番红花，铃兰，大丽花，飞燕草，美洲石竹，毛地黄，巨大雪花莲，两年生向日葵，圣诞玫瑰，萱草，罂粟，牵牛花，鸢尾，花菖蒲，土耳其百合，卷丹，山梗菜，紫色珍珠菜，越桔，美国薄荷，树瘿，牡丹，一年生罂粟，福禄考，矢车菊，大黄，松球花，血根草，延龄草，旱金莲花，郁金香，紫丁香是在塔里埃森并非本土植物的一种；它源于东南欧，可能在 18 世纪以前传入，但是现在已经移植到了北美。本土产的蕨类植物已经从森林的荫凉处挖掘出来。至于低地的本土产匍匐类刺柏，赖特在干燥炎热的环境下常常用到。野生葡萄，例如狐臭葡萄或者河岸葡萄通常被用来酿造葡萄酒，也用来装饰漆得很漂亮的类似于支架的格子架，以使这种格子架在墙面的映衬下更加显眼。增加了南向工作室侧翼的层次景深，剩余的半坡花园树木在第三次大火后，与茶庭的橡树相平衡。

附录 H

赖特为芝加哥城市俱乐部土地开发竞赛所写的文章（1913 年）

城市住宅用地开发：规划研究

（芝加哥城市俱乐部出版物。伊利诺伊州芝加哥大学出版社。1916 年）
阿尔弗雷德 ·B· 约曼主编，景观设计师，第 96—102 页

"愚蠢的人！理想在于你自己的内心。你的处境条件只不过是你用来将理想外在化的原材料而已。"

——卡莱尔 (Carlyle)

如今，在芝加哥城市郊区、近郊区，典型的商业大楼、公寓、住宅、以及为富人和穷人准备的各种正式或者非正式的居住区的综合区极为常见，在接受这一事实的基础上，本设计仅仅是与此焦点问题的现况相和谐的基础上稍做调整。

我规划的场地位于距城市中心方圆 8 英里之内的一块给定的林间空地，这就使得整个规划与芝加哥整体风貌保持一致。因此已经建立的芝加哥城市街道网络就作为了规划细分的基础。人们的期望时不时受到道路加宽或变窄的影响，此外有关人行道的变迁，外边界规定或者在车行道的旁边种上一定程度隔离噪声的灌木，肮脏的城市街道（用来等车的候车亭是车行道街道十字路口的特色），人们安排一个小小的装饰性公园体系，以期用最简单和尽可能有效的方式来使道路分区实现多样化，最后在已经建立的、密集的街区网络基础上增加一些新的重新细分的体系，这些因素都影响着这种改进。

与小型公园体系相配套的是一些带有娱乐特色的设施，例如小树林，开放的小操场，网球场，游泳池，音乐亭，田径场地，林荫道等。这样的设施组合被设计出来以后，成年人和年轻人就被吸引到公园里临近公共园林建筑而不是很安静的区域，而孩子们和更喜欢安静的成年人则倾向于到宁静的小公园。

此次规划中，不可避免地涌向城市商业中心的人流，已经在商业建筑、更正规的住宅区，和在靠近通往市中心铁路的街道上的或大或小的公寓楼中作了考虑。一个分支银行、邮局、教堂和不受宗教约束的俱乐部，图书馆的分馆以及美术展览陈列室，电影放映室和市民剧场的分支机构也被划归到商业建筑类型中；但是所有这些都是以小型公园体系为基础的。核心供暖设备和垃圾处理厂位于剧场后面和通向城镇的市内电车道上，它们的烟囱都建成修长的塔形。这里也有一个公共停车场，在靠近街区一侧的中心建有一个公共的农贸市场，这个农贸市场被设计成一个大型开放式庭院，用一个简单的藤架覆盖，并以此与公园分隔开来。

这些各种各样的建筑都被用作了"背景建筑"，并且沿着城市喧闹的主干道不断排列、延伸下去，上层的店铺就架在其间道路的上方，这样进一步为街道阻挡了尘土和噪音，同时也以一种独特而又经济的方式，为以自然形式散布在临近交通主干道旁的商业性建筑兼住宅建筑提供了有顶空间。

因此通过把所有这样类型的建筑都规划到道路的一侧，这种选址也是根据自然环境和地形而定，就可以保证大部分细分的分区安静、清洁，从而适合居住。我们没有采取任何措施来改变这些建筑已有的特性风格。然而这些商业建筑都被安排在一个个内向型的庭院里，这些庭院可以遮掩所有那些难看的功能建筑。这样就提供了适应所有商业要求的、安静整齐的空间，大大节省了保证良好外部景观效果所必须的费用，同时又没有使不堪入目的环境暴露于外。银行和邮局像其他各种各样的店铺一样位于这样的位置——人们每天早晚都会来来往往路过的地方。这里只有一个做礼拜的教堂，但是在这些位置的附近或后侧的庭院里有着诸多宗教俱乐部的会所。

在图书馆里有可供借来的展览品展示的陈列室以及一个电影放映大厅。一个男孩俱乐部——基督教青年会的分支机构和为男士提供的公寓住宅与图书馆分别分在不同的区。学校建筑群，幼儿园，教师办公区和基督教青年会大楼被划归到儿童游乐场轴心四分之一地区的对面。一个可划船、游泳的浅池塘以及一个动物展览馆，譬如说展览品从林肯公园借来，这些都是公园这一侧的标志物。所有的建筑除了有内向型私密绿色庭院外，还有公共开放的操场、草坪和灌木丛。在这四分之一区的公园分区和城市街道南部外沿之间的空间，专用于建筑价格较低的有内向型庭院的独立住宅。面向城市街道的外层建筑是价格适中、男女工人的住宅群。

将小型公园系统分成了两部分，这样孩子们从学校、幼儿园和操场来回的时候，就可以走与商业区相反的方向。剩下的占四分之一区域的绝大部分的地区尚未开发，按照“四合一规划”的原则被建成了住宅区公园。剩余区域尽可能保证其面积足够大和完整性，因为出卖这些资产所获得的利润可以用来维持这一公园体系的运行。

这种细分部分的土地体系体现了一种全新的土地细分布局方式，无需小道，这种简单的方法用已经建立起来的楼房，使每一位房主的利益不被其他人侵犯，并保证了社区利益的最大化。同时也使得在这块土地上保证必要的多样性的基础上，安排尽可能多的房屋（几个不同的布局形式已经设计好），同时还要维护这些建筑的最大环境效益。然而目前普遍采用的是一种很不经济的、荒唐的、混乱的操作方式，这样一来，所有难以入目的城市生活设施都暴露于外，通常是一条肮脏的小巷开口朝向街道两边，或者废弃的后院与屋外厕所紧挨在一起，致使每一个人都无法忍受这种难堪的居住环境，使每一个人都不可能保证自己的真正隐私。在现在的功能分区体系中，所有美化房屋建筑的尝试都被证明是徒劳的，因为任何人如果对自己的命运大发牢骚的话，都会使自己在邻里之间很不受欢迎。

而“四合一规划”则被证明是可以避免这些弊端的。每一位房主都自动地受到保护免遭侵害。每位房主在其区域都是独立的、与他人分隔的。他的功能空间与邻居的功能空间都聚集起来放在房屋后面，他的庭院，不管在前还是在后，都完全是他个人的。他的窗户都朝向街道，而不是建在任何人的私人功能空间的上面。他的房子通常无意之间，但是很必要的与另外三个邻居排在一起，俯视下面其他邻居和谐的组合，他看到的任何两个都不会在同一个高度上，即使它们是按照同一个模式建造出来的。按照这一规划建造的任意长度的一排建筑都可以欣赏公园优美的景致，比一个接一个建筑物的正面所能提供的景色更富独特的多样性。

在普通公共聚集区里多种建筑的建筑特色呈现一种有趣的方式，并强调了街景，没有一处是明显或单调的对称。这样做的目的就是要使所有的街景都同样的特别和有吸引力，整体则要达到安静和谐的效果。

这一规划的优点在于，以其特色为基础的分区的基本原则——明智的分区体系的创意，这一创意是实用的，经济的，并且很有美感的，确保实现整体最大限度的有利条件外，更好地保证个人隐私，这些共同协作包括中心供暖，缩短下水道，秩序井然的娱乐区域，全无脏乱的小巷，减少并缩短水泥步行道和车道，通常通风道的安排与各处引人注目的开放街景相协调。永远保证在一块给定土地上建筑数量的最大化，并保证所有人的尊严和隐私。

在这个分区计划中有一个观点，我相信这个观点对于这座城市是很有价值的，并且无论何处只要有些街区还没有实质性的改进，这一观点就会立即发挥作用，因为要把这个观点付诸实施不需要向一般地产商的贪欲妥协，因为他在这一体系下能够得到与目前采用的体系所能提供的同样多的份额。然而，四合一规划保证了商人们更大的自由和隐私，而不减少他们现在所享受的特权。这对于低价位的小别墅和奢华的公寓都同样有价值。

在艺术上，这一规则具有无限多样性的处理，而不需要牺牲房主通过被授权的商业运作而带来的商业优势。单个的单位也许与他的邻居很协调地维持着多样性，却不会表现出来在当前环境下竭力表现其与众不同而造成的真正的单调。

在能工巧匠的手里，这些多种多样的处理方式能够创造出美，但是这个规划的性质即使是被忽视了，也能够为普通的建筑师提供一般的动力以确保更加和谐的结果。

除了此处提到的其他分区的格局是很容易想像出来的，因此，牛津哥特学院（the Gothic of Oxford）为表现出多样性而营造的所有魅力都可以轻易地在当前规划的多种多样的作品中发现。

最近在全世界有很多关于市区规划的课题的著作、言论和实践。大部分与我们相关的只是单体建筑：我们被以旧世界的方式发生的旧世界的事情困扰住了，结果是，在这样严酷的工作环境下，我们美好的未来通常要移交给流行式样和伪冒品。当我们自己的麻烦需要时，通过用礼貌和贵族性来模糊艺术，我们会盲目地模仿学术加斯顿或者从“我的上帝”中窃取令人羡慕的传统，不是从“没有”中塑造，而是从“其中”发展。

弗兰克·劳埃德·赖特

附录 I

奥什科什市斯蒂芬·B·亨特II私人住宅植物名录

小弗兰克·劳埃德·赖特，景观设计师

1917年10月16日给客户的信件（源于伊利诺伊州芝加哥办公室）

我已经将您场地上的种植计划和说明书转寄给您了，我正寄出这封信来解释一下。

我将要特别就合适的土壤的价值阐明我的观点。正如你会注意的那样，我已经对需要的土壤给出了详细的说明，也正是出于这个原因——没有适当种类的养料，不管植物本身有多好，或者它们种植得有多好，都不可能得到任何好的或者迅速的效果。无疑你很急切地想使自己的住处在尽可能短的时间内变得很漂亮，让您的土壤保持良好状况所需要的额外的几美元是很值得的开销。

我在植物列表中也给出了树木和灌木的大小，这将很快地使植物拥有成熟的外观。自然，列出的树木的尺寸都很大。但是如果你不急于所谓立即见效的话，那就可以通过减小植物的大小来削减种植费用。然而，我必须要建议的是树木的大小至少要达到指定的尺寸，如果要在植物列表中减少或者删除项目的话，多年生树种一定是最后一项被删除的。另外，从总费用里面减少几美元不会有什么价值，尤其是因为植物需要时间来发育成熟。必须要指出一点这项工作的总费用包括劳动力和物资不会超出4万美元。

各种格架是可能的最轻巧的构筑物，但是却要与房屋的轮廓和规格相协调。砂岩铺就的步行道将可以达到公园小径的效果。石制的台阶将为您提供另一种风格，以及偶尔必要的柔和的触觉享受。您可以尽您所能选择和调整这些岩石板层，通过在缝隙里面种植岩石水芹和其他岩石植物，您将会发现您的劳动在花园里发生的一系列变化和花园的充实丰富中得到了回报。

露台如果突出出来，其线条就是实线并且与房子平行，这将适当地增加房屋的趣味性并支撑整个房屋。您会注意到，我设了屏风或者应该说是藤架，距离房屋的地基线有几英尺远，在这些藤架的后面种植了大片的树木——事实上，明显是种植过多。然而这不是问题所在，是故意这样做的——来促进植物的生长，给您提供一座坚固的屏风，不仅可以形成一幕背景，同时也阻挡您邻居谷仓的不佳视线，给花园增加一点隐私。将这些树木分组聚集（群丛种植）就可以使整个房屋与其大小规模相适应，并用大量的绿色掩映它。

花园在一年四季里呈现不同的色彩。春天是蓝色和白色的主色调，在秋天则变成红色、桔红色和紫色的搭配。所有的花卉都种植在场地的四周，就像你将注意到的，增强了色彩效果。但是，我已经在丛林中分散种植了紫苑和其他多年生植物来增添树丛的情趣，并作为地被。

还有一个小小的菜园，一定程度上作为一个整体被那个露台从花园里分割开来，使它看起来像一个下沉式花园——与花园协调的附属品。这样我们就利用整个空间，使菜园成为装饰规划的一部分，因为蔬菜有时可以起到与其他任何香草一样的装饰效果。

至于实现这一规划所要付出的劳动：建议聘请能够找到的最聪明的园艺师在工作日基础上来做这项工作，因为这是一项十分困难的工作，很难有非常好的结果。应该付给一个能够胜任这项工作的工人差不多每天 3 美元的薪水。

您将会发现这些植物清单已经分别准备好了，因此您只需要将清单送到各种不同的苗圃就可以了。苗圃的树苗可以从很远的地方得到，如果您愿意，我将向我熟识的几个园艺师为您下订单，这样也许会在植物原料上节省一定的开销，并且比您能够在您的街道所能找到的园艺师取得更好的效果。

无疑在实行这项工作的过程中会有各种问题出现。我当然会很高兴为您解答任何问题并且为在计划实施过程中的任何困难提供解决办法。

您最忠实的朋友

小弗兰克 · 劳埃德 · 赖特

威斯康星州奥什科什市斯蒂芬 ·B· 亨特 II 私人住宅 (1917 年)

小弗兰克 · 劳埃德 · 赖特，景观设计师

Botanical Name	*Quantity*	*Botanical Name*	*Quantity*
Juniperus aurea	5	*Celastrus paniculata*	2
Pinus strobus(dwarf)	2	Grape vines: Concord	4
Pinus sylvestris	1	Niagra	3
Acer saccharum	1	Moore's early	3
Ailanthus clandulosa	14	*Sedium aizon*	10
Tilia americana	5	Peonies: Deep pink	2
Craetaegus crus galli	1	White	2
Mountain ash	3	*Anchusa italica*	10
Cornus alba	20	Aster	20
Berberis vulagaris(atro.)	10	*Aster tartaricus*	10
Robinia	10	*Campanula carpatica*	50
Rhustvphinia	130	*Campanula alba*	50
Rhus glabra	10	*Digitalis purupuria*	100
Samabucus canadensis	30	*Heuchera sanguinea*	100
Symphiocarpis racemoses	50	*Phlox panniculata*	20
Symphiocarpis racemoses vulgaris	50	*Tritoma pfitzeria*	10
Blackberries	20	*For Pots and Vases*	
Ampelopis quinqufolia	10	Nasturtiums and aristolochia	
Ampelopis veitchi	10		
Veitis cordifolia	10		

SOURCE: Found in Archives at Oak Park Home and Studio Research Center by Meg Klinkow(February, 1992).

植物学名称	数量	植物学名称	数量
洒金柏	5	红果藤	2
北美乔松	2	葡萄藤：和谐种	4
樟子松	1	尼亚加拉种	3
糖槭	1	摩尔种	3
樗树	14	景天三七	10
美洲椴树	5	芍药：深红色	2
白玉山楂	1	白色	2
花楸	3	牛舌草	10
红瑞木	20	紫菀属	20
欧洲小檗	10	紫菀	10
刺槐	10	田桔梗	50
火炬树	130	风铃草	50
光叶漆	10	毛地黄	100
越橘	30	珊瑚钟	100
雪果	50	宿根福禄考	20
常绿雪果	50	火把莲	10
黑山楂	20		
美国地锦	10		
波士顿常春藤	10		
霜葡萄	10		

资料来源：由橡树园住宅兼工作室研究中心的梅格 · 柯林寇发现此材料。

附录 J

洛杉矶奥利弗山的巴恩斯达尔的霍利霍克住宅的植物名录（1920 年代）

小弗兰克·劳埃德·赖特，景观设计师

Botanical Name **植物学名**	**Common Name** **常用名称**	**Notes** **注释**
Pinus radiate 辐射松	Monterey Pine 辐射松	Native. Use largely limited to seaside plantings 本地种，应用广泛，不适合于海边生境
Eucalyptus globules 蓝桉	Blue Gum Eucalyptus 蓝桉	Australia. Too coarse for many landscape plantings. Valued for windbreaks 原产澳大利亚，粗狂，主要用作防风林
Acacia decurrens mollis 黑荆树	Black Acacia 黑荆木	Australia. Fine textured tree w/small yellow flowers 原产澳大利亚，质感细腻，开小黄花
Nerium oleander 欧洲夹竹桃	Oleander 欧洲夹竹桃	Mediterranean native withstands hot, dry situations 原产地中海，抗热、抗旱性强
?	Boxleaf Asaras	
Asplenium bulbiferum 铁线蕨	Mother Fern 母亲蕨	Australia. Shade/moisture loving. Mostly used inside 原产澳大利亚，喜欢阴凉潮湿环境。主要用于室内
Caladium bicolor 花叶芋	Fancyleafed Caladium 花叶芋	Exotic leaves. Native to South America. 叶形奇特。原产于南美
Cistus villosus 岩蔷薇	Sage Rockrose 圣岩蔷薇	Mediterranean plant. Drought/fire resistant. 原产地中海，抗旱，耐火烧
? ?	Sky Flower 假连翘	
Fuchsia hybrids 倒挂金钟	Hybrid Fuchsia 倒挂金钟	Colorful flowers native to Central and South America 花鲜艳，原产美洲中部和南美洲
Hedera helix 常春藤	English Ivy 常春藤	Clinging evergreen vine. Native to Europe. 紧贴常绿攀援植物。原产于欧洲
Hibiscus rosa-sinenis 扶桑	Chinese Hibiscus 扶桑	Large flowers of many colors. Native to China. 花大，色多。原产于中国
Populus nigra 黑杨	Lombardy Poplar 钻天杨	Native. Short-lived. Fast-growing temporary screen. 本地种。生命期短，快速生长，形成暂时屏障
?May be Asplenium(aloe) ?	Australean Fern 鸟巢蕨（可能）	
Schinus molle 加州胡椒	California Peppertree 加州胡椒	Thrives in poor soils. Drops litter on well-kept lawns. Native to Peru. 耐瘠薄，常生长于精心管理草坪的低洼处，原产于秘鲁
?(Several hundred species & varieties) ?（几百个品种）	Lily 百合	Native of Europe and Orient 原产于欧洲和东方
Syringa(more than 500 varieties) 丁香（500 多个变型）	Lilac 丁香	Native of Europe and Orient 原产于欧洲和东方
Vinca minor 小叶蔓长春花	Periwinkle(Myrtle) 长春花	Evergreen ground cover. Native to Europe, W.Asia 常绿地被植物，原产于欧洲、亚洲
Verbena tenera 美女樱	Sand Verbenae 美女樱	Lilac flowers. Native to South America. 花朵似丁香花。原产于南美洲

SOURCE:Planting Materials identified from Survey of May 10, 1927.　　资料来源：在 1927 年 5 月 10 号调查的基础上确定的植物材料。

附录 K

有石制底座露台的“美国风”建筑（1941–1959 年）

卡尔顿 · 大卫 · 沃尔 (Carlton David Wall) –密歇根州普利茅斯市 (Plymouth, Michigan), 1941 年
洛厄尔 · 沃尔特 (Lowell Walter) –艾奥瓦州奎斯克顿市 (Quasqueton, Iowa), 1945 年
阿诺德 · 弗里德曼 (Arnold Friedman) – 新墨西哥州佩科斯市 (Pecos, New Mexico), 1945 年
道格拉斯 · 格兰特 (Douglas Grant) –艾奥瓦州塞达拉皮兹市 (Cedar Rapids, Iowa), 1946 年
A·H· 布布林博士 (Dr. A.H.Bulbulian) – 明尼苏达州罗切斯特市 (Rochester, Minnesota), 1947 年
大卫 · 维斯布拉特 (David Weisblat) – 密歇根州盖尔斯堡市 (Galesburg, Michigan), 1948 年
克林顿 · 沃克夫人 (Mrs. Clinton Walker) –加利福尼亚州卡梅尔市 (Carmel, California), 1948 年
索尔 · 弗里德曼 (Sol Friedman) –纽约州欢乐谷 (Pleasantville, New York), 1948 年
詹姆斯 · 爱德华 (James Edwards) – 密歇根州奥克莫斯市 (Okemos, Michigan), 1949 年
肯尼斯 · 劳伦 (Kenneth Laurent) – 伊利诺伊州罗克福德市 (Rockford, Illinois), 1949 年
罗兰 · 雷斯利 (Roland Reisley) –纽约州欢乐谷 (Pleasantville, New York), 1950 年
威廉 · 皮尔斯 (William Pearce) –加利福尼亚州布拉德伯里市 (Bradbury, California), 1950 年
理查德 · 大卫 (Richard Davids) –印第安纳州玛丽恩 (Marion, Indiana), 1950 年
罗伯茨 · 伯杰 (Robert Berger) –加利福尼亚州三蒲市 (San Anselmo, California), 1950 年
罗素 · 克劳斯 (Russell Kraus) – 密苏里州柯克伍德 (Kirkwood, Missouri), 1951 年
加布里埃尔 · 奥斯汀和查尔希 · 奥斯汀 (Gabrielle and Charlcey Austin) – 南加利福尼亚州格林维尔 (Greenville, South California), 1951 年
R·W · 林霍尔姆 (R. W. Lindholm) – 明尼苏达州克洛盖市 (Cloquet, Minnesota), 1952 年
路易斯 · 马登 (Luis Marden) – 弗吉尼亚州麦克林 (McClean, Virginia), 1952 年
罗伯茨 ·L· 赖特 (Robert L. Wright) – 马里兰州贝塞斯达市 (Bethesda, Maryland), 1953 年
约翰 · 道金斯 (John Dobkins) – 俄亥俄州坎顿市 (Canton, Ohio), 1953 年
威拉德 · 科岚 (Willard Keland) – 威斯康星州斯普灵格林市 (Spring Green, Wisconsin), 1953 年
埃利斯 · 菲曼 (Ellis Feiman) – 俄亥俄州坎顿市 (Canton, Ohio), 1954 年
I·N · 哈根 (I. N. Hagan) – 宾夕法尼亚州乔克希尔市 (Chalkhill, Pennsylvania), 1954 年
哈罗德 · 普里斯 (Harold Price) – 亚利桑那州天堂谷 (Paradise Valley, Arizona), 1954 年
路易斯 · 弗雷德里克 (Louis Fredrick) – 伊利诺伊州巴灵顿山脉 (Barrington Hills, Illinois), 1954 年
杰拉尔德 · 汤肯斯 (Gerald Tonkens) – 俄亥俄州安伯利村 (Amaberley Village, Ohio), 1954 年
罗伯茨 · 桑德 (Robert Sunday) –艾奥瓦州马歇尔顿市 (Marshalltown, Iowa), 1955 年
约翰 ·L· 雷瓦德 (John L.Rayward) – 康涅狄格州纽卡纳安镇 (New Canaan, Connecticut), 1955 年
弗兰克 · 伊贝尔 (Frank Iber) – 威斯康星州斯蒂文斯点市 (Stevens Point, Wisconsin), 1957 年
斯特灵 · 凯尼 (Sterling Kinney) – 得克萨斯州阿玛里洛市 (Amarillo, Texas), 1957 年
约瑟夫 · 莫里卡 (Joseph Mollica) – 威斯康星州贝塞德市 (Bayside, Wisconsin), 1958 年
保罗 · 奥尔弗里特 (Paul Olfelt) – 明尼苏达州圣路易斯公园 (St.Louis Park, Minnesota), 1958 年
乔治 · 阿布林 (George Ablin) – 加利福尼亚州贝克斯菲尔德市 (Bakersfield, California), 1958 年
唐纳德 · 斯庄奎斯特 (Donald Stromquist) – 犹他州邦提弗市 (Bountiful, Utah), 1958 年
诺曼 · 莱克斯 (Norman Lykes) – 亚利桑那州菲尼克斯市 (Phoenix, Arizona), 1959 年

附录 L

C·E· 阿瓜尔为其佐治亚州雅典市的同事的私人住宅而准备的场地分析图场地规划图

场地的详细目录和分析是由作者提供的，他本来准备设计他自己的住宅，被邀请来为这些大量信息做插图说明，而这些信息对于花费大量时间研究自然环境和建筑环境的设计者来说是十分宝贵的，这一切都是为了在设计和确定建筑选址之前获得场地感。这是一块很普通的、划分为众多小块的土地，以四分之三英亩作为单位大小，但是却比一般的场地拥有更好的自然要素——例如有一块向北倾斜的河边陆地，那里种了很多高大的落叶树，还有各种本土产的植物、鸟类和其他野生动物。这块土地坐落于河流的急流中间，在它的北面有一片沙洲，其他的住户在其东面和西面，佐治亚大学的高尔夫球场就在通往南面主干道的对面。在确定房屋最佳中心点的过程中，观看点、远景和地形本身一样重要。太阳运行的弧线和日出、日落的美景表明这所房子应该朝向东南方向，最后要经过详尽的观察、勘探，还要移植树木，从而，可以在场地分析的基础上，选择合适的建筑基址。只有估计了这些树木的大小和确定树木的种类后才能最后决定。

这张设计出来的场地规划图将建筑物的朝南正面确定为南偏东 33°。只有几棵较小的树木需要移动。那些美国冬青都被移植到离房屋前面更近的地方。这张图包括了一张斜面的横截面图，朝向房子的西南面，置于一个受过压力处理的木角柱之上，以保证天然植被的最大生长空间，不至于影响房子门口的两棵本土产美洲大叶山毛榉的根系生长。这种处理方法同样也保护了斜坡北部成片的山月桂，这些本土产的山月桂有 10−12 英尺高；在这一地区的其他任何房屋都不能做到保护这些天然的特征。还有一张房屋的剖面图展示了秋分日以及夏季和冬季的太阳高度角，以此来确定在所有的落叶树叶子脱落后，太阳光线可以穿透整个阳光浴室——厨房的进深。

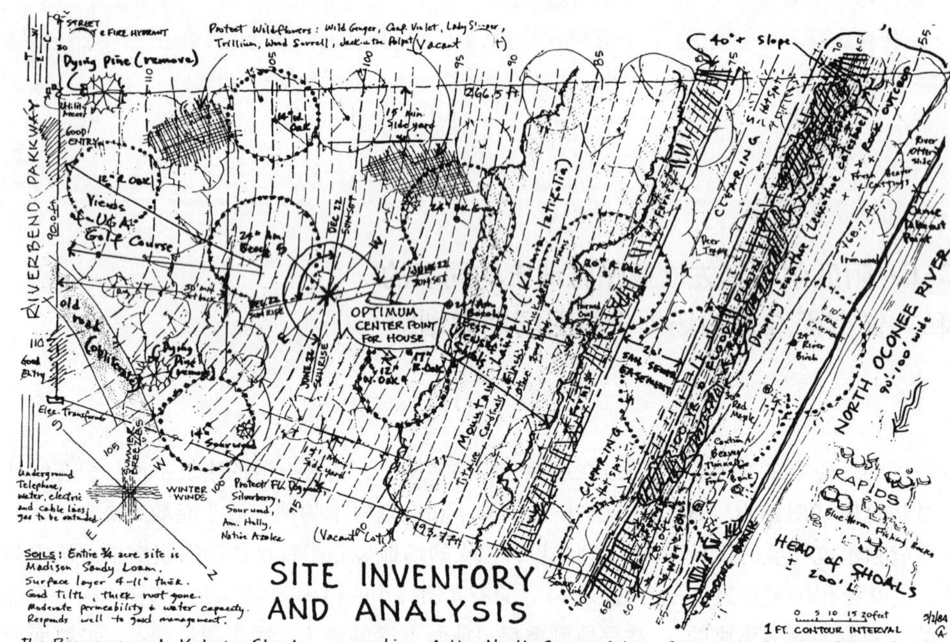

场地详细目录和分析图

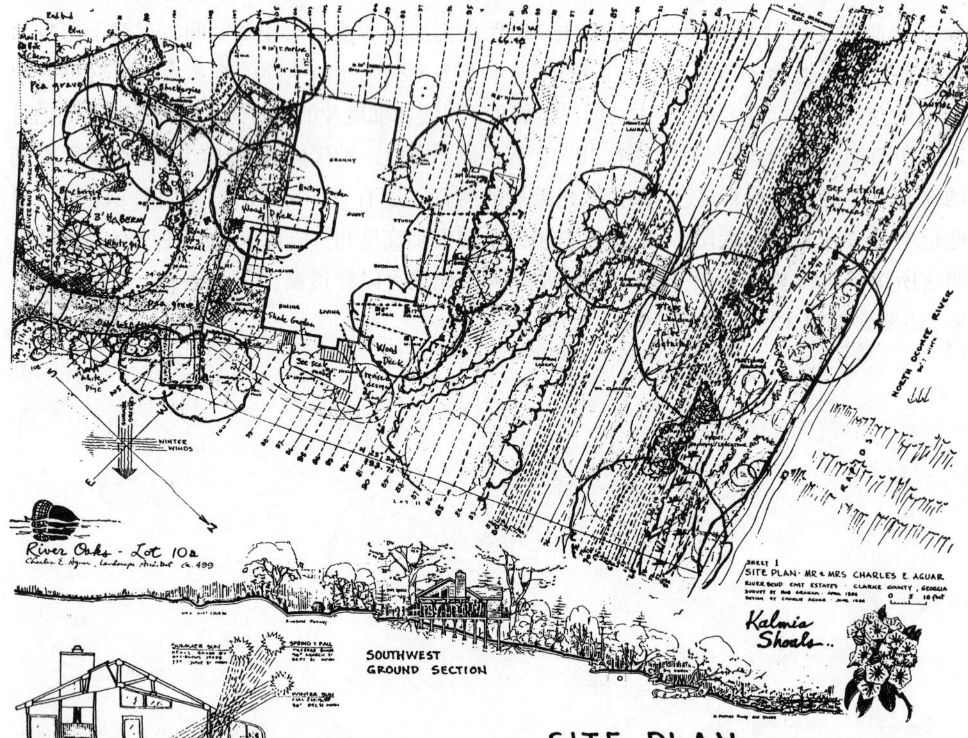

场地规划设计图

附录 M

由弗兰克·劳埃德·赖特所设计的住宅的主人在景观方面可以做的和不可以做的

可以做：要记住，你的房子与你们家附近的其他任何房子都不同——也许在整个世界上都找不到相同的。

可以做：在外形、质地和形式的基础上，营造属于你自己的景致。

可以做：一定要深刻体会大部分沃斯姆斯早期的绘画作品和玛丽恩·玛霍尼的带有日本风格的印刻画——尽管可能很漂亮——很有艺术感，也很有创造性，但是与现实比例不符。

可以做：种植四处蔓延的藤本植物或者在花坛里面种植有垂蔓的植物，种花的器皿要按照赖特的要求选择它们的形状和纹理。

可以做：将房屋的地基暴露在外面，以强调它与地面接触的位置，即使你没有住在一个有承雨脚线的草原风格的房子里。

可以做：尽量多使用本土产的植物。因为这些乔木和灌木不需要很多管理，不需要浇很多水，永远都能与赖特设计的建筑形成有机补充。

可以做：就像历史上著名的赖特设计的建筑图或者照片展示的那样，用落叶树种营造色彩，丰富季相变化，通过修剪来形成植物群落外观。

可以做：种植植物的时候一定要顺延或者补充完善赖特设计的住宅，而不要喧宾夺主。

可以做：要考虑到赖特设计的住宅其设计和修补的费用也许会更高一些，因为当前很缺乏训练有素的能够理解赖特有机建筑的专业设计人员。

可以做：在你为自己与众不同的房屋内部增置家具或者保养的时候，一定要把同样的注意和责任心放在房屋外部的设置和维护上。

可以做：要学习保持植物自然形状的基础知识。可以买一本《植物修剪指南》，这本书很便宜，在任何园艺商店或者书店都可以买到。

可以做：记住在保持有机景观方面，景观设计和维护的重要作用：永远不要剪坏那些灌木！

不可以做：尽力使自己的庭院和花园与别人的相似，或者试图按照邻居的意图构造自己的风景。

不可以做：仅仅为了色彩需求或者短期起到观花的效果而种植灌木丛。

不可以做：无论自己读的是什么，都相信并依靠那些漂亮的印刷品来完善你的风景。日本木兰是难以在密歇根湖的岸边生长的。

不可以做：在花坛里或者花盆中种植笔直的植物或者仅仅种天竺葵，因为它们不是赖特想要的形状和质感。

不可以做：在房屋基部周围种植植物使整座房子好像"飘浮在空中"，这种维多利亚女王时代的做法是赖特很鄙视的。

不可以做：种植常绿的基础植物，或者过分修饰的外国品种例如日本枫树，色彩斑驳的多种植物，以及过分艳丽的开花灌木，除非在一些很个人的空间或者房屋里面不属于公

共空间的地方。

不可以做：种植花卉作为花园的镶边或者使自己的花园看起来很普通，就像公共花园或者公园。

不可以做：认为所有的景观设计师或者其他的园艺设计师有我们所需要的足够兴趣和技术，为赖特设计的住宅提出一个合理的补充种植方案。

不可以做：为了节省开销，找一些只是比修理艺术花瓶，修复家具，或者修补漏水屋顶的没有受过足够专业训练的人，他们是在拿你的钱练手艺。

不可以做：试图保留那些过度生长的常绿树，或者其他已经长到界线之外的植物，或者已经被修剪成不自然的形状，并保持了40至50年的植物。

不可以做：花巨资购买名贵植物种苗，除非你已经安装了自动灌溉系统或者热爱园艺并且有足够的时间真正去做这些工作。

不可以做：雇佣一个只懂得如何修剪植物的园艺工作者。一定要保证你聘请的人知道如何自然地修剪植物，而不是将你的灌木都修剪成圆拱形或者其他不自然的形状。

许可与版权

弗兰克·劳埃德·赖特档案编号

本书包含许多指示性设计图和照片，下表是弗兰克·劳埃德·赖特设计图和照片的档案编号。设计图版权由亚利桑那州斯格特达勒市的弗兰克·劳埃德·赖特基金会所有，并感谢它为我们提供照片。

Fig. #	FLW ID	Fig. #	FLW ID	Fig. #	FLW ID
1-2	9003.01	3-57	0604.0193	5-3	1705.055
2-14a	9503.002	3-59	0402.005	5-4	1705.052
2-16*	9503.002	3-60	0607.004	5-6	2104.005
2-21	0527.001	3-66a	0803.02	5-8	2009.001
2-24	9510.017	3-66b	0803.021	5-11	2009.001
3-2	0004.003	3-66c	0803.018	5-12	2009.015
	0002.002	3-68	0803.105	5-13a	2302.020
3-3	007.009	3-73,a-b	0712.038	5-13b	2302.021
3-4	007.009	3-73c	0712.039	5-13c	2302.022
3-5	0014.008	3-78	0901.002	5-14	2302.0006
3-6	0019.008	3-82	0918.019	5-16	2304.021
3-7a	008.002	3-84	0918.018	5-17	2402.001
3-7b	008.003	4-1	1127.003	5-19	2401.09
3-8	0309.001	4-4	1118.001	5-20b*	2401.004
3-9a	0309.006	4-7	1118.014	5-21	2402.003
3-9b	0309.003	4-11b	2501.134	6-1b	1403.023
3-11a	0019.005	4-12b	1403.0003	6-4	2701.001
3-11,b-c	0019.004	4-14b	1103.020	6-5	2704.103
3-13	0106.16	4-15a	1104.001	6-6	2702.004
3-14	0106.16	4-15b	1104.003	6-7*	2701.037
3-19	0208.018	4-16	1403.013	6-8a,b	2902.002
3-20	0009.18	4-18a*	1403.044	6-12	2902.004
	0009.19	4-18b*	1104.0003	6-13*	2901.0021
3-25	921.001	4-19*	1104.0011	7-1	3401.007
3-27	921.001	4-20*	1104.0010	7-3,a-b	3401.024
3-32	0401.012	4-22a	1508.02	7-4a	3402.001
3-34, a-b	401.0053	4-26	1401.102	7-5	3407.013
3-43	0405.028	4-27	1401.103	7-8	3702.005
3-46a	0405.011	4-29	1401.179	7-9	3702.01
3-47	0411.0063	4-32	1701.014	7-11	3701.005
3-48	0411.007	4-34	1701.016	7-12	3701.012
3-51	0506.021	5-1	1705.061	7-16	3703.033
3-55	0711.012	5-2	1705.052	7-17	3703.014
7-18a	3703.002	8-12	4505.009	8-33	5122.001
7-19*	3803.0671	8-13	4505.007	8-36	5115.002
7-20	3803.168	8-14a	1403.044	8-39	4812.017
8-1	3906.001	8-16a	4012.005	8-40	4812.017
8-2	3903.003	8-16b	4012.024	8-45	4914.018
8-3	3912.002	8-19	4008.019	8-49	5021.001
8-5	4201.004	8-20	4008.009		5021.007
8-6	4201.026	8-21	4015.056	8-51a,b	5021.001
8-7	4828.001	8-24	3405.024	8-53	5214.001
8-9,a-b	4720.002	8-25	3905.029	8-59	5512.012
8-10	3806.001	8-28	3901.002		
8-11	4510.001	8-30,a-b	4012.09		

参考文献

Birrell, James. *Walter Burley Griffin* (University of Queensland Press, Saint Lucia, Australia, 1964).

Brooks, H. Allen. *The Prairie School: Frank Lloyd Wright and His Midwest Contemporaries* (W.W. Norton & Co., New York, 1972).

Christy, Stephen. *American Landscape Architecture: Designers and Places* (The Preservation Press, 1989).

Creese, Walter L. *The Crowning of the American Landscape: Eight Great Spaces and Their Buildings* (Princeton University Press, Princeton, New Jersey, 1985).

Eaton, Leonard K. *Landscape Artist in America: The Life and Work of Jens Jensen* (University of Chicago Press, 1964).

Engel, David H. *Japanese Gardens for Today* (Charles E. Tuttle Co., 1959).

Engel, Heinrich. *The Japanese House: A Tradition for Contemporary Architecture* (C. E. Tuttle Co., 1964).

Gebhard, David and Harriette Van Breton. *Lloyd Wright, Architect* (University of California-Los Angeles, 1971).

Goodman, William L. *Principles and Practice of Urban Planning* (The Municipal Management Series, 1968).

Grese, Robert E. *Jens Jensen: Maker of Natural Parks and Gardens* (Johns Hopkins University Press, Baltimore, 1992).

Hallmark, Donald P. "Frank Lloyd Wright's Dana-Thomas House: Its History, Acquisition, and Preservation," *Illinois Historical Journal* (Vol. 82, No. 2, Summer 1989).

Hancock, John L. "Planners in the Changing American City, 1900–1940," *AIP Journal* (1967).

Hanna, Paul R. and Jean S. *Frank Lloyd Wright's Hanna House: The Clients' Report* (Southern Illinois University Press, 1981).

Havighurst, Walter. "Land Sales in Chicago, 1856," *Land of the Long Horizons* (Coward-McCann, Inc., New York, 1960).

Heinrich, Engel. *The Japanese House: A Tradition for Contemporary Architecture* (Charles E. Tuttle Co., 1964).

Hines, Thomas S., Jr. "Frank Lloyd Wright—The Madison Years," *The Wisconsin Magazine of History* (No. 50, Winter 1967).

Hoffman, Donald. *Frank Lloyd Wright's Robie House* (Dover Publications, New York, 1984).

Howland, Joseph E. *The House Beautiful Book of Gardens and Outdoor Living* (Doubleday & Company, Inc., 1958).

Itoh, Teiji. *The Japanese Garden: An Approach to Nature* (Yale University Press, New Haven/London, 1972).

———. *Space and Illusion in the Japanese Garden* (Weatherhill/Tankosha, New York, Tokyo, & Kyoto, 1973).

———. *The Elegant Japanese House: Traditional Sukiya Architecture* (Walker/Weatherhill, New York-Tokyo).

Jacobs, Herbert and Katherine. *Building with Frank Lloyd Wright* (Chronicle Books, San Francisco, 1978).

Johnson, Donald Leslie. *The Architecture of Walter Burley Griffin* (The MacMillan Company of Australia Pty. Ltd., 1977).

———. "Notes on Frank Lloyd Wright's Paternal Family," *Frank Lloyd Wright Newsletter* (2nd Quarter, 1980).

Kaufmann, Edward J., Jr. *Fallingwater: A Frank Lloyd Wright Country House* (Abbeville Press, New York, 1986).

Kruty, Paul. *Walter Burley Griffin in America* (University of Illinois Press, 1996).

———. *Frank Lloyd Wright and Midway Gardens* (University of Illinois Press, 1998).

Kuck, Lorraine E. *The Art of Japanese Gardens* (The John Day Co., New York, 1940).

Lancaster, Clay. *The Japanese Influence in America* (Walton H. Rawls, New York, 1963).

Lesniak, Jack. *Arthur Heurtley House: Frank Lloyd Wright* (Oak Park, Illinois, 1902; Wright Plus, 1998).

———. *Hills-DeCaro House: Frank Lloyd Wright.* (Oak Park, Illinois, 1906; Wright Plus, 1999).

Lind, Carla. "Moore House I and Pergola," *Lost Wright: Frank Lloyd Wright's Vanished Masterpieces* (Simon & Schuster, 1996).

Manson, Grant Carpenter. *Frank Lloyd Wright to 1910: The First Golden Age* (Reinhold, New York, 1958).

———. Archival notes of record at Oak Park Public Library; Oak Park, Illinois.

Meehan, Patrick J. *Frank Lloyd Wright Remembered* (The Preservation Press, National Trust for Historic Preservation, 1991).

Miller, Donald L. *City of the Century.* (Simon & Schuster, New York, 1996).

Miller, Wilhelm. "The Prairie Spirit in Landscape Gardening," *Circular 184* (Illinois Agricultural Experiment Station, 1915).

———. "The Prairie Style of Landscape Architecture" *Architectural Record* (December, 1916).

Moran, Maya. *Down to Earth: An Insider's View of Frank Lloyd Wright's Tomek House* (Southern Illinois University Press, 1995).

Morse, Edward S. *Japanese Homes and Their Surroundings.* (Charles E. Tuttle, 1972 reprint of 1904, 1886, 1885 versions)

Muller, Peter O. *Contemporary Suburban America*. (Prentice-Hall, Inc., Englewood Cliffs, New Jersey, 1981).

Newton, Norman T. *Design on the Land: The Development of Landscape Architecture* (Belknap Press of Harvard University Press, Cambridge, Massachusetts, 1971).

Nute, Kevin. *Frank Lloyd Wright and Japan* (Van Nostrand Reinhold, New York, 1993).

Patterson, Terry L. *Frank Lloyd Wright and the Meaning of Materials* (Van Nostrand Reinhold, 1994).

Pfeiffer, Bruce Brooks. *Letters to Architects: Frank Lloyd Wright* (California State University Press, Fresno, 1984).

———. *Letters to Clients: Frank Lloyd Wright* (California State University Press, Fresno, 1986).

———. "Japanese Influences and Froebelian Training," *Frank Lloyd Wright: His Living Voice* (Frank Lloyd Wright Foundation. The Press at California State University, Fresno, 1987).

———. *Frank Lloyd Wright: His Living Voice.* (The Press at California State University/FLIW Foundation, 1987).

———. *Frank Lloyd Wright: In the Realm of Ideas.* Gerald Nordland, co-editor (Southern Illinois University Press, 1988).

———. "The Japanese Print: An Interpretation" as reprinted in *Frank Lloyd Wright Collected Writings, 1894–1930* (Rizzoli in New York/The Frank Lloyd Wright Foundation, Vol. 1, 1992).

———. *Frank Lloyd Wright Collected Writings* (1894–1930). (Rizzoli/New York/FLIW Foundation. Vol. 1. 1992)

Pregliasco, Janice. "The Life and Work of Marion Mahony Griffin," *The Prairie School: Design Vision for the Midwest* (The Art Institute of Chicago Museum Studies, Vol. 21, No. 2, 1995).

Scott, Frank J. *The Art of Beautifying Suburban Home Grounds of Small Extent.* (John B. Aolden, Publisher, 1886).

Scully, Vincent J. *Frank Lloyd Wright* (Georgia Brazilter, Inc., New York, 1960).

Secrest, Meryle. *Frank Lloyd Wright: A Biography* (Alfred A. Knopf, Inc., New York, 1992).

Siek, Stephen. "Frank Lloyd Wright's Westcott House in Springfield," *Ohio History* (Vol. 87, No. 3. 1978).

Smith, Kathryn. *Frank Lloyd Wright, Hollyhock House and Olive Hill* (Rizzoli, New York, 1992).

Spirn, Anne Whiston. "Frank Lloyd Wright: Architect of Landscape," *Frank Lloyd Wright: Designs for an American Landscape, 1922–1932* (Canadian Centre for Architecture, Montreal. Henry N. Adams, Inc., New York, 1996).

Sutami, Horiguchi. *Tradition of Japanese Gardens* (Second ed., East West Center Press, Tokyo, 1963).

Talbot, Wegg. "FLIW Versus the USA," *AIA Journal* (February, 1970).

Tofel, Edgar. *Apprentice to Genius: Years with Frank Lloyd Wright* (McGraw Hill, New York, 1979).

Van Zanten. *The Nature of Frank Lloyd Wright*. (The University of Chicago Press, 1988).

Vernon, Christopher. "The Evolution of the Bradley Landscape," *Glen Historic Landscape Report* (1990).

———. "Walter Burley Griffin, Landscape Architect," *Midwest in American Architecture.* (University of Illinois Press, 1991).

Wilson, William H. *Introduction to Planning History in the United States.* (Center for Urban Policy Research, Rutgers University, New Brunswick, New Jersey, 1983).

Wright, Frank Lloyd. "In The Cause of Architecture," *The Architectural Record*, (March 1908).

———. *Ausgeführte Bauten und entwü Von Frank Lloyd Wright* (Ernst Wasmuth, Berlin, 1910).

———. and Braswell. *Architecture and Modern Life* (Harper & Brothers, New York, 1937)

———. *The Natural House* (1954).

———. *An Autobiography* (Horizon Press, New York. 3rd Edition. 1977)

Wright, Gwendolyn. "Architectural Practice and Social Vision in Wright's Early Designs," *The Nature of Frank Lloyd Wright* (The University of Chicago Press, Chicago and London, 1988).

Yeomans, Alfred B. *City Residential Land Development: Studies in Planning* (University of Chicago Press, Chicago, 1916).

英汉词汇对照

A

Accommodating the Automobile 容纳汽车

Acres, The (Galesburg Country Homes).Detailing of Wright's "sweat equity" process to control Usonian Automatic construction costs "一英亩",盖尔斯堡乡村住宅。详述赖特关于控制美国风式建筑自动化建设费用的"同样辛劳"程序

Allen, Henry J., Similarities versus differences to Prairie House architecture; physical and functional interdependency of indoor-outdoor spaces; layering treatment of courtyard 亨利·J·艾伦。同草原式住宅建筑比较的相似性和不同性;室内外空间的形式和功能的相互关联;庭院的分层处理

Articulation of the Usonian landscape 美国风景观的结合/连接

Arts and Crafts Movement 工艺美术运动

Auldbrass Plantation. Battered walls of architecture harmonize with sloping trunks of Live Oak trees; fretted plywood inserts and windows framework relate to Live Oak branches; downspouts echo draping form of Spanish moss 古铜种植园。为与现有橡树倾斜的树干和谐一致而设计的有破旧感的墙体建筑;根据现有橡树的树枝而设计的磨损状胶合板嵌条及窗框;西班牙苔藓的落水管回声吸声形式

B

Baker, Frank 弗兰克·贝克

Barnsdall (Aline) Hollyhock House. Climatic conditions inspired architecture; privacy and control motivated indoor-outdoor relationships; transition spaces designed to interrelate interior spaces with garden court 巴恩斯达尔(阿丽妮)霍利霍克别墅。气候状况激励的建筑;私密性及控制性确定的室内与室外的关系;把内部空间与庭院关联起来的过渡空间

Barnsdall House Project. Similarity to Sherman Booth Project; topography determined parameters of architecture; unfolding panorama of the view 巴恩斯达尔别墅项目。与谢尔曼·布斯别墅项目有相似性;地形决定建筑的各个参数;展开式全景景观

Barnsdall Olive Hill Development. Problems created by client's decision to build on top of plateau; climatic conditions motivated plants, water hydrology, landscape articulation; lists of plants 巴恩斯达尔·奥利夫·希尔社区。客户决定在高地之巅建造而带来一系列问题;依气候状况而选择植物、水文和景观结合;植物表

Bitter Root Town Project. Wright's rationale for City Beautiful layout relates to Burnham's "Plan of Baguio, Luzon, Philippine Island" 比特鲁特镇规划。赖特就伯纳姆的"碧瑶、吕宋岛和菲律宾岛规划"提出的城市美化规划原理的解释

Bitter Root, Village of, Project 比特鲁特乡村规划

Blossom, George and McArthur, Warren. Need for control and privacy motivated siting; rationale for earthen terrace; environmental concerns, indoor-outdoor relationships 乔治·布洛索姆和沃伦·麦克阿瑟住宅。根据控制性和私密性需要选择建筑工地;对土台设计原理的诠释;关注场地环境,室内、室外的关系

Booth, Sherman M., Jr.,(Ravine Bluffs) 小谢尔曼·M·布斯(拉文·布拉弗斯社区)

Bradley, Harley and Hickox, Warren 哈里·布拉德利私人住宅和华伦·希克斯私人住宅

Broadacre City 广亩城市

Burnham, Daniel 丹尼尔·伯纳姆

C

"Cedar Rock", see Walter, Lowell "雪松岩",见沃尔特·洛厄尔私人住宅

的影响

Guthrie, Rev. William Norman 尊敬的威廉·诺曼第·格思里大人

H

Hanna, Paul 保罗·汉纳

Hardy, Thomas P. Textbook example of Japanese approach to urban housing; use of shakkei concept of borrowed view 托马斯·P·哈迪住宅。日本现代化住宅的教科书范本，采用佐佐木的借景观念

Heurtley, Arthur. Peripheral environment of Moore sunken gardens motivated raised basement approach; climatic conditions motivated design and placement of point of outdoor-indoor transition; plantings directed movement through entry experience 亚瑟·赫特利住宅。为抬高入口通道而形成的摩尔下沉式花园的周围环境；气候条件确定室内－室外过渡点的设计和定位，种植指引入口体验的过程

Hickox, Warren and Bradley, Harley 沃伦·希科斯和哈利·布拉德利

Hillside Garden, Taliesin Ⅲ. Evolution of; totality of sensory experience 希尔赛德花园，塔里埃森Ⅲ。演变和发展；完全感官体验

Hillside Home School for the Allied Arts 希尔赛德综合艺术家庭学校

Hollyhock House (Aline Barnsdall). See "Barnsdall Hollyhock House" 霍利霍克别墅（与巴恩斯达尔别墅位于同一排）。详见"巴恩斯达尔（厄莱恩）霍利霍克别墅"

"Home in a Prairie Town", Journal (1901). Indoor-outdoor relationship; physiognomy of Wright's Prairie House; Wright's intent to promote as entity with Quadruple Block Plan layout "草原之家"，《女性家居杂志》（1901年）。室内、室外的联系；赖特的草原式住宅的外观；赖特打算使其成为四合一方案布局的实体

"House for a Family of $5, 000 Income", Life "为收入仅有5000美元的家庭设计的住宅"，《生活》杂志

Howard, Ebenezer 埃比尼泽·霍华德

Hunt, Stephen M. B. Ⅱ, list of plantings 斯蒂芬·M·B·亨特二世，植物表

I

Influences, Landscapes or Planned Communities. Frederick Law Olmsted's Central Park; Olmsted's Riverside, Illinois; Olmsted's South Shore Parks; Olmsted-Burnham layout of grounds for World's Columbian Exposition; model and layout for Pullman, Illinois; Louisiana Purchase Exposition and Japanese Imperial Garden; Burnham's "Plan for Bagouio, Luzon, Philippine Island"; tillage, European and Japanese; Palos Verdes Estates, Califolia 影响赖特的景观实例或规划的社区。弗雷德里克·劳·奥姆斯特德的纽约中央公园；奥姆斯特德的伊利诺伊州里威塞德社区规划；奥姆斯特德的南海岸公园系统；奥姆斯特德和伯纳姆设计的哥伦比亚世界博览会会场；伊利诺伊州的普尔曼市规划模型和布局；路易斯安那州买卖博览会会场设计和日本皇家园林；伯纳姆的"碧瑶、吕宋岛和菲律宾岛规划"；欧洲和日本的农田景观；加利福尼亚州帕咯斯·勒德斯地产规划

Influences, People. Celtic ancestor's belief; farmer uncles and climatic conditions; Joseph Lyman Silsbee; Ernst Fenolossa; Louis Sullivan; Edward Morse; Ossian Cole Simonds; Jens Jensen; Walter Burley Griffin; Daniel Burnham; Lloyd Wright 影响赖特的人物。凯尔特祖先的信仰；农夫叔叔和气候环境；约瑟夫·莱曼·希尔斯比；路易斯·沙利文；欧内斯特·菲诺洛萨；爱德华·莫尔斯；奥西恩·科尔·西蒙兹；延斯·延森；沃尔特·贝利·格里芬；丹尼尔·伯纳姆；劳埃德·赖特

Influences, Sociocultural Movements. City Beautiful Movement; Garden City Movement; Prairie School Movement (architecture and landscape design); post-World War Ⅰ; post-World War Ⅱ 影响赖特的社会文化运动。城市美化运动；花园城市运动；草原学派运动（建筑设计和景观设计）；第一次世界大战战后恢复；第二次世界大战战后恢复

Ingalls, J. Kibben, and John Tilton's detailing of expansion and modernization J·奇本·因加尔斯和约翰·蒂尔顿关于扩张和现代化的详细设计

J

Jacobs Ⅰ (Herbert and Katherine) 雅各布斯住宅Ⅰ（赫伯特和凯瑟琳）

spaces; naturalistic landscape; steps and turns as deliberate landscape experiences; lessons learned from errors in judgment 橡树园之家。赖特将阳台作为室外生活空间；自然景致；台阶和转弯作为细节景观体验的设计要素；从判断失误学到的教训

Oak Park Studio addition 新增的橡树园工作室

Oak Park Home and Studio remodeling. Home remodeling based on climatic conditions or environmental influences; studio remodeling also increased outdoor living space 橡树园之家和工作室的改造。在气候条件或环境影响的基础上进行住宅改造；工作室改造的同时形成了室外生活空间

Ocatilla Desert Compound. Allowed Wright to experience climatic conditions and learn how to design for desert environs 奥克塔拉沙漠营地。让赖特有机会感受沙漠的环境，并学习怎样为沙漠围场设计

Olive Hill Development. See "Barnsdall Olive Hill Development" 奥利夫·希尔社区。见"巴恩斯达尔·奥利夫·希尔社区"

Olmsted, Frederick Law. Landscapes and planned communities

弗雷德里克·劳·奥姆斯特德。景观设计和规划社区

"Opus 497 Glass House", Journal, 1945. See "Glass House" "第497号作品－玻璃住宅",《杂志》 1945年。见"玻璃住宅"

P

Palmer, William and Mary 威廉·帕默和玛丽·帕默

Parkwyn Village (Galesburg Country Homes) 帕克文乡村(盖尔斯堡乡村社区)

Pergolas, Japanese inspired. Wright's use of 受日本风格的影响赖特采用了凉亭

Peripheral environments that motivated Wright's use of raised basement approach 周围的环境激发赖特采用了抬高的入口

Pew, John C. and Mary 约翰·C·皮尤和玛丽·皮尤

Pope, Loran B. or Pope-Leighey House. House could not be sited as proposed due to inaccurate topographic map furnished by client; did not relate to climatic conditions as site and built; problems caused when environment was ignored as house was relocated as museum 罗兰·波普或波普－利别墅。因客户提供不正确的地形图而导致场地设计不当；像场地和建筑一样，与气候环境不相关；当住宅像博物馆一样布局时由于忽视周围的环境而引起的问题

Prairie School Movement involved both architecture and landscape design 草原学派运动，影响了建筑和景观设计

Prairie House, physiognomy 草原式住宅，外观

Q

Quadruple Block Plan 四合一规划

R

Ravine Bluffs 拉文布拉夫斯

Raywad, John L. 约翰·L·雷华德

Reisley, Roland 罗兰·雷斯利

Riverside, Illinois 伊利诺伊州里威塞德规划

Roberts, Abby Beecher. Jensen efforts to address problems created by improper siting of generic architecture 艾比·比彻·罗伯茨。延森试图解决由于不恰当的场地规划及普通建筑外观带来的问题

Roberts, Charles E. Project 查尔斯·E·罗伯茨规划项目

Roberts, Isabel 伊莎贝尔·罗伯茨

Robie, Frederick C. Preservation of trees motivated ground-level construction; peripheral environment motivated raised basement approach; outdoor living space occupied more than half the site; climatic conditions directed location of point of outdoor-indoor transition; psychological unification of Japanese inspired cantilevered eaves; entry experience follows Zen principle of hide-and-reveal; need for privacy, noise abatement motivated stepped-back structuring 弗雷德里克·罗比别墅。为保护树木而与地面平齐的建设；周围的环境导致抬高底座入口；室外生活空间占据了场地的一半；气候环境确定室内、室外过渡点的位置；受日本人心理统一而激发的悬臂式屋檐；根据禅宗中藏与显原则设计的入口体验；因私密和消除噪音的要求而将建筑台阶后退处理

S

St. Mark's Tower in the Bauwerie 堡卫列市的圣马克摩天楼

San Marcos in the Desert. Responsive to aesthetic character of desert, but reflects lack of knowledge for

术语、地名、人名

术语

Arroyo　干枯的河床
Beaux Arts　巴洛克艺术
Broadacre City　广亩城市理论
Council Ring　聚会圈
dewy ground　流水石板
English Garden City　英国花园城市
Floricycle Plan of Arrangement　花环规划方案
Garden City Movement　花园城市运动
Hide-and-reveal　藏与露
Hondurian mahogany　洪都拉斯桃花心木
Ionic column　爱奥尼式圆柱
Japanese sukiya style　日本数寄屋风格
Lao-tse　老子
LaVille Radieuse　光辉城市
Mission Revival　文艺复兴风格
New England Colonial style　新英格兰殖民风格
Porte-cochere　车廊
Prairie School Movement　草原学院运动
Sullivanesque arch　沙利文式拱形门
Tea Circle　茶会圈
Textile Block Houses　织物纹样砌块住宅
the City Beautiful Movement　城市美化运动
the Imperial Japanese Garden　日本皇家花园
the International Style of Architecture　国际形式建筑派
Tudor English Architecture　都铎式建筑
Usonian Houses　美国风住宅
Venturi Effect　文丘里效应
Water Garden　水园
Wild Garden　野趣园
Yin and Yang　“阴阳”学说
Zero-lot-line　零分摊边界

地名

Anaconda　阿纳康达
Arkansas River Valley　阿肯色河谷
Arno River valley　阿尔诺河峡谷
Assisi　阿西尼
Auldbrass Plantation　“古铜”种植园
Aurora　极光市
Baguio　碧瑶市
Bear Run Creek　熊跑溪
Bitterroot Mountains　比特鲁特山脉
Black Mountain　布莱克山脉
Bunkhouse Creek　邦科豪斯山涧
Cambahee River　卡巴希河
Camelback Mountains　驼峰山脉
Canal Grande in Venice　威尼斯格兰德运河
Castell - hywel　卡斯特尔-海威尔
Champaign　香巴尼
Chatanooga, Tennessee　田纳西州卡塔努加
Chesapeake　切萨皮克湾
Chicagos Haymarket Square　芝加哥秣市广场
Clover Leaf Lake　克拉维利夫湖
Cottage Grove Aenue　科蒂奇·格罗夫大道
Cranbrook　克兰布鲁克
Death Valley　死谷
Des Plaines River　德斯普兰斯河
Detroit　底特律市
East High Street　伊斯特亥大街
Edgewood Place　埃奇伍德社区
Ellison Bay　埃利森海湾
Elmhurst　埃尔姆赫斯特城
Erie Stret　伊利大街
Euclid Avnue　欧几里德大道

Fair Oaks Avenue　费尔奥克斯大道
Forest Avenue　弗里斯特大道
Fountainbleau　枫丹白露
Glencoe　格伦科
Granite Reef Mountain　格拉莱特里夫山脉
Greenmount Avenue　格林山大道
Hamilton　汉密尔顿
Hollywood District　好莱坞
Huron　休伦市
Huron Valley　休伦山谷
Hyde Park　海德公园
Idaho　爱达荷州
Indiana Avenue　印第安纳大道
Iowa Street　艾奥瓦大街
Jewett Parkway　朱伊特公园路
Jones Creek　琼斯溪流
Jones Valley　琼斯峡谷
Kalamazoo　卡拉马祖市
Kansas　堪萨斯州
Kohler, Wisconsin　威斯康星州柯勒市
Lake Como　科莫湖
Lake Mandota　曼多塔湖
Lester Avenue　莱斯特大道
Lorenz Lake　罗伦兹湖
Los Angeles Basin　洛杉矶盆地
Maricopa Mesa　马利柯帕台地
Marquette　马凯特市
Maywood and Elmhurst　梅伍德和埃尔姆赫斯特城
McDowell mountain　麦克道威尔山脉
Meadow Road　墨都路
Michigan, Grand Rapids　密歇根州大瀑布城
Middleton　米德尔顿
Midway Hill　米德维山
Milwaukee　密尔沃基
Minnesota　明尼苏达州
Minneapolis　明尼阿波利斯
Missoula　密苏拉州
Monterey Bay　蒙特利湾
Nashville　纳什维尔
Norris　诺里斯
Mississippi　密西西比州
Ocean Springs　欧申斯普林斯市
Ogden Dunes　奥登当斯
Oklahoma　俄克拉何马州
Olive Hill　奥利弗山
Oregon　俄勒冈州
Palm Springs　棕榈泉
Paradise Valley　天堂峡谷
Peavine Canyon　皮温峡谷
Philadelphia　费城
Phoenix, Arizona　菲尼克斯市
Potomac　波托马克河
Puget Sound　普吉特湾
Racine　拉辛市
River Forest　里弗福里斯特
Rochester　罗切斯特市
Rocky Mountains　洛基山脉
Rosemont　罗斯芒特
San Andreas　圣安得列斯
San Diego　圣迭戈
San Gabriel Mountains　圣加百利山脉
San Giovanni　圣吉沃万尼
San Jose Hill　圣约瑟山
Santa Monica Mountains　圣塔莫尼卡山脉
Santa Susana Mountains　圣苏珊娜山脉
Sapphire Mountains　萨费尔群山
Scottswood Roads　斯格特斯伍德路
Sheridan Road　谢里丹路
Sierra Mountains　西尔拉山脉
South Dakota　南达科他州
Spring Green　斯普灵格林城
Springfield　斯普林菲尔德
Stanford　斯坦福市
Summit Avenue　萨米特大道
Summitridge Drive　萨米特里吉快车道
Sunset Boulevards　桑色特林荫大道
Superior Street　苏普里尔大街
Sylvan Road　希尔宛路

the City of Buffalo 布法罗市
the Niagara River 尼亚加拉河
the Panama Canal 巴拿马运河
the South Park District 南公园街区
the village of Riverside 里威赛德乡村社区
the World' s Columbian 哥伦比亚世界博览会
Tulsa 塔尔萨市
Turkey Mountain 特基山脉
Tuscany 托斯卡纳
Umbria 翁布里亚
Urbana 乌尔班纳
Vermont Avenue 佛蒙特大道
Wolf Lake 沃尔夫湖
Wasipinicon 沃斯匹尼康
Welsh Hills 威尔士山脉
Westmoreland 威斯特摩兰
Wichita 威奇托市
Wilmette 威尔梅特市
Wind Point 温德泊因特市
Wingspread 翁斯布里德
Wisconsin River Valley 威斯康星河谷
Yokohama Bay 横滨湾

人名

Aaron Green 亚伦 · 格林
Aaron Resnick 亚伦 · 里斯尼科
Abby Beecher Roberts 艾比 · 比彻 · 罗伯茨
Aderew Cooke 安德鲁 · 库克
Aisaku Hayashi 爱作林
Albert C. McArthur 阿尔伯特 · C · 麦克阿瑟
Albert Louis Vanden Berghen 艾伯特 · 路易斯 · 波恩
Albert R.Blackbourn 艾伯特 · R · 布拉克邦恩
Alexander Woolcott 亚历山大 · 伍尔科特
Alfonso Iannelli 阿方索 · 伊安妮尼
Alice Millard 艾丽丝 · 米勒德
Aline Barnsdall 阿丽妮 · 巴恩斯达尔
Alistair Cooke 阿里斯泰尔 · 库克
Andrew Jackson Downing 安德鲁 · 杰克逊 · 唐宁
Ann and Eric Brown 安 · 布朗和埃里克 · 布朗
Anna Lloyd Jones Wright 安娜 · 劳埃德 · 琼斯 · 赖特
Anthony Alofsin 安东尼 · 阿罗弗森
Antonin Raymond 安托宁 · 雷蒙德
Arthur Huertley 亚瑟 · 赫特利
Augustus Saint－Gaudens 奥古斯塔斯 · 圣戈登
Avery Coonley 艾弗里 · 科恩利
Baker Brownell 贝克 · 布劳内尔
Barry Byrne 巴里 · 拜尔尼
Barry Parker 巴里 · 帕克
Barry Wills 巴里 · 威尔士
Benton MacKaye 本顿 · 麦克凯
Bernard Schwartz 伯纳德 · 施瓦兹
Bill Swain 比尔 · 斯温
Brooks Wigginton 布鲁克斯 · 威金顿
Bruce Brooks Pfeiffer 布鲁斯 · 布鲁克斯 · 佩菲费尔
Bruce Goff 布鲁斯 · 高夫
Bruce Price 布鲁斯 · 普里斯
Calvert Vaux 卡尔弗特 · 沃克斯
Calvin Straub 卡尔文 · 史超伯
Carla Lind 卡拉 · 琳达
Carolyn and James Howlett 卡罗琳 · 霍利特和詹姆斯 · 霍利特
Carolyn Mann Brackeet 卡罗琳 · 曼 · 布拉凯特
Cary Caraway 卡利 · 卡拉维
Catherine Howett 凯瑟琳 · 霍维特
Catherine Lee Tobin 凯瑟琳 · 李 · 托宾
Charles A. Platt 查尔斯 · A · 普拉特
Charles E.Roberts 查尔斯 · E · 罗伯茨
Charles Edouard Jeannert 查尔斯 · 埃都德 · 詹尼特
Charles Ennis 查尔斯 · 恩尼斯
Chauncey L. Williams 昌西 · L · 威廉
Christine Weisblat 克里斯汀 · 韦斯布拉特
Christopher Vernon 克里斯托弗 · 弗农
Cindy Edward 辛迪 · 爱德华
Cornelia Brierly 科妮莉亚 · 布列里
Curtis Meyer 柯蒂斯 · 迈耶
D.H.Hoult D · H · 豪尔特
Dan Duhl 丹 · 杜尔
Daniel Hudson Burnham 丹尼尔 · 哈得逊 · 伯纳姆

Dankmar Adler 丹克马尔 · 阿德勒
Darrell Morrison 达雷尔 · 莫里森
David H. Engel 大卫 · H · 恩格尔
David Henken 大卫 · 汉肯
Della Walker 黛拉 · 沃克
Donald Leslie Johnson 唐纳德 · 莱斯利 · 约翰逊
Donald P.Hallmark 唐纳德 · 霍尔马克
Donna Mann Duncan 堂娜 · 曼 · 邓肯
Douglas Fairbanks 道格拉斯 · 费尔班克斯
Dr.Alexander Chandler 亚历山大 · 钱德勒博士
Dudley Spencer 达德利 · 斯宾塞
Duey Wright 杜耶 · 赖特
Dwight Perkins 德怀特 · 帕金斯
Ebenezer Howard 埃比尼泽 · 霍华德
Edgar J.Kaufmann 埃德加 · J · 考夫曼
Edgar Tofel 埃德加 · 托弗尔
Edward A .Browder 爱德华 · A · 布劳德
Edward and Diane Baehrend 爱德华 · 巴伦德和黛安 · 巴伦德
Edward C.Waller 爱德华 · C · 沃勒
Edward C.Waller, Jr. 小爱德华 · C · 沃勒
Edward Gordon 爱德华 · 戈登
Edward Morse 爱德华 · 莫尔斯
Edward R.Hills 爱德华 · R · 希尔
Edward Serlin 爱德华 · 希尔林
Elizabeth and William B.Tracy 伊丽莎白 · B · 特蕾西和威廉 · B · 特蕾西
Ellen True 艾伦 · 楚
Eric Lloyd Wright 埃里克 · 劳埃德 · 赖特
Ernest Fenollosa 欧内斯特 · 菲诺洛萨
Ernst Wasmuth 伊恩斯特 · 沃斯姆斯
Eugene Gilmore 尤金 · 基尔莫
Eugene Masselink 尤金 · 马斯林克
Francis Reinhold 弗朗西丝 · 莱因霍尔德
Frank Baker 弗兰克 · 贝克
Frank I. Bennett 弗兰克 · L · 班尼特
Frank Kimball 弗兰克 · 金宝
Frank S.Gray 弗兰克 · S · 格雷
Franklin Delano Roosevelt 富兰克林 · 迪兰诺 · 罗斯福
Franz Aust 弗朗茨 · 奥斯特
Frederick D. Nichols 弗雷德里克 · D · 尼科斯
Frederick Gutheim 弗雷德里克 · 格斯姆
Frederick Law Olmsted 弗雷德里克 · 劳 · 奥姆斯特德
Frederick Robie 弗雷德里克 · 罗比
Gayther Plummer 加瑟尔 · 普拉姆
Gebhard and Von Breton 杰伯哈尔德 · 布里顿和沃 · 布里顿
George Blossom 乔治 · 布洛索姆
George Gurdjieff 乔治 · 葛吉夫
George Lewis 乔治 · 刘易斯
George M. Pullman 乔治 · M · 普尔曼
George Madison Millard 乔治 · 麦迪逊 · 米勒德
George Maher 乔治 · 马赫
George Neiddecken 乔治 · 雷德肯
Georgia Jones 乔治亚 · 琼斯
Georgia O' Keefe 乔治亚 · 欧克非
Gerte and Seamour Shavin 吉尔特 · 沙文和西莫 · 沙文
Gertrude Jekyll 格特鲁德 · 杰基尔
Getty Tom 格蒂 · 汤姆
Grady Clay 拉迪 · 克雷
Grant Manson 格兰特 · 曼森
H. W.S.Cleveland H · W · S · 克利夫兰
H.TH.Wijdeveld H · TH · 维杰戴维德
Harold Westcott 哈罗德 · 韦斯科特
Harry Hardley 哈里 · 哈德雷
Harry Robinson 哈里 · 鲁宾逊
Heila Deusner 黑拉 · 迪斯内
Heinrich Engel 亨利希 · 英格尔
Henry Babson 亨利 · 巴布森
Henry Bollman 亨利 · 波尔曼
Herb Fritz 赫伯 · 弗里兹
Herbert F.Johnson 赫伯特 · F · 约翰逊
Herman von Holst 赫曼 · 万 · 霍尔斯特
Hideo Aasaki 佐佐木英夫
Horiguchi Sutami 堀口铃木
Howard W.Ellington 霍华德 · W · 埃灵顿
Indira Berndtson 因迪拉 · 本特森
Iovanna 伊奥凡娜
Isabel Roberts 伊莎贝尔 · 罗伯茨

Isabelle Martin 伊莎贝尔·马丁
J.Barry Frankenfield J·巴里·弗兰克菲尔德
Jack H.Prost 杰克·H·普鲁斯特
Jack Howe 杰克·豪
Jack Lesniak 杰克·利斯尼克
James Birrell 詹姆士·比勒尔
James Drought 詹姆斯·德劳特
Jane Addams' Hull 简·亚当斯·赫尔
Janice Pregliasco 贾尼斯·普里格阿斯科
Jenken Lloyd Jones 詹肯·劳埃德·琼斯
Joel Silver 若埃尔·西尔维
John and Betty Tilton 约翰·蒂尔顿和贝蒂·蒂尔顿
John Blair 约翰·布莱尔
John Coleman Adams 约翰·科尔曼·亚当斯
John D. Storer 约翰·D·斯托勒
John G.Thorpe 约翰·G·托普
John L. Hancock 约翰·L·汉考克
John L. Rayward 约翰·L·雷瓦德
John O. Carr 约翰·O·卡尔
John S.Van Bergen 约翰·S·万卑尔根
John Wellborn Root 约翰·韦尔伯恩·鲁特
Johnson Elliott 约翰逊·艾里欧特
Joseph Cullin Blair 约瑟夫·库林·布莱尔
Joseph E.Howland 约瑟夫·E·豪兰德
Joseph Husser 约瑟夫·胡瑟尔
Joseph Kastler 约瑟夫·卡斯特勒
Josian Conder 乔思安·康德
Kaneji Domato 卡尼吉·多马托
Karl Lohmann 卡尔·罗曼
Katherine and Herbert Jacobs 凯瑟琳·雅各布斯和赫伯特·雅各布斯
Kemmeth Laurent 肯尼思·劳伦特
Kenaji Domoto 凯纳基·多摩托
Kevin Lynch 凯文·林奇
Kevin Nute 凯文·努特
Kitty Wright 基蒂·赖特
Larry Sommer 拉里·索米尔
Laura and Richard Talaske 劳拉·泰拉斯凯和理查德·泰拉斯凯
Le Corbusier 勒·柯布西耶
Leonard Eaton 伦纳德·伊顿
Leonard K.Eaton 伦纳德·伊顿
Lewis Mumford 刘易斯·芒福德
Lewis Stevens 刘易斯·史蒂文斯
Lillian Meyer 莉莲·迈耶
Lorraine E.Kuck 罗莱尼·E·库克
Louis Marden 路易斯·马登
Louis Sullivan 路易斯·沙利文
Lowell Walter 洛厄尔·沃尔特
Malcolm and Nancy Willey 马尔科姆·威尔利和南希·威尔利
Mamah Borthwick Cheney 玛玛·波尔斯威克·切尼
Marion Mahony 玛丽恩·玛霍妮
Marjorie Leighey 马乔里·利
Marsha Parks 玛莎·帕克斯
Martha Neri 玛莎·奈里
Marvin Bachman 马尔文·巴赫曼
Mary and William Palmer 玛丽·帕默和威廉·帕默
Mary Pickford 玛丽·碧克馥
Maya.Moran 玛雅·莫兰
Meryle Secrest 梅莉·希可丝特
Meryle Secrest 米尼莉·斯克里斯特
Mies van der Rohe 密斯·凡·德·罗
Mr.and Mrs.Harley Bradley 哈里·布拉德利夫妇
Mrs. Herman T. Mossberg 赫尔曼·T·莫斯伯格夫人
Mrs.Warren Hickox 沃伦·希克斯夫妇
Myron Hunt 米伦·亨特
Nathan C. Ricker 内森·C·里克
Nathan Grier Hills 内森·格里尔·希尔
Norman T.Newton 诺曼·T·牛顿
Olga Ivanovna Lazovich Milanoff Hinzenburg 奥尔加·伊凡诺夫娜·拉佐维奇·米兰奥夫·亨尊伯格
Olgivanna 奥尔基凡娜
Orlando Giannini 奥兰多·珈尼尼
Ossian Cole Simonds 奥西恩·科尔·西蒙兹
Paul and Jean Hanna 保罗·汉纳和琼·汉纳
Paul Kruty 保罗·凯路蒂
Peter O. Muller 彼得·O·马勒

Peter Walker William 彼得·沃克·威廉
Philip L.Holliday 菲利普·L·霍利迪
Piet Mondrian 皮特·蒙德里安
R.Lewellyn Wright R·利伟林·赖特
Raymond Jontowne Wahl 雷蒙德·琼图尼·瓦尔
Raymond Unwin 雷蒙·昂温
Reverend William Norman Guthrie 尊敬的威廉·诺曼第·格思里大人
Richard Bock 理查德·波克
Richard Lloyd Jones 理查德·劳埃德·琼斯
Richard Pratt 理查德·普拉特
Robert C.Spencer 罗伯茨·C·斯宾塞
Robert E.Grese 罗伯茨·E·格里瑟
Robert Fishman 罗伯茨·费舍曼
Robert Leighey 罗伯茨·雷
Robert Lusk 罗伯茨·卢斯科
Robert M.Lamp 罗伯茨·M·拉姆普
Robert Spencer 罗伯茨·斯宾塞
Robert Winn 罗伯茨·温
Roland Reisly 罗兰·雷斯利
Romeo and Juliet 罗密欧和朱丽叶
Rudolph M. Schindler 鲁道夫·M·辛德勒
Russell Kraus 罗素·克劳斯
Samuel Freeman 塞缪尔·弗里曼
Samuel Ratensky 塞缪·拉登斯盖
Samuel–Navarro 塞缪–纳瓦罗
Sara and Melvyn Maxwell Smith 萨拉·马克斯韦尔·史密斯和梅尔文·马克斯韦尔·史密斯
Scotsman Patrick Geddes 斯果特斯曼·帕特里克·格迪斯
Seamour Shavins 西默尔·沙文斯
Sherman M.Booth 谢尔曼·M·布斯
Sherri Snyder 谢里·斯尼德
Sidney OscarHills 西德尼·奥斯卡·希尔
Sim Van der Ryn 西蒙·范·德·里恩
Sol Friedman 索尔·弗里德曼
Stan White 斯坦·怀特
Stephen Siek 斯蒂芬·赛克
Svetlana 斯韦特拉娜
Talbot Wegg 塔尔波特·韦格
Teiji Ito 伊藤贞治
Thomas Church 托马斯·丘奇
Thomas H.Lloyd Jones 托马斯·H·劳埃德·琼斯
Thomas P.Hardy 托马斯·P·哈代
Thomas R.Gale 托马斯·R·盖里
Vincent Scully 文森特·史库利
Walter Burley Griffin 沃尔特·贝利·格里芬
Walter Creese 沃尔特·克里斯
Walter Havighurst 沃尔特·哈韦戈斯特
Walter Olds 沃尔特·奥尔兹
Walter V. Davidson 沃尔特·V·戴维森
Warren McArthur 沃伦·麦克阿瑟
Warren Scott 沃伦·斯科特
WarrenMcArthur 沃伦·麦克阿瑟
Webster Tomlinson 维伯斯特·汤姆林森
Wes Peters 韦斯·彼得斯
Wilbur C.Pearce 威尔伯·C·皮尔斯
Wilhelm Miller 威廉·米勒
Will Weston 威尔·韦斯顿
William A.Glasner 威廉·A·格拉斯内
William Cullen Bryant 威廉·卡伦·布赖恩特
William Drummond 威廉·德拉蒙
William G. Purcell 威廉·G·珀塞尔
William H .Emery 威廉·H·艾米莉
William H. Wilson 威廉·H·威尔逊
William H.Winslow 威廉·H·温斯洛
William Le Baron Jenney 威廉·勒·巴隆·詹尼
William Palmer House 威廉·帕默
William Wesley 威廉·韦斯利

译后记

赖特的住宅设计理论及作品得到世人的推崇和喜爱，其中给我们印象最深的莫过于流水别墅和他所提出的有机建筑理论。国内外对其建筑（尤其是住宅建筑）及建筑理论有较为详尽的解读，但却没有深入剖析赖特建筑对环境的思考，更没有从建筑、规划和景观三者相结合的角度全方位地审视赖特的一生，《赖特景观》一书正好填补了这一空白。

在翻译过程中，书中描述的建筑及其周围的环境一直吸引着我们，特别是书中关于赖特设计作品中入口体验的描写更是让人身临其境。同时我们又被本书两位作者的精神深深地感染，感受到了他们对赖特的无限崇敬和热爱。两位作者几十年来一直关注赖特的作品，曾多次亲身踏查现场、访问屋主，并把庞杂的资料整理成书。这种精神也正是我们能将此书翻译成中文的动力源泉。

本书的翻译遇到了不少的困难。首先，由于缺乏现场体验，无法准确理解书中要表达的场所感。只有通过研究相关书籍，尽量揣摩作者要表达的意思；其次，也是最大的难题，书中有众多关于建筑构造、建筑历史、建筑设计、规划、景观等相关专业术语。由于本学科的专业术语在汉语中的对应翻译尚未完善，给翻译带来了很大的困难。为将各专业术语翻译规范、恰当，译者翻阅了大量的专业词典。特别是书中讲述日本建筑对赖特的影响时，有许多日语词汇，不得不请教日语专业的朋友。由于上述种种困难，加之时间紧、任务重，译者能力有限，译著中必然有理解不太准确或翻译不够恰当的地方，敬请广大读者谅解。

翻译过程同时也是一个深入学习的过程，为了能让读者理解原书作者所要表达的意思，翻译者首先必须理解原文的真实含义，并通过最精练合适的中文文字进行表达。通过这历时一年多的翻译工作，译者自己对赖特有了全新的了解和认识，同时对“赖特景观”也有了更深层的理解，这或许才是对我们最好的鼓励。希望本书的面世能让更多的读者更好理解赖特及其思想，认识他是如何将建筑、规划及景观三者结合为一体，从而营造独特的建筑魅力。另外，我们还可以从此书感受到赖特传奇的一生和奋斗不息的精神，以及他独特的人格魅力。

本书中文版的面世首先要感谢中国建筑工业出版社的盛情邀请和信任。尤其感谢董苏华编审在本书翻译、校对、再校对的过程中所付出的辛勤劳动。王方智老师的细心审校发现并更正了译稿中诸多细微的错误。统观全书，比较原著和译著，虽然尽到了自己最大的努力，但仍然自愧不能用同样优美的语言将原著呈现给读者。但能感受到参加翻译工作的各位同仁的那份热情和努力，这多少给了我们一丝安慰。同时还要感谢在翻译过程中关心、支持我们的亲人、师长和朋友们。

本书的翻译过程基本经历了三个阶段：第一阶段分章节由译者直译原文；第二阶段由朱强、刘英统一作第二次翻译，更强调意译；第三阶段由朱强、刘英统稿、修正和文字整理、排版。参与者对本书翻译的贡献大致如下：

<table>
<tr><th>内容</th><th>第一阶段贡献者</th><th>第二阶段贡献者</th><th>第三阶段贡献者</th></tr>
<tr><td>封面、封底</td><td>刘英</td><td rowspan="7">朱 强
刘 英
裴 沛</td><td rowspan="7">朱 强
刘 英
黄丽玲</td></tr>
<tr><td>前言、第一章、第二章</td><td>李雪、朱强</td></tr>
<tr><td>第三章</td><td>殷利华、刘英</td></tr>
<tr><td>第四章</td><td>刘英</td></tr>
<tr><td>第五章、第六章</td><td>张媛、刘英</td></tr>
<tr><td>第七章、第八章、第九章、注释、附录</td><td>张媛、刘英、朱强</td></tr>
<tr><td>索引、作者简介等翻译</td><td>刘英</td></tr>
</table>

朱 强

北京大学景观设计学研究院

2007年6月12日

北大及土人景观著作系列

为推动景观设计学科和实践在中国的发展，北京大学景观设计学研究院，北京土人景观规划设计研究院与中国建筑工业出版社等合作，连续出版理论专著、实践案例和译著，近年来已出版的著作包括：

著作与案例

2006，俞孔坚，李迪华，刘海龙，《“反规划”途径》，中国建筑工业出版社。

2005，俞孔坚，刘向军，李鸿，《田——人民景观叙事南北案例》，中国建筑工业出版社。

2004，俞孔坚，王建，黄国平，土呷，李伟，《曼陀罗的世界——藏东乡土景观阅读与城市设计案例》，中国建筑工业出版社。

2004，俞孔坚，石颖，Mary Pudua 著，《人民广场——都江堰广场案例》，中国建筑工业出版社。

2003，俞孔坚，庞伟，《足下文化与野草之美——产业用地再生设计探索—岐江公园案例》，中国建筑工业出版社。

2003，俞孔坚，李迪华，《景观设计：专业，学科与教育》，中国建筑工业出版社。

2003，俞孔坚，李迪华著，《城市景观之路》，中国建筑工业出版社。

2003，俞孔坚，Davorin Gazvoda，李迪华等著，《多解规划——北京大环案例》，中国建筑工业出版社。

2002，俞孔坚编著，《设计时代》，河北美术出版社。

2001，俞孔坚等著，《高科技园区景观设计——从硅谷到中关村》，中国建筑工业出版社。

1998，2000，俞孔坚著，《景观：文化、生态与感知》，北京，科学出版社。

1998，俞孔坚著，《景观：文化、生态与感知》，台湾，田园文化出版社。

1998，2000，俞孔坚著，《理想景观探源：风水与理想景观的文化意义》，北京，商务印书馆。

1998，俞孔坚著，《生物与文化基于上的图式——风水与理想景观的深层意义》，台湾，田园文化出版社。

译著

2007，朱强，李雪，张媛，刘英等译，《赖特景观》，中国建筑工业出版社。

2006，朱强，黄丽玲，俞孔坚等译，威廉·M·马什（William M. Marsh）著，《景观规划的环境学途径》（第四版），中国建筑工业出版社。

2006，刘海龙，郭凌云，俞孔坚等译，《城市设计手册》，中国建筑工业出版社。

2004，周年兴，李小凌，俞孔坚等译，F. Steiner 著，《生命的景观——景观规划的生态学途径》（第二版），中国建筑工业出版社。

2003，孟亚凡，俞孔坚等译，C.Birnnaum 和 R.Karson 著，《美国景观设计先驱》，中国建筑工业出版社。

2002，刘玉杰，吉庆萍，俞孔坚等译，N.Nines 和 K.Brown 著，《景观设计师便携手册》，中国建筑工业出版社。

2001，俞孔坚，王志芳，孙鹏等译，C.Marcus 和 C. Francis 著，《人性场所》，中国建筑工业出版社。

2000，俞孔坚，王志芳，孙鹏等译，J.Simonds 著，《景观设计学——场地规划与设计手册》，中国建筑工业出版社。